böhlau

Umwelthistorische Forschungen

Herausgegeben von
Bernd-Stefan Grewe, Martin Knoll und Verena Winiwarter

in Verbindung mit
Franz-Josef Brüggemeier, Christian Pfister und Joachim Radkau

Band 8

Christian Lotz

Nachhaltigkeit neu skalieren

Internationale forstwissenschaftliche Kongresse und Debatten um die Ressourcenversorgung der Zukunft im Nord- und Ostseeraum (1870–1914)

Böhlau Verlag Wien Köln Weimar

Die Drucklegung des Buches und das ihm zugrundeliegende Habilitationsprojekt wurden gefördert durch: Fritz-Thyssen-Stiftung, Deutsches Historisches Institut London, Leipziger Kreis – Forum für Wissenschaft und Kunst, Herder-Institut für historische Ostmitteleuropa-Forschung, Forschungsbibliothek Gotha / Sammlung Perthes.

Bibliografische Information der Deutschen Nationalbibliothek:
Die Deutsche Nationalbibliothek verzeichnet diese Publikation in der Deutschen Nationalbibliografie; detaillierte bibliografische Daten sind im Internet über http://dnb.de abrufbar.

Umschlagabbildung: Heinrich Mayr, Professor für Forstwissenschaft an der Universität München, hält im Sommer 1909 einen Vortrag vor Mitgliedern der Royal Scottish Forestry Society während einer Exkursion durch bayrische Wälder. Bildnachweis: Edinburgh University Library, Centre for Research Collections, Royal Scottish Forestry Society, Photoalbum Bavaria 1909, Bild Nr. 54.

Umschlaggestaltung: Michael Haderer, Wien
Satz: Thomas Klemm
Lektorat: Nancy Grochol (Argwohn Lektorat, Leipzig)
Druck und Bindung: Hubert & Co., Göttingen
Printed in the EU

Vandenhoeck & Ruprecht Verlage | www.vandenhoeck-ruprecht-verlage.com

ISBN 978-3-412-50025-2

Inhalt

I	**Einleitung**	9
I.1	Problemaufriss	9
I.2	Begriffe	12
I.3	Forschungsstand	14
I.3.1	Forschungsfeld Internationale Kongresse und internationale Organisationen	14
I.3.2	Forschungen zur Geschichte von Nachhaltigkeit und zur Geschichte von Waldressourcennutzungen	18
I.4	Fragestellung	26
I.5	Anlage, Quellen und Methoden	28
II	**Historischer Hintergrund. Lokale Nachhaltigkeit und Holz-Fernhandel im 18. und frühen 19. Jahrhundert**	39
II.1	Vielfältige Nachhaltigkeit	39
II.2	Holz-Fernhandel	41
II.3	Zunehmende Nutzung und konkurrierende Ansprüche als Ursachen für Konflikte um Waldressourcen	44
II.4	Zeitschriften, Forstvereine und Forstakademien als Foren des Austauschs vor Beginn internationaler Kongresse und Ausstellungen	50
III	**Internationale Kongressbewegung und Anläufe zur Verstetigung grenzüberschreitender forstwissenschaftlicher Kooperation seit Mitte des 19. Jahrhunderts (1851–1877)**	57
III.1	Die Vorbildwirkung internationaler statistischer Kongresse	57
III.2	Was sollte international verhandelt werden? Themenfindung im Vorlauf zum Internationalen Congress der Land- und Forstwirthe in Wien 1873	59
III.3	Harmonische Beschlüsse, aber unterschiedliche Wahrnehmungen: Verlauf und Rezeption des Kongresses in Wien 1873	63
III.4	Impulse des Kongresses für die weitere Ausgestaltung internationaler forstwissenschaftlicher Zusammenarbeit	81
III.5	Zwischenbetrachtung	85

IV De-Territorialisierung als Herausforderung. Steigender Holzverbrauch, ein wachsendes Eisenbahnnetz und die Erschütterung klassischer Nachhaltigkeitskonzepte (1874–1890) 89

IV.1 Die Internationale Forstausstellung in Edinburgh 1884: „Wir sehen mit Unruhe in die Zukunft" 90

IV.1.1 Vorbereitungen 90

IV.1.2 Rezeption der Ausstellung und Vorträge im Nord- und Ostseeraum 92

*a) Forstliche Lobeshymnen: Der Ausstellungsbericht in den „Transactions" 92 * b) „Mit Unruhe in die Zukunft sehen": Peter Lund Simmonds' Vortrag über „Past, Present and Future Sources of the Timber Supplies of Great Britain" 93 * c) Rezeption in deutschen und französischen Zeitschriften 96*

IV.2 Internationaler land- und forstwirtschaftlicher Kongress in Wien 1890: „Ist Nachhaltigkeit überhaupt noch aufrechtzuerhalten?" 102

IV.2.1 Vorbereitungen und Ablauf des Kongresses 102

IV.2.2 Dokumentation und Rezeption des Kongresses im Centralblatt für das gesamte Forstwesen 105

*a) Versuchswesen und Waldökologie 105 * b) Forstliche Statistik und Nachhaltigkeit 112*

IV.2.3 Wahrnehmungen des Kongresses 1890 in Zeitschriften des Nord- und Ostseeraums 125

IV.3 Zwischenbetrachtung 129

V Effizienz durch Kooperation. Institutionalisierung grenzübergreifender Zusammenarbeit im Internationalen Verband forstlicher Versuchsanstalten ab 1891/92 133

V.1 Von Wien über den Adlisberg und Badenweiler nach Eberswalde: Die Gründung des internationalen Versuchsverbands 133

V.2 Ein „internationaler Verband deutscher forstlicher Versuchsanstalten"? Hierarchien und Mechanismen im Internationalen Verband forstlicher Versuchsanstalten bis 1914 140

V.3 Loser Verband oder verbindliche Zusammenarbeit? Die Auseinandersetzungen um die Einrichtung einer internationalen forstlichen Bibliographie 149

V.4 Ein geschützter Raum für kritische Reflexionen. Der internationale Versuchsverband und ökologische Fragen forstwissenschaftlicher Planungen ... 154

*a) Zusammenhang von Waldbestand und Hochwasser(gefahr) 160 * b) Verhalten des Grundwassers in bewaldeten und unbewaldeten Böden 161 * c) Niederschlagsmessungen inner- und außerhalb bewaldeter Flächen 162 * d) Die Rolle ökologischer Argumente angesichts zunehmenden Holz-Fernhandels 172*

V.5 Zwischenbetrachtung ... 175

VI Die Akkumulation der Aufregung. Forstliche Statistik und Zukunftsprognosen zur Holzressourcen-Versorgung zwischen nationalen und internationalen Foren ... 181

VI.1 Alarmrufe aus den Ländern des Nord- und Ostseeraums und ihre grenzübergreifende Rezeption ... 182

VI.1.1 Ausreichender oder schrumpfender Vorrat? Interpretationen russischer Forststatistiken von 1873 und 1888 ... 182

VI.1.2 Die fehlenden 116 Millionen Kubikfuß. Norwegens Forstkommission (1874–1878) und die internationale Karriere eines Holznot-Alarms ... 195

VI.1.3 Importabhängigkeit und Zukunftssorgen. William Schlichs Analyse britischer Holzversorgung ... 200

VI.1.4 Kommt die *timber frontier* zum Halten? Deutsche Debatten um die Konsequenzen wachsenden Holzimports ... 206

VI.2 Globale Holznot-Warnung ohne Folgen? Der Internationale forstwissenschaftliche Kongress in Paris 1900 ... 210

VI.2.1 Vorbereitung des Kongresses in Paris 1900 ... 211

VI.2.2 Inhaltliche Schwerpunkte und Rezeption des Kongresses: Droht eine globale Holznot? ... 213

*a) Forstliche Statistik und die Holznot-Frage 214 * b) Waldökologie und Versuchswesen 229 * c) Organisatorische Auswirkungen des Kongresses 1900 in Paris auf den Fortgang des internationalen forstwissenschaftlichen Austauschs 233*

VI.3 Zwischenbetrachtung ... 234

VII Re-Territorialisieren von Zukunftsplanung. Das Ausbalancieren zwischen Entgrenzung und Einhegung von Holzressourcennutzung 239
VII.1 Regionale und nationale Aspekte des Re-Territorialisierens von Ressourcennutzung im Nord- und Ostseeraum 239
VII.1.1 Steigerung der Effizienz. Facetten der Aufforstungsdebatten am Ende des 19. Jahrhunderts 240
VII.1.2 Verfeinerungen des Wissens. „Grüne Lügen“ und forstwirtschaftliche Erkundungsreisen im Nord- und Ostseeraum 243
VII.1.3 Begrenzungen und Einhegungen. Maßnahmen zur Regulierung von Waldnutzungen und des grenzübergreifenden Handels 264
VII.2 Das Vordringen der *timber frontier* als Agenda internationaler Zusammenarbeit 268
VII.3 Ausblick: Die Unterbrechung internationalen wissenschaftlichen Austauschs und die Dynamisierung von Wald- und Holznutzung im Nord- und Ostseeraum während des Ersten Weltkriegs 279
VII.4 Zwischenbetrachtung 283

VIII Zusammenfassung: Das Neuskalieren von Nachhaltigkeit. Planungen zukünftiger Ressourcenversorgung im Angesicht wachsender zeitlicher Dynamik und räumlicher Komplexität 287

IX Summary: Rescaling Sustainability. Planning Future Resource Supply in the Face of Growing Temporal Dynamics and Spatial Complexity 301

X Quellen- und Literaturverzeichnis 315
X.1 Unveröffentlichte Quellen 315
X.2 Veröffentlichte Quellen 316
X.2.1 Kongress- und Ausstellungsdokumentationen 316
X.2.2 Zeitschriften 317
X.2.3 Weitere veröffentlichte Quellen 318
X.3 Literatur 331

XI Abkürzungsverzeichnis 358

Dank 359

I Einleitung

I.1 Problemaufriss

In den 1830er Jahren beauftragte das schwedische Kriegsministerium die Forstverwaltung, Eichen anzupflanzen, um das nötige Holz für die Schiffe der Marine liefern zu können. Die Forstverwaltung tat, wie ihr geheißen. Einhundertvierzig Jahre später konnte sie zufrieden melden, dass sie den Auftrag erfolgreich ausgeführt habe: „Jetzt ist die Zeit", schrieb der Direktor der Forstverwaltung 1975 an das Verteidigungsministerium, „für die Lieferung der ersten Eichen für die Flotte."

Diese Korrespondenz, die Lars Kardell in seiner schwedischen Forstgeschichte schildert,[1] illustriert in prägnanter Form, mit welchem Wandel zeitlicher Rhythmen das forstliche Wirtschaften und Planen in den vergangenen zwei Jahrhunderten konfrontiert war. Hier zeigt sich die Spannung zwischen den notwendigerweise langen Arbeitszeiträumen der Forstwirtschaft und dem beschleunigten Wandel durch Industrialisierung und technologische Innovationen. Mit der Verwendung von Eisen für den Rumpf von Schiffen seit der zweiten Hälfte des 19. Jahrhunderts verlor zwar Eichenholz seine Stellung als beinahe unersetzbarer Rohstoff für die Seefahrt. Demgegenüber stieg jedoch die Bedeutung anderer Holzarten, wie etwa Kiefern- und Fichtenholz, insbesondere durch ihren massenhaften Verbrauch im Bauwesen und in Bergwerken, später auch für viele andere Zwecke, bspw. die Papierherstellung.

Neben dieser *zeitlichen* Spannung zeigt sich im 19. Jahrhundert auch ein tiefgreifender Wandel der *räumlichen* Rahmenbedingungen von Forstwirtschaft: Der Holzbedarf wuchs im Zuge der Industrialisierung enorm, so dass Holzfäller und Sägewerke immer schneller und tiefer in ‚unberührte' Wälder Nord- und Osteuropas vordrangen, um Holz einzuschlagen. Der forstwirtschaftlich genutzte Raum dehnte sich also kontinuierlich aus. Während es nicht überrascht, dass Zeitgenossen angesichts des wachsenden Verbrauchs (erneut) vor einer Holznot warnten, muss es irritieren, dass einige forstwissenschaftliche Experten Ende des 19. Jahrhunderts unumwunden fragten, ob denn Nachhaltigkeit überhaupt noch aufrechtzuerhalten sei. Man meint im ersten Moment, sich verlesen zu haben: Vertreter gerade jenes Faches, nämlich der Forstwissenschaft, die bis zum heutigen Tag mit Stolz darauf verweisen, dass ihr Fach der Urheber wissenschaftlich fundierter Nachhaltigkeit sei, stellten Nachhaltigkeit offen in Frage, und zwar ausgerechnet in jenem Moment, als der Verbrauch von Holz in bislang ungekannter Weise stieg. Was war geschehen? Noch um 1800 war forstwissenschaftlich berechnete Nachhaltigkeit bspw. in vielen deutschen Ländern eingeführt worden, um angesichts steigenden

1 Kardell: Skogshistorien på Visingsö (1997), S. 75.

Holzverbrauchs eine angeblich drohende Holznot abzuwenden. Einhundert Jahre später, um 1900, stieg der Holzverbrauch immer noch, und zwar rasant, aber forstwissenschaftliche Experten empfahlen genau das Gegenteil: Nachhaltigkeit aufzugeben.

Die Irritation über solche Wendungen waren für diese Untersuchung ein Impuls, dem Bedeutungswandel von Nachhaltigkeit auf den Grund zu gehen. Auch wenn es hier nicht um eine reine Begriffsgeschichte geht, wird die Analyse an mehreren Stellen auf Aspekte des Bedeutungswandels dieses Begriffs zurückkommen und ihn reflektieren. Eine solche Reflexion scheint umso notwendiger, als in heutiger Zeit der Begriff „Nachhaltigkeit" in beinahe sämtlichen denkbaren Zusammenhängen auftaucht. Inzwischen gehört sogar die Klage über die inflationäre Verwendung des Begriffs zu vielen Debatten über Nachhaltigkeit. Hier ist also mehr Klarheit notwendig. Und diese Untersuchung strebt an, einen Baustein zu solch einer Klärung beizutragen, indem sie einen zeitlichen Ausschnitt, nämlich das Ende des 19. Jahrhunderts, fokussiert, und darin rekonstruiert, wie und warum sich Horizonte von Ressourcennutzung und -schonung tiefgreifend veränderten.

Der Anstieg des Holzverbrauchs und die kontinuierliche Ausdehnung des forstwirtschaftlich genutzten Raumes war kein Phänomen, das auf ein einzelnes Land begrenzt blieb, sondern war grenzübergreifend, transnational. Ebenso der Holzhandel, der schon seit der Frühen Neuzeit weit entfernte Regionen verband, und zwar hauptsächlich die Küstenregionen des Ostseeraums mit den Hafenstädten der aufstrebenden Kolonialmächte bspw. in England und in den Niederlanden. Im Laufe des 19. Jahrhunderts erfuhr außerdem die Diskussion, wie es um die Zukunft der Ressourcen Wald und Holz bestellt sei, einen spürbaren transnationalen Schub, insbesondere in Gestalt grenzübergreifend rezipierter forstwissenschaftlicher Zeitschriften und durch internationale forstwissenschaftliche Kongresse.

Hier wird die Untersuchung ansetzen und fragen, vor welche Herausforderungen sich forstwissenschaftliche Experten im 19. Jahrhundert angesichts des Wandels der zeitlichen und räumlichen Rahmenbedingungen forstlichen Wirtschaftens gestellt sahen, und welche Perspektiven sie daraus für eine zukünftige Ressourcenversorgung ableiteten. Die Untersuchung rückt internationale forstwissenschaftliche Kongresse, die seit den 1870er Jahren tagten, in den Mittelpunkt. Es geht ihr darum, *anhand* dieser internationalen Kongresse den Wandel von Nachhaltigkeitskonzepten und von Planungen für eine zukünftige Ressourcenversorgung zu ergründen. Im Zentrum stehen die Wechselwirkungen zwischen dem Wandel von Nachhaltigkeitskonzepten und Planungen einerseits und andererseits der wachsenden Dynamik grenzübergreifenden forstwissenschaftlichen Austauschs sowie den sich verändernden ökonomischen, ökologischen und technologischen Rahmenbedingungen von Waldressourcennutzung und -schonung. Die Untersuchung will ausdrücklich keine ‚Erfolgsgeschichte' der Institutionalisierung internationalen forstwissenschaftlichen Austauschs erzählen. Ebensowenig strebt sie danach, eine ‚Tragödie' internationaler forstwissenschaftlicher Zusammenarbeit zu schreiben: Zwar wird die Analyse auf zahlreiche Kongressresolutionen zurückkommen, die keine oder nur wenig Wirkung entfalteten. Dies ist jedoch kein Grund, die Geschichte der Kongresse als Geschichte ihres angeblichen oder tatsächlichen Scheiterns darzustellen. Vielmehr zielt die Analyse darauf ab, die Debatten um Ressourcennutzung und -schonung in ihren historischen Kontext einzuordnen, Beweggründe und Kräfte für den Wandel oder die Beständigkeit von Nutzungskonzepten zu rekonstruieren, kurz: Nachhaltigkeit zu historisieren.[2]

Indem die Untersuchung die internationalen Auseinandersetzungen um die Ressourcen Wald und Holz während des 19. Jahrhunderts ergründet und kritisch reflektiert, strebt sie zugleich danach, analytische Werkzeuge anzubieten, wie sich Kontroversen um andere Rohstoffe während des 19. Jahrhunderts begreifen lassen. Hierbei stehen zwei Aspekte im Mittelpunkt:

Zum Ersten geht es darum zu analysieren, welche zugrunde liegenden Muster in den Wechselwirkungen zwischen der Veränderung zeitlicher und räumlicher Rahmenbedingungen von Ressourcennutzung einerseits und dem Wandel von Nutzungskonzepten andererseits erkennbar sind. Im Fall der Ressourcen Wald und Holz wird die Untersuchung nicht allein auf die zeitlichen Spannungen in den Planungshorizonten zurückkommen, wie sie aus der eingangs zitierten schwedischen Korrespondenz um Holz für die Marine zu Tage trat. Vielmehr wird sie auch in räumlicher Hinsicht zeigen können, dass sich in den Quellen eine kontinuierliche Spannung zwischen ‚imaginiertem' und ‚realem' Raum widerspiegelt: Forstwissenschaftliche Experten nahmen in ihren Nutzungskonzepten auf Räume Bezug und bildeten Räume in Statistiken oder Karten ab. Sie schufen auf diese Weise Vorstellungen vom forstwirtschaftlichen Nutzungsraum. Zugleich wirkten Sägewerke, Holzhandelswege über Land und auf dem Wasser wie auch von Experten angeleitete forstwirtschaftliche Vorhaben in den realen Raum hinein: Waldflächen wurden erschlossen und kahlgeschlagen, kahle Flächen ggf. wieder aufgeforstet oder brach gelassen. So unterschiedliche Facetten *zeitlicher* Spannungen zwischen Nutzungskontinuität und Innovation sowie Wechselwirkungen zwischen ‚imaginiertem' und ‚realem' Raum in der Untersuchung auftauchen werden, so nützlich können sie als Vorlage dienen, um Hypothesen zu bilden, in welcher Weise solche Spannungen und Wechselwirkungen die Nutzung und Schonung anderer Ressourcen prägten. Es wird insbesondere zu fragen sein, welche politischen, ökologischen und ökonomischen Faktoren auf das Handeln von Experten Einfluss hatten, und wie sich diese Faktoren in unterschiedlichen Teilregionen eines Nutzungsraums auswirkten. Außerdem gilt es zu prüfen, ob sich wiederkehrende Muster solcher Reaktionen erkennen lassen, mit deren Hilfe sich das Ausbalancieren der Nutzung und Schonung von ganz unterschiedlichen Ressourcen unter dem Eindruck tiefgreifenden Wandels erklären lässt.

Zum Zweiten zielt die Untersuchung darauf, anhand eines empirischen Beispiels zu zeigen, wie ein Baustein zu einer *europäischen* Geschichte analysiert und dar-

2 Vgl. die Reflexion über Narrative von Erfolg und Niedergang in der Umweltgeschichte bei Uekötter: Thinking Big (2010), S. 3–5.

gestellt werden kann. In jüngerer Zeit haben verschiedene Großvorhaben, etwa *Making Europe: Technology and Transformations, 1850–2000*, Wege einer Geschichtsschreibung erprobt, die bspw. grenzübergreifende Infrastrukturen oder transnationale Kooperationen in den Mittelpunkt rücken.[3] Hier schließt diese Untersuchung zu internationalen forstwissenschaftlichen Kongressen an. Die Analyse wird dazu absichtlich klassische Einteilungen der Geschichtswissenschaft, wie etwa „Westeuropa“ oder „Osteuropa“, in den Hintergrund rücken. Vielmehr fokussiert sie die Akteure, also jene Experten, die als Teilnehmer zu internationalen Kongressen vor allem aus dem Nord- und Ostseeraum kamen, da dies der Kernraum des Holzhandels war. Durch die Art der Quellenauswahl sollen unterschiedliche Perspektiven aus den einzelnen Regionen des Nord- und Ostseeraums auf internationale Kongresse in der Analyse verknüpft werden. Das Material umfasst daher Quellen bspw. aus Edinburgh ebenso wie aus Radom, aus Tromsø wie aus Wien, aus Nancy ebenso wie aus St. Petersburg. Damit ist keine pauschale Ablehnung räumlicher Untergliederungen in der europäischen Geschichte beabsichtigt, über die die Fachwelt seit Jahrzehnten diskutiert. Eher soll das Beispiel der internationalen forstwissenschaftlichen Kongresse dazu dienen, an einem empirischen Beispiel vorzuführen, welche Form von Analyse und Darstellung möglich ist, wenn man klassische Raumeinteilungen überwindet. Es geht darum, einen Vorschlag zu unterbreiten, wie sich eine solche Überwindung herausarbeiten lässt, und einen Zugang zu erproben, wie ein weiterer Baustein zu einer *europäischen* Geschichte aussehen kann – eine Vorgehensweise, die hier auch als Modell vorgeschlagen wird, um auf andere Phänomene übertragen zu werden.

I.2 Begriffe

Bevor der Forschungsstand erörtert wird, müssen mehrere Begriffe definiert werden. Ein zentraler Begriff dieser Untersuchung ist „Nachhaltigkeit“. Als historischer Begriff taucht er im 18. Jahrhundert in der Fachsprache der deutschen Forstwissenschaft auf, und zwar zunächst als Adverb „nachhaltend“, später auch als Adjektiv oder Substantiv. Die Untersuchung wird an mehreren Stellen auf diesen *historischen* Begriff und seinen Bedeutungswandel im Laufe des 19. Jahrhunderts zurückkommen (vgl. Kapitel II, IV und VII). Daneben verwendet die Untersuchung „nachhaltig“ und „Nachhaltigkeit“ als *analytische* Begriffe: Diese analytischen Begriffe werden hier in der einfachen Bedeutung gebraucht, wie sie bspw. die Brundtland-Kommission 1987 in ihrem Bericht verwendete. Sie charakterisieren einen Umgang mit Ressourcen, der „die Bedürfnisse der Gegenwart befriedigt, ohne zu riskieren, daß künftige Generationen ihre eigenen Bedürfnisse

3 Im Rahmen des Vorhabens *Making Europe: Technology and Transformations, 1850–2000* sind inzwischen mehrere Publikationen erschienen, darunter: Diogo / van Laak: Europeans Globalizing (2016) und Hogselius / Kaijser / van der Vleuten: Europe's Infrastructure Transition (2015).

nicht befriedigen können."[4] Gemeint ist damit also eine Handlungsorientierung, die beim Gebrauch natürlicher Ressourcen berücksichtigt, dass auch nachfolgende Generationen diese Ressourcen nutzen können. Dass die deutschsprachige Fassung des Brundtland-Berichts den Begriff „sustainable development" 1987 mit „*dauerhafte* Entwicklung" und nicht mit „nachhaltiger Entwicklung" übersetzte, gibt eine Vorahnung von der komplexen Begriffsgeschichte von Nachhaltigkeit. Die Analyse wird auf begriffsgeschichtliche Aspekte – hauptsächlich des späten 19. Jahrhunderts – zurückkommen.

Die Bezeichnung „internationale forstwissenschaftliche Kongresse" wird als Oberbegriff für all jene großen Treffen verwendet, auf denen im 19. Jahrhundert jeweils mehrere hundert Forstwissenschaftler zahlreicher Länder zusammenkamen. Die Zeitgenossen benutzten für diese Zusammenkünfte, zumal in Abhängigkeit von der jeweiligen Landessprache, unterschiedliche Bezeichnungen, wie etwa „Internationaler Kongress der Land- und Forstwirte", „Congrès international de sylviculture" u. a. m. Teilweise fanden internationale forstwissenschaftliche Kongresse gemeinsam mit internationalen landwirtschaftlichen Kongressen statt, oder agrarwissenschaftliche Veranstaltungen umfassten eine forstwissenschaftliche Sektion. Auf diese Verflechtung wird die Studie insbesondere in Kapitel VI und VII eingehen. Die Bezeichnung „Kongress" dient hier auch dazu, diese großen Zusammenkünfte von den Treffen des 1891/92 gegründeten Internationalen Verbandes forstlicher Versuchsanstalten (heute: *International Union of Forest Research Organisations,* IUFRO) zu unterscheiden, bei denen nur 15 bis 40 Teilnehmer zusammenkamen und die durch einen gänzlich anderen Ablauf gekennzeichnet waren (vgl. dazu Kapitel V). Diese Treffen des internationalen Versuchsverbands werden, der historischen Terminologie folgend, als „Versammlungen" bezeichnet. Die begriffliche Unterscheidung von „internationalem forstwissenschaftlichem Kongress" und „Versammlungen" des internationalen Versuchsverbands soll dem Leser eine leichte Unterscheidung zwischen den großen Kongressen und den überschaubaren Versammlungen des Versuchsverbands ermöglichen. Inwieweit sich die Teilnehmeranzahl und das Format der Zusammenkunft auch auf die Diskussion um Nachhaltigkeit auswirkte, wird in der Analyse zu prüfen sein.

Die Teilnehmer der internationalen forstwissenschaftlichen Kongresse und der Versammlungen des internationalen Versuchsverbands waren zum großen Teil Wissenschaftler, die zu Beginn ihrer Laufbahn ein Studium der Forstwissenschaft, Botanik, Geographie oder verwandter Fächer absolviert hatten und die anschließend entweder an den zumeist staatlich finanzierten forstlichen Akademien, an entsprechenden Instituten von Universitäten und Hochschulen oder in der staatlichen Forstverwaltung tätig waren. Für die Teilnehmer werden daher die Begriffe

---

4 Zitiert nach Weltkommission für Umwelt und Entwicklung: Auf dem Weg zu globalem Bewußtsein (1987), S. 46; zur Einordnung des Brundtland-Berichts vgl. Grunwald / Kopfmüller: Nachhaltigkeit (2012), S. 19–28; vgl. auch Detten: Einer für alles? (2013); Hütte: Nachhaltigkeit (1999); Jüdes: Nachhaltige Sprachverwirrung (1997); Radkau: „Nachhaltigkeit" als Wort der Macht (2008).

„Wissenschaftler" und „Experten" verwendet, um im einfachen Wortsinn zum Ausdruck zu bringen, dass es sich hier um Personen handelt, „bei denen sich theoretisches Wissen und praktische Erfahrung über einen speziellen fachlichen oder organisatorischen Teilbereich einer gesamten Kultur [hier: der Teilbereich Forstwesen, C. L.] – mehr oder weniger unersetzbar – abgerundet verbinden."[5] Die Begriffe „Wissenschaftler" und „Experte" sollen zugleich anzeigen, dass es sich bei den Kongressteilnehmern – von Ausnahmen abgesehen – *nicht* um Politiker von Parteien, Minister einer Regierung oder Diplomaten verschiedener Länder handelte. Allenfalls für Grußworte traten auf den Kongressen Minister, Bürgermeister oder ähnliche politische Funktionsträger auf. Auch auf das Verhältnis von Wissenschaft und Politik wird die Analyse zurückkommen, und zwar insbesondere bei der Frage, welche praktischen Auswirkungen die Kongresse in internationalen, aber auch in nationalen Zusammenhängen entfalteten.

I.3 Forschungsstand

Eine Untersuchung, die anhand der Debatten auf internationalen forstwissenschaftlichen Kongressen den Wandel von Nachhaltigkeitskonzepten analysiert, berührt im Wesentlichen zwei Forschungsfelder, und zwar (1) die Geschichte internationaler Kongresse und internationaler Organisationen im 19. Jahrhundert und (2) die Geschichte von Nachhaltigkeit bzw. allgemeiner die Geschichte der Nutzung und Schonung von Wald und Holz.

I.3.1 Forschungsfeld Internationale Kongresse und internationale Organisationen

Eine zusammenhängende Untersuchung der großen forstwissenschaftlichen Kongresse während des 19. Jahrhunderts, beginnend mit dem Internationalen Congress der Land- und Forstwirthe 1873 in Wien, liegt bislang nicht vor. Gleichwohl kann die Studie vielfältige Anregungen aus solchen Untersuchungen aufnehmen, die sich mit anderen internationalen Kongressen und Organisationen und deren Auseinandersetzung mit Ressourcen und Umwelt sowie mit internationalen Aspekten der Umweltgeschichte befasst haben.[6] Sinnvoll erscheint es hier, drei Perspektiven zu fokussieren, um das Feld zu strukturieren:

5 Hillmann (Hg.): Wörterbuch der Soziologie (1994), S. 207 f, s. v. Experte. Abkürzungen im Lexikoneintrag, wie „u." für „und", wurden hier zur besseren Lesbarkeit ausgeschrieben; vgl. auch die historischen Fallbeispiele bei Engstrom / Hess / Thoms (Hg.): Figurationen des Experten (2005); Kohlrausch / Steffen / Wiederkehr (Hg.): Expert Cultures in Central Eastern Europe (2010).

6 Vgl. einführend Herren: Internationale Organisationen seit 1865 (2009); Paulmann / Geyer (Hg.): The Mechanics of Internationalism (2001); Frängsmyr (Hg.): Solomon's House Revisited (1990); Feuerhahn / Feuerhahn (Hg.): La fabrique internationale de la science (2010); Brüggemeier: Internationale

a) Zirkulation von Wissen zwischen regionalen, nationalen und internationalen Ebenen: Bei der Untersuchung der internationalen statistischen Kongresse, die seit 1853 stattfanden, kommt Nico Randeraad zu dem Ergebnis, dass das angestrebte Ziel der Kongresse, Statistiken zu vereinheitlichen und länderübergreifend vergleichbar zu machen, von der irrigen Annahme einer Vergleichbarkeit der darunter liegenden Fakten ausging.[7] Die kontinuierlichen Kongressdebatten um Standardisierungen hatten hier ihre wesentliche Ursache; dies galt ebenso für das 1885 eingerichtete Internationale Statistische Institut.[8] Ähnliche Spannungen zwischen regional spezifischen wirtschaftlichen und sozialen Gegebenheiten einerseits und dem Bestreben, diese Gegebenheiten in standardisierter Form zu erfassen, durchziehen neben den statistischen Kongressen auch zahlreiche andere internationale Unternehmungen, die sich im weiteren Sinn mit der Verarbeitung von regionalen Daten befassten. Zu nennen sind hier bspw. die großen geographischen bzw. kartographischen Unternehmungen des ausgehenden 19. und des 20. Jahrhunderts wie die Internationale Weltkarte 1 : 1.000.000 und die Weltkarte (Karta Mira) 1 : 2.500.000.[9] In einigen Fachgebieten, etwa in der Meteorologie und Ozeanographie, suchten Wissenschaftler Vereinheitlichungen durch die verbindliche Standardisierung von Messinstrumenten (zumindest teilweise) zu erreichen.[10] In der Forstwissenschaft gehört(e) die regionale Datenerhebung über Waldflächen zu den Kernaufgaben des Fachgebietes seit dem 18. Jahrhundert und wird zumeist als Forsttaxation bezeichnet. Unerforscht blieb in diesem Zusammenhang, wie sich Forststatistik im Zuge eines wachsenden internationalen Austauschs veränderte: Welche Konflikte fochten Forstwissenschaftler angesichts der Spannungen zwischen Anspruch auf Vergleichbarkeit statistischer Daten einerseits und den verschiedenartigen Beschaffenheiten von Waldflächen in den Ländern Europas andererseits aus?

b) Grenzen (frontiers and limits) der Ressourcennutzung: In mehreren Untersuchungen sind internationale Kongresse und Organisationen erforscht worden, die sich im 19. Jahrhundert mit den Grenzen von Ressourcennutzungen befassten, verstanden im Sinn der englischen Begriffe *frontier* (eine vorrückende Grenzlinie) und *limit* (eine Begrenzung). Ein markantes Beispiel, nämlich das Fischereiwesen, hat

---

Umweltgeschichte (2000); Iriye: Environmental History and International History (2008); Naumann: Verflechtung durch Internationalisierung (2017).

7 Randeraad: The International Statistical Congress (2011); Randeraad: States and Statistics in the Nineteenth Century (2010); vgl. auch Brian: Transactions statistiques au XIXe siècle (2002); zum historischen Ursprung moderner statistischer Rationalität im 18. Jahrhundert vgl. Behrisch: Die Berechnung der Glückseligkeit (2016).

8 Nixon: A History of the International Statistical Institute (1960), S. 11–16.

9 Pearson / Taylor / Kline / Heffernan: Cartographic Ideals and Geopolitical Realities (2006); Lotz / Gohr: Anti-Imperialism or New Imperialism? (2017).

10 Vgl. Launius / Fleming / DeVorkin (Hg.): Globalizing Polar Science (2010); Lüdecke: Scientific Collaboration in the Antarctica (2003); Edwards: Meteorology as Infrastructural Globalism (2006).

Helen M. Rozwadowski analysiert.[11] Sie zeigt, welche Rolle der Streit um eine angebliche oder tatsächliche Überfischung der Meere im grenzübergreifenden Austausch spielte und wie wissenschaftliche und politische Akteure um die Ausrichtung des 1902 gegründeten *International Council for the Exploration of the Sea* (ICES) rangen. Die zentrale Frage einer Überfischung weist unübersehbare Parallelen zu den forstlichen Debatten auf, inwieweit nämlich die natürliche Ressource Wald übernutzt, also nicht nachhaltig bewirtschaftet würde. Ein deutlicher Unterschied hingegen liegt darin, dass die Weltmeere eine Allmende *(a global common)* sind, also ein Raum, der von jedem genutzt werden kann, während sich die Nutzung von Wald durch regionale, nationale oder imperiale Gesetze regulieren lässt. Stärker noch als das 19. Jahrhundert ist das 20. Jahrhundert von internationalen Kongressen, Debatten und Übereinkünften geprägt, die die Grenzen von Ressourcennutzungen zum Gegenstand haben. Effizienzsteigerung und Grenzziehungen sind hier gleichermaßen zu beobachten: Während Rüdiger Graf bspw. die Wissenskonflikte über das Vorhandensein und die Grenzen der Erdöl-Förderung erforschte,[12] rekonstruierten Cornelia Lüdecke u. a. internationale Kooperationen in der Polarforschung: Der Antarktisvertrag von 1959, der internationaler wissenschaftlicher Zusammenarbeit am Südpol einen Rahmen gibt, die sich bis zum ersten internationalen Polarjahr 1882/83 zurückverfolgen lässt,[13] verbietet bspw. eine wirtschaftliche Ausbeutung der dortigen Bodenschätze.

In welcher Weise, so ließen sich hier Fragen für das Forstwesen anschließen, erörterten Wissenschaftler im 19. Jahrhundert internationale Vereinbarungen zur Regelung der Wald- und Holznutzung? Welche ökonomischen und ökologischen Schwerpunkte setzten Experten in der Debatte um die Grenzen von Ressourcennutzungen? Auf die Grenzen der Holznutzung, insbesondere auf die *timber frontier* (zu Deutsch etwa „Nutzholzgrenze") wird der Forschungsstand weiter unten in den Auseinandersetzungen mit den spezifisch umweltgeschichtlichen Forschungsproblemen zurückkommen.

c) Das Verhältnis zwischen dem Nationalen und dem Internationalen: Es ist in der Forschungsdiskussion mittlerweile breit akzeptiert, dass die Fortentwicklung von Internationalisierung und Globalisierung einerseits und die Herausbildung von Nationalstaaten im 19. Jahrhundert andererseits als zusammenhängende, einander wechselseitig bedingende Entwicklungen verstanden werden können.[14] In vielen internationalen Kongressen spiegelt sich daher auch eine Spannung zwischen dem Streben nach grenzübergreifender Zusammenarbeit und dem Willen zu

---

11 Rozwadowski: The Sea Knows no Boundaries (2002); vgl. auch Payne: Fishing a Borderless Sea (2010).

12 Graf: Ressourcenkonflikte als Wissenskonflikte (2012).

13 Lüdecke: Das Erste Internationale Polarjahr (2002); Lüdecke: Research Projects of the International Polar Years (2007); vgl. auch Millbrooke: International Polar Years (1998).

14 Vgl. Brenner: Beyond State-Centrism? (1999), S. 45; Laqua: The Age of Internationalism and Belgium (2013), S. 4; Dülffer / Loth: Einleitung (2012).

nationaler Eigenständigkeit. Ins Auge fällt diese Spannung nicht nur in den oben bereits erwähnten Studien zu den internationalen statistischen Kongressen, in deren Debatten um Vereinheitlichungen auch die Durchsetzungsfähigkeit nationaler Standards im internationalen Rahmen verhandelt wurde. Deutlich tritt diese Spannung auch auf den internationalen landwirtschaftlichen Kongressen in der zweiten Hälfte des 19. Jahrhunderts hervor, die Rita Aldenhoff-Hübinger als Teil ihrer Habilitationsschrift über Agrarpolitik und Protektionismus in Deutschland und Frankreich erforschte.[15] Sie zeigt, welche unterschiedlichen Ansätze Agrar-Experten einbrachten, um auf den Globalisierungsschub zu reagieren, der sich ab Mitte des 19. Jahrhunderts in einer steigende Menge von Getreideimporten aus Nordamerika und Osteuropa auf die Landwirtschaften west- und mitteleuropäischer Länder niederschlug. Aldenhoff-Hübinger arbeitet heraus, dass Fragen des Börsenhandels mit Getreide, des Protektionismus und Zollfragen die internationalen Verhandlungen prägten. Ein erster Blick in die offiziellen Dokumentationen der internationalen forstwissenschaftlichen Kongresse verdeutlicht, dass auch das Forstwesen von Diskussionen um nationale Zölle und protektionistische Maßnahmen berührt wurde, allerdings eher am Rande. Gleichwohl wird zu fragen sein, in welcher Weise Globalisierungsschub und Maßnahmen einzelner Länder bei der Gestaltung von Holzressourcenversorgung sich wechselseitig bedingten.

Spannungen zwischen etablierten nationalen Ordnungsmustern und dem Ziel eines internationalen Austauschs, grenzübergreifender Zusammenarbeit, verbindlichen Übereinkommen, Standardisierungen u. a. m. kennzeichnen nicht nur das späte 19. Jahrhundert, sondern ebenso die Zeitphase nach dem Ersten Weltkrieg, die hinsichtlich der Geschichte von internationalen Kongressen und internationalen Organisationen erheblich detaillierter erforscht ist. Dies gilt auch für jene Organisationen, die sich nach 1918 mit forstlichen Fragen im internationalen Rahmen befassten, wie etwa das *Centre International de Sylviculture* (CIS, gegründet 1939) oder die forstliche Abteilung innerhalb der *Food and Agriculture Organization* (FAO, gegründet 1945).[16] Einige dieser Arbeiten, etwa zur *International Union of Forest Research Organizations* (IUFRO) gehen zwar auf die Gründungszeit im späten 19. Jahrhundert ein. Sie bieten jedoch lediglich eine erste ereignisgeschichtliche Orientierung, da sie – wie insbesondere das Kapitel V dieser Untersuchung zeigen wird – an keiner Stelle auf die inneren Konflikte und Spannungen eingehen.[17] Entgegen der These von Claire Pitner, dass Ökologie bis in die 1960er Jahre

---

15 Aldenhoff-Hübinger: Agrarpolitik und Protektionismus (2002), S. 42–70; vgl. auch Tosi: The League of Nations, the International Institute of Agriculture and the Food Question (2007); Hobson: The International Institute of Agriculture (1931).

16 Vgl. exemplarisch Ball / Kollert: The Centre International de Sylviculture (2013); Lanly: European and U. S. Influence on Forest Policy at the Food and Agriculture Organization (2008); Johann: Aufgaben und Tätigkeit des Centre International de Sylviculture (2009).

17 Richter / Schwartz: Zur Gründung des internationalen Verbandes forstlicher Versuchsanstalten (1967); Horky: Geschichte und Organisation des Internationalen Verbandes forstlicher Forschungsanstalten (1961).

kein „transnational theme“ war, wird gerade die Fallstudie zum Internationalen Verband forstlicher Versuchsanstalten in Kapitel V zeigen, in welcher Weise ökologische Fragen in internationalen Organisationen im späten 19. Jahrhundert eine Rolle spielten.[18]

I.3.2 Forschungen zur Geschichte von Nachhaltigkeit und zur Geschichte von Waldressourcennutzungen

Untersuchungen zur Geschichte von Nachhaltigkeit und zu den vielfältigen Formen der Nutzung und Schonung von Wald und Holz als natürliche Ressourcen bilden ein breites Arbeitsgebiet, dessen Umfang in dem Maß wächst, je mehr Regionen und Länder mit ihren je spezifischen Waldvorkommen man in den Blick nimmt. Ähnlich wie beim Forschungsfeld zu internationalen Kongressen ist es auch hier nicht möglich, das Feld im Ganzen abzubilden. Vielmehr sollen vier Perspektiven eröffnet werden, um jene Aspekte zu strukturieren, die für die folgende Untersuchung maßgeblich sind:

a) Schillernde Nachhaltigkeit zwischen Wissenschaft und Rohstoffpolitik: Die Entwicklung nachhaltiger Forstwirtschaft ist ein zentrales Thema zahlreicher Arbeiten, die sich mit der Geschichte einzelner Forstwissenschaftler, von Forstakademien und Forstverwaltungen befassen. Hier ist zunächst auffällig, dass zahlreiche dieser Darstellungen einem ähnlichen Narrativ folgen: Im Angesicht von drohendem Holzmangel hätten Forstwissenschaftler im 18. Jahrhundert große Rechenanstrengungen vollbracht, um zu ermitteln, wie viel Holz jährlich dem Wald entnommen werden könnte, ohne diesen Wald langfristig zu zerstören. Sie nutzten für diese Wirtschaftsweise die Begriffe „nachhaltend“, „nachhaltig“, später als Substantiv auch „Nachhaltigkeit“. Von dort führt in vielen Darstellungen ein langer Bogen bis zum Streben nach „nachhaltiger Entwicklung“, wie sie seit den 1980er Jahren zum politischen Schlagwort geworden ist, wobei die Forstwissenschaft des 18. Jahrhunderts gleichsam zum Geburtshelfer dieser Idee avanciert.[19] Dieses Narrativ ist seit den 1980er Jahren hinterfragt worden:[20] Ausführlich und in pointierter Form hat es Richard Hölzl 2010 kritisch reflektiert. Er kommt zu dem Ergebnis, dass sich die forstwissenschaftliche Bedeutung von Nachhaltigkeit bereits im frühen 19. Jahrhundert zu wandeln begann: Um 1800 bedeutete Nachhaltigkeit die Erzielung eines gleichmäßigen Holzertrags. In den darauffolgenden Jahrzehnten hingegen kam immer stärker die Bedeutung hinzu, einen gleichmäßigen *finanziellen* Ertrag

---

18 Vgl. die These von Pitner: Ecology (2009).

19 Hasel / Schwartz: Forstgeschichte (1986); Hasel: Zur Geschichte der Waldverwüstung (1993), S. 117–125; Grober: Die Entdeckung der Nachhaltigkeit (2010), S. 115–122, 162–169; vgl. auch Grober: Modewort mit tiefen Wurzeln (2003).

20 Radkau: Zur angeblichen Energiekrise (1986); Schäfer: „Ein Gespenst geht um“ (1991).

aus dem Verkauf des nachwachsenden Holzes zu erzielen.[21] An solche begriffsgeschichtlichen Reflexionen will die Untersuchung anschließen und sie für die Zeitphase des späten 19. und frühen 20. Jahrhunderts fortführen.

Bei aller Beschäftigung mit der Forst*wissenschaft* darf nicht vergessen werden, dass es in den vergangenen Jahrhunderten viele Beispiele für nachhaltige Ressourcennutzung gibt, die ohne akademische Lehren auskamen (und auskommen), sondern die auf lokal verankerten Regeln und tradiertem Wissen beruhen.[22] So zeigte bspw. Robert Netting 1972, wie nachhaltige Waldnutzung in schweizerischen Bergregionen seit der Frühen Neuzeit kontinuierliche Holzversorgung sicherte – ein Fallbeispiel, das insbesondere durch seine Verwendung in Elinor Ostroms Studie „Die Verfassung der Allmende" breite Bekanntheit erreichte.[23]

Mit den Reflexionen über Theorie und Praxis nachhaltiger Waldnutzung seit dem 18. Jahrhundert ist eine zentrale Forschungskontroverse der Umweltgeschichte verknüpft, nämlich der Streit um eine angebliche oder tatsächliche Holznot. In der Forschungsliteratur zur Forstgeschichte zahlreicher europäischer Länder ist die These anzutreffen, im Lauf des 18. Jahrhunderts seien durch Bevölkerungswachstum und zunehmende Gewerbetätigkeit die Wälder immer stärker verwüstet worden, und eine Holznot sei drohend nahe gerückt. Erst die aufkommende Forstwissenschaft habe Waldverwüstung und Holzmangel abwenden können, indem sie moderne Prinzipien nachhaltigen Forstbetriebs eingeführt und durchgesetzt habe. So oder ähnlich klingen die Argumentationen bspw. bei Karl Hasel über die Situation in den deutschen Ländern, bei Eduard Więcko und Antoni Żabko-Potopowicz über Polen oder bei Torgeir Fryjordet über Norwegen.[24] So zahlreich die Länder sind, in denen solche Thesen vertreten wurden, so lebhaft regte sich seit den 1980er Jahren Widerspruch dagegen. Prominent hat insbesondere Joachim Radkau für den deutschen Fall solchen Thesen entgegengehalten, dass der nachhaltige Forstbetrieb moderner Forstwissenschaft vor allem auf die Produktion von Nutzholz zielte, wohingegen traditionelle Waldnutzungen (Brennholzsammeln, Viehweide usw.) nun als ‚Nebennutzungen' oder gar Missbrauch abqualifiziert wurden.[25] Dadurch erzeugte die moderne Forstwissenschaft für die unteren Schichten der Bevölkerung gerade jenen Holzmangel, den zu beseitigen sie angeblich angetreten war. Radkau sah hinter dem historischen Begriff „Nachhaltigkeit" also weniger ein vernunftgeleitetes Streben effizienter Ressourcennutzung, sondern vielmehr eine

---

21 Hölzl: Historicizing Sustainability (2010).

22 Vgl. Uekötter: Ein Haus auf schwankendem Boden (2014); Warde: The Invention of Sustainability (2001), S. 154–159; Caradonna: Sustainability (2014), S. 38–42; Worster: Can History Offer Pathways to Sustainability? (2016).

23 Netting: Of Men and Meadows (1972); Ostrom: Die Verfassung der Allmende (1999), S. 79–85.

24 Hasel: Zur Geschichte der Waldverwüstung (1993), S. 117–121; Więcko: Zarys historii nauk leśnych w Polsce (1975); Żabko-Potopowicz: Wpływ zachodnioeuropejskiego piśmiennictwa (1966), S. 311–313; Fryjordet: Skogadministrasjonen i Norge (1962), Bd. 1, S. 5; vgl. auch die Polemik gegen Radkau bei Kropp / Rozsnyay (Hg.): Niedersächsische Forstliche Biographie (1998), S. 4.

25 Radkau: Zur angeblichen Energiekrise (1986).

politische Strategie der Obrigkeit, durch einen stetigen Knappheitsdiskurs untere Gesellschaftsschichten aus dem Wald zu drängen und den finanziellen Gewinn für den Waldbesitzer, insbesondere die Staatskasse in den deutschen Ländern, zu steigern. In anderen Regionen des Nord- und Ostseeraums sind ähnliche Konflikte um die Durchsetzung staatlicher forstwirtschaftlicher Vorgaben zu beobachten, etwa in Schweden, wie Per Eliasson und Sven G. Nilsson herausarbeiteten, um die Vorrangstellung von Eichenwäldern als Rohstofflieferant für die Marine.[26]

Darüber hinaus trat in der Kontroverse zu Tage, wie stark Holznot und Nachhaltigkeit in einer wechselseitigen Beziehung zueinander standen: Im Begriff Holznot verdichtete sich die Angst vor den Folgen ungesteuerten Bevölkerungs- und Wirtschaftswachstums sowie steigenden Ressourcenverbrauchs. Auf den Begriff Nachhaltigkeit hingegen brachte die entstehende Forstwissenschaft das Versprechen, zukünftige Ressourcenversorgung kalkulierbar, planbar zu machen:[27] Die Arbeit der Forstwissenschaftler beinhaltete die Bestandsaufnahme der Gegenwart (Kartierung vorhandener Waldbestände und Erhebung von Holzverbrauch) sowie die Planung der Zukunft (Messung von Zuwachs, Hochrechnung des zukünftig zu erwartenden Ertrages). Die Forstwissenschaft als Disziplin erscheint in diesem Zusammenhang als ein Fach neben zahlreichen anderen, wie der Ökonomie, der Bevölkerungswissenschaft u. a. m., die aus dem Geist der Aufklärung darangingen, durch immer feinere statistische und mathematische Zugriffe auf ihren Gegenstand, seine Nutzung von der Gegenwart in die Zukunft hinein zu planen[28] – eine Zukunft, die angesichts forstlicher Umtriebszeiten von teilweise mehreren hundert Jahren weit über ein Menschenalter hinausgingen und -gehen.

Angestoßen von der Kontroverse um Holznot und Nachhaltigkeit haben seit den 1990er Jahren zahlreiche Historiker Fallstudien zu den Konflikten um Holzversorgung, um die Einrichtung von Forstverwaltungen, die Durchsetzung von Bewirtschaftungspraktiken, Aufforstungen u. a. m. erarbeitet. Hierbei wurden einerseits die sozialen und wirtschaftlichen Dimensionen der Konflikte deutlich, wie etwa in den Untersuchungen von Bernward Selter zum Sauerland oder Gerd Modert zum Rhein-Mosel-Gebiet.[29] Joachim Sperber verwies 2010 darauf, dass es der lokalen Bevölkerung in Mitteleuropa während des 18. und frühen 19. Jahrhunderts durchaus gelang, den fortschreitenden und von der Obrigkeit forcierten Wandel von Waldnutzungspraktiken für sich zu nutzen und eigene Interessen durchzusetzen.[30] Andererseits zeigten sich, insbesondere an den ‚Rändern' bzw. in Grenzregionen der europäischen Staaten und Reiche die politischen und ethnischen Dimensionen der Auseinandersetzung, wie es beispielhaft in Jeffrey K. Wilsons Analyse von preu-

26 Eliasson / Nilsson: „You Should Hate Young Oaks and Young Noblemen." (2002).
27 Vgl. van Laak: Planung (2008).
28 Lowood: The Calculating Forester (1990); vgl. auch Desrosières: Die Politik der großen Zahlen (2005).
29 Selter: Waldnutzung und ländliche Gesellschaft (1995); Modert: Socio-economic Development (2000).
30 Sperber: Angenommene, vorgetäuschte und eigentliche Normenkonflikte (2010).

ßischen Aufforstungen in Ostelbien[31] oder in Krzysztof Latawiec' Untersuchung zum russischen Einfluss auf die Forstverwaltung im Königreich Polen hervortritt.[32]

In der Kontroverse um Holznot ist zugleich auffällig, dass sich die meisten Untersuchungen auf die Knappheitsdiskurse um 1800 konzentrieren. „Kontinuitätslinien [dieser Knappheitsdiskurse, C. L.] über das frühe 19. Jahrhundert hinaus", so stellte Marcus Popplow 2014 fest, „sind bislang jedoch nicht systematisch untersucht worden. Hier ergäben sich interessante Möglichkeiten einer politischen Diskursgeschichte der Ressourcennutzung, welche die kontinuierliche Wiederaufnahme diskursiver Figuren wie die der ‚Knappheit' natürlicher Ressourcen in unterschiedlichen Konstellationen untersuchen könnte."[33] In der Tat zeigt ein Blick in die offiziellen Dokumentationen forstwissenschaftlicher Kongresse und Ausstellungen am Ende des 19. Jahrhunderts, dass dort erneut von Holzmangel die Rede war, so bspw. auf der Internationalen Forstausstellung in Edinburgh 1884. Wenig später traten Forstwissenschaftler wie etwa der Österreicher Adolf von Guttenberg 1890 auf und fragten, inwieweit Nachhaltigkeit überhaupt noch aufrechtzuerhalten sei. Welche Kontroversen, so wird zu fragen sein, fochten Forstwissenschaftler über Holzversorgung, Holzmangel und Nachhaltigkeit auf internationalen Kongressen aus?

b) Nachhaltigkeit auf Kosten anderer? Einen wichtigen Impuls, internationale bzw. grenzübergreifende Aspekte von Nachhaltigkeit im 19. Jahrhundert stärker in den Blick zu nehmen, gab Bernd-Stefan Grewe 2003. Er verwies darauf, dass ab den 1860er Jahren die deutschen Länder bzw. später das Deutsche Reich vom Exporteur zum Importeur von Nutzholz wurde. Da also im Angesicht von Industrialisierung und wachsendem Rohstoffverbrauch Holz nach Deutschland eingeführt wurde, fragte Grewe, ob Nachhaltigkeit in deutschen Wäldern etwa auf Kosten des Waldes in anderen Ländern aufrechterhalten wurde. Grewe verwies dazu auf die Lage der Wälder in den „zahlreichen ehemaligen europäischen Kolonien in Afrika und Asien, Süd- und Mittelamerika".[34]

Die Bedeutung von Grewes Frage lag hier nicht allein in dem Hinweis auf grenzübergreifende Zusammenhänge, die einer näheren Erforschung bedürfen, sondern auch im Hinweis auf den steigenden Holzverbrauch im Zuge der Industrialisierung. Den Zeitgenossen im späten 19. Jahrhundert war dieser steigende Verbrauch bewusst,[35] und auch einige Arbeiten der klassischen Forstgeschichte gehen darauf ein.[36] Gleichwohl taucht immer wieder die These auf, durch Industrialisierung und die Nutzung von Kohle sei der Holzverbrauch zurückgegangen – nachzulesen etwa in dem seit 1998 mehrfach aufgelegten Einführungswerk von Hansjörg Küster zur

31 Wilson: ‚The Holy Property of the Entirety of the People' (2014).
32 Latawiec: Rosjanie w korpusie pracowników leśnych (2007).
33 Popplow: Kommentar: Ökonomische Kalküle um Ressourcen (2014), S. 83 f.
34 Grewe: Das Ende der Nachhaltigkeit? (2003); vgl. auch Grewe: Shortage of Wood? (2000).
35 Vgl. exemplarisch Endres: Handbuch der Forstpolitik (1905), S. 609–638.
36 Rubner: Forstgeschichte im Zeitalter der industriellen Revolution (1967), S. 150 f.

Geschichte des Waldes.[37] Das Gegenteil aber war der Fall, denn gerade die Kohleförderung benötigte Holz zum Ausbau der Stollen (Grubenstempel), für den Ausbau der Infrastruktur war Holz notwendig (hölzerne Schienenschwellen), ebenso wie im Bauwesen und in vielen weiteren Gewerbezweigen.[38] Bernward Selter griff daher 2007 in einem Forschungsüberblick Grewes Überlegungen erneut auf und sah es als erforschenswert an, „[i]nwieweit die Nachhaltigkeit in deutschen Wäldern auf Kosten der Wälder anderer Regionen aufrechterhalten wurde.“[39]

Vor dem Hintergrund dieser Forschungsdiskussion drängt sich die Frage auf, in welcher Weise sich das Verhältnis zwischen nachhaltiger Forstwirtschaft vor Ort und dem wachsenden Holzimport und -export veränderte, wie Forstwissenschaftler im 19. Jahrhundert dieses Verhältnis reflektierten und welche Perspektiven für eine zukünftige Versorgung mit Holzressourcen sie daraus ableiteten.

c) Holzhandel und die timber frontier: Fragt man genauer nach der Herkunft des Holzes, das werdende Industrieländer, wie zunächst Großbritannien, dann auch zahlreiche kontinentaleuropäische Länder Westeuropas im 18. und 19. Jahrhundert importierten, fällt der Blick allerdings nicht auf Afrika, Asien und Amerika, wie es Bernd-Stefan Grewe oder auch Jeremy Caradonna suggerierten.[40] Vielmehr hatte der Holzhandel, ähnlich wie der Handel mit anderen Waren und Gütern, seinen Schwerpunkt eindeutig in Europa.[41] Umwelt- und wirtschaftsgeschichtliche Untersuchungen zeigen durch das gesamte 19. Jahrhundert einen kontinuierlich zunehmenden Holzeinschlag in den Wäldern der skandinavischen Länder, im Russischen Reich, einschließlich Finnland und Polen, sowie in Österreich-Ungarn. Im Durchschnitt wurden vom eingeschlagenen Holz 75 bis 90 % im Inland verbraucht und 10 bis 25 % gingen in den Export in die wirtschaftlichen Wachstumsregionen Mittel- und Westeuropas.[42] Obwohl der Export also nur einen verhältnismäßig geringen Anteil des Holzeinschlags ausmachte, erreichte er in der zweiten Hälfte des 19. Jahrhunderts Größenordnungen, die bald in Millionen von Tonnen gemessen wurden und die daher die Aufmerksamkeit zeitgenössischer Forstwissenschaftler weckten.

---

37 Vgl. Küster: Geschichte des Waldes (1998), S. 193 f; vgl. auch die regional nicht näher differenzierte These von Grober, dass das fossile Zeitalter den „ökonomischen Druck“ auf den Wald sinken ließ, Grober: Die Entdeckung der Nachhaltigkeit (2010), S. 178 f.

38 Vgl. Schmidt: Steinkohlebergbau und Forstwirtschaft (2012), S. 370–416; Lincke: Das Grubenholz von der Erziehung bis zum Verbrauch (1921); vgl. auch Tenfelde / Berger / Seidel: Geschichte des deutschen Bergbaus, Bd. 3: Motor der Industrialisierung (2016).

39 Selter: Wald- und forstgeschichtliche Untersuchungen (2007), S. 97.

40 Grewe: Das Ende der Nachhaltigkeit? (2003); Caradonna: Sustainability (2014), S. 24.

41 Bairoch: Geographical Structure and Trade Balance of European Foreign Trade (1974); Tucker: Introduction (1983), S. XVIII.

42 Vgl. Fryjordet: Skogadministrasjonen i Norge, Bd. 2 (1962), S. 61 f; Weigl: Die österreichische Forstwirtschaft im 20. Jahrhundert (2002), S. 596; vgl. auch exemplarisch die Zahlen für einzelne Länder bei Kern: Aus den Berichten des Direktors der St. Petersburger Forstakademie (1903).

Um die Bedeutung des Rohstoffes Holz in der Phase der Industrialisierung im 19. Jahrhundert einschätzen zu können, müssen die verwendeten Maßeinheiten kritisch reflektiert werden: Die Bedeutung der Ressource Holz erscheint besonders hoch, wenn man aus den Handelsstatistiken die Massen- oder Volumenangaben heranzieht, denn diese Werte waren (und sind) beim schweren Handelsgut Holz, verglichen mit anderen Gütern, hoch. Verwendet man hingegen den Geldwert des Handelsgutes Holz, so erscheint die Bedeutung von Holz eher gering, denn Holz war im Verhältnis zu anderen Rohstoffen eine billige Ware, deren Preis am Zielort obendrein zum überwiegenden Teil aus Transportkosten bestand. Auf umweltgeschichtlichen Konferenzen lässt sich bisweilen ein etwas eifersüchtig geführter Streit um die Wichtigkeit dieser oder jener Ressource beobachten; hier kann man unter Verwendung der ‚richtigen' Parameter beinahe jedes gewünschte Ergebnis erzielen. Zielführender erscheint es hingegen, Handel und Verbrauch von Holz im Verhältnis zu anderen Rohstoffen zu betrachten. Augenfällig ist hier die Parallelität der Entwicklungen, wie sie beispielhaft aus britischen Wirtschaftsstatistiken des 19. Jahrhunderts hervorgeht: Mit der Zunahme der Kohleförderung und Eisenerzgewinnung stieg auch der Verbrauch von Holz.[43] Diese Parallelität rührt daher, dass zum Vortrieb von Bergwerksstollen – wie oben bereits erwähnt – hölzerne Grubenstempel verwendet werden und dass für viele Gewerbe Holz ein unverzichtbarer Rohstoff blieb.

Durch einen Vergleich der Exportzahlen aus den nördlichen Anrainern der Nord- und Ostsee hatte Sven Erik Åström 1970 herausgearbeitet, dass sich der räumliche Schwerpunkt des Holzexports seit dem 18. Jahrhundert langsam von West nach Ost verschob: Noch Anfang des 18. Jahrhunderts kam das meiste Exportholz aus dem südlichen Norwegen, Mitte des 19. Jahrhunderts aus Schweden und Ende des 19. Jahrhunderts aus Finnland, dem Baltikum und Russland.[44] Nicht nur die Exportzahlen zeigten eine solche West-Ost-Bewegung. Auch die marktbestimmenden Maße für Holz wanderten ostwärts: War Anfang des 18. Jahrhunderts bspw. der Christiania Standard eine handelsübliche Maßeinheit, wurde es zum Ende des 19. Jahrhunderts der Petersburg Standard.[45] Während Åström die nördlichen Ostseeanrainer erforschte, publizierte im gleichen Jahr, 1970, Józef Broda seine Forschungen zur Forstwirtschaft in den Teilungsgebieten Polens, also im weiteren Sinne zu einem südlichen Ostseeanrainer. Broda wies auf die Tendenz hin, dass in Galizien die österreichische Staatsforstverwaltung seit den 1850er Jahren mehr und mehr Waldflächen verkaufte und dass diese Waldflächen anschließend von ihren

43 Vgl. die statistischen Übersichten für Kohleförderung und Holzimport bei Mitchell: European Historical Statistics (1975), S. 345–362.

44 Åström: English Timber Imports from Northern Europe (1970); vgl. außerdem Åström: Northeastern Europe's Timber Trade Between the Napoleonic and Crimean Wars (1987); Åström: From Tar to Timber (1988); Kjaerheim: Norwegian Timber Exports (1957).

45 Diese Standards sind Volumenmaße. Ein Petersburg Standard umfasst 165 Kubikfuß, also etwa 4,7 Kubikmeter.

neuen (privaten) Waldbesitzern kahlgeschlagen und nicht wieder aufgeforstet wurden.[46] Die Waldfläche Galiziens nahm also immer weiter ab.

Seit den 1980er Jahren sind das Vorrücken der Sägewerke und die Auswirkungen industrieller Holznutzung insbesondere für die skandinavischen Länder systematisch erkundet worden. Interessanterweise ohne Rückgriff auf Åström oder Broda analysierten 1980 Francis Sejersted und 1984 Jörgen Björklund die langsame Verlagerung norwegischer und schwedischer Sägewerksunternehmen im 19. Jahrhundert von West nach Ost.[47] Sejersted charakterisierte dieses Vorrücken der Unternehmen mit der englisch-norwegischen Wortschöpfung „‚frontier'-bevegelse",[48] zu Deutsch etwa „Grenzbewegung", wobei er auf Frederick Jackson Turners Begriffsverständnis von „frontier" aus dem Jahr 1893 zurückgriff.[49] Björklund prägte später die Begriffe „timmergränsen" (schwedisch) bzw. „timber frontier" (englisch), zu Deutsch also „Nutzholzgrenze".[50] Diese *timber frontier* ist – aus einer breiteren Perspektive betrachtet – als eine Facette jenes Prozesses zu verstehen, der dadurch charakterisiert ist, dass der Mensch durch sein Wirtschaften in der Neuzeit immer tiefer und mit immer spürbareren Auswirkungen in vermeintlich ‚unberührte' oder ‚ungenutzte' Rohstoffvorkommen eindringt.[51]

In zahlreichen Fallstudien sind seitdem regionale Auswirkungen dieses Vorrückens industrieller Holznutzung in Gestalt einer *timber frontier* auf den Bestand und die Zusammensetzung der Wälder Skandinaviens erforscht worden, etwa von Lars Östlund und von Marit Lie et al.[52] Solche Arbeiten nutzen oftmals das gesamte methodische Spektrum zwischen textlichen, kartographischen und botanischen / biologischen Quellen.[53] Zu beachten ist bei der Untersuchung der *timber frontier* allerdings, wie Torbjörn Josefsson et al. 2010 zeigten, dass der nordeuropäische Wald vor Ankunft der Sägewerke nicht „wirklich unberührt" war, da auch die lokale Sami-Bevölkerung – wenn auch in viel geringerem Maße – den vorhandenen Wald durch ihre Nutzungen bereits verändert hatte.[54]

Mit Blick auf das Vorrücken der *timber frontier*, auf die ostwärts wandernden Sägewerksunternehmen, auf fortschreitende Privatisierung staatlicher Waldflächen u. a. m. wird zu fragen sein, welche Rolle diese Entwicklungen in internationalen forstwissenschaftlichen Diskussionen spielten: In welcher Weise reflektierten zeit-

---

46 Broda: Gospodarka leśna (1970).

47 Sejersted: Veien mot øst (1980); Björklund: From the Gulf of Bothnia to the White Sea (1984).

48 Sejersted: Veien mot øst (1980), S. 164.

49 Turner: The Significance of the Frontier in American History (1893); vgl. auch die umweltgeschichtliche Einordnung Turners bei Radkau: Natur und Macht (2002), S. 211.

50 Björklund: Den nordeuropeiska timmergränsen (1998).

51 Richards: The Unending Frontier (2003); vgl. auch aus wirtschaftstheoretischer Sicht Barbier: Scarcity and Frontiers (2011).

52 Östlund: Logging the Virgin Forest (1995); Lie / Josefsson / Storaunet / Ohlson: A Refined View on the "Green Lie" (2012); vgl. auch Josefsson / Östlund: Increased Production and Depletion (2011).

53 Vgl. zur Methodenvielfalt Agnoletti / Anderson: Methods and Approaches in Forest History (2000).

54 Josefsson / Gunnarson / Liedgren / Bergman / Östlund: Historical Human Influence on Forest Composition (2010).

genössische Forstwissenschaftler über diese *timber frontier*, und welche Konsequenzen leiteten sie daraus für eine zukünftige Forstwirtschaft ab?

d) Ökologische Aspekte von Nachhaltigkeit: Die Bedeutung ökologischer Aspekte in den forstwissenschaftlichen Debatten seit dem 18. Jahrhundert rückten verstärkt seit den 1980er Jahren in den Fokus der Forschung. Die Aufmerksamkeit gilt hier – neben anderen Feldern – dem Zusammenhang zwischen Waldbestand und Wasserhaushalt. So zeigte Engelhard Weigl 2004, dass die Forschungen Alexander von Humboldts und Jean-Baptiste Boussingaults in Südamerika zu Anfang des 19. Jahrhunderts erheblichen Einfluss darauf hatten, dass der Ursachenzusammenhang von Entwaldung und ausbleibendem Niederschlag das Gewicht wissenschaftlich gesicherter Erkenntnis erhielt.[55] Die Arbeit von Richard Grove über die Tätigkeit John Croumbie Browns und anderer britischer Kolonialbeamter in Südafrika wie auch die Untersuchung von Christian Pfister und Daniel Brändli über die Schweiz betonten bereits in den 1990er Jahren die forst*politischen* bzw. allgemein umweltpolitischen Bedeutungen, die dieser Argumentation zukam.[56] Pfister und Brändli kamen zu dem Ergebnis, dass forstwissenschaftliche Experten in der Schweiz während des 19. Jahrhunderts den behaupteten Ursachenzusammenhang zwischen Entwaldungen im Gebirge und Überschwemmungen im Gebirgsvorland erfolgreich einsetzten, um eine in ihrem Sinne ausgeformte Forstgesetzgebung durchzusetzen. Pfister und Brändli sprachen hier – im Sinne Thomas Kuhns – von einem „Abholzungsparadigma".[57]

Auch die These Joachim Radkaus, Forstwissenschaftler hätten die ökologische Bedeutung des Waldes betont, um angesichts wachsender Konkurrenz durch andere Rohstoffe die Bedeutung der Forstwissenschaft und der Ressourcen Wald und Holz zu unterstreichen, geht in eine ähnliche Richtung.[58]

Ausgehend von dieser Forschungslage wird zu fragen sein, inwieweit etablierte Argumentationsmuster, wenn nicht gar ein „Paradigma" (Pfister / Brändli), aus nationalen Zusammenhängen in internationale Diskussionen Eingang fanden: Welche Rolle spielten ökologische Aspekte im Rahmen internationaler Kongresse? Welches Verhältnis sahen die diskutierenden Experten zwischen Ökologie und Ökonomie des Forstwesens? Welche Rolle spielten ökologische Aspekte in den forstwissenschaftlichen Zukunftsplanungen?

Über diese vier Perspektiven hinaus baut die Untersuchung auf einem breiten Spektrum von Arbeiten zur Umwelt- und Forstgeschichte der Länder des Nord- und Ostseeraums auf, insbesondere zur Geschichte der Waldvorkommen, der Forstakademien und Forstverwaltungen. Viele dieser Arbeiten kommen eher im

---

55 Weigl: Wald und Klima (2004); vgl. auch Delort / Walter: Histoire de l'environnement européen (2001), S. 270–273.

56 Pfister / Brändli: Rodungen im Gebirge (1999), S. 297–324; vgl. auch Weigl: Wald und Klima (2004), S. 83–90.

57 Pfister / Brändli: Rodungen im Gebirge (1999), S. 297.

58 Radkau: Holz (2007), S. 263 f.

Stil einer ‚klassischen', ereignisgeschichtlichen Forstgeschichte daher, enthalten jedoch viele nützliche Hinweise zu regionalen Spezifika und den jeweils landeseigenen Entwicklungen,[59] von denen hier insbesondere die Geschichte der Forstschulen und Forstakademien von Interesse ist.[60] Denn hier hatten die meisten Experten, die seit den 1870er Jahren auf internationalen forstwissenschaftlichen Kongressen aktiv wurden, ihre Ausbildung erhalten bzw. waren anschließend in Lehre und Forschung tätig. Grundsätzlich bewegen sich die meisten dieser Untersuchungen im engen regionalen oder nationalen Rahmen. Gleichwohl sind einige Hinweise auf grenzübergreifende Zusammenhänge zu finden. Dies gilt insbesondere für die internationale Ausstrahlung der französischen und deutschen Forstakademien, die seit ihrer Gründung zahlreiche Studenten aus dem Ausland anzogen und deren Techniken, Verfahren und Publikationen mit großer Aufmerksamkeit im Ausland aufgenommen wurden.[61]

I.4 Fragestellung

In der Reflexion des Forschungsstandes konnten zahlreiche Problemstellungen und Aspekte herausgearbeitet werden, deren tiefere Erforschung lohnenswert erscheint. Diese Aspekte müssen im Folgenden so systematisiert werden, dass sie für eine geschichtswissenschaftliche Untersuchung operationalisierbar sind. Die Untersuchung verfolgt daher drei Fragekomplexe, und zwar (1) wie Wissen über Waldressourcen auf und zwischen internationalen forstwissenschaftlichen Kongressen zirkulierte, (2) welche Wechselwirkungen sich beobachten lassen zwischen dem Wandel der räumlichen Rahmenbedingungen von Forstwirtschaft einerseits und der Veränderung von Nachhaltigkeitskonzepten andererseits sowie (3) welche Spannungen zwischen den notwendigerweise langen Planungszeiträumen der Forstwissenschaft und den beschleunigten Abläufen einer zunehmend industrialisierten Produktion auftraten.

Innerhalb des ersten Fragekomplexes, der die *Zirkulation von Wissen* auf und zwischen internationalen forstwissenschaftlichen Kongressen zum Gegenstand hat, geht es darum, jene Wege zu rekonstruieren, die Argumente im Streit um Waldressourcennutzung aus den einzelnen Ländern in eine internationale Arena nahmen und von dort wiederum zurück in einzelne Länder fanden. Zu prüfen ist hier nicht allein, wie sich Experten aus unterschiedlichen Regionen in internationale Debatten um Ressourcennutzung und -schonung einbringen konnten,

59 Vgl. exemplarisch Anderson / Taylor: A History of Scottish Forestry, 2 Bde. (1967); Broda: Historia leśnictwa w Polsce (2000); Fryjordet: Skogadministrasjonen i Norge, 2 Bde. (1962 / 1992).

60 Das Kapitel II.4 geht auf die Forstakademien und -schulen ein und nennt dort einführende Literatur.

61 Exemplarisch James: A History of Forestry and Monographic Forestry Literature (1996); Anderson / Taylor: A History of Scottish Forestry, Bd. 2 (1967), S. 349; Więcko: Zarys historii nauk leśnych, S. 116–129; Żabko-Potopowicz: Wpływ zachodnioeuropejskiego piśmiennictwa (1966), S. 311–320; Fryjordet: Skogadministrasjonen i Norge, Bd. 2 (1962), S. 105.

sondern auch, welche unterschiedlichen Auffassungen von Ressourcennutzung und ggf. Nachhaltigkeit sich in den internationalen Debatten niederschlugen. Wie im Forschungsstand erörtert, haben geschichtswissenschaftliche Studien dem Aufkommen ökologischer Argumente im Streit um Wald und Holz in nationalen und kolonialen Zusammenhängen großes Interesse entgegengebracht. Hier kann die Untersuchung anschließen und analysieren, welche Rolle ökologische neben ökonomischen Aspekten in internationalen Debatten spielten. Untersucht man das Zirkulieren von Wissen auf und zwischen internationalen Kongressen, so sollen schließlich auch die Auswirkungen dieser Wissenszirkulation auf internationaler Ebene, aber auch in den Ländern erörtert werden, die sich mit Delegierten an den Kongressen beteiligten. Zu solchen Auswirkungen zählen Anläufe zur grenzübergreifenden Institutionalisierung von Wissensaustausch ebenso wie Maßnahmen einzelner Landesregierungen, um Nutzung und Schonung von Waldressourcen zu regeln. Die Auswirkungen in den am Kongressgeschehen beteiligten Ländern müssen hier allerdings skizzenhaft bleiben: Es geht mehr darum, für die Vielgestaltigkeit der Auswirkungen in den Ländern zu sensibilisieren, während der Fokus der Untersuchung auf die internationale Ebene gerichtet ist.

Der zweite Fragekomplex thematisiert die *Wechselwirkungen zwischen dem Wandel der räumlichen Rahmenbedingungen forstlichen Wirtschaftens und den Veränderungen von Nachhaltigkeitskonzepten.* Hier rücken die tiefgreifenden Veränderungen von Verkehr und Kommunikation, insbesondere in Gestalt von dampfgetriebenen Schiffen und Eisenbahnen, in den Mittelpunkt. Außerdem muss die Untersuchung die Ausdehnung des forstwirtschaftlich genutzten Raumes in Nord- und in Osteuropa betrachten. Im Forschungsstand ließ sich zeigen, dass dieses Vordringen von Holzfällern und Sägewerken in industriell noch ungenutzte Wälder bereits eingehend erörtert wurde *(timber frontier)*. Zum einen wird hier zu fragen sein, welche Auswirkungen neue Transporttechnologien und das Vorrücken der *timber frontier* auf forstliche Planungen hatten. Zum anderen gilt es zu analysieren, wie forstwissenschaftliche Konzepte ihrerseits die Erschließung und Nutzung bislang ‚unberührter' Waldregionen beeinflussten. Es geht also – vereinfacht gesagt – um die Beziehung zwischen Raum und Wissen, oder anders formuliert: um Prozesse der De- und Re-Territorialisierung wissenschaftlicher Konzepte zur Ressourcennutzung.

Schließlich wird der dritte Fragekomplex die *zeitliche Dimension forstwissenschaftlichen Planens* fokussieren. Welche Perspektiven, so wird zu fragen sein, entwarfen Experten für die Ressourcenversorgung der Gegenwart und der Zukunft? Hier geht es ausdrücklich *nicht* um Utopien einer zukünftigen Rohstoff- und Energieversorgung. Derlei wird man auf internationalen forstwissenschaftlichen Kongressen kaum finden. Vielmehr zielt diese Frage auf die buchstäblich bodenständige Grundlagenarbeit der Forstwissenschaft, nämlich die Vermessung und Berechnung vorhandener Waldressourcen und auf die Hochrechnung bzw. Vorausberechnung des Zuwachses in einem angenommenen Zeitraum. Analysiert man zeitliche Dimensionen von Planung, so sind auch Annahmen von Kontinuität und Wandel wirtschaftlicher Entwicklung von Interesse, die in solche Planungen hineinwirkten. Unmittelbar auffällig ist bei dem hier untersuchten Gegenstand, also den Waldressourcen, das langsame Baumwachstum und die daran orientierten „Rhythmen“ forstwirtschaftlicher Planung. Die Untersuchung wird also auf mögliche Spannungen zwischen industriellen und forstwirtschaftlichen „Rhythmen“ zurückkommen. Außerdem gilt es zu prüfen, wie beschleunigter Ressourcenverbrauch das Nachdenken über Nachhaltigkeit beeinflusste und welche temporale Beharrungskraft oder Beweglichkeit forstwissenschaftliche Experten in die Diskussion um Nachhaltigkeitskonzepte einbrachten.

I.5 Anlage, Quellen und Methoden

Verhandlungen auf internationalen Kongressen zu erforschen, ist ein Bestandteil eines erheblich größeren Fachgebietes, das im Allgemeinen mit „internationaler Geschichte“ oder „transnationaler Geschichte“ umschrieben wird.[62] Auch wenn internationale Kongresse und internationale Organisationen auf den ersten Blick als klar abgegrenzte Forschungsgegenstände erscheinen mögen, zeigt ein Blick in die vorhandenen Studien eine beachtliche Vielfalt an methodischen Zugriffen. Der Zugang hängt zum einen von dem Maße ab, in dem internationaler Austausch in Gestalt von Kongressen, Organisationen usw. eine verstetigte, ggf. institutionalisierte Form annahm. Johannes Paulmann und Martin Geyer haben die Stufen des im 19. Jahrhundert aufkommenden Internationalismus mit den drei Begriffen „voluntary“, „professional“ und „institionalized“ charakterisiert.[63] Mit diesen Stufen verbanden sie jedoch keine Wertung im Sinn einer Erfolgsgeschichte des Internationalismus; vielmehr dienen die Stufen dazu, die kaum übersehbare Vielfalt internationalen Austauschs zu strukturieren. Internationale Organisationen, so bündelte Madeleine Herren die verschiedenen Definitionsvorschläge, sind in diesem Zusammenhang „Teil einer international sich erweiternden Zivilgesellschaft und […] leisten einen grenzübergreifenden Informationstransfer für ihre Mitglieder.“[64]

Zum anderen hängt die Umsetzbarkeit eines methodischen Zugriffs von den Quellen ab, die zum internationalen Austausch während und zwischen den Kongressen sowie innerhalb internationaler Organisationen überliefert sind. Im Fall der internationalen forstwissenschaftlichen Kongresse und des Internationalen

62 Patel: Überlegungen zu einer transnationalen Geschichte (2004); Osterhammel: Transnationale Gesellschaftsgeschichte (2001); Budde / Conrad / Janz (Hg.): Transnationale Geschichte (2006); Conze / Lappenküper / Müller (Hg.): Geschichte der internationalen Beziehungen (2004); Thiessen / Windler (Hg.): Akteure der Außenbeziehungen (2010); Dülffer / Loth (Hg.): Dimensionen internationaler Geschichte (2012).

63 Paulmann / Geyer: Introduction (2001), S. 22.

64 Herren: Internationale Organisationen seit 1865 (2009), S. 6; vgl. auch Clavin: Time, Manner, Place (2010), S. 630.

Verbandes forstlicher Versuchsanstalten sind es verhältnismäßig wenige Quellen von den zuständigen Ministerien der beteiligten Länder, deutlich mehr Quellen hingegen von forstlichen Akademien, gelehrten Gesellschaften und von Forstwissenschaftlern selbst, die sich in die Kongresse und in den Verband einbrachten. Auf die Ursachen für dieses Verhältnis von wissenschaftlichen und politischen Archivalien wird die Analyse in den einzelnen Kapiteln zurückkommen.

Ausgehend von den Quellen kann die Untersuchung verschiedene methodische Herangehensweisen nutzbar machen und in den einzelnen Kapiteln verknüpfen: Im Wesentlichen geht es der Analyse um eine Diskursgeschichte internationaler Auseinandersetzung um Nachhaltigkeit, d. h. welche Wissenschaftler sich mit welchen Argumenten in die Debatte einbrachten und wie sie sich international durchsetzen konnten oder aber scheiterten.[65] Die internationalen Kongresse werden hier also als Forum betrachtet, auf dem die Teilnehmer Kontroversen ausfochten oder Einigkeit erzielten. Neben den Kongressen widmet sich die Untersuchung in einem Kapitel der Gründung und Arbeit des Internationalen Verbandes forstlicher Versuchsanstalten (im Folgenden kurz internationaler Versuchsverband). Dieser wurde 1891/92 gegründet und existiert bis heute, inzwischen mit der Bezeichnung *International Union of Forest Research Organizations* (IUFRO). Es wäre missverständlich, so viel sei der Analyse vorweggenommen, eine Geschichte internationaler forstwissenschaftlicher Kongresse im 19. Jahrhundert allein auf die Institutionalisierung des Austauschs in diesem Versuchsverband zulaufen zu lassen. Allerdings ist es zum Verständnis des internationalen forstwissenschaftlichen Austauschs im 19. Jahrhundert notwendig, die Kongresse *und* den internationalen Versuchsverband zu untersuchen. Denn der Verband ging aus den Kongressen hervor. Zugleich wird am Beispiel des internationalen Versuchsverbands deutlich, auf welchen forstwissenschaftlichen Arbeitsgebieten eine institutionalisierte Zusammenarbeit im 19. Jahrhundert möglich war und auf welchen Gebieten nicht. Auf dieses Verhältnis zwischen Kongressgeschehen und institutionalisierter Zusammenarbeit im Verband wird die Analyse insbesondere in Kapitel V und VI zurückkommen. Auch wenn durch die regelmäßige Wiederkehr internationaler Kongresse sowie durch die Gründung des internationalen Versuchsverbands Institutionen des Austauschs entstanden, blickt die Analyse nicht aus institutionengeschichtlicher Perspektive auf ihren Untersuchungsgegenstand. Denn erstens geht es ihr nicht um eine Geschichte der Institutionalisierung; zweitens soll nicht ein wie auch immer geartetes Institutionenhandeln im Mittelpunkt stehen, sondern die Kontroversen zwischen den Kongressteilnehmern. In dieser Hinsicht lässt sich das Herangehen hier als akteursorientierte Untersuchung internationalen Austauschs charakterisieren.

Den Untersuchungsraum abzustecken, stellt eine Herausforderung dar. Die Teilnehmer der internationalen Kongresse waren mehrheitlich Europäer; daneben erschienen auch einige Repräsentanten aus außereuropäischen Ländern, wie etwa

65 Zur Diskursanalyse aus geschichtswissenschaftlicher Sicht vgl. Landwehr: Historische Diskursanalyse (2008); Daniel: Kompendium Kulturgeschichte (2004), S. 345–360.

aus Brasilien, Japan oder aus den Vereinigten Staaten von Amerika. Die verhandelten Themen waren in den meisten Fällen auf Europa bzw. einzelne Regionen oder Länder Europas ausgerichtet. Darüber hinaus finden sich auch einige Tagesordnungspunkte, die einen weltweiten Zuschnitt aufwiesen, wie etwa die Diskussion um Sinn und Nutzen der Einführung und Akklimatisation fremder Baumarten, also solcher Baumarten, die nur auf anderen Kontinenten heimisch waren und von dort nach Europa eingeführt werden sollten.[66] Die zentrale Frage der vorliegenden Untersuchung, wie Wissenschaftler über die Gegenwart und Zukunft von Nutzung und Schonung von Holzressourcen stritten, hatte realgeschichtlich jedoch einen hauptsächlich *europäischen* Zuschnitt: Wie im Forschungsstand dargestellt, wurden Bevölkerung und Gewerbe in Europa während des 19. Jahrhunderts mit Holz aus den Wäldern Europas versorgt. Selbst Großbritannien, das ein Weltreich beherrschte, bezog Ende des 19. Jahrhunderts nur einen geringen Anteil von 10 bis 20 % seines Nutzholzverbrauchs aus Übersee, nämlich aus Kanada, während der Großteil des Bedarfs durch nordeuropäisches Holz gedeckt wurde. Der weltweite Handel mit Edelhölzern, wie etwa Mahagoni, fiel demgegenüber kaum ins Gewicht. Innerhalb Europas wiederum lässt sich der Kernraum des Holzfernhandels als *Nord- und Ostseeraum* beschreiben: Es ist – hydrographisch definiert – jener Raum, der von den Flüssen durchzogen ist, die in Nord- und Ostsee einmünden, und in dem Holz-Fernhandel, zumindest bis Mitte des 19. Jahrhunderts, hauptsächlich abgewickelt wurde. Allerdings muss bei dieser Definition, die sich an der Hydrographie orientiert, beachtet werden, dass der Raum des Holz-Fernhandels kein starrer Raum ist. Vielmehr veränderte er sich – wie im Forschungsstand zur *timber frontier* dargestellt – im 19. Jahrhundert kontinuierlich. Diese Ausgangssituation eines hauptsächlich europäischen Holzhandels und einer *timber frontier*, die sich nicht in einzelnen Nationalstaaten, sondern grenzübergreifend auswirkte, nutzt die Untersuchung bewusst als Rahmen, um an einem praktischen Beispiel zu zeigen, wie sich ein Phänomen europäischer Geschichte analysieren und darstellen lässt.[67]

Räumliche Aspekte in der Geschichte zu problematisieren, hat seit etwa anderthalb Jahrzehnten Konjunktur in den Geschichts- und Kulturwissenschaften.[68] Ein – im weiteren Sinn – ideengeschichtlicher Zweig befasst sich mit den Vorstellungen und politischen bzw. ideologischen ‚Aufladungen' von Räumen insbesondere im Zeitalter der Nationalbewegungen und Nationalstaaten.[69] Ein anderer Zweig, zu dem auch ein Teil der Umweltgeschichte zu rechnen ist, hat realgeschichtliche

---

66 Vgl. Borowy: Akklimatisierung (2017).

67 Vgl. Uekötter: Gibt es eine europäische Geschichte der Umwelt? (2009), S. 4–7; vgl. auch die Fallstudien bei Arndt / Häberlen / Reinecke (Hg.): Vergleichen, verflechten, verwirren? (2011).

68 Vgl. einführend Rau: Räume (2013); Döring / Thielmann (Hg.): Spatial Turn (2008).

69 Studien zu zahlreichen Regionen in Europa aus räumlicher Perspektive liegen mittlerweile vor, vgl. Haslinger: Nation und Territorium (2010); Gehrke: Der polnische Westgedanke (2001); François / Seifarth / Struck (Hg.): Die Grenze als Raum, Erfahrung und Konstruktion (2007); Kayser Nielsen: Steder i Europa (2005); Handke (Hg.): Kresy (1997); Kopp: Germany's Wild East (2012).

Auswirkungen menschlichen Wirtschaftens im Raum zu problematisieren versucht, etwa fortschreitende Ressourcenausbeutung, Ausdehnung von Kolonialreichen u. a. m.[70] Verschiedene Autoren, darunter Franz-Josef Brüggemeier, Christoph Dipper und Lutz Raphael, haben seit den 1990er Jahren gefordert, den ideen- und den realgeschichten Zugriff auf den Raum stärker zusammenzubringen.[71] Hier knüpft die vorliegende Studie an, indem sie die Wechselwirkungen zwischen den Veränderungen des forstwirtschaftlich genutzten (also ‚realen') Raumes einerseits und dem Wandel forstwissenschaftlicher Konzepte (also den ‚Ideen') zur Nutzung dieses Raumes andererseits analysiert.

Die Konzentration auf den oben umrissenen Nord- und Ostseeraum, also eine Großregion innerhalb Europas, erleichtert zugleich, diese Studie in Beziehung zu jener Forschungsrichtung zu setzen, die als Globalgeschichte bezeichnet wird. Die Studie leistet insoweit einen Beitrag zu globalgeschichtlichen Forschungen, als sie den Wandel wissenschaftlicher Konzepte und die Auflösung und Neukonstituierung von Räumen im Verlauf des 19. Jahrhunderts analysiert, somit also Phänomene der De- und Re-Territorialisierung in den Blick nimmt. Würde man Globalgeschichte hingegen als Untersuchungsrahmen verstehen, der ausdrücklich weltumspannende Aspekte erfasst, so will diese Studie nicht als globalgeschichtliche Arbeit verstanden werden, da sie sich – wie oben begründet – auf Europa konzentriert. Das heißt nicht, dass internationale forstwissenschaftliche Kongresse nicht weltumspannende Aspekte berührten. Die oben genannte Akklimatisation fremder Baumarten wäre hier ein geeignetes Beispiel. Darüber hinaus findet man auch einige Hinweise auf außereuropäische Dimensionen in den Kongressdebatten um die zukünftige Holzversorgung Europas. Dazu gehört etwa der Hinweis, dass die Ende des 19. Jahrhunderts stark wachsende Wirtschaft der Vereinigten Staaten von Amerika zu einem Konkurrenten um die vorhandenen Holzressourcen zu werden drohe. Auch rhetorisch bemühten verschiedene Referenten Bezugnahmen auf globale Dimensionen, um die Bedeutung ihrer jeweiligen Thesen zu untermauern. Auf die Realgeschichte eines hauptsächlich europäischen Holzhandels Ende des 19. Jahrhunderts, der den Hintergrund der Kontroversen bildet, hatte dies jedoch kaum Einfluss.

Um die Untersuchung auf die oben umrissene Fragestellung zu fokussieren, ist es notwendig, aus den zahlreichen Veranstaltungen mit internationalem Zuschnitt jene auszuwählen, die sich ausführlich mit Aspekten forstlicher Zukunftsplanung befassten: Wie einleitend in der Begriffsdefinition bereits erwähnt, wurde seit den 1870er Jahren eine Vielzahl an internationalen Zusammenkünften ausgerichtet, die Fragen des Forstwesens behandelten. Allerdings fanden diese Kongresse aus-

---

70 Vgl. exemplarisch Grove: Green Imperialism (1995).

71 Brüggemeier: Umweltgeschichte – Erfahrungen, Ergebnisse, Erwartungen (2003); Dipper / Raphael: „Raum" in der Europäischen Geschichte (2011); vgl. auch Ford: Nature's Fortunes (2007), S. 120–122; Lehmkuhl: Die Historisierung der Natur (2007), S. 120–126 (bzw. die englischsprachige Fassung Lehmkuhl: Historicizing Nature (2006), S. 17–44); Uekötter: Umweltgeschichte im 19. und 20. Jahrhundert (2007), S. 44; White: The Nationalization of Nature (1999), S. 977.

schließlich in den Hauptstädten West- und Mitteleuropas statt, keiner hingegen in Nord- oder Osteuropa, also in jenen Regionen, in denen die *timber frontier* am spürbarsten fortschritt. Diese Konzentration der Kongressorte in West- und Mitteleuropa ist nicht nur bei forstwissenschaftlichen, sondern auch bei anderen Kongressen im 19. Jahrhundert anzutreffen. Sie bedeutet mit Blick auf die *timber frontier* in Nord- und Osteuropa eine Herausforderung: Würde man allein jenes Material erforschen, das am Kongressort selbst über den Kongress entstand, geriete man rasch in die Gefahr, die Blickrichtung dieser ‚westlichen' Zentren möglicherweise unbemerkt zu übernehmen – eine Blickrichtung, die die vorliegende Untersuchung gerade in einem größeren Zusammenhang zu kontextualisieren anstrebt.[72] Die Analyse wählt daher den Zugriff, die Kongresse nicht allein anhand der dazugehörigen Akten über die Kongressorganisation und der offiziellen Dokumentationen zu erörtern. Vielmehr soll die ‚westliche' Blickrichtung durch zwei Quellengruppen kontrastiert und kontextualisiert werden, und zwar durch die Auswertung forstwissenschaftlicher Zeitschriften aus dem Nord- und Ostseeraum sowie durch die Analyse mehrerer regionaler bzw. nationaler Fallbeispiele.

a) Rezeption des Kongressgeschehens in Zeitschriften des Nord- und Ostseeraums: Im Nord- und Ostseeraum trifft man im 19. Jahrhundert auf ein breites Spektrum forstwissenschaftlicher Zeitschriften. In jedem Land erschien im Verlauf des 19. Jahrhunderts mindestens eine Zeitschrift. Je ausgeprägter die forstkundliche Kultur mit Forstvereinen, Forstschulen, Universitätsinstituten, Holzhandelsverbänden usw. in einem Land war, desto vielfältiger stellt sich zumeist das Spektrum der Zeitschriften dar. Die für die Analyse ausgewählten Journale sollten in ihrem Herkunftsland eine möglichst weite Verbreitung aufweisen und (obgleich in unterschiedlicher Intensität) von den Zeitgenossen auch im Ausland wahrgenommen werden. Ausgewählt wurden folgende Zeitschriften (in Klammern sind jeweils die Erscheinungsorte genannt): Allgemeine Forst- und Jagdzeitung (Aschaffenburg/Hannoversch Münden / Tübingen), Zeitschrift für Forst- und Jagdwesen (Eberswalde), Centralblatt für das gesamte Forstwesen (Wien), Revue des eaux et forêts (Nancy), Sylwan (Lemberg), Lesnoj Žurnal" (St. Petersburg), Den norske Forstforenings Aarbog einschließlich deren Nachfolger Forstligt Tidsskrift und Tidsskrift for Skovbrug (Christiania / Oslo) sowie Transactions of the Scottish Arboricultural Society (Edinburgh). Über diese Auswahl hinaus wurden weitere Zeitschriften stichprobenartig herangezogen, wie etwa die Schweizerische Zeitschrift für Forstwesen oder die britische Zeitschrift Forestry, sofern es dadurch möglich wurde, Entwicklungen der forstwissenschaftlichen Debatten besser zu rekonstruieren. Eine kurze Einschätzung dieser Zeitschriften mit ihren Herausgebern und inhaltlichen Profilen wird das Kapitel II liefern. Auf den ersten Blick mag es als gewöhnliches Vorgehen erscheinen, einen Zeitschriftenbericht über einen internationalen Kongress aus-

72 Vgl. zur Problematisierung von Zentrum und Grenzregion auch François / Seifarth / Struck: Einleitung (2007).

zuwerten. Das methodisch Innovative dieser Untersuchung liegt darin, möglichst viele und möglichst verschiedene Berichte heranzuziehen und gegenüberzustellen. Die hier vorzunehmende Analyse wird jenen Lesern, die ggf. nur daran interessiert sind, welche Referate auf einem Kongress vorgetragen wurden, sehr ausführlich erscheinen. Jene Leser aber, die erfahren wollen, *wie* die Verhandlungen eines Kongresses in Zeitschriften aus unterschiedlichen Ländern wiedergegeben wurden, wie sich also in den zahlreichen Berichten *verschiedenartige länderspezifische Repräsentationen ein und desselben internationalen Ereignisses* niederschlugen, werden in der Analyse – so die Hoffnung – neue Einsichten finden. Dieses Vorgehen ist nicht von dem Ziel geleitet, unter den verschiedenen Berichten den einen „richtigen" zu finden und andere Berichte als „falsch" abzuqualifizieren. Vielmehr hat diese Herangehensweise zwei Beweggründe:

(1) Ein zentraler Diskussionsgegenstand der Kongresse, nämlich der Raum von Walderkundung, Waldnutzung und ggf. -schonung, veränderte sich kontinuierlich: In einigen Regionen drang die *timber frontier* mal rascher, mal langsamer voran; in einigen Regionen kam sie gar zum Halten oder wich zurück. Indem Berichte aus verschiedenen Ländern – von Großbritannien über Norwegen, Russland, Österreich-Ungarn, das Deutsche Reich und Frankreich – analysiert werden, ist es möglich, die Untersuchungsregion, also den Nord- und Ostseeraum, aus verschiedenen Winkeln zu betrachten, statt sich allein auf die Sichtweise der offiziellen Kongressdokumentationen zu verlassen.

(2) Es gehört zu den anhaltenden Herausforderungen der Forschungen zur internationalen Kongressbewegung zu klären, wie sich das Verhältnis zwischen dem Internationalen und dem jeweils Nationalen, Imperialen oder Länderspezifischen charakterisieren lässt. Die Analyse von Zeitschiftenberichten ist hier ein Weg, sich diesen Beziehungen zu nähern. Denn die Zeitschriftenberichte fanden in den jeweiligen Ländern eine viel größere Verbreitung als die offizielle Kongressdokumentation. Die Dokumentationen waren zumeist Bücher von enormem Umfang. Allein der Kongress in Wien 1907 brachte es auf vier Bände mit jeweils mehreren hundert Seiten.[73] Solche Dokumentationen waren dazu gedacht, von Bibliotheken erworben zu werden. Zudem setzte die Lektüre solcher Dokumentationen beim europäischen Leserpublikum entsprechende Sprachkenntnisse voraus, denn die meisten Kongressverhandlungen im Forstwesen wurden auf deutsch oder französisch geführt und abgedruckt. Die Zeitschriften hingegen hatten in ihren jeweiligen Herkunftsländern eine viel größere Verbreitung und sie erschienen in der Landessprache. Natürlich waren es Fachjournale, aber sie richteten sich nicht nur an die Mitarbeiter forstwissenschaftlicher Akademien und Universitätsinstitute, sondern auch an die Bediensteten der Forstverwaltungen und an Mitglieder von Forstvereinen. Angesichts des Umfangs und Detailreichtums der Kongressverhandlungen mussten die Autoren der Zeitschriftenberichte also Entscheidungen treffen, welche Aspekte der Kongressverhandlungen sie in ihren Berichten erörter-

73 Lobkowitz (Hg.): Achter (VIII.) internationaler landwirtschaftlicher Kongreß (1907).

ten, welche sie ggf. nur erwähnten und welche sie wegließen. Indem die Untersuchung also Gemeinsamkeiten und Unterschiede in den Berichten herausarbeitet, strebt sie danach, ein differenzierteres Verständnis für die je länderspezifischen Repräsentationen internationaler Ereignisse zu entwickeln.

Die Auswahl der Zeitschriften beruht nicht auf der Annahme, dass die Zeitschriften die ‚nationale' Perspektive des jeweiligen Herkunftslandes vertreten. Eine solche Erwartung wird wahrscheinlich keine Zeitschrift einlösen können. In jedem Land werden – soviel sei hier vorweggenommen – unterschiedliche Haltungen zu den zahlreichen international verhandelten forstwissenschaftlichen Fragen zu Tage treten. Die Zeitschriften können von dieser Vielfalt einen Eindruck geben, aber das Spektrum von Meinungen nie in Gänze wiedergeben.

Blickt man in diese Zeitschriften, so ist auffällig, dass nicht alle Kongresse die gleiche Aufmerksamkeit fanden. Dies lag in erster Linie daran, dass die Kongresse einen unterschiedlich großen forstlichen Anteil hatten. Während der Kongress in Paris 1900 bspw. insgesamt 21 Tagesordnungspunkte zum Forstwesen umfasste, zu denen jeweils ein, zwei oder gar mehr Vorträge gehalten wurden,[74] waren es in 1911 auf dem landwirtschaftlichen Kongress mit einer kleinen Forstsektion lediglich vier kurze Referate. Breiten Widerhall in vielen, wenn auch nicht immer in allen Zeitschriften fanden fünf Kongresse und eine Ausstellung mit Vortragsreihe, und zwar drei Kongresse in Wien 1873, 1890 und 1907, zwei Kongresse in Paris 1900 und 1913 sowie eine internationale Forstausstellung in Edinburgh 1884. Von diesen sechs Veranstaltungen gingen – wie die Analyse zeigen wird – entscheidende Impulse auf die Debatte aus, weshalb sie den Schwerpunkt der Untersuchung bilden.

b) Analyse regionaler bzw. nationaler Fallbeispiele aus dem Nord- und Ostseeraum: Auf jedem Kongress verabschiedeten die Teilnehmer mehrere Resolutionen, die in mehr oder minder konkreter Form Empfehlungen oder Handlungsanleitungen gaben. Diese Resolutionen betrafen den Fortgang internationaler Zusammenarbeit, aber auch Forstwirtschaft und Forstwissenschaft in den beteiligten Ländern. Neben der Untersuchung der Kongress-Wahrnehmungen in Fachzeitschriften des Nord- und Ostseeraums wird die Analyse daher auch mehrere regionale bzw. nationale Fallbeispiele rekonstruieren. Auch die Auswahl dieser Fallbeispiele muss wohlüberlegt sein: Zum einen müssen sie aus forschungspraktischen Gründen so eng begrenzt werden, dass eine Analyse realisierbar ist. Zum anderen müssen sie so gewählt werden, dass sie die Vielgestaltigkeit und Komplexität der Wechselwirkungen zwischen der Ebene internationaler Kongresse und den jeweiligen regionalen bzw. nationalen Ebenen einfangen können. Auch die Fallbeispiele wurden – wie die Zeitschriften – geographisch auf den Nord- und Ostseeraum ‚verteilt'. Zum Ersten konzentrieren sie sich auf die Ausarbeitung landeseigener forststatistischer Erhebungen Ende des 19. Jahrhunderts in Norwegen, dem Russischen Reich, dem

74 Daubrée (Hg.): Congrès international de sylviculture (1900).

Deutschen Reich und Großbritannien (Kapitel VI). Diese vier Fallbeispiele repräsentieren Ende des 19. Jahrhunderts eine je unterschiedliche Position innerhalb der forstlichen Gesamtsituation im Nord- und Ostseeraum: Über Norwegen war bereits im frühen 19. Jahrhundert die *timber frontier* hinweggegangen. Im Russischen Reich hingegen war ihr Vorrücken, insbesondere im Baltikum, in Finnland und in Polen, für die Zeitgenossen deutlich spürbar. Großbritannien steht hier als Fallbeispiel für ein ‚klassisches' Holzimportland. Und das Deutsche Reich (bzw. die deutschen Länder) vollzogen demgegenüber erst in den 1860er Jahren den Wandel von einem Holz-Exporteur zu einem Netto-Importeur von Holz. Zum Zweiten erörtern die Fallbeispiele in Kapitel VII die Konsequenzen, die die einzelnen Länder aus den laufenden internationalen Kongressdebatten Anfang des 20. Jahrhunderts (bis zum Ersten Weltkrieg) zogen. Mit diesen beiden Schritten strebt die Untersuchung danach, sowohl die Perspektive von der nationalen zur internationalen Ebene als auch umgekehrt in die Darstellung zu integrieren (also *top-down* und *bottom-up*).

Die Quellen dieser Untersuchung sind hauptsächlich textlicher Natur (Korrespondenzen, Kongressberichte u. a.). Darüber hinaus stößt man immer wieder auf Karten, die Aspekte des Forstwesens behandeln – nicht zuletzt, weil die Karte neben der Statistik ein wesentliches Mittel forstlicher Wirtschaftsplanung ist. Eine Analyse dieser kartographischen Quellen steht dabei vor praktischen und methodischen Herausforderungen: In praktischer Hinsicht sind der Kartenanalyse insofern Grenzen gesetzt, als diese Studie in einer Buchreihe mit standardisiertem Format erscheint, weshalb Karten, die größer als 30 × 23 cm sind, nicht in Originalgröße abgedruckt werden können, zumal eine Wiedergabe als Farbabbildung den Rahmen vertretbarer Druckkostenzuschüsse bei Weitem überstiegen hätte. Es ist also eine Auswahl notwendig, die sich auf solche Karten beschränkt, die sich auf einer Doppelseite im Buch und in Schwarz-Weiß lesbar zeigen und analysieren lassen. Um kartographischen Quellen gerecht zu werden und sie nicht als schlichte Illustrationen vorzuführen, ist eine geeignete Methode nötig. Hier erscheint die von John Brian Harley entwickelte *Critical Cartography* nützlich; sie verlangt, zur Interpretation von Karten drei Kontexte zu betrachten:[75] 1) Den Kontext des Kartographen, d. h. die zur Herstellungszeit der untersuchten Karte vorherrschenden Konventionen und die Absichten des Kartographen oder Auftraggebers; 2) den Kontext anderer kartographischer Produkte, d. h. weitere Karten, die vom gleichen Kartographen überliefert sind, wie auch Karten anderer Kartographen aus der gleichen Zeit; und 3) den breiteren gesellschaftlichen Kontext, in dem der Kartograph oder Auftraggeber wirkte. Eine solche dreifache Kontextualisierung ließ sich anhand zweier Fallbeispiele umsetzen, und zwar anhand von Regenmessfeld-Karten, die Anton Müttrich für den Internationalen Verband forstlicher Versuchsanstalten zeichnete, und von Karten, die Carl Metzger für eine forstkundliche Expedition nach Nordnorwegen und Finnland erstellte. Für eine weitere Kartenquelle, und zwar einen forststatistischen Atlas von Petr Nikolaevič Vereha und Aleksandr

75 Harley: The New Nature of Maps (2001), S. 38–40.

Matern, wird hier lediglich eine Gegenüberstellung mit einer großmaßstäbigen Karte vorgenommen, da die Beschränkung auf Schwarz-Weiß-Reproduktionen in diesem Buch (zumal auf kleinem Seitenformat) eine detaillierte Untersuchung des Atlanten nicht angelegen erscheinen ließ. – Durch die Integration von Karten strebt die Analyse danach, die Verschränkung von textlichen und visuellen Quellen in den Debatten um Ressourcennutzung und -schonung am Ende des 19. Jahrhunderts zu erörtern sowie die spezifische Aussagekraft von Karten in diesen Auseinandersetzungen zu ergründen.

Um die Kontroversen um Nachhaltigkeit auf internationalen Kongressen zu rekonstruieren, werden also folgende Beobachtungspunkte zusammengeführt: (1) die Sicht der Kongress-Organisatoren selbst sowie die offiziellen Dokumentationen der Kongresse; (2) die Sicht der Organisatoren und Mitglieder im internationalen Verband forstlicher Versuchsanstalten; (3) die Sicht forstwissenschaftlicher Zeitschriften aus nationalen Kontexten heraus auf das internationale Kongress- und Verbandsgeschehen, wobei die Zeitschriften aus möglichst verschiedenen Regionen des Nord- und Ostseeraums stammen; (4) die Sicht nationaler Forstverwaltungen, gelehrter Gesellschaften bzw. einzelner Wissenschaftler auf das Kongressgeschehen, wobei sich diese letzte Sicht aus forschungspraktischen Gründen auf einige, eng ausgewählte Fallbeispiele konzentrieren muss, die textliche und – in zwei Fällen – kartographische Quellen umfassen.

Als Untersuchungszeit spannt die Analyse einen Bogen vom Ende des 18. Jahrhunderts bis zum Beginn des Ersten Weltkriegs 1914. Internationale forstwissenschaftliche Kongresse und Ausstellungen fanden in diesem Zeitraum zwischen 1873 und 1913 statt. Der Schwerpunkt der Untersuchung liegt auf den Kongressen und Ausstellungen zwischen 1884 und 1907. Denn in dieser Zeit – so wird diese Untersuchung zeigen – zeichnen sich die maßgeblichen Veränderungen in den Kontroversen um eine zukünftige Ressourcenversorgung während des 19. Jahrhunderts ab, und die streitenden Experten formten in dieser Phase die zentralen Argumente in den Debatten. Unabhängig davon setzte sich internationale Zusammenarbeit auf dem Gebiet der Forstwissenschaft auch über den Ersten Weltkrieg hinaus fort. Diese weiteren Entwicklungen der Auseinandersetzungen werden am Schluss dieser Arbeit nur mit einem kurzen Ausblick angedeutet. Die eingehende Erforschung der Zeit nach 1914 bleibt hingegen Aufgabe noch zu erarbeitender geschichtswissenschaftlicher Studien.[76]

Die Untersuchung folgt im Wesentlichen einem chronologischen Aufbau: Das Kapitel II gibt zunächst einen kurzen Überblick über Nachhaltigkeit, Forstwirtschaft und Holzfernhandel im Nord- und Ostseeraum während des 18. und frühen 19. Jahrhunderts. Kapitel III schildert die Entstehung einer internationalen Kongressbewegung und den ersten internationalen forstwissenschaftlichen Kongress

---

76 Martin Bemmann bspw. erarbeitet an der Universität Freiburg eine Studie zu internationaler Zusammenarbeit auf dem Gebiet der Wirtschaftsstatistik seit den 1930er Jahren, die auch das Forstwesen umfassen wird; vgl. Bemmann: Im Zentrum des Markts (2012).

in Wien 1873. Die Ausprägung gegensätzlicher Perspektiven auf die Zukunft der Holzversorgung erörtert das Kapitel IV anhand der Internationalen Forstausstellung in Edinburgh 1884 und anhand des internationalen forstwissenschaftlichen Kongresses 1890, erneut in Wien. Am Beispiel des Internationalen Verbandes forstlicher Versuchsanstalten zeigt das Kapitel V die Institutionalisierung eines Zweiges grenzübergreifenden wissenschaftlichen Austauschs zum Ende des 19. Jahrhunderts. Kapitel VI und VII zeigen die Wechselwirkung zwischen regionalen bzw. nationalen forstwissenschaftlichen Diskussionen und den internationalen Kongressdebatten, insbesondere anhand des Internationalen forstwissenschaftlichen Kongresses 1900 in Paris und seinen Auswirkungen in den Ländern des Nord- und Ostseeraums bis zum Beginn des Ersten Weltkriegs.

Um Missverständnisse hinsichtlich der Schreib- und Zitierweise zu vermeiden, sind hier noch einige Hinweise notwendig: Fremdsprachige Zitate wurden – sofern nicht anders angezeigt – vom Verfasser ins Deutsche übersetzt. Markante fremdsprachige Begriffe oder Formulierungen wurden dabei in eckigen Klammern hinzugefügt, um die jeweils spezifische Begriffsverwendung zu verdeutlichen. Eigen- und Ortsnamen werden dann in der deutschen Schreibweise wiedergegeben, sofern diese gemeinhin verwendet wird. Dies gilt insbesondere für die Namen großer Städte, also bspw. Kopenhagen statt København oder Krakau statt Kraków. Orte, die selten in deutscher Sprache verwendet werden und von denen gar unterschiedliche Übertragungen ins Deutsche existieren, werden hingegen in der Landessprache geschrieben. Eigen- und Ortsnamen aus dem Russischen, ebenso wie Zitate aus russischen Quellen, werden nach dem internationalen Standard ISO 9 von der kyrillischen in die lateinische Schrift transliteriert.[77] Unter den zeitgenössischen forstwissenschaftlichen Publikationen finden sich zahlreiche, die namentlich nicht gekennzeichnet sind und daher hier als „Anonym" zitiert werden. Ließ sich der Autorenname ermitteln, wird dieser in eckigen Klammern hinzugefügt; war er nur zu vermuten, wird dies durch ein Fragezeichen angezeigt. Da mehrere anonym verfasste, aber auch namentlich gekennzeichnete zeitgenössische Publikationen ähnliche oder gar wortgleiche Titel führen,[78] werden solche Publikationen in den Fußnoten nicht mit einem Kurztitel, sondern in einer längeren Form zitiert, um Verwechselungen auszuschließen.

---

77 Eine vollständige Übersicht über die Transliterationen nach dem ISO 9 Standard bietet http://de.wikipedia.org/wiki/ISO_9 (Stand 12. Dezember 2017).

78 Ein markantes Beispiel ist hier Mélard, Albert: Insuffisance de la production des bois d'œuvre dans le monde, Paris 1900; Mélard, Albert: Insuffisance de la production des bois d'œuvre dans le monde; in: Revue des eaux et forêts 39 (1900), S. 402–408 und 417–432.

II Historischer Hintergrund. Lokale Nachhaltigkeit und Holz-Fernhandel im 18. und frühen 19. Jahrhundert

II.1 Vielfältige Nachhaltigkeit

Im Nord- und Ostseeraum lassen sich während des 18. und frühen 19. Jahrhunderts viele verschiedene Formen lokaler nachhaltiger Waldnutzungen beobachten, deren Ursprünge teilweise bis weit ins Mittelalter zurückreichen. Art und Weise der Waldnutzungen hingen von der Beschaffenheit und Zugänglichkeit der Waldungen ab. Der Wald diente einem breiten Spektrum von Nutzungen: Er lieferte Brenn- und Bauholz, Holz für verschiedene Gewerbe vom Korbflechter bis zum Stellmacher, Holz zur Holzkohlegewinnung, Laub als Einstreu für die Viehhaltung. Außerdem diente der Wald als Weide für Nutztiere, zum Sammeln von Beeren und Kräutern u. v. m. Vielerorts wandelten sich die Nutzungsformen im Fortgang der Zeit, wenn neue Wirtschaftszweige, wie etwa Bergbau, hinzukamen oder wenn die lokale Bevölkerung die Praxis landwirtschaftlicher Nutzung variierte, bspw. durch den Anbau neuer Pflanzen oder durch eine veränderte Art der Viehhaltung.[79] Dieses Kapitel wird einen skizzenartigen Überblick über den Umgang mit Waldressourcen im Nord- und Ostseeraum zum Ende des 18. und in der ersten Hälfte des 19. Jahrhunderts geben. Das Kapitel wird sich allein aus Platzgründen auf die Grundlinien der Entwicklung beschränken und anhand von Fallbeispielen markante Aspekte illustrieren.

Die Nutzungsweisen des Waldes hingen zunächst von ganz elementaren Faktoren ab, wie dem Verhältnis von Bevölkerungsdichte und vorhandener Waldfläche, von der Menge und Größe der holzverbrauchenden Gewerbe und von den verschiedenen Nutzungsansprüchen. Diese elementaren Faktoren werden deutlich, wenn man einzelne Fallstudien aus unterschiedlichen Regionen im Nord- und Ostseeraum betrachtet, die die Vielfalt der Nutzungsweisen unmittelbar verdeutlichen. Für die schweizerischen Bergregionen bspw. analysierte Robert Netting die Waldnutzungen im Kanton Wallis und zeigte, wie angesichts der topographisch begrenzten Waldflächen die Dorfbevölkerung seit der Frühen Neuzeit ein ausgefeiltes Regelsystem entwickelt hatte, das der Bevölkerung über Generationen hinweg dauerhafte, also nachhaltige, Holzversorgung aus den lokalen Wäldern sicherte.[80] In Finnland – so ein ganz anderes Beispiel – ermöglichte eine geringe Bevölkerungs-

79 Vgl. einführend Warde: The Invention of Sustainability (2001); Radkau: Natur und Macht (2002), S. 164–180; Watkins (Hg.): European Woods and Forests (1998); Grewe: Wald (2017); Selter: Waldnutzung und ländliche Gesellschaft (1995).

80 Netting: Of Men and Meadows (1972).

dichte bei größeren Landflächen eine Nutzung nach Slash-and-Burn-Praktiken. Timo Myllyntaus, Minna Hares und Jan Kunnas kommen in ihrer Analyse dieser Nutzungsformen zu dem Ergebnis, auch diese Praktiken als nachhaltige Landnutzung zu charakterisieren, da der geringe Nutzungsdruck eine natürliche Regeneration der kahlgeschlagenen bzw. niedergebrannten Flächen ermöglichte.[81] Neben diesen Beispielen aus der Schweiz und aus Finnland ließen sich zahlreiche weitere finden, die verdeutlichen, wie die Bevölkerung ihre Waldnutzungen an den jeweils spezifischen Waldverhältnissen orientierte und wie Konflikte um konkurrierende Nutzungen auf der Grundlage der lokalen Gegebenheiten ausgefochten wurden.[82]

Es lassen sich verschiedene Beweggründe erkennen, weshalb die Bevölkerung nachhaltige Waldnutzungen über lange Zeiträume hinweg aufrechterhielt. Der wichtigste, weil unhintergehbare, Beweggrund war die Topographie der jeweiligen Region: Da Holz ein schweres Gut ist, ließ es sich nur auf dem Wasserweg, also auf flößbaren Flüssen oder Kanälen, über große Entfernungen transportieren (vgl. dazu weiter unten). Im Landesinneren hingegen, ohne flößbare Wasserwege, konnte man Holz auf dem Landweg nur über kurze Entfernungen mit wirtschaftlich vertretbarem Aufwand bewegen. Im Landesinneren sah sich die Bevölkerung also gezwungen, den vorhandenen Wald nachhaltig zu nutzen, da ein kurzfristiges Aufbrauchen aller Waldressourcen das Ende sämtlichen Wirtschaftens bedeutet hätte.[83]

Neben diesem topographischen Beweggrund müssen wirtschaftliche, politische und ökologische Gründe für nachhaltige Waldnutzung berücksichtigt werden. Insbesondere die seit dem 18. Jahrhundert deutlich wachsende Bevölkerung sowie der Ausbau von Wirtschaftszweigen wie Bergbau, der Betrieb von Glashütten und Salinen usw. ließen den Nutzungsdruck auf den Wald steigen. Dieser steigende Nutzungsdruck vermehrte die Konflikte um Waldnutzungen, und zwar nicht nur im Wald selbst, sondern auch in den Gemeinderäten und Verwaltungen wie auch vor Gericht. Die Sorge, wie lang und in welcher Weise der vorhandene Wald dauerhaft nutzbar bleiben würde, war vielerorts auch Anlass oder Vorwand, dass weltliche und geistliche Fürsten, Stadträte und andere ‚Obrigkeiten' die Nutzung von Wald bzw. die Zuteilung von Waldressourcen an Bevölkerung und Gewerbe in Forstordnungen zu regeln versuchten. Ökologische Faktoren beeinflussten ebenso die Art und Weise nachhaltiger Waldnutzung, wenn bspw. in Gebirgsregionen Waldungen an steilen Berghängen nicht kahlgeschlagen, sondern nur behutsam wirtschaftlich genutzt wurden, um Bodenerosion oder im Winter Lawinen zu verhindern.[84]

---

81 Myllyntaus / Hares / Kunnas: Sustainability in Danger? (2002).

82 Vgl. Delort / Walter: Histoire de l'environnement européen (2001), S. 265–269; Caradonna: Sustainability (2014), S. 38–43.

83 Radkau: Holz (2007), S. 153–155.

84 Vgl. Weigl: Wald und Klima (2004), S. 83 f; Radkau: Holz (2007), S. 98–104, 150–153; Hölzl: Umkämpfte Wälder (2010), S. 194–206.

II.2 Holz-Fernhandel

Neben diesen vielfältigen Formen nachhaltiger Waldnutzung, die den lokalen Bedarf von Bevölkerung und Gewerbe deckten, gab es in Regionen entlang flößbarer Flüsse die Möglichkeit zum Fernhandel mit Holz. Dieser Fernhandel wurde seit dem 17. Jahrhundert insbesondere für Regionen entlang großer Flüsse wie Rhein, Weichsel oder westliche Dwina sowie in den gewässerreichen und bergigen Küstenregionen Skandinaviens zu einem beachtlichen Wirtschaftszweig.[85] Auch die Ausbreitung dieses Holzfernhandels war topographisch bedingt: Holzhändler nutzten die wasserreichen Flüsse, um das eingeschlagene Holz zu triften oder zu flößen. Die Fließrichtung der Gewässer bestimmte die Transportrichtung des Holzes, nämlich ausschließlich flussabwärts.[86]

Auf dem Weg flussabwärts konnte das Holz bis zur Mündung der Flüsse in Nord- oder Ostsee mehrere Stationen passieren, an denen Zwischenhandel getrieben und in Sägewerken Holz zugeschnitten wurde oder an Grenzen Zölle erhoben wurden. In Seehäfen wie Riga, Danzig oder Hamburg, die selbst große Abnehmer von Holz für den Bau von Schiffen, Hafenanlagen und Speichern waren,[87] wurde ein Teil des herbeigeflößten Holzes auf Schiffe verladen und westwärts verschifft, insbesondere nach Großbritannien und in die Niederlande.

Großbritannien und die Niederlande, aber auch Teile Norddeutschlands konnten nur deshalb große Abnehmer dieses verschifften Holzes werden, weil die Topographie dieser Küstenregionen – nämlich ausgedehnte, weitgehend ebene Flächen – einen Import und Weitertransport von Holz ins Inland überhaupt erst ermöglichte. Das Wachstum britischer und niederländischer Städte verbrauchte große Mengen an Holz aus Skandinavien, dem Baltikum und Mitteleuropa. In einer vielzitierten Passage von Adam Smiths „Wohlstand der Nationen" behauptet Smith 1776 gar, in Edinburghs Stadtviertel Newtown wäre nicht ein einziger Balken Holz aus Schottland verbaut, sondern ausschließlich importiertes Holz.[88]

Wenn der Holzimport aus Skandinavien und dem Baltikum nach Großbritannien gefährdet war, wie etwa während der Napoleonischen Kriege, wuchs der Anteil von importiertem Holz aus Kanada. In Friedenszeiten hingegen war dieses kanadische Holz bei gleicher Qualität zumeist teurer, weil es einen längeren Transportweg als das nordeuropäische Holz zurücklegen musste.[89] Seit dem 17. Jahrhundert entstand so ein verzweigtes Netz von Fernhandelsbeziehungen, die bspw. von der Hudson Bay in Kanada bis nach Liverpool, vom schwedischen Göteborg an die

85 Ebeling: Der Holländerholzhandel in den Rheinlanden (1992); Åström: English Timber Imports (1970); Lillehammer: The Scottish-Norwegian Timber Trade (1986); Östlund / Turnlund: Floating Timber in Northern Sweden (2002); Crook u. a.: Forestry and Flooding in the Annecy Petit Lac Basin (2002); Radkau: Vom Wald zum Floß (1988); Keweloh: Der Ausbau der Wasserstraßen (2005).

86 Sieferle: Transportgeschichte (2008), S. 9.

87 Küster: Gedanken zur Holzversorgung (1999).

88 Smith: An Inquiry Into the Nature (1910, Erstausgabe 1776), Bd. 1, S. 152.

89 Albion: Forests and Sea Power (1926), S. 140–151.

französische Kanalküste oder vom mittleren Lauf der westlichen Dwina bis nach Amsterdam reichten. Vergegenwärtigt man sich die Stellung von Holz als zentralem Rohstoff- und Energielieferanten im 17. und 18. Jahrhundert und diese weitgespannte Ausdehnung des Holzfernhandels, so erscheinen gängige Thesen über die Entwicklung weltweiter Wirtschaftsbeziehungen in kontrastreichem Licht. Studien zur Entwicklung wirtschaftlicher Verflechtungen, bspw. von Sidney Pollard, konstatieren einen Wandel dieser Beziehungen im letzten Drittel des 19. Jahrhunderts: Im 18. und frühen 19. Jahrhundert, so Pollard, habe es Fernhandel nur mit Kolonialwaren, wie etwa Kaffee, gegeben. Erst Ende des 19. Jahrhunderts seien auch Massengüter, insbesondere Getreide, über weite Distanzen gehandelt worden.[90] Niemand wird bestreiten, dass es einen quantitativen Wandel der globalen Handelsbeziehungen zum Ende des 19. Jahrhunderts gegeben hat. Die Mengen weltweit gehandelter Güter wuchsen rasant. Aber das Beispiel Holz zeigt, dass es einen Fernhandel mit Massengütern auch schon im 18. Jahrhundert gab, und damit ist ausdrücklich nicht der Handel mit Edelhölzern gemeint, die man zu den raren Kolonialwaren zählen kann, sondern das Alltagsgeschäft der Holzhändler zwischen Kanada, dem Baltikum und Skandinavien einerseits und den westeuropäischen Kolonialmächten, allen voran Großbritannien, andererseits.

Der Holzhandel über Nord- und Ostsee und die Handelsbeziehungen, die in Kriegszeiten zwar spürbar, aber nie endgültig unterbrochen wurden, prägten bei den großen Importeuren, insbesondere in Großbritannien, aber auch in den Niederlanden und in den großen Hafenstädten Norddeutschlands, die Wahrnehmungen der Ressource Holz:[91] Angesichts der kontinuierlich eintreffenden Schiffsladungen mit Holz entstand eine weitverbreitete, aber zumeist unscharfe Vorstellung von scheinbar unendlichen Waldvorkommen Nord- und Osteuropas als unerschöpfliche Quelle für den Holzbedarf. Diese Vorstellung speiste sich aus verschiedenen Veröffentlichungen über Nord- und Osteuropa, von Reiseschilderungen über Enzyklopädien bis hin zu Konsularberichten.[92]

Wollte man Anfang des 19. Jahrhunderts in West- und Mitteleuropa einen Überblick über die Waldverhältnisse des Nord- und Ostseeraums erhalten, standen durchaus eine Vielzahl von Publikationen zur Verfügung: Verhältnismäßig klare Zahlenangaben konnte man bspw. über das schwedische Forstwesen aus einer Denkschrift entnehmen, die dem britischen Parlament 1820 vorlag und die das Verhältnis von nordamerikanischen zu nordeuropäischen Holzlieferungen sowie die damit verknüpften Fragen britischer Zoll- und Schifffahrtspolitik behandelte.[93] Die meisten dieser Texte lieferten – ausgesprochen oder unausgesprochen – ein Bild von weit ausgedehnten Waldreichtümern. Allerdings, so muss man einschränkend hinzufügen, finden sich auch einige Texte, die die Leistungskraft nord- und

90 Pollard: Free Trade, Protectionism, and the World Economy (2001), S. 28–31.
91 Albion: Forests and Sea Power (1926), S. 139–176.
92 Vgl. Kaufer: Nordland (2004), S. 34–36; Dahlmann: Die Weite Sibiriens (2014).
93 Anonym: Observations […] on the Subject of the Timber Trade and Commercial Restrictions (1820).

osteuropäischer Wälder kritisch einschätzten, wie etwa die von William Waterston herausgegebene „Cyclopædia of Commerce" von 1863, die den schwedischen Wäldern nur ein geringes Potential für die Gewinnung von Nutzholz attestierte.[94] Dass Schweden am Ende des 19. Jahrhunderts zum zeitweise größten Exporteur von Nutzholz aufstieg, ließ sich aus diesem Urteil kaum vorhersagen. Die teilweise gegensätzlichen Einschätzungen über forstwirtschaftliche Potentiale einzelner Regionen und Länder sind wahrscheinlich auch darauf zurückzuführen, dass den Autoren unterschiedliches und oft nur unvollständiges Material für ihre Analysen bereitstand.

Auch aus Reiseschilderungen und Konsularberichten ließen sich Informationen über forstliche Fragen zusammentragen. Ein Reisebericht bspw. von Henry David Inglis (veröffentlicht unter dem Pseudonym Derwent Conway) von 1829, den viele spätere Autoren zitierten und dadurch bekannt machten, stellte ausschweifend die riesigen Waldvorkommen Skandinaviens dar.[95] Zugleich schilderte Inglis (Conway) die große Abhängigkeit der skandinavischen Holzexporteure von der britischen Wirtschaftslage und Zollpolitik, womit er dem Leser die sensiblen wirtschaftlichen Verflechtungen quer über die Nordsee vor Augen führte.

Trotz solcher und ähnlicher Reiseberichte, Enzyklopädieartikel und Denkschriften blieb das Bild von Nordeuropas Waldvorkommen unscharf, denn ein Gesamtbild, also eine gesicherte Kenntnis über die genaue Ausdehnung und forstliche Leistungskraft dieser Wälder hätte man bis Mitte des 19. Jahrhunderts kaum oder nur mit außerordentlicher Mühe erhalten, indem man all die unterschiedlichen Zahlenangaben zusammengetragen und in vergleichbare Maßeinheiten übertragen hätte sowie die vorhandenen Beschreibungen und Berichte hinsichtlich ihrer Aussagekraft und Reichweite kritisch evaluiert hätte.

Darüber hinaus sensibilisierten Konflikt- und Kriegszeiten die führenden Köpfe britischer Wirtschafts- und Außenpolitik für die Anfälligkeit der eigenen Rohstoffversorgung: Wenn die Gegner Großbritanniens Handelsrouten durch Nord- und Ostsee bedrohten oder gar unterbrachen, ging der Holzimport aus Nord- und Osteuropa zurück. Dies bekamen viele Gewerbezweige und – strategisch noch viel wichtiger – auch die Handels- und Kriegsmarine zu spüren, solange der Rumpf dieser Schiffe aus Eichenholz und die Masten aus Kiefernholz waren. Insbesondere die Napoleonischen Kriege und die Kontinentalblockade Anfang des 19. Jahrhunderts führten jedem aufmerksamen Beobachter vor Augen, wie sehr eine auch zukünftig gesicherte Holzversorgung Großbritanniens nicht von ausgefeilten forstwissenschaftlichen Konzepten abhing, sondern eine Frage geschickter außenpolitischer, ggf. militärischer, Strategie war.[96]

94 Waterston (Hg.): A Cyclopædia [sic!] of Commerce […] With a Supplement by Peter Lund Simmonds (1863), S. 641.

95 Conway (Inglis): A Personal Narrative (1829), S. 13, 89–92, 192–194.

96 Vgl. McNeill: Woods and Warfare in World History (2004), S. 397–399; Albion: Forests and Sea Power (1926), S. 316–345.

II.3 Zunehmende Nutzung und konkurrierende Ansprüche als Ursachen für Konflikte um Waldressourcen

In dem Maß, wie die Bevölkerung Europas im 18. Jahrhundert zunahm und die wirtschaftliche Leistungskraft in einigen Regionen durch frühindustrielle Produktionsabläufe wuchs, verschärften sich die Konflikte um die Ressourcen Wald und Holz.[97] Unterschiedliche lokale Nutzungsansprüche konkurrierten miteinander, und ebenso trafen lokale Ansprüche auf oftmals gewinnträchtige Aussichten auf Holzfernhandel, also Holzexport. Zur zentralen Vokabel dieser Konflikte avancierte das Schlagwort Holznot, die zeitgenössische Autoren in Publikationen der zahlreichen gelehrten Gesellschaften, aber auch im Umfeld der entstehenden staatlichen Verwaltungen und Forstschulen für die nähere oder fernere Zukunft prognostizierten.[98] Das Reden von einer drohenden Holznot hatte regional unterschiedliche Entstehungszeiten und Konjunkturen und führte in den Ländern des Nord- und Ostseeraums zu ganz verschiedenen Resultaten. Für Bayern beispielsweise rekonstruierte Richard Hölzl das Aufkommen von Holznot-Warnungen in den letzten drei Jahrzehnten des 18. Jahrhunderts.[99] Diese Warnungen verdichteten sich seit etwa 1800 zu einem wirkmächtigen Diskurs. Mit dem Verweis auf eine drohende Holznot gelang es Autoren aus Politik und Wissenschaft, den Auf- bzw. Ausbau von Forstverwaltung und Forstwissenschaft zu legitimieren, und wissenschaftliche Konzepte nachhaltiger Waldnutzung als die angeblich einzig angemessenen zu etablieren. Mit der Wucht wissenschaftlich ‚exakter' Begründung versuchten Vertreter von Verwaltung und Forstwissenschaft, die bisher vielfältig genutzten Waldflächen zu sogenannten Hochwäldern umzugestalten, also zu einer Waldform, die in erster Linie der Produktion von kräftigem, astreinem Bauholz diente. Andere, insbesondere landwirtschaftliche Nutzungen, wie die Viehweide, wurden aus dem Wald herausgedrängt. Die Durchsetzung in die Praxis, vor allem das Ablösen lokaler bäuerlicher Nutzungsrechte am Wald (Servitute), war allerdings von vielfältigen Aushandlungsprozessen vor Ort begleitet.[100]

In Norwegen – um ein kontrastierendes Beispiel anzuführen – meldeten sich zwar auch Autoren im 18. Jahrhundert mit Warnungen zu Wort, dass es um die norwegischen Wälder schlecht bestellt sei. Die Etablierung einer staatlichen Forstverwaltung als Behörde zur Regulierung von Waldressourcennutzung war jedoch – so zeigt es Lars Helge Frivold – von wechselhaftem Erfolg gekennzeichnet: Zwei Anläufe der Regierung, im 18. Jahrhundert ein Generalforstamt als zentrale Forstbehörde einzurichten, hatten jeweils nur einige Jahre Erfolg, bevor massiver Widerstand von Beamten und privaten Waldbesitzern, die zu starke Regulierun-

97 Vgl. die Fallstudien bei Mather: Global Forest Resources (1990), S. 30–56; Costlow: Heart-Pine Russia (2012), S. 81–114; Broda: Gospodarka leśna (1970), S. 615–622; Graham: Policing the Forests (2003), S. 157–182; Siemann / Freytag / Piereth (Hg.): Städtische Holzversorgung (2002).
98 Forschungsliteratur zur Holznot-Debatte vgl. die Einleitung, Punkt I.1.
99 Hölzl: Umkämpfte Wälder (2010), S. 71.
100 Ebenda, S. 139–166 sowie die Fallbeispiele S. 167–414.

gen fürchteten, eine Auflösung des Amtes erzwangen.[101] Als 1836 das Verbot fiel, Waldstücke allein zur Abholzung zu verpachten, mehrten sich erneut Stimmen, die vor einem Niedergang norwegischer Wälder warnten. Eine 1849 eingesetzte Forstkommission kam zu dem Urteil, dass die wissenschaftliche Kunde vom Wald in Norwegen verbessert werden sollte, weshalb 1851 insgesamt fünf Stipendiaten nach Deutschland entsandt wurden, um dort Forstwissenschaft zu studieren.[102] Aber auch mit den zurückgekehrten Stipendiaten, unter ihnen Jacob Barth und Johannes Norman, die im staatlichen Dienst bis in die oberste Ebene der neuen Forstverwaltung aufstiegen, war die Debatte um die Zukunft des norwegischen Waldes keineswegs beendet, sondern lebte auch im späten 19. Jahrhundert immer wieder auf, so dass diese Untersuchung an mehreren Stellen darauf zurückkommen wird (vgl. Kapitel VI und VII).

Unabhängig von den regional verschiedenen Resultaten, die das Reden über eine drohende Holznot hatte, entstanden während des späten 18. und im Verlauf des 19. Jahrhunderts in den meisten Ländern des Nord- und Ostseeraums Einrichtungen für die forstliche Ausbildung und bald auch Forschung. Waren diese Institutionen auch verschieden hinsichtlich ihres Profils, ihrer Größe und Ausstattung, so hatten sie eines gemeinsam: In ihrer Selbstwahrnehmung waren sie die Stätten, an denen der einzig richtige, weil wissenschaftlich ‚exakte', Umgang mit Waldressourcen erarbeitet und weiterentwickelt wurde. Andere Nutzungsformen, die auf lokalem Erfahrungswissen beruhten und – wie oben gezeigt – durchaus auch als nachhaltig charakterisiert werden können, wurden als unwissenschaftlich und daher unangemessen abqualifiziert. „Rationelle" oder auch „rationale Forstwirtschaft" hingegen, so eine der zentralen Formulierungen in den meisten Sprachen im Nord- und Ostseeraum, beruhte auf wissenschaftlich gesicherter Erkenntnis.[103] Dieses Selbstverständnis der entstehenden Forstwissenschaft und der von der staatlichen Forstverwaltung flankierte Anspruch, „rationelle Forstwirtschaft" in die Praxis umzusetzen, erzeugte erhebliche Konflikte mit jenen Akteuren vor Ort, die an ihren tradierten Formen der Waldnutzung festhalten wollten.[104] In diesen Konflikten müssen mehrere Differenzierungen beachtet werden:

In diesen mehr oder minder offen ausgetragenen Auseinandersetzungen um die angemessene Form der Waldnutzung und den Zugriff auf Waldressourcen sollten die konkurrierenden Gruppen, wie etwa lokale Bauern, Betreiber frühindustrieller Gewerbezweige, Holzhändler, Vertreter der Forstverwaltung und der Forstwissen-

101 Frivold: Skoghistorie i Norge (1999), S. 214–216; vgl. zum historischen Hintergrund Myhre: Academics as the Ruling Elite (2008).

102 Frivold: Skoghistorie i Norge (1999), S. 213 f.

103 Begriffsprägend wirkten Publikationen wie etwa Pressler: Der Rationelle Waldwirth (1858/59). Gleichwohl steckt nicht hinter jeder Verwendung des Begriffs „rationelle Forstwirtschaft" die von Pressler maßgeblich geprägte Bodenreinertragslehre.

104 Vgl. Radkau: Zur angeblichen Energiekrise (1986).

schaft nicht als jeweils einheitliche oder geschlossene Blöcke verstanden werden.[105] Bei den lokalen Nutzern hing viel davon ab, wieviel Ertrag sie aus lokaler Nutzung oder aus Fernhandel erzielen konnten. Auch Bevölkerungsdichte und die Größe und Erreichbarkeit bewaldeter Flächen wirkten abschwächend oder verstärkend auf die Konflikte ein. Konflikte treten dort am greifbarsten in den Quellen hervor, wo verschiedene Nutzungszwecke unmittelbar aufeinandertrafen, wenn bspw. eine auch landwirtschaftlich genutzte Waldfläche an einem grundsätzlich für die Holzflößerei geeigneten Fluss lag, also lokale Nutzungen auf verlockende Gewinnaussichten aus einem Holzexportgeschäft trafen.

Darüber hinaus müssen die ganz unterschiedlichen politischen und rechtlichen Rahmenbedingungen wie auch die forstlichen Verhältnisse der Länder und Territorien im Nord- und Ostseeraum berücksichtigt werden. In vielen deutschen Ländern, in Österreich und auch im Russischen Reich befanden sich 25 bis 40 % der Waldflächen in Staatsbesitz, im Norden des Russischen Reichs sogar noch mehr. In diesen Waldungen genoss die lokale Bevölkerung zumeist verschiedene Nutzungsrechte (Servitute), wie etwa zum Einschlag von Brenn- und Bauholz für den eigenen Bedarf oder zur Viehweide.[106] Für die Staatskasse war der Export von Holz aus solchen Wäldern gewinnträchtig, konnte aber alltägliches Leben und Wirtschaften der lokalen Bevölkerung erschweren, wenn nicht gar grundsätzlich gefährden. Innerhalb der einzelnen Länder galten Forstgesetze zumeist nicht für das gesamte Staatsgebiet, sondern waren auf die regional vorhandenen wirtschaftlichen, politischen und geographischen Rahmenbedingungen zugeschnitten. Je größer ein Staatswesen, desto unterschiedlicher konnten Forstrecht und Rechtspraxis aussehen. Die galt insbesondere für das Zarenreich, zu dem im 19. Jahrhundert auch Finnland und das sogenannte Kongresspolen gehörten: Während in Finnland die landeseigenen Behörden im Forstwesen, wie auch in vielen anderen Bereichen, weitreichende Kompetenzen hatten, erlebte Kongresspolen im Laufe des 19. Jahrhunderts ein immer stärkeres Hineinregieren der russischen Zentralgewalt in die forstlichen Belange.[107] Ganz anders verhielt es sich in Skandinavien: Der staatliche Waldbesitz in Norwegen und Schweden fiel deutlich geringer aus als in Russland oder Österreich. In Schweden gehörten etwa 20 % der Wälder dem Staat, in Norwegen weniger als 10 %.[108] Beide Länder formten seit 1814 eine Union, die auf Drän-

105 Vgl. exemplarisch die Konfliktanalysen bei Eliasson / Nilsson: „You Should Hate Young Oaks and Young Noblemen." (2002); Watson: Need Versus Greed? (1998); Stewart: Using the Woods 1600–1850. (1) The Community Ressource (2003); Hölzl: Umkämpfte Wälder (2010), S. 167–414; Sætra: Fra monopoler til skogoppkjøp (1997), S. 32–48; Grewe: Streit um den Wald (2012).

106 Vgl. exemplarisch Kiess: The Word ‚Forst / Forest' as an Indicator of Fiscal Property (1998); Tretvik: Skogen og eiendomsrettens historie (2004); Brodowska: Spory serwitutowe chłopów z obszarnikami w Królestwie Polskim (1956).

107 Josephson / Dronin / Mnatsakanian / Cherp / Efremenko / Larin: An Environmental History of Russia (2013), S. 26–69; Costlow: Heart-Pine Russia (2012), S. 82–93; Latawiec: Rosjanie w korpusie pracowników leśnych (2007); Barton: Finland and Norway (2006); Myllyntaus / Mattila: Decline or Increase? (2002).

108 Vgl. Endres: Handbuch der Forstpolitik (1905), S. 6; Myhrvold: Europas Skogareal (1908). Die Zahlenangaben in den einzelnen Übersichten weichen teilweise voneinander ab, auch weil die Ein-

gen der norwegischen Nationalbewegung 1905 aufgelöst wurde. Forstliche Fragen fielen allerdings auch schon vor Auflösung der Union in die Zuständigkeit der Parlamente in den jeweiligen Reichsteilen, also entweder des norwegischen *Stortings* oder des schwedischen *Riksdag*. Konfrontationen entzündeten sich hier zwischen privaten Waldbesitzern und jenen Kräften in der Politik, die das uneingeschränkte Verfügungsrecht über dieses private Eigentum anzweifelten oder die die Holzverarbeitung und Holzausfuhr regulieren wollten, etwa indem Privilegien für den Betrieb von Sägewerken erteilt oder aufgehoben wurden.[109]

In Ländern mit ausgedehntem staatlichem Waldbesitz und einem umfangreichen Gewässernetz stand die Verwaltung vor dem Dilemma, einerseits die Versorgung der lokalen Bevölkerung sicherzustellen, und andererseits verlockende Gewinne aus dem Holzexport zu erzielen. Die Versorgung der eigenen Bevölkerung und ihrer Gewerbe mit der zentralen Ressource Holz war zweifellos das Rückgrat ökonomischer Entwicklung. Gleichzeitig aber realisierten auch die Forstverwaltungen, dass „ebenso wie andere Wirtschaftsgüter [...] auch das Holz endgültig in den Sog der sozioökonomischen Basisprozesse Kommerzialisierung und Liberalisierung“[110] geriet und sich aus dem Holzverkauf, insbesondere für den Export, beachtliche Gewinne erzielen und dadurch die Staatseinnahmen verbessern ließen. Im Angesicht der von der Forstwissenschaft und Forstverwaltung immer wieder beschworenen Holznot-Ängste lag hier ein handfester Widerspruch, den Zeitgenossen in der Verwaltung, aber auch Vertreter der Ökonomie oder Staatswissenschaften sehr wohl sahen und reflektierten: Wie passte es zusammen, einerseits von drohender Holznot zu sprechen und andererseits an einem Export von Holz aus staatlichen Wäldern in großem Stil festzuhalten?[111] Der Staat, so argumentierten die Gegner eines immer lebhafteren Holzexports, habe zuerst die Aufgabe, den Bedarf der lokalen Bevölkerung und Gewerbe sicherzustellen, und erst dann sollte Holz exportiert werden. Die Begehrlichkeiten, den vorhandenen Rohstoff zu barem Geld zu machen, waren gleichwohl ungebrochen, und zwar nicht nur bei staatlichen, sondern auch bei privaten Waldbesitzern.[112]

In den zahlreicher werdenden forstwissenschaftlichen Publikationen spielte diese Streitfrage zwischen landeseigener Holzversorgung und Holzexport interessanterweise nur am Rande eine Rolle. Wilhelm Pfeil bspw. reflektierte in seinem Werk „Grundsätze der Forstwirthschaft in Bezug auf die Nationalökonomie und die Staatsfinanzwissenschaft“ aus den Jahren 1822/24 die Rolle, die Holzressourcen für die Gesamtwirtschaft eines Landes spielen sollten. Er verglich die Stellung der

---

teilungen in Waldbesitz (privat, staatlich, Gemeinde, Stiftungen u. a. m.) je nach Land verschieden ausfallen; vgl. auch Andersson/Östlund/Törnlund: The Last European Landscape to be Colonised (2005).

109 Eliasson: Skog, makt och människor (2002); Eliasson/Nilsson: „You Should Hate Young Oaks and Young Noblemen“ (2002); Eliasson: När bruk av skog blev Skogsbruk (2000).

110 Freytag: Deutsche Umweltgeschichte (2006), S. 390.

111 Vgl. Radkau: Holz (2007), S. 140–142.

112 Vgl. exemplarisch Hölzl: Umkämpfte Wälder (2010), S. 426.

Holz-importierenden Länder, wie etwa Großbritannien, mit den Holz-exportierenden Ländern Nord-, Ost- und Mitteleuropas, und fragte angesichts der vielfach größeren Wirtschaftsleistung Großbritanniens gegenüber den Ostseeanrainern, ob die Holz-Ausfuhr, also Rohstoffexport, nicht gerade die wirtschaftliche Rückständigkeit eines Landes charakterisiere.[113]

Das Gros der zeitgenössischen forstwissenschaftlichen Literatur befasste sich jedoch nicht mit solchen übergeordneten, volkswirtschaftlichen Fragen, sondern widmete sich dem breiten Spektrum an forstlichen Details, so dass sich forstwissenschaftliche Kontroversen auf fachspezifische Probleme konzentrierten, wie etwa der Streit zwischen Anhängern der Bodenreinertragslehre und der Waldreinertragslehre.[114] Unabhängig von den verschiedenen Positionen in diesen Fachdebatten standen für sämtliche Vertreter der entstehenden Disziplin Forstwissenschaft zwei Ziele im Mittelpunkt:

Erstens strebten forstwissenschaftliche Autoren nach einer Effizienzsteigerung forstwirtschaftlicher Produktion. Unter dem Schlagwort „Verbesserung" – so einer der zentralen Begriffe in zeitgenössischen deutschen Veröffentlichungen, dessen fremdsprachige Entsprechungen auch in vielen anderen Sprachen des Nord- und Ostseeraums auftauchten – erörterten sie, welche Maßnahmen geeignet wären, um den Ertrag (gemeint war zumeist der Nutzholzertrag) vorhandener Waldflächen gesteigert werden könnte und mit welchen Techniken und Mitteln unbewaldete Flächen aufgeforstet werden sollten.[115] In diesem Streben nach Effizienzsteigerung fand sich das Forstwesen in einem breiten Spektrum anderer Teilbereiche der Wirtschaft wieder, die auf ihren jeweiligen Gebieten ähnliche Ziele verfolgten, bspw. im Agrarwesen die Steigerung landwirtschaftlicher Erträge oder im Bergwesen die Erhöhung der Erzgewinnung.[116] Mit diesem Streben nach immer effizienterer Nutzung natürlicher Ressourcen ging ein Wandel der Umweltwahrnehmung einher, die Günter Bayerl in einer Studie von 2001 als „Ökonomisierung der Natur" charakterisiert hat.[117]

Zweitens ging es um die Berechenbarkeit zukünftigen Holzertrags. Einzelne Autoren verwendeten lange Buchkapitel und gar ganze Abhandlungen darauf, um die Naturgesetzmäßigkeiten des Baumwachstums in mathematische Formeln zu bringen. Hier ging es nicht nur um die Wuchshöhe und Stammstärke, sondern auch um den Holzmassenertrag, der aus Wäldern mit bestimmter Baumdichte und

113 Pfeil: Grundsätze der Forstwirthschaft (1822/1824), Bd. 1, S. 137–147.

114 Vgl. einführend Möhring: The German Struggle Between the „Bodenreinertragslehre" (Land Rent Theory) and „Waldreinertragslehre" (Theory of the Highest Revenue) (2001); Radkau: Holz (2007), S. 169 f.

115 Vgl. Drayton: Nature's Government (2000); sowie unter den zeitgenössischen forstlichen Publikationen exemplarisch Bull: Undersøgelse om en Forbedring (1780); Statuter for Den norske Forstforening (1882), S. 6 f; Anonym: O uprawach sztucznych w lasach (1849); Hamilton: A Treatise on the Manner of Raising Forest Trees (1761), S. 61.

116 Popplow: Die Ökonomische Aufklärung als Innovationskultur (2010); vgl. auch die zahlreichen Fallbeispiele in diesem von Popplow herausgegebenen Band.

117 Bayerl: Die Natur als Warenhaus (2001), S. 48.

Baumartzusammensetzung zu erzielen sei. Einmal im Besitz tragfähiger Formeln und Berechnungsmodelle wähnten sich solche Autoren in der Lage, den zukünftigen Ertrag eines gegebenen Waldstücks theoretisch vorherzubestimmen. Solche Modelle aber blieben Theorie, weil in der Praxis Umwelteinflüsse wie Sturm- oder Insektenschäden auftreten konnten, die sich einer Vorausberechnung entzogen.

Das Streben nach diesen beiden Zielen begründete die Daseinsberechtigung der Forstwissenschaft als Disziplin: Durch das kontinuierliche Reden von einer drohenden Holznot war eine Unsicherheit entstanden, und genau diese Unsicherheit beantwortete die Forstwissenschaft mit dem Versprechen, durch ihre „exakten" Methoden und durch planvolles Vorgehen Sicherheit zukünftiger Ressourcenversorgung zu garantieren.[118] Zugleich lieferte dieses Versprechen einer sicheren, holzversorgten Zukunft die Legitimation, die vorhandenen Waldflächen so umzugestalten, dass sich dieses Ziel erreichen ließ. Dies bedeutete die Fokussierung auf den Hochwald, also eine Waldform zur Produktion von Nutzholz, wohingegen das breite Spektrum landwirtschaftlicher Nutzungen als „Nebennutzungen" abqualifiziert und aus dem Wald herausgedrängt wurde.

Das Schlüsselwort dieses Versprechens einer sicheren Zukunft lautete Nachhaltigkeit. Auf diesen Begriff brachten forstwissenschaftliche Schriften das Streben, eine kontinuierlich hohe Produktion von Nutzholz zu erreichen und gleichzeitig die vorhandene Waldfläche zu erhalten. Nachdem 1713 Hans Carl von Carlowitz die Formulierung „nachhaltende Nutzung" der Wälder verwendet hatte,[119] tauchte um 1800 auch das Substantiv „Nachhaltigkeit", bspw. bei Georg Ludwig Hartig, auf, für den „keine dauerhafte Forstwirthschaft [zu] denken und [zu] erwarten" war, „wenn die Holzabgabe aus den Wäldern nicht auf Nachhaltigkeit berechnet ist".[120] Nach Auffassung vieler Forstwissenschaftler war der einzig angemessene Weg, Nachhaltigkeit zu erreichen, der mathematisch-berechnende Weg, den die Wissenschaft vorgab: Waldflächen wurden mit ‚exakten' wissenschaftlichen Methoden und Geräten vermessen und kartiert, Zuwachs wurde berechnet, Erträge verschiedener Baumsorten verglichen und dementsprechend die Zusammensetzung von Wäldern ‚optimiert'. Überall dort, wo Beamte der Forstverwaltungen zum Vermessen in die Wälder ausrückten, Waldflächen in Karten verzeichneten und Forstbetriebspläne erstellten, kann dies als eine Spielart des „Vorrückens des Staates in die Fläche" angesehen werden.[121] Aus den Zentren der Verwaltung griff staatliches Handeln nach und nach in immer entlegenere Teile des Landes aus. Nachhaltigkeit, wie die Forstwissenschaft diesen Begriff seit etwa 1800 auffasste, war überhaupt erst möglich, wenn Waldflächen vermessbar und berechenbar waren. Dies bedeutete auch, dass Waldflächen gegenüber anderen Flächennutzungen, etwa der Viehweide, klar abgegrenzt werden mussten – eine Abgrenzung oder Trennung, die es vielerorts

118 Hölzl: Umkämpfte Wälder (2010), S. 68–70 und dort Anm. 131.
119 Carlowitz: Sylvicultura oeconomica (1713), S. 105 f.
120 Hartig: Anweisung zur Taxation (1804), S. 1.
121 Ganzenmüller / Tönsmeyer (Hg.): Vom Vorrücken des Staates (2016).

historisch so nicht gegeben hatte. Andere, tradierte Formen nachhaltiger Waldnutzung, mochten sie auch lange schon Bestand gehabt haben, wurden von der akademischen Forstwissenschaft als unwissenschaftlich abgewertet.

II.4 Zeitschriften, Forstvereine und Forstakademien als Foren des Austauschs vor Beginn internationaler Kongresse und Ausstellungen

Als hauptsächliche Foren zur wissenschaftlichen Auseinandersetzung um die ‚richtige' Form der Waldressourcennutzung entstanden im Nord- und Ostseeraum während des späten 18. und frühen 19. Jahrhunderts forstliche Vereine, Zeitschriften und Ausbildungsstätten in Gestalt von Forstschulen, Forstakademien und forstwissenschaftlichen Universitätsinstituten. Alle drei Einrichtungen, also Vereine, Zeitschriften und Ausbildungsstätten, waren – in unterschiedlichem Maß und abhängig vom regionalen Kontext – Plattformen zum Austausch über Fragen der Waldnutzung innerhalb eines Landes, teils aber auch über seine Grenzen hinaus.

Historiographisch am besten zu fassen sind die vielfältigen Zeitschriften, und zwar aus dem einfachen Grund, dass Exemplare der Zeitschriften in vielen Bibliotheken überliefert sind. Die forstkundigen Journale spiegeln vielfältige Details und Einzelfragen wider, mit denen sich die entstehende Forstwissenschaft auseinandersetzte. Allerdings gilt es hierbei zu beachten, dass sich in den Zeitschriften immer nur ein Ausschnitt aus der breiten Meinungsvielfalt zu Fragen der Waldressourcennutzung abbildete. Denn vor allem Angehörige der unteren Gesellschaftsschichten ohne oder mit nur geringer Schulausbildung erfüllten gar nicht die Zugangsvoraussetzungen, um an einer Forstakademie aufgenommen zu werden oder in wissenschaftlichen Zeitschriften publizieren zu dürfen. Die ersten forstwissenschaftlichen Zeitschriften wurden in der zweiten Hälfte des 18. Jahrhunderts herausgegeben;[122] bis zur Mitte des 19. Jahrhunderts entstanden nach und nach jene Blätter, die auch die Phase der internationalen Kongresse ab 1873 mit Berichten begleitete. Als Herausgeber forstwissenschaftlicher Zeitschriften traten einzelne, manchmal auch mehrere Wissenschaftler einer Forstakademie, eines Universitätsinstituts, aber auch Mitglieder eines Forstvereins oder einer gelehrten Gesellschaft auf. Zu den an Forstakademien und Instituten herausgegebenen Zeitschriften gehören zahlreiche große deutschsprachige und französische Blätter: An der preußischen Forstakademie in Eberswalde erschienen seit 1822 die Kritischen Blätter für Forst- und Jagdwissenschaft, gefolgt ab 1869 von der Zeitschrift für Forst- und Jagdwesen, an der sächsischen Forstakademie in Tharandt ab 1842 das Forstwirthschaftliche Jahrbuch (ab 1852 Jahrbuch der königlich-sächsischen Akademie für Forst- und Landwirthe zu Tharand). Die Allgemeine Forst- und Jagdzeitung wurde seit 1825 von mehreren Forstwissenschaftlern herausgegeben, anfangs von Stephan Behlen, später von Gustav Heyer und Tuisko von Lorey. In Nancy an der französischen Forstakademie

122 Vgl. Knap: Die Anfänge „wissenschaftlicher" Forstlehre (2010).

erschien ab 1862 die Revue des eaux et forêts. Daneben entwickelten zahlreiche Forstvereine und gelehrte forstliche Gesellschaften ein reges periodisches Publikationswesen; zu jenen gehören das Lesnoj Žurnal" der Petersburger Forstgesellschaft, die polnischsprachige Forstzeitschrift Sylwan erschien ab 1820 zunächst in Warschau, nach einer Unterbrechung ab 1883 als Organ der Galizischen Forstgesellschaft in Lemberg.[123] In Edinburgh gab die Schottische Forstgesellschaft seit den 1850er Jahren in unregelmäßigem Abstand ihre Transactions of the Scottish Arboricultural Society heraus.[124] In Oslo publizierte die Forstvereinigung ab 1881 Den norske Forstforenings Aarbog und später, ab 1893, die Tidsskrift for Skovbrug.[125]

Die unterschiedlichen Ursprünge der Zeitschriften können als Spiegel verstanden werden, in dem sich die jeweils landeseigene Gemengelage aus gesellschaftlichem, unternehmerischem, akademischem und staatlichem Engagement in forstlichen Angelegenheiten abzeichnet. Zugleich muss beachtet werden, dass hinter Bezeichnungen wie Forstverein oder forstliche Gesellschaft ebenso wie hinter Forstschule oder Forstakademie je nach Region ganz verschiedene soziale Zusammenhänge, Organisationsformen und Praktiken zum Tragen kamen: Die Galizische Forstgesellschaft, die in Lemberg 1883 die Redaktion der Zeitschrift Sylwan übernahm, erhielt vom Ackerbauministerium in Wien Zuschüsse, um ihre Zeitschrift zu drucken.[126] Dies erzeugte zwar eine gewisse Abhängigkeit, bedeutete aber keine vollständige Unterordnung, denn in Sylwan finden sich auch Artikel, die sich kritisch mit der Forstpolitik des Wiener Ackerbauministeriums auseinandersetzten.[127] Neben der Galizischen Forstgesellschaft gab es in anderen Teilen der österreich-ungarischen Monarchie noch weitere forstliche Vereine und Gesellschaften, die teilweise ihrerseits Zeitschriften oder Mitteilungsblätter herausgaben. Da Sylwan in polnischer Sprache erschien, war der Wirkungskreis dieses Journals jedoch keineswegs auf Galizien beschränkt. Vielmehr war eine Zeitschrift wie Sylwan ein Medium, das die Grenzen der Teilungen Polens überwand: Polnischsprachige Leser in Österreich-Ungarn, Preußen und Russland fanden hier ein Organ, das forstwissenschaftliches Fachvokabular im Polnischen weiterentwickelte und – je nach politischer Großwetterlage – das Zusammengehörigkeitsgefühl der polnischen Bevölkerung in den Gebieten der drei Teilungsmächte beförderte.[128] Trotz dieser grenzübergreifenden Dimension blieben die Hochschulen in Wien und Lemberg die zentralen akademischen Referenzpunkte für Sylwan; Mitarbeiter

123 Podgórski: „Sylwan" (2000).

124 Aufsätze, Berichte über Versammlungen der Forstgesellschaft u. a. m. wurden jeweils für *mehrere* Jahre in einem Band publiziert. Anders als die übrigen Zeitschriften wird bei den Transactions daher nicht ein Jahrgang vor dem Erscheinungsjahr, sondern eine *Bandnummer* angegeben.

125 Thorvald Kiær und Agnar Barth gaben außerdem zwischen 1902 und 1905 die Forstligt Tidsskrift heraus.

126 Vgl. exemplarisch Anonym: Wiadomości (1887).

127 Vgl. exemplarisch Bierzyński: Nieszczenie i ochona lasów (1890).

128 Podgórski: „Sylwan" (2000), S. 26.

beider Hochschulen meldeten sich regelmäßig mit Beiträgen zu Wort. Ganz anders war die Situation in Schottland: Hier, wie auch in England, gab es bis Ende des 19. Jahrhunderts überhaupt keine forstwissenschaftliche Ausbildungsstätte und bis in die 1920er Jahre auch keine staatliche Forstverwaltung. Die schottische Forstgesellschaft sah es als ein wesentliches Ziel an, in der Bevölkerung und unter den politischen Eliten dafür zu werben, dass eine staatliche bzw. öffentliche Verwaltung von Waldflächen sinnvoll wäre und dass eine Forstschule in Großbritannien eingerichtet werden sollte (vgl. Kapitel IV.1). Hier ging es also darum, auf der politischen Ebene überhaupt Interesse für die forstliche Sache zu wecken. In Norwegen wiederum sah die verhältnismäßig kleine staatliche Forstverwaltung in der norwegischen Forstgesellschaft und ihrer Zeitschrift eine Art Partner, um Angelegenheiten der Staatsforstverwaltung in die Bevölkerung hinein zu vermitteln – eine Bevölkerung, die aus Sicht der staatlichen Forstverwaltung in vielen Fällen zu sorglos mit Wald und Holz umging.[129]

Anhand dieser drei kurzen, exemplarischen Schilderungen zu forstlichen Vereinen bzw. Gesellschaften in Galizien, Schottland und Norwegen wird deutlich, dass diese Vereine unterschiedliche Schwerpunkte in ihrer Tätigkeit setzten. Gemeinsam war den Mitgliedern all dieser Vereine lediglich das Interesse am Wald, in vielen Fällen wird man sogar von Leidenschaft sprechen dürfen. Der Übergang vom Verein aus Förstern und Forstverwaltern hin zum Zusammenschluss von Holzhändlern oder gar Sägewerksbesitzern war in vielen Fällen fließend. Die Gewichtung einzelner Gruppen und Interessen konnte in den einzelnen Ländern und Regionen des Nord- und Ostseeraums abhängig von den ökonomischen und ökologischen Rahmenbedingungen ganz unterschiedliche Äußerungsformen haben: Die Petersburger Forstgesellschaft hatte, ähnlich wie das schwedische Pendant, eine starke Holzhändlergruppe in ihren Reihen und war daher an reibungslosem Holzexport nach Westeuropa interessiert. Deutsche Forstvereine hingegen klagten seit den 1880er Jahren zunehmend über freien Holzhandel, weil Holzimporte aus Skandinavien und Russland die Preise auf dem deutschen Markt drückten und deutsche Forstbetriebe in wirtschaftliche Schwierigkeiten gerieten. Die Arbeit wird auf diesen Zusammenhang zwischen lokalem Wirtschaften und internationalem Handel, insbesondere in Kapitel IV, zurückkommen.

Auch wenn ein europäisch angelegter Vergleich des forstlichen Vereinswesens noch aussteht, zeigt allein die kursorische Betrachtung der Überlieferungen ein vielfältiges Spektrum: Dies betrifft zunächst die regionale Gliederung: In den größeren Staaten und in den Imperien gab es in den historisch gewachsenen Landesteilen je eigene Forstvereine und außerdem für den gesamten Staat bzw. das gesamte Imperium einen übergeordneten Verein, in Österreich-Ungarn etwa den

129 Vgl. die gemeinsame Aufklärungs- und Aufforstungskampagne „Die Jugend und der Wald [Ungdommen og Skogen]", die die Forstverwaltung und die Forstgesellschaft gemeinsam auf den Weg brachten, in Kapitel VII.

Reichsforstverein.[130] Je angesehener ein Verein oder eine Gesellschaft war, desto mehr Forstleute aus dem Ausland führte er in seinen Mitgliederlisten. Außerdem waren die Übergänge zwischen geselligem Verein und gelehrter Gesellschaft teilweise fließend und konnten sich im Zeitverlauf ändern. Das Gleiche gilt für die thematischen Schwerpunkte der Vereinsarbeit: Der schweizerische Forstverein etwa betrieb in den 1870er Jahren einerseits knallharte Lobbyarbeit für das angestrebte neue Forstgesetz; andererseits war er ein Rahmen für geselliges Treiben.[131] Seine Mitglieder konnten in Versammlungen die Taktik forstwirtschaftlicher Interessenpolitik erörtern oder sich auf Exkursionen über unterschiedliche forstliche Lehrmeinungen ereifern und abends bei Gesang, rustikalen Speisen und nicht selten allerlei alkoholischen Getränken das Zusammengehörigkeitsgefühl unter Forstleuten zelebrieren.[132] In manchen Zeitphasen mochte die Geselligkeit so stark in den Vordergrund der Vereinsarbeit gerückt sein, dass einige Zeitgenossen zu mehr Ernsthaftigkeit mahnten, wie etwa Franz Baur 1868 in seinem „Weck- und Mahnruf" an die „Freunde des deutschen Waldes".[133]

So vielfältig die Organisation und Arbeit der forstlichen Vereine und Gesellschaften im Nord- und Ostseeraum ausfiel, so unterschiedlich erweisen sich auch Inhalt und Verbreitung forstlicher Zeitschriften. Die behandelten Themen hingen zu einem Großteil von den spezifischen forstlichen Situationen in den einzelnen Ländern ab, also von der geographischen Lage, von Waldformen und Baumarten, von Boden und Klima sowie nicht zuletzt von der Stellung der Region oder des Landes im internationalen Holzhandel. In der Ausstrahlungskraft der Journale zeigen sich signifikante Unterschiede: Die großen deutschsprachigen Zeitschriften, wie die Allgemeine Forst- und Jagdzeitung, die Zeitschrift für Forst- und Jagdwesen und das Centralblatt für das gesamte Forstwesen sowie die französische Revue des eaux et forêts finden sich in forstlichen Bibliotheken zahlreicher Länder. Demgegenüber sind die Transactions of the Scottish Arboricultural Society, die Tidsskrift for Skovbrug, Sylwan und Lesnoj Žurnal" zwar in Bibliotheken innerhalb ihrer Länder bzw. Imperien sowie innerhalb der Verbreitungsgebiete der jeweiligen Sprache aufzufinden. Ausgaben des Lesnoj Žurnal" gingen von St. Petersburg bspw. auch nach Warschau und Helsinki, Ausgaben von Sylwan gelangten nach Wien und Krakau. Aber über die Grenzen der Imperien oder Sprachgebiete hinaus sind nur

130 Vgl. Wegener: Verantwortung für Generationen (1999); Bernhardt: Geschichte des Waldeigenthums, Bd. 3 (1875), S. 384–392; Grzywacz: Polnischer Forstverein (2000); Costlow: Heart-Pine Russia (2012), S. 85; Neuschäffer: Kleine Wald- und Forstgeschichte (1991), S. 80; Meikar: Balti Metsanduslik Katsekeskus (1994).

131 Pfister / Brändli: Rodungen im Gebirge (1999), S. 308–310.

132 Exemplarisch Anonym: Om det for Tiden vigtigste Kulturarbeide (1902), S. 176; Cieslar: Die Studienreise des Oesterreichischen Reichs-Forstvereins nach Schweden und Norwegen (1905); Royal Scottish Arboricultural Society (Hg.): Excursion to North Germany 1895, Photographs (1896); Anonym: Arboriculturists and Others in North Germany (1896) – ein schmaler Band mit teilweise humorvollen Zeichnungen und Schilderungen von einer Exkursion nach Deutschland.

133 Baur: Ueber forstliche Versuchsstationen (1868).

wenige Ausgaben dieser Zeitschriften in den jeweils ausländischen Bibliotheken überliefert.[134]

Bei den Forstschulen, Forstakademien und Universitätsinstituten ist eine ähnliche Vielfalt in den Ländern des Nord- und Ostseeraums, aber auch eine ähnlich unterschiedliche internationale Ausstrahlungskraft der einzelnen Ausbildungseinrichtungen zu beobachten. Aus den frühen, teils privat geführten Forstmeisterschulen des 18. Jahrhunderts entstanden im Lauf des 19. Jahrhunderts niedere und höhere Forstausbildungs- und Forschungsstätten, von denen einige, wenn auch unter anderem Namen, bis heute fortbestehen.[135] Bei den Jahreszahlen, die die Schulen selbst als Gründungsjahr angeben, gilt zu beachten, dass diese Ausbildungseinrichtungen oftmals fließend aus den privaten Vorläufern hervorgingen. Im Sinne einer Traditionsbildung wird in einigen Fällen das Gründungsdatum der staatlichen Einrichtung zu jenem Jahr zurückverlängert, in dem die private Försterschule als Vorläufer entstanden war. Ähnlich wie bei den Zeitschriften hatten auch die Forstakademien und Institute in den Ländern des Nord- und Ostseeraums eine unterschiedliche internationale Ausstrahlungskraft. Die französische Forstakademie in Nancy und mehrere deutschsprachige Einrichtungen, insbesondere die sächsische Forstakademie in Tharandt, die preußische in Eberswalde, die Universitätsinstitute in München, Gießen und Wien[136] erarbeiteten sich im 19. Jahrhundert einen herausragenden Ruf, der Studenten und Forscher aus ganz Europa anzog. Demgegenüber kam den Ausbildungsstätten bspw. in Stockholm, in Lemberg, in Kongsberg und auch in Cooper's Hill zwar eine Bedeutung in ihren jeweiligen Ländern oder Imperien zu, eine vergleichbare internationale Ausstrahlungskraft erlangten sie jedoch nicht.[137]

Die internationale Ausstrahlungskraft der großen französischen und deutschsprachigen Akademien zeigt sich an den Ausbildungswegen, die viele forstwissenschaftliche Experten im Russischen Reich, in den skandinavischen Ländern oder in Großbritannien beschritten. In Tharandt bspw. studierten die russischen Forst-

134 Die Überlieferung der einzelnen Zeitschriften in Bibliotheken des Nord- und Ostseeraums zu recherchieren, stellt eine Herausforderung dar: Einerseits bieten die Online-Kataloge der großen Bibliotheksverbünde und Nationalbibliotheken (vgl. http://kvk.ubka.uni-karlsruhe.de; Zugriffe im September 2017) einen leichten ersten Zugang zu bibliographischen Informationen. Andererseits bilden diese Online-Kataloge nur einen Bruchteil dessen ab, was in zahlreichen kleineren, lokalen Bibliotheken überliefert und dort zumeist nur über traditionelle Zettelkataloge erschlossen ist.

135 Vgl. exemplarisch Wudowenz (Hg.): 175jährige Wiederkehr der Begründung der forstakademischen Ausbildung an der Universität Berlin (1996); Milnik: Geschichte der forstlichen Lehre und Forschung in Eberswalde (1993); Hermann: 175 Jahre forstliche Ausbildung in Tharandt (1986); Reinhold: Die Geschichte der Forstwissenschaft an der Universität Gießen (1957); Ruhm (Hg.): Chronik 1975–1999 (1999); Konečný: 250. výročie Banskej a Lesníckej Akadémie (2012); Fryjordet: Skogadministrasjonen i Norge (1962), Bd. 2, S. 595–597; Bernhardt: Geschichte des Waldeigenthums (1874), Bd. 2, S. 81–84, 165–177, 382–399.

136 Wien gehört hydrographisch gesehen nicht zum Nord- und Ostseeraum, wird hier jedoch berücksichtigt, da es ab 1873 Veranstaltungsort mehrerer internationaler Kongresse war.

137 Vgl. Brzozowski: Dzieje Krajowej Szkoły Gospodarstwa Lasowego (1984); Vevstad: Statens skogskole Kongsberg (1976); Brandis: Forstliche Ausstellung in Edinburgh (1885), S. 106.

wissenschaftler Dmitrij N. Kajgorodov (ab 1882 Professor für Forsttechnologie am St. Petersburger Forstinstitut), die späteren Direktoren bzw. Amtsleiter der norwegischen Staatsforstverwaltung Thorvald Mejdell und Jacob Barth;[138] in Nancy studierten James S. Gamble und Fredric Bailey;[139] Wien war Studienort für zahlreiche polnische Forstexperten wie etwa Maryan Małaczyński;[140] mehrmonatige oder gar mehrjährige Auslandsaufenthalte unternahmen bspw. Georgij Fëdorovič Morozov, Albert Karsten Myhrvold und William Somerville. Im britischen Fall ist zudem die besondere Situation anzutreffen, dass an deutschen Forstakademien ausgebildete Forstwissenschaftler wie Berthold Ribbentrop, Dietrich Brandis und William (Wilhelm) Schlich die Forstverwaltung in Britisch Indien führten.[141] Es wäre eine eigene Studie, die Prägekraft der französischen und vieler deutschsprachiger Forstakademien und Institute auf all diese Experten als eine Art Kollektivbiographie zu ergründen. Auch wenn solche biographiehistorischen Überlegungen nicht das Thema dieser Untersuchung sind, so ist doch auffällig, dass man vielen der hier genannten Experten auf den internationalen Kongressen, die im Mittelpunkt der folgenden Kapitel stehen werden, wiederbegegnet.

All die Studenten und Studienreisenden, die aus dem Ausland an die deutschen und an die französischen Forstakademien kamen, beförderten nach ihrer Rückkehr in ihr Herkunftsland wiederum die Rezeption und dadurch starke internationale Stellung deutscher und französischer Forstliteratur.[142] Dies galt nicht nur für Übersetzungen oder Übertragungen aus dem Deutschen in andere Sprachen, wie etwa die auszugsweise Übertragung von Wilhelm Pfeils „Grundsätze der Forstwirthschaft" in einer Ausgabe der Zeitschrift Sylwan aus dem Jahr 1842[143] oder die Übersetzung von Karl Gayers „Die Forstbenutzung" ins Englische als Teil von Schlichs Manual.[144]

Für die internationale Ausstrahlung der großen deutschsprachigen und der französischen Forstakademien waren mehrere Faktoren verantwortlich: Die personelle Besetzung des Lehrkörpers, der im Vergleich zu Einrichtungen anderer Länder erheblich größer war, die gute Ausstattung der Bibliotheken und Lehr-Wälder – zwei Faktoren, deren Bedeutung in dem Maß stetig wuchs, wie die Buchbestände umfangreicher und die Lehr-Wälder älter und ggf. größer wurden. Die methodische Akribie allerdings, insbesondere das Streben nach mathematisch exakten Formeln zur Berechnung forstwirtschaftlicher Größen, mit der viele deutschsprachige und

138 Vgl. Costlow: Heart-Pine Russia (2012), S. 183–205; Frivold: Skoghistorie i Norge (1999), S. 213 f.

139 Bailey: Forestry in France (1887).

140 Vgl. Brzozowski: Studia rolnicze, leśne i weterynaryjne Polaków (1967), S. 112–123.

141 Vgl. Oosthoek: The Colonial Origins of Scientific Forestry (2017); Rackham: Trees and Woodland (1990), S. 101–103.

142 Vgl. exemplarisch Żabko-Potopowicz: Dzieje piśmiennictwa leśnego (1960); Simmons: An Environmental History (2001), S. 153.

143 Pfeil / Wydrzyński: Zasady ogólne zarządu i zagospodarowania lasów (1842); vgl. auch Żabko-Potopowicz: „Sylwan" warszawski a obca literatura leśna (1960).

144 Schlich: Manual of Forestry, Bd. 5: Forest Utilisation (1896).

französische Forscher zu Werke gingen, muss als ein Faktor gesehen werden, der auf die Ausstrahlung der deutschen und französischen Ausbildungseinrichtungen ambivalent wirkte: Einerseits begegneten viele Kollegen solchen mathematischen Anstrengungen mit Respekt, zumal ein mathematisches Herangehen an forstwirtschaftliche Probleme keine Besonderheit nur der französischen und deutschsprachigen Wissenschaftler war.[145] Aber viele deutschsprachige und französische Forstwissenschaftler beließen es nicht bei Berechnungen und Beispielen, sondern strebten danach, ganz im Sinne einer Forstwissenschaft als ‚exakte' Disziplin, allgemeingültige Modelle und Theorien zu entwickeln. Gerade dieses Streben löste teilweise Befremden bei Kollegen im Ausland aus, die von der Forstwissenschaft eher eine praktische Handreichung für die Arbeit vor Ort sowie Lösungen für die alltäglichen Probleme des forstlichen Wirtschaftens erwartete. Auf diese Skepsis gegenüber reiner Theorie wird das Kapitel IV zurückkommen. Da sich auch in anderen Disziplinen während des 19. Jahrhunderts ähnliche Bestrebungen zur Quantifizierung und zur Modellbildung in ihrem jeweiligen Fachgebiet beobachten lassen, war die Forstwissenschaft in dieser Hinsicht keine Ausnahme.[146] Im Gegenteil, sie war ein Teil einer viel breiteren Entwicklung bei der Ausprägung wissenschaftlicher Disziplinen – eine Entwicklung, die ab Mitte des 19. Jahrhunderts durch beginnende internationale Kongresse und Ausstellungen in ihrer grenzübergreifenden Dimension einen starken Schub erfuhr.

---

145 Vgl. exemplarisch Agricola (Pseudonym für James Anderson): Miscellaneous Observations (1777), S. 3–21.

146 Vgl. Frängsmyr: Solomon's House Revisited (1990).

III Internationale Kongressbewegung und Anläufe zur Verstetigung grenzüberschreitender forstwissenschaftlicher Kooperation seit Mitte des 19. Jahrhunderts (1851–1877)

III.1 Die Vorbildwirkung internationaler statistischer Kongresse

Als das österreichische Ackerbauministerium in Wien Anfang 1873 Pläne für einen internationalen land- und forstwirtschaftlichen Kongress veröffentlichte, der während der Weltausstellung im Herbst des gleichen Jahres stattfinden sollte, erntete es nicht nur Zustimmung. „Unseres Erachtens darf man von einer derartigen, gelegentlichen Berathung internationaler Fragen keinen entsprechenden Erfolg erwarten", ließ sich der Direktor der preußischen Forstakademie, Bernhard Danckelmann, vernehmen. „Die Forstleute, welche die Ausstellung besuchen, werden schwerlich Neigung haben, in lange Berathungen über Gegenstände einzutreten, die mit der Ausstellung nichts zu thun haben. Ueberdies ist vielleicht kein Gegenstand zu einer internationalen Diskussion weniger geeignet, als die ausschließlich genannte forstliche Statistik. Man sollte meinen, daß die mißlungenen Versuche, diesen Gegenstand auf den Forst-Versammlungen zu behandeln, davon abschrecken sollten, denselben auf die Tagesordnung einer Weltausstellung zu bringen." All das, so fuhr Danckelmann fort, werde der Wissenschaft nicht „zur Förderung" gereichen; eher seien die Waldschutzfrage, die Vogelschutzfrage und der forstliche Unterricht als Tagesordnungspunkte für einen internationalen Kongress geeignet. Danckelmann schloss mit der Hoffnung, dass die Kongress-Idee, „die uns eine verfehlte zu sein scheint, fallen gelassen" wird.[147]

In der Diskussion um Sinn und Unsinn eines internationalen forstwissenschaftlichen Kongresses im Allgemeinen und der Behandlung forststatistischer Fragen im Besonderen trat schlaglichtartig eine Kontroverse hervor, die den internationalen forstwissenschaftlichen Austausch bis ins frühe 20. Jahrhundert hinein prägte: Nämlich die Frage, welche Probleme des Forstwesens in lokalem oder nationalem Maßstab zu lösen seien und welche aber eine grenzübergreifende Zusammenarbeit erfordern würden.

Die Frage nach dem geeigneten Maßstab der Erforschung und Nutzung natürlicher Ressourcen betraf in der zweiten Hälfte des 19. Jahrhunderts nicht allein die Forstwissenschaft. Vielmehr behandelten zahlreiche internationale Kongresse und Vereinigungen Fragen, die Ressourcen und Umwelt betrafen, darunter die Meteorologie, das Fischereiwesen, die Bevölkerung (sofern man sie als Ressource im

147 Danckelmann: Das Forstwesen auf der Wiener Weltausstellung (1873).

Sinne von Arbeitskraft begreift), die Landwirtschaft u. a. m.[148] Auf der Weltausstellung 1851 in London hatten die belgischen Wissenschaftler Adolphe Quetelet und Auguste Visschers sowie einige Kollegen aus anderen Ländern die Idee eingebracht, die für einzelne Länder vorhandenen statistischen Daten zusammenzutragen und sich über Möglichkeiten eines Austauschs zu verständigen.[149] Ab 1853 wurden dazu in verschiedenen europäischen Hauptstädten internationale statistische Kongresse abgehalten. Vertreter zahlreicher Disziplinen kamen hier zusammen, um Möglichkeiten eines Datenaustauschs über Bevölkerung, Industrieproduktion, Verkehr u. a. zu erörtern.[150] Als zentrales Problem bearbeiteten die versammelten Kongressteilnehmer Fragen der Vereinheitlichung bzw. der Vergleichbarkeit des Vokabulars und der erhobenen Daten.

Die Forstwissenschaft im engeren Sinne war weder bei den ersten internationalen statistischen Kongressen vertreten, noch veranstalteten forstwissenschaftliche Experten in den 1850er und 1860er Jahren eigene internationale Kongresse. Gleichwohl waren forstwirtschaftliche und forstwissenschaftliche Themen bei internationalen Anlässen vertreten, etwa in den Abteilungen der nord- und osteuropäischen Länder auf den Weltausstellungen. Während der Ausstellungen richtete sich das Interesse der Besucher in erster Linie auf technische Innovationen und auf die Potentiale neuer Wirtschaftszweige, insbesondere aus den Bereichen der Verkehrs- und Kommunikationstechnologie sowie der Verfahrenstechniken bei der Gewinnung und Verarbeitung von Rohstoffen.[151] Obgleich Kohle und Stahl als zentrale Rohstoffe der Industrialisierung hier gewissermaßen den Takt vorgaben und Innovationen aus diesen Bereichen die Aufmerksamkeit der Weltausstellungsbesucher anzogen, mussten Unternehmen aus der Holzwirtschaft keineswegs über Desinteresse, mangelnde Aufträge oder ausbleibende Gewinne klagen. Im Gegenteil: Da viele Wirtschaftszweige Holz benötig(t)en, stieg der Holzverbrauch im Zuge des allgemeinen wirtschaftlichen Wachstums. Von Bedeutung waren hier in erster Linie das Baugewerbe, das Bergwesen, die Eisenbahnen und der Schiffbau: Eine Bevölkerung, die in Europa zwischen 1850 und 1910 von etwa 267 Millionen auf 447 Millionen anwuchs,[152] musste sich Wohnraum schaffen und benötigte dazu Holz: Für Balken und andere tragende Teile vor allem Hartholz; für Fenster, Türen, Dachstühle usw. vor allem weiches Nadelholz. In Kohlebergwerken wurden die Stollen mit hölzernen Stützen, sogenannten Grubenstempeln, ausgebaut, wofür hauptsächlich Nadelholz Verwendung fand. Wenn also die Kohleförderung bspw.

---

148 Vgl. Feuerhahn / Feuerhahn (Hg.): La fabrique internationale de la science (2010); Randeraad: States and Statistics (2010); Fuchs: Wissenschaft, Kongreßbewegung und Weltausstellungen (1996).

149 Randeraad: The International Statistical Congress (2011), S. 53.

150 Vgl. exemplarisch Compte rendu des travaux du congrès général de statistique réuni à Bruxelles les 19, 20, 21 et 22 septembre 1853, Brüssel 1853.

151 Vgl. einführend zu den Ausstellungen Geppert: Welttheater (2002); Findling (Hg.): Historical Dictionary of World's Fairs (1990); Wendland (Hg.): Bilder vieler Ausstellungen (2009).

152 Fischer: Einleitung (1985), S. 14; vgl. auch Fisch: Europa zwischen Wachstum und Gleichheit (2002), S. 236–240.

in Großbritannien zwischen 1870 und 1890 von etwa 112 Millionen auf 184 Millionen Tonnen anwuchs,[153] dann stieg auch der Grubenholz-Verbrauch stark an. Die Eisenbahnen benötigten Holz für Schienenschwellen, Waggons, Stationsgebäude usw. Allein in den 25 Jahren zwischen 1845 und 1870 verzehnfachte sich die Länge des europäischen Schienennetzes von etwa 8.000 km auf über 80.000 km.[154] Dieses wachsende Netz benötigte Holz, nicht nur für neue Strecken, sondern auch für das bestehende Schienennetz. Denn solange Verfahren zur Holzimprägnierung in den Anfängen steckten, mussten die hölzernen Schwellen alle fünf bis zehn Jahre ausgetauscht werden, weil sie verwitterten und sich abnutzten. Auch im Schiffbau stieg der Holzverbrauch: Mit der wachsenden Wirtschaftsleistung der europäischen Länder wuchs das Handelsaufkommen der seefahrenden Nationen.[155] Insbesondere die Aufhebung der britischen Navigationsgesetze 1849 ließen den Schiffbau florieren, da es nun auch fremden Handelsschiffen erlaubt war, Güter nach Großbritannien zu bringen.[156] Allein in Norwegen, im letzten Drittel des 19. Jahrhunderts das Land mit der drittgrößten Handelsmarine der Welt, wuchs die Anzahl der Handelsschiffe in den 1850er Jahren um 50 %. Wenn auch Eisen in wachsendem Maße für den Bau des Schiffsrumpfs verwendet wurde, bestand der Innenausbau dieser Schiffe – allein um Kosten und Gewicht zu sparen – weiterhin größtenteils aus Holz.[157]

III.2 Was sollte international verhandelt werden? Themenfindung im Vorlauf zum Internationalen Congress der Land- und Forstwirthe in Wien 1873

Am Nachmittag des 11. Juni 1873 ging in Tromsø im Norden Norwegens ein Telegramm der Forstdirektion *(Skovdirektorat)* in Christiania ein, das an Forstmeister Johannes Norman gerichtet war. Es enthielt nur drei Sätze: „Wollen Sie Norwegen beim internationalen Land- und Forstwirtschaftskongress in Wien vertreten? Reisekosten werden erstattet. Antworten Sie baldmöglichst."[158] Wien war für Norman keine unbekannte Stadt. Er hatte 1853 bis 1855 dort sein Botanikstudium fortgesetzt, bevor er – mit Umweg über Christiania und einigen Studiensemestern Forstwissenschaft in Bayern – ab 1860 Forstmeister in Tromsø geworden war.[159] Norman sprach daher gut deutsch und war mit den Verhältnissen in Wien vertraut.

153 Mitchel (Hg.): European Historical Statistics (1975), S. 364.
154 Buiter / Kunz: Atlas on European Communications (2017), Karte „Railways". Der vom Leibniz-Institut für Europäische Geschichte in Mainz betreute digitale Atlas hält weitere Zahlen sowie Karten zur Entwicklung der Infrastruktur Europas bereit.
155 Buiter / Kunz: Atlas on European Communications (2017), Karte „Maritime Traffic".
156 Sawers: The Navigation Acts (1992); Walton: The New Economic History (1971).
157 Scholl (Hg.): Technikgeschichte des industriellen Schiffbaus (1994), S. 42–47; Bosse: Norwegens Volkswirtschaft (1916), Bd. 2, S. 506–524; Hornby: Nordeuropa (1985), S. 245.
158 RiksA Oslo, S-1600 / Dc / L2333, Skovdirektorat, Notiz zu Telegramm, 11. Juni 1873.
159 Alm: Johannes Norman (2003).

Wohl aus diesem Grund hatte Forstdirektor Thorvald Mejdell gerade Norman gefragt. So wie Norman erhielten zahlreiche Delegierte und Referenten im Sommer 1873 Einladungen nach Wien.

Seit dem Jahreswechsel 1872/73 hatte das österreichische Ackerbauministerium in Wien die Vorbereitungen für den Kongress vorangetrieben. Zum 19. März 1873 lud Ackerbauminister Johann von Chlumecky etwa 20 österreichische Experten der Agrar- und Forstwirtschaft ein, um Organisation und Inhalte des geplanten Kongresses zu beraten.[160] Auf die Einladung hin erschienen mehrere Ministerialbeamte, darunter Joseph Roman Lorenz, eine große Anzahl von Professoren der Wiener Hochschulen, darunter Wilhelm Exner und Gustav Marchet, sowie einige österreichische Reichsratsabgeordnete.

Eingangs berichtete Wilhelm Exner, Professor an der Forstakademie Mariabrunn, über die Vorgeschichte der Kongress-Idee, nämlich über den Vorschlag des Agrarwissenschaftlers Hermann Settegast auf der Versammlung deutscher Land- und Forstwirte in München, einen internationalen Kongress abzuhalten. Die Anwesenden brachten daraufhin zahlreiche Themenvorschläge für den Kongress ein, darunter den Vogelschutz, die Schädlingsbekämpfung, die politische Vermittlung zwischen Regierung und Landwirten, die Rinderpest, die Waldschutzfrage, die Einrichtung forstlicher Versuchsstationen, die Landarbeiterfrage und vieles mehr.[161]

Neben den inhaltlichen Vorschlägen gingen in Wien seit dem Frühjahr 1873 auch verschiedene Ideen ein, welche *organisatorischen* Formen für den Kongress wie auch zur Verstetigung des internationalen Austauschs über den Kongress geeignet sein könnten. So sprachen sich einige Teilnehmer der Besprechung vom 19. März für die Einrichtung eines Klubs aus, der nicht nur zur Kongresszeit, sondern für die gesamte Dauer der Weltausstellung im Jahr 1873 als ein Anlaufpunkt für forstlich interessiertes Publikum dienen sollte. Über den Kongress hinaus dachte bspw. August Meitzen in seiner Denkschrift für den Kongress und formulierte als Ziel, ein internationales Büro zu gründen, um forststatistische Daten der beteiligten Länder zu sammeln.[162]

Am 26. April 1873, also etwa einen Monat nach der Beratung, auf der so viele Themenvorschläge gesammelt worden waren, erschienen in einem Rundschreiben des Ministeriums allerdings nur noch zwei Themen für den internationalen Kongress, und zwar die Fragen: (1) Welche Abschnitte der land- und forstwirtschaftlichen Statistik empfehlen sich für eine internationale Vereinbarung, um „vergleichbare Resultate zu erlangen"; und (2) „welche Punkte des land- und forstwirthschaftlichen Versuchswesens verlangen die Feststellung eines internationalen Beobachtungssistems [sic!]?"[163] Beide Fragen gingen auf einen Vorschlag von

160 AVA Wien, Ackerbau-Ministerium, Präsidium, Karton 5, Jahr 1873, „Protokoll der am 19. März (1873) abends im Ackerbau-Ministerium abgehaltenen Besprechung".

161 Ebenda.

162 Meitzen: Die internationale Land- und Forstwirthschaftliche Statistik (1873), S. 35.

163 AVA Wien, Ackerbau-Ministerium, Präsidium, Karton 5, Jahr 1873, „Internationaler Kongress der Land- und Forstwirthe", Rundschreiben von Chlumecky, 26. April 1873.

Joseph Roman Lorenz zurück, der als Referent für Unterrichtswesen und Statistik im Ministerium tätig war. Obwohl die Palette der Ideen, die die Teilnehmer der Besprechung am 19. März zusammengetragen hatten, wahrlich umfangreich war, erbat Chlumeckys Rundschreiben nun noch weitere Themenvorschläge bis zur nächsten Sitzung des Vorbereitungskomitees.

In welcher Weise die letztendlich vier Themen des Kongresses, und zwar Vogelschutz, Statistik, Versuchswesen und die „Waldschutzfrage“, festgelegt wurden, lässt sich aus den Archivalien des Ackerbauministeriums nur teilweise rekonstruieren. In der Sitzung am 19. März hatte sich bereits angedeutet, dass einige Themen nur einen kleinen Teil der Anwesenden überzeugte, weshalb es nicht verwundern muss, dass diese Aspekte keinen Eingang in das Programm fanden. Zu diesen abgelehnten Vorschlägen gehörten u. a. die „Verbindung des Feldbaus mit dem Waldbau“, die „ländliche Arbeiterfrage“ oder – wie es im Protokoll hieß – die „Frage der Verwerthung der Abfallstoffe größerer Härte“.[164]

Offenkundig hatte Lorenz auf die Festlegung der zu behandelnden Themen entscheidenden Einfluss. Denn die von ihm vorgeschlagene Forststatistik war Teil des Programms, und das trotz der eingangs zitierten, harschen Kritik an forststatistischen Vorhaben, die Bernhard Danckelmann in aller Öffentlichkeit Anfang des Jahres in der Zeitschrift für Forst- und Jagdwesen vorgetragen hatte. Außerdem hatte sich Lorenz auf der Sitzung vom 19. März, gemeinsam mit Arthur von Seckendorff, Professor für Forstwissenschaft an der Forstakademie Mariabrunn, für eine Behandlung des forstlichen Versuchswesens stark gemacht.[165] Die Vogelschutzfrage kam indes auf Betreiben des Rektors der Hochschule für Bodenkultur, Martin Wilckens, ins Programm; und er konnte diesen Punkt gegen Kritiker durchsetzen, die auf einen geplanten eigenständigen Vogelschutzkongress verwiesen hatten. Die „Waldschutzfrage“ schließlich war von Gustav Marchet, ebenfalls Professor an der Forstakademie Mariabrunn, vorgeschlagen worden, der sich einer breiten Unterstützung sicher sein konnte, da im Jahr zuvor der österreichische Forstkongress und auch die Landwirtschaftsgesellschaft in Krakau auf eine intensivere Behandlung dieser und ähnlicher Themen, wie etwa den Hochwasserschutz, gedrängt hatten.[166]

Mochten einige dieser Themen, wie etwa das agrar- und forstwissenschaftliche Versuchswesen, nur das Interesse von ausgewiesenen Spezialisten hervorrufen, so ließ das Ackerbauministerium keinen Zweifel daran, dass es sich mit dem Kongress in die Gestaltung der „neueren Zeit“ einbringen wollte: Diese „neuere Zeit“, formulierte Chlumecky im Einladungsschreiben, „erfasst immer lebhafter den Gedanken an die Solidarität der Völker-Interessen. Das Bestreben, die Kreuzungspunkte der

164 AVA Wien, Ackerbau-Ministerium, Präsidium, Karton 5, Jahr 1873, „Protokoll der am 19. März (1873) abends im Ackerbau-Ministerium abgehaltenen Besprechung“.

165 Ebenda.

166 AVA Wien, Ackerbau-Ministerium, Landeskultur, Karton 74, Jahr 1872, Sign. 4, Drucksache „Verhandlungs-Gegenstände für den agrarischen Congress zu Wien 1873“, ohne Datum [Ende 1872].

Beziehungen zu Knotenpunkten der Vereinigung zu stempeln, macht sich in jedem Productionszweige geltend."[167] Der Kongress strebe dies für die Land- und Forstwirtschaft an und werde, so fügte Chlumecky versichernd hinzu, nur aus geladenen Mitgliedern bestehen, da dies den Gang der Verhandlungen „erleichtern" würde. Zudem galt es, einige Ausländer ins Präsidium des Kongresses zu berufen, um den internationalen Charakter zu verdeutlichen. Auf das Einladungsschreiben folgte noch eine Übersicht über die vier Themen, die das Kongresskomitee als Programm bestimmt hatte, also Vogelschutz, forstliche Statistik, Versuchswesen und die Maßregeln zur „Walderhaltung."[168] Organisatorische Fragen, wie etwa die erwogene Einrichtung eines Klubs, erwähnte die Einladung nicht.

Während der folgenden Monate lief die Korrespondenz mit dem Ausland auf Hochtouren, und zwar sowohl mit jenen Wissenschaftlern, die das Ackerbauministerium um einen Vortrag bat, als auch mit den einzuladenden Kongressteilnehmern bzw. Gästen. Nicht nur Zu- und Absagen, sondern auch Vorschläge, das Programm zu erweitern, gingen Woche für Woche in Wien ein. Diese Korrespondenz gewährt nicht zuletzt einen Einblick in die sprachliche Herausforderung, vor die sich die Organisatoren mit der Ausrichtung eines internationalen Kongresses gestellt sahen. Wenngleich die Geschäftsordnung des Kongresses neben der deutschen Sprache „auch die englische, französische und italienische" für die Verhandlungen zuließ,[169] und obwohl sich Regierungsbehörden in Wien – verglichen mit anderen Regierungen Europas – auf reichhaltige Erfahrungen mit einer wahrlich großen Sprachenvielfalt der Monarchie stützen konnten, traten immer wieder sprachlich bedingte Missverständnisse auf. Als bspw. der Delegierte der Vereinigten Staaten von Amerika, A. Warders, dem Ministerium in Wien vorschlug, er könne einen Diskussionsbeitrag zu „interchange of species between the two hemispheres" vorbereiten, übersetzte dies der Referent im Ackerbauministerium in einer Mitteilung an den Minister mit „*Verhalten* der Bäume in beiden Hemisphären", Warders aber hatte offenbar den „Austausch" gemeint.[170]

---

167 AVA Wien, Ackerbau-Ministerium, Präsidium, Karton 5, Jahr 1873, Anonym [wahrscheinlich Johann von Chlumecky]: „Weltausstellung 1873, Internationaler Congress der Land- und Forstwirthe", ohne Datum [wahrscheinlich April 1873].

168 AVA Wien, Ackerbau-Ministerium, Präsidium, Karton 5, Jahr 1873, Chlumecky, Rundschreiben, ohne Datum [etwa Mitte Mai 1873].

169 AVA Wien, Ackerbau-Ministerium, Präsidium, Karton 5, Jahr 1873, Entwurf einer Geschäftsordnung des Kongresses, Paragraph 9.

170 AVA Wien, Ackerbau-Ministerium, Präsidium, Karton 5, Jahr 1873, Anonym: Notiz für Chlumecky, 9. September 1873, Hervorhebung C. L.

III.3 Harmonische Beschlüsse, aber unterschiedliche Wahrnehmungen: Verlauf und Rezeption des Kongresses in Wien 1873

Wie in der Einleitung erläutert, wird die Untersuchung der Kongresse nicht allein die Kongressdokumentationen auswerten, sondern auch die Berichterstattung über diese Kongresse in forstwissenschaftlichen Zeitschriften aus dem Nord- und Ostseeraum. Obgleich die Kongressdokumentationen mit dem Anspruch der offiziellen, also im weiteren Wortsinn ‚verbindlichen' Darstellung des Kongressgeschehens daherkamen und oftmals viel umfangreicher als die Schilderungen in Fachzeitschriften ausfielen, werden die Zeitschriftenberichte hier als gleichberechtigte Quelle ausgewertet. Da diese Berichte aus unterschiedlichen Teilen des Nord- und Ostseeraums stammen, eröffnen sie eine Perspektivenvielfalt auf das Kongressgeschehen. Diese Perspektivenvielfalt ist – wie die Analyse zeigen wird – notwendig, um den Fortgang internationaler forstwissenschaftlicher Kongresse und ihre Auswirkungen erklären zu können. Mit Blick auf die offiziellen Dokumentationen und auf die Zeitschriftenberichte gilt es, mehrere quellenkritische Aspekte zu beachten: Jeder dieser Berichte sollte nicht als die ‚nationale' Sichtweise auf das Kongressgeschehen missverstanden werden. Zwar verfasste ein Autor seinen Bericht in seiner Sprache und damit in erster Linie für seine Sprachgemeinschaft bzw. für Leser in seinem Land. In den meisten Fällen sprach der Autor aber nicht *für* das Land, selbst wenn (wie in manchen Fällen) der Berichterstatter zugleich von der Regierung seines Landes offiziell delegiert worden war. Vielmehr waren in den meisten Sachfragen auch innerhalb eines Landes unterschiedliche Standpunkte anzutreffen, von denen der Autor eines Berichts eben nur einen Standpunkt vertrat. Im günstigsten Fall integrierte er in seinen Bericht auch solche anderen Standpunkte; im ungünstigen Fall überging er sie einfach.

Darüber hinaus muss berücksichtigt werden, dass nicht alle Sprachen in der wissenschaftlichen Gemeinschaft das gleiche Gewicht hatten. Während russische, polnische, norwegische und britische Forstzeitschriften im Ausland nur wenig verbreitet waren, finden sich deutsche und französische Zeitschriften in zahlreichen ausländischen Bibliotheken, und zwar insbesondere die Zeitschrift für Forst und Jagdwesen, das Centralblatt für das gesamte Forstwesen sowie die Revue des eaux et forêts. Auch den Zeitgenossen war das Gewicht der deutschsprachigen und französischen Fachzeitschriften bewusst, weshalb diese Blätter in einigen Fällen mit der Bekanntgabe von Kongressbeschlüssen oder anderen Informationen, denen die Zeitgenossen grenzübergreifende Bedeutung beimaßen, beauftragt wurden.[171] Aber selbst die Veröffentlichungen der Kongressbeschlüsse waren in der offiziellen Kongressdokumentation und in den Zeitschriftenberichten nicht immer identisch.

171 Anonym: Verhandlungen des internationalen Kongresses (1873), S. 409: Genannt werden Revue des eaux et forêts (Nancy), Schweizerische Zeitschrift für das Forstwesen (Zürich), Österreichische Monatsschrift (Wien), Monatsschrift für Forst- und Jagdwesen (Hohenheim), Zeitschrift für Forst- und Jagdwesen (Eberswalde).

Die Analyse wird auf solche Unterschiede und ihre Ursachen an den entsprechenden Stellen zurückkommen.

Der Internationale Congress der Land- und Forstwirthe zu Wien, der erste seiner Art, tagte vom 19. bis 25. September 1873. Er versammelte etwa 300 Teilnehmer aus 28 Ländern, wobei etwa drei Viertel der Teilnehmer aus Österreich-Ungarn, dem Deutschen Reich und der Schweiz kamen.[172] Vom Kongress sind mehrere Berichte überliefert, von denen hier vier ausgewertet wurden. Es handelt sich dabei um einen namentlich nicht gekennzeichneten Beitrag in der Allgemeinen Forst- und Jagdzeitung. Da die Teilnehmerliste des Kongresses über 40 Deutsche verzeichnet, von denen etwa die Hälfte ausgewiesene Forstwissenschaftler waren, ist es kaum möglich, Vermutungen über die Urheberschaft anzustellen.[173] Ebensowenig namentlich gekennzeichnet ist der Kongressbericht in der russischen Zeitschrift Lesnoj Žurnal", die in St. Petersburg von der dortigen Forstgesellschaft *(Lesnoe Obŝestvo)* herausgegeben wurde. Als Autor kommt unter den fünf eingeschriebenen russischen Kongressteilnehmern der Agrarwissenschaftler und Mitarbeiter des russischen Landwirtschaftsministeriums Aleksej Sergeevič Ermolov in Frage; dies muss jedoch eine Vermutung bleiben, die allein darauf beruht, dass er von den Genannten der Einzige ist, der als Autor anderer Beiträge in Lesnoj Žurnal" zu finden ist.[174] In der französischen Revue des eaux et forêts berichtete Auguste Mathieu, stellvertretender Direktor der Forstakademie in Nancy. Der Bericht des norwegischen Delegierten Johannes Norman, seit 1860 Forstmeister für Finmarken in Tromsø, wurde als eine Art Zirkular oder Rundschreiben der norwegischen Forstverwaltung verbreitet, denn eine eigene forstkundige Zeitschrift erschien in Norwegen erst ab 1881 als Den norske Forstforenings Aarbog.

Grundsätzlich tauchen in allen Berichten die verhandelten Tagesordnungspunkte auf, die sich mit den vier Stichworten Vogelschutz, Statistik, Versuchswesen und Waldökologie beschreiben lassen.[175] Zum ersten Tagesordnungspunkt Vogelschutz hielt der schweizerische Naturforscher Johann Jakob von Tschudi das einleitende Referat und forderte strenge Gesetze zum Schutz „nützlicher Vögel“. Der Vogelschutz war aus land- und forstwirtschaftlicher Sicht von großem Interesse, da Vögel als wichtiges Mittel galten, um die Population solcher Insekten gering zu halten, die bei massenhaftem Auftreten den Baumbestand ganzer Wälder bedrohten. Begünstigt wurde solches massenhafte Auftreten vor allem in Monokulturen, das heißt auf Flächen, die allein mit einer Baumart bestockt waren. Unter Forstwissenschaftlern fand die Bewirtschaftung in Monokulturen sowohl Anhänger, die auf einen standardisierten, möglichst hohen Ertrag zielten, als auch Gegner, die bei aller Nutzenmaximierung forstlichen Wirtschaftens auch eine Art ökologische Ausge-

172 Ebenda, S. 401.

173 Vgl. die Teilnehmerliste in Chlumecky: Stenographische Protokolle des ersten Internationalen Congresses (1874), S. 219.

174 Vgl. Ukazatel' Lesnago Žurnala 1891–1895, Sankt Petersburg 1896, S. II.

175 Vgl. Otto: Waldökologie (1994).

wogenheit der Waldflächen anstrebten.[176] Folgt man der Schilderung in der Allgemeinen Forst- und Jagdzeitung, so verteidigte bspw. der Zoologe Alfred Brehm die Bodenbewirtschaftung in Monokulturen: Auch wenn in Monokulturen „eine Vermehrung des Ungeziefers eintreten kann, welche an die egyptischen [sic!] Plagen erinnert",[177] sei diese Form der Bewirtschaftung nötig, um dem Boden einen maximalen Ertrag abzuringen. Aber auch in Monokulturen könne man Schädlingsbefall mildern, indem man Vögel schütze. Statt strenger Gesetze forderte Brehm, die Aufklärung über den Nutzen der Vögel in allen Schichten der Gesellschaft zu befördern. Mit dieser Forderung nach mehr Aufklärung hatte Brehm jedoch keinen Erfolg. Die Kongressteilnehmer verabschiedeten, so stellten es die Zeitschriftenberichte weitgehend übereinstimmend dar, eine Resolution, die Tschudis Forderungen nach strengen Gesetzen weitgehend folgte.[178]

Zur land- und forstwirtschaftlichen Statistik hielt Joseph Roman Lorenz das einleitende Referat. Die Zeitschriftenberichte konzentrierten ihre Schilderung auf den umfangreichen Antrag, den Lorenz abschließend zur Abstimmung stellte. Es ist für die Analyse lohnenswert, ein besonderes Augenmerk darauf zu richten, welche Beweggründe für die Erstellung einer internationalen Forststatistik in den Zeitschriftenberichten geschildert wurden: Die Allgemeine Forst- und Jagdzeitung zitierte nur Lorenz' Anträge. Darin hieß es in Punkt 1, dass „die Statistik der Bodenkultur für die meisten ihrer Zweige spezielle sachliche Erhebungen und eine eben solche Bearbeitung verlange, daher in der allgemeinen Statistik und in deren Organen nicht schon selbstverständlich ihre Vertretung findet". Lorenz' konstatierte also einen Mangel an Wissen, dem der Kongress abhelfen sollte, indem er eine land- und forstwirtschaftliche Statistik beförderte.[179] In der Revue des eaux et forêts, in Lesnoj Žurnal" und in Normans Bericht klang dies sehr ähnlich. Auch sie klagten darüber, dass in den allgemeinen Statistiken nur Unzureichendes über Land- und Forstwirtschaft zu erfahren sei, weshalb die Land- und Forstwirtschaft, so formulierte es Norman, „neuartige statistisch vergleichbare Angaben über ihren Zustand und Fortschritt [Tilstand og Fremskridt] in den verschiedenen Ländern nicht entbehren kann."[180] Alle Berichte gaben hier also übereinstimmend wieder, dass die Kongressteilnehmer das mangelnde Wissen über land- und forstwirtschaftliche Gegebenheiten problematisierten. Der Antrieb zur Verbesserung forstlicher Statis-

---

176 Der Streit um Monokulturen ist eng verknüpft mit der Kontroverse um die Auswirkungen staatlicher Forstreformen und Forstpolitik, vgl. dazu Radkau: Die Ära der Ökologie (2011), S. 40 und dort Anmerkung 15 mit Radkaus Kritik an Scott (vgl. Scott: Seeing Like a State (1998), S. 11–22).

177 Anonym: Verhandlungen des internationalen Kongresses (1873), S. 403.

178 Vgl. Mathieu: Congrès International Agricole et Forestier (1873), S. 415; Anonym: Verhandlungen des internationalen Kongresses (1873), S. 402 f.

179 Anonym: Verhandlungen des internationalen Kongresses (1873), S. 405.

180 RiksA Oslo, S-1600/Dc/D/L2333, Norman: „Beretning om den i Wien i September 1873 afholdte Kongres af Land- og Forstmænd", Tromsø, 18. März 1874; vgl. auch Mathieu: Congrès International Agricole et Forestier (1873), S. 416; Anonym [Ermolov?]: Sel'skohozâjstvennyj i lesnoj kongres" (1874), S. 117.

tik rührte also aus einem Drang nach Erkenntnis. Vorbild oder eine Art Referenz waren in vielen Wortmeldungen die internationalen *statistischen* Kongresse.

Demgegenüber ist auffällig, dass die offizielle Kongressdokumentation und die Denkschrift, die August Meitzen über land- und forstwirtschaftliche Statistik anlässlich des Kongresses verfasst hatte, sehr wohl noch weitere Beweggründe für eine Statistik nannten. Dass diese Gründe nicht den Weg in die Zeitschriftenberichte fanden, ist erklärungsbedürftig.

Meitzen hatte in der kurzen Zeit zwischen Mai 1873, als er die Einladung nach Wien erhielt, und dem Kongresstermin im September eine fast achtzigseitige Denkschrift erstellt. Sie war als Unterlage für den Kongress gedacht und erörterte die Frage „Ueber welche Abschnitte und Erhebungsmethoden der land- und forstwirthschaftlichen Statistik empfiehlt sich eine internationale Vereinbarung um vergleichende Resultate zu erlangen?“[181] Meitzen hatte seit 1867 zunächst im Preußischen Statistischen Bureau in Berlin gearbeitet, bevor er 1872 als Geheimer Regierungsrat zum Kaiserlichen statistischen Amt des Deutschen Reichs wechselte. In seiner Denkschrift für den Kongress bezog sich auch Meitzen auf die internationalen statistischen Kongresse, die seit 1853 stattgefunden hatten.[182] Diese hätten zwar schon Grundlagen für die land- und forstwirtschaftliche Statistik erarbeitet, seien aber bei theoretischen Überlegungen geblieben, die es nun in die Praxis umzusetzen gelte. Aus seiner täglichen Arbeit waren Meitzen die Schwierigkeiten, die mit statistischen Erhebungen zusammenhingen, natürlich bewusst. Als Problem erschien ihm vor allem, dass die land- und forstwirtschaftlichen Verhältnisse regional so verschieden seien, dass sie durch all zu weitgehende Abstraktionen bei der Datenerhebung nur entstellt würden. Meitzen schlug dem Kongress daher vor, dem französischen und belgischen Beispiel landeseigener Statistiken folgend, „die Form der Enquête“ zu nutzen, also „in jedem Bezirke eine sachkundige Commission von Fachmännern“ mit der Datenerhebung zu betrauen.[183]

Die Beweggründe für eine solche Verbesserung der land- und forstwirtschaftlichen Statistik lagen für Meitzen – ähnlich wie es die Zeitschriftenberichte vom Kongress geschildert hatten – hauptsächlich in der unzureichenden Wissensgrundlage. Zwar sei schon viel erreicht worden, auch durch die Vorarbeiten der internationalen statistischen Kongresse, „[a]ber im Ganzen lässt sich gleichwohl nicht läugnen [sic!], dass über den Zustand der land- und forstwirthschaftlichen Statistik kaum irgendwo Befriedigung herrscht.“[184] Daneben enthielt Meitzens Denkschrift und auch sein Referat, wie es die Kongressdokumentation wiedergibt, einen wirtschaftspolitischen bzw. außenhandelspolitischen Beweggrund, weshalb die „internationale Vergleichbarkeit [der land- und forstwirtschaftlichen Statistik, C. L.] für die Gegenwart zu immer größerer Wichtigkeit gelangt [ist]“. Dieser Be-

181 Meitzen: Die internationale Land- und Forstwirthschaftliche Statistik (1873).
182 Vgl. Randeraad: States and Statistics (2010).
183 Chlumecky: Stenographische Protokolle des ersten Internationalen Congresses (1874), S. 67.
184 Meitzen: Die internationale Land- und Forstwirthschaftliche Statistik (1873), S. 2.

weggrund lag für Meitzen darin, „daß die Land- und Forstwirthschaft der Gegenwart mehr und mehr weitverbreitete Beziehungen erhalten hat, und ersichtlich in den Kreis der großen und wechselnden Strömungen des Verkehrs eingetreten ist, der alle Welttheile umspannt." Die „großartige Entwickelung [sic!] der Kommunikationsmittel"[185] habe einen Aufschwung des Handels mit sich gebracht und alle Produkte hätten jetzt einen „Weltpreis".[186] Dass Holz angeblich schon 1873 einen Weltpreis bzw. Weltmarktpreis hatte, sich also der Preis für das Handelsgut Holz aus weltweitem Angebot und Nachfrage ergab, sahen andere zeitgenössische Forstwissenschaftler kritisch: Max Endres schätzte noch 1905 ein, dass in der „Forstwirtschaft [...] von einem Weltmarktpreise keine Rede [ist], weil die *geographische* Lage des Waldes zunächst der preisbestimmende Faktor ist".[187] Unbestritten war jedoch, dass zunehmender Handel und Verkehr nicht spurlos an der Forstwirtschaft vorbeigingen.

Mit Blick auf die internationalen forstwissenschaftlichen Kongresse und Ausstellungen, die ab den 1880er Jahren auf die Wiener Veranstaltung folgten, und bei denen die Auswirkung zunehmender Handelsverflechtungen auf forstliche Nachhaltigkeitskonzepte und die zukünftige Holzversorgung intensiv diskutiert wurden, ist es bemerkenswert, dass die Ausführungen Meitzens gar keinen Eingang in die Berichterstattung über den Kongress in Wien 1873 fanden. Alle vier ausgewerteten Zeitschriftenberichte hoben hingegen allein auf den Mangel an Wissen ab, den es durch eine Verbesserung der forstlichen Statistik zu beheben gelte, erwähnten aber die von Meitzen eingebrachten wachsenden wirtschaftlichen Verflechtungen mit keinem Wort.

Dass die Zeitschriftenberichte auf diesen Beweggrund für eine Verbesserung der Statistik nicht eingingen, lässt sich nicht damit erklären, dass den Kongressteilnehmern, Berichterstattern und Zeitschriftenlesern diese Verflechtung so gegenwärtig gewesen waren, dass sie als Begründung für forststatistische Anstrengungen nicht erwähnt zu werden brauchten. Warum, so wäre dann zu fragen, waren genau diese Verflechtungen und ihre Auswirkungen auf Nachhaltigkeitskonzepte heftig umstrittene Themen auf folgenden Kongressen und in der Berichterstattung über diese folgenden Kongresse? Der Grund lag wahrscheinlich eher darin, dass diese Verflechtungen im Jahr 1873 noch nicht mit einer solchen Kraft bei den Kongressteilnehmern angekommen waren, wie es in den folgenden Jahrzehnten der Fall war. Diese Erklärung wird auch dadurch gestützt, dass man in den Wiener Archivalien keinerlei Hinweis darauf findet, dass die Auswirkungen zunehmender wirtschaftlicher Verflechtungen auf Nachhaltigkeitskonzepte und forstliche Zukunftsplanung in irgendeiner Weise die Vorbereitungen des Kongresses von 1873 und die Themenfindung geleitet hätten. Vielmehr stand der, in der Kongressdokumentation und in den Zeitschriftenberichten immer wieder betonte, Mangel an ausreichender Kenntnis und das Streben der

185 Ebenda, S. 3 f.
186 Ebenda, S. 4.
187 Endres: Handbuch der Forstpolitik (1905), S. 713, Hervorhebung C. L.

Forstwissenschaftler, zu anderen Wissenschaftsdisziplinen aufzuschließen, die (angeblich oder tatsächlich) bereits über exakte Statistiken verfügten, als Antriebsfaktor im Mittelpunkt.

Dieser Aspekt, dass die Behandlung statistischer Fragen in Wien 1873 aus einem Drang nach Wissen auf die Tagesordnung gesetzt worden war, ist auch deshalb beachtenswert, weil er verdeutlicht, dass der Antrieb, diesen ersten internationalen forstwissenschaftlichen Kongress auszurichten, nicht auf ein gemeinsam wahrgenommenes forst*wirtschaftliches* Problem zurückging, bspw. auf die Wahrnehmung steigenden Holzverbrauchs und auf unsichere Zukunftsaussichten oder gar, wie in Paris 1900, auf die Warnung vor einer globalen Holznot (vgl. Kapitel VI). Der Impuls, 1873 einen internationalen Kongress auszurichten, war vielmehr, Themenfelder zu sondieren, von denen forstwissenschaftliche Experten verschiedener Länder meinten, dass diese Themen im internationalen Rahmen behandelt werden müssten.

Man ginge fehl, würde man diese Absicht des Sondierens der Wiener Organisatoren als zögernde oder abwartende Haltung begreifen, oder gar als ‚Weltvergessenheit' angesichts der tiefgreifenden Veränderungen, die sich im 19. Jahrhundert auch in Forstwirtschaft und Forstwissenschaft vollzogen. Vielmehr hilft die Einschätzung, dass es 1873 in Wien um ein Sondieren ging, den Kongress in die weitere Entwicklung des internationalen Austauschs einzuordnen.

Zum Abschluss des Tagesordnungspunkts Forststatistik verabschiedete der Kongress eine Resolution. Darin ersuchte der Kongress, so schildern es die Zeitschriftenberichte übereinstimmend, die österreichische Regierung, bei den Regierungen der anderen Länder darauf zu drängen, ihre land- und forstwirtschaftliche Statistik zu pflegen. Der Resolution beigegeben war eine umfangreiche Liste mit jenen Daten, die der Kongress zu erheben empfahl. Außerdem bat der Kongress die österreichische Regierung, „im Einvernehmen mit den übrigen Regierungen die Permanenz-Kommission des internationalen statistischen Kongresses durch fachmännische Delegirte [sic!] zu verstärken",[188] um die Vereinheitlichung der Datenerhebungen voranzubringen. Auf die Art und Weise, wie der Internationale Statistische Kongress diese Resolution aufnahm, wird die Analyse im weiteren Verlauf zurückkommen.

Beim Tagesordnungspunkt Forstversuchswesen hielt der Wiener Professor Arthur von Seckendorff das einleitende Referat, an das sich eine ausführliche Diskussion anschloss. Hinsichtlich dieses Tagesordnungspunkts stimmen die vier Zeitschriftenberichte in den Grundaussagen überein. Von besonderer Wichtigkeit für eine grenzübergreifende Zusammenarbeit, betonte der Berichterstatter der

188 Vgl. Anonym: Verhandlungen des internationalen Kongresses (1873), S. 406; vgl. auch Mathieu: Congrès International Agricole et Forestier (1873), S. 417; RiksA Oslo, S-1600 / Dc / D / L2333, Norman: „Beretning om den i Wien i September 1873 afholdte Kongres af Land- og Forstmænd", Tromsø, 18. März 1874; sowie Anonym [Ermolov?]: Sel'skohozâjstvennyj i lesnoj kongres" (1874), S. 118.

Allgemeinen Forst- und Jagdzeitung, erschien dem Kongress, „den Einfluss [zu] ergründen [...], den der Wald auf das Klima, die Regenmenge, Quellenbildung, Überschwemmungen etc. ausübt.“[189] Damit war ein umfangreicher Fragenkomplex umrissen, der hier im Folgenden vereinfacht als Wald-Wasser-Zusammenhang bezeichnet werden soll. Erst wenn dieser Zusammenhang zwischen Wald und Wasser „ins Reine gebracht ist,“ so unterstrich der norwegische Berichterstatter Norman die Bedeutung dieses Fragenkomplexes, „könne eine entscheidende Lösung der Frage der Schutzwaldungen stattfinden.“[190]

Folgt man den Zeitschriftenberichten, so dominierte der Wald-Wasser-Zusammenhang den Fortgang der Diskussion. Der russische Berichterstatter ging sogar so weit zu berichten, dass „der Kongress in einem Beschluss festlegte, dass der größte Teil der Fragen, die die Forstwirtschaft [sic!] betreffen, nur örtlichen Charakter [mestnyj harakter"] hat und keiner internationaler Untersuchung bedarf.“ Allein die genannten „meteorologischen Fragen“, gemeint war der Wald-Wasser-Zusammenhang, würden eine internationale Behandlung erfordern.[191] So eng gefasst bzw. ausschließend klangen der deutsche, der norwegische und der französische Bericht zwar nicht. In der Grundaussage über die Diskussion zum Tagesordnungspunkt Versuchswesen und zum gefassten Beschluss waren sich alle Berichte jedoch einig, nämlich, dass der internationale Austausch über Forschungen zum Zusammenhang von Wald, Niederschlag, Quellbildung, Überschwemmungen usw. verbessert werden sollte. Welche praktischen Schritte die Kongressteilnehmer zur Verbesserung des Versuchswesens beschlossen hatten, schilderten die Berichte allerdings unterschiedlich. Von der Einrichtung einer „ständigen Kommission [commission permanente]“ war im französischen, deutschen und norwegischen Bericht die Rede, die sich „mit allen Maßnahmen beschäftigen“ sollte.[192] Im russischen Bericht hingegen fehlte der Hinweis auf eine solche Kommission.

Weshalb der Kongress allein den Zusammenhang zwischen Wald und Wasser zum internationalen Bearbeitungsgegenstand erklärte, kann anhand der Zeitschriftenberichte und auch der offiziellen Kongressdokumentation nur vermutet werden. Immerhin gab es viele weitere Bereiche des Forstversuchswesens, die eine internationale Dimension ebenso eindrücklich vor Augen führten: Dazu gehörte die Frage nach Möglichkeiten und Grenzen der Einführung landesfremder Baumsorten, die in vielen europäischen Ländern lebhaft diskutiert und mit Saatgut aus aller Welt praktisch erprobt wurde. Auch die Erfahrungen bei der Bekämpfung von großflächigem und oft grenzübergreifendem Schädlingsbefall waren für das Versuchswesen von internationalem Interesse; zwar berichteten Fachzeitschriften immer wieder über einzelne Forstreviere und deren Techniken zur Schädlings-

189 Anonym: Verhandlungen des internationalen Kongresses (1873), S. 408.
190 RiksA Oslo, S-1600 / Dc / D / L2333, Norman: „Beretning om den i Wien i September 1873 afholdte Kongres af Land- og Forstmænd“, Tromsø, 18. März 1874.
191 Anonym [Ermolov?]: Sel'skohozâjstvennyj i lesnoj kongres" (1874), S. 119.
192 Mathieu: Congrès International Agricole et Forestier (1873), S. 418.

bekämpfung, aber einen systematischen internationalen Austausch gab es zu dieser Frage noch nicht.[193]

Möglicherweise sahen die Kongressteilnehmer im Zusammenhang zwischen Wald und Wasser bereits einen so umfangreichen Themenkomplex, dass sie den internationalen Austausch im Forstversuchswesen nicht überlasten wollten. Wohl nicht umsonst empfahl der Kongress daher den Ländern, die Direktoren der Versuchsstationen nur mit den Versuchen zu betrauen, da derlei Aufgaben alle Arbeitskraft erfordern würden.[194] Mit der Begrenzung auf den Wald-Wasser-Zusammenhang erhofften sich manche Delegierte möglicherweise auch, dass Länder, die noch keine eigenen Versuchsstationen unterhielten, solche Stationen angesichts einer einzelnen Fragestellung eher einrichten würden. Schließlich mochte noch ein weiterer Grund für die Konzentration auf den Zusammenhang zwischen Wald und Wasser gewesen sein, dass Arthur von Seckendorff die Schwerpunktsetzung auf diesen Zusammenhang in seinem einleitenden Referat empfohlen hatte, denn er war „nicht der Ansicht, daß die Fragen der [forststatistischen] Kategorie, wie auch diejenigen chemisch-physiologischer Natur, ein internationales Beobachtungssystem [innerhalb des Forstversuchswesens, C. L.] erheischten."[195]

Wenngleich die Zeitschriftenberichte sich nicht in allen Details mit der offiziellen Kongressdokumentation deckten, so stimmten die Berichte in ihrer Schilderung der ersten drei Tagesordnungspunkte jedoch *untereinander* weitgehend überein. Nuancen waren natürlich auch in den einzelnen Berichten unterschiedlich akzentuiert. Aber grundsätzlich hatten der deutsche, der russische, der französische und der norwegische Berichterstatter auf dem Kongress Gleiches gehört und Gleiches für ihren Leserkreis als berichtenswert erachtet.

Das Neuartige, das dieser erste internationale Kongress für den grenzübergreifenden forstwissenschaftlichen Austausch des 19. Jahrhunderts geschaffen hatte, lag daher nicht nur im direkten Meinungsaustausch am Konferenzort selbst, sondern auch in der Vermittlung dieses Meinungsaustauschs an eine europaweite Fachöffentlichkeit. Das hieß freilich nicht, dass diese Fachöffentlichkeit in allen Punkten mit den Verhandlungen und Beschlüssen des Kongresses einverstanden war. Dazu waren die Meinungsverschiedenheiten, die in jedem Land zu den einzelnen Fragen anzutreffen waren, viel zu deutlich ausgeprägt. Aber die Berichterstattung aus Wien lieferte einen Orientierungspunkt, auf den sich nun Forstwissenschaftler in ganz Europa beziehen konnten, ganz gleich, ob sie die Beschlüsse des Kongresses nun teilten oder ablehnten.

---

193 Vgl. exemplarisch Schultz [Forstmeister]: Der Nonnen- und Käferfraß in Ostpreußen und Rußland (1873); vgl. auch die transnationale Einordnung der Nonne bei Blackburn: Das Kaiserreich transnational (2004).

194 RiksA Oslo, S-1600 / Dc / D / L2333, Norman: „Beretning om den i Wien i September 1873 afholdte Kongres af Land- og Forstmænd", Tromsø, 18. März 1874; vgl. auch Mathieu: Congrès International Agricole et Forestier (1873), S. 118.

195 Anonym: Verhandlungen des internationalen Kongresses (1873), S. 407.

Zu den ersten drei der vier verhandelten Tagesordnungspunkte, also Vogelschutz, Statistik und Forstversuchswesen, war es den Berichterstattern in den ausgewerteten Sprachen gelungen, die in Wien verhandelten Angelegenheiten einem breiten, sprachübergreifenden Leserpublikum in ähnlicher Weise zu vermitteln. Dass die Berichte nicht auf die zunehmenden Handelsverflechtungen als Beweggrund für eine internationale Forststatistik eingingen, die sehr wohl in der Kongressdokumentation und in der Denkschrift Meitzens erwähnt wurden, zeigt, dass es offenkundig in dieser Sache einen Kontrast zwischen *verhandelten* Argumenten und *berichtenswerten* Argumenten gab. Mit welcher Kraft die wachsenden Handelsverflechtungen und ihr Einfluss auf forstliche Nachhaltigkeitskonzepte in die Berichterstattung über spätere Kongresse einwirken würden, werden die Kapitel IV und VI zu den Kongressen in den Jahren 1890 und 1900 zeigen.

Dass die deutsche, russische, französische und norwegische Berichterstattung in den ersten drei Tagesordnungspunkten die inhaltlichen Grundaussagen weitgehend übereinstimmend wiedergegeben hatte, lag wahrscheinlich auch daran, dass diese drei Punkte keine größeren Kontroversen auf dem Kongress hervorgerufen hatten. Ganz anders verhielt es sich beim Tagesordnungspunkt vier, der im Programm mit der Frage umschrieben war: „Welche internationalen Vereinbarungen erscheinen nothwendig, um der fortschreitenden Verwüstung der Wälder entgegenzutreten?“[196] Wie die Referate und die Diskussion zeigten, ging es hier – ähnlich wie im vorangegangenen Tagesordnungspunkt Forstversuchswesen – um Fragen der Waldökologie, insbesondere um den Zusammenhang zwischen Wald und Wasser, genauer: Um die nützlichen Wirkungen des Waldes zur Eindämmung von Lawinen, Bodenerosion, Überschwemmungen usw.

Auf dem Kongress hielt August Bernhardt, seit 1871 Dozent für Forstgeschichte und Forststatistik an der preußischen Forstakademie in Eberswalde, das einleitende Referat. Weitgehend übereinstimmend schilderten der deutsche, französische, russische und norwegische Bericht wie auch die Kongressdokumentation die Punkte 1 und 2 von Bernhardts Antrag. Demnach forderte der Referent, dass es „internationaler Vereinbarungen namentlich in Bezug auf die Erhaltung und zweckentsprechende Bewirthschaftung derjenigen Waldungen [bedürfe], welche in den Quellgebieten und an den Ufern der größer[e]n Wasserläufe liegen“, weil Wirtschaft und Handel sonst Schaden nähmen. Außerdem beantragte Bernhardt anzuerkennen, dass „die Erhaltung und zweckmäßige Bewirtschaftung“ von Wäldern „an den steilen Gehängen der Gebirge, an den Seeküsten und in sonstigen exponirten [sic!] Örtlichkeiten [...] eine gemeinschaftliche Angelegenheit aller gesitteten Nationen ist und daß allgemeine Grundsätze vereinbart werden müssen, welche in allen Ländern den Besitzern solcher Schutzwaldungen gegenüber in Anwendung gebracht werden sollen, um die Landeskultur vor Schaden zu schützen.“[197]

196 Ebenda, S. 408.
197 Ebenda.

Das Nachdenken über den Ursachenzusammenhang zwischen Entwaldung und dem Auftreten von Überschwemmungen hatte seit der ersten Hälfte des 19. Jahrhunderts einen lebhaften Aufschwung erlebt, insbesondere in Frankreich und im deutschsprachigen Raum. Forstwissenschaftler hatten die zunehmende Waldnutzung, die mit dem deutlichen Anstieg der Bevölkerung in Europa seit Mitte des 18. Jahrhunderts einherging, als hauptsächliche Ursache dafür identifiziert, dass Überschwemmungen häufiger auftraten. Eine Anzahl von schweren Hochwassern im französischen, schweizerischen und österreichischen Alpenvorland im Jahrzehnt zwischen 1847 und 1856 schien diese Argumentation mit buchstäblich überwältigender Wucht zu bestätigen. Wie in der Einleitung erwähnt, erörterten Christian Pfister und Daniel Brändli 1999 die schweizerischen Debatten über den Wald-Wasser-Zusammenhang während des 19. Jahrhunderts und kamen zu dem Schluss, dass man angesichts der unhinterfragten Wiederholung des Begründungszusammenhangs von Entwaldung und Hochwasser von einem „Abholzungsparadigma" sprechen könne, wobei sie mit dem Begriff Paradigma explizit an die wissensgeschichtlichen Überlegungen Thomas Kuhns anschlossen.[198]

Auf dem Kongress in Wien 1873 folgte Bernhardt im Wesentlichen dieser Argumentation und – so könnte man hinzufügen – schrieb das etablierte Paradigma fort. Allerdings wurde im Verlauf der Diskussion über diesen Tagesordnungspunkt deutlich, dass die Kongressteilnehmer den Zusammenhang von Entwaldung und Hochwasser nicht unhinterfragt stehenließen.

Der Blick in die Zeitschriftenberichte über den Kongressverlauf zeigt zunächst, dass sich die Berichterstatter uneinig über die weiteren Punkte von Bernhardts Antrag sowie über Verlauf und Ergebnis der Diskussion waren. Folgte man dem deutschen Bericht, so enthielt Bernhardts Antrag außerdem den Vorschlag, einen „internationalen Kongress für die Waldschutzfrage" abzuhalten, um in dieser Sache eine Einigung zwischen den Ländern zu erzielen. Dieser Kongress sollte 1874 in Bern tagen.[199]

Zu Bernhardts Antrag nahmen zahlreiche Kongressteilnehmer in Form von Koreferaten und Wortmeldungen Stellung. Es hob eine ausführliche Diskussion an, in deren Verlauf mehrere Redner, unter ihnen der Direktor der sächsischen Forstakademie, Johann Friedrich Judeich, und der Sektionsrat des österreichischen Ackerbauministeriums, Karl Peyrer, Änderungen zu Bernhardts Antrag vorschlugen. Als dann auch noch der Forstmathematiker Max Pressler einen Antrag mit sechs Punkten und mehreren „Erläuterungszusätzen" einbrachte, der die Wertberechnung der Schutzwaldungen betraf, war offenkundig der kritische Punkt einer sprachübergreifend möglichen Kommunikation erreicht. Alle vier Berichte, der deutsche, der französische, der norwegische und der russische, wie auch die

198 Pfister / Brändli: Rodungen im Gebirge (1999), S. 297–300; vgl. auch Kuhn: Die Struktur wissenschaftlicher Revolutionen (2003, engl. Originalausgabe 1962).

199 Anonym: Verhandlungen des internationalen Kongresses (1873), S. 409.

offizielle Kongressdokumentation, stellten den weiteren Kongressverlauf nun anders dar.

„Zur Frage der Schutzwaldungen“, so resümierte der russische Bericht in einem kurzen Absatz, „fasste der Kongress den Beschluss: In jedem Land soll es eine gewisse Waldfläche nicht nur für die Holznutzung, sondern auch für die Aufrechterhaltung des Gleichgewichts von klimatischen Bedingungen geben.“ Die Frage, „wie groß diese Flächen sein sollten [...] erfordere internationales Interesse [meždunarodnye interesy], da Waldvernichtungen [istreblenie lesov"] in dem einen Land katastrophale Folgen in einem anderen Land hervorrufen können.“ Der russische Berichterstatter in Lesnoj Žurnal" betonte außerdem die Bedeutung von Schutzwäldern in der Nähe von Quellen und Flussufern und schloss damit, dass daher die „dringende Notwendigkeit“ bestehe, in diesen Wäldern „die bekannten rationellen Regeln des [Forst]Betriebs aufzustellen.“[200]

Im russischen Bericht klang es also – ähnlich wie in Bernhardts Referat – wie eine unumstrittene Tatsache, dass es Waldflächen zur „Aufrechterhaltung des Gleichgewichts von klimatischen Bedingungen“[201] geben müsse. Demgegenüber schilderten der deutsche, der norwegische und der französische Bericht, dass die Kongressteilnehmer gerade diese Tatsache problematisierten. Norman gab in seinem Bericht die Kongressresolution wieder, „dass es zur Zeit an ausreichender Kenntnis [tilstrækkelig Kundskab]“ über jene „Kulturstörungen [kulturforstyrrelse]“ mangelt, die durch „Waldzerstörung [Skovforødelse] hervorgerufen wurden oder in Zukunft noch hervorgerufen werden können,“[202] dass es also, so schilderte es die Allgemeine Forst- und Jagdzeitung, „den anzustrebenden legislatorischen Maßregeln vorläufig noch an einer exakten Grundlage gebricht.“[203] Der französische Bericht formulierte gar, man besitze noch nicht genügend „Beweise [documents]“, um die Schäden abzuschätzen, die durch die „Zerstörung der Wälder [dévastation des forêts]“ verursacht wurden oder noch verursacht werden.[204] Aus solch einer Berichterstattung sprach also keineswegs die unhinterfragte Hinnahme eines herrschenden Paradigmas. Vielmehr ermahnte der Kongress die versammelten Experten, ihre Forschungen in diese Richtung zu intensivieren, um überhaupt zu ausreichenden Kenntnissen und exakten Grundlagen zu gelangen.

Auch den weiteren Verlauf der Debatte schilderten die Berichte unterschiedlich. Der deutsche und der norwegische Bericht, nicht aber der französische und russische, gingen näher auf eine Kontroverse zwischen Judeich und Bernhardt ein. Judeich sah Bernhardts Forderungen nach international verbindlichen Gesetzen für den Erhalt von Schutzwaldungen sehr kritisch. Um Schutzwaldungen zu bewahren, schienen Judeich Gesetze nutzlos zu sein, solange sie dem Volk nicht

200 Anonym [Ermolov?]: Sel'skohozâjstvennyj i lesnoj kongres" (1874), S. 119.

201 Ebenda.

202 RiksA Oslo, S-1600/Dc/D/L2333, Norman: „Beretning om den i Wien i September 1873 afholdte Kongres af Land- og Forstmænd“, Tromsø, 18. März 1874.

203 Anonym: Verhandlungen des internationalen Kongresses (1873), S. 408.

204 Mathieu: Congrès International Agricole et Forestier (1873), S. 419.

„in Fleisch und Blut“ übergegangen sind. „Der zweckmäßigste Weg“, so gab die Allgemeine Forst- und Jagdzeitung Judeichs Wortmeldung wieder, „scheine ihm [Judeich] der zu sein, daß der Staat sich in den Besitz der Schutzwaldungen setze, welche er dann in der dem Interesse der Gesammtheit entsprechenden Weise bewirthschaften könne.“

Zu welchem Ergebnis allerdings die Diskussion zwischen Bernhardt und Judeich kam, lässt sich durch einen Vergleich der vier Zeitschriftenberichte sowie der offiziellen Kongressdokumentation nicht mit Sicherheit sagen. Der deutsche Bericht hielt lediglich einen kurzen Antrag Judeichs fest, in dem jener empfahl, dass „zur weiteren internationalen Behandlung der Waldschutz-Frage [...] das k. k. österreichische Ackerbauministerium ersucht wird, sich mit allen betreffenden Regierungen ins Einvernehmen zu setzen, statistische Erhebungen darüber zu pflegen, in welcher Lage, Ausdehnung und Beschaffenheit die nothwendigen Schutzwaldungen vorhanden sind.“[205] Weshalb sich Judeich auf diesen Punkt, also auf die Pflege statistischer Erhebungen beschränkte, erschloss sich dem Leser aus den Zeitschriftenberichten nicht. Hier kann allenfalls die Kongressdokumentation, die Judeichs Koreferat ausführlich wiedergab, eine mögliche Interpretation liefern: Judeich reflektierte zunächst die Formulierung „zweckmäßige Bewirthschaftung“, wie sie in Bernhardts Antrag enthalten war. Ihm war vollkommen bewusst, dass mit einer solchen Formulierung je nach den örtlichen forstlichen Gegebenheiten sehr Unterschiedliches gemeint sein konnte. Gerade deshalb sah es Judeich nicht als eine Aufgabe des Kongresses an, diesen „Begriff zu definiren. Denn wenn man auch allgemeine Grundsätze als Basis hinstellen könnte, so müsste man alle localen Verschiedenheiten unberücksichtigt lassen und das würde unseren Beschlüssen die praktische Wirksamkeit gänzlich benehmen [sic!]“.[206] Mit dieser Reflexion, die keinen Eingang in die Zeitschriftenberichte gefunden hatte, sondern sich nur aus der Kongressdokumentation ergab, war Judeich zu einem Kernproblem vorgestoßen, das sämtliche folgenden internationalen forstwissenschaftlichen Kongresse berührte. Hier ging es um die Spannung zwischen einerseits dem Anspruch, in Statistiken generalisierende Aussagen treffen zu können und andererseits den besonderen wirtschaftlichen und ökologischen Bedingungen des lokalen Waldes: Die meisten Kongressdebatten in Wien 1873 und auch der folgenden Veranstaltungen waren von dem Anspruch geprägt, internationale Zusammenarbeit zu befördern, indem Begriffe, Verfahren, Maßeinheiten, Datenerhebungen usw. möglichst vereinheitlicht oder zumindest vergleichbar gestaltet wurden. Diesem Anspruch stand gegenüber, dass forstliches Wirtschaften und forstwissenschaftliche Forschung stark von lokalen Gegebenheiten abhängig war, angefangen von den spezifischen lokalen topographischen, geographischen und ökologischen Bedingungen (Bodenbeschaffenheit, Lage, Temperatur, Niederschläge usw.) bis hin zu wirtschaftlichen Faktoren (Nachfrage einzelner Holzarten, Nutzungsformen des Waldes u. a. m.).

205 Anonym: Verhandlungen des internationalen Kongresses (1873), S. 409.
206 Chlumecky: Stenographische Protokolle des ersten Internationalen Congresses (1874), S. 168.

Es fällt nicht leicht zu rekonstruieren, weshalb Judeichs Reflexion zwar in der Kongressdokumentation, nicht aber in den Zeitschriftenberichten auftauchte. Judeich war keineswegs der erste, der auf diese Spannung hinwies. Denn im Grunde war diese Spannung auch schon im 18. Jahrhundert immer dort aufgetaucht, wo bspw. forstliche Literatur grenzübergreifend rezipiert wurde: Immer wieder hatten Autoren darüber reflektiert, welche forstlichen Ratschläge auf die jeweils landeseigenen Gegebenheiten übertragen werden sollten und welche sich – aus ökologischen, ökonomischen oder wirtschaftspolitischen Gründen – nicht zur Übernahme eigneten.[207] Die Berichterstatter gingen möglicherweise deshalb nicht näher darauf ein, weil dieser Spannungsaspekt in Judeichs Koreferat nur als Randbemerkung daherkam und letztlich auch keinen Eingang in die Resolution zu diesem Tagesordnungspunkt fand. Zudem drehte sich die Kontroverse – wie oben gezeigt – um viele andere Aspekte, einschließlich der komplizierten forstmathematischen Überlegungen Presslers, so dass Judeichs Reflexionen in dieser Sache weniger Aufmerksamkeit fanden.

Über die gefassten Beschlüsse zur Schutzwaldfrage gingen die Schilderungen des deutschen, französischen, norwegischen und russischen Berichts weit auseinander. Im deutschen Bericht hieß es, dass „bei der Abstimmung diejenigen [Anträge] der Herren Dr. Bernhardt, Dr. Judeich und Peyrer theils einstimmig, theils mit großer Majorität angenommen"[208] wurden. Diese Formulierung war missverständlich, da Judeichs Antrag gegen Bernhardts Antrag gerichtet war. Was also hatte der Kongress beschlossen: Sollte in naher Zukunft ein Waldschutz-Kongress (wie von Bernhardt vorgeschlagen) zusammentreten, oder sollten (dem Vorschlag Judeichs folgend) die Staaten zunächst aufgefordert werden, Statistiken über ihre Schutzwaldungen zu pflegen? Oder sollte gar beides in Angriff genommen werden?

Aus Sicht des norwegischen Berichterstatters Norman einigte sich der Kongress darauf, dass eine „internationale Übereinkunft [international Overenskomst]" geeignet sein werde, um „Gesetze und Institutionen und deren Resultate hinsichtlich der Schutzwaldungen zu erforschen und sich gegenseitig mitzuteilen, um wesentliche Verbesserungen bei der Erhaltung von Schutzwaldungen hervorzurufen".[209] In Normans Wahrnehmung galt es also nicht nur, Erhebungen über „Lage, Ausdehnung und Beschaffenheit" der Schutzwaldungen zu pflegen (so hatte es im deutschen Bericht geheißen), sondern auch einen länderübergreifenden Austausch über Gesetze bzgl. der Schutzwaldungen und deren Resultate anzustrengen.

Demgegenüber sprachen der französische und der russische Bericht nicht von einer Übereinkunft, sondern von einem nächsten Kongress. Während Mathieus Bericht Ort und Zeit offen ließ, hieß es im russischen Bericht, der Kongress solle

207 Vgl. exemplarisch Żabko-Potopowicz: „Sylwan" warszawski (1960), S. 4–9; Anderson / Taylor: A History of Scottish Forestry (1967), Bd. 2, S. 349–351.

208 Anonym: Verhandlungen des internationalen Kongresses (1873), S. 410 f.

209 RiksA Oslo, S-1600 / Dc / D-Serien / L2333, Norman: „Beretning om den i Wien i September 1873 afholdte Kongres af Land- og Forstmænd", Tromsø, 18. März 1874.

1875 stattfinden.[210] Sehr ähnlich schilderten der französische und der russische Bericht jene Themen, die die Kongressteilnehmer dem folgenden Kongress zur Beratung empfahlen, und zwar die „Untersuchung solcher gesetzgebender Maßnahmen, welche den internationalen Austausch land- und forstwirtschaftlicher Produkte erleichtern" sowie einen Austausch über die land- und forstwirtschaftlichen Produktionsleistungen der einzelnen Länder, um einschätzen zu können, „welche Nationen unvermeidbar Export und welche Import der hauptsächlichen lebenswichtigen Produkte benötigen,"[211] und schließlich die Behandlung „wissenschaftlicher Fragen", die der Land- und Forstwirtschaft zum Fortschritt verhelfen würden.[212]

Über diese unterschiedlichen Versionen hinaus, die die Zeitschriftenberichte über die Schutzwald-Verhandlungen und die Schlussdiskussion lieferten, muss ein weiterer Aspekt erwähnt werden, der gar keinen Eingang in die Zeitschriftenberichte fand: Folgt man der offiziellen Kongressdokumentation, so hatte sich in der Debatte um die Maßnahmen zum Erhalt von Schutzwäldern auch der italienische Senator und frühere Landwirtschaftsminister Luigi Torelli ausführlich zu Wort gemeldet und über die zunehmenden Entwaldungen in allen Ländern Europas geklagt. Da ein genaues Bild vom Ausmaß dieser Entwaldungen fehle, beantragte Torelli, „es möge unter die Gegenstände der wichtigsten Erhebungen die Frage des immer zunehmenden *Holzmangels* aufgenommen werden."[213]

Es geht aus der offiziellen Kongressdokumentation nicht hervor, weshalb Torelli die Frage des Holzmangels hier bei den Verhandlungen um die Schutzwaldfrage einbrachte. Auf den ersten Blick schien die Frage nach Holzmangel eher zum Tagesordnungspunkt Forststatistik zu gehören, denn um einen Mangel zu konstatieren, waren statistische Angaben zu Waldbestand und Holzverbrauch notwendig. Möglicherweise sah Torelli den Holzmangel als ein weiteres Übel, das als Folge von Entwaldung entstand und das, ähnlich wie Bodenerosion, Lawinen usw., die Wirtschaftskraft einer Region schwächen würde. Mit Blick auf den weiteren Verlauf des internationalen forstwissenschaftlichen Austauschs, insbesondere auf den Kongress in Paris 1900, auf dem die Warnungen vor einem drohenden Holzmangel große Aufmerksamkeit fanden, muss hier betont werden: Torellis Antrag, bei den Erhebungen auch Holzmangel zu berücksichtigen, fand auf dem Kongress in Wien 1873 *keine* Mehrheit.[214]

Die Gründe für diese Ablehnung zu rekonstruieren, fällt nicht leicht. An sprachlichen Verständnisproblemen hatte es offenbar nicht gelegen, denn Torelli meldete sich in deutscher Sprache zu Wort. Sofern es sachliche Gründe gegen Torellis Antrag gab, konnten Kongressteilnehmer diese nicht mehr vortragen. Denn Torellis

210 Mathieu: Congrès International Agricole et Forestier de Vienne (1873), S. 420.

211 Anonym [Ermolov?]: Sel'skohozâjstvennyj i lesnoj kongres" (1874), S. 120.

212 Mathieu: Congrès International Agricole et Forestier (1873), S. 420.

213 Chlumecky: Stenographische Protokolle des ersten Internationalen Congresses (1874), S. 196, Hervorhebung C. L.

214 Ebenda, S. 196 und 199.

Wortmeldung und Antrag standen ganz am Ende der Aussprache, und die Versammelten entschieden danach, die Debatte zu schließen, um zur Abstimmung zu schreiten. Als Ursache spielte wahrscheinlich der fortgeschrittene Verhandlungsgang eine Rolle: Die Aussprache über den Tagesordnungspunkt Schutzwaldungen war – verglichen mit den vorangegangenen Punkten – ohnehin sehr langwierig gewesen. Außerdem lagen zur Abstimmung bereits eine ganze Reihe von Anträgen und Teilanträgen vor, die Bernhardt, Judeich, Pressler u. a. vorgebracht hatten. Allerdings wäre es möglich gewesen, Torellis Antrag einfach in die lange Liste von Anträgen mit aufzunehmen. Denn im Grunde ging es in der Abstimmung darum festzulegen, welche Aspekte der Schutzwaldfrage zur Behandlung auf weiteren internationalen Kongressen empfohlen werden sollten und welche nicht. Dass die Kongressteilnehmer 1873 Torellis Antrag ablehnten, „die Frage des immer zunehmenden Holzmangels" in die geplanten Erhebungen aufzunehmen, muss daher darin begründet liegen, dass die Teilnehmer 1873 dieses Thema als nicht wichtig genug erachteten. Der stetig steigende Holzverbrauch, der möglicherweise zu einem Holzmangel führen könnte, war aus Sicht der Teilnehmer 1873 offenkundig keine Herausforderung an forstwissenschaftliche Planungen im Allgemeinen oder an forstwissenschaftliche Nachhaltigkeitskonzepte im Besonderen, die in internationalem Rahmen angegangen werden müssten.

Dass auch die Zeitschriftenberichte nichts über Torellis Wortmeldung und seinen Holzmangel-Antrag enthielten, kann nicht allein daran gelegen haben, dass Torellis Antrag abgelehnt wurde. Denn andere abgelehnte Anträge, wie etwa der Pressler'sche, fanden sich durchaus in den Zeitschriftenberichten.[215] Dies legt den Schluss nahe, dass es auch den Berichterstattern 1873 nicht wert erschien, über Torellis Sorgen im internationalen Rahmen zu schreiben – eine Einstellung zum Thema Holzmangel, die sich in den folgenden zwei Jahrzehnten grundsätzlich wandeln sollte.

Es muss nicht verwundern, dass die Berichterstattungen selbst bei den gefassten Beschlüssen teilweise voneinander abwichen. Denn der Kongress in Wien 1873 war der erste forstwissenschaftliche Kongress von dieser internationalen Dimension. Auch wenn Protokollführer den Verlauf der Verhandlungen aufnahmen, waren die Abläufe in der Verhandlungsführung, Beschlussfassung und Kundgabe der Beschlüsse an die Kongressteilnehmer und Berichterstatter keineswegs eingespielt oder standardisiert. Ein vollständiges Verhandlungsprotokoll – soviel ist aus den deutlichen Unterschieden in den Zeitschriftenberichten zu ersehen – stand jedenfalls diesen Berichterstattern nicht oder nur in Auszügen über einige Beschlussfassungen zur Verfügung. Die offizielle Kongressdokumentation, die im Wesentlichen auf dem Verhandlungsprotokoll beruhte, erschien erst im darauffolgenden Jahr, also nachdem die Berichterstatter ihre Texte an die Fachzeitschriften zum Druck gegeben hatten.

215 Vgl. exemplarisch Anonym: Verhandlungen des internationalen Kongresses (1873), S. 410 f.

Die Unterschiede zwischen den deutschen, französischen, russischen und norwegischen Berichterstattungen zu erklären, stellt eine Herausforderung dar: Es wäre kurzsichtig argumentiert, wollte man dem deutschen Bericht oder der offiziellen Kongressdokumentation allein den Vorzug hinsichtlich der Glaubwürdigkeit der Überlieferung geben. Sicher, in den Verhandlungen in Wien meldeten sich die Teilnehmer hauptsächlich in deutscher Sprache zu Wort; nur einzelne Diskussionsbeiträge sind in der Kongressdokumentation auf Französisch wiedergegeben. Der deutsche Berichterstatter hatte daher gegenüber seinen ausländischen Kollegen den Vorteil, diesen hauptsächlich deutschsprachigen Wortmeldungen leichter und in allen Einzelheiten folgen zu können. Dieser Detailreichtum wirkte sich jedoch offenkundig ebenso zum Nachteil aus, da der deutsche Berichterstatter zwar viele verschiedene Standpunkte wiedergab, aber auch in dieser Wiedergabe der Wortmeldung schon aus Platzgründen eine Auswahl für seinen Bericht treffen musste. Die Kongressdokumentation war in dieser Hinsicht zwar das ausführlichste Dokument, aber auch hier stellt sich die Frage, inwieweit bspw. die Referenten nachträglich auf den Abdruck ihrer Vorträge Einfluss genommen hatten. Diese quellenkritischen Anmerkungen sind keineswegs als generelles Infragestellen der Redlichkeit der Berichterstatter und Protokollanten gemeint, sondern sollen dazu dienen, diese Schilderungen aus unterschiedlicher Hand gleichberechtigt gegeneinander abzuwägen.

Weiterführend für eine Analyse ist eine Berücksichtigung der Kontexte, aus denen die Autoren ihre jeweiligen Berichte verfassten. Der deutsche Autor referierte alle Details der einzelnen – teilweise im Streit liegenden – Forstwissenschaftler. Diese Ausführlichkeit lag sicher auch darin begründet, dass der deutsche Berichterstatter auf alle Einzelheiten eingehen und keine Wortmeldung übersehen wollte. Immerhin erschien der deutsche Bericht in der Allgemeinen Forst- und Jagdzeitung, einer der großen deutschsprachigen Fachjournale, weshalb der Autor große Anstrengungen unternahm, keine der unterschiedlichen Wortmeldungen vor allem der herausragenden Wissenschaftler zu übergehen.

Für die russischen, norwegischen und französischen Berichterstatter erschienen diese Wortgefechte möglicherweise auch als Interna der deutschen Fachdiskussion. Die Unterschiedlichkeit in der Berichterstattung kann außerdem als Hinweis darauf verstanden werden, dass der norwegische, der französische und der russische Berichterstatter den schnellen Wortwechseln nicht immer in allen Einzelheiten folgen konnten. Der Diskussion um statistische Fragen bspw. schickte Norman in seinem Bericht das Eingeständnis voraus, dass er auf diesem Feld „nicht sachkundig [usagkyndig]“ sei und er daher fürchte, „technische Ausdrücke“ missverstanden zu haben.[216] Diese Passage sollte man nicht allein als Hinweis interpretieren, dass Norman in Wien an die Grenzen seiner Deutschkenntnisse gestoßen war. Denn Norman war nach mehrjährigen Studienaufenthalten in Österreich und Deutschland zweifellos

216 RiksA Oslo, S-1600 / Dc / D-Serien / L2333, Norman: „Beretning om den i Wien i September 1873 afholdte Kongres af Land- og Forstmænd“, Tromsø, 18. März 1874.

für Fachdiskussionen in deutscher Sprache gerüstet. Vielmehr lässt Normans Schilderung erahnen, wie kritisch die akustischen Bedingungen in einem mit mehreren hundert Herren besetzten Auditorium gewesen sein müssen, und welche Herausforderung ausländische Teilnehmer annahmen, den schnellen Wortwechseln der zumeist deutschsprachigen Diskutanten zu folgen, zumal diese aus ganz unterschiedlichen Regionen des deutschen Sprachraums kamen und daher ihre Wortmeldungen sicher nicht frei von dialektalen Färbungen geblieben waren.

Der französische Bericht konzentrierte sich auf die Wiedergabe der Beschlüsse, die sich in der Detailtreue mit den Formulierungen in der offiziellen Kongressdokumentation so weitgehend deckten, dass sie offenkundig die französische Übersetzung eines deutschen Protokollauszugs gewesen sein müssen. Mathieu ging, anders als etwa der deutsche oder der norwegische Bericht, überhaupt nicht auf die unterschiedlichen Standpunkte ein, die die Diskutanten in den Verhandlungen vorbrachten. Dies mochte an den verfügbaren Druckseiten gelegen haben, aber auch an Mathieus offen vorgetragenen Zweifeln am Nutzen einer solchen Veranstaltung selbst. Einen derart großen, internationalen Kongress, bei dem „die Verschiedenheit der Sprachen unvermeidbar ist", hielt Mathieu für ungeeignet, über die „vielfältigen und komplexen Fragen [...] zweckdienlich zu diskutieren und zu beschließen". Vielmehr sei es an den „Spezialisten, zurückgezogen im Arbeitszimmer oder in einem kleinen Komitee [dans le recueillement du cabinet ou de comités peu nombreux], das Material zu koordinieren und Beschlussanträge vorzulegen."[217] Diese Zweifel Mathieus wiesen durchaus Ähnlichkeiten zur harschen Kritik von Danckelmann auf, der schon vorab die Planungen, forststatistische Fragen auf einem großen internationalen Kongress zu behandeln, für vollkommen verfehlt gehalten hatte. Mathieu suchte in seinem Bericht gleichwohl, das Positive herauszustellen und sah es daher als zentrale Aufgabe eines solchen Kongresses an, Empfehlungen an die Regierungen auszuarbeiten und „endgültige diplomatische Verhandlungen [négociations diplomatiques définitives] vorzubereiten."[218] Merkwürdig an Mathieus Zweifeln musste allerdings stimmen, dass er in der Verschiedenheit der Sprachen ein Problem sah: Denn wollte man international zusammenarbeiten – ob auf großen Kongressen oder in den von Mathieu vorgeschlagenen kleinen Spezialisten-Komitees –, so wäre diese Zusammenarbeit immer von Mehrsprachigkeit geprägt.

Der russische Bericht hob beim Forstversuchswesen vor allem auf die Meteorologie ab und griff damit einen Aspekt auf, der in Russland seit den 1840er Jahren lebhaft im Fachpublikum diskutiert wurde.[219] Dass Lesnoj Žurnal" abschließend als Ziel eines folgenden Kongresses die Holzhandelsstatistik nannte, machte einen solchen Folgekongress für die Leserschaft des Lesnoj Žurnal" besonders attraktiv. Denn Lesnoj Žurnal" wurde von der Petersburger Forstgesellschaft herausgegeben,

217 Mathieu: Congrès International Agricole et Forestier (1873), S. 415.
218 Ebenda.
219 Fedotova / Loskutova: The Studies Over the Impact of Forests on Climate (2014).

die eine große Zahl von Waldbesitzern und Holzgroßhändlern in ihren Reihen vereinte.[220]

Der norwegische Bericht wiederum registrierte aufmerksam die lebhaften Diskussionen, die auf dem Kongress um waldökologische Fragen und Schutzwaldungen geführt wurden. Detaillierter noch als der deutsche Bericht schilderte Norman die von Judeich vorgetragenen Zweifel an Gesetzeslösungen für Schutzwaldungen. Dieser Detailreichtum rührte daher, dass Norman die in Norwegen zu dieser Zeit geführte Debatte um eine mögliche Gesetzgebung zum Erhalt der norwegischen Schutzwaldungen genau kannte (vgl. Kapitel VI) und er daher seinem Leserpublikum die Erfahrungen aus anderen Ländern in allen Einzelheiten schildern wollte.[221]

Unabhängig von diesen Unterschieden in den Berichterstattungen müssen aber auch die Gemeinsamkeiten beachtet werden. Diese Gemeinsamkeiten in der Wahrnehmung des Kongresses lassen auf eine Art gemeinsame Basis des internationalen wissenschaftlichen Austauschs über forstliche Fragen schließen: Bei der Verhandlung der statistischen Fragen (Tagesordnungspunkt 2) teilten alle Berichte ein großes Interesse, für die Zukunft eine länderübergreifend vergleichbare Statistik aufzubauen. Allerdings setzten die Berichte hier verschiedene Schwerpunkte: Der russische Berichterstatter hatte eher die statistische Erfassung von Import und Export der Länder im Blick. Dieser Aspekt kam im deutschen und norwegischen Bericht überhaupt nicht vor. Die Allgemeine Forst- und Jagdzeitung konzentrierte ihren Bericht zu statistischen Fragen auf die Flächennutzung und den Ertrag in den Verwaltungseinheiten der einzelnen Länder sowie auf Preise, Arbeits- und Transportkosten. Während der russische Bericht also darauf zielte, Wissen über Ein- und Ausfuhr von Holz zu sammeln, also die räumliche Vorstellung vom grenzübergreifenden Holzhandel zu konkretisieren, ging es dem deutschen Bericht um die Kenntnis der jeweils landeseigenen Produktionszahlen.

In den Verhandlungen um das Forstversuchswesen und um Schutzwaldungen zeigte sich eine breite Zustimmung nicht nur zur gemeinsamen intensiveren Erforschung waldökologischer Fragen, wie etwa des Zusammenhangs von Waldbestand und Hochwassergefahr, sondern auch zu dem Ziel, langfristig internationale Standards für die Behandlung von Schutzwaldungen zu etablieren. Das hieß nicht, dass die Kongressteilnehmer die jeweils lokalen oder regionalen forstlichen Gegebenheiten ignorierten und internationale, also generalisierende, Lösungen bevorzugten. Vielmehr entsprang der Wille zu internationalen Standards für die Behandlung von Schutzwäldern aus der Annahme, dass die Auswirkungen von Entwaldungen grenzübergreifend wären. Allerdings waren sich die Kongressteilnehmer einig, dass Ergebnisse in dieser Frage nur dann tragfähig sein würden, wenn Experten durch weitere Forschungsarbeit in ihren jeweiligen Ländern eine ausreichende Wissensgrundlage dafür schaffen würden.

220 Red'ko / Red'ko: Istoriâ lesnogo hozâjstva Rossii (2002), S. 290–295.

221 Vgl. RiksA Oslo, S-1600 / Dc / D-Serien / L2333, Schwedisches Außenministerium an norwegisches Innendepartement, 2. Mai 1873 sowie Aktennotiz vom 19. Juli 1873.

III.4 Impulse des Kongresses für die weitere Ausgestaltung internationaler forstwissenschaftlicher Zusammenarbeit

In den Kongressbeschlüssen ist das wiederholte Ersuchen an die österreichische Regierung auffällig, die Resolutionen des Kongresses anderen Regierungen zur Umsetzung mitzuteilen. Der Kongress rief nicht die Referenten und Kongressteilnehmer auf, die Beschlüsse umzusetzen, sondern richtete zumeist Aufforderungen oder Ersuchen an die Politik. Die Regierung in Wien sollte, folgt man den Formulierungen der Beschlüsse, den Regierungen anderer Länder die Beschlüsse kundtun, um so den Fortgang des internationalen wissenschaftlichen Austauschs im Forstwesen zu gestalten. Allerdings hatte der Kongress in Wien 1873 keine Kommission oder gar ein ständiges Büro ins Leben gerufen, das die Organisation zukünftiger Kongresse durch andere Regierungen inhaltlich hätte begleiten können.

Wie sich in den kommenden Jahren rasch zeigte, traten als Organisatoren zukünftiger internationaler forstwissenschaftlicher Veranstaltungen auch zahlreiche Akteure auf, die man heute als Nichtregierungsorganisationen bezeichnen würde, wie etwa Vereine oder gelehrte Gesellschaften (vgl. Kapitel IV und VII). Eine solche Gestaltung bzw. Mitgestaltung der folgenden Kongresse durch Akteure ‚von unten' brachte es mit sich, dass nicht allein Regierungen bzw. die zuständigen Ministerien über die inhaltlichen Schwerpunkte zukünftiger Veranstaltungen bestimmten: Wenn nicht einer, sondern viele verschiedene Akteure oder Gruppen internationale Kongresse und Ausstellungen ausrichteten, dann hatten auf die inhaltlichen Schwerpunkte zukünftiger Veranstaltungen auch zahlreiche verschiedene Akteure Einfluss und nicht allein die Regierung in Wien. Zusätzlich kompliziert wurde die Situation dadurch, dass der Kongress in Wien 1873 angeregt hatte, die kommenden internationalen *statistischen* Kongresse durch agrar- und forstwissenschaftliche Fachleute zu verstärken, um dort eine internationale Foststatistik voranzubringen. Dieser Vorschlag und seine Umsetzung beim internationalen statistischen Kongress 1876 in Budapest (vgl. dazu weiter unten) eröffnete eine zweite Arena, in der internationaler forstwissenschaftlicher Austausch stattfand.

Man ginge fehl, diese Vielgestaltigkeit als Durcheinander oder ‚Unorganisation' zu interpretieren. Sicher, es gab Kongressteilnehmer, die den internationalen forstwissenschaftlichen Austausch zügig in feste institutionalisierte Bahnen lenken wollten. Gerade in der Denkschrift von August Meitzen, der sich eine institutionalisierte forststatistische Zusammenarbeit nach dem Vorbild der internationalen statistischen Kongresse wünschte, wurde derlei deutlich.[222] Die Vielgestaltigkeit des zukünftigen forstwissenschaftlichen Austauschs kann aber ebenso als Offenheit interpretiert werden, die die Möglichkeit barg, dass sich Akteure mit ganz unterschiedlichen Perspektiven in die Ausgestaltung dieses Austauschs einbrachten.

Viele Aspekte, die der Kongress 1873 behandelt hatte, wurden auch in den folgenden Jahren lebhaft diskutiert. Mehrere internationale Veranstaltungen schlos-

222 Meitzen: Die internationale Land- und Forstwirthschaftliche Statistik (1873).

sen direkt an die Diskussionen und Beschlüsse des Kongresses 1873 an. Fragen der Waldökologie, also bspw. des Zusammenhangs zwischen Wald und Wasser, wurden von der Ausstellung anlässlich des internationalen Geographie-Kongresses 1875 und in der forstwissenschaftlichen Sektion des internationalen landwirtschaftlichen Kongresses 1878, beide in Paris, wieder aufgegriffen. Beim Geographie-Kongress präsentierte die französische Forstverwaltung topographische Karten, die den Fortgang der Entwaldungen entlang der Rhone zeigten und – der zeitgenössischen Argumentation folgend – die aufgetretenen ökologischen Schäden (Bodenerosion, Überschwemmungen) in direkten Zusammenhang dazu stellten.[223] Beim internationalen landwirtschaftlichen Kongress 1878 referierte in der forstlichen Sektion u. a. August Bernhardt, inzwischen Direktor der preußischen Forstakademie in Hannoversch Münden, über Aufforstungen. Er betonte, folgt man der Kongressdokumentation aus Paris, die Bedeutung des Waldes als Abwehr gegen Bodenerosion, Austrocknung usw. Abschließend forderte Bernhardt, eine „internationale Forstkommission [commission forestière internationale]" einzurichten, die sich diesen Fragen widmen sollte. Die Kongressteilnehmer nahmen diese Forderung in eine Resolution auf, ohne dass aus der Kongressdokumentation allerdings näher hervorging, wie eine solche Kommission arbeiten sollte.[224]

Forststatistische Fragen fanden – wie es der Kongress 1873 in Wien in einer Resolution empfohlen hatte – Eingang in den nächsten internationalen statistischen Kongress, der 1876 in Budapest tagte. Anders als seine Vorgänger umfasste er eine eigene forststatistische Sektion. Eigentlich hätte Joseph Roman Lorenz, der die Forststatistik auf die Tagesordnung des Kongresses in Wien 1873 gebracht hatte, das einleitende Referat in Budapest 1876 halten sollen. Jedoch musste er sich aus Krankheitsgründen vom Direktor des Großherzoglich Badischen Statistischen Bureaus in Karlsruhe, Friedrich Hardeck, vertreten lassen. Hardeck sprach sich dafür aus, die forstliche Statistik nach dem Muster der Agrarstatistik zu erstellen. Die offizielle Dokumentation des Kongresses schildert eine kurze Diskussion, in welcher der ungarische Forstwissenschaftler Albert von Bedő Hardeck entgegenhielt, dass die Erhebungstabellen genau „den Bedürfnissen der Forstwirthschaft entsprechen" müssten, dass die bisherigen Vorschläge aber „zu viel Allgemeinheiten" enthielten und dass die Ausarbeitung spezieller forstlicher Erhebungstabellen allein den forstwissenschaftlichen Experten übertragen werden sollte.[225] Bedő hatte, um seinen Standpunkt zu erläutern, eine Denkschrift vorgelegt, die einen ausführlichen Gliederungsvorschlag für eine forstliche Statistik enthielt.[226] Doch

223 Fournier (Hg.): Exposition. Catalogue général des produits exposés (1875); vgl. dazu auch die Rezeption durch Orth: Landwirthschaftliche Beziehungen der geographischen Ausstellung (1876) sowie GehStA Berlin, I. HA Rep. 87 D Nr. 1699, fol. 128–136, Albert Orth: Denkschrift zur „geologischen Untersuchung des Preußischen Staatsgebietes", ohne Datum [ca. 1875].

224 Ministère de l'agriculture et du commerce (Hg.): Congrès international de l'agriculture (1879), S. 143f und 317.

225 Keleti (Hg.): (IX.) Congrès interational de statistique (1878), S. 399.

226 Bedő: Das Forstwesen als Gegenstand der internationalen Statistik (1874), S. 13–17.

Bedő hatte mit seiner Kritik an Hardeck und mit einem Gliederungsvorschlag keinen Erfolg. Dies lag nicht nur daran, dass viele Diskussionsteilnehmer größtmögliche Einheitlichkeit zwischen der land- *und* forstwirtschaftlichen Statistik anstrebten, sondern auch daran, dass außer Bedő sich keine weiteren Forstwissenschaftler zu Wort meldeten. Die Debatte wurde hingegen von Herren anderer Profession dominiert: Neben Hardeck, der Philologe war, meldeten sich nur noch der österreichische (tschechische) Geograph Karel Kořistka und der französische Ökonom Pierre Émile Levasseur, der die Sitzung leitete, zu Wort. Immerhin einigten sich die Kontrahenten darauf, die Regierungen der beteiligten Länder zu ersuchen, Spezialisten der einzelnen Fachgebiete mit beratender Stimme zu den Diskussionen der ständigen Kommission zu benennen.[227] Der Beschluss allerdings, die forstliche Statistik an der Agrarstatistik zu orientieren, stellte sich aus Sicht Bedős und anderer Forstwissenschaftler, die eine stärkere Berücksichtigung forstlicher Eigenheiten forderten, als Enttäuschung dar. Jene hingegen, die nach Einheitlichkeit strebten, konnten den Beschluss als Erfolg verbuchen.

Wie die folgenden Jahre zeigten, war dieser Erfolg jedoch nichts wert, und zwar aus zweierlei Gründen: Erstens hatten sich in Budapest 1876 nur Teilnehmer aus mittel- und westeuropäischen Ländern in die Verhandlungen um eine internationale Forststatistik eingebracht. Vertreter aus nord- und osteuropäischen Ländern, also der großen Holzexporteure, fehlten. Obwohl auch Österreich-Ungarn eine beachtliche Holzausfuhr verbuchte, war es ein Irrtum anzunehmen, die österreichisch-ungarische Perspektive würde in forststatistischen Fragen der skandinavischen oder russischen Sichtweise gleichen. Der hinsichtlich des Holzhandels so bedeutende *gesamte* Nord- und Ostseeraum war in den Verhandlungen in Budapest 1876 nur mit seiner südlichen Hälfte vertreten, nämlich mit Diskutanten aus Frankreich, dem Deutschen Reich und Österreich-Ungarn. Die nördliche Hälfte fehlte. In dieser Hinsicht hatten die Verhandlungen 1876 in Budapest wie auch zuvor 1873 in Wien einen blinden Fleck, der auf den internationalen forstwissenschaftlichen Kongressen erst viel später offen zu Tage trat (vgl. Kapitel VII). Zweitens fanden die bislang regelmäßig tagenden internationalen statistischen Kongresse nach der Versammlung in Budapest in dieser Form keine Fortsetzung. Dies lag – wie Nico Randeraad zeigte – im Wesentlichen daran, dass die deutsche Reichsregierung die internationale Zusammenarbeit in statistischen Fragen nicht länger unterstützte. Somit fehlte dem ganzen Unternehmen ein einflussreiches Land, ohne dessen Teilnahme auch andere Länder den Sinn einer Fortführung internationaler statistischer Kongresse bezweifelten.[228] Eine internationale *forstliche* Statistik mochte vielen Zeitgenossen nach dem Rückzug der Deutschen gleich ganz undenkbar erscheinen, da die deutsche bzw. deutschsprachige Forstwissenschaft eine so starke Rolle im internationalen Austausch spielte, und da sich führende deutsche Forstwissenschaftler, wie etwa

227 Keleti: (IX.) Congrès international de statistique, (1878), S. 399 und 402.
228 Randeraad: The International Statistical Congress (2011), S. 58–59.

Bernhard Danckelmann, so skeptisch über eine internationale Forststatistik geäußert hatten, wie es im Vorfeld des Kongresses in Wien 1873 deutlich geworden war.

Es muss daher nicht verwundern, wenn die Anstrengungen französischer Statistiker, die grenzübergreifende Zusammenarbeit nach dem Scheitern der internationalen statistischen Kongresse fortzusetzen, kein Echo in der Forstwissenschaft fanden: Die an drei Tagen im Juli 1878 in Paris tagenden Internationalen statistischen Konferenzen enthielten keine forststatistische Sektion im Programm und unter den eingeschriebenen Teilnehmern suchte man die großen Namen forstwissenschaftlicher Experten (auch der französischen) vergebens.[229]

Eine Gesamteinschätzung darüber abzugeben, welche Auswirkungen der Kongress von 1873 langfristig hatte, muss allein deshalb zu einem differenzierten Urteil gelangen, weil die Kongressbeschlüsse unterschiedlich präzise formuliert waren: Einige Resolutionen enthielten lediglich allgemein gehaltene Aufforderungen, wie etwa der erste Teil des Kongressbeschlusses zum Versuchswesen: „Es ist den Regierungen der verschiedenen Länder zu empfehlen, mit allen ihnen zu Gebot stehenden Mitteln das forstliche Versuchswesen in Angriff zu nehmen und zu fördern.“[230] Solche und ähnliche Formulierungen waren so unscharf, dass sie kaum als Maßstab dienen können, um daran Erfolg oder Misserfolg des Kongresses von 1873 zu messen.

Daneben definierten jedoch andere Resolutionen klar umrissene Ziele. Die verhandelten Themen Statistik und Versuchswesen können hier als Beispiele dienen, die zeigen, wie Kongressbeschlüsse einen praktischen Niederschlag fanden oder aber ins Leere liefen. Mit einer Resolution zur Statistik ersuchten die Kongressteilnehmer die österreichische Regierung, „im Einvernehmen mit den übrigen Regierungen die Permanenzkommission des internationalen statistischen Congresses durch fachmännische Delegirte [sic!] zu verstärken, welche die Durchführung der obigen Beschlüsse bei derselben zu vertreten haben.“[231] Wie oben dargestellt, hatte der Internationale Statistische Kongress bei seiner nächsten Sitzung 1876 in Budapest tatsächlich forststatistische Fragen behandelt, auch wenn forstwissenschaftliche Experten auf die Beschlüsse letztlich wenig Einfluss hatten. Dass aber die Forststatistik überhaupt Eingang in den Internationalen Statistischen Kongress gefunden hatte, kann man, gemessen an den eigenen Zielen, die sich der Kongress 1873 in Wien gesetzt hatte, zumindest als Teilerfolg werten.

Ganz anders stand es um die Beschlüsse zum Versuchswesen. Der Kongress hatte – folgt man der offiziellen Dokumentation – beschlossen, eine „permanente Commission“ einzusetzen, „welche alle Maßregeln zu berathen hat, welche zur Förderung des forstlichen Versuchswesens beitragen.“[232] Eine solche Kommission trat nach dem Kongress nicht in Erscheinung, jedenfalls hat sie in den Unterlagen des

229 Thirion (Hg.): Conférences internationales de statistique (1878).
230 Chlumecky: Stenographische Protokolle des ersten Internationalen Congresses (1874), S. 155.
231 Ebenda, S. 121.
232 Ebenda, S. 156.

1891 / 92 gegründeten Internationalen Verbands forstlicher Versuchsanstalten (vgl. Kapitel V) keinen Niederschlag als etwaiger Vorgänger oder Wegbereiter gefunden, noch findet sich ein Hinweis auf die Kommission in den zeitgenössischen forstlichen Fachzeitschriften. Diese Resolution des Kongresses in Wien 1873 lief also ins Leere, ebenso wie ein ganz ähnlicher Beschluss des Kongresses in Paris 1878, der auch eine Kommission einzusetzen beabsichtigte, von der keine weiteren Spuren überliefert sind.

Überblickt man die internationalen Veranstaltungen, die auf den Kongress in Wien 1873 folgten, insbesondere der internationale landwirtschaftliche Kongress 1878 in Paris, so ist auffällig, dass diese Veranstaltungen, genauer: die *forst*wissenschaftlichen Diskussionen auf diesen Kongressen, sehr ähnlich verliefen wie auf dem Kongress 1873 in Wien. Erst ab 1884 – wie das folgende Kapitel zeigen wird – fanden Impulse in die Diskussion Eingang, die forstwissenschaftlichen Zukunftsplanungen und dem Nachdenken über Nachhaltigkeit in der internationalen Arena eine neue Richtung gaben.

III.5 Zwischenbetrachtung

Mit dem Aufkommen von Weltausstellungen und internationalen Kongressen seit Mitte des 19. Jahrhunderts waren dort auch forstwirtschaftliche und forstwissenschaftliche Fragen präsent, anfangs jedoch nur am Rande wie etwa in den Präsentationen der skandinavischen Länder auf den Weltausstellungen oder durch die Aufnahme des Holzhandels in allgemeine Handelsstatistiken auf den Internationalen Statistischen Kongressen.

Der Internationale Congress der Land- und Forstwirthe, den das österreichische Ackerbauministerium im September 1873 im Rahmen der Wiener Weltausstellung ausrichtete, war die erste internationale Versammlung, die das Forstwesen in den Mittelpunkt rückte. Es waren in erster Linie wissenschaftliche Beweggründe, die die Wiener Organisatoren bewogen, einen solchen Kongress auszurichten: Es ging ihnen darum, die Forstwissenschaft auf Augenhöhe zu halten mit anderen Disziplinen, die (ob tatsächlich oder vermeintlich) lebhaften internationalen Austausch pflegten. Die Internationalen Statistischen Kongresse seit 1853 waren bei der Vorbereitung und im Verlauf des Kongresses wiederholt Referenzpunkt für die Gestaltung grenzübergreifender forstwissenschaftlicher Beziehungen.

Auffälligerweise spielten 1873 zunehmende wirtschaftliche Verflechtungen durch grenzübergreifenden Handel, oder die Sorge, dass der durch Industrialisierung und Bevölkerungswachstum ansteigende Holzverbrauch eine Herausforderung für das Forstwesen der Länder im Nord- und Ostseeraum sein könnte oder dass der steigende Holzverbrauch gar einen Holzmangel hervorrufen könnte, *keine* Rolle für die inhaltliche Planung und für den Verlauf des Kongresses. Zwar gab es auf dem Kongress vereinzelte Wortmeldungen, die wachsende Handelsverflechtungen und gar drohenden Holzmangel angesichts wachsenden Verbrauchs ansprachen. Aber diese Überlegungen und Mahnungen fanden weder in den Kongressbeschlüssen, noch in den ausgewerteten deutschen, französischen, russischen und norwegischen Zeitschriftenberichten über den Kongress einen Niederschlag. Den tonangebenden Wortführern auf dem Kongress, der Mehrheit der Kongressteilnehmer und den Berichterstattern erschienen Handelsverflechtungen und Holzmangel als Themen nicht so wichtig, dass sie auf einem internationalen Kongress diskutiert, in Kongressresolutionen behandelt und in Fachzeitschriften dem Leserpublikum im Nord- und Ostseeraum geschildert werden müssten. Den Antrag des italienischen Kongressteilnehmers Luigi Torelli, im Zuge der geplanten Datenerhebungen auch die (aus Torellis Sicht) in einigen Regionen Europas wachsende Holznot zu berücksichtigen, lehnten die Kongressteilnehmer ab. Dieser Umstand ist besonders deshalb auffällig, weil ab Mitte der 1880er Jahre die Auswirkungen von steigendem Holzverbrauch und von zunehmenden Handelsverflechtungen auf forstliche Nachhaltigkeitskonzepte sowie Warnungen vor Holznot zentrale Faktoren bei der Organisation zukünftiger Kongresse, in den Kongressverhandlungen und auch in den Berichten in Fachzeitschriften des Nord- und Ostseeraums wurden.

Die Intensivierung forstwissenschaftlichen Austauschs durch internationale Kongresse ab 1873 ging also *nicht* auf ein konkret formuliertes Problem zurück, wie etwa wachsenden Holzverbrauch, das Experten nun grenzübergreifend zu ‚lösen' anstrebten. Anders als bei späteren Veranstaltungen sah der Kongress 1873 durch die Entwicklungen in Wirtschaft und Verkehr die überlieferten Konzepte forstlicher Nachhaltigkeit nicht in Frage gestellt. Die Zukunft forstwirtschaftlicher Praxis und forstwissenschaftlicher Forschung lag 1873 in den Augen der Organisatoren und Teilnehmer des Kongresses nicht in der Lösung von Grundsatzfragen. Vielmehr entsprang der Impuls zur Intensivierung internationalen Austauschs aus einer Ansammlung von mehr oder minder klar umrissenen Sachfragen, deren internationale Behandlung nicht zuletzt dazu dienen sollte, die Forstwissenschaft auf Augenhöhe mit benachbarten Disziplinen zu halten. Der Vorlauf zum Kongress und der Kongress selbst hatten daher eher den Charakter einer Sondierung, welche forstwissenschaftlichen Fragen überhaupt in internationalem Maßstab behandelt werden müssten.

Die Tagesordnung in Wien umfasste 1873 vier Punkte, und zwar Vogelschutz, forstliche Statistik, Schutzwaldungen und Forstversuchswesen. Die versammelten Experten verabschiedeten zu jedem Tagesordnungspunkt mindestens eine Resolution, die zumeist in der Form einer Empfehlung festhielt, welche Wege internationaler Zusammenarbeit die Kongressteilnehmer für angemessen erachteten. Wie das Kapitel exemplarisch durch die Auswertung eines deutschen, französischen, russischen und norwegischen Berichts zeigen konnte, fiel jedoch die Wahrnehmung des Kongresses in den Ländern des Nord- und Ostseeraums teilweise sehr unterschiedlich aus. Man kann daher nicht davon sprechen, dass dieser erste Kongress eine Art von klar umrissener gemeinsamer Handlungsanleitung für die Ausgestaltung zukünftiger internationaler forstwissenschaftlicher Zusammenarbeit erzielt habe.

Bei der Statistik ging es dem österreichischen Ackerbauministerium vor allem um eine, für jedes Land zu erstellende, Bestandsaufnahme der landeseigenen Produktionsleistung. Ein wesentlicher Impuls für die Österreicher, die Forststatistik voranzutreiben, waren die statistischen Unternehmungen anderer Wissenschaftsdisziplinen, die bereits bei den Internationalen Statistischen Kongressen vertreten waren. Kritik an den Planungen für eine internationale Forststatistik ließ sich zwar vor dem Kongress deutlich vernehmen. Auf dem Kongress 1873 jedoch fand die Verbesserung statistischer Erhebung breite Zustimmung. Die Zeitschriftenberichte schilderten übereinstimmend einen Beschluss, der die beteiligten Länder aufforderte, den internationalen statistischen Kongress durch agrar- und forstwissenschaftliche Experten zu verstärken, und dass die Länder ihre eigenen Forststatistiken pflegen und verbessern sollten. Die Kongressberichte äußerten sich jedoch unterschiedlich zur Frage, welche Daten in diesen Statistiken erfasst werden sollten.

Beim Tagesordnungspunkt Versuchswesen einigten sich die Kongressteilnehmer in Wien 1873 darauf, den Einfluss des Waldes auf Niederschlag, Quellenbildung und Überschwemmungen, also im weiteren Sinne den Wald-Wasser-Zusammenhang, im internationalen Rahmen erforschen zu wollen. Dass die Frage, wie und in welchem Umfang Schutzwaldungen erhalten werden sollten, international behandelt wurde, rührte vor allem aus den Erfahrungen, dass Umweltzerstörungen (Erdrutsch, Lawinen, Überschwemmungen usw.) nicht an nationalen Grenzen halt mach(t)en. Der Autor des russischen Berichts schilderte den Kongressbeschluss so, dass der Kongress die Bewirtschaftung der Schutzwaldungen nach strengen „rationalen" Regeln forderte. Der deutsche, der französische und der norwegische Bericht erörterten diesen Tagesordnungspunkt ausführlicher und schilderten als Teil der Kongressresolution auch die grundsätzliche Feststellung, dass es nämlich noch an „ausreichender Kenntnis" über den genauen Ursachenzusammenhang zwischen Waldbestand und Umweltschäden mangelt. Die unvoreingenommen geschilderte Diskussion über Schutzwaldungen und der Kongress*beschluss*, so wie ihn der deutsche, französische und norwegische Bericht verstanden hatten, der ausdrücklich einen mangelnden Kenntnisstand anzeigte, sind auch deshalb hervorhebenswert, weil der weitere Verlauf internationaler forstwissenschaftlicher Kongresse zeigte, dass eine solche offene Diskussionskultur zu diesem Thema nicht selbstverständlich blieb.

Unabhängig von den unterschiedlichen Schwerpunkten in den Zeitschriftenberichten sensibilisierte der Kongress die Teilnehmer und – durch die Berichterstattung – auch die interessierte Fachöffentlichkeit im Nord- und Ostseeraum für jene Probleme, die im Zuge einer Intensivierung grenzübergreifender Zusammenarbeit in Angriff genommen werden müssten, und zwar die Vervollständigung und nach Möglichkeit internationale Standardisierung forstlicher Statistiken, die nähere Erforschung waldökologischer Fragen, insbesondere die Wirkung von Schutzwaldungen, sowie die Verbesserung des forstlichen Versuchswesens.

Die Frage nach der Wirkkraft oder Ausstrahlung des Kongresses auf die weitere Gestaltung des internationalen forstwissenschaftlichen Austauschs bedarf einer differenzierenden Antwort, da die Kongressteilnehmer in Wien 1873 eine große Anzahl von Beschlüssen gefasst hatten, die von unterschiedlichem Gehalt waren. Einige dieser Beschlüsse waren so unscharf formuliert, wie etwa die Aufforderung an die Länder, das forstliche Versuchswesen „zu fördern“, dass sie kaum als Maßstab dienen können, daran Erfolg oder Misserfolg zu messen. Allerdings lassen sich bei anderen Beschlüssen sehr wohl konkrete Folgen oder deren Folgenlosigkeit konstatieren: Die Aufforderung, die internationalen *statistischen* Kongresse um agrar- und forstwissenschaftliche Experten zu verstärken, setzten einige Länder um, so dass der Internationale Statistische Kongress 1876 in Budapest tatsächlich forststatistische Fragen erörterte. Dies kann – gemessen an den eigenen Zielen – als ein Teilerfolg des Kongresses von 1873 gewertet werden, auch wenn das Scheitern der internationalen statistischen Kongresse das weitere Streben forstwissenschaftlicher Experten auf diesem Feld abbremste. Der Beschluss des Kongresses von 1873, eine „permanente Kommission“ zur internationalen Koordination des forstlichen Versuchswesens ins Leben zu rufen, wurde hingegen von folgenden Kongressen in den 1880er Jahren nicht in die Tat umgesetzt, sondern erst später, in den 1890er Jahren, wieder aufgegriffen.

IV De-Territorialisierung als Herausforderung. Steigender Holzverbrauch, ein wachsendes Eisenbahnnetz und die Erschütterung klassischer Nachhaltigkeitskonzepte (1874–1890)

Nach dem Internationalen land- und forstwirtschaftlichen Kongress 1873 in Wien folgten zahlreiche weitere internationale Veranstaltungen, die sich dem Forstwesen und angrenzenden Bereichen widmeten. Dazu gehörten u. a. die beiden Internationalen landwirtschaftlichen Kongresse in Paris 1878 und 1889, die Internationale Forstausstellung in Edinburgh 1884, der Internationale land- und forstwirtschaftliche Kongress 1890 erneut in Wien und der Internationale landwirtschaftliche Kongress 1891 in Den Haag. Die Ausstellung in Edinburgh 1884 und der Kongress in Wien 1890 werden im Mittelpunkt dieses Kapitels stehen, weil von diesen beiden Veranstaltungen – langfristig gesehen – entscheidende Impulse für die internationale forstwissenschaftliche Diskussion ausgingen und weil beide ein breiteres Echo in forstwissenschaftlichen Zeitschriften des Nord- und Ostseeraums fanden als die übrigen Kongresse oder Ausstellungen. Diese größere Aufmerksamkeit ging nicht nur auf die Impulse zurück, die von Edinburgh und Wien ausgingen, sondern lag auch am Zuschnitt der Tagesordnungen: Die Kongresse in Paris 1878 und 1889 sowie in Den Haag 1891 behandelten hauptsächlich landwirtschaftliche Fragen, während das Forstwesen dort mit nur wenigen Vorträgen vertreten war.[233]

Der Blick auf die unterschiedlichen Veranstaltungsorte internationaler forstwissenschaftlicher Kongresse und Ausstellungen verdeutlicht zugleich, dass das österreichische Ackerbauministerium, das 1873 den Kongress in Wien organisiert hatte, nicht der einzige Ausrichter von internationalen forstlichen Veranstaltungen blieb. In diesem Zusammenhang stellte sich auch die Frage, inwieweit die in Wien 1873 verabschiedeten Resolutionen, die in mehreren Fällen Empfehlungen bzw. Ersuche an die österreich-ungarische Regierung adressiert hatten, Schritte zur weiteren Ausgestaltung internationaler forstwissenschaftlicher Kooperation zu unternehmen, von den Organisatoren und Teilnehmern der folgenden Veranstaltungen aufgegriffen werden würden.

233 Vgl. die Tagesordnungen: Ministère de l'agriculture et du commerce (Hg.): Congrès international de l'agriculture (1879); Méline (Hg.): Congrès international d'agriculture (1889); Bauduin (Hg.): Congrès international d'agriculture tenu à La Haye (1892).

IV.1 Die Internationale Forstausstellung in Edinburgh 1884: „Wir sehen mit Unruhe in die Zukunft"

IV.1.1 Vorbereitungen

Am Nachmittag des 1. November 1882 versammelte sich am St. Andrews Square in Edinburghs Newtown die Geschäftsführung der Schottischen Forstgesellschaft (*Scottish Arboricultural Society*, wörtlich also: Schottische Gesellschaft für Baumpflege). Die *Society* war eine gelehrte Gesellschaft, die sich 1854 gegründet hatte, um dem Forstwesen in Großbritannien zu höherem Ansehen zu verhelfen. In ihren Reihen vereinte die *Society* einige schottische Landbesitzer und städtische Honoratioren, mehrere Hochschullehrer, Beamte aus dem britischen Kolonialdienst sowie Verwalter und Förster von schottischen Landgütern.[234]

Die Geschäftsführung der *Society* kam auf ihrer Sitzung am 1. November 1882 zu dem – noch recht allgemein gehaltenen – Beschluss, dass es „erstrebenswert sei, dass die *Scottish Arboricultural Society* unter ihrer Schirmherrschaft eine internationale Forstausstellung in Edinburgh ausrichtet".[235] Erst aus den Protokollen der folgenden Sitzungen der Geschäftsführung ließen sich überhaupt die Ziele rekonstruieren, die die *Society* mithilfe dieser Ausstellung anzustreben gedachte: Im Allgemeinen galt es, das Ansehen der „Baumkultur" („Arboriculture") in Großbritannien zu heben, insbesondere die Anerkennung als „eine der exakten Wissenschaften" innerhalb der *British Association*, also der Vereinigung zur Wissenschaftsförderung in Großbritannien.[236] In diesem Streben nach Akzeptanz lassen sich, bei allen Unterschieden, durchaus Ähnlichkeiten zum Kongress in Wien 1873 erkennen, der ebenso das Ansehen der Forstwissenschaft und ihre Akzeptanz als Wissenschaft mehren wollte. Als konkretes Ziel strebte die *Society* an, durch die Ausstellung ausreichend Mittel einzuwerben, um eine höhere Forstausbildung einzurichten, die es bislang in Großbritannien nicht gab. Ausgebildete Forstwissenschaftler, ob in Großbritannien oder im britischen Empire, hatten entweder im Ausland, insbesondere in den deutschen Staaten oder in Frankreich, studiert, oder sie waren selbst Ausländer, wie etwa Wilhelm (William) Schlich und Dietrich Brandis als zentrale Figuren der Forstverwaltung in Britisch Indien. Aber nicht nur für die koloniale Forstverwaltung, auch zur Förderung des landeseigenen Forstwesens strebte die *Society* nach einer eigenen Ausbildungseinrichtung – etwa in Gestalt eines Lehrstuhls für Forstwissenschaften an der Universität Edinburgh.[237] Mit

234 Vgl. Anderson / Taylor: A History of Scottish Forestry (1967) Bd. 2, S. 308–315; Oosthoek: An Environmental History of State Forestry in Scotland (2001).

235 NAS Edinburgh, GD 1 / 1214, Sitzung des Council, 1. November 1882; der offizielle Ausstellungsbericht nennt das Frühjahr 1882 als Zeitpunkt, zu dem die Idee einer Ausstellung entstand, vgl. Anonym: International Forestry Exhibition (1887), S. 68.

236 NAS Edinburgh, GD 1 / 1214, Annual General Meeting, 4. November 1868.

237 NAS Edinburgh, GD 1 / 1214, Sitzung, 6. November 1867.

diesen Zielsetzungen, insbesondere das Ansehen und die Ausstrahlungskraft des eigenen Tätigkeitsfeldes, hier des Forstwesens, zu mehren und die Leistungskraft des entsprechenden Wirtschaftszweiges zu präsentieren, fügt sich die Internationale Forstausstellung in Ediburgh 1884 in ein breites Spektrum vielfältiger Ausstellungen mit ähnlichen Zielsetzungen für andere Fachgebiete und Wirtschaftszweige ein.[238]

Es geht aus den Protokollen der Geschäftsführung und der Jahresversammlungen nicht hervor, wer die treibende Kraft hinter der Ausstellung war. Der Verlauf der Vorbereitungen deutet darauf hin, dass die Idee zur Ausstellung eher in den ‚oberen' Etagen der *Society* geboren und forciert worden war: Denn noch ein Dreivierteljahr vor Ausstellungsbeginn musste sich das Ausstellungskomitee in der Jahresversammlung rechtfertigen, dass es die „Interessen der Förster [interests of foresters]", gemeint waren die einfachen Forstleute und Verwalter, nicht aus den Augen verloren hätte, sondern dass es sogar eine eigene Abteilung in der Ausstellung über die „sozialen und ökonomischen Bedingungen" der Förster gebe, und dass es nun in der Hand der Förster selbst liege, diese Abteilung in interessanter Weise auszugestalten.[239]

Obgleich das allgemeine Ziel der Veranstaltung in Edinburgh, nämlich das Ansehen der Forstwissenschaft zu mehren, sehr ähnlich dem Wiener Ziel von 1873 war, so waren die organisatorischen Rahmenbedingungen ganz anders gelagert: In Edinburgh sollte es eine forstkundige Ausstellung mit einer losen Reihe von Vorträgen geben, in Wien 1873 hingegen hatte die Weltausstellung forstliche Abteilungen und war von einem mehrtägigen Kongress begleitet worden.

Seit Sommer 1883 verschickte die *Society* Einladungen, die Ausstellung mit Exponaten zu bestücken, sowie eine Liste mit 17 Themen, die in Vorträgen behandelt werden sollten. In dieser Liste befanden sich eine ganze Reihe von Themen zu den hier analysierten Bereichen Versuchswesen, Waldökologie und Forststatistik, wie etwa die Frage nach der zukünftigen Holzversorgung Großbritanniens oder der Zusammenhang zwischen Waldbestand und Feuchtigkeit des Klimas.[240] Einladungen und die Themenliste gingen in die ganze Welt, insbesondere in die britischen Kolonien und in zahlreiche Länder des europäischen Festlands.

Für die Ausstellung hatte die *Society* ursprünglich das Gelände am Fuß des Castle Rocks in Edinburgh ins Auge gefasst. Dieser Ausstellungsplatz erwies sich jedoch als unpraktisch, weshalb sich die Planungen seit Ende 1883 auf das Gelände an Donaldson's Hospital westlich von Edinburghs Altstadt richteten. Dort ließ die *Society* im Frühjahr 1884 ein – selbstverständlich – hölzernes Ausstellungsgebäude [„handsome and commodious wooden building"] errichten, das aus einer

238 Vgl. Geppert: Welttheater (2002); Brenna: Verden som ting og forestilling (2002); Kretschmer: Geschichte der Weltausstellungen (1999); Wendland (Hg.): Bilder vieler Ausstellungen (2009).

239 NAS Edinburgh, GD 1/1214, Sitzung Annual Meeting, 2. Oktober 1883.

240 Vgl. Anonym: International Forestry Exhibition (1887); Reuss: L'exposition forestière internationale (1886), S. 120f; vgl. auch RiksA Oslo, S-1600/Dc/D/2334, Aktennotiz, Dezember 1883.

Haupthalle und drei Querflügeln bestand, in dem die Exponate nach Ländern und Großregionen arrangiert wurden. Die Ausstellung, offiziell unter der Bezeichnung „International Forestry Exhibition", öffnete am 1. Juli 1884 und wurde bis Oktober von einer halben Million Menschen besucht. Verteilt über die dreieinhalb Monate Ausstellungszeit platzierte die *Society* die Reihe der Vorträge sowie verschiedene Präsentationen von besonderen Exponaten.

IV.1.2 Rezeption der Ausstellung und Vorträge im Nord- und Ostseeraum

Ebenso wie anlässlich des Kongresses 1873 in Wien weckten auch Ausstellung und Vortragsreihe in Edinburgh 1884 das Interesse forstkundiger Berichterstatter sowohl in Großbritannien als auch auf dem europäischen Festland. Die publizierten Texte über die Ausstellungen und Vorträge in Edinburgh lassen sich grob in zwei Gruppen einteilen: Zum einen die Publikation mehrerer offizieller Berichte und einiger Vorträge, und zwar hauptsächlich in den Transactions of the Scottish Arboricultural Society sowie in anderen Zeitschriften wie Forestry – A Magazine for the Country und dem Journal of the Society of Arts.[241] Zum anderen erschienen, ähnlich wie zum Kongress in Wien, in den forstkundlichen Zeitschriften des Nord- und Ostseeraums Berichte von Besuchern der Ausstellung bzw. von Zuhörern der Vorträge.

a) Forstliche Lobeshymnen: Der Ausstellungsbericht in den Transactions

Der mit Abstand umfangreichste offizielle Bericht war jener, der in den Transactions of the Scottish Arboricultural Society erschien. Es muss nicht verwundern, dass er vollmundig die Erfolge der Ausstellung feierte. Denn Organisator der Ausstellung und Berichterstatter waren hier identisch, wenngleich der Autor des Berichts nicht namentlich genannt wurde.[242] Der Bericht schilderte in durchweg lobenden Worten die Exponate der einzelnen Länder und Regionen. Zuerst behandelte der Bericht Großbritannien und seine Kolonien, angeführt von den königlichen Exponaten, die als „Creme" der ganzen Ausstellung vorgeführt wurden, anschließend referierte er die Ausstellungsbeiträge Japans, dann der europäischen Länder und Amerikas. Der Bericht gab in dieser Weise in textlicher Form den räumlichen Aufbau der Ausstellung im Ausstellungsgebäude wieder.

Folgt man diesem offiziellen Bericht, so konzentrierte sich die Ausstellung vor allem auf Aspekte der forstlichen Produktion, der Waldökologie und des Forstver-

---

241 Vgl. Anonym: International Forestry Exhibition (1887); Bailey / Jack: The Woods of New Brunswick (1887); Anonym: The Scottish Arboricultural Society (1883 / 1884); Anonym [Francis George Heath]: Editorial Notes (1884); Simmonds: Past, Present and Future Sources (1884).

242 Anonym: International Forestry Exhibition (1887).

suchswesens. Die forstliche Statistik war in der Ausstellung nur am Rande Thema, wurde jedoch von begleitenden Vorträgen behandelt. Drei Grundaussagen zogen sich durch den gesamten, fast fünfzigseitigen, Bericht: (1) Er stellte die Erfolge von Aufforstungen heraus und betonte deren Wirtschaftlichkeit. So befanden sich unter den Exponaten auch Erde und junge Bäume aus dem königlichen Forst in Deeside. Die Erde, so betonte der Bericht, sei jener auf den großen „Ödländereien [waste lands]" in Schottland sehr ähnlich, und sei ausgestellt worden, um „zur Aufforstung des Ödlands zu ermuntern".[243] (2) Der Bericht stellte einen kausalen Zusammenhang von Waldbestand und Klima her: Aufforstungsprojekte in Indien, so schilderte es der Autor des Berichts, zeigten Erfolge auch darin, dass „der Niederschlag in diesen trockenen Gegenden allmählich zunehmen" würde.[244] (3) Schließlich versuchte der Bericht die Vorteile herauszustellen, die Großbritannien aus einer eigenen Forstakademie ziehen würde, indem er Leistungen und Nutzen forstlicher Ausbildungsstätten in anderen Ländern darstellte. Nicht zuletzt appellierte der Bericht hier an das Selbstbewusstsein der Briten, die den anderen Ländern auch in dieser Hinsicht nicht nachstehen dürften.[245] Indem der Bericht mit diesem Hinweis auf die Verbesserung der Forstausbildung in Großbritannien schloss, rief er den Lesern zugleich das zentrale Anliegen in Erinnerung, das die *Society* überhaupt zur Ausrichtung dieser internationalen Ausstellung bewegt hatte, nämlich die Verbesserung der höheren Forstausbildung in Großbritannien.

b) *„Mit Unruhe in die Zukunft sehen": Peter Lund Simmonds' Vortrag über „Past, Present and Future Sources of the Timber Supplies of Great Britain"*

In der Vortragsreihe, die die *Society* im Rahmen der Ausstellung ausrichtete, ist vor allem das Thema der zukünftigen Holzversorgung Großbritanniens interessant, da es Einblicke gewährt, wie in Edinburgh diese Zukunftsfragen der Ressourcenversorgung erörtert wurden. Soweit es sich aus den veröffentlichten Beiträgen rekonstruieren ließ, wählte die *Society* zwei Referenten aus, und zwar Robert Carrick und Peter Lund Simmonds. Beide waren eingeladen, ihre Thesen in der Vortragsreihe zu präsentieren. Robert Carrick, ein britischer Autor, der zuvor noch nicht mit forstwissenschaftlichen Veröffentlichungen hervorgetreten war, lieferte einen Vortrag, dessen Thesen an die bekannten Sichtweisen britischer Außenhandelspolitik anschlossen. Aus Carricks Sicht war Großbritanniens Holzversorgung nicht gefährdet, da nordeuropäische und nordamerikanische Wälder noch auf lange Zeit Holz liefern könnten.[246] Demgegenüber vertrat Peter Lund Simmonds eine ganz andere Perspektive. Simmonds stammte ursprünglich aus Dänemark, lebte jedoch seit den

243 Ebenda, S. 71.
244 Ebenda, S. 73.
245 Ebenda, S. 90.
246 Carrick: The Present and Prospective Sources of the Timber Supplies (1885).

1860er Jahren in London und war seitdem u.a. durch die Herausgabe eines wirtschaftsgeographischen Handbuchs bekannt geworden.[247] Gerade diese wirtschaftsgeographischen Studien, die Simmonds das enorme Wachstum insbesondere der britischen Wirtschaftsleistung, aber auch des Ressourcenverbrauchs auf vielen Feldern vor Augen geführt hatten, müssen als wesentliche Arbeitserfahrungen angesehen werden, die Simmonds zu seinen Thesen über die zukünftige Holzversorgung Großbritanniens geführt hatten. Im Sommer 1884 stellte Simmonds sein Referat unter dem Titel „Vergangene, gegenwärtige und zukünftige Quellen der Holzversorgung Großbritanniens" auf der Internationalen Forstausstellung in Edinburgh vor. Ein halbes Jahr später erhielt Simmonds erneut die Gelegenheit, seine Ausführungen vorzutragen – diesmal vor der *Royal Society of Arts* in London.[248]

Einem erfahrenen Autor der Wirtschaftsgeographie wie Simmonds war freilich bewusst, dass er schwankenden Boden betrat, da das auffindbare statistische Material bisher „sehr unvollständig [very incomplete]" sei. Gleichwohl würden sich Tendenzen aus den vorliegenden Statistiken abzeichnen. Simmonds' Aufmerksamkeit galt besonders dem Holzverbrauch der Eisenbahn. Da Schienenschwellen durchschnittlich nur fünf bis sieben Jahre hielten, müssten also ein Fünftel bis ein Siebtel aller Schwellen jährlich ausgetauscht werden, und das in einem Schienennetz, das weltweit in jedem Jahr um weitere 10.000 Meilen wachse.[249] Allein Großbritanniens Holzimport, so rechnete Simmonds den Zuhörern vor, habe sich in einem Vierteljahrhundert von 3,4 Millionen *Loads* im Jahr 1858 auf 6,64 Millionen *Loads* im Jahr 1883 verdoppelt.[250]

Simmonds beschränkte seine Ausführungen nicht allein auf Großbritannien, sondern schloss die rasanten wirtschaftlichen Entwicklungen in anderen west- und mitteleuropäischen Ländern ein. In all diesen dicht bevölkerten Ländern, so Simmonds, „steht der Holzverbrauch in keinem Verhältnis mehr zum natürlichen Nachwachsen oder gar von aufgeforsteten Beständen". Diese Lage werde sich noch verschärfen, wenn die Bevölkerung auch in jenen Regionen wächst, aus denen gegenwärtig Großbritanniens Holznachschub kommt: „Wir leben von einem Kapital, das rapide abnimmt, und wir sehen mit Unruhe [inquietude] auf die Aussichten für die Zukunft."[251]

Es ist auffällig, dass sich Simmonds angesichts des von ihm ausgebreiteten Materials zurückhielt, konkrete wirtschaftspolitische bzw. forstwirtschaftliche Vorschläge zu unterbreiten. Zwar verwies er auf zahlreiche Länder, die angesichts zunehmender Abholzungen und folgender „klimatischer Schäden [climatic injuries]"

247 Simmonds: A Dictionary of Trade Products (1863); vgl. auch Simmonds: Waste Products and Undeveloped Substances (1873).

248 Simmonds: Past, Present and Future Sources (1884).

249 Ebenda, S. 103.

250 Ebenda, S. 104. Es existieren verschiedene Umrechnungen für ein *Load*. Zeitgenössisch entsprach ein *Load* etwa 1,4 Festmeter Holz. Die von Simmonds genannten 6,64 Millionen *Loads* entsprachen also etwa 9.296.000 Festmeter Holz; vgl. dazu Brandis: Forstliche Ausstellung in Edinburgh (1885), S. 247.

251 Simmonds: Past, Present and Future Sources (1884), S. 104.

inzwischen „erhaltende Maßnahmen [conservative measures]“ ergriffen hätten.[252] Möglicherweise weil Simmonds selbst kein Forstwissenschaftler war und seine Kompetenzen eher in der Auswertung der Statistiken, weniger aber im Entwurf eines komplexen forstwirtschaftlichen Programms sah, beließ er es bei seiner Übersicht über den steigenden Holzverbrauch.

Zu Simmonds' Referat ist auch die Diskussion überliefert, allerdings nur vom Vortrag in London, nicht in Edinburgh. Die Zuhörer nahmen Simmonds' sorgenvolle Ausführung kaum ernst. Das Londoner Publikum diskutierte zunächst kleinteilig die besten Lieferbedingungen für einzelne Holzsorten. Erst als M. S. S. Dipnall mahnte, es fehle bisher „die breite politische und soziale Perspektive [the large political and social point of view]“, weitete sich der Horizont der Diskussion. Aber auch in dieser breiter angelegten Debatte fand Simmonds' Pessimismus kaum Zustimmung. Aufforstungen, so meinten einige Diskutanten, seien ja löblich, sie lohnten sich aber in Großbritannien nicht. Landbesitzer müssten viel zu lange warten, bis sich Aufforstungen rentierten, weil Bäume eben sehr langsam wüchsen. Charles Tupper, kanadischer Hochkommissar in Großbritannien, der die Sitzung leitete, schloss die Debatte, indem er Simmonds' pessimistischer Perspektive eine optimistische entgegensetzte: Es sei interessant, so Tupper, „die Angelegenheit nicht von einem englischen oder kanadischen, sondern von einem imperialen Standpunkt aus zu betrachten und zu wissen, dass, wie groß auch immer Englands Nachfrage nach Holz [however great might be the demands of England for wood] in allen verschiedenen Formen sein würde, sich England dem einen oder anderen Gebiet seines Weltreichs zuwenden könnte, um den nötigen Nachschub zu erhalten. England nähme in dieser Hinsicht eine Position ein, die allen anderen Ländern der Welt überlegen sei.“[253]

Tuppers Argumentation offenbarte ebenso viel imperiales Selbstbewusstsein wie forstwirtschaftliche Unkenntnis: Denn nicht jeder Teil des britischen Weltreichs hielt Holz bereit, das die britische Wirtschaft in Massen verbrauchte, insbesondere Nadelholz für das Bau- und Bergwesen. Zudem lagen Teile des Weltreichs, wie etwa Indien oder gar Australien, so weit entfernt, dass ein Transport von Nutzholz nach Großbritannien unwirtschaftlich gewesen wäre. Denn schon der Holzhandel mit Kanada litt seit dem Wegfall der letzten Zollbeschränkungen im Jahr 1866 darunter,[254] dass Holz aus Nordeuropa auf kürzerem, also preiswerterem Weg nach Großbritannien gebracht werden konnte. Nachdem Großbritannien in der ersten Hälfte des 19. Jahrhunderts, auch aufgrund günstiger Zollbedingungen, noch mehr als die Hälfte seines Holzbedarfs aus Nordamerika importiert hatte, war es, laut Simmonds' Zahlen, in den 1880er Jahren nur noch ein Viertel, Tendenz

252 Ebenda, S. 103 f.
253 Ebenda, S. 121.
254 Ebenda, S. 106.

weiter rückläufig.[255] Die Bedeutung der skandinavischen Länder und des nördlichen Russlands, einschließlich Finnland, als Holzlieferanten für die britische Wirtschaft stieg also seit Mitte des 19. Jahrhunderts stetig. Diese Entwicklung lieferte nicht nur den Hintergrund für Simmonds' sorgenvolles Zukunftsszenario, sondern ermöglicht umweltgeschichtliche Differenzierungen des Globalisierungsschubs in der zweiten Hälfte des 19. Jahrhunderts: Während die Aufmerksamkeit vieler aktueller geschichtswissenschaftlicher Studien über diese Zeitphase vor allem den zunehmenden *globalen* Verflechtungen gilt,[256] zeigt die Analyse hier eine Intensivierung *europäischer* Verflechtungen: Dies galt in wirtschaftlicher Hinsicht (Zunahme des Holzhandelumfangs) ebenso wie auf forst*wissenschaftlichem* Feld in Gestalt eines wachsenden Interesses, das Experten den forstlichen Verhältnissen der europäischen Länder entgegenbrachten. Die wachsende Zahl internationaler forstwissenschaftlicher Ausstellungen und Kongresse, deren Teilnehmer zum überwiegenden Teil aus dem Nord- und Ostseeraum kamen, ist in diesem Zusammenhang als ein Strang dieser Entwicklung einzuordnen.

c) Rezeption in deutschen und französischen Zeitschriften

Wie oben bereits erläutert, war der Ausstellungsbericht in den Transactions der offizielle Report der *Society*. Der Text repräsentiert also in erster Linie jene Lesart, die die *Society* von ihrer Ausstellung festgehalten sehen wollte. Der Abdruck des Simmonds'schen Vortrags hatte insofern auch einen dokumentarischen Charakter, da er die von Simmonds referierten Inhalte wiedergab, wobei die ebenso abgedruckte Londoner Debatte zu Simmonds' Vortrag einen ersten Einblick in die unterschiedliche Rezeption des Ausstellungs- und Vortragsgeschehens in Edinburgh 1884 gab.

Berichte über die Ausstellung und Vorträge in Edinburgh 1884 sind in Fachzeitschriften und als Einzelveröffentlichung aus mehreren Ländern des Nord- und Ostseeraums überliefert, insbesondere aus dem Deutschen Reich und aus Frankreich. In den ausgewerteten norwegischen, russischen und polnischen Zeitschriften hingegen fanden sich nur Ankündigungen der Ausstellung, wie etwa in Rundschreiben der norwegischen Forstverwaltung,[257] oder Bezugnahmen auf die Ausstellung und Vortragsthemen in Fußnoten oder Verweisen, wie bspw. in einem Aufsatz in Lesnoj Žurnal" zum steigenden Holzverbrauch Großbritanniens.[258]

255 Ebenda, S. 104 und 106 f. Simmonds nannte nur ungenaue Quellenangaben, wie etwa ein „official report on Russian forests, recently submitted to the Foreign office" oder „The total home consumption of Norway was estimated by Forest-master Scheen on 1884 at 11.481.000 cubic metres."

256 Vgl. exemplarisch den Schwerpunkt der Zugänge bei Conrad / Eckart / Freitag (Hg.): Globalgeschichte (2007); Granäner / Rothermund / Schwentker (Hg.): Globalisierung und Globalgeschichte (2005); Gills / Thompson (Hg): Globalization and Global History (2006).

257 Vgl. RiksA Oslo, S-1600 / Dc / D-serien / L2334 / 0001 / D-18-b / fol. 1, Selmer (Skovdirektøren) an Finanzdepartementet, 31. Januar 1885; Anlage „International Forestry Exhibition".

258 Anonym: Potreblenie lesa v Anglii (1895).

In der Zeitschrift für Forst- und Jagdwesen berichtete John Booth.[259] Booth war Besitzer einer wirtschaftlich erfolgreichen Baumschule in Deutschland, die sein Großvater, James Booth, 1795 als Einwanderer aus Großbritannien in Flottbek bei Hamburg gegründet hatte und in der sich Booth vor allem der Einführung fremder Baumsorten nach Europa widmete.[260] Für die Allgemeine Forst- und Jagdzeitung schrieb Dietrich Brandis einen ausführlichen Bericht. Brandis hatte Botanik in Bonn und Kopenhagen studiert und war ab 1856 zunächst in Burma, später in Indien im britischen Kolonialdienst tätig, wo er maßgeblich den Aufbau der dortigen Forstausbildung vorantrieb.[261] Anfang der 1880er Jahre kehrte er nach Deutschland zurück. Brandis hatte gute Kontakte zu Forstwissenschaftlern in Großbritannien, so dass er den Lesern schon im Vorlauf der Ausstellung geplante Schwerpunkte und zu erwartende Exponate anzeigen konnte.[262] Sein Ausstellungsbericht selbst beruhte auf Informationen von Kollegen und Material, das diese aus Edinburgh mitgebracht hatten, da Brandis aus gesundheitlichen Gründen im Sommer 1884 nicht nach Schottland hatte reisen können.[263] Dieser – aus Brandis' Sicht bedauerliche – Umstand erwies sich für den Bericht insofern von Vorteil, als Brandis offenbar auch eine Reihe der gedruckten Vorträge und den Exponaten beigegebene Dokumentationen sorgfältig auswertete, um dem Leser einen umfassenden Eindruck des Geschehens in Edinburgh zu vermitteln.

In Frankreich konnte der Leser der Revue des eaux et forêts durch einen Leserbrief von David Cannon und aus einem Bericht von Maurice Letellier Einzelheiten zur Ausstellung in Edinburgh erfahren. Cannon war korrespondierendes Mitglied der französischen Landwirtschaftsgesellschaft und hatte sich vor allem durch Aufforstungen in der Sologne in Zentralfrankreich Verdienste erworben.[264] Wesentlich umfangreicher als die Beiträge in der Revue des eaux et forêts war allerdings der Bericht von Eugène Reuss,[265] der als eigenes Buch im Jahr 1886 in Nancy erschien und der – gemessen am Umfang – mit 162 Druckseiten selbst den offiziellen Bericht der *Scottish Arboricultural Society* in den Schatten stellte. Reuss arbeitete als Dozent an der Forstakademie in Nancy und war dem forstkundigen Publikum u.a. durch Veröffentlichungen über das Forstversuchswesen in Deutschland und Österreich bekannt geworden.[266] Reuss' Bericht widmete jedem Land, das auf der Ausstellung vertreten war, ein eigenes Kapitel, das umso umfangreicher und detaillierter ausfiel,

259 Booth: Einiges über die forstliche Ausstellung zu Edinburgh (1884).

260 Möring: Booth (1955); vgl. auch Walden: Versetzte Natur (2000), S. 135–138.

261 Weil: Conservation, Exploitation, and Cultural Change (2006); vgl. auch Radkau: Natur und Macht (2002), S. 198–200 und 207–210.

262 Brandis: Forstliche Ausstellung in Edinburgh (1884), S. 259f.

263 NAS Edinburgh, GD1/1214/1, Annual Meeting, 5. August 1884; vgl. auch Brandis: Forstliche Ausstellung in Edinburgh (1885), S. 97f.

264 Cannon: Manuel du cultivateur (1883); vgl. auch Daubrée (Hg.): Congrès international de sylviculture (1900), S. 164f und 254–265.

265 Reuss: L'exposition forestière internationale (1886).

266 Reuss/Bartet: Étude sur l'expérimentation forestière (1884); zur Person vgl. Blais: Eugène Reuss (1938).

je größer der jeweilige Landesbeitrag war. Mit seinem Anhang, der sämtliche Vortragstitel, ausgezeichnete Exponate, weiterführende Literatur usw. auflistete, geriet Reuss' Bericht im Grunde zur französischen Version eines Ausstellungskatalogs.

Überblickt man die überlieferten Berichte zur Internationalen Forstausstellung, dann orientierten sich die Autoren naheliegenderweise auf die nach Ländern bzw. Großregionen geordneten Exponate. Unter Bezug auf markante Ausstellungsstücke sowie auf Vorträge und Präsentationen erörterten die Autoren einzelne Bereiche des Forstwesens. In unterschiedlichen Zusammenhängen berührten die Autoren auch jene Aspekte, die hier im Mittelpunkt der Analyse stehen, also Forstversuchswesen, Waldökologie und Forststatistik. Dass das Schwergewicht der Berichterstattung auf der Ausstellung lag und weniger auf den Vorträgen, rührte in Edinburgh daher, dass die 17 Vorträge auf mehrere Termine im Verlauf der Ausstellungszeit verteilt lagen, und nicht – wie im Wiener Fall 1873 – in einem Kongress gebündelt wurden. Wenn der Berichterstatter (zumal aus dem Ausland) also nur eine begrenzte Zeit in Edinburgh war, konnte er freilich nur an einigen Vorträgen teilnehmen, und die übrigen Referate allenfalls durch die Lektüre einer gedruckten Fassung wahrnehmen.

Mit Blick auf Forstversuchswesen und Waldökologie gaben die Berichte vor allem wegen der regen Beteiligung britischer Kolonien eine beeindruckende, buchstäblich globale Vielfalt an Eindrücken wieder. John Booth konzentrierte seinen Bericht auf Exponate aus Japan, Nordamerika und Skandinavien.[267] Außerdem würdigte Booth in so ausführlicher Weise gelungene Versuche, fremde Baumsorten auf heimischem Grund aufzuforsten (etwa die Aufforstungen des Duke of Athole in Perthshire / Schottland), dass sein Bericht streckenweise wie eine Werbung für seine eigene Baumschule daherkam.

Auch Dietrich Brandis behandelte in seinem Bericht Japan, wobei er u. a. die forstlichen Maßnahmen gegen Bodenerosion schilderte. Außerdem erörterte er – wohl nicht ohne Stolz – den fortgeschrittenen Stand der Forstvermessung in Indien. Anhand von Ausstellungsexponaten aus der britischen Kolonie in Südafrika ging Brandis anschließend auf den Zusammenhang zwischen Waldbestand und Niederschlag ein: Mit zunehmender Bevölkerung habe sich in der Kolonie zunächst die Waldfläche verringert, und, so fuhr Brandis erläuternd fort, „es wird allgemein behauptet, daß das Land trockener geworden ist, daß Quellen und kleine Flüsse versiegt sind, und daß an manchen Orten der jährliche Regenfall sich vermindert hat.“ Dass Brandis sich der Komplexität des Zusammenhangs zwischen Wald und Niederschlag bewusst war, zeigt sich darin, dass er seine vage Formulierung („allgemein behauptet“) mit dem Quellenverweis auf eine Studie des schottischen Botanikers John Croumbie Brown absicherte, der während seiner Zeit im britischen Kolonialdienst forstliche und meteorologische Untersuchungen in Süd-

267 Booth: Einiges über die forstliche Ausstellung zu Edinburgh (1884).

afrika angestellt und die „Austrocknung des Landes zum großen Theile auf die Zerstörung der Wälder“ zurückgeführt hatte.[268]

In der Revue des eaux et forêts bemühte sich der Leserbrief von David Cannon vor allem, die Vielfalt der französischen Exponate auf der Ausstellung zu unterstreichen.[269] Letelliers Bericht, der in der folgenden Ausgabe der Revue erschien, war im Wesentlichen die Übersetzung eines Artikels aus dem britischen Journal Forestry und folgte weitgehend der offiziellen Darstellung, die die *Scottish Arboricultural Society* in ihrem eigenen Ausstellungsbericht geliefert hatte. Hier erfuhr der französische Leser auch von dem Impuls, der die *Society* in Edinburgh zur Ausrichtung einer solchen Ausstellung bewegt hatte, nämlich die Forstausbildung in Großbritannien zu verbessern.[270]

Aus dem sehr umfangreichen Bericht von Eugène Reuss konnte sich der Leser ausführlich über die einzelnen Länderabteilungen der Ausstellung informieren. Immer wieder ging Reuss anhand von Ausstellungsexponaten auf Aspekte des Forstversuchswesens und der Waldökologie ein. So schilderte Reuss auf mehreren Seiten die Untersuchungen von John Croumbie Brown und gab dessen These von einer „Wechselwirkung [relation réciproque]“ zwischen dem Waldbestand einer Region und der Art und Häufigkeit des Niederschlags wieder.[271]

Die *forstliche Statistik* spielte vor allem in den Berichten von Brandis und Reuss eine Rolle. Brandis betonte die – verglichen mit anderen europäischen Ländern – enorme Holzeinfuhr Großbritanniens. Er nahm anhand der zurückliegenden fünf Jahre eine durchschnittliche importierte Holzmenge von rund 6 Millionen *Loads* jährlich an und nannte als Quelle eine nicht näher bezeichnete Ausgabe der Zeitschrift Economist. Dass Brandis' Zahlenangaben leicht von den Simmonds'schen Daten abwichen, ging auch darauf zurück, dass Brandis mit Durchschnittswerten für die vergangenen Jahre rechnete. Unabhängig davon ist es sehr wahrscheinlich, dass die von Brandis benutzten Daten aus dem Economist und die von Simmonds verwendeten Daten auf jenen Zahlen beruhten, die die britische Handelsbehörde *(Board of Trade)* bzw. seit 1871 das statistische Büro in seiner Jahresübersicht über Großbritanniens Außenhandel herausgab.[272]

„Die Zufuhr aus Britisch-Nord-Amerika, sagt man, könne sich nicht auf der jetzigen Höhe erhalten,“ fasste Brandis die Zukunftsaussichten zusammen, „und es sei nicht wahrscheinlich, dass der Ausfall ohne eine bedeutende Preissteigerung durch vermehrte Zufuhr aus anderen Ländern ersetzt werden könne.“ Sämtliche Vorschläge, das Forstwesen in Großbritannien zu verbessern, seien bisher aber nur

---

268 Brandis: Forstliche Ausstellung in Edinburgh (1885), S. 244. Brandis bezog sich auf Brown: Hydrology of South Africa (1875); vgl. auch Grove: Scottish Missionaries (1989).

269 Cannon: Lettre (1884).

270 Le Tellier: Exposition internationale forestière à Édimbourg (1884). Le Tellier stützte sich wahrscheinlich auf folgende Publikation: Anonym: The Scottish Arboricultural Society (1883/1884).

271 Reuss: L'exposition forestière internationale (1886), S. 127.

272 Customs Establishment/Statistical Office (Hg.): Annual Statement of the Trade (1871–1908); vgl. auch Smith: The Board of Trade (1928).

zögerlich aufgenommen worden, insbesondere weil Forstwirtschaft geringere Einnahmen als Weide oder Jagdpacht erbringen würde. „Dazu kömmt, daß trotz der Aussicht auf verminderte Zufuhr aus Kanada, die Holzpreise in England seit mehreren Jahren *im Rückgang* begriffen sind und daß das Angebot der meisten Sorten ein stetiges Steigen zeigt."[273]

Brandis stieß an dieser Stelle auf eine Entwicklung, die den Zeitgenossen auf den ersten Blick wie ein Paradox vorgekommen sein mochte: Obwohl der Holzimport nach Großbritannien seit Jahren stieg, also ein Handelsgut mehr und mehr nachgefragt wurde, zogen die Holzpreise nicht an, sondern sie gaben nach. Diese Entwicklung beruhte vor allem darauf, dass im Nord- und Ostseeraum die *timber frontier* immer weiter vorrückte, sich also der forstwirtschaftlich genutzte Raum ausdehnte.[274] Aus diesem größer werdenden Raum drängte immer mehr Holz auf den britischen Markt, weshalb dort (in Großbritannien) das Holzangebot trotz steigendem Verbrauch weiterhin reichlich war und die Preise nicht stiegen.

Eine Reflexion über die *timber frontier*, ihre Triebfaktoren und Effekte in ökologischer, ökonomischer und technologischer Hinsicht wie auch ihre Auswirkungen auf forstliche Zukunftsplanungen und Nachhaltigkeitskonzepte fand erst ab den späten 1890er Jahren Eingang in die internationale forstwissenschaftliche Diskussion, weshalb die Analyse im Kapitel VI und VII im Einzelnen darauf zurückkommen wird. Festzuhalten bleibt an dieser Stelle, dass Brandis zwar die – unter anderem von Simmonds in Edinburgh vorgetragenen – Bedenken über die zukünftige Holzversorgung Großbritanniens bzw. der westeuropäischen, sich industrialisierenden Länder den Lesern mitteilte, dass Brandis diese Sorgen jedoch mit den Tendenzen des Holzmarkts verglich und angesichts fallender Preise in Großbritannien keinen Anlass zur Beunruhigung sah.

Im Bericht von Eugène Reuss bildete die forstliche Statistik eine Art Rahmen der gesamten Darstellung: Reuss stieg mit einer Übersicht über britische Holzimporte ein; jedes Landeskapitel begann mit statistischen Angaben zur Landesgröße, Bevölkerungszahl und Waldfläche, und er beendete seinen Bericht mit einer pessimistischen Aussicht auf die Zukunft der Holzversorgung, die dem gleichen Duktus wie Simmonds' Vortrag folgte. Als direkten Quellenbeleg für seine pessimistische Zukunftsprognose gab Reuss – obwohl er Simmonds in seinem Bericht erwähnt hatte[275] – einen Aufsatz seines akademischen Lehrers Charles Broilliard an, der den steigenden Holzverbrauch Frankreichs im Zuge der Industrialisierung problematisiert hatte.[276] Reuss schloss an Broilliard an und sah wegen des steigenden Verbrauchs und wachsenden Holzimports einen Holzmangel heraufziehen.[277]

273 Brandis: Forstliche Ausstellung in Edinburgh (1885), S. 247 f, Hervorhebung C. L.
274 Björklund: Den nordeuropeiska timmergränsen (1998).
275 Reuss: L'exposition forestière internationale (1886), S. 120.
276 Broilliard: La disette du bois d'œuvre (1871).
277 Reuss: L'exposition forestière internationale (1886), S. 114.

Eine Problematisierung der statistischen Daten, der Markt- und Preisentwicklungen, wie sie etwa Brandis seinen Lesern auseinandergesetzt hatte, lieferte Reuss hingegen nicht. Im Gegenteil, Reuss' Bericht wirkte auf lange Sicht wie eine Art Verstärker pessimistischer Perspektiven, indem seine Thesen 1887 wiederum Eingang in die Transactions of the Scottish Arboricultural Society fanden: Hier erschien ein Teil des Berichts von Eugène Reuss in Übersetzung. In den einleitenden Bemerkungen nahm der namentlich nicht genannte Übersetzer nicht nur wohlwollend zur Kenntnis, dass die Ausstellung auch in Frankreich ein positives Echo gefunden hatte. Vielmehr wählte er zur Übersetzung gerade jene Passagen aus, in denen Reuss die Zukunft der Holzversorgung problematisiert und die „zunehmenden Transportmöglichkeiten und den Bau der Eisenbahnnetze“ als den „vielleicht wichtigsten Faktor beim Verschwinden der Wälder [perhaps the most important factor in this disappearance of forests]“ herausgestellt hatte.[278]

Es ist in der vergleichenden Betrachtung der Berichte über Ausstellungsgeschehen und Vortragsinhalte in Edinburgh auffällig, dass viele Berichte zwar die oben erwähnten statistischen Daten enthielten, dass aber weit mehr Aufmerksamkeit auf die eher ‚greifbaren‘ Dinge gerichtet war, wie etwa den Holzverbrauch des wachsenden Eisenbahnnetzes oder den Holzfernhandel auf dem Seeweg. Ein Beispiel, das diesen Umstand verdeutlicht und das in mehreren Berichten wiederkehrte, war eine Karte zum norwegischen Holzexport von Othar Holmboe.[279] Holmboe war Mitarbeiter der norwegischen Zollverwaltung und hatte zur Ausstellung nach Edinburgh eine Landkarte eingeschickt, die die Holzausfuhr aus Norwegen in die einzelnen west- und mitteleuropäischen Länder abbildete: Der Holzhandel war durch schematisch gezeichnete Schiffe dargestellt, wobei das abgebildete Schiff umso größer war, je größer die importierte Holzmenge in ein Land ausfiel. Frappierend wirkte auf die Betrachter offenkundig die Schiffsdarstellung für den Import nach Großbritannien, die die Einfuhrmengen anderer Länder geradezu winzig erscheinen ließ. Anhand eines einfachen gestalterischen Mittels, nämlich der Übertragung statistischer Daten in schematische Schiffsdarstellungen, verdeutlichte Holmboe, welche Dimension die Frage zukünftiger Holzversorgung annehmen würde, sollten andere europäische Länder der vielfach bewunderten wirtschaftlichen Entwicklung Großbritanniens gleichziehen, ergo einen ähnlich großen und stetig steigenden Bedarf an Nutzholz entwickeln.[280]

278 Reuss: L'exposition forestière internationale de 1884 (1887), S. 564.

279 Nasjonalbiblioteket Oslo / Kartensammlung, Kart NA 23: Othar Holmboe: The Export of Forest Produce from Norway. A Graphic Sketch, Christiania, ohne Datum [1884]; RiksA Oslo, S-1600 / Dc / D / L2334 / 0001 / D-18-b, Programm „International Forestry Exhibition“, Edinburgh 1884, S. 36.

280 Vgl. Booth: Einiges über die forstliche Ausstellung zu Edinburgh (1884), S. 582; Reuss: L'exposition forestière internationale (1886), S. 94 f.

IV.2 Internationaler land- und forstwirtschaftlicher Kongress in Wien 1890: „Ist Nachhaltigkeit überhaupt noch aufrechtzuerhalten?"

IV.2.1 Vorbereitungen und Ablauf des Kongresses

Als das Generalkomitee der Allgemeinen land- und forstwirtschaftlichen Ausstellung im Juli 1890 in Wien zusammenkam und die Themen für einen geplanten Kongress festlegte,[281] war jedem forstkundigen Leser klar, dass hier nichts Geringeres als eine Grundfeste moderner Forstwissenschaft zur Verhandlung gestellt werden sollte. Denn die Frage 4 der Tagesordnung lautete: „Inwieweit ist bei dem heutigen Stande der Wirthschaft und der durch dieselbe bestimmten Forsteinrichtungs-Praxis die Forderung strengster Nachhaltigkeit der Nutzungen überhaupt noch aufrecht zu erhalten?" Solche Fragestellungen ließen all jene aufhorchen, die die vorangegangenen internationalen Diskussionen aufmerksam verfolgt hatten. Wer Simmonds' pessimistische Zukunftsaussichten auf Großbritanniens und Westeuropas Holzversorgung noch vor Augen hatte, dem musste es gar als Provokation erscheinen, wenn die Wiener Organisatoren das Prinzip „Nachhaltigkeit" geradeheraus in Frage stellten.

Der Impuls zur Ausstellung in Wien 1890 ging – anders als 1873 – nicht vom österreichischen Ackerbauministerium, sondern von der österreichischen Landwirtschaftsgesellschaft aus, die aus den eigenen Reihen, verstärkt durch Professoren der Universität für Bodenkultur und Angehörige des Ackerbauministeriums, ein „Generalkomitee" gebildet hatte, dem die Ausrichtung der Ausstellung und eines Kongresses oblag. Für die Organisation dieses „land- und forstwirtschaftlichen Kongresses" richtete das Generalkomitee noch ein „Congress-Comité" ein, zu dem u. a. die beiden Ministerialräte im Ackerbauministerium Arthur von Hohenbruck und Ludwig Dimitz als Präsident und Stellvertreter sowie der Reichsratsabgeordnete Karl Adametz, der Professor für Veterinärmedizin Josef Bayer, Theodor von Weinzierl von der österreichischen Landwirtschafts-Gesellschaft und die beiden Professoren der Wiener Universität für Bodenkultur Adolf von Guttenberg und Adolf von Liebenberg gehörten.[282]

Auf seiner Sitzung am 14. März 1890 hatte das Congress-Comité den Rahmen der Ausstellung und den Termin des Kongresses festgelegt, der vom 2. bis 6. September 1890 in den Räumen der Wiener Universität tagen sollte.[283] Obgleich weder Ausstellung noch Kongress anfangs als „international" betitelt waren, hatte der Kongress zweifellos einen internationalen Horizont, indem das Programm von An-

281 AVA Wien, Ackerbauministerium, Präsidium, 1890, Nr. 1236, Ausstellungskomitee an Ackerbauministerium, 10. Juli 1890; vgl. auch BArch Berlin, R 901 / 13868, Österreichisch-Ungarische Botschaft an Auswärtiges Amt, Berlin, 23. Juli 1890, Anlage: Programm für den „Land- und Forstwirthschaftlichen Congreß" in Wien 1890.

282 Proskowetz: Bericht über die Verhandlungen und Beschlüsse (1890), S. XXIV.

283 AVA Wien, Ackerbauministerium, Präsidium, 1890, Nr. 245, Ausstellungskomitee an Ackerbauministerium, 14. März 1890.

fang an in deutscher und französischer Sprache veröffentlicht wurde,[284] und indem Referenten aus zahlreichen europäischen Ländern eingeladen wurden, etwa aus dem Deutschen Reich, aus Russland, Frankreich und Schweden. Als Teilnehmer reisten land- und forstwirtschaftlich Interessierte aus beinahe allen europäischen Ländern an. Auch aus Ländern anderer Kontinente nahmen Agrar- und Forstwissenschaftler teil, so bspw. aus Australien, Brasilien, Indien und Japan.[285] Schließlich findet man die Formulierung von einem „internationalen" Kongress auch in der Berichterstattung, da die Organisatoren ausdrücklich an den internationalen Kongress in Wien 1873 anschlossen, auffälligerweise jedoch nicht an den Kongress 1878 in Paris.[286]

Verglichen mit dem Kongress in Wien 1873 und der Vortragsreihe zur Ausstellung in Edinburgh 1884 hatte der Kongress 1890 ein wesentlich umfangreicheres Programm. Er bestand aus insgesamt sieben Sektionen, wobei fünf Sektionen der Landwirtschaft, die sechste Sektion dem Forstwesen und die siebte Sektion der Volkswirtschaft gewidmet waren. Die forstliche Sektion VI war wiederum in mehrere Subsektionen untergliedert, die jedoch sämtlich im Plenum verhandelt wurden.

Wenngleich die Anzahl forstwissenschaftlicher Vorträge geringer als jene in den landwirtschaftlichen Sektionen ausfiel, war das Forstwesen prominent im Programm vertreten: Denn beide Eröffnungsvorträge und einer der beiden Schlussvorträge, die vor dem Plenum von über 1.000 angemeldeten Kongressteilnehmern gehalten wurden, waren dem Forstwesen gewidmet.

Das vorab verschickte Programm versprach nicht nur mit Blick auf die Verhandlungen über Nachhaltigkeit einen vielseitigen und in jeder Hinsicht spannenden Kongress. Über die Nachhaltigkeitsfrage hinaus hatte sich die forstliche Sektion vorgenommen zu erörtern, „in welcher Weise [...] die bisherige Organisation des forstwirthschaftlichen Versuchswesens zu ergänzen [wäre], um [...] eine einheitliche Verwerthung der gewonnenen Resultate zu gewährleisten". Behandelt werden sollten außerdem die Erfahrungen bei der „Wildbach- und Lawinen-Verbauung" und Möglichkeiten internationaler Zusammenarbeit auf diesem Gebiet, die „Wohlfahrtswirkungen des Waldes", die Frage einer „einheitlichen Nomenklatur auf dem Gebiete der Entomologie und Botanik", die Möglichkeiten einer „Bestandsgründung durch Pflanzungen", die Erforschung von Pflanzenkrankheiten und „die Fortschritte [...] bezüglich der Verwendung des Holzes zu chemisch-technischen Zwecken". Auch einige Referate in anderen Sektionen, bspw. in der volkswirtschaftlichen Sektion, befassten sich mit forstlichen Angelegenheiten wie etwa der „Zoll- und Verkehrsfrage in Bezug auf die Land- und Forstwirtschaft".[287]

284 AVA Wien, Ackerbauministerium, Präsidium, 1890, Nr. 1457, Programm.

285 Vgl. die Korrespondenz mit Teilnehmern in AVA Wien, Ackerbauministerium, Präsidium, 1890, Nr. 541, 853, 854, 921, 1397, 1432 und 1567.

286 Anonym [Liebenberg?]: Der land- und forstwirthschaftliche Congress (1890), S. 517.

287 Anonym: Internationaler land- und forstwirthschaftlicher Kongreß (1890).

Die folgenden Passagen werden sich gemäß der Fragestellung und Anlage dieser Untersuchung auf jene Themenkomplexe konzentrieren, die Fragen des Versuchswesens, der Waldökologie und der Forststatistik berühren und die Auskunft über den Stand forstlicher Zukunftsplanungen und den Wandel von Nachhaltigkeitskonzepten geben. Die Quellengrundlage für die Rezeptionsanalyse des Kongresses 1890 in Wien ist vielfältiger als für den Kongress in Wien 1873 und die Ausstellung und Vortragsreihe in Edinburgh 1884. Die forstlichen Fachzeitschriften in den Ländern des Nord- und Ostseeraums enthalten zum Kongress 1890 in Wien eine große Vielfalt an verschiedenen Textsorten, angefangen von Ankündigungen und Veröffentlichungen des Programms,[288] die im Vorfeld erschienen, über Berichte bis hin zum Abdruck zahlreicher Referate, die auf dem Kongress gehalten wurden. Das in Wien erscheinende Centralblatt für das gesamte Forstwesen veröffentlichte einen detaillierten Bericht, der auch Kontroversen mit einzelnen Wortmeldungen wiedergibt, sowie beinahe sämtliche forstliche Referate als Aufsätze. Dass das Centralblatt so ausführlich berichtete, lag nahe, da Professoren der Wiener Universität für Bodenkultur zu den Herausgebern bzw. häufigen Autoren des Centralblatts gehörten und ebenso zum Congress-Comité zählten, wie etwa die Professoren Adolf von Guttenberg und Adolf von Liebenberg.

Daneben erschienen in der Zeitschrift Sylwan und in der Revue des eaux et forêts Kongressberichte sowie eine Auswahl der in Wien gehaltenen Referate in polnischer bzw. französischer Fassung, wobei die abgedruckten Referate dem Leser freilich keinen Einblick in die Diskussionen ermöglichten. In der Zeitschrift für Forst- und Jagdwesen bestand der Bericht im Wesentlichen aus einer aufzählungsartigen Nennung der Kongressbeschlüsse.

Über diese mehr oder minder umfangreichen Berichte hinaus finden sich in einigen Zeitschriften aus dem Nord- und Ostseeraum noch vereinzelte Hinweise oder Bezugnahmen auf Referate oder die Verhandlungen des Kongresses in Wien 1890. Zu solchen Hinweisen gehört bspw. ein Aufsatz in der norwegischen Tidsskrift for Skovbrug von Albert Karsten Myhrvold, ab 1896 Dozent für Forstwissenschaft an der Landwirtschafts-Hochschule *(Landbrukshøiskole)* in Ås in Norwegen, in dem Myhrvold die Bedeutung forstwissenschaftlicher Forschungen für den Zusammenhang von Land- und Forstwirtschaft erörterte, wobei er auch auf den Kongress 1890 in Wien einging, ohne allerdings die Kontroversen näher zu schildern.[289] Ein solches Bezugnehmen auf den Kongress 1890 ist in diesem Fall eher als ein Mittel zu sehen, dem Leser die große Bedeutung des Gegenstands zu verdeutlichen, indem der Autor auf die Behandlung seines Themas durch einen großen internationalen Kongress verwies.

Unabhängig von all den Berichten in Zeitschriften veröffentlichte das Congress-Comité zum Jahresende 1890 einen offiziellen Bericht als eigenes Buch.[290]

288 Vgl. exemplarisch Anonym: Międzynarodowy kongres rolniczo-leśny (1890).
289 Myhrvold: Hvilken Betydning har Skogen (1899), S. 195.
290 Proskowetz: Bericht über die Verhandlungen und Beschlüsse (1890).

Gemessen am Umfang war allerdings dieser Bericht nicht das ausführlichste Dokument: In dieser offiziellen Kongressdokumentation nahm die Sektion Forstwirtschaft 21 Seiten ein, im Centalblatt für das gesamte Forstwesen hingegen umfasste der Bericht über die forstliche Sektion des Kongresses allein 38 Seiten, hinzu kam der Abdruck der Referate, die im offiziellen Bericht nicht enthalten waren. Inhaltlich deckt sich der Text im Centralblatt mit der offiziellen Dokumentation, weite Passagen sind sogar wortgleich, weshalb davon ausgegangen werden kann, dass der Text im Centralblatt und in der offiziellen Dokumentation maßgeblich von Adolf von Liebenberg stammt. Liebenberg war seit 1878 Professor an der Universität für Bodenkultur, wo er sich vor allem mit Bodenkunde, Bodenphysik und dem Versuchswesen befasste. Vom Kongress erhielt Liebenberg in der Schluss-Sitzung den Auftrag, einen ausführlichen Bericht zu erstellen.[291]

Für seinen Bericht im Centralblatt fasste Liebenberg die Inhalte der einzelnen Referate kurz zusammen, verwies auf den Abdruck des vollständigen Referats in der entsprechenden Ausgabe des Centralblatts und schilderte dann die Diskussion. Verglichen mit den Veranstaltungen in Wien 1873 und in Edinburgh 1884 war durch den Abdruck so zahlreicher Referate im Centralblatt[292] und einiger Referate in polnischer resp. französischer Fassung in Sylwan und in der Revue des eaux et forêts eine ganz neue Qualität an Informationsverbreitung über den Kongress erreicht.

Angesichts dieser Überlieferungslage wird die Analyse (auch aus Gründen der Lesbarkeit) zuerst auf den ausführlichen Bericht aus dem Centralblatt eingehen und anschließend in kontrastierender Weise die anderen Berichte auswerten.

IV.2.2 Dokumentation und Rezeption des Kongresses im Centralblatt für das gesamte Forstwesen

a) Versuchswesen und Waldökologie

Zum forstlichen Versuchswesen und zur Waldökologie gehörten in Wien 1890 eine ganze Reihe von Referaten, die hier zusammenhängend analysiert werden, obwohl sie im Ablauf des Kongresses nicht alle unmittelbar nacheinander folgten, sondern auf verschiedene Tage verteilt waren. Der zweite Teil der Analyse wird sich der forstlichen Statistik und den damit verknüpften Debatten um Nachhaltigkeit zuwenden.

Waldökologische Fragen erhielten in Wien 1890 einen herausgehobenen Platz, indem beide Eröffnungsvorträge in verschiedener Weise diesem Themenkomplex gewidmet waren: Prosper Demontzey, Generalinspekteur der Forsten in Frankreich,

291 Anonym [Liebenberg?]: Der land- und forstwirthschaftliche Congress (1890), S. 548.

292 Im Centralblatt für das gesamte Forstwesen erschienen 1890 die Kongressreferate von Hartig, Eriksson, Kożeśnik, Guttenberg, Ostwald, Demontzey und Landolt.

referierte über Wildbach-Verbauungen und Aufforstungen im Gebirge,[293] wobei er den Zuhörern anhand zahlreicher Beispiele in den französischen Alpen bzw. im Alpenvorland die Vorgehensweise und Erfolge staatlicher Forstpolitik vorführte. Daran anschließend sprach Ernst Ebermayer, Professor für Forstwissenschaft an der Universität München, zur „Hygienischen Bedeutung des Waldes". Die erste Subsektion zum Forstwesen schloss an Demontzeys Referat an und enthielt ein Koreferat von Elias Landolt, Professor für Forstwirtschaft am Eidgenössischen Polytechnikum in Zürich, das ebenso die Wildbach-Verbauung behandelte.

Folgt man Liebenbergs Bericht, so kristallisierte sich als Kern der Debatte rasch heraus, ob die Wildbach-Verbauung überhaupt eine internationale Angelegenheit sein müsste: Auf der einen Seite sprachen sich Ludwig Dimitz, Ministerialrat Johann Salzer und der österreichische Eisenbahn-Ingenieur Pollak[294] dafür aus, in einer Resolution die internationale Bedeutung der Wildbach-Verbauung zu betonen. Salzer verwies auf die Probleme mit Überschwemmungen und Geschiebe im österreichisch-italienischen Grenzgebiet an den Flüssen Avisio und Etsch, Pollak auf das verheerende Hochwasser, das gerade zum Zeitpunkt des Kongresses am Rhein herrschte.[295] Auf der anderen Seite waren Demontzey und Landolt von der internationalen Bedeutung der Frage keineswegs überzeugt. Frankreich und die Schweiz, so brachte es Landolt knapp auf den Punkt, „seien an dieser Frage wenig interessirt", denn Frankreichs Flüsse mündeten ins Meer, ohne ein anderes Land zu durchqueren, und die schweizerischen Flüsse mündeten in Seen und würden dort ihr „Geschiebe ablagern".[296]

Die Diskussion gewann weiter an Fahrt, als sich Ludwig Jäger zu Wort meldete. Jäger war Revierförster in Tübingen und konnte sich in Sachen Wildbach-Verbauung auf Erfahrungen am Oberlauf des Neckars stützen: „Gegen die internationale Vereinigung zu solchen Zwecken", gemeint war die Wildbach-Verbauung, sprach aus Jägers Sicht der unklare Ursachenzusammenhang: „Wenn wir mit den Regierungen in Verbindung treten, müssen wir ganz bestimmt sagen können, das und das kann der Wald, das und das kann die Wildbachverbauung leisten. Wir sind aber noch weit entfernt, sagen zu können, ob der Wald etwas leisten kann und wie viel er leisten kann",[297] um Überschwemmung zu mildern. Jäger empfahl daher vorläufig, dass sich benachbarte Länder von Fall zu Fall über Wildbach-Verbauungen und andere Schutzmaßnahmen verständigen sollten.

Derart offen vorgetragene Zweifel an den ökologischen Wirkungen des Waldes gingen zahlreichen Kongressteilnehmern allerdings zu weit. Der Lemberger Forstwirtschafts-Professor Władysław Tyniecki sah den Zusammenhang zwi-

293 Demontzey: La correction des torrents (1890).

294 Das Verzeichnis der Kongressteilnehmer nennt nur einen „Wilhelm Pollak, Weingroßhändler, Rudolfsheim"; vgl. Proskowetz: Bericht über die Verhandlungen und Beschlüsse (1890), S. 334.

295 Vgl. zu den Rhein-Hochwassern im 19. Jahrhundert Cioc: The Rhine (2002), S. 109–144; vgl. auch Febvre: Der Rhein und seine Geschichte (1994); Bernhardt: Im Spiegel des Wassers (2016).

296 Anonym [Liebenberg?]: Der land- und forstwirthschaftliche Congress (1890), S. 524 f.

297 Ebenda, S. 526.

schen Waldbestand und Überschwemmungen mit Blick auf Galizien für erwiesen an. „Solange die Karpathen bewaldet waren", behauptete Tyniecki, „gab es keine Ueberschwemmungen; jetzt wo diese Wälder verwüstet sind, seien diese an der Tagesordnung."[298] Angesichts solcher und ähnlicher Wortmeldungen, aus denen offene Entrüstung sprach, beeilte sich Jäger zu versichern, dass freilich „über die Frage, ob ein guter Wald selbst viel leisten kann, nie ein Zweifel bestand".[299] Die Teilnehmer einigten sich am Schluss der Subsektion auf eine Resolution in zwei Punkten. Diese Resolution ermahnte die Länder zur „Verbauung der Wildbäche und [...] Regulirung der wildbachartigen Flüsse"; außerdem sollten die Länder, auch wenn sie unterschiedlich betroffen seien, eine internationale Konferenz abhalten, um Grundsätze zu erarbeiten, deren Umsetzung allerdings den einzelnen Ländern vorbehalten bleiben sollte.[300]

Die Aufregung um Jägers offen vorgetragene Zweifel verdeutlichte ebenso wie die Resolution, die keine Spur solcher Zweifel enthielt, die Sensibilität des Themas. Viele der in Wien versammelten Forstwissenschaftler reagierten offenbar empört, als die immer wieder angeführte Argumentation eines Ursachenzusammenhangs zwischen zerstörtem Wald und zunehmender Überschwemmungsgefahr auf die ‚empirische' Probe gestellt werden sollte. Jägers Wortmeldung führte daher nicht nur die Grenzen des im Jahr 1890 wissenschaftlich Sagbaren bzw. des Anzweifelbaren vor, sondern zeigte zugleich, dass der Kongress 1890 inhaltlich gegenüber den internationalen Diskussionen in Wien 1873 und auch in Edinburgh 1884 im Grunde keinen Schritt weitergekommen war. Im Gegenteil: Der Kongress 1873 hatte, folgt man der Schilderung in der Allgemeinen Forst- und Jagdzeitung wie dem Bericht von Johannes Norman im Rundschreiben der norwegischen Staatsforstverwaltung, eine offene Diskussionsplattform für Fragen der Wildbachverbauung und der Anlage von Schutzwaldungen geboten. 1873 hatten August Bernhard und Johann Friedrich Judeich kontrovers diskutiert, ob es zur Erhaltung von Schutzwäldern internationaler Vereinbarungen bedarf (Bernhard), oder ob der Staat Eigentümer der Schutzwälder sein sollte, um sie zweckmäßig zu bewirtschaften (Judeich). Im Verlauf der Diskussion war Judeich 1873 sogar so weit gegangen zu behaupten, dass sich die Forstwissenschaft noch am „allerwenigsten darüber im Klaren [sei], ob ein gewisses Wirthschaftssystem diese Bedeutung [des Waldes im Haushalt der Natur, C. L.] ändere, ob es nothwendig sei, unter diesen oder jenen Verhältnissen so zu wirthschaften, damit sich der Einfluss des Waldes auf die klimatischen Verhältnisse möglichst nachhaltig und günstig für das Land gestalte."[301] Diese Thesen Judeichs hatten die Teilnehmer 1873 unwidersprochen hingenommen. Abschließend hatte der Kongress 1873 eine Resolution verabschiedet, in der „anerkannt [wurde, C. L.], dass es internationaler Vereinbarungen bedarf", um Schutzwälder in

298 Ebenda, S. 526 f.
299 Ebenda, S. 527.
300 Ebenda, S. 527 f.
301 Chlumecky: Stenographische Protokolle des ersten Internationalen Congresses (1874), S. 169.

„Quellgebieten und an den Ufern der größeren Wasserläufe“ zu erhalten. Und mehr noch: Auch die Frage nach dem Ursachenzusammenhang hatten die Teilnehmer 1873 geradeheraus debattiert und in einem Beschluss nähere Klärung gefordert. Der deutsche und der norwegische Bericht formulierten über den Beschluss 1873 unumwunden, dass es derzeit noch an „ausreichender Kenntnis mangelt [maagler tilstrækkelig Kundskab] über die Kulturstörungen, die gegenwärtig durch Waldverwüstungen [Skovforødelse] hervorgerufen werden oder in Zukunft hervorgerufen werden können“.[302]

In den Jahrzehnten nach 1890 waren forstwissenschaftliche Forschungen zum Ursachenzusammenhang zwischen Entwaldung und Hochwassergefahr zwar vorangetrieben worden, aber sie hatten noch keinen Durchbruch erzielt (vgl. Kapitel V). Eine offene Diskussion oder gar eine Resolution war in dieser Frage allerdings 1890 nicht mehr möglich. Die internationale Debatte war 1890 also erheblich festgefahrener als 1873. Es fällt nicht leicht, die Ursachen für diese Situation herauszuarbeiten: An der Person Jäger hatte es 1890 wahrscheinlich nicht gelegen, dass kritische Bemerkungen so empört zurückgewiesen wurden. Denn Jäger war keineswegs ein notorischer Kritiker in dieser Frage. Im Gegenteil, in dem von ihm und Gustav Elben 1881 herausgegebenen Kommentar zum württembergischen Forstpolizeigesetz bspw. hatte Jäger die Notwendigkeit gesetzlicher Maßnahmen für Schutzwaldungen ausdrücklich damit begründet, dass der Wald dazu diene, den Boden vor „Abrutschungen und Abschwemmungen zu bewahren und ihn zugleich fähig zu erhalten, die atmosphärischen Niederschläge aufzufangen, allmählich den Quellen zu überliefern und dadurch die Thäler vor Ueberschwemmungen zu schützen.“[303]

Der Vergleich zwischen den Kongressdiskussionen 1873 und 1890 deutet darauf hin, dass das Abholzungsparadigma, das Christian Pfister und Daniel Brändli für die Schweiz am Ende des 19. Jahrhunderts herausarbeiteten,[304] nun aus dem nationalen, schweizerischen Kontext in die Diskussionsatmosphäre der internationalen Kongresse vordrang. Die in Wien versammelten Forstwissenschaftler sahen es 1890 möglicherweise als Gefahr an, dass ein zentrales forstpolitisches Argument öffentlich geschwächt werden könnte, nämlich der behauptete Ursachenzusammenhang zwischen Entwaldung und Hochwasser. Dieses Argument diente in vielen Ländern des Nord- und Ostseeraums aus forstwissenschaftlicher Sicht als Legitimation, entsprechende Schutzmaßnahmen durchzusetzen, also regionale oder nationale Regulierungen bzw. Beschränkungen forstwirtschaftlicher Nutzungen einzurichten. Joachim Radkau weist in seinen Untersuchungen zum Forstwesen im 19. Jahrhundert darauf hin, dass mit der zunehmenden Nutzung von Kohle als Brennstoff der Ver-

302 RiksA Oslo, S-1600 / Dc / D-Serien / L2333, Johannes Norman: „Beretning om den i Wien i September 1873 afholdte Kongres af Land- og Forstmænd“, Tromsø, 18. März 1874; Chlumecky: Stenographische Protokolle des ersten Internationalen Congresses (1874), S. 198 f; sowie Anonym: Verhandlungen des internationalen Kongresses (1873), S. 408.

303 Jäger / Elben: Das Württembergische Forstpolizeigesetz (1881), S. 19.

304 Pfister / Brändli: Rodungen im Gebirge (1999), S. 308–312.

weis auf drohende Holznot kein Argument mehr war, das sich für Walderhalt oder gar Aufforstungen einsetzen ließ. Daher, so Radkau, betonten Forstwissenschaftler zunehmend die ökologischen Funktionen des Waldes.[305] Gerade vor einem solchen Hintergrund – so ließen sich die Wiener Verhandlungen 1890 interpretieren – war offener Zweifel am Zusammenhang zwischen Entwaldung und Hochwassergefahr vollkommen fehl am Platz.

Auf eine andere Ursache für das in Wien 1890 erkennbare Abwiegeln jeglicher Zweifel am Zusammenhang zwischen Entwaldung und Hochwassergefahr weisen Untersuchungen zu ähnlich gelagerten Konflikten hin: In ihrer Studie zum *International Council for the Exploration of the Sea* (ICES), das im Bereich der Ozeanographie und dem Fischereiwesen vor ähnlich komplexen ökologischen Problemen stand, weist Helen M. Rozwadowski darauf hin, dass die veröffentlichten Protokolle des ICES stets Einigkeit vermittelten, um die Regierungen der beteiligten Länder nicht angesichts der Streitigkeiten von einer weiteren Finanzierung internationaler Kooperation abzuschrecken. Die eigentlichen Kontroversen hingegen fochten die Mitglieder des ICES eher in den Hinterzimmern aus.[306] Allerdings kann auch Rozwadowskis These nicht direkt auf die Kontroversen bei internationalen forstwissenschaftlichen Kongressen übertragen werden, denn die Zusammenarbeit im ICES war mit viel größeren finanziellen Investitionen verknüpft als ein internationaler forstwissenschaftlicher Kongress: Ein ganzes Forschungsschiff für ICES zu stellen, zu bemannen, auszurüsten und zu unterhalten war erheblich teurer, als Forstwissenschaftler für einige Tage zu einer Konferenz reisen zu lassen.[307] Die Untersuchung wird auf dieses Problem zurückkommen, wenn im folgenden Kapitel die Gründung und Arbeit des Internationalen Verbandes forstlicher Versuchsanstalten in den Mittelpunkt rückt.

An die Subsektion zur Wildbach-Verbauung schlossen in Wien 1890 die Verhandlungen über das forstliche Versuchswesen an. Hier ging es insofern um ein nahe verwandtes Problem, als die Frage „Welche Wege sind bei der Beweisführung in Betreff der Wohlfahrtswirkungen des Waldes einzuschlagen?“ unmittelbar mit dem Wechselverhältnis zwischen Waldbestand, Bodenerhalt, Niederschlag usw. zusammenhing. „Solange die Unsicherheit [über den Zusammenhang zwischen Waldbestand und Klima, Niederschlag usw., C. L.] auf dem beregten [sic!] Gebiet dauert“, so fasste der Referent Carl Fischbach, Oberforstrat in Sigmaringen, seinen Vortrag zusammen, „ist es unsere Pflicht, daß wir den Wald intact erhalten, daß wir das für ihn verlorene Terrain wieder zu gewinnen suchen.“[308]

Vordergründig tauschten die Kongressteilnehmer ähnliche Argumente wie in der vorangegangenen Subsektion aus. Im Kern allerdings ging es hier um metho-

305 Radkau: Die Ära der Ökologie (2011), S. 49; Radkau: Natur und Macht (2002), S. 251–253.

306 Rozwadowski: The Sea Knows no Boundaries (2002), S. 38–40.

307 Ebenda, S. 35 f, 43 und 56; vgl. zu ähnlichem Aufwand in der Polarforschung Lüdecke: Scientific Collaboration in the Antarctica (2003), S. 37 f.

308 Anonym [Liebenberg?]: Der land- und forstwirthschaftliche Congress (1890), S. 527.

dische Fragen. In der Diskussion würdigte Ludwig Dimitz zunächst, dass Fischbach auch auf die „historische [...] Beweisführung“ eingegangen sei. Gemeint war damit – vereinfacht gesagt – die Auswertung von historischen Quellen über Waldbestand und die Heftigkeit von Hochwassern in einer Flussregion, um aus diesen Daten, sofern sie für einen längeren Zeitraum vorlagen, einen Zusammenhang ablesen zu können. Dimitz verteidigte diesen historischen Zugang gegen die Auffassung Ernst Ebermayers. Dieser hatte am Tag zuvor in seinem Referat allein die „exacte Beweisführung“ gelten lassen wollen; der Nachweis sollte also über wiederholbare Experimente erbracht werden. Zwar räumte Dimitz ein, dass historische Studien in der Vergangenheit nicht immer sorgfältig recherchiert hätten, was der Sache abträglich gewesen sei. Grundsätzlich jedoch, so Dimitz, dürfe man die historische Beweisführung nicht verwerfen. Dimitz präsentierte einen Resolutionsentwurf, der neben der „statistischen, wie physikalisch-experimentellen Methode“ auch die „Erforschung auf historischem Wege“ gewahrt sehen wollte.[309]

Obgleich die folgende Aussprache zu Fischbachs Referat und Dimitz’ Wortmeldung streckenweise sehr nah an die Kontroverse heranrückte, die Jäger in der vorangegangenen Subsektion ausgelöst hatte, gewann die Debatte kaum an Fahrt – wohl auch deshalb, weil Ernst Ebermayer selbst in der Subsektion nicht zugegen war, obwohl er laut Tagesordnung sogar für die Sitzungsleitung vorgesehen war. Johann Friedrich Judeich kürzte daraufhin mit der Aufforderung die Verhandlungen ab, doch Dimitz’ Resolutionsentwurf anzunehmen, also die historische neben der exakten Beweisführung anzuerkennen. Die Kongressteilnehmer folgten Judeichs Empfehlung.

Die nur kurze Diskussion und eine Resolution, die niemanden vor den Kopf stieß, konnten nicht verhüllen, dass Fischbach aus der Not heraus mit dem Verweis auf eine ungewisse Zukunft argumentierte. Wenn der Zusammenhang zwischen Waldbestand und Niederschlag noch nicht geklärt sei, so ließ sich Fischbach interpretieren, dann dürfe man nicht durch rücksichtslose Abholzungen Tatsachen schaffen, die nur in sehr langer Zeit (langsames Baumwachstum!) oder wegen Bodenerosion, Dürre usw. überhaupt nicht wieder rückgängig zu machen seien. In Fischbachs Referat kehrte ein Argument wieder, das in den Jahrzehnten zuvor mehrfach in den Kolonien des britischen Empire aufgetaucht war und von dort Eingang in die forstliche Diskussion gefunden hatte: Angesichts von flächendeckenden Abholzungen und daraufhin ausbleibendem Niederschlag in der britischen Kolonie in Südafrika mahnten Kolonialbeamte – zu denen auch der in Edinburgh 1884 mehrfach zitierte John Croumbie Brown gehörte – die Regierung in London zu einem Umdenken ihrer Kolonialpolitik. Insbesondere mehrere Dürren Mitte der 1840er Jahre in Südafrika hatten Brown geholfen, seine Argumente zu untermauern: Der ausbleibende Regen nach Jahren rücksichtsloser Abholzungen

309 Ebenda.

schien Browns düsteres Zukunftsszenario zu bestätigen und gab ihm die Macht, „dem Staat mit Gott, Tod, Zeit und Geld zu drohen“.[310]

Fischbachs Vortrag war nicht zuletzt ein Versuch, gerade diesen *Faktor Zeit* als nutzbares Argument in die Diskussion einzubringen.[311] Fischbach wertete die beschleunigten Wirtschaftsabläufe und den raschen Wechsel aus Konjunkturen und Krisen im Zeitalter der Industrialisierung nicht als Problem für eine Forstwirtschaft, die notwendigerweise mit langen Zeitabläufen arbeiten musste. Die größer werdende Spannung zwischen schnellen kapitalistischen Produktionsrhythmen und langsamem Baumwachstum wendete Fischbach in ein offensives Argument: Gerade *weil* Bäume so langsam wüchsen, müsste man sie schonend behandeln, denn sonst drohe Unheil, weil ein zerstörter Wald nicht in kurzer Zeit, sondern nur über Jahrzehnte wiederhergestellt werden könnte.[312]

Der *Faktor Zeit* spielte auch in den beiden weiteren Subsektionen zum Versuchswesen am vierten Verhandlungstag eine zentrale Rolle. Zunächst erörterte eine Subsektion die Frage, ob eine Zuchtwahl von forstlichem Saatgut, ähnlich wie in der Landwirtschaft, sinnvoll sei. Die Referate von Adolf Cieslar von der Forstversuchsanstalt Mariabrunn und Forstmeister Hermann Reuss[313] aus Dobříš befürworteten dies und lösten daher eine kontroverse Diskussion aus: Bernard Borggreve, Direktor der preußischen Forstakademie in Hannoversch Münden, hielt eine Zuchtwahl für vollkommen „aussichtslos“. Denn anders als in der Landwirtschaft müssten in der Forstwirtschaft wegen des langsamen Baumwachstums Generationen vergehen, bis wirtschaftlich nutzbare Resultate vorlägen. Ein realistischerer Weg erschien Borggreve hingegen die „natürliche Verjüngung gut gewachsener Bestände“ zu sein, um „etwaige Schäden falscher Zuchtwahl am sichersten [zu] vermeiden.“[314] Offenbar um eine für alle tragbare Resolution zur „Zuchtwahl“ zu finden, einigten sich die Diskutanten, darunter Hartig, Schwappach und Weise, letztlich auf eine denkbar dehnbare Formulierung von Hempel, die die „Berechtigung“ der Zuchtwahl feststellte, ihre Erforschung an die Versuchsstationen delegierte und die waldbauliche Praxis zur „sorgfältigen Auswahl [...] des Cultursamens“ ermahnte. Mit einer solchen Betonung der „sorgfältigen Auswahl“ hielt die Resolution im Grunde nur Selbstverständlichkeiten für jeden ernsthaft forschenden Forstwissenschaftler fest und umging zugleich die begonnene Problematisierung des Zeit-Faktors.[315]

In der letzten, dem Versuchswesen gewidmeten Subsektion erörterten die Teilnehmer Wege, wie die Organisation der Versuchsstation zu ergänzen sei, „um eine einheitliche Verwerthung der gewonnenen Resultate zu gewährleisten.“ Aus der

---

310 Grove: Scottish Missionaries (1989), S. 182.

311 Fischbach: Welche Wege sind bei der Beweisführung (1890); zum Faktor Zeit in der Umweltgeschichte vgl. Lehmkuhl: Einleitung (2002), S. 8 f.

312 Vgl. Fischbach: Welche Wege sind bei der Beweisführung (1890), S. 440–447.

313 Schreibweise in einigen Publikationen auch „Reuß“. Nicht zu verwechseln mit dem Franzosen Eugène Reuss.

314 Anonym [Liebenberg?]: Der land- und forstwirthschaftliche Congress (1890), S. 541 f.

315 Ebenda, S. 543.

Rückschau betrachtet, verbarg sich hinter dieser Subsektion die Geburtsstunde des internationalen Verbandes forstlicher Versuchsanstalten. Obwohl in den meisten jüngeren deutschsprachigen Studien die Idee eines internationalen Verbandes allein auf Carl Böhmerle zurückgeführt wird,[316] zeigt der Blick in die Verhandlungen, dass sich mehrere Kongressteilnehmer mit unterschiedlich weitgehenden Vorschlägen einbrachten: Adam Schwappach, Professor an der preußischen Forstakademie in Eberswalde, referierte und schlug vor, Experimente in den einzelnen Versuchsstationen zu vereinheitlichen und „periodische Versammlungen der Versuchsleiter in Verbindung mit Bereisung der Versuchsflächen“ abzuhalten. Ludwig Dimitz sprach sich in seinem Koreferat unter Rückgriff auf den Kongress 1873 dafür aus, lediglich die forstlich meteorologischen Aspekte international zu behandeln, im Übrigen aber nicht in die Arbeit der Versuchsstationen einzugreifen, und zum Austausch ein „Centralorgan für das forstwirthschaftliche Versuchswesen der europäischen Staaten“ zu gründen. Carl Böhmerle von der österreichischen Versuchsstation in Mariabrunn plädierte in der Diskussion für die Arbeit nach „einheitlichen Grundzügen“, um eine „Vergleichbarkeit unserer Versuchsresultate mit jenen der ausländischen Versuchsanstalten“ zu ermöglichen. Schließlich brachte Carl Schuberg, Professor für Forstwissenschaft an der Technischen Hochschule in Karlsruhe und Leiter der badischen Versuchsanstalt, den Vorschlag ein, einen „Ausschuß zu ernennen, welcher in Bälde zusammentritt und zeitweise Versammlungen der Delegirten jener Staaten ausschreibt, welche an dem Versuchswesen“ teilnehmen oder teilnehmen wollen. Kurzerhand schlug Schwappach vor, dass die in Wien vertretenen Leiter der Versuchsstationen, also Lucien Boppe (Nancy), Anton Bühler (Zürich), Bernhard Danckelmann (Eberswalde), Josef Friedrich (Mariabrunn) und Sóltz (Schemnitz) diesen Ausschuss bilden sollten, was die Versammlung guthieß.[317]

b) Forstliche Statistik und Nachhaltigkeit

Der forstlichen Statistik war auf dem Kongress 1890 in Wien überraschenderweise weder eine eigene Subsektion noch ein Vortrag gewidmet. Dies stand in auffälligem Kontrast zu vorangegangenen internationalen Veranstaltungen, auf denen Forstwissenschaftler lebhaft über statistische Fragen und Planungsgrundlagen für eine zukunftsorientierte Forstwirtschaft gestritten hatten. Das galt insbesondere für den Kongress 1873 in Wien, bei dem Möglichkeiten einer internationalen Statistik diskutiert worden waren, und für Simmonds’ Auswertung statistischer Daten auf der

316 Feichter: 100 Jahre IUFRO (1992), S. 3; Bein: The Establishment of IUFRO’s Secretariat (1988), S. 74; Richter / Schwartz: Zur Gründung des internationalen Verbandes (1967), S. 557 f. Keinen Verweis auf Böhmerle, sondern auf den Ausschuss bei Petrini: Det internationella Samarbetet (1938), S. 4.

317 Anonym [Liebenberg?]: Der land- und forstwirthschaftliche Congress (1890), S. 543–547.

Ausstellung in Edinburgh. Darüber hinaus hatten sich die internationalen statistischen Kongresse, zuletzt 1876 in Budapest, mit der Forststatistik befasst.[318]

Beim Kongress 1890 in Wien mochten Forstwissenschaftler die Behandlung statistischer Fragen in jener Subsektion erwartet haben, in der es um Nachhaltigkeitsfragen ging, da für eine nachhaltige Forstwirtschaft statistische Daten zu Waldgröße, Baumbestand, jährlichem Zuwachs usw. unerlässlich waren (und sind). Aus der Fragestellung der Subsektion, inwieweit Nachhaltigkeit „überhaupt noch aufrechtzuerhalten" sei, ließ sich erahnen, dass nicht nur die Verhandlung über Nachhaltigkeit, sondern auch über statistische Fragen eine grundsätzliche Wendung nehmen würde.

Die beiden Referate zur Nachhaltigkeitsfrage hielten Adolf von Guttenberg, Professor an der Universität für Bodenkultur in Wien, und Eugen Ostwald vom Baltischen Forstverein (später der baltischen forstlichen Versuchsstelle) in Riga.[319]

Guttenbergs Vortrag erschien im Wortlaut im Centralblatt für das gesamte Forstwesen sowie – in polnischer Übersetzung – in der Zeitschrift Sylwan.[320] Guttenberg reflektierte zunächst die drei verschiedenen „Hauptrichtungen" der forstlichen Argumentation, und zwar (1) die Sicherung „gleichmäßiger Roherträge als die Forderung strengster Nachhaltigkeit", (2) „die Herstellung eines als ‚normal' gedachten Waldzustandes als die Forderung des Normalwaldes" und (3) „endlich die Erreichung des günstigsten finanziellen Erfolges mit dem gegebenen Waldvermögen als die Forderung der höchsten Rentabilität".

Die „Berücksichtigung des finanziellen Standpunkts", also der letztgenannte Aspekt, so führte Guttenberg aus, sei erst relativ spät zur Diskussion hinzugekommen. Bei allen Kontroversen um diesen „finanziellen Standpunkt" forderte Guttenberg, dass „die Wahrung der finanziellen Interessen als berechtigt zugegeben wird", weshalb für ihn die Frage nahelag, „ob und inwieweit diese Forderung der strengen Nachhaltigkeit nach unseren heutigen wirthschaftlichen Verhältnissen noch aufrecht zu erhalten sei".

Die Forderung nach Nachhaltigkeit, so setzte Guttenberg seine Argumentation fort, hatte sich vor allem darauf gegründet, dass sich Menschen aus ihrer unmittelbaren Umgebung hatten versorgen müssen. „Aber wie sehr haben sich diese Verhältnisse inzwischen geändert! Das Holz ist zwar heute noch ein vielbegehrtes, zu vielfachen Zwecken verwendetes, aber es ist [...] kein unersetzliches Product; es legt heute auf Wasser- und Schienenwegen selbst in den geringerwerthigen Sortimenten als Brennholz oder Holzkohle die größten Entfernungen zurück und bildet der Menge nach einen der ersten Verkehrsartikel unserer Eisenbahnen. Es ist heute

318 Keleti: (IX.) Congrès international de statistique (1878), S. 398–402.

319 Vgl. die deutsche Zusammenfassung zur Arbeit der Baltischen Forstlichen Versuchsstelle bei Meikar: Balti Metsanduslik Katsekeskus (1994), S. 96–98 und 105.

320 Guttenbergs Aufsatz führt die gesamte Frage als Titel „Inwieweit ist bei dem heutigen Stande der Wirthschaft und der durch dieselbe bestimmten Forsteinrichtungs-Praxis die Forderung strengster Nachhaltigkeit der Nutzungen überhaupt noch aufrecht zu erhalten?"; vgl. Guttenberg: Inwieweit ist bei dem heutigen Stande der Wirthschaft (1890).

ein Ausgleich zwischen Holzmangel und Ueberfluß auf die weitesten Strecken, ja von einem Welttheile zum anderen möglich."[321]

Die über Guttenbergs Thesen offenbar erstaunten Zuhörer mussten anschließend zur Kenntnis nehmen, dass das Koreferat von Eugen Ostwald dem gleichen Tenor folgte. Holz, so Ostwald, sei keine lokal gehandelte Ware mehr, sondern inzwischen eine „Welthandelswaare" [sic!]. Forstwirtschaft müsse daher ein „nach privatwirtschaftlichen Grundsätzen zu organisierendes Gewerbe" werden. Die „Forderung strengster Nachhaltigkeit [kann] keineswegs gegenwärtig noch […] aufrecht erhalten werden", da die Forstwirtschaft nicht mehr der lokalen Versorgung diene, sondern auf den Weltmarkt und die Entwicklung des Verkehrs ausgerichtet sei. Unter diesen Bedingungen verlange Forstwirtschaft jetzt geradezu danach, „je nach Lage des Marktes sparen oder auch einmal etwas tiefer in die Vorräthe greifen zu dürfen."[322]

Guttenberg beantragte, eine Resolution anzunehmen, die im Kern folgenden Inhalt hatte: „Die Forderung einer strengen Nachhaltigkeit der Forstwirthschaft im Sinne der Sicherung stetiger und gleichmäßiger Holzmassenerträge kann nach den heutigen Verhältnissen des Holzbedarfs und Holzverkehrs nicht mehr als eine allgemeine Forderung aufrecht erhalten werden", sondern nur noch auf Waldbesitz eines Fideikommisses, von Stiftungen oder besonderen Widmungen.[323] Ostwalds Beschlussvorlage verwarf ebenso Nachhaltigkeit als allgemeine Richtschnur, forderte aber, „daß […] dafür alljährlich anzufertigende Nachweisungen über etwaige durch die Nutzung bewirkte Aenderungen in der Höhe des Waldkapitals geboten erscheinen." – Mit anderen Worten: Wenn eine bestimmte Waldfläche vollständig kahlgeschlagen werde, solle diese Abnahme des „Waldkapitals" zumindest statistisch festgehalten werden.

Blickt man auf die vorangegangenen internationalen forstwissenschaftlichen Kongresse zurück, so waren Guttenberg und Ostwald keineswegs die ersten, die über die Auswirkungen der neuen Transportmittel auf die Forstwirtschaft nachdachten. Zum Kongress 1873 in Wien bspw. hatte August Meitzen in seiner Denkschrift auf die „Communicationsmittel" verwiesen, mit denen Güter über die ganze Erde bewegt würden, wodurch „Ernten auf der entgegengesetzten Seite der Erde die Preise [bestimmen], welche bei uns bestehen."[324] Wie grundsätzlich forstwirtschaftliches Planen, mithin die Grundlagen klassischer forstwissenschaftlicher Nachhaltigkeitskonzepte, durch das neue Transportmittel Eisenbahn erschüttert werden würden, hatten 1873 allerdings weder Meitzen noch die anderen Kongressteilnehmer und die Berichterstatter reflektiert. Es benötigte also noch etwa anderthalb Jahrzehnte, bis die Auswirkungen der Eisenbahn mit solcher Wucht zu spüren

321 Ebenda, S. 365.
322 Ostwald: Inwieweit ist bei dem heutigen Stande der Wirthschaft (1890), S. 375.
323 Anonym [Liebenberg?]: Der land- und forstwirthschaftliche Congress (1890), S. 537.
324 Chlumecky: Stenographische Protokolle des ersten Internationalen Congresses (1874), S. 40 und 68.

waren, dass die Referenten Guttenberg und Ostwald 1890 in Wien ihre grundsätzlichen Überlegungen über die Zukunft forstlicher Nachhaltigkeit vortrugen.

Als Guttenberg und Ostwald ihre Referate gehalten und die Resolutionsentwürfe vorgestellt hatten, war an der Stimmung im Saal rasch zu erkennen, dass diese Subsektion wohl keinen harmonischen Verlauf nehmen würde. Zwischen den Zeilen des Liebenberg'schen Berichts im Centralblatt schallt dem Leser förmlich die Entrüstung entgegen, mit der einige Kongressteilnehmer nun ihren Widerspruch vortrugen.[325]

In der – verglichen mit den übrigen Subsektionen – ausführlichsten bzw. von Liebenberg im Centralblatt am ausführlichsten dokumentierten Debatte meldeten sich zahlreiche Teilnehmer zu Wort. Wenn es auch einige Stimmen gab, die Guttenbergs und Ostwalds Thesen verteidigten, wie etwa Herman von Fürst (Direktor der Centralforstlehranstalt in Aschaffenburg),[326] so enthielten die meisten Wortmeldungen Kritik.

Zunächst trat Bernard Borggreve auf. Er warf Guttenberg und Ostwald vor, die „Staatsraison […] betreffs der Nachhaltigkeit der Wirthschaft“ nicht mehr als „maßgebend“ anzusehen. Der Staat habe aber, „die Verpflichtung, mit allen erlaubten Mitteln dahin zu streben, daß die gegebene Landfläche dauernd für die Bewohner dieses Landes die größtmöglichen Erträge liefert.“ Borggreve kritisierte außerdem am Resolutionsentwurf, dass der „Begriff ‚Nachhaltigkeit‘ […] sehr schwer zu fassen“ sei. Er empfahl dem Kongress, in dieser Frage gar keine Resolution zu verabschieden. Wenn die Teilnehmer aber doch auf eine Resolution drängten, so sei der Begriff Nachhaltigkeit „aus der Beschlussfassung möglichst zu eliminiren und nach anderen Fassungen zu fahnden, welche kein Mißverständniß zulassen.“[327]

Mit einem wohl ausformulierten, eigenen Resolutionsentwurf kam der offenkundig gut vorbereitete Borggreve den Referenten Guttenberg und Ostwald zumindest so weit entgegen, als auch Borggreve einsah, dass an den „forstlichen Großbetrieb“ nicht mehr „die Forderung der möglichst strengen Innehaltung einer Gleichmäßigkeit der Jahresnutzungen an Material“ (dies offenbar Borggreves Übertragung des Begriffs Nachhaltigkeit) gestellt werden könne. „Die Sicherung der durch das Einrichtungswerk angestrebten Nachhaltigkeit kann“, so formulierte Borggreve, hier wieder unter Verwendung des Begriffs Nachhaltigkeit, „daher auch bei vorläufigen Einsparungen und mäßigen Vorgriffen gegen den festgesetzten Jahresetat gewahrt werden, wenn die Compensation nach Material […] innerhalb etwa zehnjähriger Zeiträume bei der Waldstandsrevision bewirkt wird.“[328] Gemeint war damit, dass es sehr wohl Jahre geben durfte, in denen der Forstwirt entweder mal mehr oder mal weniger Holz als streng nachhaltig dem Wald entnehmen konnte, wenn sich dieses Mehr bzw. Weniger in zehn Jahren ausglich. Erneut tauchte hier

325 Anonym [Liebenberg?]: Der land- und forstwirthschaftliche Congress (1890), S. 537.
326 Ebenda, S. 539.
327 Ebenda, S. 537 f.
328 Ebenda, S. 538.

also der Faktor Zeit in der Diskussion auf: Indem Borggreve eine Zeitspanne von zehn Jahren vorschlug, innerhalb derer es auch *Vor*griffe der Waldnutzungen geben dürfe, sah er offenbar eine Möglichkeit, die traditionell an Jahresrhythmen orientierte Forstwirtschaft an die wechselhaften Konjunkturen und Krisen der Gegenwart heranzuführen. In Krisenzeiten könne man Holz im Wald stehen lassen und so aufsparen; bei guter Konjunktur hingegen könne man auch über den jährlichen Zuwachs hinaus abholzen.

Borggreve schloss als eine Art Absicherung noch an, dass im Fall „erheblicher, insbesondere sich häufender Vorgriffe […] die Behörde, welche solche angeordnet hat, der Revisionsinstanz verantwortlich" bleiben solle.[329] Ein solcher Schluss-Satz warf jedoch mehr Fragen auf, als er Klarheit brachte: Was sollte es genau bedeuten, „der Revisionsinstanz verantwortlich" zu sein? War damit gemeint, zur Wiederaufforstung kahlgeschlagener Flächen gezwungen werden zu können, oder gar Schadenersatz zu leisten? Woran würde sich dessen Höhe bemessen?

Die in der ansetzenden Debatte vorgebrachten Widersprüche gegen Guttenberg und Ostwald griffen vor allem die von Borggreve nur am Rand erwähnte Rolle des Staates im Forstwesen wieder auf. Ludwig Dimitz meinte pathetisch, „was die Aufgabe der Familie und der Gemeinde ist, dass muß in noch höherem Maße Pflicht des Staates sein,"[330] und beantragte, nicht nur an den Fideikommiss und die Stiftung, sondern auch an den Waldbesitz des Staates und der Gemeinde weiterhin die „Forderung einer strengen Nachhaltigkeit" zu stellen.[331] Forstmeister Josef Zenker vom Böhmischen Forstverein in Prag warf Guttenberg und Ostwald vor, sie würden der „Finanzwirthschaft" das Wort reden, „jene[r] Wirthschaft, welche mit dem Kapital, das im Walde ruht, alljährlich die größte Rente herausschlägt, ohne angeblich das Waldkapital anzurühren". Als Zenker den Referenten noch zurief, sie wollten hier wohl die „Stetigkeit des Bezuges aus den Waldungen zu Grabe […] tragen", ging das Kühne[332] und einigen anderen Teilnehmern zu weit, weshalb sie den Schluss der Debatte forderten. Ohne Erfolg, denn die Kontroverse hatte inzwischen gehörig Fahrt aufgenommen. Weitere Kongressteilnehmer meldeten sich zu Wort, u. a. Oberlandforstmeister Albert von Bedő aus Budapest, der „den Waldbestand in jedem Staate möglichst gesichert" sehen wollte, da aus seiner Sicht der Staat nur ein „interimistischer Waldbesitzer", also „nur zur Nutzung des Waldes berechtigt" sei.[333]

Obwohl Guttenberg und Ostwald so heftige Kritik geerntet hatten, wurden ihre Resolutionsentwürfe letztlich nicht vollständig verworfen. Die Kongressteilnehmer einigten sich darauf, dem Vorschlag Dimitz' folgend, den Staatswaldbesitz in die Resolution aufzunehmen. Die „Forderung einer strengen Nachhaltigkeit" sollte

329 Ebenda, S. 538 f.
330 Ebenda, S. 539.
331 Ebenda, S. 539 f.
332 Die Teilnehmerliste nennt keinen Kühne. Gemeint war möglicherweise Oberforstmeister Oskar Kühn aus Schleitz.
333 Anonym [Liebenberg?]: Der land- und forstwirthschaftliche Congress (1890), S. 537–540.

also nicht nur für den Wald im Besitz des Fideikommisses und der Stiftung gelten, sondern auch für den Staats- und Gemeindewald.[334] Für den Privatwaldbesitz empfahl die Kongressresolution, „lediglich Stetigkeit und annähernde Gleichmäßigkeit des Betriebes anzustreben". Beim Umfang des Holzeinschlags sollte „der Localverwaltung innerhalb des [...] Hiebsplanes ein angemessener Spielraum zur Berücksichtigung der jeweiligen Absatzverhältnisse" gewährt werden.[335] Als Erfolg konnten die Kritiker also verbuchen, den Staats- und Gemeindewald in die Resolution integriert zu haben. Für den Privatwald hingegen war die Formulierung vom „angemessenen Spielraum" so dehnbar, dass dieser Teil der Resolution im Grunde nichtssagend blieb.

Angesichts der so heftig ausgetragenen Kontroverse muss man sich zunächst in Erinnerung rufen, dass die Beschlüsse des Kongresses in Wien 1890 wie auch der vorangegangenen und noch folgenden Kongresse keinen bindenden Charakter besaßen. Nicht umsonst waren die Resolutionen zumeist im Stil von Empfehlungen oder Aufforderungen formuliert. Gleichwohl war es nicht einerlei, was auf internationaler Bühne verhandelt und welche (empfehlenden) Resolutionen verabschiedet wurden, nicht zuletzt weil sich die Teilnehmer bewusst waren, dass die Fachwelt den Kongress wahrnehmen würde. Dass die Teilnehmer in Wien so heftig um Guttenbergs und Ostwalds Thesen gestritten hatten, ging wahrscheinlich auch darauf zurück, dass die Kritiker eine Signalwirkung des Kongresses befürchteten: Welche Auswirkung, so mochten sich die Kritiker sorgenvoll ausgemalt haben, würde die Resolution eines internationalen forstwissenschaftlichen Kongresses haben, die für den Staats- und Gemeindewald das Ende nachhaltigen Wirtschaftens empfohlen hätte?

Vordergründig sah der Streit um Guttenbergs und Ostwalds Thesen auf dem Kongress in Wien 1890 wie ein weiteres Kapitel der Debatte zwischen den Fürsprechern einer marktliberalen oder staatlich gelenkten Forstwirtschaft aus. Dieser Streit hatte nicht nur das Forstwesen, sondern auch viele andere Wirtschaftszweige in den Ländern des Nord- und Ostseeraums seit Anfang des 19. Jahrhunderts geprägt.[336] Aus Sicht der Liberalen erschienen Guttenberg und Ostwald als mutige Streiter für eine Lösung der Forstwirtschaft aus der staatlichen Reglementierung. Für die Verfechter einer staatlich gelenkten Forstwirtschaft hingegen waren Guttenbergs und Ostwalds Ideen profitorientierte Übergriffe auf das Gemeingut Wald.

334 Ebenda, S. 540. Der vollständige Beschluss lautete: „Die Forderung einer strengen Nachhaltigkeit der Forstwirthschaft im Sinne der Sicherung stetiger und gleichmäßiger Holzmassenerträge kann nach den heutigen Verhältnissen des Holzbedarfs und Holzverkehrs nicht mehr als eine allgemeine Forderung aufrechterhalten werden, sondern – insolange nicht die Gleichmäßigkeit des Einkommens in anderer Weise gewährleistet ist – nur an jenen Waldbesitz gestellt werden, welche dem Staat oder den Gemeinden gehört, welchem der Charakter des Fideicommisses, der Stiftung oder besonderen Widmung oder der Nutznießung durch den jeweiligen Inhaber zukommt."

335 Ebenda, S. 540 f.

336 Vgl. Radkau: Die Ära der Ökologie (2011), S. 40–42; Boch: Staat und Wirtschaft (2004), S. 23–26; O'Rourke / Williamson: Globalization and History (2000).

Die Verhandlungen in Wien waren jedoch mehr als die Eröffnung einer weiteren Arena dieser Kontroverse um forstliches Wirtschaften zwischen Markt und Staat. Vielmehr spiegelte der Kongress 1890 einen fundamentalen Wandel forstwirtschaftlicher Rahmenbedingungen wider. Denn die Ausbreitung des Eisenbahnnetzes stellte die Grundlagen der überlieferten Nachhaltigkeitskonzepte in Frage. Insbesondere in den Mittelgebirgen waren die Auswirkungen des neuen Verkehrsmittels auf die Forstwirtschaft deutlich zu spüren. Bevor es Eisenbahnen gab, waren hier Forstverwalter seit Generationen darin geschult, dass sich eine gebirgige Region selbst, also lokal, mit Holz versorgen musste. Denn ein Holztransport war nur talwärts auf flößbaren Flüssen möglich. Es gab also lediglich die Möglichkeit zum Export von Holz, nicht zum Import. Mit der Ausbreitung des Eisenbahnnetzes seit Mitte des 19. Jahrhunderts veränderten sich die Rahmenbedingungen für forstwirtschaftliche Planungen grundlegend. Denn auf Eisenbahnschienen war ein Holztransport nun auch entgegen oder quer zur Fließrichtung der Flüsse möglich (vgl. Abb. 4-1a).

Spürbar wurden diese neuen Transportmöglichkeiten vor allem dort, wo Holz in großen Mengen verbraucht wurde, etwa im Bergbau im Ruhrgebiet, im Saarland und in Oberschlesien oder in der entstehenden Papierindustrie bspw. im Erzgebirge.[337] Diese Industriezweige waren nun in der Lage, auf Holzressourcen zuzugreifen, die vor dem Eisenbahnzeitalter unerreichbar gewesen wären, die aber nun auf Schienen herbeigebracht werden konnten (vgl. Abb. 4-1b). In den Zentren der Industrialisierung Kontinentaleuropas, etwa im Deutschen Reich, in Frankreich oder in Belgien, konkurrierten nun Holzimporte aus Skandinavien, aus Russland und Österreich-Ungarn mit dem Holz lokaler Forstreviere. Klassische forstwirtschaftliche Planungen, die bspw. in deutschen Mittelgebirgen einen bestimmten Geldgewinn aus dem Verkauf des jährlichen Holzertrags der lokalen Waldflächen vorhergesagt hatten, waren hinfällig. Denn dieses deutsche Holz war oftmals teurer als die Importe aus Nord- und Osteuropa. Bevor es die Eisenbahn gab, so ließe sich vereinfacht formulieren, war klassische (lokale) Nachhaltigkeit eine Notwendigkeit, um in gebirgigen Regionen eine dauerhafte Versorgung mit Holz sicherzustellen; seit Ankunft der Eisenbahn aber war klassisch (also lokal) nachhaltige Forstwirtschaft keine unbedingte Notwendigkeit mehr, wenn denn der Import von Holz aus anderen Regionen sicher schien.

Die Ausbreitung des Eisenbahnnetzes veränderte nicht allein die Rahmenbedingungen forstlichen Wirtschaftens, sondern beeinflusste beinahe sämtliche Wirtschaftszweige und traditionelle Verkehrswege und Transporttechniken:[338] Die

337 Vgl. Schmidt: Steinkohlebergbau und Forstwirtschaft (2012), S. 384; Mutz: Nature's Product? (2009); Mutz: Die Hölzerne Revolution (2007).

338 Vgl. Radkau: Natur und Macht (2002), S. 227; Brüggemeier / Rommelspacher: Besiegte Natur (1987), S. 33–35; Sieferle: Fortschrittsfeinde (1984), S. 78–115; Berghoff: „Dem Ziele der Menschheit entgegen" (2000); Arbeitskreis Geschichte der Küstenschifffahrt: Alte Häfen (2006), S. 86–119; vgl. auch die zeitgenössische Einschätzung der „Decentralisation" bei Sombart: Der moderne Kapitalismus (1902), Bd. 2, S. 206.

Eisenbahn bot die Möglichkeit, tradierte dezentrale Produktionsabläufe, die nur die lokalen Ressourcen nutzten, zu konzentrieren, indem sie Rohstoffe zu zentralen Verarbeitungsstätten transportierte. In der Forstwirtschaft machte sich die Eisenbahn als Veränderungsfaktor seit Mitte des 19. Jahrhunderts bemerkbar. Je weiter sich das Eisenbahnnetz ausdehnte, je mehr Regionen durch die Eisenbahn erschlossen wurden, desto stärker wurden die Auswirkungen der neuen Vernetzung. Inwieweit den Zeitgenossen nun nachhaltige Forstwirtschaft unter dem Eindruck eines sich ausbreitenden Eisenbahnnetzes noch notwendig und sinnvoll erschien, hing von den jeweiligen regionalen Gegebenheiten ab, die im Nord- und Ostseeraum sehr unterschiedlich waren: Waldreiche Regionen mit flößbaren Flüssen bspw. im Norden Skandinaviens sahen gute Chancen, Wald abzuholen, Holz zu exportieren und damit beträchtlichen Gewinn zu erzielen, der sich wiederum in andere Gewerbezweige investieren ließ. Besonders in dünn besiedelten Regionen erschien vielen Zeitgenossen eine solche Praxis vollkommen unbedenklich, vor allem wenn ökologische Auswirkungen erst nach längerer Zeit spürbar wurden.

Für dicht besiedelte Regionen, etwa in den wirtschaftlich aufstrebenden Teilen West- und Mitteleuropas, die bereits an das Eisenbahnnetz angeschlossen waren, war der Import von Holz nicht nur eine billige Rohstoffzufuhr, sondern zugleich eine Chance, den eigenen, lokal vorhandenen Wald zu schonen. Ein eindrückliches Beispiel liefert das Deutsche Reich: Nach Großbritannien war Deutschland um 1900 der zweitgrößte Holzverbraucher in Europa. Der wachsende Holzbedarf wurde zu einem Teil aus Wäldern in Deutschland gedeckt, die von den staatlichen Forstverwaltungen nun intensiver, aber zumeist nachhaltig genutzt wurden. Der andere Teil wurde importiert – im Jahr 1900 beliefen sich die Holz-Netto-Importe auf insgesamt 4,7 Millionen Tonnen.[339] Die Untersuchung wird auf die Auswirkungen steigender Holzimporte ins Deutsche Reich in Kapitel VI.1.4 zurückkommen.

In Guttenbergs und Ostwalds Thesen spiegelte sich aber nicht nur eine grundsätzliche Veränderung forstwirtschaftlicher Rahmenbedingungen durch die Eisenbahn. Vielmehr können Guttenbergs und Ostwalds Haltung als die spezifisch forstwissenschaftliche Spielart einer Bedenken- oder Sorglosigkeit angesehen werden, die Ende des 19. Jahrhunderts auch mit Blick auf andere Rohstoffe und Energieträger zu beobachten war.[340] Sorgen um Europas Wälder angesichts des steigenden Verbrauchs lagen Guttenberg und Ostwald vollkommen fern. Im Gegenteil, die Eisenbahn schien Perspektiven sorgloser Ressourcenausbeutung in den entlegenen Winkeln Europas, ja der Welt zu eröffnen. Blickt man auf die Diskussionen in Edinburgh 1884 zurück, so überkreuzten sich in den 1880er und 1890er Jahren zwei Entwicklungen in der internationalen forstwissenschaftlichen Diskussion: Auf der einen Seite mahnte Simmonds angesichts des stetig steigenden Holzverbrauchs, die in Großbritannien und anderen westeuropäischen Ländern vorhandene Wahr-

339 Endres: Handbuch der Forstpolitik (1922), S. 615; zum Zäsur-Charakter des Wandels vom Exporteur zum Netto-Importeur von Holz vgl. Grewe: Forest History (2010), S. 53.

340 Möllers: Electrifying the World (2012).

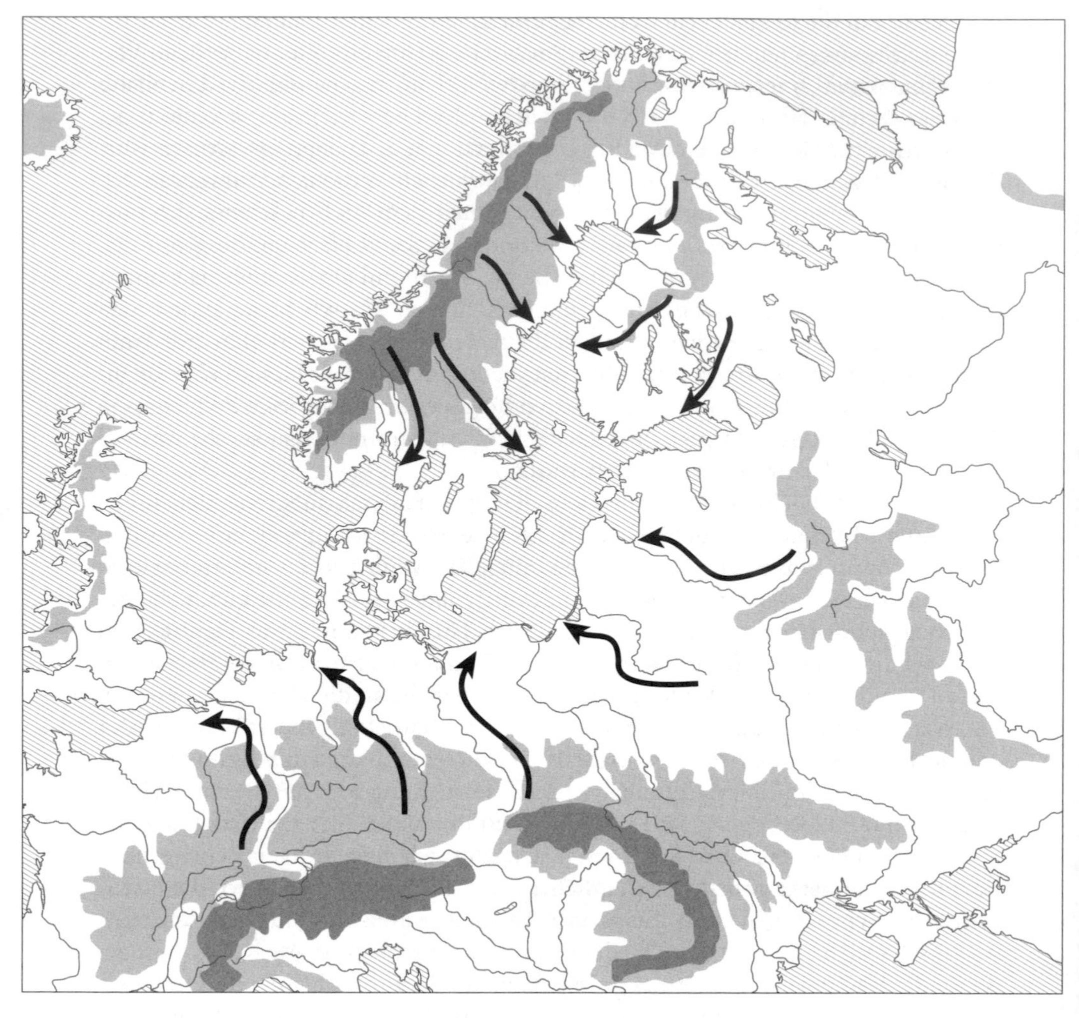

Abb. 4-1a

Holz-Fernhandel flussabwärts im Nord- und Ostseeraum um 1800.

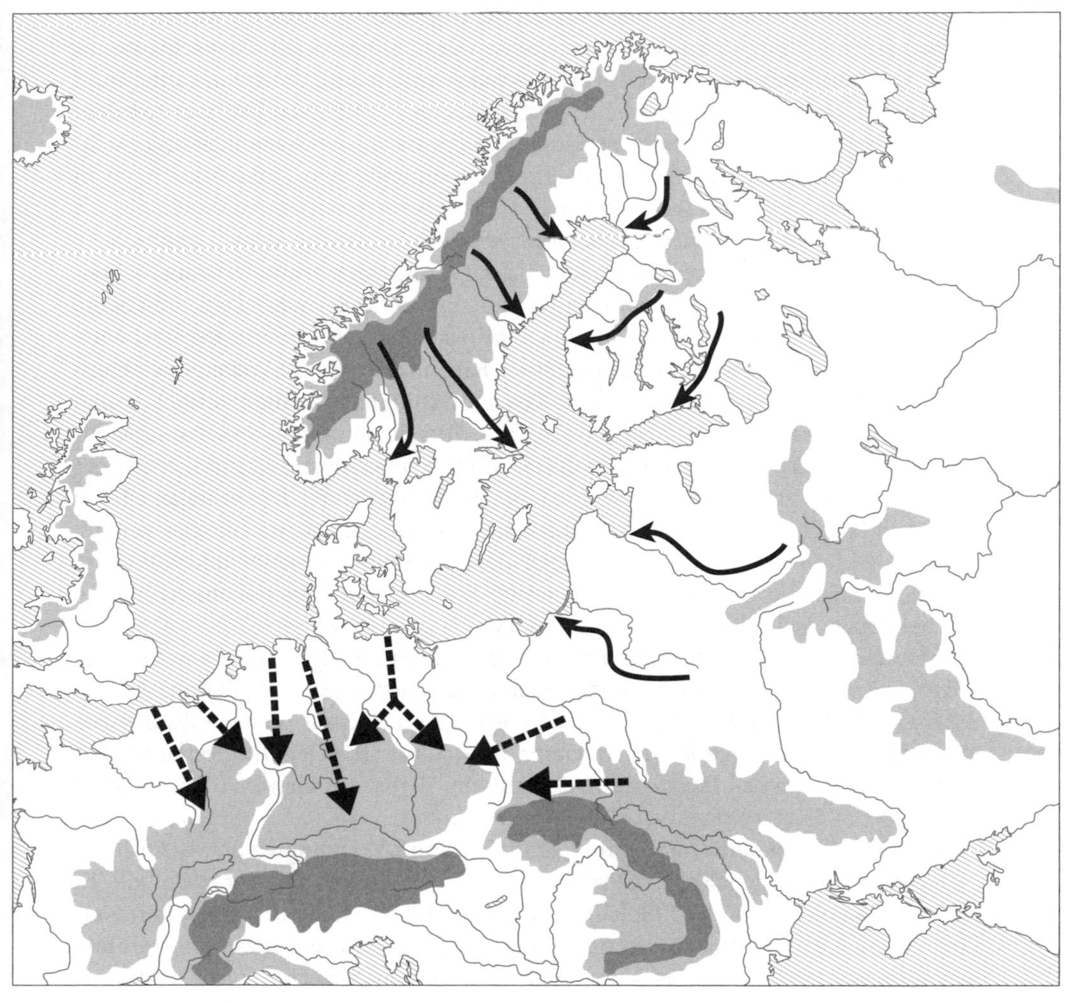

Abb. 4-1b

Holz-Fernhandel flussabwärts sowie entgegen und quer zur Fließrichtung der Gewässer im Nord- und Ostseeraum seit Mitte des 19. Jahrhunderts. Kartographie: Christian Lotz (2018); Grundlagen (Hydrographie und Höhenschichten): Kunz: IEG-Maps (2008), Karte 582; Haack / Lautensach: Sydow-Wagners methodischer Schul-Atlas (1931), Karte 14.

nehmung des Baltikums, Ostmittel- und Osteuropas als unendlich waldreiche Regionen zu überdenken. Auf der anderen Seite waren es gerade ein Deutschbalte aus Riga (Ostwald) und ein Österreicher aus Wien (Guttenberg), die die in Mittel- und Ostmitteleuropa vor allem von der deutschsprachigen forstlichen Literatur seit dem 18. Jahrhundert immer wieder wiederholten Mahnungen zu Sparsamkeit und Nachhaltigkeit über Bord warfen und nun ihrerseits unendlichen Waldvorkommen in Nord- und Osteuropa das Wort redeten.

Das Forstwesen war keineswegs der einzige Wirtschaftssektor, dessen traditionelle räumliche Rahmenbedingungen im Laufe des 19. und 20. Jahrhunderts durch technische Entwicklungen herausgefordert wurden. Ein exemplarischer Blick auf andere Sektoren zeigt zahlreiche Parallelen, etwa im Fischereiwesen und in der Viehwirtschaft: Hier verschoben sich seit Ende des 19. Jahrhunderts durch Weiterentwicklungen des Schiffsantriebs, der Kühl- und Konservierungstechnik die räumlichen und zeitlichen Dimensionen des Arbeitens: Schiffe, die mit Dampfmaschinen und Kühlräumen ausgerüstet waren, konnten größere Netze auswerfen und mit ihrem Fang längere Strecken zurücklegen als Schiffe ohne diese Ausrüstung. Der gefangene Fisch war nach langen Wegstrecken im Kühlraum zwar nicht mehr frisch, aber gekühlt blieb er zumindest essbar. Auf diese Weise dehnten Dampfmaschine und Kühltechnik die Räume des Fischfangs immer weiter aus. Das dampfgetriebene Kühlschiff erscheint hier als Triebfaktor einer *fish frontier*.[341]

Ähnliches galt für den Transport von Fleisch: Die enorme Expansion von Viehhaltung seit dem späten 19. Jahrhundert, zunächst in Europa, später in Südamerika und Afrika, mit all ihren ökologischen Folgen, war überhaupt erst möglich durch neue Techniken des Kühlens oder Konservierens, durch die sich Fleisch lagern und über weite Strecken von den Produktionsstätten in die Verbraucherländer transportieren ließ.[342]

Auch die Erschließung fossiler Rohstoffe weist enge Verzahnungen zwischen dem Vordringen in entlegene Lagerstätten und technischen Innovationen auf. Das gilt für den Bergbau und – seit dem 20. Jahrhundert – besonders für Erdöl. Die kontinuierliche Weiterentwicklung von Technologien schob und schiebt die *frontier* immer weiter voran. Während die meisten dieser technischen Neuerungen für den Laien kaum erkennbar sind, gibt es einige Innovationen, bspw. Bohrinseln, die selbst dem oberflächlichen Betrachter schon von weitem signalisieren, dass Ölkonzerne von hier aus die *oil frontier* in den unterseeischen Raum vorschieben.[343]

All diese technischen Entwicklungen veränderten den zeitlichen Rhythmus und die räumliche Struktur des Wirtschaftens und Arbeitens: Orte und Regionen, die durch Eisenbahnen und Dampfschiffe verbunden waren, die über technisch hoch-

341 Rozwadowski: The Sea Knows no Boundaries (2002), S. 51.

342 Tolerton: Reefer Ships (2008), S. 9–11; Milton: The Transvaal Beef Frontier (1997), S. 204–206.

343 Wilson / Carlson / Szeman (Hg.): Petrocultures (2017); Graf: Öl und Souveränität (2014), S. 43–49; Sieferle: Der unterirdische Wald (1982), S. 170 f, 240–256; Haller / Gisler: Lösung für das Knappheitsproblem (2014); Höhler: Exterritoriale Ressourcen (2015); Bini / Garavini / Romero (Hg.): Oil Shock (2016).

entwickelte Einrichtungen zur Aufnahme, Lagerung, Weiterverarbeitung von Rohstoffen und Gütern verfügten, seien es Häfen, Bahnhöfe, Stromversorgung, Telegraphennetze u. a. m., rückten näher zusammen, wohingegen Regionen, die keinen Anschluss an diese Neuerungen hatten, in räumlichen Strukturen verharrten, die seit Jahrhunderten tradiert waren.

In der älteren Historiographie sind diese Unterschiede mit den Begriffen modern und vormodern unterschieden worden, wobei dem Begriff modern üblicherweise eine positive Konnotation anhaftete.[344] Solche Zuschreibungen und Werturteile erscheinen jedoch in einem kritischen Licht, wenn man die enormen ökologischen, sozialen und politischen Folgen dieser Entwicklungen berücksichtigt, die im 19. Jahrhundert eine starke Dynamik gewannen und bis in die Gegenwart Konflikte prägen: Dies betrifft die Diskussionen um ökologische Risiken bei der Gewinnung von Rohstoffen, sei es unter Wasser, über oder unter Tage, sowie den Streit um den Zugriff auf Ressourcen. Auseinandersetzungen um Einflusszonen, Hoheitsgebiete, Abbaurechte, Fangquoten usw. spiegeln die dynamischen Veränderungen räumlicher Dimensionen weltwirtschaftlicher Zusammenhänge wider.[345] Dass dies keine leeren politischen Debatten sind, die losgelöst von den naturwissenschaftlichen Fachkulturen stattfinden, zeigt bspw. der Streit um die Ausdehnung unterseeischer Kontinentalschelfs.[346] In diesen Diskussionen liefern Vertreter der Geologie und Ozeanographie Argumente für Regierungen oder auch für Nichtregierungsorganisationen, und umgekehrt schaffen politische Akteure, bspw. durch Forschungsförderung, Rahmenbedingungen für wissenschaftliche Untersuchungen.

Mit Blick auf die internationalen Auseinandersetzungen um die Ressourcen Wald und Holz Ende des 19. Jahrhunderts lohnt es sich in diesem Zusammenhang, die Verwendung des Begriffs Nachhaltigkeit näher zu betrachten: Guttenbergs und Ostwalds Vorträge auf dem Kongress in Wien 1890 zeigten klar, dass die Referenten den Begriff Nachhaltigkeit nicht für geeignet hielten, die Anforderungen an eine eisenbahnvernetzte Forstwirtschaft zu charakterisieren. Der Begriff schien aus einer überkommenen Zeit zu stammen: Die Wirtschaftsform, die mit dem Begriff Nachhaltigkeit verknüpft war, hatte einen kleinräumigen, lokalen Rahmen. Nachhaltigkeit hatte hier – vereinfacht dargestellt – die Bedeutung, in der Gegenwart einen kontinuierlichen Ertrag zu erzeugen, ohne einen zukünftigen Ertrag zu gefährden. Auf die neue Zeit, in der Eisenbahnen das Holz zwischen Regionen und Ländern transportieren konnten, wollten Guttenberg und Ostwald den Begriff nicht anwenden. Dabei war der Begriff keineswegs eindeutig definiert. Borggreves Mahnen, den Begriff Nachhaltigkeit möglichst aus der Kongress-Resolution herauszuhalten, deutet auf die heftigen Kontroversen, die vor allem in der deutschsprachigen Forstwissenschaft um das

344 Vgl. die kritische Reflexion des Modernisierungsparadigmas bei Mergel: Modernisierung (2017), Abs. 5–12.

345 Vgl. Kehrt / Torma: Einführung: Lebensraum Meer (2014) sowie die darin enthaltenen Aufsätze von Ariane Tanner, Franziska Torma, Sven Asim Mesinovic, Christian Kehrt und Sabine Höhler.

346 Malakoff: Nations Look for an Edge (2002).

„Nachhaltige" in der Forstwirtschaft während des 19. Jahrhunderts schon geführt worden waren. Umstritten war vor allem, wie ein nachhaltiger Ertrag erzielt werden sollte, welche Technik der Bewirtschaftung und welche Form des Waldes die geeignete für eine nachhaltige Betriebsform war.[347] In diesen Streit wirkte auch hinein, dass die Forstverwaltungen der deutschen Staaten, sofern sie ausreichend große Waldflächen bewirtschafteten, wachsendes Interesse an kontinuierlichen Einnahmen aus dem Holzverkauf, insbesondere für den Export, hatten. Richard Hölzl, Bernd-Stefan Grewe und andere zeigen in ihren Untersuchungen eindrücklich, wie in einem langen Übergangsprozess vom späten 18. bis zur Mitte des 19. Jahrhunderts der Begriff Nachhaltigkeit nicht mehr allein einen stetigen Holzertrag meinte, sondern der Begriff auch mit ganz anderen Bedeutungen gefüllt wurde, wie dem Streben nach einem standardisierten Hochwald-Ideal, der Erzielung eines kontinuierlichen *finanziellen* Ertrags aus dem Holzverkauf u. a. m.[348]

Gemeinsam waren allerdings den unterschiedlichen Nachhaltigkeitskonzepten die räumlichen Rahmenbedingungen: In der Praxis beruhte ein nachhaltiger Forstbetriebsplan um 1800 auf einer festen Größe, nämlich auf der Fläche des vorhandenen Waldes, aus dem mit wirtschaftlich vertretbarem Aufwand Holz für den Bedarf der Bevölkerung und der Gewerke entnommen werden konnte. Selbst aus einem benachbarten Tal war um 1800 das Holz wirtschaftlich uninteressant, wenn man es nicht über einen flößbaren Fluss, oder wenigstens Flüsschen, herbeischaffen und den Gewerken zur Verfügung stellen konnte, da ein Landtransport unwirtschaftlich, wenn nicht gar unmöglich gewesen wäre. Der Raum war um 1800 also eine Konstante, die durch Topographie und Hydrographie einer Region festgelegt war.

Indem die Eisenbahn diese räumliche Konstante überwand, erschien Guttenberg und Ostwald offenbar auch der Begriff Nachhaltigkeit überwunden. Bei allem Streit, was Nachhaltigkeit in der forstwirtschaftlichen Praxis bedeutete, zeigten die Referate und die Diskussion in Wien 1890, dass es den versammelten Forstwissenschaftlern 1890 fern lag, die neuartige Überwindung topographischer Zwänge durch die Eisenbahn und die Auflösung des lokal begrenzten Berechnungsrahmens mit dem Begriff Nachhaltigkeit zu erfassen, bzw. die lokale Bedeutung des Begriffs auf eine überregionale Bedeutung zu erweitern. Mit anderen Worten: Der Begriff Nachhaltigkeit war 1890 noch mit einer territorial klar gefassten Bedeutung gefüllt, die aus dem 18. Jahrhundert stammte. Eine mögliche Re-Territorialisierung forstwirtschaftlicher Berechnungen konnte der Begriff Nachhaltigkeit 1890 nicht aufnehmen.

Guttenbergs und Ostwalds sorglose Aussichten auf zukünftige Holzversorgung angesichts der Eisenbahn können schließlich auch als Erklärung herangezogen werden, weshalb forststatistische Fragen auf der Tagesordnung in Wien 1890 fehlten und weshalb der Nachhaltigkeitsbegriff nicht von einem lokalen zu einem

347 Vgl. Möhring: The German Struggle (2001).
348 Hölzl: Historicizing Sustainability (2010), S. 445; Hölzl: Umkämpfte Wälder (2010), S. 110–115 und 153; Grewe: Ende der Nachhaltigkeit (2003).

überregionalen Begriff transformiert wurde. Denn wer implizit von unendlichen Holzvorräten ausging, die nur noch mit der Eisenbahn an ihren Bestimmungsort transportiert werden mussten, der brauchte sich über Fragen der Nachhaltigkeit und über Probleme, wie sich die forststatistischen Erhebungen in den Ländern Europas zusammentragen, vereinheitlichen und vergleichen ließen, wie sich also ein nachhaltig berechneter, überregionaler (ggf. europäischer oder gar globaler) Planungsraum gestalten ließe, nicht den Kopf zu zerbrechen.

IV.2.3 Wahrnehmungen des Kongresses 1890 in Zeitschriften des Nord- und Ostseeraums

Aus dem Nord- und Ostseeraum sind mehrere Zeitschriften überliefert, die über den Kongress 1890 in Wien berichteten. Wie oben bereits erwähnt, lieferte jedoch keine der anderen Zeitschriften einen so umfassenden Bericht und so zahlreiche Referate wie das Centralblatt für das gesamte Forstwesen. Die Revue des eaux et forêts veröffentlichte einen Bericht des Kongressteilnehmers Lucien Boppe und druckte die Vorträge von Prosper Demontzey und Elias Landolt ab.[349] Obgleich Boppes Bericht immerhin sechs Druckseiten umfasste, nannte er nur die Tagesordnungspunkte, ging aber nicht auf die Kontroversen ein. Vielmehr lieferte Boppe eine eher atmosphärische Schilderung des Kongresses und lobte die vorzügliche Organisation. Dem Austausch, insbesondere mit den fremdsprachigen Teilnehmern, sei es förderlich gewesen, dass die Kongressteilnehmer die Referattexte vorab als Sonderdruck erhalten hatten. Er registrierte genau die Ausstrahlung, ja Aura, die von den herausragenden Köpfen der deutschsprachigen Forstwissenschaft ausging. Sobald einer von ihnen das Podium betrat, so schrieb Boppe, würde „langer Applaus" ihre Anwesenheit signalisieren und ihre Worte unterstreichen. Darin sah Boppe einen klaren Beweis für die „Verbreitung der Forstwissenschaft auf allen Ebenen der Gesellschaft" in Österreich-Ungarn und im Deutschen Reich.[350]

Anerkennend teilte Boppe seinen französischen Lesern mit, dass die Wiener Organisatoren einen Franzosen, nämlich Prosper Demontzey, um den Eröffnungsvortrag gebeten hatten, und dass sie mehrere Franzosen, darunter, neben Demontzey, Fliche und Lucien Boppe selbst mit der Leitung einzelner Sektionen des Kongresses betraut hatten. Aus diesen Schilderungen über die aufmerksame Wiener Tagungsorganisation, die mit so viel Respekt die französischen Gäste in das Programm eingebunden hätten, erfuhr der Leser – buchstäblich im Nebensatz – zumindest von einer Entscheidung, die langfristig gesehen von Bedeutung für den internationalen forstwissenschaftlichen Austausch war: Nämlich von dem Beschluss, Lucien Boppe in die „ständige Kommission der internationalen forst-

349 Vgl. Boppe: Congrès Agricole et forestier a Vienne (1890); Demontzey: La correction des torrents (1890); Landolt: Le reboisement des montagnes (1890).
350 Boppe: Congrès Agricole et forestier a Vienne (1890), S. 542.

lichen Forschungsstationen [commission permanente des stations de recherches forestières internationales]" zu berufen.[351] Außer diesem Nebensatz war in der Revue des eaux et forêts nichts über die Beschlüsse des Kongresses zu erfahren. Immerhin erschlossen sich durch den Abdruck von Demontzeys und Landolts Referaten in der Revue zumindest die auf dem Kongress erörterten Fragen zur Wildbach-Verbauung und Aufforstung im Gebirge.[352]

In der Zeitschrift für Forst- und Jagdwesen aus Eberswalde berichtete Adam Schwappach 1891 über die Verhandlungen in Wien. Schwappach nannte sämtliche Referenten und die Beschlüsse der Sektionen.[353] Dass es jedoch kontroverse Diskussionen gegeben hatte, erfuhr der Leser nicht. Möglicherweise hatte sich Schwappach entschieden, seinen Bericht so kurz zu fassen, weil das Centralblatt für das gesamte Forstwesen in den Bibliotheken der Forstakademien und zahlreicher weiterer Hochschulen im Deutschen Reich verfügbar war. Aber natürlich erreichte das Centralblatt im Deutschen Reich keinen so großen Leserkreis wie die Zeitschrift für Forst- und Jagdwesen.

In der Zeitschrift Sylwan entschied die Galizische Forstgesellschaft in Lemberg in den Jahren 1890 und 1891, sowohl einen Bericht von Władysław Tyniecki über den Hergang des Kongresses zu veröffentlichen,[354] als auch drei der gehaltenen Referate in polnischer Übersetzung zu liefern, und zwar jene von Prosper Demontzey und Ernst Ebermayer zu waldökologischen Fragen sowie jenes von Adolf von Guttenberg zur Nachhaltigkeitsfrage.[355] In seinem Bericht ging Tyniecki zuerst ausführlich auf die Vorträge von Demontzey und Ebermayer ein. Danach zählte er kurz die forstlichen Subsektionen auf. Dabei erwähnte er zwar, dass alle Referate Anregungen und Diskussionen hervorriefen, die in einigen Fällen „sogar sehr lebhaft [nawet bardzo żywo]" waren. Aber die gegensätzlichen Positionen in den Kontroversen schilderte Tyniecki nicht, sondern brachte eher Kommentare zum Ablauf der Verhandlungen an. Der lange Streit bspw. um Guttenbergs und Ostwalds Thesen, in dessen Verlauf die Diskutanten auch die Stärken und Schwächen unterschiedlicher Nachhaltigkeitskonzepte erörtert hatten, kommentierte Tyniecki mit dem Satz, dass „Forstkarten, die schönsten exaktesten Berechnungen und die genialsten mathematischen Formeln nichts nützen werden, wenn die Wälder nicht vernünftig eingerichtet werden [będą rozumnie wychowywane], denn letztlich wird es an ihnen [den Wäldern, C. L.] mit Sicherheit fehlen."[356]

An diesem Kommentar ist auffällig, dass Tyniecki gar nicht auf jene Punkte einging, die Liebenbergs Bericht im Centralblatt in den Mittelpunkt gerückt hatte,

351 Ebenda, S. 543.
352 Vgl. Demontzey: La correction des torrents (1890); Landolt: Le reboisement des montagnes (1890).
353 Schwappach: Internationaler land- und forstwirthschaftlicher Kongreß (1891).
354 Tyniecki: Międzynarodowy kongres rolniczo-leśniczy (1890), S. 406.
355 Demontzey: O regulacyi potoków i zalesianiu gór we Francyi (1891); Węgrzynowski: O hygienicznem znaczeniu powietrza leśnego i lasu (1891); Guttenberg: O ile przy tegoczesnym stanie gospodarstwa (1890).
356 Tyniecki: Międzynarodowy kongres rolniczo-leśniczy (1890), S. 406 f.

nämlich den Streit um eine staatlich gelenkte oder marktorientierte Forstwirtschaft und die Frage, ob staatlicher Waldbesitz weiterhin nachhaltig bewirtschaftet werden sollte. Tyniecki hingegen hob mit seinem Kommentar auf eine übergeordnete Ebene ab: Die ausführlichen und verwinkelt theoretischen Debatten unter den – hauptsächlich deutschen bzw. deutschsprachigen – Forstwissenschaftlern provozierten bei Tyniecki eher die Mahnung, über all den abstrakten Debatten nicht zu vergessen, dass der Wald „vernünftig eingerichtet“ werden muss. Hinter der Formulierung, den Wald vernünftig einzurichten, die außerhalb der forstlichen Fachsprache merkwürdig klingen mochte, verbarg sich keine pauschale Ablehnung forstlicher Lehren. Im Gegenteil, „Forsteinrichtung“ war der Oberbegriff für all die Maßnahmen, mit denen der Forstwirt den Wald vor Ort so gestaltete, dass er die forstwirtschaftlich angestrebten Ziele erfüllte. Tynieckis Kommentar ließ sich so interpretieren, die Bedingungen der Praxis vor Ort stärker zu berücksichtigen, sich also nicht in abstrakte theoretische Debatten zu verstricken, wie es in Tynieckis Wahrnehmung der Kongress 1890 getan hatte.

In Tynieckis Kommentar kehrte eine Beobachtung wieder, die in etwas anderer Form schon im Bericht des Norwegers Johannes Norman über den Kongress 1873 aufgeschienen war, und die in verschiedenen Variationen auch die zukünftige Rezeption deutscher Forstwissenschaft im internationalen Rahmen begleitete: Viele Beobachter begegneten deutschen Forstwissenschaftlern und ihren Werken mit großem Respekt, aber zugleich mit mehr oder minder offen formuliertem Zweifel, welchen Nutzen all die akademischen Debatten mit Blick auf die konkreten, nach Land und Region sehr verschiedenen forstlichen Problemlagen hatten. Einer solchen Mischung aus Respekt und Zweifel begegnet man etwa in Großbritannien in der Rezeption von William Schlichs „Manual of Forestry“, in der Schlich weitgehend ‚deutsche‘ forstwissenschaftliche Argumentationen nach Großbritannien importierte,[357] oder in Norwegen in Michael A. E. Saxlunds Kritik am „Hang der Deutschen, Systeme und Theorien aufzustellen [med Tyskernes Hang til opstillig af Systemer og Theorier]“.[358]

Ein Blick in die forstwirtschaftlichen Bedingungen in den Ländern des Nord- und Ostseeraums verdeutlicht die Spannungen zwischen den von deutschsprachigen Forstwissenschaftlern tonangebend geführten Debatten auf dem internationalen Kongress in Wien 1890 und den unterschiedlichen, aber überall handfesten Konflikten vor Ort. Zwei verschiedene, aber markante Beispiele aus Galizien und aus Norwegen können dies illustrieren: In Galizien meldeten sich seit den 1880er Jahren kritische Stimmen, etwa von Emil Bierzyński, die warnten, dass die galizischen Forstgesetze, die Mitte des 19. Jahrhunderts zur Belebung der regionalen Forstwirtschaft erlassen worden waren, langfristig den Weg zu rück-

357 Vgl. exemplarisch Royal Botanic Garden Edinburgh, Archives, Isaac Bayley Balfour / Correspondence: John Nisbet an Isaac Bayley Balfour, 1. Januar 1900; sowie University of Edinburgh, Special Collections, Bestand Isaac B. Balfour, Sign.: MS 3091, Beare an Geikie, 26. März 1912.

358 Saxlund (Hg.): Norsk Skovlexikon (1885), S. 122.

sichtslosem Kahlschlag geebnet hätten.[359] Teile der aktuellen Forschungsliteratur, u. a. von Norbert Weigl, vertreten die These, dass eine stärkere Ausnutzung der Wälder in der österreichischen Reichshälfte während der zweiten Hälfte des 19. Jahrhunderts vertretbar war, da nun erst Regionen forstwirtschaftlich erschlossen wurden, die einen großen Holzvorrat aufgestaut hatten.[360] Weigl folgt hier im Grunde der zeitgenössischen Lesart Guttenbergs und Ostwalds. Er vernachlässigt dabei jedoch regionale Perspektiven, wie jene Bierzyńskis, die negative wirtschaftliche und ökologische Folgen fürchteten und insbesondere die Absicht, Staatswald zu verkaufen, alarmierend fanden: Was nützte, so könnte man zugespitzt fragen, eine Kongress-Resolution, die nachhaltigen Forstbetrieb für staatliches Waldeigentum empfahl, wenn in Galizien immer mehr staatlicher Waldbesitz privatisiert (und in der Folge meist abgeholzt) wurde? Noch viel weniger schien die Kongress-Resolution von 1890 zur Situation in Norwegen zu passen, wo je nach Rechnung nur etwa 5 % der Waldfläche in staatlichem Besitz war: Bezüglich eines nachhaltigen Forstbetriebs lag aus Sicht der norwegischen Staatsforstverwaltung das zentrale Problem in der Frage, wie sich dem *privaten* Waldbesitz Regeln auferlegen ließen, um den als rücksichtslos und zukunftsvergessen wahrgenommenen Holzeinschlag privater Waldbesitzer zu bremsen.[361] Die Wiener Kongress-Resolution von 1890, die den privaten Waldbesitz ja gerade von der Forderung strenger Nachhaltigkeit ausnahm, musste aus Sicht der norwegischen Forstverwaltung und der Forstgesellschaft wie eine Beschreibung des gegenwärtigen und heftig beklagten Zustands wirken, nicht aber wie – und so hatten es Guttenberg und Ostwald in Wien gemeint – eine Heranführung der Forstwirtschaft an eine eisenbahnvernetzte Zukunft. Dies war möglicherweise auch der Grund, weshalb kein norwegischer Kongressteilnehmer – immerhin sechs an der Zahl, zu denen auch der Direktor der Forstverwaltung Marcus Selmer[362] gehörte – einen Bericht über die Verhandlungsergebnisse für Den norske Forstforenings Aarbog geschrieben hatte. Denn die Wiener Absage an das Nachhaltigkeitsprinzip wäre Wasser auf die Mühlen vieler privater Waldbesitzer in Norwegen gewesen, denen Gesetzesvorhaben der norwegischen Forstverwaltung zum Eingriff in private Waldwirtschaft ein Dorn im Auge war (zu den norwegischen Gesetzen vgl. Kapitel VII).

359 Bierzyński: Nieszczenie i ochona lasów w Galicyi (1890); vgl. auch Broda: Gospodarka leśna (1970), S. 619–621.

360 Weigl: Die österreichische Forstwirtschaft (2002), S. 596.

361 Vgl. exemplarisch Lange: Om Aarsagerne til vore Skoves Tilbagegang (1883).

362 Proskowetz: Bericht über die Verhandlungen und Beschlüsse (1890), S. 339; das Verzeichnis der Teilnehmer erwähnt hier „Markus [sic!] Selmer" irrtümlich als „Direktor der landwirthschaftlichen Section im Ministerium des Innern, Christiania".

IV.3 Zwischenbetrachtung

Während der 1880er Jahre gingen zwei Impulse von Internationalen Kongressen und Ausstellungen aus, die den weiteren Verlauf der grenzübergreifenden Zusammenarbeit entscheidend prägten: Auf der internationalen Forstausstellung 1884 in Edinburgh wertete der dänische Wirtschaftsgeograph Peter Lund Simmonds Holzhandelsstatistiken europäischer Länder aus und entwarf ein pessimistisches Zukunftsszenario. Die zukünftige Holzversorgung Großbritanniens und anderer sich industrialisierender Länder, so Simmonds' Schlussfolgerungen, sei unsicher, da der Holzverbrauch die Leistungskraft der vorhandenen Wälder übersteige. Demgegenüber sahen beim Internationalen land- und forstwirtschaftlichen Kongress 1890, erneut in Wien, die Forstwissenschaftler Adolf von Guttenberg (Wien) und Eugen Ostwald (Riga) eine prosperierende Zukunft für das Forstwesen, da die Eisenbahn als neue Transporttechnologie einen Ausgleich zwischen Regionen mit Holzüberfluss und solchen mit Holzmangel ermögliche.

Simmonds', Guttenbergs und Ostwalds Stellungnahmen können nicht nur stellvertretend für eine pessimistische und optimistische Zukunftsperspektive angesehen werden, wie sie die zeitgenössischen *Fin-de-Siecle*-Debatten in den Ländern des Nord- und Ostseeraums auch zu anderen Sachfragen in Politik, Wirtschaft und Gesellschaft zwischen Weltuntergangsszenarien und Fortschrittsglaube prägten. Vielmehr können diese gegensätzlichen Perspektiven als Zeichen für einen fundamentalen Wandel angesehen werden, der die zukünftige Auseinandersetzung mit Nachhaltigkeitskonzepten und die internationale Zirkulation forstlichen Wissens entscheidend prägte:

Das Neue an Simmonds' pessimistischer Sicht war nicht die Holznot-Warnung selbst. Derlei hatte es seit der Frühen Neuzeit in vielen Regionen mit wachsender Bevölkerung und zunehmender Gewerbetätigkeit, auch in Großbritannien, gegeben. Ob Simmonds mit seinem pessimistischen Szenario 1884 Recht hatte oder nicht und ob Großbritannien und anderen westeuropäischen Ländern tatsächlich eine Holznot drohte, ist in diesem Zusammenhang eine zweitrangige Frage. Das Entscheidende und zugleich Neuartige war vielmehr, dass Simmonds auf der Grundlage statistischer Daten die in Großbritannien (bzw. allgemein in Westeuropa) weit verbreitete Wahrnehmung von Nord- und Osteuropa als Quelle eines niemals endenden Holznachschubs hinterfragte. Aus Simmonds' Sicht war es also nicht länger eine Frage geschickter wirtschaftspolitischer und ggf. militärischer Strategie, Großbritanniens Holznachschub in Zukunft zu sichern, sondern eine ökologische Frage: Simmonds ging von sämtlichen erreichbaren Holzressourcen im Nord- und Ostseeraum, bzw. gar weltweit, aus und kontrastierte diese endliche Fläche und ein notwendigerweise langsames Baumwachstum mit dem kontinuierlich steigenden Holzverbrauch infolge eines industriell beschleunigten Wirtschaftswachstums.

Demgegenüber war in Guttenbergs und Ostwalds optimistischer Sicht von Holznot überhaupt keine Rede. Vielmehr hinterfragten sie mit Verweis auf die Eisenbahn als neuer Transportmöglichkeit die Notwendigkeit, an traditionellen Nachhaltigkeitskonzepten festzuhalten. Nach lebhafter Debatte verabschiedete der Kongress 1890 die Empfehlung, die Forderung strenger Nachhaltigkeit zwar noch an den Wald im Staatsbesitz, nicht aber an privates Waldeigentum zu richten.

In der Tat veränderte die Eisenbahn seit Mitte des 19. Jahrhunderts den Holztransport und damit die traditionellen Grundlagen nachhaltiger Forstwirtschaft: Um 1800 war im Landesinneren ein Holztransport nur in *eine* Richtung, nämlich stromabwärts auf flößbaren Flüssen möglich gewesen. Klassische Konzepte nachhaltiger Forstwirtschaft, wie sie seit dem 18. Jahrhundert entwickelt worden waren, beruhten also auf einer Konstante, nämlich der erreichbaren Waldfläche, die mit wirtschaftlich vertretbarem Transportaufwand genutzt werden konnte. Mit der Ausbreitung des Eisenbahnnetzes seit Mitte des 19. Jahrhunderts konnten Waldflächen nun überall erreicht und Holz in jede Richtung transportiert werden, wo es Schienen gab. Die Eisenbahn überwand die räumliche Konstante des Holztransports; sie ‚de-territorialisierte' die Grundlagen klassischer forstwissenschaftlicher Nachhaltigkeitskonzepte. Die Eisenbahn beseitigte den Zwang, Wald im Landesinneren nachhaltig zu bewirtschaften, denn Holz konnte nun auch entgegen der Strömungsrichtung der Gewässer importiert werden. Anders formuliert: Die Eisenbahn provozierte die Frage nach dem Sinn, (lokal) nachhaltige Forstwirtschaft aufrechtzuerhalten. Neben dem Forstwesen waren weitere Wirtschaftszweige betroffen, deren räumliche Dimensionen seit Mitte des 19. Jahrhunderts durch technische Innovationen neu ausgerichtet wurden. Der kursorische Blick in andere Sektoren zeigte, welch unterschiedliche Ausprägungsformen diese Dynamisierungen hatten, sei es als Entgrenzung von Fischfang-Gebieten durch dampfgetriebene Schiffe, als wachsender Fernhandel mit Fleisch durch die Fortentwicklung von Kühltechnik oder als Vordringen in unterseeische Räume bei der Gewinnung von Rohstoffen.

Die Ausbreitung des Eisenbahnnetzes führte jedoch in den 1880er und 1890er Jahren (noch) nicht zu einer ‚Re-Territorialisierung' von Nachhaltigkeitskonzepten. Der Begriff Nachhaltigkeit war weiterhin mit lokalen Formen von Forstwirtschaft verknüpft. Konzepte für forstwirtschaftliche Planungen in überregionalen, durch die Eisenbahn vernetzten Räumen entwarfen die diskutierenden Forstwissenschaftler (noch) nicht. Folgte man Guttenbergs und Ostwalds Perspektive, so schienen solche überregionalen Konzepte oder Planungen auch nicht notwendig zu sein – eine Haltung, hinter der sich implizit die Annahme unendlicher Waldvorkommen in Nord- und Osteuropa verbarg.

Stellt man Simmonds', Guttenbergs und Ostwalds Thesen gegenüber, ergab sich in den 1880er und 1890er Jahren eine markante Umkehrung der aus dem 18. Jahrhundert überlieferten Perspektiven: Im 18. und noch Anfang des 19. Jahrhunderts konnte man Vorstellungen von unendlichen Waldreichtümern Nord- und Osteuropas vor allem in britischen Publikationen über Holzhandel antreffen, begleitet von einer Sorglosigkeit hinsichtlich nachhaltiger Forstwirtschaft. Demgegenüber sahen sich (insbesondere deutschsprachige) Forstwissenschaftler als die Mahner einer nachhaltigen Forstwirtschaft. In den 1880er Jahren kehrte sich dieses Verhältnis um: Guttenberg und Ostwald lehnten Nachhaltigkeit als unzeitgemäß ab, da die Eisenbahn – so die implizite Annahme – nun Holz aus den unendlichen Wäldern Nord- und Osteuropas heranschaffen würde. Simmonds hingegen kritisierte 1884 die in Großbritannien verbreitete Vorstellung von angeblich unendlichen Wäldern Osteuropas und meldete Sorgen über die Holzversorgung der Zukunft an.

So gegensätzlich Simmonds', Guttenbergs und Ostwalds Stellungnahmen zur Zukunft des Forstwesens waren, so unterschiedlich – teils zustimmend, teils ablehnend – wurden sie in den forstwissenschaftlichen Zeitschriften des Nord- und Ostseeraums rezipiert. In den unterschiedlichen Wahrnehmungen zeigte sich nicht nur, dass jeder Berichterstatter oder Kommentator natürlich aus seiner spezifischen Perspektive und vor seinem Erfahrungshintergrund schrieb (deutlich wurde dies etwa in Booths Werben für die Einführung fremder Baumarten). Vielmehr trat zu Tage, dass sowohl die Ausstellung 1884 als auch der Kongress 1890 bei aller internationalen Zusammenstellung der Exponate, Präsentationen und Referenten (noch) nicht die unterschiedlichen Auswirkungen einfangen konnte, die der starke Anstieg des Holzverbrauchs und die zunehmende Vernetzung durch die Eisenbahn auf die einzelnen Regionen des Nord- und Ostseeraums hatte. Deutlich wurde dies etwa in Brandis' Zweifel an Simmonds' Pessimismus, den Brandis mit Blick auf sinkende Holzpreise in Westeuropa für unbegründet hielt, wie auch in Tynieckis Mahnen, bei allen abstrakten Theorie-Debatten auf eine „vernünftige" Forsteinrichtung vor Ort zu achten. So international die Veranstaltungen waren, so wenig konnte in den Fachzeitschriften des Nord- und Ostseeraums, der regional so unterschiedlich von den Veränderungen erfasst wurde, während der 1880er und 1890er Jahre von einer gemeinsamen Wahrnehmung der Herausforderungen die Rede sein, die durch den rasanten Verbrauchsanstieg und die Transportrevolution auf Forstwirtschaft und -wissenschaft zukamen.

In Fragen des forstlichen Versuchswesens und der Waldökologie eröffnete der Kongress 1890 einen Weg zur Institutionalisierung internationaler Zusammenarbeit: Die Kongressteilnehmer setzten eine Kommission ein, die eine engere Zusammenarbeit zwischen den bestehenden forstlichen Versuchsstationen ausloten sollte. Was auf dem Kongress zunächst wie eine weitere von vielen leeren Absichtserklärungen aussah, stellte sich als entscheidender Schritt zu einer langfristig sehr erfolgreichen internationalen Zusammenarbeit im Internationalen Verband forstlicher Versuchsanstalten heraus (vgl. das folgende Kapitel V).

Diese wegweisenden Schritte zur Institutionalisierung forstwissenschaftlicher Zusammenarbeit dürfen jedoch nicht verdecken, dass die *inhaltliche* Diskussion über Fragen des Forstversuchswesens und der Waldökologie auf den internationalen Kongressen an Ergebnisoffenheit verloren hatte. Zweifel am Zusammenhang zwischen Waldbestand, Niederschlagsmenge und Hochwassergefahr waren weder in der Ausstellung in Edinburgh 1884 noch in der Berichterstattung zu vernehmen. Als Ludwig Jäger auf dem Kongress 1890 die Grundsatzfrage stellte, ob man denn wissenschaftlich exakt belegen könne, was ein Wald ökologisch leiste, erntete er so heftigen Widerspruch, dass nichts von solchen Zweifeln Eingang in Empfehlungen oder Beschlüsse zur weiteren internationalen Zusammenarbeit fand. In dieser Hinsicht waren die Grenzen des wissenschaftlich Sagbaren bzw. Anzweifelbaren deutlich enger gezogen als noch beim Kongress 1873, der offen auch solche grundsätzlichen Fragen erörtert und deren Klärung ausdrücklich in entsprechenden Kongress-Resolutionen gefordert hatte.

V Effizienz durch Kooperation. Institutionalisierung grenzübergreifender Zusammenarbeit im Internationalen Verband forstlicher Versuchsanstalten ab 1891 / 92

V.1 Von Wien über den Adlisberg und Badenweiler nach Eberswalde: Die Gründung des internationalen Versuchsverbands

Der Beschluss des internationalen forstwissenschaftlichen Kongresses in Wien 1890, „einen Ausschuß zu ernennen, welcher in Bälde zusammentritt und zeitweise Versammlungen der Delegirten jener Staaten ausschreibt, welche am Versuchswesen betheiligt sind oder sich betheiligen wollen",[363] war auf den ersten Blick nur ein Vorschlag in einer langen Reihe von Ideen, wie man internationale forstwissenschaftliche Zusammenarbeit in organisierte Bahnen lenken könnte. Im österreichischen Ackerbauministerium, das die Kongressorganisation maßgeblich mitbestimmt hatte und im Nachgang die einzelnen Beschlüsse auswertete, fand diese Resolution zum forstlichen Versuchswesen daher keine besondere Beachtung. „[A]uch für diese Frage", so berichtete ein namentlich nicht genannter Referent am 30. November 1890 an Ackerbauminister Falkenhayn, „wurde schließlich nur ein internationaler Ausschuß von ‚Versuchsleitern' gebildet", der die diskutierten Aspekte weiter bearbeiten soll. Maßnahmen von Seiten des Ministeriums seien daher „wenn überhaupt" erst nötig, wenn dieser Ausschuss sich zu Wort melde.[364] Auch in den Fachzeitschriften des Nord- und Ostseeraums, die über den Kongress 1890 berichtet hatten, wurde der Ausschuss zwar erwähnt, fand aber – wie das vorangegangene Kapitel gezeigt hat – keine besondere Aufmerksamkeit.

Ideen, den Austausch unter Forstwissenschaftlern in festere organisatorische Bahnen zu lenken, hatte es schon in den Jahrzehnten vor dem Kongress 1890 gegeben.[365] Solche forstwissenschaftlichen Bestrebungen waren nur *ein* Bereich in einem äußerst vielfältigen Feld, auf dem zahlreiche Fachdisziplinen versuchten, ihrer grenzübergreifenden Zusammenarbeit eine institutionalisierte Form zu geben.[366] Mit Blick auf das forstliche Versuchswesen hatte 1868 Franz Baur, Professor an der land- und forstwirtschaftlichen Akademie in Hohenheim bei Stuttgart,

363 Schwappach: Internationaler land- und forstwirthschaftlicher Kongreß (1891), S. 121.

364 AVA Wien, Ackerbauministerium, Landeskultur, Karton 513, Jahr 1890, Sign. 4, Verhandlungen der Subsection für forstlichen Unterricht und derjenigen für das forstliche Versuchswesen beim internationalen Kongress 1890, Vorlage vom 30. November 1890.

365 Schober: Zur Gründung (1972), S. 221–224; vgl. auch Wudowenz: 100 Jahre IUFRO (1992), S. 2–7.

366 Vgl. Gierl: Geschichte und Organisation (2004), S. 321–323.

einen vielbeachteten „Weck- und Mahnruf" veröffentlicht.[367] Baur würdigte in seinem Mahnruf die bisherigen Anstrengungen auf dem Gebiet des forstlichen Versuchswesens. „Die erzielten Resultate standen aber vielfach mit dem Aufwand an Zeit und Mühe in keinem günstigen Verhältniß. Die eingelieferten Bausteine paßten nicht aufeinander", urteilte Baur, „und manche mühevolle und fleißige Arbeit erwies sich als ziemlich werthlos, weil sie entweder in falscher Richtung oder ohne Berücksichtigung aller wesentlichen Factoren ausgeführt wurde."[368] In Regensburg traf sich daher 1868 eine Kommission, der neben Franz Baur Gustav Heyer, Joseph Wessely, Johann Friedrich Judeich und Ernst Ebermayer angehörten, um Grundsätze einer Zusammenarbeit auf dem Gebiet des forstlichen Versuchswesens zu beraten. Formal waren zu dieser Zeit forstliche Versuchs*stationen* noch gar nicht eingerichtet. Das Vorhaben, das Versuchswesen besser zu koordinieren, war somit älter als die Versuchsstationen selbst.[369] Nachdem zahlreiche Forstakademien in den deutschen Ländern Versuchsstationen eingerichtet hatten, trafen sich 1872 deren Vertreter und gründeten den „Verein der forstlichen Versuchsanstalten Deutschlands" (im Folgenden kurz: deutscher Versuchsverein), dessen Geschäftsleitung dauerhaft die preußische Versuchsstation in Eberswalde übernahm.[370]

Auf den internationalen land- und forstwirtschaftlichen Kongressen in Wien 1873 und in Paris 1878 brachten verschiedene Teilnehmer Vorschläge ein, forstwissenschaftliche Zusammenarbeit auf eine internationale Ebene zu heben. So hatte die Sektion zum Versuchswesen auf dem Kongress 1873 beschlossen, eine „permanente Commission" einzusetzen, „welche alle Maßregeln zu berathen hat, welche zur Förderung des forstlichen Versuchswesens beitragen."[371] Der Kongress in Paris 1878 wiederholte die Forderung nach Einrichtung einer „ständigen internationalen Kommission".[372] Alle diese Kongress-Resolutionen waren aber ohne Folgen geblieben. Als der Kongress 1890 erneut eine ähnliche Resolution verabschiedete, war also keineswegs klar, welche Auswirkungen ein solcher Beschluss haben würde.

In dieser Situation ergriff die schweizerische Seite Anfang 1891 die Initiative. Anton Bühler, Leiter der schweizerischen Forstversuchsanstalt in Zürich, ersuchte zunächst über die Aufsichtskommission den schweizerischen Bundesrat (Regierung) um „Ermächtigung […], das Mandat als Mitglied des internationalen Ausschusses für forstliches Versuchswesen", in den Bühler vom Kongress 1890 berufen worden war, annehmen zu dürfen.[373] Bühler begründete sein Anliegen mit dem

367 Baur: Ueber forstliche Versuchsstationen (1868).
368 Ebenda, S. 4.
369 Vgl. Schober: Zur Gründung (1972), S. 222.
370 Ebenda.
371 Chlumecky: Stenographische Protokolle des ersten Internationalen Congresses (1874), S. 156.
372 Ministère de l'agriculture et du commerce (Hg.): Congrès international de l'agriculture (1879), S. 144.
373 Archiv EAFV, 1891 / 54(II), Schweizerischer Bundesrat an Schweizerischen Schulrat in Zürich, 22. Mai 1891.

„unbestrittenen Interesse",[374] das „unsere Anstalt" am internationalen Austausch habe. „Verfänglich kann die Sache auch nicht werden", versicherte Bühler, „wenn an den Punktationen festgehalten wird, welche der Vorstand der österreichischen Versuchsanstalt […] als Vorbedingungen des Gedeihens der angestrebten internationalen Vereinigung aufstellt."[375] Der Bundesrat stimmte zu.

Ausgerüstet mit diesem „Mandat" organisierte Bühler eine Besichtigung der schweizerischen Versuchsflächen, u. a. auf dem Adlisberg bei Zürich, für den 5. bis 16. September 1891 und lud dazu die Mitglieder des in Wien 1890 bestimmten Ausschusses ein. Der Einladung folgten u. a. mehrere deutsche Forstwissenschaftler, darunter Bernhard Danckelmann und Adam Schwappach aus Eberswalde, Lucien Boppe und Gustave Huffel aus Nancy und Josef Friedrich aus Wien-Mariabrunn. Im Anschluss an den Besuch der schweizerischen Versuchsflächen tagte der Verein forstlicher Versuchsanstalten Deutschlands in Badenweiler, nahe Freiburg im Breisgau.[376] Jene Teilnehmer, die in den vorangegangenen Tagen an den forstlichen Besichtigungen in der Schweiz teilgenommen hatten, waren offenkundig noch ganz eingenommen von den praxisnahen Eindrücken. „[S]olche Besprechungen an Ort und Stelle", formulierte es Bühler, sollten daher Hauptziel internationaler Zusammenarbeit zwischen den Versuchsanstalten sein.[377]

In Badenweiler trat daraufhin am 18. September 1891 der in Wien konstituierte Ausschuss zusammen, bestehend aus Boppe, Bühler, Danckelmann und Friedrich, die außerdem Karl Schuberg von der badischen Versuchsstation aus Karlsruhe – gewissermaßen als Gastgeber in Baden – hinzugebeten hatten. Der Ausschuss einigte sich auf ein Statut und nannte den Zusammenschluss „Internationaler Verband forstlicher Versuchsanstalten" (im Folgenden kurz: internationaler Versuchsverband).[378]

Als hauptsächliches Ziel des Verbandes nannte das Statut „die Förderung, Weiterbildung und Vervollkommnung des forstlichen Versuchswesens. Dies geschieht durch Kenntnißnahme von den Versuchsarbeiten verschiedener Länder, Besichtigung von Versuchsflächen, Besprechung der Untersuchungsmethoden und Austausch der Publikationen".[379] Obmann und Geschäftsführer sollte immer der Leiter jener Versuchsanstalt sein, in dessen Land eine Versammlung des Verbandes stattfand. „An dem Verbande", so hieß es in den Statuten weiter, „beteiligen sich der Verein der forstlichen Versuchsanstalten Deutschlands, die Versuchsanstalten

374 Archiv EAFV, 1891 / 54, Präsident der Aufsichtskommission an die Mitglieder der Aufsichtskommission: Entwurf eines Circulars (ohne Titel), 14. Mai 1891.

375 Zitiert nach Wullschleger: 100 Jahre Eidgenössische Anstalt (1985), Bd. 1, S. 91.

376 Archiv EAFV, 1891 / 58, Bühler an Präsident der Aufsichtskommission Bleuler, 5. Oktober 1891.

377 Ebenda.

378 Archiv EAFV, 1891 / 60: Statut des „Internationalen Verbands forstlicher Versuchsanstalten", Badenweiler, 18. September 1891. Die französische Ausfertigung dieses Statuts trägt interessanterweise als Bezeichnung nur die Kurzform „association internationale".

379 Ebenda.

von Frankreich, Österreich und der Schweiz."[380] Als Sprachen waren Deutsch und Französisch bei den Verhandlungen zugelassen, ebenso wie Veröffentlichungen des Verbandes in beiden Sprachen gedruckt werden sollten.

Im Anschluss an die Versammlung in Badenweiler wandten sich die Teilnehmer an ihre jeweiligen Regierungen, um über die Verbandsgründung zu berichten, das Statut vorzulegen und formell um das politische Plazet zur Mitgliedschaft zu bitten. Die Zustimmungserklärungen sollten an die schweizerische Versuchsanstalt nach Zürich gemeldet werden. So einfach die Aufforderung klang, die Zustimmung der einzelnen Regierungen einzuholen, so verwinkelt stellten sich in den kommenden Monaten und Jahren die Wege heraus, die die beteiligten Experten auf dem Weg zur Mitgliedschaft ihres jeweiligen Landes im Versuchsverband beschreiten mussten.

Diese Verwinkelungen gingen im Wesentlichen auf zwei Probleme zurück, und zwar auf die komplexen Beziehungen zwischen dem Deutschen Reich und den deutschen Ländern[381] sowie auf die unterschiedlichen Auffassungen, die Forstwissenschaftler und die in den einzelnen Ländern für das Forstwesen zuständigen Ministerien vom diplomatischen Aufwand hatten, der für eine Mitarbeit in einem internationalen wissenschaftlichen Verband als erforderlich angesehen wurde.

Verhältnismäßig einfach nahm sich das schweizerische Prozedere aus: Anton Bühler unterrichtete am 5. Oktober 1891 Bleuler als Präsidenten der Aufsichtskommission, der die schweizerische Versuchsstation formal unterstand, über den Gründungsakt in Badenweiler. Bühler bat, das Statut dem schweizerischen Bundesrat zur Genehmigung vorzulegen.[382] Dabei vergaß Bühler nicht zu erläutern, dass die Versammelten in Badenweiler absichtlich keinen Verein gegründet hätten, „dessen Beschlüsse für die einzelnen Versuchsanstalten bindend gewesen wären", sondern „nur ein[en] Verband der Versuchsanstalten". Die daraus erwachsenden Verpflichtungen, so Bühler weiter, bestünden nur darin, zu den Treffen des internationalen Verbandes einen schweizerischen Vertreter zu entsenden.[383] Mitte November erhielt Bühler die Genehmigung des Bundesrats.[384]

Hinsichtlich der deutschen Beteiligung, also bzgl. der Beziehungen zwischen dem Deutschen Reich und den deutschen Ländern, sah Johann Friedrich Judeich von der sächsischen Versuchsstation schon im Januar 1892 Schwierigkeiten heraufziehen: Die Frage sei, so schrieb Judeich an Danckelmann, wie sich denn die einzelnen deutschen Versuchsstationen „dem internationalen Verbande gegenüber zu stellen haben".[385] Der internationale Verband werde wohl kaum Beschlüsse fassen können, die für die einzelnen Versuchsanstalten bindend sein würden. Die sächsische Regierung, so nahm Judeich an, werde sich wahrscheinlich bei den anderen deutschen Regierungen nach deren Haltungen erkundigen. Judeich nutzte außer-

380 Ebenda.
381 Vgl. Berwinkel / Kröger: Die Außenpolitik der deutschen Länder im Kaiserreich (2012).
382 Archiv EAFV, 1891 / 58, Bühler an Präsident der Aufsichtskommission Bleuler, 5. Oktober 1891.
383 Ebenda.
384 Archiv EAFV, 1891 / 68, Departement des Innern an Aufsichtskommission, 19. November 1891.
385 FAE Nr. 279, fol. 15, Judeich an Danckelmann, 8. Januar 1892.

dem die Gelegenheit, zur Sparsamkeit zu mahnen: Mit Rückblick auf die vergangenen Versammlungen des deutschen Versuchsvereins mahnte er, die Exkursionen nicht so stark auszuweiten und die Versammlungen in größerem Zeitabstand abzuhalten. Denn nach Judeichs Auffassung wären die Verhandlungsgegenstände des internationalen Versuchsverbands „nicht so drängender Natur". Danckelmann wischte in seiner Antwort jedoch all diese Sorgen kurzerhand beiseite. Der internationale Versuchsverband werde den beteiligten Anstalten nichts vorschreiben, es gehe hier lediglich um einen „Austausch der Meinungen und der litterarischen [sic!] Arbeiten". Die vielen Exkursionen hielt Danckelmann aber für unabdingbar, da nur durch Besichtigungen die notwendige Einheitlichkeit der Versuche anschaulich diskutiert werden könne.[386]

In Preußen bat Bernhard Danckelmann den preußischen Landwirtschaftsminister Wilhelm von Heyden am 18. Oktober 1891 förmlich, die „Genehmigung" zum „Statuten-Entwurf für den internationalen Verband forstlicher Versuchsanstalten [...] ertheilen zu wollen". Danckelmann betonte die Bedeutung des Verbandes, in dem die Teilnehmer über das Versuchswesen und – das vergaß Danckelmann gegenüber seiner Regierung nicht zu betonen – über „forstwirthschaftliche und Verwaltungsverhältnisse der betheiligten Länder" unterrichtet werden.[387] Heyden genehmigte den Statut-Entwurf. Sollten jedoch preußische Beamte auf Staatskosten ins Ausland reisen, behielt sich Heyden die Entscheidung für den Einzelfall vor.[388] Da gemäß der in Badenweiler ausgearbeiteten Statuten der deutsche Versuchsverein Mitglied im internationalen Versuchsverband war und nicht die einzelnen deutschen Versuchsstationen, sandten diese ihre Einverständniserklärungen an die Geschäftsführung des deutschen Versuchsvereins nach Eberswalde.

Welche Fallstricke der Diplomatie zu beachten waren, wurde in den kommenden Monaten am französischen Fall deutlich: Der Kongress in Wien 1890 hatte auch Lucien Boppe, Professor an der französischen Forstakademie in Nancy, in den Ausschuss entsandt.[389] Für eine Mitarbeit im internationalen Verband, so klagte Boppe im März 1892 gegenüber Bühler in Zürich, verlange das französische Außenministerium jedoch eine offizielle Einladung einer anderen Regierung, nicht eines Wissenschaftlers.[390] Bühler wiederum wandte sich ratsuchend nach Eberswalde: Solle man nun, so fragte Bühler Danckelmann, Boppe als Privatmann einladen, oder eher diplomatische Kanäle bemühen? Bühler, wie auch seinen Kollegen, schien es von großem Wert, wenn auch Frankreich im internationalen Verband vertreten wäre.[391] Nun meldete sich auch Friedrich aus Wien zu Wort und warnte, man solle doch nicht so einen Aufwand machen: Wenn Bühler jetzt diplomatische Kanäle zwischen Bern und Paris bemühe, um Frankreich zur Mitarbeit zu bewegen, würde

386 Ebenda, sowie FAE Nr. 279, fol. 17, Danckelmann an Judeich, 14. Januar 1892.
387 FAE Nr. 279, fol. 8, Danckelmann an Preußisches Landwirtschaftsministerium, 18. Oktober 1891.
388 FAE Nr. 279, fol. 10, Preußisches Landwirtschaftsministerium an Danckelmann, 31. Oktober 1891.
389 Vgl. Schwappach: Internationaler land- und forstwirthschaftlicher Kongreß (1891), S. 121.
390 FAE Nr. 279, fol. 21, Bühler an Danckelmann, 15. März 1892.
391 FAE Nr. 279, fol. 25, Bühler an Danckelmann, 21. April 1892.

man andere Länder möglicherweise vor den Kopf stoßen, die ihre Beitrittserklärung bereits ohne solche umständlichen Konsultationen gegeben hätten.[392]

Da sich auch im Verlauf der Sommermonate 1892 kein Weg fand, dass Lucien Boppe bzw. ein anderer Vertreter Frankreichs bei der Konstituierung des internationalen Verbandes mitwirken konnte, gingen die Deutschen, Österreicher und Schweizer nun voran: Die nächste Versammlung des deutschen Versuchsvereins nutzte Danckelmann, um neben den beteiligten deutschen Versuchsstationen auch die Kollegen aus Österreich und der Schweiz nach Eberswalde einzuladen. So kamen am 17. August 1892 im Hauptgebäude der preußischen Forstakademie in Eberswalde die Vertreter von insgesamt neun Versuchsanstalten zusammen, und zwar neben Bernhard Danckelmann, Adam Schwappach und Karl Fricke, die die preußische Anstalt vertraten, Friedrich Krutina (Baden), Karl Kast (Bayern), Wilhelm Horn (Braunschweig), Karl Eduard Ney (Elsass-Lothringen), Karl Wimmenauer (Hessen), Tuisko von Lorey (Württemberg), Josef Friedrich (Österreich) und Anton Bühler (Schweiz).[393]

Den Tagesordnungspunkt „Constituierung des internationalen Verbandes forstlicher Versuchsanstalten" eröffnete Bühler, der berichtete, dass inzwischen von fast allen Regierungen der betreffenden deutschen Länder Genehmigungen zum Beitritt des Vereins deutscher forstlicher Versuchsanstalten zum internationalen Verband vorlägen. Lediglich Bayern und Braunschweig hätten noch nicht reagiert. Die österreichische und die schweizerische Regierung hätten ebenso Genehmigungen zugestellt. Die Regierung Ungarns, so konnte Bühler berichten, habe binnen „Jahresfrist" eine Genehmigung in Aussicht gestellt. In Frankreich seien unterdessen noch keine Fortschritte erzielt worden, weshalb Bühler nochmals vorschlug, über die Regierung in Bern den Weg der offiziellen Diplomatie zu beschreiten, um Frankreich zur Teilnahme zu bewegen.

Dass die Gründung nicht wie eine reine Formsache über die Bühne gehen würde, wurde den Versammelten bewusst, als sich der bayerische Vertreter Kast zu Wort meldete: Die bayerische Regierung, erläuterte Kast, „beanstande [...] nicht" den Beitritt des deutschen Versuchsvereins zum internationalen Verband. „Jedoch wünsche Bayern", so fuhr Kast fort, „diesem [internationalen, C. L.] Verbande nicht als Mitglied des Vereins deutscher forstlicher Versuchsanstalten, sondern als selbstständiger Staat anzugehören."[394] Eine solcherart flexible Gestaltung der Mitgliedschaften im internationalen Verband überstieg die Vorstellungskraft der preußischen Vertreter: Danckelmann verwies kurz angebunden auf die Statuten, die die Versammlung in Badenweiler beschlossen hatte. Da diese Statuten den Regierungen der anderen deutschen Länder als Grundlage ihrer Genehmigung gedient hatten, sei es nicht „angängig", diese Statuten jetzt noch einmal zu ändern. In einer kon-

392 FAE Nr. 279, fol. 26, Abschrift eines Schreibens von Friedrich an Bühler, 22. März 1892.

393 FAE Nr. 279, fol. 39, Versammlung des Vereins deutscher forstlicher Versuchsanstalten zu Eberswalde, 17. August 1892.

394 Ebenda.

kreten Sachfrage, nämlich der Rangfolge von Mitgliedschaften in einer deutschen und einer internationalen Vereinigung, erörterten die Teilnehmer der Eberswalder Versammlung also auch das übergeordnete verfassungsrechtliche Problem, wie das Verhältnis zwischen dem Deutschen Reich und den Ländern gestaltet sein sollte.[395] Bayerns Vertreter Kast beeilte sich zu versichern, dass die bayerische Regierung freilich nicht beabsichtigt habe, „ein Hinderniß des Beitritts des Vereins deutscher forstlicher Versuchsanstalten zum internationalen Verbande zu bilden."[396]

Nachdem in dieser föderalistischen Detailfrage die Argumente ausgetauscht waren, verlas Danckelmann die bislang eingegangenen Zustimmungserklärungen der einzelnen Regierungen. Daraufhin, so vermerkt es das Protokoll, wurde „einstimmig beschlossen: ‚der Verein deutscher forstlicher Versuchsanstalten, ferner die Versuchsanstalten der Schweiz und von Oesterreich constituieren sich zum internationalen Verbande forstlicher Versuchsanstalten nach Maßgabe der unter dem 18. September 1891 in Badenweiler beschlossenen und von den betreffenden Regierungen genehmigten Satzungen.'"[397] Nach der Abstimmung drängte Bühler darauf, die Versammlung möge außerdem zum Ausdruck bringen, dass der internationale Versuchsverband großes Interesse am Beitritt weiterer Länder, insbesondere Frankreichs und Ungarns, habe. Dies erklärte die Versammlung in einem weiteren Beschluss als „wünschenswert" und übertrug „den Vertretern der Oesterreichischen und Schweizerischen Versuchsanstalten das Weitere [zu] veranlassen."

Im Verlauf der Versammlung berieten die Teilnehmer über das weitere Vorgehen, insbesondere über die Frage, wann und wie oft der internationale Verband zu Tagungen zusammenkommen solle. Nach den Vorbereitungen in Badenweiler 1891 und der Konstituierung 1892 in Eberswalde schlug Josef Friedrich als nächsten Versammlungsort Wien vor. Judeich und einige andere Teilnehmer mahnten, die Versammlungen des Verbands „in längeren Zwischenräumen, vielleicht von fünf Jahren stattfinden" zu lassen. Schließlich kamen die Versammelten überein, im folgenden Jahr eine Tagung des internationalen Versuchsverbandes in Wien abzuhalten, auch um dies als Gelegenheit zu nutzen, rasch nach der gerade vollzogenen Konstituierung weitere Länder zur Wiener Versammlung einzuladen und zu einem Beitritt zu ermuntern. Überblickt man die folgenden Jahrzehnte bis zum Ersten Weltkrieg, so versammelte sich der internationale Versuchsverband jeweils im Abstand von etwa drei bis vier Jahren, und zwar 1893 in Wien-Mariabrunn, 1896 in Braunschweig, 1900 in Zürich, 1903 erneut in Wien-Mariabrunn, 1906 in Stuttgart, und 1910 in Brüssel.[398]

395 Vgl. Berwinkel / Kröger: Die Außenpolitik der deutschen Länder im Kaiserreich (2012).
396 FAE Nr. 279, fol. 39, Versammlung des Vereins deutscher forstlicher Versuchsanstalten zu Eberswalde, 17. August 1892.
397 Ebenda.
398 Schober: Zur Gründung (1972), S. 225.

V.2 Ein „internationaler Verband deutscher forstlicher Versuchsanstalten“?[399] Hierarchien und Mechanismen im Internationalen Verband forstlicher Versuchsanstalten bis 1914

Die Gründungsphase 1891/92 hatte die starke Stellung der deutschen Versuchsanstalten innerhalb des internationalen Versuchsverbands verdeutlicht, aber auch die sensible Beziehung zwischen der preußischen und der bayerischen Versuchsanstalt. Das bayerische Bestreben einer eigenen Mitgliedschaft im internationalen Versuchsverband hing in den kommenden Jahren zwar noch in der Schwebe.[400] Die praktische Zusammenarbeit war dadurch jedoch nicht behindert. Dies mochte auch daran gelegen haben, dass die übrigen Vertreter von Versuchsanstalten ihre Aufmerksamkeit eher auf die anzupackende praktische Arbeit richteten, und dass die Bayern – sofern es aus den Akten hervorgeht – keine Unterstützung von anderen Versuchsanstalten erhielten, obwohl in Gestalt der Sachsen und Württemberger sehr wohl noch weitere Länder durch Versuchsstationen repräsentiert waren, die Wert auf ein hohes Maß an Eigenständigkeit im Deutschen Reich legten.

Die preußische Versuchsanstalt, allen voran Bernhard Danckelmann, achtete in den folgenden Jahren peinlich darauf, dass im Schriftverkehr zwischen dem internationalen Verband und seinen Mitgliedern auf deutscher Seite immer der deutsche Versuchsverein mit seiner Geschäftsstelle in Eberswalde, nicht aber die einzelnen deutschen Stationen direkt adressiert wurden.[401]

Im Vorlauf zu den nächsten Versammlungen des internationalen Versuchsverbands, 1893 in Wien-Mariabrunn, 1896 in Braunschweig und 1900 in Zürich, wiederholten sich die Abläufe. Immer wieder sprachen sich die beteiligten österreichischen, schweizerischen und die deutschen Versuchsstationen untereinander ab, welche privaten, wissenschaftlichen oder diplomatischen Verbindungen vom jeweiligen Gastgeber oder über den Umweg von Kollegen zur Einladung von weiteren Versuchsstationen zu den Versammlungen des internationalen Versuchsverbands genutzt werden sollten.[402]

Die schweizerische Seite bewies auf der kollegialen und auf der diplomatischen Ebene beachtliche Ausdauer und Geschick. Zunächst klärte C. Bourgeois, der von Anton Bühler die Leitung der schweizerischen Versuchsanstalt übernommen hatte, mit der deutschen Seite die möglichen Termine für die Versammlung des internationalen Versuchsverbands in der Schweiz. Hier wurde – ganz am Rande – erneut der Einfluss der deutschen Versuchsanstalten deutlich: Da sie so zahlreich waren,

399 FAE Nr. 279, fol. 183, Unleserlich (Bayerische forstliche Versuchsanstalt) an Bernhard Danckelmann, 11. August 1896, betr. „Versammlung des internationalen Verbandes deutscher [sic!] forstlicher Versuchsanstalten zu Braunschweig“.

400 FAE Nr. 279, fol. 49, Kast an (wahrscheinlich) Danckelmann, München, 12. Oktober 1892.

401 Vgl. FAE Nr. 279, fol. 54, Danckelmann an Friedrich, 12. April 1893; sowie FAE Nr. 279, fol. 63, Friedrich an Danckelmann, 19. Juli 1893.

402 Vgl. die Korrespondenz zwischen der preußischen und den anderen Versuchsstationen in FAE Nr. 279, fol. 68–91 und fol. 123–133.

gingen die Schweizer auf die deutschen Terminwünsche ein;[403] darüber holte sich Bourgeois wiederholt in Eberswalde organisatorischen Rat, welche Vorbereitungen für die Versammlungen geeignet erschienen.[404] Nachdem sich die Deutschen und die Schweizer geeinigt hatten, die Versammlung nicht wie ursprünglich geplant 1899, sondern „angesichts der noch nicht weit gediehenen Berathungsgegenstände"[405] auf 1900 zu verschieben, nutzte Bourgeois den längeren Zeitvorlauf, um Forstwissenschaftler in solchen Ländern zu kontaktieren, die dem internationalen Verband noch nicht angehörten, „sich aber für das forstliche Versuchswesen interessieren", und deren Beteiligung daher „von Nutzen" sei.[406]

Während aus Russland umgehend Nachricht einging, dass an der dritten Versammlung eine russische Delegation teilnehmen werde, erbaten Forstwissenschaftler anderer Länder eine offizielle Einladung auf diplomatischem Wege: Die Ungarn, Belgier, Italiener und Norweger an ihre jeweiligen Landwirtschaftsministerien, die Schweden an die schwedische Regierung, die Franzosen über das Landwirtschaftsministerium an die Forstakademie in Nancy. Bourgeois bat daher Bleuler am 2. Mai 1900, er möge über das Departement des Innern (schweizerisches Innenministerium), dem die schweizerische Versuchsanstalt formell unterstand, den schweizerischen Bundesrat (Regierung) ersuchen, offizielle Einladungen an ausländische Versuchsanstalten zu senden.[407] Der Bundesrat wiederum nahm den Antrag des Innen-Departements zwar wohlwollend in seiner Sitzung am 25. Juni 1900 auf. Das Politische Departement (Außenministerium) kritisierte jedoch, dass „es nicht angeht, eine offizielle Einladung des Bundesrates an fremde Regierungen zu einer Versammlung ergehen zu lassen, bei deren Veranstaltung der Bundesrat nicht mitwirkt." Der Bundesrat einigte sich daher auf das Vorgehen, dass „die in Betracht kommenden Regierungen ersucht würden, das Programm der dritten Zusammenkunft des internationalen Verbandes [...] den betreffenden Anstalten mitzuteilen. Dabei wäre dem Wunsch Ausdruk [sic!] zu geben, die begrüssten [sic!] Regierungen möchten im Hinblick auf die allgemein nützlichen Bestrebungen dieses Verbandes sich dafür verwenden, dass die unter ihrer Aufsicht stehenden Anstalten sich an der Zusammenkunft vom 4. bis 11. September 1900 vertreten lassen."[408]

Dieses Insistieren auf diplomatischen Feinheiten war keineswegs eine schweizerische Eigenart. Auch die Vorbereitungen zur Versammlung 1893 in Wien-Mariabrunn und 1896 in Braunschweig hatten solche Feinheiten offengelegt.[409]

403 FAE Nr. 285, fol. 18, Danckelmann an Bourgeois, 16. März 1900.

404 FAE Nr. 279, fol. 270r, Bourgeois an Danckelmann, 8. Juni 1897; sowie fol. 270v, Danckelmann an Bourgeois, 16. Juni 1897.

405 EAFV, 1898/43, Bourgeois an Präsident der Aufsichtskommission, 8. September 1898.

406 EAFV, 1900/20, Bourgeois an Bleuler, 2. Mai 1900.

407 Ebenda.

408 EAFV, 1900/28, Departement des Innern an Bleuler, 30. Juni 1900, Anlage: „Auszug aus dem Protokoll der Sizung [sic!] des schweizerischen Bundesrates", Montag, 25. Juni 1900.

409 Vgl. exemplarisch FAE Nr. 279, fol. 136, Preußisches Landwirtschaftsministerium an Danckelmann, 18. April 1896; EAFV, 1900/28, Departement des Innern an Bleuler, 30. Juni 1900.

Aber die schweizerische Seite hatte 1900 einen weit größeren Erfolg: Zur dritten Versammlung des internationalen Verbandes in Zürich erschienen neben den Gründungsmitgliedern aus dem Deutschen Reich, Österreich und der Schweiz auch Vertreter weiterer Länder, und zwar Nestor Crahay, Professor an der Landwirtschaftshochschule *(Institut agricole de l'Etat)* in Gembloux / Belgien, Gustave Huffel, Professor an der Forstakademie *(École nationale des eaux et forêts)* in Nancy / Frankreich und Georgij Fëdorovič Morozov, Dozent an der Forsttechnischen Hochschule in Hrenov und ab 1901 Professor am Forst-Institut *(Lesnoj Institut)* in St. Petersburg / Russland. Das Protokoll nannte außerdem als „Gäste" den vormaligen Leiter der schweizerischen Versuchsanstalt, Anton Bühler, der inzwischen Professor an der Universität Tübingen geworden war, sowie Aleksandr Grigor'evič Marčenko, Absolvent des Petersburger Forst-Instituts und dort ab 1903 Morozovs Assistent, sowie Homi Shirasawa, Professor für Botanik an der Universität Tokio / Japan.[410]

Die wachsende Zahl neuer Mitglieder aus unterschiedlichen Länder bzw. von Gästen, die an den Versammlungen des internationalen Versuchsverbands teilnahmen, mehrte das Ansehen des Verbandes in der Fachgemeinschaft. Zugleich verschoben sich dadurch aber auch die Mehrheitsverhältnisse innerhalb des Verbandes. Diese Verschiebungen motivierten die deutschen Versuchsanstalten, ihr Gewicht im internationalen Versuchsverband auch satzungsmäßig zu verstärken. Auf die Frage nach Tagesordnungspunkten für die folgende Versammlung des internationalen Versuchsverbands, die 1903 erneut in Wien-Mariabrunn stattfinden sollte, schlug Bernhard Danckelmann daher im September 1902 u. a. die „Aufstellung eines Statuts mit Geschäftsordnung"[411] vor. Josef Friedrich erarbeitete daraufhin in Wien den Entwurf für eine Neufassung der Statuten, die von den beteiligten Versuchsstationen kommentiert werden sollte, um bei der kommenden Sitzung verabschiedet zu werden.

Auf den ersten Blick erschien der Entwurf zu diesen neuen Statuten, den Friedrich im Herbst 1902 verschickte, nur wie eine Aktualisierung. Denn in den Statuten von 1891 waren einige Passagen enthalten, die formal nicht ganz korrekt waren, wie etwa die Formulierung, Frankreich „beteilige[.]" sich am Verband: Zwar hatte Gustave Huffel von der Forstakademie in Nancy an der Versammlung in Zürich im Jahr 1900 teilgenommen, aber die französische Seite hatte ihren Beitritt bislang nicht offiziell erklärt. Friedrichs Neufassung der Statuten klang darüber hinaus offener für den Beitritt weiterer Länder, da die Gründungsmitglieder nicht mehr namentlich genannt, also nicht in irgendeiner Weise hervorgehoben wurden.

Hinsichtlich des inneren Machtgefüges des internationalen Versuchsverbands lag der entscheidende Punkt der Neufassung jedoch an einer anderen Stelle. In den Statuten, die 1891 in Badenweiler beschlossen worden waren, hatte es geheißen: „An dem Verband beteiligen sich der Verein der forstlichen Versuchsanstalten

410 Schwappach: Dritte Versammlung des internationalen Verbandes (1900), S. 753 f.
411 FAE Nr. 279, fol. 9, Schwappach an Friedrich, 14. September 1902.

Deutschlands, die Versuchsanstalten von Frankreich, Österreich und der Schweiz. Der Beitritt weiterer Versuchsanstalten erfolgt beim Obmann des Verbandes.“[412] In Friedrichs Neufassung hingegen waren all jene „von staatswegen eingerichtete und erhaltenen forstlichen Versuchsanstalten“,[413] die ihren Beitritt erklärt hatten, Mitglieder im internationalen Versuchsverband. Gemäß dieser Neufassung war also nicht mehr der Verein forstlicher Versuchsanstalten Deutschlands Mitglied, sondern alle deutschen Versuchsanstalten waren jetzt einzeln Mitglieder. Bei Abstimmungen im internationalen Versuchsverband hatte die deutsche Seite nun nicht mehr nur die eine Stimme des deutschen Versuchsvereins, sondern alle deutschen Versuchsanstalten hatten ihre eigene Stimme – und das waren die Anstalten von Baden, Bayern, Braunschweig, Elsass-Lothringen, Hessen, Preußen, Sachsen, der Thüringischen Staaten und Württemberg. Aus eins mach neun: Mit einer auf den ersten Blick unscheinbaren Änderung in den Statuten war der deutschen Seite eine Vervielfachung des Stimmgewichts gelungen. Die deutsche Seite nutzte hier geschickt die bundesstaatliche Verfassung des Deutschen Reiches und die institutionalisierte Form des in vielen deutschen Ländern etablierten Forstversuchswesens, um in einer internationalen Organisation ihren Einfluss zu stärken.

Für den Abstimmungsmodus schlug Friedrich in seinem Entwurf vor, dass Beschlüsse in „Verwaltungsangelegenheiten“ mit Dreiviertelmehrheit verabschiedet werden sollten.[414] Der Verband einigte sich bei der Versammlung 1903 schließlich darauf, hier eine Zweidrittelmehrheit anzusetzen.[415] Beschlüsse in fachlichen Fragen, so sah es Friedrichs Entwurf und auch die letztlich beschlossene Fassung vor, sollten der einfachen Mehrheit bedürfen und dienten lediglich dazu, „die Anschauung der Versammlung zum Ausdruck zu bringen.“ Der weitergehende Vorschlag Friedrichs, in die Statuten auch den Passus aufzunehmen, dass auch solche Anträge immer ins Protokoll aufgenommen werden, welche „die Majorität nicht erlangten“, lehnte die Versammlung 1903 ab.[416]

Es geht aus den überlieferten Archivalien nicht hervor, wer auf die einzelnen Änderungen in den neugefassten Statuten Einfluss hatte. In jedem Fall waren die Gründe für eine Neuformulierung vielfältig: Die Erwähnung Frankreichs in den ursprünglichen Statuten von 1891 war – wie oben erläutert – formal nicht korrekt, weshalb eine Neufassung ohnehin notwendig war. Dass die neue Satzung eine direkte Mitgliedschaft der einzelnen deutschen Versuchsstationen im internatio-

---

412 Das Statut ist abgedruckt in Wullschleger: 100 Jahre Eidgenössische Anstalt (1985), Bd. 1, S. 92.

413 FAE Nr. 286, fol. 12–15, Anonym [Josef Friedrich]: Entwurf, Statuten des Internationalen Verbands forstlicher Versuchsanstalten, ohne Datum [Anfang November 1902]. Vgl. auch Schwappach: Bericht über die vierte Versammlung des internationalen Verbandes (1903), S. 762.

414 FAE Nr. 279, fol. 12–15, Anonym [Josef Friedrich]: Entwurf, Statuten des Internationalen Verbands forstlicher Versuchsanstalten, ohne Datum [Anfang November 1902].

415 Vgl. Abdruck der beschlossenen Statuten bei Schwappach: Bericht über die vierte Versammlung des internationalen Verbandes (1903), S. 763.

416 Vgl. FAE Nr. 279, fol. 12–15, Anonym [Josef Friedrich]: Entwurf, Statuten des Internationalen Verbands forstlicher Versuchsanstalten, ohne Datum [Anfang November 1902]. Vgl. Schwappach: Bericht über die vierte Versammlung des internationalen Verbandes (1903), S. 763.

nalen Versuchsverband zuließ, kam jenen Versuchsstationen entgegen, die eine ausgeprägt föderalistische Haltung pflegten und die Eigenständigkeit der einzelnen Versuchsstationen betonten, wie etwa Bayern oder Sachsen.[417]

Der entscheidende Antrieb für die deutschen Versuchsstationen, den Passus zur Mitgliederfrage zu verändern, entsprang dem Bewusstsein, dass die von allen angestrebte Aufnahme weiterer Länder in den internationalen Verband die tonangebende Rolle der Deutschen langfristig in Gefahr zu bringen drohte. Mochte das zweifellos hohe *wissenschaftliche* Ansehen deutscher (bzw. deutschsprachiger) Forstwissenschaft auch in einem wachsenden internationalen Versuchsverband unangefochten fortbestehen, so würde die *organisatorische* Führungsposition der Deutschen mit wachsender Mitgliederzahl schwinden – und genau solchen Tendenzen wollten die Deutschen entgegenwirken: Durch die Neufassung der Statuten, so brachte Adam Schwappach am 17. Oktober 1903 die deutsche Sichtweise auf den Punkt, würden „die Befürchtungen wegen unberechtigter Majorisierung der deutschen Versuchsanstalten durch außerdeutsche Anstalten beseitigt."[418]

Aus Sicht der deutschen Versuchsanstalten war damit die Welt (wieder) in Ordnung. Und ganz nebenbei erwies diese Statutenänderung auch der föderalistisch-sensiblen Seele der bayerischen Vertreter einen Dienst, indem die bayerische Versuchsanstalt nun direktes Mitglied im internationalen Versuchsverband war.[419] Aus deutscher Sicht ließ sich diese Statutenänderung auch als eine geschickte Form von Wissenschaftspolitik im internationalen Rahmen interpretieren: Die Deutschen hatten forstliche Versuche im großen Stil, zumal koordiniert im deutschen Versuchsverein, schon vor Konstituierung des internationalen Versuchsverbands begonnen. Solche forstlichen Versuchsreihen waren wegen des langsamen Baumwachstums ein über mehrere Jahrzehnte angelegtes Unterfangen. Forstwissenschaftler waren daher bestrebt, Versuche, die einmal begonnen waren, nach dem ursprünglichen Plan fortzuführen, um Versuchsergebnisse nicht durch spätere Eingriffe zu verzerren oder unbrauchbar zu machen. Also war es aus deutscher Sicht nur vernünftig, den eigenen Einfluss im internationalen Versuchsverband auszubauen, um einen nutzbringenden Fortgang der eigenen, bereits begonnenen Versuchsreihen sicherzustellen. Ein ‚Hereinreden' anderer Versuchsstationen, deren Versuchsreihen möglicherweise nicht so alt und nicht so breit angelegt waren, hätte aus deutscher Sicht die Gefahr mit sich gebracht, dass die Deutschen hätten überstimmt werden können und ihre Versuchsreihen ungenutzt geblieben wären. Ein praktisches Beispiel waren die Durchforstungsversuche. Bei diesen Versuchen ging (und geht) es darum, durch das Fällen bestimmter Bäume, bspw. einer Altersgruppe, einen Wald so zu gestalten, dass jene Bäume, die im Wald verbleiben, langfristig einen möglichst hohen Ertrag bringen. Die deutschen Versuchsanstalten hatten seit ihrer Gründung in den 1870er Jahren solche Versuche angestellt, teilweise griffen

417 Vgl. FAE Nr. 279, fol. 15, Judeich an Danckelmann, 8. Januar 1892.
418 FAE Nr. 286, fol. 74v, Schwappach an deutsche Versuchsanstalten (Entwurf), 17. Oktober 1903.
419 FAE Nr. 286, fol. 26, Weber an Danckelmann, 5. Januar 1903.

sie dabei selbst auf noch ältere Versuchsreihen zurück.[420] Diese deutschen Versuchsreihen waren also schon mehrere Jahrzehnte alt, als auch im internationalen Versuchsverband dieses Thema aufgegriffen wurde.

Aus Sicht der anderen Anstalten, oder „außerdeutschen Anstalten", wie es Schwappach formuliert hatte, war das deutsche Gewicht hingegen eine zweischneidige Angelegenheit: Natürlich war die Verlockung groß, durch die Mitarbeit im internationalen Versuchsverband an den bereits geleisteten Arbeiten der deutschen Versuchsanstalten und deren Erfahrungsschatz teilhaben zu können. Dies betraf nicht nur die Durchforstungsversuche, sondern auch Versuchs- und Messreihen auf anderen Gebieten, wie etwa der Meteorologie, Bodenkunde oder Botanik. Wer am internationalen Versuchsverband teilnahm und seine Forschungen dort mit Kollegen koordinierte, konnte mit verhältnismäßig geringem Aufwand die Datengrundlagen des eigenen Forschungsgebiets vervielfachen. Da jede teilnehmende Versuchsstation Vorschläge für die Tagesordnung der Versammlungen des internationalen Versuchsverbands benennen konnte, war jeder Station die Möglichkeit gegeben, sich einzubringen. Diese beiden Faktoren – die Möglichkeit, die Datengrundlagen der eigenen Forschungsgebiete durch Kooperation zu vervielfachen, sowie die thematische Offenheit der Versammlungen, in die alle Mitglieder ihre Vorschläge einbringen konnten – müssen als die wesentliche Motivation für eine Mitarbeit angesehen werden. Diese Motivation war offenkundig so stark, dass sie etwaige Bedenken angesichts der starken deutschen Stellung zu überwinden half und die Anzahl der teilnehmenden Länder von Versammlung zu Versammlung wuchs. Das spezifisch thematische Interesse, also die jeweilige wissenschaftliche Motivation zur Mitarbeit war unter den Versuchsanstalten, auch unter den deutschen, sehr verschieden und hing nicht zuletzt von den Arbeitsschwerpunkten und ‚Vorlieben' der delegierten Experten ab.

Allerdings bedeutete die Teilnahme am internationalen Versuchsverband auch, dass sich die anderen Versuchsstationen entweder auf die deutschen Vorarbeiten einlassen oder zumindest teilweise einlassen mussten. Die Durchforstungsversuche können erneut – diesmal aus Sicht der nichtdeutschen Versuchsanstalten – als gutes Beispiel dienen: In Fachkreisen waren die Durchforstungsversuche der deutschen Versuchsanstalten wohlbekannt. Am Schluss der Versammlung des internationalen Versuchsverbands 1900 in Zürich und Bern kam das Gespräch daher auch auf diese Versuchsreihen. Der Österreicher Josef Friedrich und Philipp Flury, Assistent an der schweizerischen Versuchsanstalt, sprachen bei dieser Gelegenheit „den von der Versammlung auch angenommenen Wunsch aus, daß der Arbeitsplan für Durchforstungsversuche nicht einseitig vom Verein deutscher forstlicher Versuchsanstalten, sondern im Benehmen mit der österreichischen und schweizerischen Versuchsanstalt festgestellt werden möge." Die deutschen Vertreter reagierten darauf zunächst zögernd und behielten sich eine „Stellungnahme zu diesem Antrage" vor.[421] Friedrich

420 Exemplarisch Danckelmann: Über die Organisation des forstlichen Versuchswesens (1869).
421 Schwappach: Dritte Versammlung des internationalen Verbandes (1900), S. 756.

wusste um den Erfahrungsschatz der deutschen Versuchsanstalten und blieb am Ball. In Vorbereitung der nächsten Versammlung des internationalen Versuchsverbands, der 1903 in Wien tagen sollte, wandte sich Friedrich daher erneut an Schwappach in Eberswalde: Friedrich schlug vor, die Durchforstungsversuche als Tagesordnungspunkt für die nächste Versammlung aufzunehmen. Er unterstrich gegenüber Schwappach, dass er das deutsche Engagement in dieser Sache sehr schätze, weshalb die österreichische Seite interessiert sei, mehr über die deutschen Versuchsreihen und deren bisherige Ergebnisse zu erfahren.[422]

Parallel zu den Vorbereitungen für die Versammlungen des alle drei bis vier Jahre tagenden internationalen Versuchsverbands liefen allerdings die Arbeiten im deutschen Versuchsverein, also auch die Durchforstungsversuche, weiter. Der deutsche Versuchsverein lud dazu auch Versuchsstationen anderer Länder ein, um im Rahmen des deutschen Versuchsvereins gemeinsam an den Durchforstungsversuchen weiterzuarbeiten. Was auch immer die Absicht der deutschen Seite hinter diesen Einladungen war – sie stießen auf gemischte Reaktionen. Als Adam Schwappach im September 1902 die schweizerische Versuchsanstalt nach Gießen zu einem Treffen des deutschen Versuchsvereins einlud, um über ein Arbeitsprogramm für die Durchforstungsversuche zu beraten, lehnten die Schweizer ab. Arnold Engler, Direktor der schweizerischen Versuchsanstalt, begründete seine Haltung gegenüber der Aufsichtskommission, der seine Anstalt unterstand, indem er zwei Punkte anführte: Erstens hätten die Schweizer in dieser Versammlung des deutschen Versuchsvereins allenfalls eine „beratende Stimme“. Es habe daher „wenig Wert, unsere Meinung in Gießen zu äußern, ohne derselben auch Nachdruck durch unsere Stimme geben zu können“. Und zweitens sah Engler keine „Veranlassung [...], die von unserer Anstalt während 14 Jahren gesammelten Erfahrungen über die Durchführung von Durchforstungs- und Lichtungsversuchen in nicht offizieller Stellung dem Verein deutscher forstlicher Versuchsanstalten mitzuteilen und zu gut findender [sic!] Verwendung zu überlassen.“ Die nächste Tagung des internationalen Verbandes werde auf Vorschlag Friedrichs ohnehin über Durchforstungsversuche beraten, erläuterte Engler und fuhr fort, „es wäre daher unklug, uns durch die Teilnahme an der Kommissions-Sitzung des Vereins deutscher forstlicher Versuchsanstalten gewissermaßen zum voraus [sic!] die Hände binden zu lassen. Wir würden damit stillschweigend den deutschen Versuchsanstalten *eine Art von Hegemonie* im internationalen Verbande zugestehen, die sie schon längst nur zu sehr geneigt sind[,] für sich in Anspruch zu nehmen.“[423] Die schweizerischen Versuchsreihen, so vergaß Engler nicht anzufügen, zeigten inzwischen „hübsche Resultate“, und da solche Versuche eine „gewisse Beständigkeit“ verlangten, erschien es Engler unangebracht, an der Versuchsanordnung jetzt etwas zu ändern. Die Aufsichtskommis-

422 FAE Nr. 286, fol. 1, Friedrich an den Verein deutscher forstlicher Versuchsanstalten in Eberswalde, 19. April 1901.

423 EAFV, 1902/12, Engler an Präsident der Aufsichtskommission, 4. März 1902, Hervorhebungen C. L.

sion stimmte Englers Argumentation zu und hieß es gut, dass er die Einladung des deutschen Versuchsvereins ablehnte.[424]

In diesen Aushandlungen um Statutenänderungen und Stimmrechte, um Versuchsreihen und die Beteiligung einzelner Anstalten zeigt sich ein Spannungsmoment grenzübergreifender Zusammenarbeit, das in verschiedener Form in der Geschichte zahlreicher anderer internationaler Organisationen zu beobachten ist. In der Analyse transnationaler Kooperation auf dem Gebiet der Meteorologie bspw. analysierte Paul Edwards, dass die Zusammenarbeit bei der Erhebung und Verarbeitung von Daten seit dem 19. Jahrhundert einem langandauernden und tiefgreifenden Veränderungsprozess unterlag:[425] Beteiligte Meteorologen begannen großangelegte Datenerhebungen als „volontary internationalism", also in einem Zusammenhang, in den sich viele Akteure mit ihren wissenschaftlichen Vorstellungen und Methoden einbringen konnten. Eine Aushandlung über geeignete Standards war mühsam, aber nicht unmöglich. Im Fortgang der Zeit entwickelte sich aus dieser freiwilligen Zusammenarbeit eine Art „quasiobligatory globalism": Indem internationale Organisationen, in Edwards Analyse die *World Meteorological Organization* (WMO), daran arbeiteten, nationale Wetter-Daten in einem „single, increasingly automated global data collection and processing system" zu verbinden, trieben sie die Etablierung einer „global information infrastructure" voran. Edwards sieht diesen Prozess innerhalb der WMO seit den 1960er Jahren im Gange. Im Forstwesen kann im Fall des internationalen Versuchsverbands der 1890er Jahre von einem „automated global data collection and processing system" natürlich noch keine Rede sein. Gleichwohl deuten sich in den Diskussionen um eine Ausdehnung deutscher Versuchsreihen in einen internationalen Zusammenhang ähnliche Tendenzen ab. Die zahlenmäßig, organisatorisch und wissenschaftlich starken deutschen Versuchsanstalten formten ein Zentrum, von dem eine erhebliche Dynamik ausging, vorhandene deutsche Informations-Infrastrukturen in frühe Formen von „global information infrastructures" zu übersetzen. Dies betraf nicht nur die oben genannten Durchforstungsversuche, sondern auch weitere Felder, wie etwa Messreihen zum Wald-Wasser-Zusammenhang seit den 1870er Jahren oder Klassifikationen von Waldböden bspw. im Rahmen der Humusausstellung in Stuttgart 1906. Je aufwändiger Versuchsreihen waren, desto attraktiver (da zeit- und kraftsparender) erschien es, sich vorhandenen Versuchsreihen anzuschließen, statt eine eigene Reihe aufzusetzen.

Zweifellos war der Einfluss der deutschen Versuchsanstalten auf den internationalen Versuchsverband in vielen forstlichen Untersuchungsfeldern groß. Allerdings betraf dies keineswegs alle Felder oder Tätigkeitsbereiche forstwissenschaftlicher Forschung. In vielen Vorhaben des Versuchsverbands waren die Deutschen zwar wichtige, aber nicht dominierende Partner. Dies betraf Versuchsreihen, die neu begonnen werden sollten und die es angelegen erscheinen ließen, dass Ver-

424 Ebenda.
425 Edwards: Meteorology as Infrastructural Globalism (2006).

suchsstationen aus verschiedenen Regionen beteiligt werden sollten, wie etwa Untersuchungen zum Wurzelwachstum[426] oder Versuche, die sich mit forstlichen Fragen im Hochgebirge befassten. Hier hatten die Alpenländer – topographisch bedingt – viel mehr Erfahrung in der Forschung und auch in der Praxis. Die beteiligten deutschen Experten gestanden auf diesem Feld offen die Grenzen ihrer eigenen Kompetenz ein, z. B. bei der Erstellung eines Arbeitsprogramms für die Erforschung des Wald-Wasser-Zusammenhangs im Gebirge. Anton Müttrich, Professor in Eberswalde, war mit den allgemeinen Fragen des Wald-Wasser-Zusammenhangs zwar vertraut, aber als ein „Kind des vollständigen Flachlandes" empfand er sich als weniger qualifiziert, ein Arbeitsprogramm für die weiteren Forschungsschritte im Gebirge zu entwerfen, weshalb er Eduard Hoppe (Wien-Mariabrunn) und Anton Bühler (Zürich) bat, diese Aufgabe zu übernehmen.[427] Ähnliches galt für Versuche mit der Einführung landesfremder Baumarten. Auf diesem Feld konnten sogar die Briten, die auf den meisten anderen forstlichen Arbeitsgebieten wegen der kargen britischen forstwissenschaftlichen Infrastruktur nur eine Nebenrolle spielten, mit beeindruckenden Erfahrungen punkten. Denn in Großbritannien gab es aus privater Initiative seit dem 18. Jahrhundert verschiedene, auch großflächige Anbauversuche mit eingeführten Baumsorten. Ergebnisse solcher Anbauversuche konnte bspw. William Somerville, seit 1889 auf dem Lehrstuhl für Forstwesen an der Universität Edinburgh, auf der Versammlung des internationalen Versuchsverbands 1903 in Wien-Mariabrunn vorstellen.[428]

Wie oben dargestellt, waren die Abstimmungen in fachlichen Fragen nur ein Mittel, „die Anschauung der Versammlung zum Ausdruck zu bringen."[429] Eine wie auch immer geartete Bindung oder Festlegung der beteiligten Versuchsanstalten auf einen inhaltlichen Mehrheitsbeschluss des Verbandes war unter den Versuchsanstalten überhaupt nicht vermittelbar – auch und gerade unter den deutschen Versuchsanstalten, die einzelne Versuchsreihen oder -aspekte sensibel gegen Einmischungen von außen verteidigten. Eine Festlegung auf Mehrheitsbeschlüsse in inhaltlichen Fragen wurde von den Teilnehmern auch überhaupt nicht erwartet. Im Gegenteil: Meinungsverschiedenheiten, und an ihnen herrschte wahrlich kein

---

426 Vgl. EAFV, 1905 / 1a, Schwappach an Schweizerische Versuchsanstalt, 1. Februar 1905; sowie EAFV, 1905 / 3, Engler an Präsident der Aufsichtskommission Gnehm, 7. April 1905.

427 FAE Nr. 279, fol. 279–281v, Schwappach: [Dossier] „Correspondenz über den Zusammentritt der auf der internationalen Versammlung forstlicher Versuchsanstalten in Braunschweig, September 1896, gewählten Commission", ohne Datum.

428 FAE Nr. 286, fol. 10, Friedrich an Schwappach, 3. November 1902; sowie FAE Nr. 286, fol. 58, Protokoll, Versammlung des internationalen Verbandes forstlicher Versuchsanstalten, Mariabrunn, 31. August bis 5. September 1903; vgl. auch Schwappach: Bericht über die vierte Versammlung des internationalen Verbandes (1903), S. 758.

429 Vgl. FAE Nr. 279, fol. 12–15, Anonym [Josef Friedrich]: Entwurf, Statuten des Internationalen Verbands forstlicher Versuchsanstalten, ohne Datum [Anfang November 1902]; Schwappach: Bericht über die vierte Versammlung des internationalen Verbandes (1903), S. 763.

Mangel,[430] waren im internationalen Versuchsverband ein Teil der akademischen Diskussionskultur. Eine Versuchsanstalt, die den Plan für eine bestimmte forstliche Versuchsreihe nicht guthieß, musste ihn auch nicht umsetzen, also keine Ressourcen im Sinne von Waldflächen, Personalkosten, Sämereien usw. dafür aufwenden. Diese Offenheit in inhaltlichen Fragen war wesentliche Ursache für die immer wieder notwendigen und zeitraubenden Absprachen unter den beteiligten Versuchsstationen über den Fortgang einzelner Versuchsreihen; aber diese Offenheit garantierte zugleich eine erfrischende und kritische Auseinandersetzung um Fragen des forstlichen Versuchswesens (vgl. Kapitel V.4).

Die von Engler sicher treffend charakterisierte „Hegemonie" der deutschen Versuchsanstalten im internationalen Versuchsverband kann daher als eine Art starke Anziehungskraft verstanden werden: Die deutschen Versuchsstationen unterbreiteten den anderen Versuchsanstalten im Grunde attraktive Angebote, an Versuchsreihen mitzuwirken (wie etwa an den Durchforstungsversuchen). Die deutsche „Hegemonie" war im internationalen Versuchsverband aber keine Haltung, die wissenschaftliche Unternehmungen anderer Versuchsanstalten ausbremste, denn die Tagesordnungen der Versammlungen zeigen eine Fülle von unterschiedlichen Versuchsreihen, die die beteiligten Anstalten in den Verband einbrachten.

V.3 Loser Verband oder verbindliche Zusammenarbeit? Die Auseinandersetzungen um die Einrichtung einer internationalen forstlichen Bibliographie

Solange sich die Tätigkeit des internationalen Versuchsverbands auf die Diskussion wissenschaftlicher Fragen und den Austausch von Versuchsanordnungen und -ergebnissen konzentrierte, und dies war bis zum Ersten Weltkrieg der Schwerpunkt der Verbandsarbeit, solange waren Meinungsverschiedenheiten vollkommen unproblematisch. Wenn es aber über solche wissenschaftlichen Fragen hinausging, wurde rasch deutlich, wie viele Spannungen und Asymmetrien im internationalen Versuchsverband wirkten.

Ein Beispiel, das einen Einblick in diese Spannungen gewährt, ist die Erarbeitung einer internationalen forstlichen Bibliographie (im Folgenden abgekürzt IFB).[431] Die Idee, eine internationale forstliche Bibliographie zu erstellen, also ein Hilfsmittel zu erarbeiten, das einen systematischen Überblick über forstwissenschaftliche Publikationen ermöglicht, hatte verschiedene Vorläufer, weshalb der internationale Versuchsverband in dieser Angelegenheit nicht bei Null anfangen musste: Große forstwissenschaftliche Bibliotheken, wie etwa jene der sächsischen Forstakademie

---

430 Vgl. exemplarisch die Schilderungen von Müttrich: FAE Nr. 279, fol. 98, Danckelmann an Müttrich, 20. November 1893 und Antwort von Müttrich, ohne Datum [November 1893].

431 Vgl. den Überblick bei Schenker: Von der forstlichen Bibliographie und ihrer Klassifikation (1985); sowie Petrini: Det internationella Samarbetet (1938), S. 11–14.

in Tharandt, ließen Ende des 19. Jahrhunderts ihre Kataloge bzw. Bücherverzeichnisse drucken.[432]

Philipp Flury, Assistent an der schweizerischen Versuchsanstalt, sah im internationalen Versuchsverband die geeignete Plattform, eine internationale forstliche Bibliographie voranzubringen. Auf Anregung der Schweizer kam die IFB daher auf die Tagesordnung der Versammlung des internationalen Versuchsverbands in Wien-Mariabrunn 1903. Flury bereitete ein Referat vor, in dem er Grundlinien einer solchen Bibliographie erläuterte.[433] Der Versuchsverband beschloss, eine Kommission einzusetzen, die die Einzelheiten einer solchen internationalen forstlichen Bibliographie erarbeiten sollte. Die Kommission bestand neben Philipp Flury aus dem Österreicher Karl Böhmerle sowie aus Max Neumeister, der nach dem Tod Judeichs 1894 das Amt des Direktors der Sächsischen Forstakademie in Tharandt übernommen hatte.

In den folgenden Jahren erarbeitete Flury ein umfangreiches Konzept, wie eine solche IFB gestaltet sein sollte. Der Leiter der schweizerischen Versuchsanstalt, Arnold Engler, stellte Flurys Konzept der Aufsichtskommission beim Innen-Departement (schweizerisches Innenministerium) vor und bat um Unterstützung durch die schweizerische Regierung. Vorgesehen war die Erarbeitung eines Sammelwerks, das die forstliche Literatur des Zeitraums 1760 bis 1907 dokumentieren sollte, sowie für die Zeit ab 1908 in „Zettelform" ein Verzeichnis der „periodischen Literatur" – gemeint waren die Neuerscheinungen des jeweils laufenden Jahres. Diese Zettel sollten „Autor, Titel und kurze Inhaltsangabe" der jeweiligen Neuerscheinungen enthalten. Flury und Engler rechneten mit etwa 3.000 Neueinträgen pro Jahr. Für die Systematisierung schlugen sie die Dezimalklassifikation vor. „Die Verwendung von Ziffern als Charakteristikum", so erläuterten Engler und Flury, „besitzt gegenüber andern Systemen den grossen Vorzug völliger Unabhängigkeit von Sprachverschiedenheiten, wodurch das Dezimalsystem wirklich internationalen Charakter gewinnt."[434] Die IFB würde in der schweizerischen Versuchsanstalt erarbeitet werden. Die dazu neu zu schaffende Stelle eines Redakteurs hätte die Aufgabe, neue Titel aufzunehmen und die inhaltlichen Kurzangaben zu verfassen. Deutsche, französische, italienische und englische Titel würden im Original aufgenommen, Publikationstitel anderer Sprachen in Übersetzung. Druck, Verlag und Versand sollte vom Concilium Bibliographicum, das bereits eine ähnliche Bibliographie auf dem Gebiet der Zoologie vertrieb, übernommen werden. Diese Zuständigkeiten bei der Erstellung der IFB, das vergaßen Engler und Flury nicht zu betonen, müssten vorab klar zwischen der schweizerischen Versuchsanstalt

432 Königlich Sächsische Forstakademie Tharandt (Hg.): Katalog der Bibliothek (1900); vgl. auch Königlich preußische Forstakademie: Katalog der Bibliothek (1879); Forstlehranstalt Weisswasser (Hg.): Katalog der Lehrmittel (1886).

433 FAE Nr. 286, fol. 58, Protokoll, Versammlung des internationalen Verbandes forstlicher Versuchsanstalten, Mariabrunn, 31. August bis 5. September 1903.

434 EAFV, 1908/24, Engler, Gutachten „Grundsätze für die Einrichtung einer internationalen forstlichen Bibliographie", Zürich, 30. Juni 1908.

und dem Concilium abgesteckt werden.[435] Als Vorteile stellten Engler und Flury heraus, dass in die IFB auch viele Titel aus den Grund- und Hilfswissenschaften (Mathematik, Staatswissenschaft usw.) aufzunehmen seien, weshalb am Züricher Polytechnikum (ab 1911 Eidgenössische Technische Hochschule, ETH), zu dem die schweizerische Versuchsanstalt seit ihrer Gründung 1884 gehörte, sicher auch andere Disziplinen Interesse an der IFB hätten. Nicht zuletzt werde auch die Bibliothek des Polytechnikums von der IFB in Form der zu erwartenden zahlreichen Buchgeschenke profitieren.[436]

Das Departement des Inneren und die Aufsichtskommission der Versuchsanstalt begegneten der Idee wohlwollend. Lediglich in der Kostenfrage hatte das Departement Bedenken: Die von Engler veranschlagten Ausgaben von 4.500 bis 6.000 Franken seien für die Gesamtbibliographie des Zeitraums 1760–1907 sicher notwendig, aber „von da an sollten sich die Redaktionskosten billiger stellen.“ Zudem werde das Departement die Ausgaben nur übernehmen, wenn sich das Concilium Bibliographicum alle übrigen Kosten zu tragen verpflichte.[437]

Inhaltliche Aspekte der IFB, wie etwa die Diskussion um Vor- und Nachteile der Dezimalklassifikation, gerieten ab diesem Zeitpunkt in den Hintergrund, und die Auseinandersetzung drehte sich nun fast ausschließlich um Fragen der Organisation und Finanzierung. Zunächst herrschten Unklarheiten, bei wem eigentlich die Initiative liegen sollte, der IFB eine klare organisatorische Struktur zu geben. Engler bat die Aufsichtskommission der Versuchsstation, sie solle bei der schweizerischen Regierung klären, „ob die Schweiz geneigt ist, die ihr zugedachte Redaktion zu übernehmen“. Die Aufsichtskommission erhielt zwar von der schweizerischen Regierung die grundsätzliche Zustimmung, forderte Engler jedoch auf, zunächst mit dem internationalen Versuchsverband und dem Concilium Bibliographicum die Zuständigkeiten und finanziellen Verantwortlichkeiten zu klären.[438] Aus dem internationalen Versuchsverband wiederum traten bspw. die Österreicher an die Schweizer heran und drängten auf eine verbindliche Stellungnahme, ob die schweizerische Seite die Redaktion der IFB übernehmen werde. Im Jahrzehnt vor dem Ersten Weltkrieg entstand auf diese Weise aus unterschiedlichen organisatorischen Konzepten und gegenseitigen Handlungsaufforderungen ein beinahe unüberschaubares Durcheinander zwischen einer internationalen Organisation (Internationaler Verband forstlicher Versuchsanstalten), nationalstaatlichen Institutionen (schweizerische Regierung, Aufsichtskommission), privatwirtschaftlichen Unternehmen (Concilium Bibliographicum), wissenschaftlichen Einrichtungen (die Versuchsanstalten) und den beteiligten Forstwissenschaftlern.[439]

---

435 Ebenda.
436 Ebenda.
437 EAFV, 1908 / 28, Departement des Innern an Aufsichtskommission, 5. Oktober 1908.
438 EAFV, 1908 / 29, Engler an Gnehm, 8. Oktober 1908; sowie EAFV 1908 / 30, Departement des Innern an Präsident der Aufsichtskommission, 31. Oktober 1908.
439 Vgl. exemplarisch EAFV, 1909 / 3, Bühler an Gnehm, 8. Januar 1909; EAFV, 1912 / 1, Departement des Innern an Präsident der Aufsichtskommission, 29. Dezember 1911, Anlage: Abschrift des Schrei-

Als im September 1910 der internationale Versuchsverband zu seiner Versammlung in Belgien zusammenkam, stand erneut die IFB auf der Tagesordnung. Die dortigen Diskussionen um die IFB ließen Engler und Flury das schweizerische Engagement nun in neuem Licht erscheinen. Nicht nur waren die Teilnehmer über „die finanzielle Tragweite der Aufgabe [...] gar nicht unterrichtet",[440] auch gingen die Erwartungen an eine internationale Bibliographie weit auseinander. Die Redaktion, so schrieb Engler ernüchtert der Aufsichtskommission, werde es daher „schwerlich allen recht machen können."[441] Bis zu 8.000 Franken schätzte Engler nun die entstehenden jährlichen Kosten für die Redaktion der IFB. Dies jedoch erschien ihm „in der Tat eine etwas starke Zumutung zu sein, der Schweiz die Kosten eines internationalen Unternehmens aufzubürden, das allen Staaten des internationalen Verbandes forstlicher Versuchsanstalten in hohem Masse [sic!] zustatten kommt."[442] Engler betonte, dass die Schweiz solch hohe Kosten für die IFB nur dann übernehmen solle, wenn sie dazu „in aller Form [...] ersucht wird." Das sei jedoch bisher nicht geschehen, denn die IFB trage einen „ganz privaten Charakter".[443]

Das begeisterte Engagement der Schweizer aus den Jahren 1903/04, eine internationale forstliche Bibliographie zu erarbeiten, wich spätestens 1910 großer Ernüchterung. In einer Denkschrift, die Engler an die Aufsichtskommission der schweizerischen Versuchsanstalt richtete, begründete Engler seine nun veränderte Haltung. Er reflektierte dazu auch den Charakter des internationalen Verbands forstlicher Versuchsanstalten sowie die Veränderungen des Abstimmungsmodus durch die neuen Statuten des Verbandes. Die Versammlung in Wien 1903 habe – gegen die Stimmen Englers und anderer Teilnehmer – beschlossen, dass bei Abstimmungen nicht mehr „die Stimmen der Staaten, sondern der Versuchsanstalten massgebend [sic!]" sein sollen. Da es bislang im internationalen Versuchsverband hauptsächlich um „Meinungsaustausch[.]" ging, hatte der „Modus der Abstimmung nur geringe Bedeutung". Bei der Einrichtung einer internationalen forstlichen Bibliographie jedoch *„handelt es sich um die Gründung eines internationalen Instituts, wozu die bestimmte Willensäußerung der Staatsregierungen erforderlich ist."*[444]

Aus Englers Sicht hatte die Statutenänderung von 1903, die den deutschen Versuchsanstalten eine Mehrheit sicherte, eben auch dazu geführt, dass eine organisatorische Herausforderung wie die IFB, die Verbindlichkeiten von Staaten erforderte, um Kosten zu decken und eine Projektzukunft zu sichern, vom internationalen

bens des Internationalen Verbands forstlicher Versuchsanstalten (Anton Bühler) an den Schweizerischen Bundesrat, 12. November 1911; EAFV, 1912/10, Departement des Innern an Präsident der Aufsichtskommission, 2. März 1912.

440 EAFV, 1912/13, „Vernehmlassung" zur internationalen forstlichen Bibliographie von Arnold Engler an Robert Gnehm, 16. März 1912.

441 Ebenda.

442 Ebenda.

443 Ebenda.

444 Ebenda, Hervorhebungen im Original.

Versuchsverband kaum angegangen werden konnte. Denn der diplomatische Aufwand, die zuständigen Länderregierungen der einzelnen deutschen Versuchsstationen für ein Projekt wie die IFB zu gewinnen, erschien ungleich höher, als allein die deutsche Reichsregierung zu überzeugen. In einem handschriftlichen Entwurf zu seiner Stellungnahme hatte Engler offenbar auch reflektiert, wie sich die Mehrheit der Deutschen in die Verantwortung nehmen lasse: Ihm schien es bei so hohen Kosten für die IFB „durchaus gerechtfertigt, daß alle Verbands*staaten,* deren es gegenwärtig laut Schreiben des Intern[ationalen] Verbandes vom 12. November 1911 25 gibt, die Redaktionskosten gemeinschaftlich tragen."[445] Wenn die Statutenänderung von 1903 jeder deutschen Versuchsanstalt eine Stimme im internationalen Versuchsverband beschert hatte, so ließe sich Englers Gedanke interpretieren, dann sollte auch jede deutsche Versuchsstation einen ebenso großen finanziellen Anteil wie alle anderen Stationen tragen. Die Auffassung, dass jede deutsche Versuchsstationen, ebenso wie alle anderen, einen gleichen Anteil der Kosten für gemeinsame Unternehmungen, wie etwa Veröffentlichungen, tragen sollte, war auch für die beteiligten deutschen Stationen nicht abwegig; im Gegenteil, die sächsische Versuchsstation bspw. hatte solche Kostenaufteilungen schon im Zusammenhang anderer Publikationsvorhaben vorgeschlagen.[446]

Die internationale forstliche Bibliographie – das sei als Ausblick hinzugefügt – musste trotz all dieser Zweifel und Diskussionen nicht über mangelndes Interesse klagen. Seit den Diskussionen innerhalb des internationalen Versuchsverbands verfolgten bibliographisch engagierte Forstwissenschaftler in den Ländern des Nord- und Ostseeraums den Fortgang der Planungen.[447] Bis Ende 1913 waren bereits über 100 Voranmeldungen von Bibliotheken und Forschungseinrichtungen für ein Abonnement der IFB eingegangen.[448] 1925 publizierte Philipp Flury die von ihm entworfene Systematisierung forstlicher Literatur anhand der Dezimalklassifikation.[449] Das Sekretariat für die Bibliographie zu übernehmen, lehnten die Schweizer 1935 allerdings endgültig ab. Seit Ende des Zweiten Weltkriegs wird die bibliographische Arbeit im „Gemeinsamen Ausschuss für Bibliographie (ab 1963) und Terminologie" der *Food and Agricultural Organization* (FAO) und des Internationalen Verbandes forstlicher Versuchsanstalten (inzwischen *International Union of Forest Research Organizations,* IUFRO) koordiniert.[450]

---

445 EAFV, 1912/13, (Anlage) Arnold Engler: Entwurf zur „Vernehmlassung", ohne Datum [März 1912], Hervorhebung C. L.

446 FAE Nr. 286, fol. 31, Neumeister an Riedel, 28. Dezember 1902.

447 Vgl. exemplarisch Watt: Bibliography of Forestry (1912); dort ein Hinweis auf die Annotationes Concilii Bibiographici, Bd. VI (1910), S. 1–3.

448 EAFV, 1908/21, Entwurf eines Schreibens von Engler an Field (Concilium Bibliographicum), ohne Datum [etwa März 1914].

449 Flury: Forstliche Bibliographie (1925).

450 Schenker: Von der forstlichen Bibliographie und ihrer Klassifikation (1985), S. 788; Petrini: Det internationella Samarbetet (1938), S. 11–14; vgl. auch EAFV, 1912/20, Auszug aus dem Protokoll der Sitzung des Schweizerischen Bundesrates, 24. Mai 1912.

Dass sich die Arbeit an der internationalen forstlichen Bibliographie so lange hinzog, ist nicht einer einzelnen oder einigen der beteiligten Versuchsanstalten im internationalen Versuchsverband anzulasten. Zwar gingen die Vorstellungen über eine IFB auseinander, aber niemand hintertrieb grundsätzlich die bibliographischen Anstrengungen. Die IFB diente in dieser Analyse lediglich als Beispiel, um die Grenzen zu verdeutlichen, an die eine Zusammenarbeit im internationalen Versuchsverband stoßen konnte, wenn die Teilnehmer die rein fachliche Ebene des wissenschaftlichen Austauschs verließen. Der wissenschaftliche Austausch – dies soll zum Abschluss dieses Teilkapitels erneut hervorgehoben werden – bildete jedoch den Schwerpunkt des internationalen Versuchsverbands bis 1914. Dieser Austausch war von einer starken Stellung der deutschen Versuchsanstalten, allein neun an der Zahl, geprägt. Da eine Mitarbeit im internationalen Versuchsverband jedoch den Versuchsanstalten die Möglichkeit bot, die Datengrundlagen eigener Versuchsreihen zu verbreitern, und da sich in die Tagesordnung der Versammlungen alle Stationen mit Themenvorschlägen einbringen konnten, hatte eine Mitarbeit im internationalen Versuchsverband – trotz des starken deutschen Einflusses – eine hohe Attraktivität. Nachdem in diesem Teilkapitel die Organisation, Aushandlungsmechanismen und Hierarchien innerhalb des internationalen Verbandes forstlicher Versuchsanstalten analysiert wurden, wenden sich die folgenden Passagen nun der inhaltlichen Arbeit anhand eines Fallbeispiels – der Wald-Wasser-Fragen – zu.

V.4 Ein geschützter Raum für kritische Reflexionen. Der internationale Versuchsverband und ökologische Fragen forstwissenschaftlicher Planungen

Zwischen der Gründung des Internationalen Verbandes forstlicher Versuchsanstalten 1891/92 und dem Ersten Weltkrieg behandelten Forstwissenschaftler der teilnehmenden Versuchsstationen auf den Versammlungen des Verbandes eine breite Palette unterschiedlicher Themen. Anhaltende Aufmerksamkeit fanden dabei (1) Untersuchungen zur Verbreitung der Hauptholzarten in Europa, die eine Art kartographische Bestandsaufnahme zum Ziel hatte, welche Baumarten in welchen Regionen heimisch sind; (2) das große Gebiet der Holzmesskunde, bei deren Erörterung es in erster Linie um Standardisierung der Erhebungsmethoden ging, um Versuchsergebnisse der unterschiedlichen Stationen vergleichend auswerten zu können;[451] (3) die Erforschung der technischen Eigenschaften des Holzes;[452] (4) der Zusammenhang von Wald und Klima, den die Tagesordnungen des internationalen Versuchsverbands zumeist als „forstlich-meteorologische Untersuchungen"

451 Vgl. das Material zur Standardisierung der Holzmesskunde in FAE Nr. 279, fol. 223–250.

452 Vgl. FAE Nr. 285, fol. 23, Schwappach an Bourgeois, 17. April 1900; sowie FAE 285, fol. 45, Danckelmann an Bourgeois, 24. Juli 1900.

oder „Wald- und Wasserfrage“[453] bezeichneten; (5) zahlreiche Durchforstungs- und Lichtungsversuche, mit denen Experten nach den ertragreichsten Bewirtschaftungsmethoden suchten; sowie (6) Untersuchungen zur Einführung fremder Baumarten, die vor allem von der Hoffnung getrieben waren, durch den Anbau dieser, in Europa bislang nicht heimischen Baumarten einen höheren wirtschaftlichen Nutzen zu erzielen, als er durch heimische Baumarten erwirtschaftet werden konnte.[454]

Waren die hier genannten Themen nur die hauptsächlich und wiederholt verhandelten Gegenstände, so diskutierten die versammelten Experten auf den Versammlungen des internationalen Versuchsverbands noch zahlreiche weitere Aspekte. Überblickt man die Aufstellung sämtlicher verhandelter Themen,[455] dann ist auffällig, dass hier ein Thema überhaupt nicht vorkommt, und zwar die forstliche Statistik. Man ginge fehl, die Abwesenheit forststatistischer Fragen als grundsätzliches Desinteresse des internationalen Versuchsverbands an Nachhaltigkeit und forstlicher Zukunftsplanung zu interpretieren. Denn ökologische Aspekte forstlicher Zukunftsplanung nahmen im internationalen Verband einen breiten Raum ein, etwa bei der Erforschung der vielfältigen Wald-Wasser-Fragen. Auch Detailprobleme forst*wirtschaftlicher* Nachhaltigkeit spielten im internationalen Versuchsverband eine wichtige Rolle, insbesondere in den Durchforstungsversuchen, da diese darauf ausgerichtet waren, durch gezielte Eingriffe den optimalen Ertrag einer gegebenen Waldfläche herbeizuführen. Aber eine internationale forstliche Statistik, wie sie bspw. auf dem großen internationalen Kongress 1873 gefordert worden war (vgl. Kapitel III), ließ sich mit solchen Fragestellungen nicht voranbringen.

Das Fehlen forststatistischer Fragen zu erklären, ist kein leichtes Unterfangen. Einige, auf den ersten Blick möglicherweise naheliegende Gründe lassen sich jedoch mit Sicherheit ausschließen: Dass der internationale Versuchsverband grundsätzlich statistisch-orientierte Arbeit ablehnte, wird nicht die Ursache gewesen sein. Denn die Forschungen zur Verbreitung der Hauptholzarten (einschließlich ihrer Kartierung) wie auch die Datenerfassungen im Rahmen der Temperatur- und Niederschlagsmessungen waren Forschungsvorhaben mit starken statistischen Anteilen. Mangelnde Einigkeit bzgl. gemeinsamer Maßeinheiten, an der verbandsinterne Beratungen über eine internationale Statistik hätten scheitern können, ließ sich in den Versammlungen auch nicht beobachten. Denn in der Holzmesskunde bspw. einigte sich der internationale Versuchsverband rasch auf arbeitsfähige Lösungen. Eine solche rasche Lösung war hier auch deshalb möglich, weil im Verband hauptsächlich Anhänger des metrischen Systems das Wort führten, wohingegen jene, die

453 FAE Nr. 286, fol. 9, Schwappach an Friedrich, 14. September 1902.
454 FAE Nr. 286, fol. 7, Weber an Schwappach, 18. Januar 1902.
455 Die vollständigsten Übersichten über die verhandelten Themen enthalten die in diesem Kapitel zitierten Berichte über die Versammlungen des internationalen Versuchsverbands in der Zeitschrift für Forst- und Jagdwesen.

sich bspw. im Holzhandel für die traditionellen Maßeinheiten aussprachen, insbesondere aus Skandinavien, Russland und Großbritannien, nur schwach oder gar nicht im internationalen Versuchsverband vertreten waren.

Die Gründe für das Fehlen forststatistischer Fragen sind daher wahrscheinlich in zwei anderen Faktoren zu suchen: Die Teilnehmer an den Versammlungen des internationalen Versuchsverbands sahen eine internationale Forststatistik nicht als ihre vordringliche Aufgabe an. Denn immerhin hatte der internationale forstwissenschaftliche Kongress 1873 in Wien die Forststatistik an die internationalen *statistischen* Kongresse überwiesen. Dort also lag nach Auffassung der Zeitgenossen die Zuständigkeit für die Forststatistik, auch wenn die Zukunft der internationalen statistischen Kongresse nach dem vorerst letzten Kongress 1876 in Budapest ungewiss war.[456] Auch schien auf den großen internationalen forstwissenschaftlichen Kongressen in den 1890er Jahren eine internationale Forststatistik keine drängende Aufgabe zu sein. Der internationale forstwissenschaftliche Kongress 1890 in Wien hatte nicht einmal eine eigene forststatistische Sektion. Mehr noch: Folgte man Guttenbergs und Ostwalds rhetorischer Frage, ob Nachhaltigkeit noch aufrechtzuerhalten sei, dann war aus Guttenbergs und Ostwalds Sicht eine Statistik ohnehin nicht mehr zwingend: Denn – so könnte man zugespitzt formulieren – wenn Nachhaltigkeit nicht mehr notwendig war, so brauchte man auch keine exakte Datengrundlage (also Statistiken) für Planungen mehr.

Gegen eine solche Argumentation ließen sich allerdings mehrere Punkte einwenden: Zunächst behandelte der internationale Versuchsverband sehr wohl auch Themen, die im Rahmen anderer internationaler Vereinigungen bereits bearbeitet wurden, wie etwa die Forschungen zu technischen Eigenschaften des Holzes: Obwohl es Stimmen gab, die diese Fragen eher „im Schosse [sic!] des Internationalen Verbandes für die Materialprüfung der Technik“[457] aufgehoben sehen wollten, erörterte der Internationale Verband forstlicher Versuchsanstalten trotzdem wiederholt dieses Thema. Auch zur Forststatistik hätte also der Internationale Verband forstlicher Versuchsanstalten zumindest vorbereitende Arbeiten übernehmen können, wie etwa die Erörterung von geeigneten Maßeinheiten und Datenerhebungsverfahren, wie sie die Teilnehmer in ähnlicher Form in den Verhandlungen über die Holzmesskunde erzielt hatten.

Auch wenn forststatistische Fragen im internationalen Versuchsverband fehlten, heißt dies nicht, dass die Verhandlungen des Verbands keinen Einblick gewähren, wie die dort versammelten Wissenschaftler über Fragen forstlicher Zukunftsplanungen diskutierten. Denn zahlreiche andere Tagesordnungspunkte verdeutlichen ebenso deren Perspektiven auf die Zukunft. Dazu gehören in erster Linie die Beratungen über die sogenannten Wald-Wasser-Fragen. Hier ging es – wie in den vorangegangenen Kapiteln bereits angesprochen – im engeren Sinne um den Zusammenhang von Waldbestand und Niederschlag, Quellbildung, Boden-

456 Randeraad: The International Statistical Congress (2011), S. 58.
457 EAFV, 1898 / 30, Tetmajer an Präsidenten der Aufsichtskommission, 18. Juli 1898.

feuchtigkeit u. a. m.; im weiteren Sinne jedoch verbarg sich hinter den zahlreichen Wald-Wasser-Themen auch die Frage, welche übergeordnete ökologische Bedeutung dem Wald – unabhängig von seiner ökonomischen Funktion als ‚Holzlieferant' – beizumessen sei, und welchen Einfluss diese ökologischen Bedeutungen aus Sicht der zeitgenössischen Experten auf forstliche Zukunftsplanungen haben sollten. Die Untersuchung wird dabei erneut auf die laufende Forschungsdiskussion zurückkommen, inwieweit forstwissenschaftliche Debatten des 19. Jahrhunderts von einem „Abholzungsparadigma"[458] geprägt waren.

Wie die vorangegangenen zwei Kapitel zu den Kongressen in Wien 1873 und 1890 sowie zur Ausstellung in Edinburgh 1884 zeigten, gehörte der Zusammenhang zwischen Wald und Wasser auf der Ebene dieser großen internationalen Veranstaltungen zu den lebhaft diskutierten Themen. Die Kongressteilnehmer hatten in Wien 1873 den Forschungsstand in dieser Sache kritisch ausgewertet und in einem Beschluss festgehalten, dass es gegenwärtig noch an „ausreichender Kenntnis" über den Zusammenhang von Wald und Wasser mangelt. Darüber hinaus hatte der Kongress 1873 die versammelten Experten aufgefordert, ihre Forschungen zu intensivieren. Die Ausstellung in Edinburgh 1884 präsentierte Untersuchungen von John Croumbie Brown, der anhand seiner Beobachtungen in Südafrika einen Ursachenzusammenhang zwischen Entwaldung und auftretender Dürre zu beweisen meinte; in der Vortragsreihe in Edinburgh hatten Referenten u. a. das Verhältnis zwischen Wald und Bodenfeuchtigkeit behandelt. Solche Thesen fanden ab den 1880er Jahren jedoch nicht mehr kritische Aufnahme und Reflexion, sondern wurden – weitgehend affirmativ – in den Berichten der Fachzeitschriften in den Ländern des Nord- und Ostseeraums aufgegriffen (vgl. vorn Kapitel IV). Und noch viel weniger kritisch nahm sich die Diskussion auf dem internationalen forstwissenschaftlichen Kongress in Wien 1890 aus, in deren Verlauf die Mehrheit der Teilnehmer grundsätzliche Zweifel am Einfluss des Waldes auf Klima und Niederschlag, wie sie bspw. Jäger vorgetragen hatte, pauschal zurückgewiesen hatte.

Überblickt man also die Entwicklung der Diskussion auf den großen internationalen Kongressen und Ausstellungen, so waren anfangs (in Wien 1873) durchaus noch kritische Stimmen angesichts mangelnder Kenntnis zu hören, wie auch Mahnungen, die Forschungsarbeiten zum Wald-Wasser-Zusammenhang zu vertiefen, während später (in Edinburgh 1884 und in Wien 1890) etwaige kritische Fragen keinen Platz mehr hatten oder gar pauschal abgewiesen wurden. Diese Entwicklung scheint auf den ersten Blick der von Pfister und Brändli erarbeiteten These recht zu geben, dass sich im Verlauf des 19. Jahrhunderts ein Paradigma herausbildete, dass nach Entwaldungen im Gebirge die Gefahr heftiger Überschwemmungen im Gebirgsvorland zunehme.[459]

Wie aber entwickelte sich die Diskussion über den Wald-Wasser-Zusammenhang fernab der großen internationalen Kongresse im Rahmen der kleinen Exper-

458 Pfister / Brändli: Rodungen im Gebirge (1999), S. 297.
459 Ebenda.

tenrunden, die bei den Versammlungen des Internationalen Verbandes forstlicher Versuchsanstalten ab 1891/92 zusammenkamen? Gleich bei der ersten regulären Versammlung des internationalen Versuchsverbands vom 10. bis 16. September 1893 in Wien-Mariabrunn stand der Zusammenhang zwischen Wald und Wasser auf der Tagesordnung, und zwar in der Diskussion um verschiedene Methoden zur Messung des Regenwassers, das an Baumschäften herabfließt.[460] Die Versammelten beschlossen, auf den kommenden Sitzungen „forstlich meteorologische Beobachtungen" in ihrer gesamten Breite zu studieren, wobei aus dem Protokoll nicht hervorgeht, wer diesen Vorschlag eingebracht hatte.[461] Umso rascher ergriff Bernhard Danckelmann anschließend die Initiative und bat Anton Müttrich, Professor für Mathematik, Physik und Meteorologie an der preußischen Forstakademie in Eberswalde, für die folgende Versammlung des internationalen Versuchsverbands das einleitende Referat vorzubereiten.[462]

In seinem Referat, das Müttrich 1896 vor der Versammlung des Verbands in Braunschweig hielt, führte er den Zuhörern nicht nur die Komplexität der Materie vor Augen, sondern betonte, dass die bisher angestellten Messungen nur wenige Jahre abdeckten und daher viel mehr Forschungszeit notwendig sei, um zu gesicherten Ergebnissen zu gelangen.[463] Die Versammlung beschloss, „daß in Zukunft eine Hauptaufgabe der forstlich-meteorologischen Forschungen in dem Studium des Einflusses des Waldes auf den Quellenreichthum (Sickerwassermengen) sowie der Bedeutung des Waldes für die Überschwemmungsfrage und für die Verhütung von Wildbachbildung zu bestehen habe." Ähnlich wie Müttrichs Referat benannten auch die Beschlüsse, die in den Zeitschriftenberichten über die Versammlung – also öffentlich – wiedergegeben wurden, frei heraus die anzugehenden Probleme. Sofern Ergebnisse von Versuchs- und Messreihen referiert wurden, waren sie zumeist ausdrücklich als vorläufige Resultate oder als solche Ergebnisse gekennzeichnet, zu denen noch „verschiedene vergleichende Untersuchungen nothwendig" seien.[464]

Um das weitere Vorgehen besser planen zu können, beschloss die Versammlung, eine Kommission einzusetzen, die praktische Schritte beraten sollte.[465] Der Kommission gehörten neben Müttrich Ernst Ebermayer (München), Eduard Hoppe (Wien) und Anton Bühler (Zürich) an.[466] Die Kommission dämpfte allerdings die Hoffnungen auf einen raschen Fortschritt der Forschungen auf diesem Gebiet.

460 Anonym [Friedrich?]: Die erste Versammlung des internationalen Verbandes (1893); vgl. auch FAE Nr. 279, fol. 68, Tagesordnung, erste Versammlung in Wien, 10.–16. September 1893.

461 FAE Nr. 279, fol. 98, Danckelmann an Müttrich, 20. November 1893 und Antwort von Müttrich an Danckelmann; vgl. auch die vorbereitende Korrespondenz zur Sitzung 1893 in FAE Nr. 279, fol. 54–65.

462 FAE Nr. 279, fol. 98, Danckelmann an Müttrich, 20. November 1893.

463 Vgl. FAE Nr. 279, fol. 212–219, Danckelmann: Notizen zur Versammlung des internationalen Verbandes forstlicher Versuchsanstalten bzw. des Vereins [der] Vers.[uchsanstalten] D.[eutschlands], Braunschweig 19.–24. September 1896.

464 Vgl. Schwappach: Zweite Versammlung des internationalen Verbandes (1897), S. 106.

465 Ebenda.

466 Müttrich: Bericht über die Untersuchung der Einwirkung des Waldes (1903), S. 3.

Denn die Aufgabenstellungen an die Kommission, so formulierte Müttrich in einer Mitteilung an Schwappach, „umfassen ein so weites Gebiet und entziehen sich meiner Ansicht nach[,] wie [etwa] die Untersuchung über die Bedeutung des Waldes für die Überschwemmungsfrage und die Verhütung von Wildbachbildung[,] vorläufig noch so sehr einer directen Beobachtung, daß wir zwar in den Commissionssitzungen unsere Ansichten austauschen könnten, aber directe Vorschläge zu machen, kaum in der Lage sein dürften“.[467]

Müttrich hielt es für notwendig, ein differenziertes „Arbeitsprogramm“ zu entwerfen, in dem die einzelnen Untersuchungsfelder und Methoden abgesteckt werden, nicht nur um der Forschungsarbeit eine nachvollziehbare Struktur zu geben, sondern auch weil Danckelmann darauf hinwies, dass auf preußischer Seite das Landwirtschaftsministerium mit Sicherheit ein solches Programm anfordern würde, bevor es Kommissionsmitglieder zu Beratungen reisen lasse.[468] Im Rahmen dieses Arbeitsprogramms sah sich Müttrich zwar in der Lage, das ihm vertraute Arbeitsgebiet der Niederschlagsmessungen zu bearbeiten, ein Arbeitsprogramm für die Forschungen im Gebirge (Überschwemmungsfrage), empfahl Müttrich, an Fachkollegen in gebirgigen Regionen zu delegieren.[469]

Dieses Delegieren von Arbeitsschritten an Spezialisten innerhalb oder im Umfeld des internationalen Versuchsverbands setzte im Grunde eine kritische Anregung um, die bspw. Auguste Mathieu angesichts der großen Kongresse formuliert hatte: Solch große Zusammenkünfte mit mehreren hundert Teilnehmern, so hatte Mathieu moniert, seien gar nicht in der Lage, die aufgeworfenen Fragen zu erörtern, vielmehr müssten kleine Expertenkomitees daran arbeiten.[470] Zwar war der internationale Versuchsverband zweifellos schon ein kleiner Kreis von ausgewiesenen Wissenschaftlern, aber selbst diese suchten aus ihren Reihen bzw. durch Hinzunahme weiterer Kollegen jene Spezialisten zusammen, von denen sie sich wirklich sachkundige Antworten auf die einzelnen Detailfragen erhofften.

Die folgenden Versammlungen des internationalen Versuchsverbands widmeten sich dem Zusammenhang von Wald und Wasser auf drei Spezialgebieten, und zwar der Überschwemmungsfrage und Wildbachbildung, die die Teilnehmer der Versammlung von 1896 zur Hauptaufgabe erklärt hatten, dem Verhalten des Grundwassers in bewaldetem und unbewaldetem Boden sowie dem Auftreten von Niederschlägen inner- und außerhalb des Waldes.

---

467 FAE Nr. 279, fol. 279–281v, Schwappach: [Dossier] Correspondenz über den Zusammentritt der auf der internationalen Versammlung forstlicher Versuchsanstalten in Braunschweig, September 1896, gewählten Commission, ohne Datum [Ende 1896], hier fol. 280v.

468 Ebenda, fol. 281r.

469 Ebenda.

470 Mathieu: Congrès International Agricole et Forestier (1873), S. 415.

a) *Zusammenhang von Waldbestand und Hochwasser(gefahr)*

Bei den Forschungen zur Überschwemmungs- und Wildbach-Frage übernahmen die schweizerische und österreichische Versuchsanstalt die Federführung. Auf der Versammlung des Verbands 1906 in Stuttgart bzw. auf den württembergischen Versuchsflächen präsentierte Arnold Engler, Leiter der schweizerischen Versuchsanstalt, die bisherigen Ergebnisse der schweizerischen Messungen zum Abfluss von Niederschlag auf bewaldeten und unbewaldeten Flächen. Ähnlich wie bei der Analyse der großen internationalen Kongresse lohnt hier eine differenzierende Auswertung der einzelnen Berichte, die Fachzeitschriften im Nord- und Ostseeraum über die Versammlung von 1906 druckten. Einige Berichte, wie etwa jener der belgischen Teilnehmer, gaben bemerkenswerterweise gar keine Einzelheiten zu diesem Tagesordnungspunkt wieder.[471] Ausgesprochen kurz fiel in der Schweizerischen Zeitschrift für Forstwesen die Schilderung zu dieser Frage aus. Berichterstatter Philipp Flury fasste nur das Engler'sche Referat zusammen, dass nämlich „bei Hochwasser zur Zeit des maximalen Wasserabflusses der Wald 30–50 % weniger abfließendes Wasser liefert, als kahles resp[ektive] berastes Terrain."[472] In Flurys Darstellung klang dies wie ein gesichertes Forschungsergebnis; und im Übrigen verwies er auf eine bald erscheinende Publikation, die die schweizerischen Versuchsergebnisse im Einzelnen enthalten werde. Demgegenüber nahm sich Adam Schwappachs Bericht in der Zeitschrift für Forst- und Jagdwesen viel zurückhaltender aus: „In vorsichtiger Weise lehnte es Engler ab, schon jetzt sichere Folgerungen aus den Beobachtungen zu ziehen",[473] da die Beobachtungsmethode wiederholt angepasst werden musste, und da es bisher noch keine extrem starken Niederschläge gab. Schwappach fasste Englers Ausführungen mit den Worten zusammen, dass „*wahrscheinlich* die Abflußgeschwindigkeit im bewaldeten Gebiet um 30 bis 50 % geringer als in unbewaldeten"[474] ist. Auch in seinem Bericht an den preußischen Landwirtschaftsminister schilderte Schwappach weitgehend wortgleich, dass Engler noch keine Schlussfolgerungen ziehen wollte.[475] Der österreichische Berichterstatter Gabriel Janka ging im Centralblatt für das gesamte Forstwesen sogar noch weiter, indem er nicht nur Englers kritische Einschätzung wiedergab, „daß die Versuche noch lange nicht als vollkommen angesehen werden können". Vielmehr zitierte Janka auch frei heraus Englers Zweifel, „daß es nahezu unmöglich sei, den Einfluß des Waldes auf das Regime der Gewässer einwandfrei festzustellen."[476]

471 Vgl. L. W.: Union internationale des stations de recherches (1906).

472 Flury: Die V. Versammlung des Internationalen Verbandes (1907), S. 26.

473 Schwappach: V. Versammlung des internationalen Verbandes forstlicher Versuchsanstalten (1906), S. 812.

474 Ebenda, S. 812 f, Hervorhebung C. L.

475 FAE Nr. 286, fol. 169–174, Schwappach: Bericht über die Versammlung des internationalen Verbandes forstlicher Versuchsanstalten [in Stuttgart], 27. Oktober 1906.

476 Janka: Fünfte Versammlung des Internationalen Verbandes (1907), S. 35 f.

b) Verhalten des Grundwassers in bewaldeten und unbewaldeten Böden

Das Verhalten des Grundwassers in bewaldeten und unbewaldeten Böden im Rahmen des internationalen Versuchsverbands zu behandeln, ging auf einen Vorschlag des russischen Forstwissenschaftlers Georgij Fëdorovič Morozov zurück. Morozov hatte in den 1890er Jahren Studienreisen in die Schweiz und nach Deutschland unternommen, wo er u. a. die Arbeiten der preußischen Versuchsstation in Eberswalde kennenlernen konnte. Seit 1901 widmete er sich am Forst-Institut in St. Petersburg ausführlich dem Zusammenhang zwischen Wald und Grundwasser.[477] Morozovs Fokussierung auf Grundwasser-Fragen lässt sich in den breiten Kontext der Forschungen zur Bodenkunde einordnen – ein Fachgebiet, auf dem russische Experten seit der zweiten Hälfte des 19. Jahrhunderts internationale Standards setzten.[478] Auf den Versammlungen des internationalen Versuchsverbands 1900 in Zürich sowie 1910 in Brüssel berichtete Morozov von seinen Untersuchungen.[479]

Auch zu Morozovs Forschungsbericht über das Verhalten des Grundwassers fielen die Schilderungen in den Zeitschriften des Nord- und Ostseeraums unterschiedlich aus. Einige nannten nur den Tagesordnungspunkt selbst,[480] andere erwähnten Aspekte von Morozovs Referat. Im Fall von Morozovs Forschungen war es nun der schweizerische Bericht, der betonte, dass diese Untersuchungen noch lange nicht abgeschlossen seien. „[U]nter bewaldetem Gebiet", so hatte Morozov bei Messungen in der Steppe festgestellt, sei „das Grundwasser um 1 m tiefer als auf einer benachbarten, erst bewaldeten, dann kahlgehauenen Fläche". Diese Ergebnisse waren nach vier Jahren Messungen jedoch vorläufig, und Philipp Flury hob in seinem Bericht hervor, dass diese „interessanten Beobachtungen noch etliche Jahre fortgesetzt [werden], um *sichere* Anhaltspunkte geben zu können."[481] Auch die Berichte über Grundwasseruntersuchungen enthielten also ausdrücklich einen Verweis auf den prozesshaften Charakter der Versuchsarbeit, auf das Vorläufige der Ergebnisse und die noch zu unternehmenden Forschungen.

---

477 Vgl. Fedotova / Loskutova: The Studies over the Impact of Forests on Climate (2014); vgl. auch Teplyakov: A History of Russian Forestry (1998), S. 213 f; Fedotova: Forestry Experimental Stations (2014).

478 Vgl. Arend: Russlands Bodenkunde in der Welt (2017); Oldfield / Shaw: The Development of Russian Environmental Thought (2016), S. 48–77.

479 Vgl. Anonym: Über einige forstliche Fragen von internationaler Bedeutung (1900), S. 524; Schwappach: Dritte Versammlung des internationalen Verbandes (1900), S. 753.

480 Schwappach: Sechste Versammlung des internationalen Verbandes (1911), S. 121.

481 Flury: Bericht über die VI. Versammlung des Internationalen Verbandes (1911), S. 54, Hervorhebung C. L.

c) *Niederschlagsmessungen inner- und außerhalb bewaldeter Flächen*

Die Koordination der Forschungen über den Zusammenhang von Waldfläche und Niederschlag übernahm mit Anton Müttrich die preußische Versuchsanstalt. Müttrich war mit der Materie vertraut: Schon in den 1870er Jahren hatte er forstlich-meteorologische Forschungen angestellt und erste Ergebnisse publiziert.[482] Seine neuesten Untersuchungen zu Niederschlagsmengen beruhten auf den Daten eines Versuchsreviers in der Lüneburger Heide. Dort hatte die preußische Forstverwaltung seit den 1880er Jahren große Flächen aufgeforstet, die bald – national und international – als Musterbeispiel erfolgreicher forstlicher Rekultivierung vorgeführt wurden.[483] Die Flächen waren zudem mit meteorologischen Messstationen versehen worden. Müttrich hatte seine ersten Ergebnisse von diesen Versuchsflächen schon 1892 in der Zeitschrift für Forst- und Jagdwesen publiziert. Für die Sitzung 1903 legte er eine weitere Veröffentlichung vor: Sie enthielt einen Forschungsbericht über Müttrichs jüngste Untersuchungen sowie sechs dazugehörige Karten (vgl. Abb. 5-1). Die Veröffentlichung sollte dem Arbeitsprogramm des internationalen Versuchsverbands als Grundlage dienen.

Müttrichs Forschungen geben in mehrerlei Hinsicht Einblicke in die Eigenarten forstwissenschaftlicher Forschungen am Ende des 19. Jahrhunderts: Sie verdeutlichen nicht nur, wie eine moderne Wissenschaftsdisziplin ihren Gegenstand, hier: den Wald, textlich und kartographisch zu fassen suchte, sondern auch in welcher Weise Ergebnisse dieser Forschungen Eingang in ganz unterschiedliche Interpretationszusammenhänge fanden.

Für den Zugriff auf den Forschungsgegenstand musste Müttrich zunächst mehrere geeignete Untersuchungsgebiete auswählen. Da es um einen Vergleich von Niederschlagsmengen über bewaldetem und unbewaldetem Terrain gehen sollte, war eine klare Unterscheidbarkeit der Vegetation notwendig. Wie sich rasch zeigte, lag ein zentrales Problem dieser Fragestellung in der Vorannahme, dass eine solche Differenzierung zwischen Wald und Nicht-Wald in den ausgewählten Gebieten auch wirklich möglich war. Für eine theoretische Erörterung mochte die Unterscheidung ein geeigneter Ausgangspunkt sein. In der Praxis, so erläuterte Müttrich im Text seiner Studie von 1903, war eine klare Grenze zwischen bewaldetem und unbewaldetem Gebiet nicht überall zweifelsfrei erkennbar.[484] In den Karten von sechs Regenmessfeldern, die Müttrich seiner Studie beigab, verwendete er jedoch nur eine Signatur, nämlich eine durchgezogene Linie, um die Grenze aller Waldgebiete darzustellen.

---

482 Vgl. Müttrich: Beobachtungs-Ergebnisse der im Königreich Preussen (1875/76).

483 Vgl. Quaet-Faslem [Landesforstrath, Hannover]: Die Aufforstungsbestrebungen der Hannoverschen Provinzialverwaltung (1896), S. 36–39; Myhrvold: Fremgangsmaaden ved og Resultaterne (1898), S. 238; Somerville: A Short Account of the State Forests of Prussia (1895), S. 140–142.

484 Müttrich: Bericht über die Untersuchung der Einwirkung des Waldes (1903), S. 10.

Vor diesem Hintergrund lohnt es sich, das methodische Werkzeug der *Critical Cartography* zur Analyse von Müttrichs Karten heranzuziehen.[485] Zunächst gilt es zu beachten, dass jede Karte auf einer Generalisierung, also Vereinfachung, beruht. Denn die Komplexität und Vielfalt vorgefundener Phänomene auf der Erde muss reduziert und geordnet werden, um überhaupt auf einem Kartenblatt dargestellt zu werden. Die Frage ist jedoch, welche Aspekte ausgewählt werden, wie sie vereinfacht und nach welchen Grundsätzen sie geordnet werden. Der Kartograph bzw. der Auftraggeber oder Herausgeber einer Karte trifft – ob bewusst oder unbewusst – eine Entscheidung, wie diese Auswahl und Ordnung in einer Karte Gestalt gewinnen. Einen Eindruck davon, welche Art von Generalisierung Müttrich in seinen Karten vornahm, gibt ein vergleichender Blick auf andere Karten, die ebenso die ausgewählten Waldgebiete darstellen, etwa Reymanns Special-Karte 1:200.000 oder die topographische Karte 1:25.000.

Wahrscheinlich hatte Müttrich Reymanns Special-Karte als Grundlage für seine Karten verwendet. In gleichem Maßstab sind hier verschiedene Übergänge zwischen bewaldeten und nichtbewaldeten Flächen erkennbar (vgl. Abb. 5-2). Deutlicher wird es noch, wenn man den Maßstab bis auf 1:25.000 vergrößert. Obgleich auch die topographische Karte 1:25.000 generalisieren muss, war es für die Kartographen möglich, hier mehr Nuancen darzustellen. Zu sehen sind im Maßstab 1:25.000 geschlossene Waldgebiete, teils mit klaren Begrenzungen; teils gehen Waldgebiete langsam in andere Vegetationsformen über, etwa in Weide- oder Ackerland mit Baumgruppen, in Sumpf oder Heideland (vgl. Abb. 5-3a und b).

Obwohl so verschiedene Übergänge zwischen bewaldetem und nichtbewaldetem Gebiet in Karten verzeichnet waren, und obwohl Müttrich diese Verschiedenheit als methodisches Problem für die Niederschlagsmessungen reflektierte, wählte er in seiner Kartendarstellung trotzdem nur eine Signatur, und zwar eine durchgezogene Linie (—), um die Grenze des untersuchten Waldgebiets darzustellen. Durchaus wären jedoch auch in einfachen Schwarz-Weiß-Karten, wie sie Müttrich in seiner Publikation abdruckte, bspw. gestrichelte Linien (---) möglich gewesen, um zwischen weichen Übergängen und klaren Grenzen zwischen Wald und Nicht-Wald zu unterscheiden. Diese Analyse ist keine Abwertung von Müttrichs Forschungen. Vielmehr verdeutlicht sie eine Problemlage, die in vielen Vorhaben der modernen Forstwissenschaft (nicht nur bei Müttrichs Regenfeldmessungen) immer wieder auftauchte: Mit der Zielsetzung, immer größere Zusammenhänge zu erforschen und zu begreifen, ging notwendigerweise einher, dass die kleinteilige, vielfältige, teils gar widersprüchliche Wirklichkeit vor Ort in ein Schema mit einer überschaubaren Anzahl von Klassen oder Gruppen gebracht werden musste, seien es Zeilen und Spalten einer Statistik oder unterscheidbare Signaturen in einer Karte. Nach der Fertigstellung suggerierten diese zusammenfassenden Statistiken und generalisierenden Karten dem Leser eine Vergleichbarkeit der erfassten bzw.

485 Vgl. Harley: The New Nature of Maps (2001); Gugerli / Speich: Topographien der Nation (2002); Dipper / Schneider (Hg.): Kartenwelten (2006); Lotz: Die anspruchsvollen Karten (2013).

Handzeichnungen der 6 forstlichen Regenmessfelder in Preussen

nebst Nachbarstationen des Berliner Meteorologischen Instituts.

1. Regenmessfeld Landsberg.

1: 200 000.

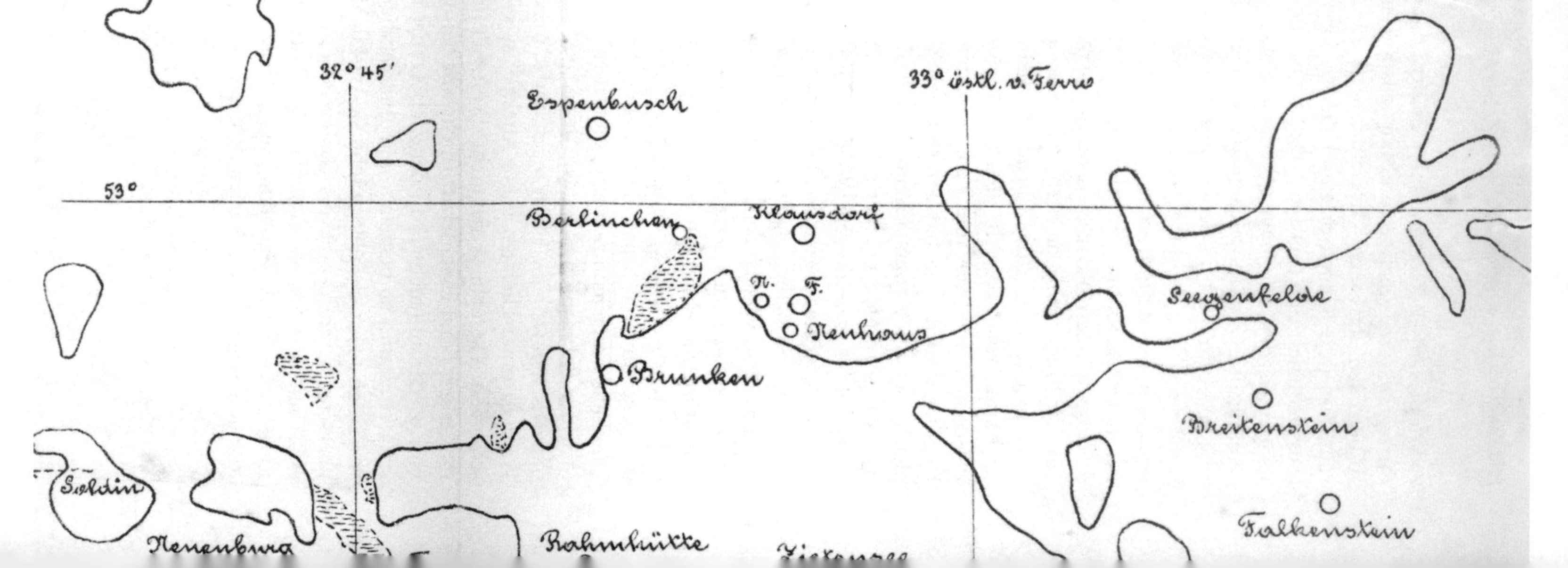

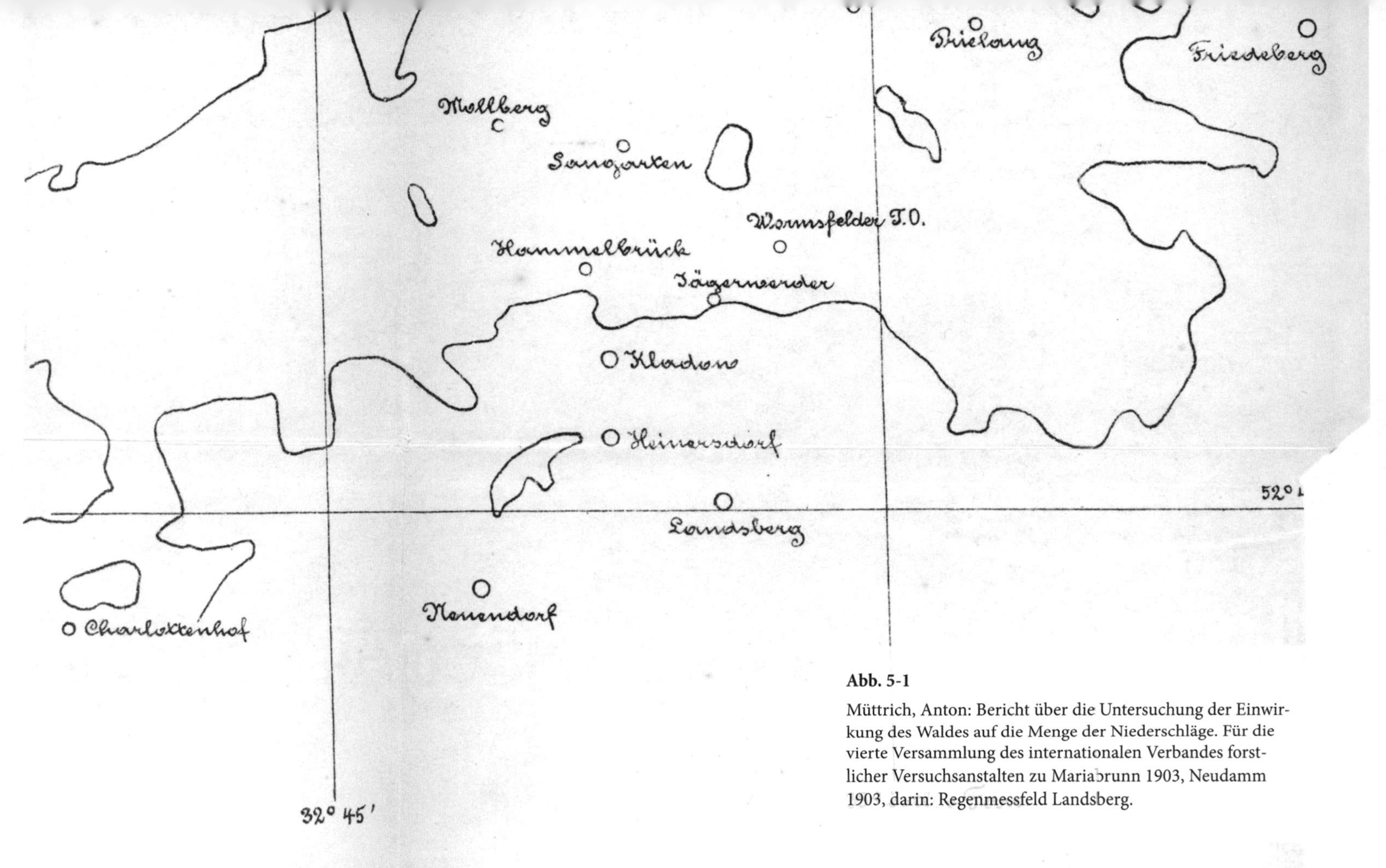

Abb. 5-1

Müttrich, Anton: Bericht über die Untersuchung der Einwirkung des Waldes auf die Menge der Niederschläge. Für die vierte Versammlung des internationalen Verbandes forstlicher Versuchsanstalten zu Mariabrunn 1903, Neudamm 1903, darin: Regenmessfeld Landsberg.

Handzeichnungen der 6 forstlichen Regenmessfelder in Preussen

nebst Nachbarstationen des Berliner Meteorologischen Instituts.

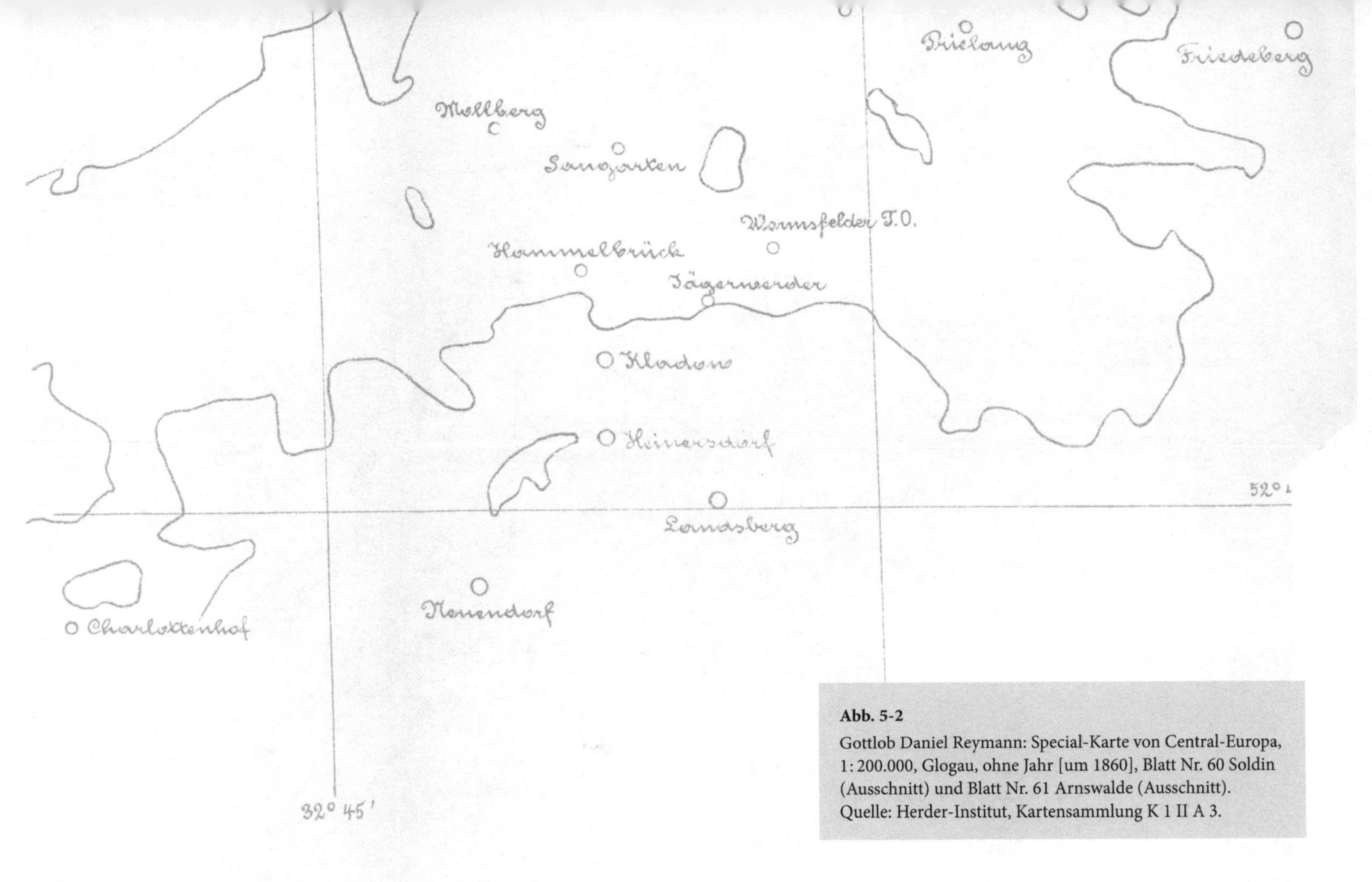

Abb. 5-2

Gottlob Daniel Reymann: Special-Karte von Central-Europa, 1: 200.000, Glogau, ohne Jahr [um 1860], Blatt Nr. 60 Soldin (Ausschnitt) und Blatt Nr. 61 Arnswalde (Ausschnitt).
Quelle: Herder-Institut, Kartensammlung K 1 II A 3.

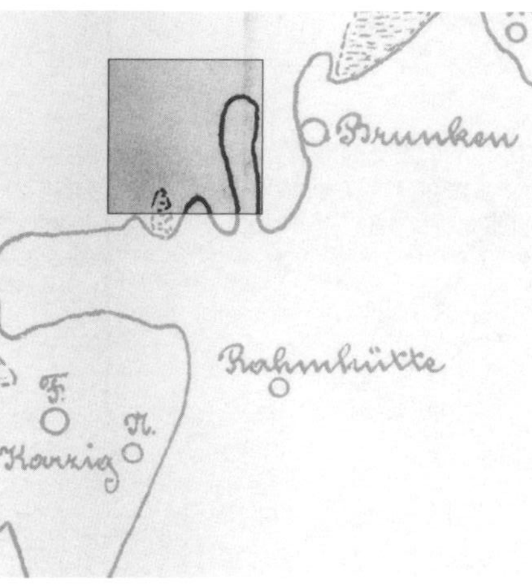

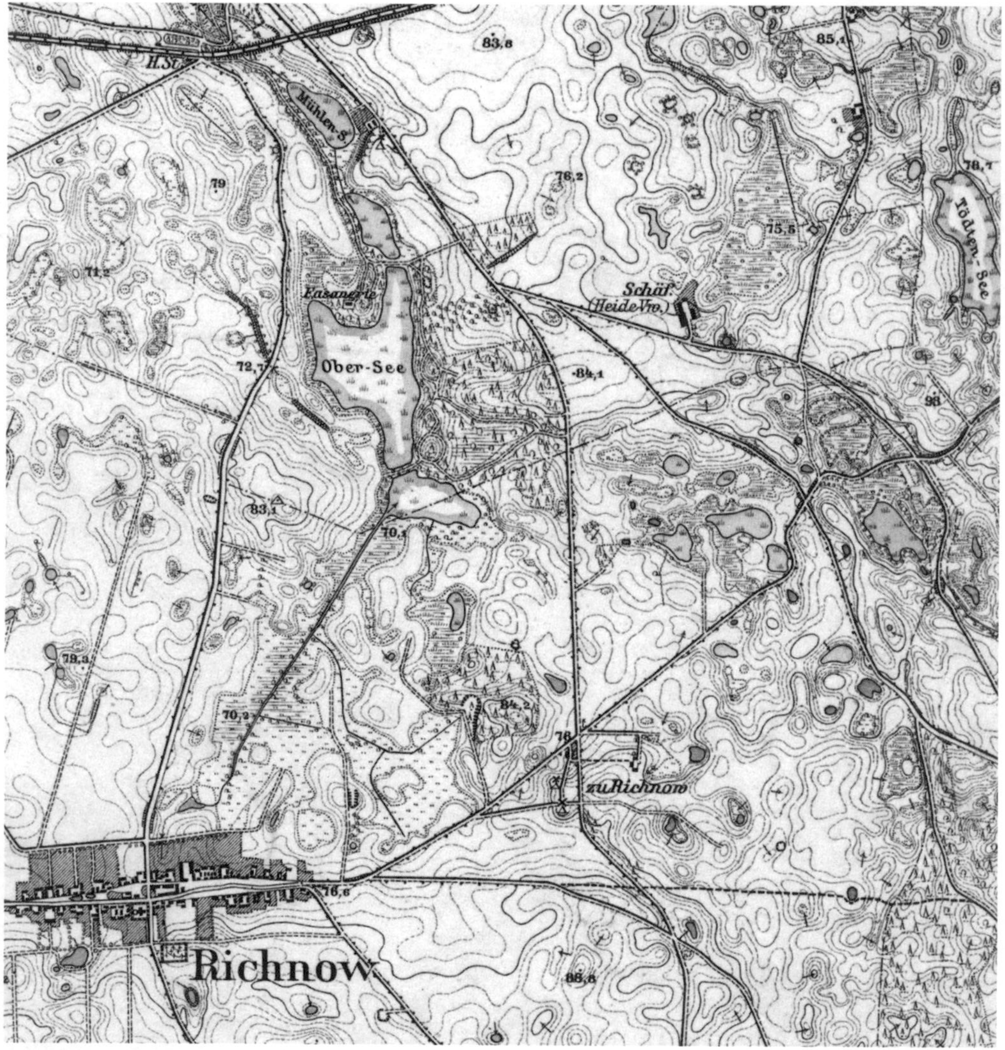

Abb. 5-3a

Oben: Ausschnitt aus Müttrichs Karte; das kleine Quadrat zeigt jenen Teil, der in der topographischen Karte (links) vergrößert dargestellt ist.

Links: Preußische Landesaufnahme: Topographische Karte, 1 : 25.000, Blatt 1562 Karzig, Berlin 1890 (1891) (Ausschnitt), Quelle: Herder-Institut, Kartensammlung, K 3 II L 58.

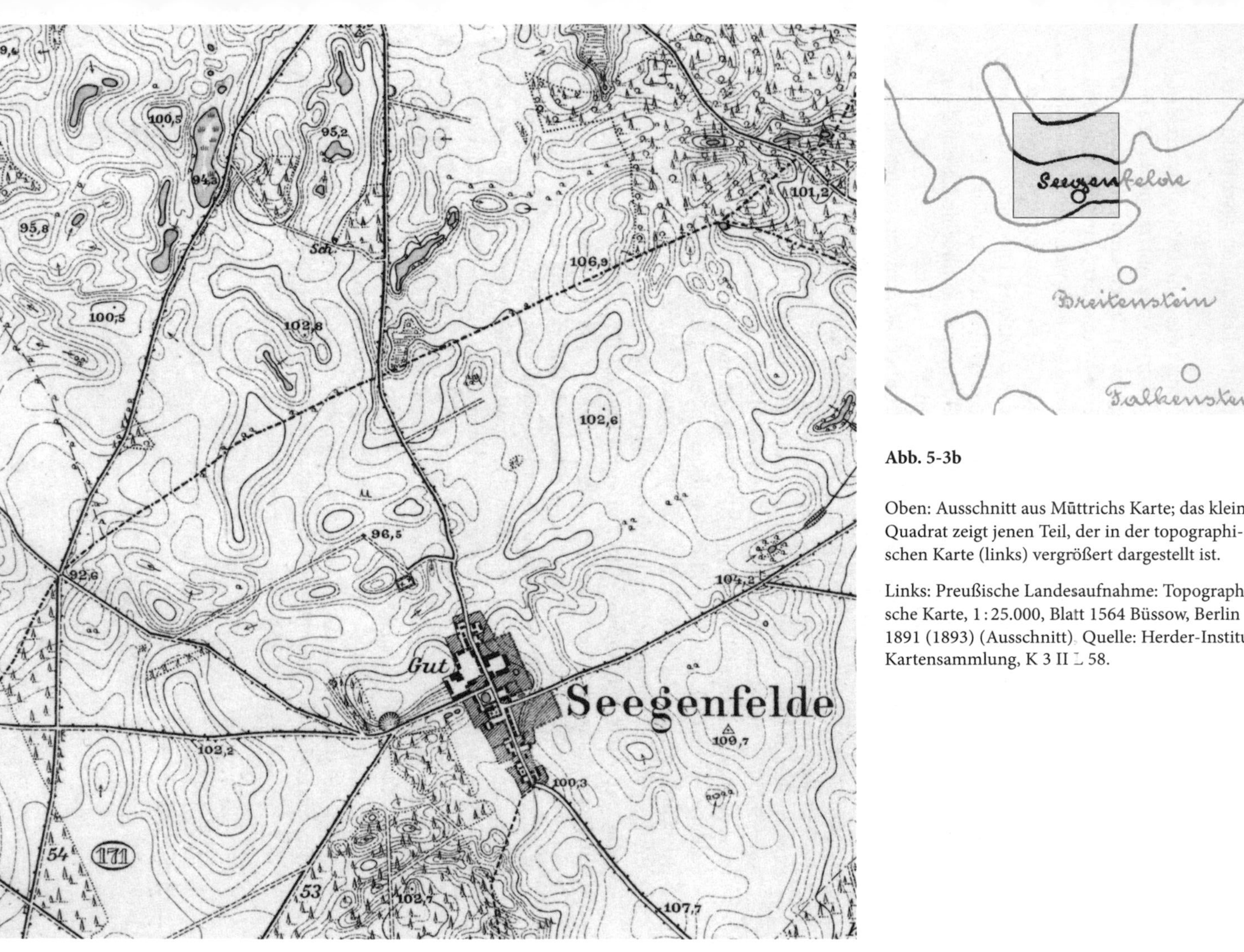

Abb. 5-3b

Oben: Ausschnitt aus Müttrichs Karte; das kleine Quadrat zeigt jenen Teil, der in der topographischen Karte (links) vergrößert dargestellt ist.

Links: Preußische Landesaufnahme: Topographische Karte, 1 : 25.000, Blatt 1564 Büssow, Berlin 1891 (1893) (Ausschnitt). Quelle: Herder-Institut, Kartensammlung, K 3 II ∟ 58.

abgebildeten Phänomene, obwohl an den einzelnen Orten so unterschiedliche Situationen vorzufinden waren, dass eine Vergleichbarkeit nur eingeschränkt oder gar nicht gegeben war.[486]

Darüber hinaus liefert die Studie von Müttrich aus dem Jahr 1903 ein interessantes Beispiel, wie zwei Medien, nämlich Text und Karte, ganz unterschiedliche Diskurse transportieren können, obwohl beide den gleichen Gegenstand behandeln und vom gleichen Autor stammen: Während der Leser aus dem Text Müttrichs Reflexion entnehmen konnte, dass es in vielen Fällen schwierig gewesen war, eine klare Unterscheidung zwischen bewaldetem und unbewaldetem Territorium vorzunehmen, vermittelte die Karte dem Betrachter einen ganz anderen Diskurs: Die Karte zeigte eine geordnete Landschaft, mit klaren Grenzen zwischen Wald und Nicht-Wald. Die Karte „objektivierte" den Untersuchungsgegenstand Wald, indem sie ihm eine klare und für Dritte unmittelbar nachvollziehbare Gestalt verlieh.[487]

Neben den (im Text enthaltenen) Reflexionen über die Schwierigkeiten bei der Grenzziehung zwischen bewaldetem und nichtbewaldetem Gebiet, bot Müttrich in seiner Studie aus dem Jahr 1903 auch noch eine Auseinandersetzung mit den politischen Rahmenbedingungen forstwissenschaftlicher Forschungen: Mit erfrischend ausgewogenen Einschätzungen würdigte er die bisherigen Kontroversen um den Zusammenhang zwischen Wald und Niederschlag: Die eine Seite behaupte, so Müttrich, dass eine „Zunahme der Bewaldung die Häufigkeit und Reichhaltigkeit der Niederschläge vermehrt [...], während dies auf der anderen Seite geleugnet wird." Beide Ansichten stünden sich „bis jetzt unvermittelt gegenüber".[488] Seine praktische Bedeutung, so erläuterte Müttrich, erführen diese Forschungen u. a., „indem die Kommission des preußischen Abgeordnetenhauses zur Prüfung des Gesetzes über Schutzwaldungen annahm, daß das Sinken des Wasserstandes in den preußischen Flüssen eine Folge von Entwaldungen sei und diesem nur durch Wiederaufforstungen abgeholfen werden könnte."[489] Müttrichs Aufsatz lieferte also zweierlei: Er führte dem Leser das praktisch-politische Beispiel vor, dass die Kommission des Abgeordnetenhauses mit dem Argument eines Zusammenhangs zwischen Wald und Niederschlag direkt auf die Ausgestaltung preußischer Gesetzgebung eingewirkt hatte. Das von Pfister und Brändli geschilderte Paradigma fand hier, in einer abgewandelten Form, offenbar ein weiteres Beispiel.[490] Zugleich balancierte Müttrich in seinem Forschungsüberblick beide Sichtweisen aus und vermittelte dem Leser deutlich, dass es sich bei dieser Sachfrage um ein noch ungelöstes Problem handle. Seine eigenen Untersuchungen in der Lüneburger Heide, so führte Müttrich im zweiten Teil des Artikels aus, seien zu dem

486 Vgl. Crease: World in the Balance (2011).

487 Zum Prozess des „Objektivierens" in verschiedenen Fachgebieten vgl. Daston / Galison: Objektivität (2007), S. 24–27; Foucault: Die Ordnung der Dinge (1971), S. 176–178.

488 Müttrich: Über den Einfluß des Waldes (1892), S. 28.

489 Ebenda.

490 Pfister / Brändli: Rodungen im Gebirge (1999).

vorläufigen Ergebnis gekommen, „daß die Größe der Niederschläge mit zunehmender Bewaldung ebenfalls zunimmt."[491]

Im Arbeitsbericht, den Müttrich dem internationalen Versuchsverband 1903 vorlegte, griff er seine Forschungen von 1892 auf und nahm die vielen Abweichungen (bspw. durch Windeinwirkungen auf die Niederschlagsmesser) zum Anlass, um die Belastbarkeit bisheriger Resultate grundsätzlich zu hinterfragen und um erneut seine Arbeiten als vorläufige Ergebnisse auszuweisen. Nicht zuletzt weil Niederschläge im Laufe der Jahre so erheblich schwanken, erörterte Müttrich, könnten gesicherte Aussagen über den Niederschlagsunterschied zwischen bewaldeten und unbewaldeten Flächen erst getroffen werden, „wenn die Beobachtungen für eine längere Zeit vorliegen".[492] Auch in diesem Arbeitsbericht betonte Müttrich, dass – ungeachtet der bisher von ihm und von anderen Wissenschaftlern vorgelegten Studien – der gesamte Wald-Wasser-Komplex ein ungelöstes Forschungsproblem darstelle, zu dem allenfalls vorläufige Ergebnisse vorlägen.

Die Tatsache, dass die Wald-Wasser-Fragen im internationalen Versuchsverband so offen erörtert wurden und dass auch die (öffentliche!) Berichterstattung in den Fachzeitschriften – von der schweizerischen abgesehen – eher über offene Fragen als über klare Ergebnisse berichteten, ermöglicht es, die von Christian Pfister und Daniel Brändli formulierte These eines Abholzungsparadigmas zu differenzieren: Für den schweizerischen Kontext bestätigte sich diese These; für die Diskussionen im internationalen Versuchsverband wie auch für die Berichterstattung über dessen Arbeit ließ sich diese These hingegen nicht bestätigen. Im Gegenteil: Angesichts der vielfältigen kritischen Reflexionen über die Reichweiten und Grenzen forstlicher Versuchsarbeit kann nach Auswertung des Materials vom internationalen Versuchsverband von einem Paradigma keine Rede sein. Man sollte allerdings die offenen und kritisch-reflektierenden Diskussionen über die Wald-Wasser-Fragen im internationalen Versuchsverband nicht so interpretieren, als sei der Verband ein ‚politikfreier' Raum. Vielmehr war es, ähnlich wie im schweizerischen Kontext, politisch motiviert, dass die Experten im internationalen Versuchsverband die offenen Fragen in den Wald-Wasser-Forschungen betonten. Denn der Verweis auf ungeklärte Forschungsprobleme war für einen jungen internationalen Verband das beste Argument, gegenüber nationalen Regierungen um finanzielle Unterstützung zu bitten.

Während forstwissenschaftliche Forschungsarbeiten in einem Kontext, z. B. in der Schweiz, als klare Ergebnisse vorgeführt und als politische Argumente für Gesetzesvorhaben eingesetzt wurden, dienten die gleichen Arbeiten in anderen Kontexten, hier im internationalen Versuchsverband, dazu, offene Forschungsfragen zu verdeutlichen und sich der Unterstützung nationaler Regierungen zu versichern. Ein solches Resultat wirft weitergehende Forschungsfragen über die Rolle wissenschaftlicher Expertise auf. Jutta Faehndrich und Sophie Perthus weisen in ihren

491 Müttrich: Über den Einfluß des Waldes (1892), S. 42.
492 Müttrich: Bericht über die Untersuchung der Einwirkung des Waldes (1903), S. 17.

Studien zur geographischen Erkundung Palästinas im 19. Jahrhundert darauf hin, dass die gleichen Arbeitsergebnisse für unterschiedliches Zielpublikum jeweils passend aufbereitet wurden.[493] Forschungen zur zweiten Hälfte des 20. Jahrhunderts, etwa von Tim Schanetzky, weisen auf die vielfältige Einsetzbarkeit von Expertenwissen in der Wirtschaftspolitik der Bundesrepublik Deutschland während der 1970er Jahre hin.[494] Unterschiedliche wirtschaftspolitische Ziele ließen sich durch entsprechende Gutachten wissenschaftlich rechtfertigen. Man ginge fehl, von solchen Forschungen auf eine Beliebigkeit zu schließen, mit der sich wissenschaftliche Argumente einsetzen ließen. Allerdings reicht die unterschiedliche, ja gegensätzliche Verwendbarkeit wissenschaftlicher Arbeit in politischen Kontexten bis ins 19. Jahrhundert zurück, wie es nicht nur am internationalen Versuchsverband, sondern bspw. auch an den Auseinandersetzungen um Luftverschmutzungen deutlich wird.[495] An welcher Stelle und zu welchem Zeitpunkt, so wäre daher in folgenden Untersuchungen zu fragen, setzte diese vielfältige Einsetzbarkeit wissenschaftlicher Argumente für politische Ziele ein; und wodurch wird diese Vielfalt erzeugt bzw. begünstigt?

d) Die Rolle ökologischer Argumente angesichts zunehmenden Holz-Fernhandels

Die Berichte über die Wald-Wasser-Forschungen des internationalen Versuchsverbands, die in den Fachzeitschriften des Nord- und Ostseeraums zu finden waren, konzentrierten sich auf die Versuchsanordnungen und auf erste Resultate, die die beteiligten Versuchsstationen vorstellten. Über diese Details hinaus ist jedoch auffällig, dass einige Autoren in Beiträgen über den internationalen Versuchsverband oder über forstliche Versuche einzelner Stationen auch übergeordnete Fragen der ökologischen Bedeutung des Waldes erörterten. Hierbei zeigt ein vergleichender Blick in die Fachzeitschriften des Nord- und Ostseeraums, dass die Autoren in Abhängigkeit von den landeseigenen klimatischen Gegebenheiten der ökologischen Bedeutung des Waldes sehr unterschiedliche Bedeutung beimaßen. Während die Wald-Wasser-Versuchsreihen unter den deutschsprachigen Experten große Aufmerksamkeit fanden, ließen sich bspw. aus Großbritannien oder aus Norwegen auch relativierende Stimmen vernehmen: In Großbritannien konnte zwar John Croumbie Brown mit seinen Thesen über den Zusammenhang von Wald und Klima Interesse wecken, wie etwa in der Internationalen Forstausstellung in Edinburgh (vgl. Kapitel IV). Browns Thesen beruhten jedoch auf Forschungen in britischen Kolonien in Afrika und Asien. Auf das britische Forstwesen übertragen, fanden Überlegungen zum Zusammenhang von Wald und Niederschlag kaum Interesse. Denn Waldflächen und ihre mäßigenden Effekte, so begründete es Fredric Bailey,

493 Faehndrich / Perthus: Visualizing the Map-Making Process (2013).
494 Schanetzky: Die große Ernüchterung (2007).
495 Vgl. Stolberg: Ein Recht auf saubere Luft? (1994).

Dozent für Forstwissenschaft an der Universität Edinburgh in seiner Einführungsvorlesung 1891, seien in „unserem Klima" eben nicht erforderlich. Allenfalls zur Abwehr bzw. Minderung der Bodenerosion in bergigen Regionen sei abzuwägen, ob man diesen mit Aufforstungen oder „technischen Vorrichtungen [engineering works]" begegnen solle.[496] In eine ähnliche Richtung argumentierte Albert Karsten Myhrvold, Dozent für Forstwissenschaft in Ås und norwegischer Delegierter bei der Versammlung des internationalen Versuchsverbands 1903 in Wien: Verlässliche Ergebnisse werde man ohnehin „erst nach Ablauf einer längeren Zeit [efter en længere Tids Forløb]" erhalten.[497] Die bislang vorliegenden Resultate würden zeigen, resümierte er die forstlich-meteorologischen Versuchsreihen, dass man früher die „klimatische Bedeutung des Waldes überschätzt [overvurderet skogenes klimatiske Bedydning]" habe.[498]

Nordal Wille, Professor für Botanik an der Universität in Christiania, ging sogar noch weiter und drehte die gängige forstpolitische Verwendung des Wald-Niederschlag-Arguments um: Es möge ja stimmen, so führte Nordal in einem Vortrag vor dem norwegischen Forstverein *(Den norske Forstforening)* 1895 aus, dass die Forschungen zu Regenmengen zeigten, dass Niederschläge auf bewaldetem Gebiet etwas höher ausfielen als auf unbewaldeten Flächen. „[A]ber wo man genug Regen hat", fügte Nordal wohl mit Blick auf das regenreiche Westnorwegen hinzu, „ist das ja kein Vorteil".[499] In solchen und ähnlichen Wortmeldungen zeigte sich exemplarisch, welch unterschiedliche, teils gar gegensätzliche Detailprobleme unter der Überschrift forstlich-meteorologische Untersuchungen bzw. Wald-Wasser-Fragen zusammengefasst waren: In einigen Versuchsreihen, insbesondere im Gebirge, ging es den Experten darum zu zeigen, dass Waldflächen die Auswirkungen von Niederschlägen mäßigen würden; andere Versuchsreihen, im flachen Land, stellten hingegen gerade darauf ab zu beweisen, inwieweit Waldflächen das Auftreten von Niederschlägen befördern würden.

Neben diese relativierenden und offen skeptischen Einschätzungen traten andere Beiträge, die die forstlichen Versuchsarbeiten auf ein übergeordnetes Ziel ausgerichtet sahen. Letztlich, so formulierte es Adam Schwappach in der Zeitschrift für Forst- und Jagdwesen 1896, galt es, mit forstlichen Versuchen einen „Beitrag zur *wissenschaftlichen* Begründung des Waldbaues" zu leisten.[500] Ein namentlich nicht genannter Autor brachte die Erwartung an forstwissenschaftliche Forschungen 1897 in der Tidsskrift for Skovbrug auf die Frage, es gelte herauszufinden, „was das unbedingte Minimum der bewachsenden Waldfläche [ubetingede Minimum af bevoxet Skovflade] sein muss."[501] Dem Autor ging es nicht allein um die wirtschaftlich nötige Fläche, sondern um ökologische Notwendigkeiten forstlicher Zukunfts-

496 Bailey: Introduction to Course of Forestry Lectures (1893), S. 176 f.
497 Myhrvold: Det forstlige Forsøgsvæsen (1902), S. 45.
498 Ebenda, S. 47.
499 Anonym [Nordal Wille]: Skovenes Bedydning (1895).
500 Schwappach: Zweite Versammlung des internationalen Verbandes (1897), S. 106, Hervorhebung C. L.
501 Anonym: Det forstlige Forsøgsvæsen (1897), S. 145 f.

planungen. Insbesondere mit Blick auf die Thesen Guttenbergs und Ostwalds, die auf dem internationalen Kongress 1890 in Wien das Prinzip (klassischer) forstlicher Nachhaltigkeit angesichts der neuen Transportmöglichkeiten als nicht länger zeitgemäß angesehen hatten, gewannen solche ökologischen Fragen offenbar eine wachsende Bedeutung. Zugespitzt ließe sich formulieren: Wenn der lokal vorhandene Wald nicht mehr aus wirtschaftlichen Gründen erhalten bleiben müsste, weil man Holz per Eisenbahn aus anderen Regionen herbeischaffen könnte, dann stellte sich die Frage, ob man diesen lokalen Wald nicht ganz abholzen könnte, um die Flächen auf andere Weise gewinnbringender zu bewirtschaften. Oder war zur Aufrechterhaltung des ökologischen Gleichgewichts einer Region ein bestimmtes Quantum an Waldfläche nötig, auch wenn sie wirtschaftlich gar nicht gebraucht wurde? Konnte eine forstliche Zukunftsplanung allein darauf setzen, dass durch Eisenbahnnetze entlegene, industriell noch ‚unerschlossene' Waldgebiete in die Kalkulationen zur Holzversorgung einbezogen wurden, oder ließen sich durch forstwissenschaftliche Forschungen und Versuchsreihen ‚exakte' Beweise ermitteln, dass in einer solchen Zukunftsplanung auch ökologische Faktoren berücksichtigt werden müssten, um Bevölkerung und Wirtschaft vor langfristigen, ökologisch ausgelösten Schäden zu bewahren?

Führt man diese Überlegungen weiter, so stellt sich der Aufschwung ökologischer Argumente, die forstwissenschaftliche Experten für den Walderhalt im 19. Jahrhundert vorbrachten, in einer breiteren Perspektive dar. Ökologische Argumente waren nicht nur in einzelnen Ländern oder Kolonien als forstpolitische Argumente für Waldschutzgesetze nützlich.[502] Und ökologische Argumente waren auch nicht allein ein „Lückenbüßer",[503] wie es Joachim Radkau angesichts des Mitte des 19. Jahrhunderts verblassenden Holznot-Arguments charakterisiert hat. Vielmehr erfuhren ökologische Argumente zum Ende des 19. Jahrhunderts deshalb einen erheblichen Schub, weil sich forstwissenschaftliche Experten – auch im internationalen Versuchsverband – über die genauen ökologischen Auswirkungen fehlenden Waldes unsicher waren. Da gesicherte Kenntnisse über die Wald-Wasser-Fragen fehlten, da also die ökologische Tragweite lokal fehlenden Waldes noch nicht ‚exakt' geklärt war, zugleich aber der lokal vorhandene Wald ökonomisch ersetzbar wurde (nämlich durch Einfuhr von Holz aus anderen Regionen per Eisenbahn), stieg das wissenschaftliche Interesse an der ökologischen Bedeutung des lokalen Waldes. Denn auch wenn man sicher sein konnte, dass lokal fehlender Wald durch Holzimporte *wirtschaftlich* aufgewogen werden konnte, so war unklar, welche ökologischen Folgen lokal fehlender Wald verursachen würde. Zugespitzt formuliert: Je unbedeutender eine lokale Waldfläche in wirtschaftlicher Hinsicht wurde, da ein Eisenbahntransport Holzimporte ermöglichte, desto stärker wuchs das wissenschaftliche Interesse an der ökologischen Bedeutung.

---

502 Grove: Green Imperialism (1995), S. 479 f; Pfister / Brändli: Rodungen im Gebirge (1999); Weigl: Wald und Klima (2004), S. 90.

503 Radkau: Holz (2007), S. 263 f.

V.5 Zwischenbetrachtung

Die internationale forstwissenschaftliche Zusammenarbeit erreichte ab 1891/92 eine neue Qualität, indem Experten den Internationalen Verband forstlicher Versuchsanstalten ins Leben riefen und damit eine institutionalisierte Form der grenzübergreifenden Zirkulation von Wissen über forstliche Versuche und über Aspekte forstlicher Zukunftsplanung schufen. Zu den Gründungsmitgliedern zählten die forstlichen Versuchsanstalten Österreichs, der Schweiz und der Verein forstlicher Versuchsanstalten Deutschlands. In den darauffolgenden Jahrzehnten traten zahlreiche weitere, vor allem europäische Länder dem Verband bei oder entsandten Gäste zu den Versammlungen des Versuchsverbands.

Während bei den großen internationalen forstwissenschaftlichen Kongressen, wie etwa in Wien 1873, mehrere hundert Teilnehmer zusammenkamen, trafen sich bei den Versammlungen des internationalen Verbandes forstlicher Versuchsanstalten zwischen 15 und 40 Teilnehmer, und zwar in der Mehrzahl die Direktoren oder leitende Mitarbeiter staatlicher forstlicher Versuchsanstalten.

Von seiner Gründung 1891/92 bis zum Ersten Weltkrieg war die Zusammenarbeit im internationalen Versuchsverband von starkem deutschem Einfluss geprägt. Dieser starke Einfluss rührte vor allem aus der zahlenmäßigen Stärke der Versuchsstationen im deutschsprachigen Raum (Eberswalde, Tharandt, Braunschweig, Gießen, Eisenach, Karlsruhe, Hohenheim/Tübingen, Straßburg, München, Zürich, Wien-Mariabrunn) und ihrer auf vielen Gebieten des Versuchswesens reichhaltigen Erfahrungen. Die deutschen Versuchsstationen waren sich dieser Position bewusst und festigten sie: Als, wie von allen erhofft und befördert, immer mehr Länder dem internationalen Versuchsverband beitraten oder Delegierte zu seinen Versammlungen entsandten, drängten die deutschen Versuchsanstalten auf eine Änderung der Statuten: Mit einer Neufassung der Statuten 1903 war nicht mehr der Verein forstlicher Versuchsstationen Deutschlands Mitglied im internationalen Versuchsverband, sondern alle neun deutschen Versuchsanstalten wurden einzeln Mitglied, so dass sich das deutsche Stimmgewicht vervielfachte.

Die starke deutsche Stellung brachte aus Sicht der anderen Versuchsanstalten, die Mitglied im internationalen Verband wurden oder es anstrebten, Vor- und Nachteile mit sich: Eher nachteilig wirkte sich der deutsche Einfluss aus, wenn vorhandene deutsche Versuchsanordnungen kurzerhand als Grundlagen in den internationalen Verband übernommen wurden. Die anderen Stationen standen hier vor der Wahl, bei diesen deutschen Versuchsanordnungen mitzumachen oder mit eigenen Versuchsreihen ganz von vorn anzufangen. Zugleich war die starke deutsche Stellung aber auch ein Anreiz, denn andere Stationen konnten, sobald sie Mitglied waren, an den deutschen Forschungsarbeiten teilhaben, die teilweise weit vor die Gründungszeit des internationalen Versuchsverbands zurückreichten. Anderen Versuchsanstalten bot sich also die Möglichkeit, mit verhältnismäßig geringem eigenem Aufwand die wissenschaftlichen Grundlagen der eigenen Arbeit zu vervielfachen. Auf diesem Weg festigten die deutschen Anstalten ihren Einfluss.

Die ohnehin spürbare Tendenz, dass die deutschen Anstalten ihre Messreihen und Methoden auf den internationalen Versuchsverband ausdehnten, fand in der Statutenänderung seine institutionalisierte Bestätigung. Ähnlich wie auf anderen Feldern internationaler Wissenschaftskooperation deutet sich bereits in der Frühphase des internationalen Versuchsverbands die von Paul N. Edwards beschriebene Entwicklung an, dass aus freiwilligem Internationalismus („volontary internationalism") durch die Festlegung von Standards ein quasiverpflichtender Globalismus („quasiobligatory globalism") wurde, und zwar insbesondere in der Frage, welche Messreihen und Methoden andere Stationen von den starken deutschen Versuchsanstalten übernahmen.

Da Tagesordnungspunkte für Versammlungen des internationalen Versuchsverbands von jeder Mitgliedsstation eingebracht werden konnten, hatte jede Station die Möglichkeit, jene Themen zur Diskussion zu stellen, die aus ihrer Sicht erforschenswert waren. Verglichen mit den großen Konferenzen, bei denen meistens Vertreter eines Landes oder einer Einrichtung die Tagesordnung bestimmten, war der internationale Versuchsverband also durchaus von inhaltlicher Offenheit geprägt, da die Vertreter der versammelten Versuchsstationen die zu erörternden Themen gemeinsam bestimmten (eine Art *Bottom-up*-Prinzip). Meinungsverschiedenheiten, derer es zahlreiche gab, wurden hier als Teil der akademischen Diskussionskultur verstanden. Sobald die Teilnehmer jedoch die inhaltliche Ebene verließen und organisatorische oder administrative Fragen verbindlich regeln sollten, wie es am Beispiel der Einrichtung einer internationalen forstlichen Bibliographie gezeigt werden konnte, stieß die Zusammenarbeit rasch an Grenzen: Denn Zuständigkeiten und Verfahrensabläufe waren in einem Verband, der in erster Linie der wissenschaftlichen Diskussion dienen sollte und dazu inhaltliche Offenheit pflegte, nur grob festgelegt.

Die grundsätzliche inhaltliche Offenheit darf nicht darüber hinwegtäuschen, dass die deutschen Versuchsanstalten – allein schon wegen ihrer zahlenmäßigen Stärke – den Großteil der Tagesordnungspunkte einbrachten und so die Versammlungen maßgeblich prägten. In dieser Prägung durch die deutschen Versuchsanstalten ist nicht zuletzt eine wesentliche Ursache dafür zu sehen, dass das – in wissenschaftlicher Hinsicht gesehene – Zentrum, das bei den deutschen bzw. deutschsprachigen Versuchsanstalten lag, stärker als die Peripherien in Großbritannien, den skandinavischen Ländern oder Russland den internationalen forstwissenschaftlichen Austausch im internationalen Versuchsverband prägten. Diese Art der Zentrum-Peripherie-Beziehung galt wohlgemerkt nur für das forstliche Versuchswesen, nicht aber für das internationale forstwissenschaftliche Kongresswesen insgesamt. Denn die großen Kongresse wurden vor allem von den Österreichern (Wien 1873, 1890, 1907) und Franzosen (Paris 1878, 1900, 1913) ausgerichtet, freilich mit jeweils starker Beteiligung der deutschen Kollegen. Sie galt auch nicht für die Technologieentwicklung der Rohholzverarbeitung, die ihr Zentrum in der norwegischen und schwedischen Sägewerksindustrie hatte, oder gar für den Holzhandel, dessen quantitatives Zentrum weiterhin in Großbritannien lag.

Die treibenden Kräfte zur Gründung und inhaltlichen Ausgestaltung des internationalen Versuchsverbands waren ausnahmslos Forstwissenschaftler staatlich organisierter Versuchsanstalten. Akteure aus Politik und Verwaltung, etwa der zuständigen Landwirtschaftsministerien, spielten allenfalls in der Gründungsphase eine wahrnehmbare Rolle oder dann, wenn einzelne Versuchsstationen ihren Beitritt oder ihre Teilnahme am internationalen Versuchsverband anstrebten. Die Experten traten hier ihrerseits an die Ministerien heran und baten, die Teilnahme zu genehmigen. Auf die inhaltliche Ausrichtung des internationalen Versuchsverbands nahmen die Ministerien oder andere, originär politische Akteure, keinen Einfluss. Der internationale Versuchsverband war daher ein Arbeitszusammenhang, in dem Experten aus der Forstwissenschaft die zu verhandelnden Themen selbst bestimmten.

Zugleich wäre es missverständlich, den Versuchsverband als ‚politikfreien' bzw. ‚rein wissenschaftlichen' Raum zu charakterisieren. Denn die bei den Versammlungen des internationalen Versuchsverbands zusammenkommenden Experten waren sämtlich bei staatlichen Hochschulen bzw. ihren Versuchsstationen angestellt. Von ihrem Selbstverständnis sahen die Experten ihr Wirken ohnehin als Dienst am Gemeinwohl, nämlich die Pflege und nutzbringende Bewirtschaftung staatlichen Waldbesitzes und (idealerweise) die Vorbildwirkung dieser Pflege und Bewirtschaftung auch für den Privatwaldbesitz. Schließlich erklärt sich das Fehlen eines ministeriellen ‚Hereinredens' in die Arbeit des Versuchsverbands auch aus dessen verhältnismäßig geringen Kosten: Versuchsflächen und dazugehöriges Personal unterhielten die im Versuchsverband zusammengeschlossenen Versuchsstationen ohnehin. Zusätzliche Kosten verursachten im Wesentlichen nur die Reisen zu den Versammlungen des Versuchsverbands, die alle drei bis vier Jahre stattfanden. Solche Kosten aber waren Kleinigkeiten verglichen mit dem finanziellen Aufwand, den grenzübergreifende Zusammenarbeit auf anderen Feldern verursachte, bspw. im Internationalen Polarjahr oder im Rahmen des *International Council for the Exloration of the Sea* durch Anschaffung und Unterhalt eigener Forschungsschiffe oder die Ausrüstung von Expeditionen.

Die inhaltliche Arbeit des internationalen Versuchsverbands umfasste eine breite Themenpalette. Deren Schwerpunkte lagen auf Untersuchungen zur Verbreitung der Hauptholzarten, Holzmesskunde, Forschungen zu technischen Eigenschaften des Holzes, die Wald-Wasser-Fragen, Durchforstungs- und Lichtungsversuche sowie Versuche zur Einführung landesfremder Baumarten. Überblickt man die Tagesordnungen sämtlicher Versammlungen bis zum Ersten Weltkrieg, so ist auffällig, dass die internationale forstliche Statistik überhaupt nicht vorkam, und zwar nicht einmal im Sinne vorbereitender Studien oder Absprachen, wie sie der internationale Versuchsverband auf anderen Feldern (Holzmesskunde, Verbreitung der Hauptholzarten) sehr wohl unternahm. Dieses Fehlen einer Forststatistik ging wahrscheinlich darauf zurück, dass die Mitglieder des internationalen Versuchsverbandes statistische Fragen eher bei den internationalen *statistischen* Kongressen aufgehoben sahen, wenngleich die Zukunft dieser statistischen Kongresse seit

1876 ungewiss war. Darüber hinaus war der Schwung, mit dem Experten noch auf dem internationalen Kongress in Wien 1873 oder auf der Internationalen Forstausstellung in Edinburgh 1884 forststatistische Fragen angegangen waren, seit dem internationalen Kongress in Wien 1890 weitgehend erlahmt: Dort, in Wien 1890, hatte der Kongress in einer Resolution sogar die Forderung strenger Nachhaltigkeit nur noch an den Staats- und Gemeindewald, nicht mehr aber an den Privatwald adressiert. Wo also Nachhaltigkeit nicht länger nötig war, so ließe sich zuspitzen, waren auch die Grundlagen nachhaltiger Planung, also genaue und international vergleichbare forststatistische Daten nicht mehr vordringlich.

Mehrere Arbeitsschwerpunkte des internationalen Versuchsverbands zielten nicht nur auf die Lösung eines einzelnen Sachproblems, sondern auch – in übergreifender Hinsicht – auf eine genauere Erforschung der ökologischen und waldbaulichen Grundlagen forstlicher Zukunftsplanungen im Nord- und Ostseeraum: Mit den Versuchsreihen zum Wald-Wasser-Zusammenhang bspw. strebten Experten nach praktischen Lösungen, wie sich Hochwassergefahr eindämmen ließe. Zugleich lassen sich diese Versuchsreihen auch als Streben interpretieren, das darauf gerichtet war, empirisch zu ermitteln, wie viel Waldfläche in einer jeweiligen Region nachweisbar ökologisch notwendig war. Anders formuliert: Wenn denn ein regional vorhandener Wald wirtschaftlich nicht mehr unbedingt notwendig war, weil durch einen Eisenbahntransport das benötigte Holz auch aus anderen, weit entfernten Regionen herbeigeschafft werden könnte, dann galt es zu klären, welche regional vorhandenen Waldflächen aus ökologischer Sicht bei den forstlichen Planungen für zukünftige Wald- und Holz-Nutzung berücksichtigt werden müssten. Ähnlich übergreifende Bedeutung lag auch in anderen Versuchsreihen, die der internationale Verband bearbeitete: So zielten die Experimente mit fremden Baumarten im engeren Sinne darauf herauszufinden, ob und mit welchem Ertrag eine bislang fremde Baumart auf den heimischen Böden nutzbar gemacht werden könnte. Im weiteren Sinne verbarg sich dahinter die Frage, mit welchen Baumarten die Forstwirtschaft in kürzerer Zeit einen höheren Ertrag erzielen könnte. Ließen sich angesichts immer schnellerer industrialisierter Produktionsabläufe forstliche Wachstumszeiten, die in Maßeinheiten von Jahren, Jahrzehnten oder gar Jahrhunderten veranschlagt wurden (und werden), mit fremden Baumarten wenigstens etwas verkürzen? Oder zugespitzt: Gab es eine Möglichkeit, den bislang als Konstante wahrgenommenen Faktor Zeit in forstlichen Zukunftsplanungen zu einer Variablen zu machen, indem man ihn – wenn auch nur in geringem Maße – durch fremde Baumarten, die schneller wuchsen, verkleinerte?

Nicht nur die Versuchsreihen mit fremden Baumarten, auch andere Experimente zur Verbesserung forstlicher Produktion, wie etwa die Durchforstungs- und Lichtungsversuche, lassen sich unter diesem Blickwinkel in das grundlegende Bestreben forstwissenschaftlicher Experten einordnen, forstwirtschaftliche Produktion unter dem Eindruck industrialisierter Beschleunigung zu effektivieren. Der wissenschaftliche Austausch innerhalb des internationalen Versuchsverbands war selbst ein Schritt hin zu solch einer Effektivierung, indem Ergebnisse der notwendig langen Abläufe forstlicher Versuche untereinander ausgetauscht wurden und dadurch die folgenden Versuchsreihen auf breitere Erfahrungen aufbauen konnten.

Schließlich konnte das Kapitel am Beispiel der Forschungen zum Wald-Wasser-Zusammenhang auch zeigen, in welch unterschiedlicher Weise die Arbeit des internationalen Versuchsverbands in den Ländern des Nord- und Ostseeraums rezipiert wurde. Der internationale Verband unternahm zahlreiche Versuchsreihen, insbesondere zum Zusammenhang von Waldfläche und Niederschlagsmenge, zum Konnex von bewaldeten Flächen im Gebirge und Hochwassergefahr in Talregionen sowie zum Verhalten des Grundwassers unter bewaldeten und unbewaldeten Flächen. Auffälligerweise wurden die Resultate bspw. zum Wald-Hochwassergefahr-Zusammenhang, die die Versuchsreihen nach einigen wenigen Jahren hervorbrachten, in der Schweizerischen Zeitschrift für Forstwesen als klare, belastbare Ergebnisse präsentiert, wohingegen die preußischen und österreichischen Zeitschriften die Vorläufigkeit der Ergebnisse betonten und daraus ableiteten, dass weitere Forschungen erforderlich seien. Von einem Paradigma hinsichtlich eines Zusammenhangs von Rodungen im Gebirge und Überschwemmungen im Gebirgsvorland kann daher in den Verhandlungen des internationalen Versuchsverbands nicht gesprochen werden. Anders auch als auf dem internationalen forstwissenschaftlichen Kongress 1890 in Wien, auf dem keine offene Diskussion über die Wald-Wasser-Frage möglich war, schuf offenkundig der internationale Versuchsverband einen geschützten Raum für offene Debatten und kritische Reflexionen über die Tragfähigkeit forstwissenschaftlicher Argumente.

Obwohl die Versuchsarbeiten also einerseits im schweizerischen Kontext als klare Resultate und damit Argumente zur Durchsetzung von Forstgesetzen dienten, andererseits in der Berichterstattung über den Verband als vorläufige Ergebnisse firmierten, die weitere Forschungen erfordern würden, lässt sich in beiden Argumentationen eine wissenschaftspolitische Motivation erkennen: Die Schweizer sahen die Versuchsergebnisse als Teil eines Diskurses, der innenpolitisch auch die Durchsetzung schweizerischer Forstgesetzgebung ermöglicht hatte, wie auch als Rechtfertigung der bisherigen Arbeit auf den schweizerischen Versuchsflächen. Die Deutschen und Österreicher betonten hingegen in ihrer jeweils landeseigenen Fachgemeinschaft und vor den zuständigen Ministerien, dass die Ergebnisse eben *vorläufig* seien, und dass es daher weiterer Forschungen bedürfe, dass also die Aufgaben des internationalen Versuchsverbands noch lange nicht gelöst seien und die internationale Versuchsarbeit daher weitere (finanzielle) Förderung notwendig habe. Diese gegensätzliche wissenschaftspolitische ‚Verwertung' der Versuchsreihen sollte nicht als Beliebigkeit missverstanden werden. Vielmehr steht sie für das Geschick der Experten, aus den verfügbaren Materialien wissenschaftspolitisch nützliche Aspekte hervorzuheben. Andere Aspekte, die weniger nützlich waren, wurden jedoch keineswegs verborgen oder gar im internationalen Versuchsverband ‚geheim' gehalten. Vielmehr existierten die unterschiedlichen Interpretationen in dem Maße räumlich *nebeneinander*, wie die einzelnen Zeitschriften Verbreitung in ihren jeweiligen Herkunftsländern fanden und dort gelesen wurden.

VI Die Akkumulation der Aufregung. Forstliche Statistik und Zukunftsprognosen zur Holzressourcen-Versorgung zwischen nationalen und internationalen Foren

Nach dem Internationalen forstwissenschaftlichen Kongress in Wien 1890 fanden in den folgenden Jahren mehrere internationale *landwirtschaftliche* Kongresse statt, so 1891 in Den Haag, 1895 in Brüssel, 1896 in Budapest und 1898 in Lausanne.[504] Diese Kongresse berührten forstwissenschaftliche Themen nur am Rande und fanden daher in den forstlichen Fachzeitschriften des Nord- und Ostseeraums beinahe keinen Widerhall. Mit dem Congrès international de sylviculture, wörtlich also Internationaler Kongress des Forstwesens, dessen Zusammenkunft die französische Forstverwaltung für den Sommer 1900 in Paris anzeigte, rückte der internationale Meinungsaustausch über forstwissenschaftliche Fragen erneut auf die Agenda der forstlichen Fachzeitschriften. Wie mit einem Paukenschlag meldete sich hier das Forstwesen auf internationaler Bühne zurück: Denn der Kongress in Paris – so viel sei hier vorweggenommen – führte keineswegs die optimistischen Zukunftsaussichten fort, die zehn Jahre zuvor den Kongress in Wien 1890 geprägt hatten. Im Gegenteil, die Berichterstattung über den Kongress war von der Sorge um eine drohende globale Holznot geprägt.

Es ist erklärungsbedürftig, weshalb die Wahrnehmung des Kongresses in Paris im Jahr 1900 von so starken pessimistischen Tönen geprägt war, nachdem in Wien 1890 eher optimistische Akzente überwogen hatten. Von Sorge um eine zukünftige Holzversorgung war in den Beschlüssen des Kongresses in Wien 1890 überhaupt nichts zu spüren. Im Gegenteil, per Resolution hatten die Wiener Teilnehmer sogar einen nachhaltigen Forstbetrieb in Privatwäldern als nicht mehr notwendig angesehen. Um diesen Gegensatz zwischen den Kongressen in Wien und Paris zu erklären, wird das Kapitel in zwei Schritten vorgehen: Im ersten Schritt (VI.1) verlässt das Kapitel die Ebene der internationalen Debatte und erörtert anhand von vier länderbezogenen Fallbeispielen, wie sich die Debatte über forstliche Zukunftsaussichten in unterschiedlichen Regionen des Nord- und Ostseeraums entwickelte. Im zweiten Schritt (VI.2) rückt das Kapitel den Kongress im Jahr 1900 in Paris in den Mittelpunkt und analysiert seine Rezeption in forstlichen Fachzeitschriften.

Die vier länderbezogenen Fallbeispiele nehmen eine russische, eine norwegische, eine britische und eine deutsche Perspektive ein, und zwar aus folgenden Gründen: Erstens verfolgt die Analyse auch in den übrigen Kapiteln die Rezeption der internationalen Kongresse in den Fachzeitschriften dieser Länder, so dass Querverbindungen und Anschlüsse zwischen den Ebenen rekonstruierbar werden. Zweitens erwiesen sich insbesondere die Debatte um Russlands Waldvorkommen

504 Vgl. Aldenhoff-Hübinger: Agrarpolitik und Protektionismus (2002), S. 42–70.

und um Großbritanniens Holzverbrauch als zentrale Größen, auf die die Diskussionen der folgenden Jahre immer wieder rekurrierten. Die Fallbeispiele aus Norwegen und aus dem Deutschen Reich liegen in dieser Hinsicht nicht nur geographisch gesehen ‚dazwischen': Über Norwegen war schon Anfang des 19. Jahrhunderts die *timber frontier* hinweggegangen, so dass diese Fallanalyse einen Einblick in Folgewirkungen dieser *frontier*-Bewegung ermöglicht. Die deutschen Länder, bzw. das Deutsche Reich, waren seit den 1860er Jahren vom Holzexportland zum Netto-Importeur von Holz geworden. Hier hatte sich also die Stellung eines Landes im Holzhandelsgefüge des Nord- und Ostseeraums vollständig verändert. Drittens soll die Verschiedenheit der vier Fallbeispiele vorbeugen, in einem einzelnen Land den Auslöser für den internationalen Holznot-Alarm zu sehen, der die Wahrnehmung des Kongresses 1900 in Paris prägte. Vielmehr sollen die zahlreichen einzelnen Stimmen, deren Rezeption und dadurch oft wechselseitige Verstärkung in diesem ersten Teilkapitel im Mittelpunkt stehen.

In der Analyse dieser vier länderbezogenen Fallbeispiele geht es also darum, die Dynamisierung der Diskussion in den letzten beiden Jahrzehnten des 19. Jahrhunderts zu rekonstruieren. Wenngleich die pessimistische Perspektive im Vorlauf zum Kongress 1900 in Paris hier im Mittelpunkt steht, gilt es zugleich, Gegenstimmen und zeitgenössische kritische Reflexionen dieser pessimistischen Stimmen nicht außer Acht zu lassen. In allen vier Fallbeispielen soll außerdem die grenzübergreifende Rezeption der jeweils länderspezifischen Entwicklungen untersucht werden, um die oftmals fließenden Übergänge von Argumenten zwischen den ländereigenen und den internationalen Diskussionszusammenhängen aufzuzeigen.

VI.1 Alarmrufe aus den Ländern des Nord- und Ostseeraums und ihre grenzübergreifende Rezeption

VI.1.1 Ausreichender oder schrumpfender Vorrat? Interpretationen russischer Forststatistiken von 1873 und 1888

Ähnlich wie in den anderen waldreichen Ländern des Nord- und Ostseeraums war das Forstwesen des Russischen Reiches in der zweiten Hälfte des 19. Jahrhunderts kontinuierlich von der Frage geprägt, wie es um den gegenwärtigen Zustand des Waldes bestellt sei und wie Zukunftsperspektiven aussehen könnten. Viele Mitglieder gelehrter Gesellschaften wie auch die Spitze der staatlichen Forstverwaltung waren sich in der Wahrnehmung einig, dass Russlands Waldbestand zurückgehe.[505] Umstritten war hingegen, in welchem Maße er zurückging, wer für diesen Rückgang verantwortlich war und mit welchen Maßnahmen dem Rückgang begegnet werden sollte. Die Antworten auf die Fragen nach der Verantwortung und nach den

505 Vgl. Costlow: Heart-Pine Russia (2012), S. 82–90.

geeigneten Maßnahmen fielen – ebenso wie in anderen Ländern – unterschiedlich aus und hingen in erster Linie vom politischen Blickwinkel des Beobachters ab.

Die zahlreicher werdenden Ausstellungen und Leistungsschauen einzelner Wirtschaftszweige boten der Forstverwaltung Anlass, vorhandene statistische Erhebungen zu präzisieren und zur Präsentation vorzubereiten. Im Vorlauf zur Politechnischen Ausstellung in Moskau 1872 bspw. erarbeitete die Forstverwaltung in St. Petersburg eine Programmankündigung für den forstlichen Teil dieser Ausstellung. Diese Programmankündigung ging als Weisung an die Forstverwaltungen der einzelnen Gouvernements, aktuelle Daten über den staatlichen Waldbesitz einzureichen; sie wandte sich aber auch an alle anderen forstlich Interessierten, Informationen, insbesondere über den Privatwaldbesitz, zusammenzutragen.[506] Angesichts der enormen Waldvorkommen war dem Ministerium bewusst, dass allenfalls die Angaben zu den staatlichen Forsten verlässlich sein würden, während die Privatwälder nur ausschnitthaft und skizzenartig erfasst werden könnten.

Auch in einer weiteren, u. a. von Aleksandr Matern erarbeiteten, Weisung, wie Karten und Verzeichnisse der Forstverhältnisse in den Gouvernements anzufertigen seien, sahen die Herausgeber klar, vor welchen Schwierigkeiten ein solches Unterfangen angesichts der so ungleichmäßigen Datenlage zu staatlichen und privaten Forsten stehen würde.[507] Die Finanzkammern vor Ort, so zeigt es die exemplarische Auswertung des Quellenmaterials aus dem Gouvernement Radom, waren daher angewiesen, ihre Daten über Privatwälder aus möglichst verschiedenen lokalen Quellen zusammenzutragen, kritisch auf ihre Verlässlichkeit zu überprüfen und dann in die Gesamtstatistik einzutragen. Um einer solchen Aufgabe Herr zu werden, sah die Weisung vor, dass nur Privatwälder mit über 100 Dessjatinen (also etwa 109 Hektar) Fläche zu berücksichtigen seien. Alle kleineren privaten Waldbesitzungen konnten entfallen, es sei denn, sie befänden sich in den waldarmen südlichen Gouvernements des Russischen Reiches.[508] Dass hier Privatwaldbesitz von unter 109 Hektar kurzerhand durchs Raster fiel, sollte man nicht als Aufforderung zur statistischen Ungenauigkeit oder als Großspurigkeit russischer Zentralbehörden interpretieren. Vielmehr sprach aus diesen Anleitungen eine verhältnismäßig klare und realitätsnahe Sicht der Petersburger Experten, was im Rahmen forststatistischer Erhebungen mit der begrenzten Anzahl forstlichen Personals vor Ort überhaupt sinnvoll erfasst werden konnte. In diesem Sinne war die Anleitung lediglich ein Ausdruck der Größenordnungen, in denen die Petersburger Forstverwaltung operieren musste, um das Ziel einer Gesamtstatistik erreichen zu können.

---

506 Arch Pan Radom, Zarząd Dóbr Państwowych, Izba Skarbowa Radomska, sygn. 1481, fol. 20–23, Broschüre „Programma lesnago otdela Moskovskoj Politehničeskoj Vystavki 1872 goda“, ohne Datum [Ende 1871].

507 Arch Pan Radom, Zarząd Dóbr Państwowych, Izba Skarbowa Radomska, sygn. 1481, fol. 24–33 [Blatt 1 bis 20], Vojnûkov" / Šilov" / Matern": Pravila dlâ sostavleniâ Karty i vedomosti lesnym" dačam", ohne Datum [1872 / 73].

508 Ebenda, fol. 27v [Blatt 10].

Nach mehreren Monaten statistischer Erhebungen vor Ort reichten die Gouvernementsverwaltungen ihre Resultate nach St. Petersburg ein.[509]

Als Ergebnis der Erhebungen erarbeiteten die Forstwissenschaftler Petr Nikolaevič Vereha und Aleksandr Matern ab 1872 in St. Petersburg forststatistische Karten. Vereha verfasste außerdem eine 37-seitige Denkschrift zum Forstwesen im europäischen Teil Russlands, die 1873 vorlag.[510] Die Karten publizierten Vereha und Matern in einem Atlas.[511] Der Atlas führt im Impressum das Jahr 1878, obgleich Exemplare einzelner Kartenblätter spätestens seit 1875 in Europa schon verbreitet waren.[512] Die Denkschrift erschien auf Französisch, der Atlas zweisprachig russisch und französisch; beide Publikationen waren also auf ein internationales Publikum zugeschnitten.

Verehas Denkschrift behandelte in kurzen Kapiteln die wesentlichen Aspekte des russischen Forstwesens, vom Umfang der Waldflächen über Bewirtschaftungsformen bis hin zum Holzexport. Außerdem war der Denkschrift eine Tabelle über den Waldreichtum der einzelnen Gouvernements beigegeben. Demnach umfasste das europäische Russland, einschließlich Polen, aber ohne Finnland, 177.159.000 Dessjatinen bzw. 193.544.105 Hektar Wald. In den einzelnen Kapiteln erläuterte Vereha die Eigenarten der russischen Forstverhältnisse, blieb also nicht bei der Erwähnung bloßer Zahlen. Angesichts der beeindruckend großen Waldfläche von fast 194 Millionen Hektar sei zu bedenken, so Vereha, dass diese ungleichmäßig über das Land verteilt lägen. Die nördlichen, dünn besiedelten Regionen seien waldreich, wohingegen die mittleren und südlichen Regionen dichter besiedelt seien, aber weniger Waldflächen aufwiesen. Fehlende Möglichkeiten für einen Wassertransport [„communications fluviale"] und die hohen Kosten des Eisenbahntransports hätten die Einwohner in den südlichen Gouvernements gezwungen, „Ersatzstoffe zu suchen [à chercher les moyens de remplacer le bois]". Zur gleichen Zeit litten die Einwohner im Norden mehr unter dem Wald-Überfluss als sie davon profitieren könnten, weil der Wald-Überfluss wegen unzureichend ausgebauter Transportmöglichkeiten und wegen der nur dünnen Besiedlung kaum in Gewinn umgewandelt werden könne.[513]

Für forstkundige Leser in Russland lieferte Verehas Denkschrift, abgesehen von den Zahlenwerten der statistischen Erhebung, kaum Neuigkeiten. Für die interessierten Leser außerhalb Russlands, und an diese richtete sich die französischsprachige Denkschrift in erster Linie, lieferte Vereha hingegen eine Art detailreichen Gesamtüberblick über die russischen Forstverhältnisse. Verehas Reflexionen über die ungleiche Verteilung des Waldes und die forstwirtschaftlichen Schwierigkeiten,

509 Vgl. für das Gouvernement Radom Arch Pan Radom, Zarząd Dóbr Państwowych, Izba Skarbowa Radomska, sygn. 1481, fol. 34–59 sowie 60–69: Zapiska, ohne Datum [März 1872].

510 Werekha [Vereha]: Notice sur les forêts et leurs produits (1873).

511 Werekha / Matern [Vereha / Matern] (Hg.): Statističeskij lesohozâjstvennyj atlas (1878).

512 Vgl. exemplarisch Orth: Landwirthschaftliche Beziehungen der geographischen Ausstellung (1876), S. 3 mit einem Hinweis auf Verehas und Materns Forstkarten.

513 Werekha [Vereha]: Notice sur les forêts et leurs produits (1873), S. 6.

die in den großen Entfernungen und in der – aus Verehas Sicht – nur unzureichenden Infrastruktur lagen,[514] halfen, ein differenziertes Bild der forstlichen Situation des europäischen Russlands zu vermitteln.

Mit Blick auf spätere Publikationen, etwa jene von Genko von 1888 (vgl. weiter unten), muss festgehalten werden, dass Verehas Denkschrift weder pauschal von einem Mangel noch von Überfluss sprach. Vielmehr ging es ihm in erster Linie um eine bessere Nutzung. Aus Verehas Sicht war es schlicht unbefriedigend, dass es nicht mehr und bessere Transportwege in Russland gab, weil dadurch ein Großteil des vorhandenen Ressourcenreichtums ungenutzt blieb. In der Reflexion über Möglichkeiten des Eisenbahntransports finden sich hier also durchaus Parallelitäten zwischen Verehas Argumentation in der Denkschrift von 1873 und Guttenbergs und Ostwalds Überlegungen auf dem Kongress 1890. Die Reflexionen waren jedoch unterschiedlich akzentuiert: Für Vereha war es Grund zur Klage, dass es im Russischen Reich kein umfangreicheres Eisenbahnnetz gab, um eine effiziente Ressourcennutzung für das Land zu ermöglichen. Für Guttenberg und Ostwald hingegen war die beobachtete Ausdehnung des Eisenbahnnetzes ein verlockender Vorbote einer sorgenfreien Zukunft. In Guttenbergs und Ostwalds Arbeiten findet sich im Übrigen kein ausdrücklicher Hinweis auf Verehas Denkschrift, obgleich man davon ausgehen kann, dass beide die Denkschrift zumindest kannten.

Der von Vereha und Matern herausgegebene Atlas präsentierte mehrere Übersichtskarten, die den europäischen Teil des Russischen Reiches, einschließlich Polens, aber ohne Finnland, darstellten. Alle Karten verfügten über den gleichen Blattschnitt. Sie zeigten den Anteil der Waldflächen im Verhältnis zur Gesamtlandesfläche, die Eigentumsverhältnisse am Wald, das Verhältnis zwischen Bevölkerungsdichte und Wald u. a. m., so dass sich einige Karten als Illustration zu den Kapiteln der Denkschrift betrachten lassen. Dem Atlas beigegeben war außerdem eine Tabelle, in der die Angaben zu den Größen der Waldflächen in den einzelnen Gouvernements aufgelistet waren. Die Gesamtfläche des Waldes im europäischen Russland (ohne Finnland) gab der Atlas mit 177.286.000 Dessjatinen, also umgerechnet etwa 194 Millionen Hektar Wald an.[515] Diese geringfügig abweichende Zahl gegenüber Verehas Denkschrift von 1873 ging wahrscheinlich nicht auf neue Erhebungen, sondern auf nachträgliche Korrekturen zurück.

Ins Auge sprang (und springt) dem Betrachter dieser Karten die ungleichmäßige Verteilung des Waldes zwischen Nord und Süd. Wenngleich der Atlas mit einem Format von ca. 52 × 70 Zentimetern und den Karten im Maßstab von etwa 1 : 7.000.000 verhältnismäßig groß war, ließ er für Einzelheiten in den Gouvernements allein aus darstellerischen Gründen nur begrenzten Platz. Die am Beispiel des Gouvernements Radom eingangs erörterte Datenerhebung über die Waldflächen

514 Vgl. Schenk: Die Neuvermesung des Russländischen Reiches (2010).

515 Werekha / Matern [Vereha / Matern](Hg.): Statističeskij lesohozâjstvennyj atlas, Tabelle [ohne Paginierung]. Vereha verwendet in der Denkschrift einen Faktor von etwa 1,092 zur Umrechnung von Dessjatinen in Hektar.

fand sich daher im Atlas nur in Gestalt von einigen kleinen Farbtupfern wieder. Der Atlas, der neben der Denkschrift das zweite ‚Endprodukt' der statistischen Datenerhebung war, spiegelte auf diese Weise eine charakteristische Spannung wider: Einerseits verfolgte er den Anspruch, auf einem Kartenblatt dem Betrachter einen Gesamteindruck der Waldverhältnisse zu liefern, andererseits mussten die dafür mühsam erhobenen Daten notwendigerweise generalisiert, also vereinfacht, abgebildet werden, um überhaupt kartographisch in solchem Maßstab darstellbar zu sein (vgl. Abb. 6-1, 6-2 und 6-3).

Sofern die russische Staatsforstverwaltung auf Ausstellungen und Kongressen der folgenden Jahrzehnte vertreten war, präsentierte sie dort den Atlas und die Denkschrift bzw. die Daten aus diesen beiden Publikationen.[516] Durch diese anhaltende Präsenz avancierte insbesondere der Atlas zur zentralen Referenzgröße für Angaben zu den Waldverhältnissen Russlands. Dies galt nicht nur für die forstlichen und allgemein wirtschaftlichen Fachzeitschriften, sondern darüber hinaus auch für die großen, maßgeblichen Nachschlagewerke der Zeit, wie etwa Meyers Konversationslexikon.[517] Die Zahlenangaben zur Waldfläche Russlands variierten in den folgenden Jahren allerdings leicht, je nachdem, ob die Waldflächen Polens und Finnlands in der Gesamtzahl berücksichtigt waren. Diese Variationen traten sowohl in Publikationen der russischen Staatsforstverwaltung auf, wie auch in forstwissenschaftlichen Texten, die auf den Atlas oder die Denkschrift Bezug nahmen.[518]

Etwa anderthalb Jahrzehnte, nachdem Vereha und Matern 1873 die Denkschrift und 1878 den Atlas herausgegeben hatten, erarbeitete Nestor Karlovič Genko eine neue Statistik. Genko, Jahrgang 1839, hatte in St. Petersburg Forstwissenschaft studiert und war anschließend in den Dienst der russischen Forstverwaltung eingetreten, wo er als Forsttaxator arbeitete. Zudem war er Mitglied der Gesellschaft zur Förderung des Forstwesens (Obŝestvo dlâ poosreniâ lesnogo hozâjstva). Anerkennung in Russland erwarb sich Genko insbesondere durch die Aufforstung und Einrichtung von über 1.000 Hektar Schutzwaldungen am mittleren Lauf der Wolga, nordöstlich von Ul'ânovsk.

Genkos „Forststatistik des europäischen Russlands"[519] erlangte innerhalb des Russischen Reiches und ein Jahr später auch außerhalb große Verbreitung, da sie 1888 als Sonderdruck des Lesnoj Žurnal" erschien und 1889 von Hermann Guse ins Deutsche übersetzt und als Buch veröffentlicht wurde (vgl. zur Übersetzung weiter unten).[520]

516 Vgl. exemplarisch Wilson [Vil'son] (Hg.): Aperçu statistique de l'agriculture (1876).

517 Meyers Konversationslexikon (1885–1892), Bd. 6, S. 449, s. v. Forststatistik.

518 Während der Atlas Finnlands Waldflächen nicht berücksichtigte, waren sie in der Präsentation zur Weltausstellung in Philadephia 1876 enthalten, vgl. Wilson [Vil'son] (Hg.): Aperçu statistique de l'agriculture (1876), S. 146.

519 Genko: K" statistike lesov" (1888).

520 Henko [Genko]: Beiträge zur Statistik der Forsten (1889). Diese deutsche Ausgabe nennt als Autor auf dem Titelblatt „H. K. Henko". Bei der Übertragung des russischen Namens Нестор Карлович Генко [Nestor Karlovič Genko] hatte sich hier irrtümlich ein „H" für „Nestor" eingeschlichen. Dass

Genko reflektierte – wie die Statistiker vor ihm – die unsichere Datengrundlage, da für zahlreiche Regionen Russlands lediglich Schätzungen des Waldbestands vorlagen. Zwar könne man in einigen Teilen Russlands eine Zunahme der Waldfläche beobachten. Im Vergleich mit den Daten, die Vereha und Matern 1873 vorgelegt hatten, errechnete Genko jedoch insgesamt einen Rückgang der Waldfläche des europäischen Russlands. Für das Jahr 1873 gab Genko für das europäische Russland einen Wert von 175.318.000 Dessjatinen an.[521] Für das Jahr 1882 nannte er 158.910.000 Dessjatinen.[522] Für das „eigentliche Rußland", also das europäische Staatsgebiet ohne Finnland und Polen, kam er so auf einen Rückgang um 9,2 % zwischen 1873 und 1882.[523] Anteilig für Finnland errechnete Genko einen Rückgang von 2,6 %, für Polen gar einen Rückgang von 19 %.[524]

Bemerkenswert an Genkos Ausführungen war, dass er zwar – wie Vereha und Matern 1873 – die sehr unterschiedliche Verteilung des Waldes in Russland erörterte, also verhältnismäßig viel Wald im Norden, wenig Wald hingegen im mittleren und südlichen Russland. Bei seiner Kritik am geringen Waldbestand im mittleren Russland ging Genko jedoch nicht auf zu verbessernde Transportmittel (Ausbau von Kanal- und Eisenbahnnetz) ein, wie es Vereha fünfzehn Jahre zuvor angemahnt hatte.

Ganz gleich, was Vereha einerseits, Genko andererseits zu der jeweiligen Art der Darstellung veranlasst hatte: Aus Verehas Verknüpfung von ungleich verteiltem Waldbestand und auszubauendem Verkehrsnetz sprach eine Problemanalyse, die die Lösung in verkehrstechnischen Verbesserungen sah. Aus Genkos Vergleich zwischen den Daten von 1873 und 1882 sprach eher ein Niedergangsszenario des russischen Waldbestands. Seine in Zahlen gefasste Dramatik erhielt dieses Szenario etwa durch die Angabe von 19 % Waldrückgang in Polen, obwohl Polen im Vergleich zur Gesamtfläche des Waldes im europäischen Russland nur einen verschwindend geringen Anteil ausmachte.

Die deutschsprachige Übersetzung von Genkos Statistik, die Hermann Guse bereits ein Jahr nach Erscheinen beim Verlag Becker und Laris in Berlin und Gießen veröffentlichte, beförderte die internationale Rezeption. Guse, geboren 1828, hatte Forstwissenschaft in Eberswalde studiert. Zunächst diente er in der preußischen Forstverwaltung, dann für die preußische Armee im Kurierdienst in St. Petersburg. Von 1860 bis 1864 war er Verwalter in den Forsten des Fürsten Wittgenstein im

Guse (oder die Verleger von Becker und Laris?) für den Namen Генко die Übertragung „Henko" wählte, lag möglicherweise daran, dass deutsche Namen mit „G" und mit „H" im Russischen zumeist mit einem „Г" wiedergegeben werden.

521 Genko: K" statistike lesov" (1888), S. 48 sowie Henko [Genko]: Beiträge zur Statistik der Forsten (1889), S. 34–35, Werte für 1873: „Summe eigentliches Rußland" 172.265.000 plus „Summe Weichselland [Polen]" 3.053.000 ergab 175.318.000 Dessjatinen.

522 Genko: K" statistike lesov" (1888), S. 49 sowie Henko [Genko]: Beiträge zur Statistik der Forsten (1889), S. 34–35, Werte für 1882: „Summe eigentliches Rußland" 156.426.000 plus „Summe Weichselland [Polen]" 2.484.000 ergab 158.910.000 Dessjatinen.

523 Genko: K" statistike lesov" (1888), S. 49.

524 Ebenda.

Дача Руда

ВЕРЖБНИКЪ

Лѣса Дачу Липе

III
Ляски

1885 15 14 13 12 11 10 9 8 7 6 5

I
Домбровка

Михайловскій Прудъ

Дзюровъ

Михайловъ

Спорное место съ владѣльцами имѣнія Стефан...

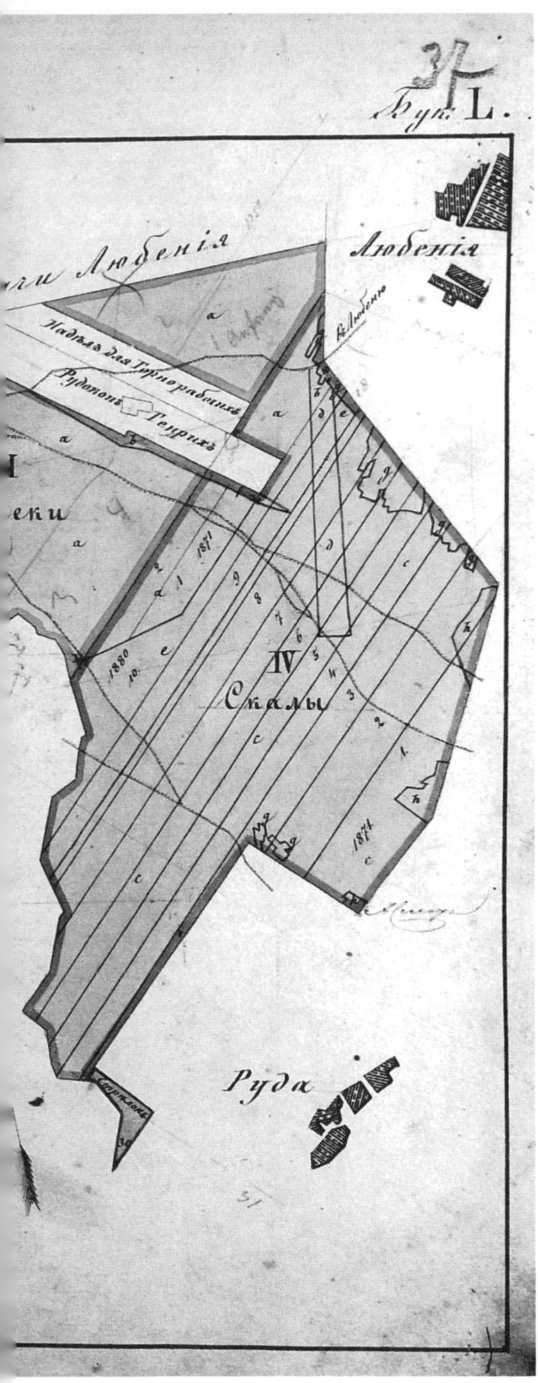

Abb. 6-1

Karte des Forstreviers (dača) Ruda, Gouvernement Radom, 1873. Quelle: Archiwum Państwowe Radom, ZDP Gub. Radom plany lesne Syg. 1 K37.

I.

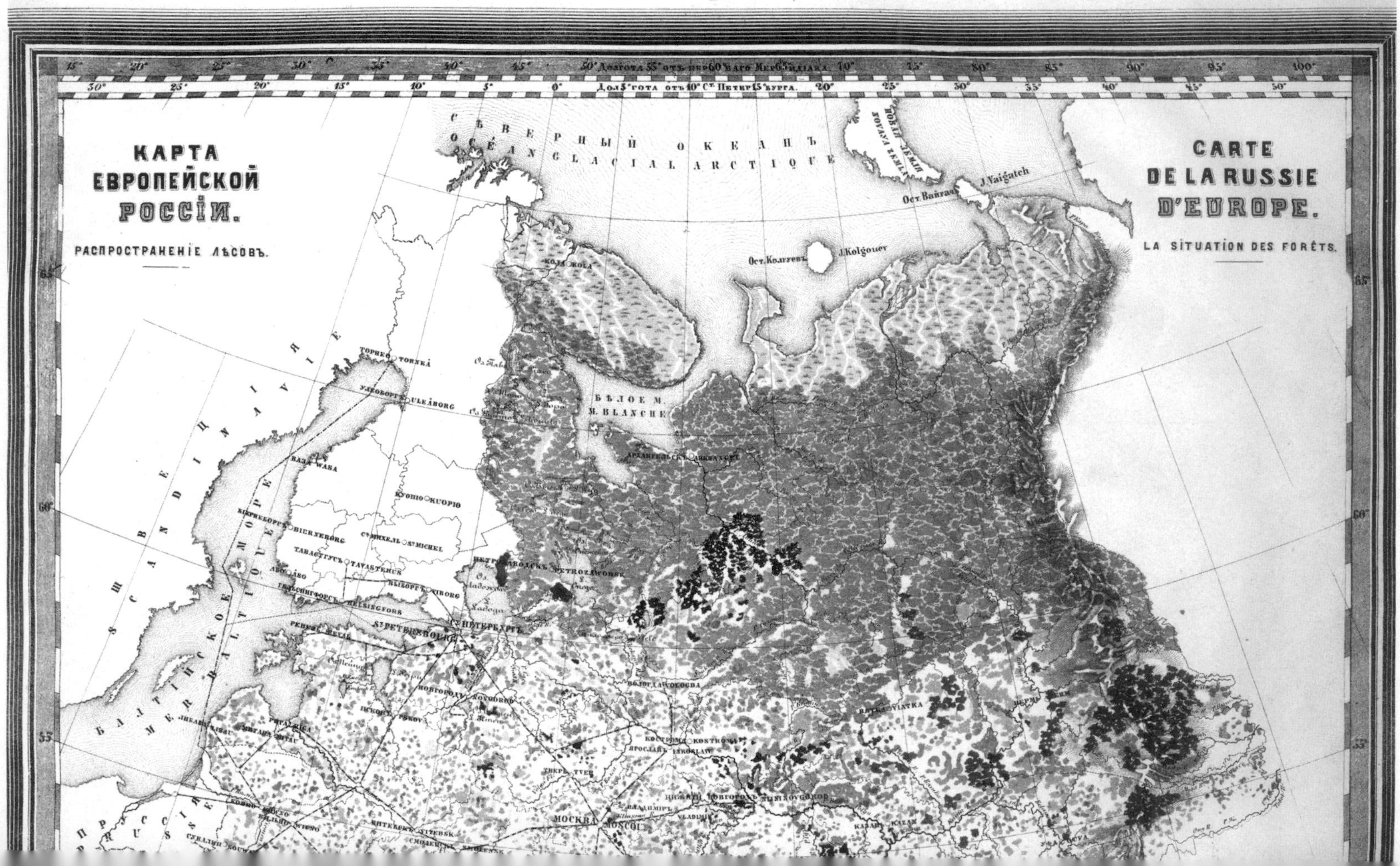

КАРТА
ЕВРОПЕЙСКОЙ
РОССІИ.
РАСПРОСТРАНЕНІЕ ЛѢСОВЪ.
CARTE
DE LA RUSSIE
D'EUROPE.
LA SITUATION DES FORÊTS.
СѢВЕРНЫЙ ОКЕАНЪ
OCÉAN GLACIAL ARCTIQUE
J.Vaigatch
Ост.Колгуевъ
J.Kolgouev
БѢЛОЕ М.
M. BLANCHE
С.Петербургъ
Москва
MOSCOU

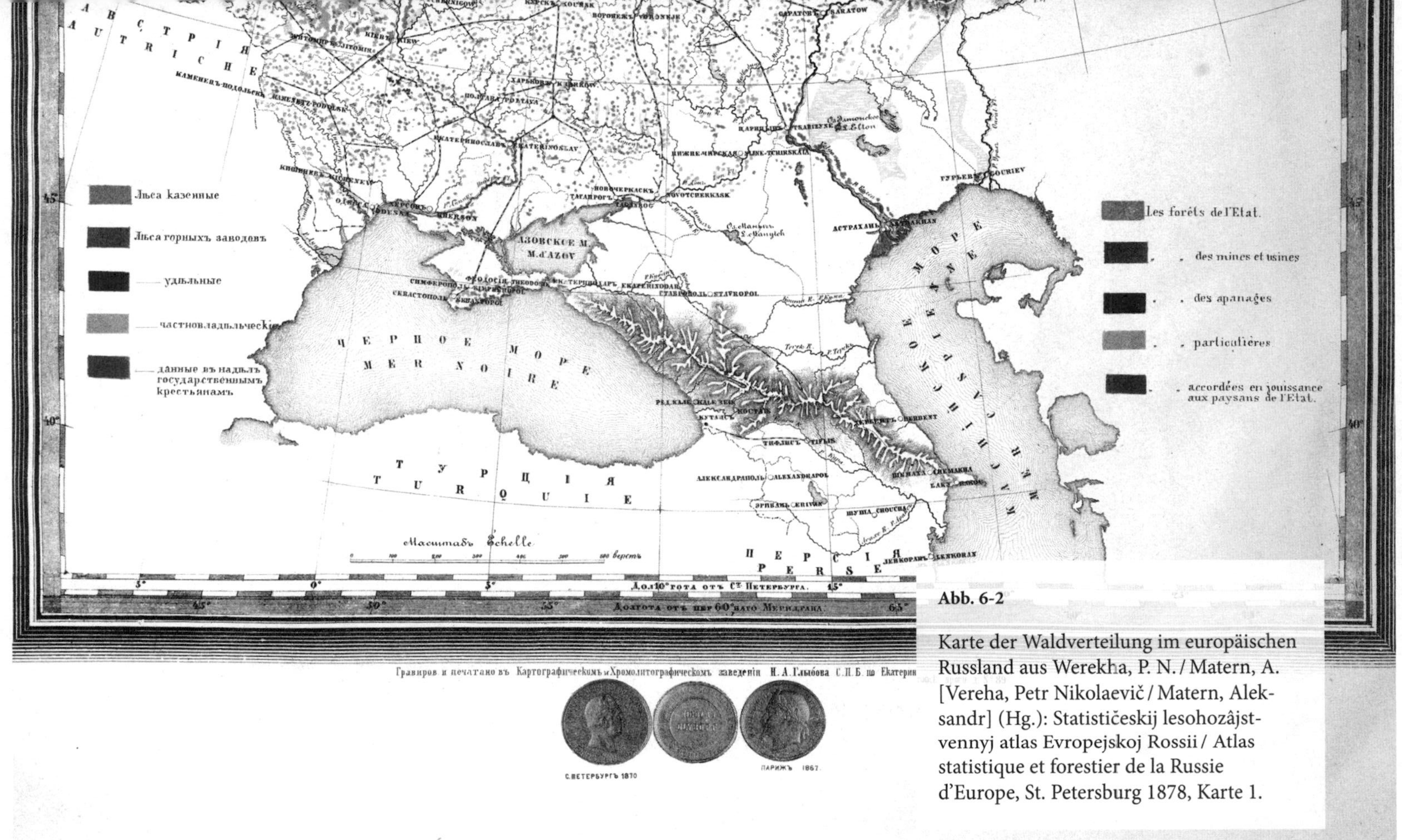

Abb. 6-2

Karte der Waldverteilung im europäischen Russland aus Werekha, P. N. / Matern, A. [Vereha, Petr Nikolaevič / Matern, Aleksandr] (Hg.): Statističeskij lesohozâjstvennyj atlas Evropejskoj Rossii / Atlas statistique et forestier de la Russie d'Europe, St. Petersburg 1878, Karte 1.

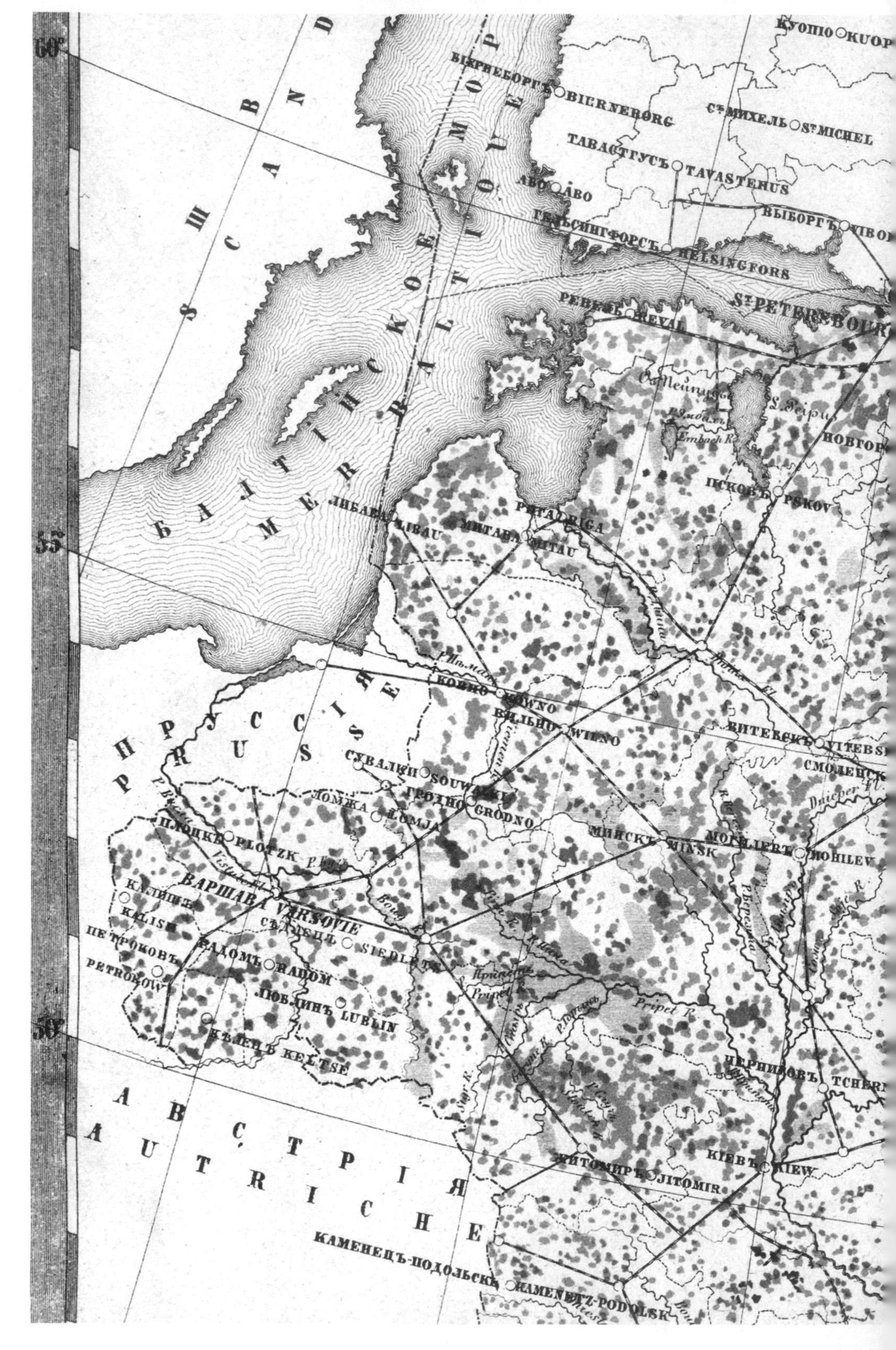

60°
55
50°
КУОПІО KUOP
БІОРНЕБОРГЪ BIÖRNEBORG
Ст. МИХЕЛЬ St. MICHEL
ТАВАСТГУСЪ TAVASTEHUS
АБО ABO
ГЕЛЬСИНГФОРСЪ HELSINGFORS
ВЫБОРГЪ VIBOR
РЕВЕЛЬ REVAL
St. PETERSBOURG
Оз. Пейпусъ
L. Peipus
Embach R.
НОВГОР
ПСКОВЪ PSKOV
РИГА RIGA
МИТАВА MITAU
ЛИБАВА LIBAU
БАЛТІЙСКОЕ МОРЕ
MER BALTIQUE
КОВНО KOWNO
ВИЛЬНО WILNO
ВИТЕБСКЪ VITEBSK
СМОЛЕНСК
Dnieper Fl.
СУВАЛКИ SOUWALKI
ГРОДНО GRODNO
ЛОМЖА LOMJA
ПЛОЦКЪ PLOTZK
ВАРШАВА VARSOVIE
КАЛИШЪ KALISH
СѢДЛЕЦЪ SIEDLETZ
ПЕТРОКОВЪ PETROKOW
РАДОМЪ RADOM
ЛЮБЛИНЪ LUBLIN
КѢЛЕЦЪ KELTSE
МИНСКЪ MINSK
МОГИЛЕВЪ MOHILEV
Pripet R.
ЧЕРНИГОВЪ TCHERN
КІЕВЪ KIEW
ЖИТОМИРЪ JITOMIR
КАМЕНЕЦЪ-ПОДОЛЬСКЪ KAMENETZ-PODOLSK
ПРУССІЯ
PRUSSE
АВСТРІЯ
AUTRICHE

Abb. 6-3

Karte der Waldverteilung im europäischen Russland aus Werekha, P. N. / Matern, A. [Vereha, Petr Nikolaevič / Matern, Aleksandr] (Hg.): Statističeskij lesohozâjstvennyj atlas Evropejskoj Rossii / Atlas statistique et forestier de la Russie d'Europe, St. Petersburg 1878, Karte 1.
(Ausschnitt in Originalgröße)

Gouvernement Minsk und lernte dort Russisch.[525] Danach kehrte er in die preußische Forstverwaltung zurück und versah seinen Dienst an unterschiedlichen Orten, u. a. in Johannisburg (Ostpreußen), Trier, Breslau, Oppeln und Kassel.

Guse kann aufgrund seiner Russischkenntnisse als ein wichtiges Scharnier im forstwissenschaftlichen Austausch zwischen dem Russischen und dem Deutschen Reich (und darüber hinaus) angesehen werden. Denn er übersetzte nicht nur Genkos Statistik, sondern verfasste zahlreiche Artikel in deutschen forstwissenschaftlichen Zeitschriften, in denen er über das Forstwesen im Russischen Reich berichtete.

Bei der Übersetzung hielt sich Guse weitgehend an das Original von Genko, lediglich in einigen Details wich er vom ursprünglichen Text ab. Viel wichtiger als diese Detailunterschiede war für die Rezeption aber ein kurzes Vorwort, das Guse der übersetzten Textfassung voranstellte. In diesem Vorwort ordnete Guse Genkos statistische Ergebnisse in den zu erwartenden deutschen Rezeptionskontext ein: „Mancher deutsche Leser wird überrascht sein", formulierte Guse, „wenn er daraus [aus Genkos Statistik, C. L.] ersieht, daß die Russischen Waldreichthümer keineswegs mehr so unerschöpflich sind, als man vielfach noch glaubt."[526] Guse sah in Genkos Buch also die Chance, mit den in Deutschland tradierten Bildern vom angeblich unendlichen Wald im Russischen Reich aufzuräumen.

Guses Statistik fand bei den Redaktionen der deutschen, österreichischen und norwegischen Fachzeitschriften große Aufmerksamkeit. In den britischen Journalen findet man keinen direkten Hinweis, und auch nicht in der polnischsprachigen Sylwan. Die Rezensionen stützten sich auf Guses Übersetzung, nicht auf Genkos Originaltext; dieser Aspekt der Rezeptionsgeschichte unterstreicht die Bedeutung, die Guses Übersetzung in diesem Fall zukam. Teilweise, wie bspw. im norwegischen Fall, war offenkundig erst die Besprechung im Centralblatt für das gesamte Forstwesen Anlass, auch in der Tidsskrift for Skovbrug die Statistik zu rezensieren. Dies wiederum ist nicht nur ein Beleg für die Bedeutung Guses als Übersetzer, sondern auch für die hervorgehobene Position der großen deutschsprachigen Forstzeitschriften, wie hier des Centralblatts.

In der Zeitschrift für Forst- und Jagdwesen, im Centralblatt für das gesamte Forstwesen, wie auch später in der Tidsskrift for Skovbrug übernahmen die Rezensenten größtenteils den Duktus, den Guse in seinem Vorwort vorgegeben hatte. Genkos statistische Arbeiten bewiesen, so fasste es der Forstreferendar Dau in Eberswalde zusammen, dass die Situation der russischen Waldungen sehr ernst werden würde, wenn – wie anzunehmen – Bevölkerung, Eisenbahnnetz und Industrieproduktion weiter wüchsen.[527] Der namentlich nicht genannte Rezensent in der Tidsskrift for Skovbrug folgte Guses Interpretation, indem er Guses Vorwort beinahe wörtlich zitierte, dass nämlich der Waldreichtum Russlands „keineswegs so bedeutend sei,

525 Milnik: Hermann Guse (2006).

526 Henko [Genko]: Beiträge zur Statistik der Forsten (1889), S. 1 (Vorwort von Hermann Guse).

527 Dau [Forstreferendar]: Rezension zu Henko [Genko] (1890).

wie allgemein angenommen [ingenlunde saa betydelig som almindelig antaget]“.[528] Gleichwohl war die Blickrichtung des norwegischen Rezensenten eine andere als die der deutschen Autoren. Genkos Statistik sei aus norwegischer Sicht vor allem deshalb von Interesse, um klarer zu erkennen, welche Kräfte „unser mächtiger Forstwirtschaftskonkurrent [vor mægtige Skovbrugskonkurrent]“ in Zukunft haben werde.[529]

Über die Rezensionen hinaus finden sich in zahlreichen Artikeln in Zeitschriften des Nord- und Ostseeraums Nennungen von statistischen Daten zur Waldfläche des Russischen Reiches. Worauf sich Autoren solcher Beiträge im Einzelnen bezogen, ist äußerst schwer zu rekonstruieren. Denn die Zahlenangaben waren teilweise nicht näher spezifiziert, ob in den Angaben zu „Russland“ auch die Waldflächen Finnlands und/oder Polens eingerechnet waren. Insofern muss es nicht verwundern, wenn bspw. ein namentlich nicht genannter Autor in der Tidsskrift for Skovbrug 1908 insgesamt 230 Millionen Hektar Wald als Russlands Waldfläche angab[530] und im Gegensatz dazu in den statistischen Auswertungen von William Schlich, auf den die Analyse in diesem Kapitel zurückkommen wird, eine Fläche von 516.000.000 Acres, also etwa 208.000.000 Hektar, für Russland mit Finnland erwähnt wurden.[531] Für die Rezeption in den Ländern des Nord- und Ostseeraums waren solche Zahlenunterschiede von nachrangiger Bedeutung, denn die Größenordnung von 190 bis 230 Millionen Hektar Wald, oder gar mehr, stellte ohnehin alle Waldflächen der übrigen einzelnen Länder Europas in den Schatten. Viel wichtiger waren die Interpretationen, insbesondere von Zu- oder Abnahme der Waldflächen und von der Leistungskraft dieser Wälder. Solche Interpretationen klangen nicht nur in den oben zitierten Rezensionen an, sondern wurden zu einem Kern forststatistischer Kontroversen seit 1900/01, weshalb die Analyse in diesem und im folgenden Kapitel VII darauf zurückkommen wird.

VI.1.2 Die fehlenden 116 Millionen Kubikfuß. Norwegens Forstkommission (1874–1878) und die internationale Karriere eines Holznot-Alarms

In Norwegen war im letzten Drittel des 19. Jahrhunderts die Debatte um die Zukunftsaussichten des Forstwesens in starkem Maße von der Arbeit einer Forstkommission *(Skog-Kommission)* geprägt, die von 1874 bis 1878 tagte. Der Antrieb, eine solche Forst-Kommission einzusetzen, kam im Wesentlichen aus der norwegischen Forstgesellschaft *(Den norske Forstforening)*, die über den – aus ihrer Sicht – verheerenden Zustand des Privatwaldbesitzes in Norwegen klagte.[532] Die

528 Anonym: Skovene i det europæiske Rusland (1893), S. 29.
529 Ebenda, S. 30.
530 Anonym: Skogene i forskjellige Lande (1908), S. 354.
531 Schlich: The Outlook of the World's Timber Supply (1901), S. 366.
532 Fryjordet: Skogadministrasjonen i Norge gjennom tidene (1962), Bd. 2, S. 194.

Regierung setzte daher zum 28. März 1874 eine Kommission ein, um ein Waldschutzgesetz auf den Weg zu bringen. Der Ansatz, mit der Bearbeitung solcher Fragen und ggf. mit der Ausarbeitung von Gesetzesvorschlägen eine Kommission zu beauftragen, war aus Sicht der Forstverwaltung ein bewährter Weg. Denn bereits in den Jahrzehnten zuvor, 1850 und 1859, hatten ähnliche Kommissionen getagt, u. a. um die Untergliederung der Forstverwaltung im Land neu zu strukturieren.

Der Forst-Kommission von 1874 gehörten insgesamt sechs Personen an,[533] und zwar der Forstmeister und Geologe Jens Carl Hørbye[534] aus Christiania, der Chef der Forstverwaltung Marcus Selmer, der Holzgroßhändler D. Cappelen, N. Bonnevie[535] sowie die beiden Landwirte H. Norderhaug[536] und M. Gundersen aus Hedemarkens Amt. Die Forst-Kommission beschäftigte sich nicht allein mit dem Entwurf eines Schutzwald-Gesetzes, sondern beabsichtigte ebenso, eine Forststatistik Norwegens zu erstellen. In dieser Aufgabenstellung der Kommission trat der Einfluss des internationalen forstwissenschaftlichen Kongresses in Wien 1873 in bemerkenswert zwiespältiger Weise zum Vorschein: Einerseits hatte der Kongress die teilnehmenden Länder aufgefordert, die forstliche Statistik voranzutreiben. Genau das nahm sich nun die norwegische Kommission vor. Andererseits hatten die Kongress-Diskussionen gezeigt, wie viele Zweifel die Kongressteilnehmer an der Wirkung von Schutzwald-Gesetzen hatten. Und trotz dieser Zweifel, von denen auch Norwegens Delegierter Johannes Norman ausführlich berichtet hatte, trat nun die Forst-Kommission an, um ein Schutzwald-Gesetz auf den Weg zu bringen.

Die Arbeit der Kommission zog sich insgesamt über fünf Jahre hin. Immer wieder musste die Kommission die lokalen Ämter ermahnen, ihre statistischen Daten abzuliefern.[537] Bei der Arbeit am Gesetzentwurf ging es nicht allein darum, bestehende Regelungen für den staatlichen Waldbesitz auf den Privatwaldbesitz zu übertragen. Vielmehr sahen sich die Kommissionsmitglieder vor die Grundsatzfrage gestellt, die jede rechtliche Regelung forstlicher Nutzungen zu klären hatte, und zwar „was unter Waldzerstörung [Skovødelæggelse], oder welchen Ausdruck man gebrauchen wird, verstanden werden soll",[538] in welchem Zustand sich ein Wald also befinden müsse, um das Gesetz anzuwenden.

533 RiksA Oslo, S-1600 / Direktoratet for Statens Skoger / Dc / D-Serien / L2287, Skogkommisjonen av 1874, Skogkommission an Finanzdepartement, 8. August 1884.

534 Vgl. Berntsen: Bygdøy (2003); Hørbye: Observations sur les phénomènes d'érosion (1857).

535 Über N. Bonnevie ließ sich nichts Näheres ermitteln. Es ist nicht sicher, ob jener Bonnevie in der Forstkommission in Beziehung steht zu dem späteren Stortings-Abgeordneten und Schulpolitiker Jacob Aall Bonnevie (1838–1904).

536 In einigen Quellen auch in der Schreibweise „Norderhoug", vgl. Fortegnelse over Forstforeningens Medlemmer (1882), S. 11.

537 Vgl. RiksA Oslo, S-1600 / Direktoratet for Statens Skoger / Dc / D-Serien / L2287, Skogkommisjonen av 1874, „Fra Den Kongelige Norske Regjerings Department for det Indre", Circulære, 23. Februar 1876; RiksA Oslo, S-1600 / Direktoratet for Statens Skoger / Dc / D-Serien / L2287, Skogkommisjonen av 1874, fol. 9–16, N. Bonnevie: „Til Den Kongelige Departement for det Indre", Christiania, 31. Oktober 1877, hier fol. 7.

538 RiksA Oslo, S-1600 / Direktoratet for Statens Skoger / Dc / D-Serien / L2287 Skogkommisjonen av 1874, fol. 9–16, N. Bonnevie: „til Den Kongelige Departement for det Indre", Christiania, 31. Oktober

Im Mai 1879 legte die Kommission schließlich einen 96-seitigen Ergebnisbericht vor.[539] In diesem Bericht reflektierten die Kommissionsmitglieder zunächst die Schwierigkeiten, zu verlässlichen statistischen Angaben zu gelangen. Dann listeten sie in tabellarischer Form die verarbeiteten Daten zum Waldbestand und Holzverbrauch auf und lieferten abschließend einen Gesetzentwurf. Die statistischen Daten, so urteilte die Kommission, bargen zwar Unsicherheiten. Diese rührten bspw. aus den Umrechnungen von alten auf neue Maße oder aus Abweichungen zwischen den Flächenangaben der Forstverwaltung und jenen der allgemeinen Landesvermessung.[540] Insgesamt aber würde die Auswertung der Daten keinen anderen Schluss zulassen, als dass nämlich der jährliche Verbrauch die zu gleicher Zeit nachwachsende Holzmenge in Norwegen um 116 Millionen Kubikfuß übersteige.[541] Der Verbrauch im Inland umfasste dabei etwa 90 %, insbesondere als Bau- und Brennholz, in den Export gingen etwa 10 %. Norwegens Waldfläche, so schlussfolgerte die Kommission, drohe daher innerhalb der nächsten Jahrzehnte vollständig zerstört zu werden.

Diese statistischen Daten waren für die Kommission zugleich das beste Argument für den von ihr ausgearbeiteten Gesetzentwurf, der Eingriffe in die Bewirtschaftung privaten Waldbesitzes vorsah, u. a. die Pflicht, kahlgeschlagene Flächen wieder aufzuforsten. Wenig überraschend war, dass es Kritik von Seiten der großen privaten Waldbesitzer hagelte, die die Prognosen der Kommission für überzogen hielten und sich Eingriffe in ihr Privateigentum verbaten. Schwerer wogen hingegen die Attacken aus den eigenen Reihen: Jacob Barth, Forstverwalter im Distrikt Gudbrandsdalen og Valdres, bspw. hielt der Kommission vor, mit dem Gesetzentwurf sinnlos Zeit vergeudet zu haben. Zwangsregeln für den Privatwald zu erarbeiten, hielt Barth für vollkommen sinnlos, gerade mit Blick auf die „fruchtlosen Bestrebungen [frugtesløse Bestræbelse] in all den übrigen europäischen Waldländern, solche Zwangsmaßnahmen [Tvangsforholdsregler] zu finden."[542] Barths Wort hatte Gewicht, denn er war einer jener erfahrenen Experten, die hohes Ansehen genossen, da er mit staatlichem Stipendium 1852–1854 in Tharandt studiert und im Jahr 1858 auch einer Forst-Kommission angehört hatte, die die räumliche Gliederung der staatlichen Forstverwaltung erfolgreich neu strukturiert hatte. Zudem stützte sich Barth im Grunde auf jene Skepsis gegenüber gesetzlichen Eingriffen in private

---

1877, hier fol. 4.

539 RiksA Oslo, S-1600 / Direktoratet for Statens Skoger / Dc / D-Serien / L2287, Skogkommisjonen av 1874, N. Bonnevie: „Motiver til Skovkommissionens foreløbige Udkast til Lov om Forstvæsenet", Arendal, Mai 1879.

540 Fryjordet: Skogadministrasjonen i Norge (1962), Bd. 2, S. 197.

541 RiksA Oslo, S-1600 / Direktoratet for Statens Skoger / Dc / D-Serien / L2287, Skogkommisjonen av 1874, fol. 1–96, Bonnevie: „Motiver til Skovkommissionens foreløbige Udkast til Lov om Forstvæsenet", Arendal, Mai 1879, hier fol. 8a.

542 Erklæringer over Skovkommissionens forløbige Lovudkast, zitiert nach Fryjordet: Skogadministrasjonen i Norge (1962), Bd. 2, S. 199.

Waldflächen, über die Johannes Norman vom internationalen Kongress in Wien 1873 ausführlich berichtet hatte.

Unter dem Eindruck der Kritik zog sich die weitere Behandlung des Gesetzesvorschlags über Jahre hin, in deren Verlauf sowohl das Innenministerium *(Indre-Department)* als auch die Forstverwaltung Änderungen vornahmen, die die Eingriffe in Privatbesitz abschwächten. Im Ergebnis verabschiedete das norwegische Parlament zwei Gesetze, und zwar 1892 ein Gesetz, das die Ausfuhr von Holz aus den nördlichen Ämtern Nordland, Tromsø und Finmarken verbot *(Nordlandsloven)*, und 1893 ein Gesetz, das den Umgang mit Feuer im Wald regulierte *(Skogbrannloven)*.[543] Auf das *Nordlandsloven* und dessen Ausfuhrbeschränkungen wird das Kapitel VII zurückkommen.

Unabhängig davon, dass der Gesetzesentwurf der Forst-Kommission beinahe bis zur Unkenntlichkeit abgeschwächt wurde, erlebte das statistische Ergebnis des Kommissionsberichts in den kommenden Jahrzehnten eine beispiellose Karriere, und zwar national und international: Zunächst griffen Veranstaltungen und Veröffentlichungen in Norwegen auf das Ergebnis zurück. Die Jahresversammlung der Norwegischen Forstgesellschaft 1882 diskutierte bspw. die „Ursachen des Rückgangs unseres Waldes und die Mittel dagegen."[544] Ernst Lochmann, Professor für Medizin an der Universität in Christiania und Mitglied der Forstgesellschaft, ergriff dabei Partei für jene, die strengere Gesetze für die Nutzung der Privatwälder forderten und begründete seine Haltung mit den Zahlen der Forstkommission: Das natürliche Nachwachsen des Waldes würde den Verbrauch nicht aufwiegen, sondern, so rundete Lochmann, es entstehe ein „jährliches Defizit von 120 Millionen Kubikfuß […]. Wir sind in der gleichen Gefahr wie ein Schiff, das sinkt und sinkt", fügte Lochmann hinzu, „es mag Wochen oder Monate dauern, bis es auf Grund geht, aber es sinkt doch."[545]

Auf den ersten Blick mochte der Bericht der norwegischen Forst-Kommission nur als ein weiteres Fallbeispiel für einen Holznot-Alarm in einem europäischen Land erscheinen. Solche Holznot-Alarme hatte es seit der Frühen Neuzeit in vielen europäischen Ländern in wahrlich großer Zahl gegeben.[546] Fraglos stand der Bericht der Forst-Kommission von 1874 bis 1878 in der langen Tradition solcher ‚nationaler' Holznot-Alarme. Über diese landeseigene Bedeutung hinaus erfuhr der Bericht aber auch internationale Beachtung.

Durch aufmerksame Beobachter im Ausland, aber auch Konsularberichte, gelangte die Zukunftsaussicht eines Rückgangs des norwegischen Waldbestands in die internationale Fachdiskussion. Der Brite John Croumbie Brown ging bspw. in seinem Buch „Forestry in Norway", das pünktlich 1884 zur Internationalen Forstausstellung in Edinburgh vorlag, ausführlich auf Berichte der norwegischen

543 Fryjordet: Skogadministrasjonen i Norge (1962), Bd. 2, S. 200.
544 Lange: Om Aarsagerne til vore Skoves Tilbagegang (1883).
545 Ebenda, S. 31 f.
546 Vgl. die Erläuterungen zu Holznot-Warnungen im Forschungsstand unter I.1.

Forstämter an die Verwaltung in Christiania ein.[547] All diese Berichte, so Brown, zeigten ein „rasches Verschwinden der Wälder“ in Norwegen.[548] Zugleich überspannte Brown den Bogen, indem er behauptete, dass inzwischen, also 1884, „strenge Forstgesetze [strict forest laws]“ in Kraft seien.[549] – Davon konnte in Norwegen allenfalls ab 1892 die Rede sein, und auch das nur regional begrenzt auf die nördlichen Regionen dank des *Nordlandloven*. Auch andere Autoren in Großbritannien, wie William Schlich, gingen auf das Ergebnis der Forst-Kommission ein (vgl. dazu weiter unten).

Bernt Anker Bødtker, während der Internationalen Forstausstellung in Edinburgh norwegischer Konsul in Leith (Edinburghs Hafen), später in Hamburg, erörterte 1899 in einem Konsularbericht die norwegisch-deutschen Handelsbeziehungen und die Rolle von Holzhandel und Forstwirtschaft. Bødtker nahm ausdrücklich Bezug auf den Bericht der Forst-Kommission, die ein Defizit von 116 Millionen Kubikfuß errechnet habe. Den Vorwurf an die Kommission, sie habe die „Gefahr übertrieben [overdrevet Faren]“, wies Bødtker zurück. Das Gegenteil sei der Fall, denn der Holzverbrauch steige weiter.[550]

Die wahrscheinlich größte internationale Ausstrahlung erfuhr die pessimistische Zukunftsaussicht der Forst-Kommission, indem sie Eingang in Norwegens amtliche Präsentation zur Weltausstellung in Paris 1900 fand, die in englischer Sprache erschien.[551] K.A. Fauchald, der in dieser amtlichen Präsentation das Forstwesen-Kapitel verfasste, rechnete dem Weltausstellungsbesucher Jahresproduktion und Verbrauch vor und kam zu dem Schluss „dass im Landesdurchschnitt aus den Wäldern mehr geerntet wird, als jährlich nachwächst [the forests are made to yield more than their annual new growth].“[552] Das Rechenergebnis der Forst-Kommission und ihre pessimistische Zukunftsaussicht war auf diese Weise auch offiziell auf der Weltausstellung in Paris vertreten. Solche Präsentationen vor internationalem Publikum und die vielfältige Rezeption der Kommissionsergebnisse durch aufmerksame Beobachter im In- und Ausland machten aus einem ‚nationalen‘ Alarmruf einen Baustein in einer internationalen Debatte um die Zukunft der Holz-Versorgung im Nord- und Ostseeraum.

---

547 Brown: Forestry in Norway (1884), S. 212–221; vgl. auch Brown: Glances at the Forests of Northern Europe (1879), ein Werk, das teilweise als Vorlage für „Forestry in Norway“ diente.

548 Brown: Forestry in Norway (1884), S. 217.

549 Ebenda, S. 49.

550 Bødtker: Rapport fra Generalkonsul Bødtker i Hamburg (1899); vgl. auch RiksA Oslo, S-1600/Direktoratet for Statens Skoger/Dc/D-Serien/L2358, Anker Bødtker: Bericht (Ohne Titel, „Norges Skove …“) Hamburg, 18. Februar 1899.

551 Kirke- og undervisnings-departementet (Hg.): Norway (1900).

552 Fauchald: Forestry (1900), S. 338.

VI.1.3 Importabhängigkeit und Zukunftssorgen. William Schlichs Analyse britischer Holzversorgung

Anders als in Russland und in Norwegen war in Großbritannien die Diskussion um eine zukünftige Holzversorgung von *zwei* Blickrichtungen geprägt: Zum einen erörterten forstkundige Autoren, über welche Möglichkeiten Großbritannien verfügte, Holz zu importieren (diese Blickrichtung gab es in der forstlichen Literatur Norwegens und Russlands angesichts des Holzreichtums dieser Länder nicht). Zum anderen stand die Frage im Raum, durch welche Maßnahmen Großbritannien seine eigene, verhältnismäßig kleine Holzproduktion steigern könnte.

Die Zukunft der Holzversorgung Großbritanniens war im 19. Jahrhundert mehrfach Thema von Ausschüssen und Kommissionen, die zumeist das Parlament einberief.[553] In der internationalen forstwissenschaftlichen Diskussion fanden diese Kommissionen jedoch deutlich weniger Widerhall als jene markanten Stellungnahmen, mit denen sich britische Experten in Fachzeitschriften und eigenen Publikationen in die Debatte um die Zukunft des Forstwesens einbrachten. Zu diesen Experten gehörte der bereits erwähnte Peter Lund Simmonds, der auf der Internationalen Forstausstellung 1884 in Edinburgh ein pessimistisches Szenario gezeichnet hatte (vgl. Kapitel IV). Solche Szenarien waren aber keineswegs rundheraus akzeptiert, wie es in der kritischen Diskussion um Simmonds Vortrag in London beispielhaft deutlich geworden war. Gleichwohl blieb Simmonds nicht der einzige, der pessimistische Töne anschlug. Im gleichen Jahr, 1884, erschien in den Konsularberichten des Britischen Parlaments ein Report über Schwedens Forstwirtschaft.[554] Der britische Konsul in Stockholm, George Greville, schilderte darin die Zukunftsaussichten des schwedischen Holzexports. Er problematisierte zunächst die unsichere Datenlage, auf der Forst-Statistiken in Skandinavien, insbesondere zur Mehrheit der in privatem Besitz befindlichen Waldungen, beruhen würden, und zeichnete dann ein skeptisches Bild des zukünftigen Holzhandels zwischen Schweden und Großbritannien. Es gebe keine direkten Mittel [„direct means"], um verlässliche Informationen über Privatwälder in Schweden zu erhalten, erläuterte Greville, aber jene Informationen, die vorlägen, deuteten alle darauf hin, dass in den kommenden fünfzehn Jahren ein erheblicher Rückgang des Holzvorrats in den Privatwäldern zu Tage treten werde [„fifteen years will see their supplies very materially reduced"].[555]

Solche pessimistischen Stimmen von Simmonds, Greville u. a. waren Wasser auf die Mühlen der Schottischen Forstgesellschaft, die sich von Edinburgh aus engagierte, um das Ansehen des Forstwesens in Großbritannien zu mehren, Landbesitzer zu Aufforstungen zu ermuntern und insbesondere um Unterstützer für die Einrichtung einer höheren Forstschule in Großbritannien zu gewinnen. William M'Corquodale, Forstverwalter des Earl of Mansfield in Scone (Perthshire, Schott-

553 Vgl. exemplarisch Report of the Selected Committee of the House of Commons (1890).
554 Greville: Sweden (1884).
555 Ebenda, S. 72.

land) und in den 1880er Jahren Vizepräsident der Forstgesellschaft, griff daher solche pessimistischen Perspektiven auf:[556] In seiner Ansprache auf der Versammlung der schottischen Forstgesellschaft am 6. August 1889 sah er für die Forstwirtschaft in Großbritannien eine ertragreiche Zukunft, denn weil der „Nachschub ausländischen Holzes immer eingeschränkter wird [becoming rapidly more circumscribed], werden die Landbesitzer [in Großbritannien, C. L.] bald die große Notwendigkeit erkennen, sich mehr um ihre Wälder zu kümmern."[557] M'Corquodale verknüpfte hier geschickt die pessimistische Prognose rückläufiger Importe mit der Hoffnung, dass dies im Inland dem Forstwesen Auftrieb geben könnte.

Internationale Ausstrahlung fanden solche pessimistischen Stimmen aus Großbritannien nicht nur durch die ausländische Berichterstattung über die Internationale Forstausstellung 1884 und Simmonds Vortrag, sondern auch durch ein forstwissenschaftliches Handbuch, das William Schlich ab 1889 in zunächst drei Bänden unter dem Titel „Schlich's Manual of Forestry"[558] veröffentlichte und das durch zahlreiche Rezensionen und Verweise in Fachzeitschriften eine breite Wahrnehmung in Großbritannien wie auch im gesamten Nord- und Ostseeraum erfuhr (vgl. zur Rezeption weiter unten). William Schlich, 1840 geboren als Wilhelm Philipp Daniel Schlich in Flonheim (bei Mainz), hatte in Gießen u. a. bei Gustav Heyer Forstwissenschaft studiert und trat 1867 in britischen Kolonialdienst in Indien. 1885 wurde er nach Großbritannien gesandt, um dort das Forstinstitut in Cooper's Hill, südöstlich von London, auszubauen *(Forestry Branch of the Royal Indian Engeneering College at Cooper's Hill)*. Etwa um diese Zeit hatte Schlich begonnen, ein englischsprachiges Handbuch bzw. Lehrbuch für die Forstausbildung zu erarbeiten: „Schlich's Manual of Forestry" erschien ab 1889 zunächst in drei Bänden, später erweitert um zwei weitere Bände, und erlebte bis zum Ersten Weltkrieg insgesamt drei, einige Bände auch vier Auflagen.

Schlichs Manual umfasste in den ersten drei Bänden die Kernthemen der zeitgenössischen Forstwissenschaft, und zwar Haupt- und Nebennutzungen des Waldes, forstwirtschaftliche Grundprinzipien [„fundamental principles"], ökologische Faktoren des Forstwesens (Boden, Klima usw.), Waldtypen, Forsteinrichtung, Waldwertberechnungen und Betriebspläne. Schlich ging im ersten Band außerdem auf das Forstwesen in Großbritannien und in den britischen Kolonien in Indien gesondert ein. Der vierte Band war eine von W. R. Fisher besorgte „english Adaptation" des deutschen Werks „Der Forstschutz" von Richard Hess, der fünfte Band unter dem Titel „Forest utilization" eine Übersetzung von Karl Gayers Buch „Die Forstbenutzung".[559]

---

556 Vgl. NAS Edinburgh, GD1 / 1214 / 1, General Meeting, 6. August 1889.
557 M'Corquodale: Address, 36th Meeting (1890).
558 Schlich: Schlich's Manual of Forestry, Bd. 1: The Utility of Forests (1889); Bd. 2: Formation and Tending of Woods (1891); Bd. 3: Forest Management (1895).
559 Schlich: Schlich's Manual of Forestry, Bd. 4: Forest Protection (1895), Bd. 5: Forest Utilisation (1896).

Überblickt man die einzelnen Auflagen des „Manual of Forestry“, so verdüsterten sich im Laufe der Jahre die Zukunftsszenarien, die Schlich darin entwarf. Dies galt sowohl in ökonomischer als auch in ökologischer Hinsicht. Die ökonomische Dimension des Forstwesens erörterte Schlich im ersten Band des Manuals, indem er umfangreiche Daten zum Holzverbrauch Großbritanniens sowie zum Holzhandel in Europa auswertete. Schlich stützte sich insbesondere auf Statistiken der britischen Handelsbehörde *(Board of Trade)* und verwies ausdrücklich auf die Analysen und Einschätzungen von Peter Lund Simmonds.[560] Schlich zeichnete ein dramatisches Bild der zukünftigen Holzversorgung. In der ersten Auflage des Manuals ging es Schlich noch allein um Großbritanniens Holzversorgung. Die Daten zeigten, so Schlich in der ersten Auflage von 1889, dass die holzexportierenden Länder in Nordeuropa und Nordamerika das Niveau ihrer Ausfuhren in Zukunft wahrscheinlich nicht halten könnten, teilweise ginge die Ausfuhr bereits jetzt zurück. Wer, so fragte Schlich rhetorisch, könne einen weiteren Rückgang auffangen, zumal Großbritanniens Holzverbrauch immer weiter steigen würde: In jedem Fall, so schlussfolgerte Schlich, sei „Weitsicht [forethought] hinsichtlich zukünftiger Versorgung mit Holz notwendiger als bei jeder anderen Ware, denn viele Jahre müssen vergehen, bevor Bäume eine ausreichende Größe erlangen, um Holz für das Bauwesen, den Schiffbau und für ähnliche Zwecke zu ernten.“[561]

Die sorgenvollen Fragen nach der zukünftigen Holzversorgung begründete Schlich von Auflage zu Auflage mit immer umfangreicherem Datenmaterial. So erweiterte Schlich in der dritten Auflage des Manuals von 1906 die Perspektive über Großbritannien hinaus und prognostizierte auch für die anderen Länder, die auf Holzimport angewiesen waren, insbesondere Deutschland und Frankreich, eine ungewisse Zukunft, da die Exportländer ihre Ausfuhr kaum noch steigern könnten. Als Beleg für seine Thesen dienten Schlich erneut die Statistiken der britischen Handelsbehörde; darüber hinaus zog er weitere Quellen heran. Die Aussage bspw., dass „Norwegen seine Wälder bereits mit einem starken Defizit [heavy deficit] bewirtschaftet“,[562] beruhte offenkundig auf den Ergebnissen der norwegischen Forstkommission von 1874 bis 1878; und die Formulierung Schlichs, dass „unser Vertreter [our representative] in Stockholm“ ähnlich pessimistische Aussagen über die schwedische Forstwirtschaft getroffen habe, war ein unübersehbarer Hinweis auf George Grevilles Konsularbericht.[563] Auf Russland, so urteilte Schlich, solle man ebenso wenig Hoffnung setzen, da die russische Industrie inzwischen schnell wachse. Daher sei unklar, ob Russland den Holzexport auf dem gegebenen Niveau halten könne, oder ob es das Holz für die eigene Wirtschaft brauchen werde. Im Ergeb-

560 Schlich: Schlich's Manual of Forestry, Bd. 1: The Utility of Forests (1889), S. 59. Schlich schreibt hier irrtümlich „Simmons“, meint aber „Simmonds“.

561 Schlich: Schlich's Manual of Forestry, Bd. 1: The Utility of Forests (1889), S. 64.

562 Schlich: Schlich's Manual of Forestry, Bd. 1, 3. Auflage (1906), S. 177.

563 Vgl. Greville: Sweden (1884).

nis prognostizierte Schlich daher die Gefahr einer „zukünftigen Holznot [future timber famine]“.[564]

In ökonomischer Hinsicht argumentierte Schlich also ganz ähnlich wie zuvor Peter Lund Simmonds: Die zukünftige Holzversorgung Großbritanniens stellte auch Schlich nicht als handelspolitisches bzw. militärisch-strategisches Problem dar. Nach Schlichs Auffassung war die zukünftige Holzversorgung Großbritanniens nicht durch die Sicherung von Seehandelswegen zu erreichen. So hatten viele Autoren in den Jahrzehnten und Jahrhunderten zuvor argumentiert.[565] Vielmehr sah Schlich, ebenso wie Simmonds, ein ökologisches Problem: Denn die Waldflächen Nordeuropas und auch Kanadas waren begrenzt und das Nachwachsen von Wäldern war (und ist) notwendigerweise ein langsamer Prozess. Daher musste, so ließ sich Schlichs Argumentation interpretieren, ein immer weiteres Wirtschaftswachstum mit immer weiter steigendem Holzverbrauch an eine buchstäblich natürliche Grenze stoßen.

Die ökologischen Auswirkungen zunehmender Waldnutzung und steigenden Holzverbrauchs beleuchtete Schlich ebenso in seinem Manual. In der ersten Auflage von 1889 hatte Schlich noch auf die Ingenieurskunst zur Lösung der entstandenen Probleme verwiesen: Schäden wie Bodenerosion, erläuterte Schlich, würden „gelegentlich [occasionally]“ auftreten, aber seien „insgesamt gesehen nicht erheblich [on the whole it is not considerable]“. Aufforstungen seien hier nicht notwendig. Schaden durch Überflutungen träten in einigen Landesteilen auf, aber hier sei es billiger, dem mit „technischen Vorrichtungen zu begegnen als durch die Aufforstung wenig aussichtsreicher Steilhänge [to meet it by engineering works, than by the afforestation of unpromising steep hills]“.[566]

Mit der dritten Auflage jedoch schwand das Vertrauen in technische Lösungen. Schlich warnte nun eindrücklich, dass Verwüstungen und Moorland zunähmen, wenn Berge und Hügel weiterhin nicht bepflanzt würden: Ernst sei die Lage in Nordost-England und in der englisch-schottischen Grenzregion.[567] Aufforstungen waren nun nach Schlichs Auffassung die sinnvollste Maßnahme, um Bodenerosion und Moorbildung aufzuhalten. Schlich führte hier geschickt ein ökologisches Argument für Aufforstungen ein, das er gegen jene Kritiker richten konnte, die Aufforstungen und Forstwirtschaft in Großbritannien ablehnten, weil sie, verglichen mit anderen Bodenbewirtschaftungen, zu wenig Gewinn einbrachten. Es mochte ja sein, so ließ sich Schlichs Argument interpretieren, dass Forstwirtschaft nur wenig Geld, also wirtschaftlichen Ertrag, einbringen würde, aber in ökologischer Hinsicht würden Aufforstungen einen großen Nutzen haben, indem sie Bodenerosion, Überschwemmungen, Moorbildung usw. aufhalten, die ansonsten der Landwirtschaft, den Verkehrswegen und insgesamt dem Wirtschaftsleben Schaden zufügen

564 Schlich: Schlich's Manual of Forestry, Bd. 1, 3. Auflage (1906), S. 178.
565 Vgl. exemplarisch Albion: Forests and Sea Power (1926), S. 140–143.
566 Schlich: Schlich's Manual of Forestry, Bd. 1, 1. Auflage (1889), S. 58.
567 Schlich, Schlich's Manual of Forestry, Bd. 1, 3. Auflage (1906), S. 170.

würden. Anders formuliert: Auch wenn Großbritannien ökonomisch keinen eigenen Wald brauche, weil es Holz importieren könne, so seien Waldflächen in Großbritannien trotzdem notwendig, weil der Wald Schaden von der Umwelt und der Wirtschaft abhalte.

In der forstlichen Fachöffentlichkeit Großbritanniens nahmen zahlreiche Autoren das Werk von William Schlich mit großer Zustimmung auf. Denn Schlichs Werk füllte eine Lücke in der englischsprachigen Forst-Fachliteratur: Zwar waren seit dem 17. Jahrhundert in Großbritannien viele forstkundige Arbeiten erschienen, allen voran John Evelyns „Sylva" aus dem Jahr 1664, aus dem spätere Autoren rücksichtslos abschrieben.[568] Aber auch jüngere, mehrfach aufgelegte Werke, etwa von Walter Nicol „The Practical Planter" (ab 1799) oder James Brown „The Forester" (ab 1847) waren eher praktische Anleitungen mit Blick auf britische Parkanlagen und Landgüter, weniger systematische, wissenschaftliche Grundlagenwerke.[569] Schlichs Manual hingegen erörterte die grundlegenden forstwissenschaftlichen Fragen auf der Höhe der kontinentaleuropäischen Fachdiskussion und avancierte daher rasch zum Standardwerk der Forstausbildung in Großbritannien, auch wenn diese hier weiterhin in den Anfängen steckte.[570] Britische Forstwissenschaftler, wie etwa William Somerville oder Fredric Bailey, die an der Universität Edinburgh als Dozenten für Forstwissenschaft arbeiteten, nahmen daher Schlichs Werk dankbar auf. Unübersehbar folgten sie in ihren Vorlesungen Schlichs sorgenvoll-skeptischem Tenor mit Blick auf die zukünftige Holzversorgung.[571] Andere Fachkollegen sahen Schlichs Werk hingegen skeptisch: Dass Schlich bspw. eine stärkere Rolle *staatlicher* Forstwirtschaft in Großbritannien forderte, empfanden einige Zeitgenossen auf der Insel als vollkommen unbritisch. John Nisbet, der in den 1890er Jahren den Klassiker „The Forester" von James Brown vollständig überarbeitete und als dessen sechste Auflage im Jahr 1894 veröffentlichte,[572] monierte, dass Schlichs dritter Band des Manuals „vor akademischen Schemata strotze [bristle with academic formulae], die für die praktische Arbeit vollkommen ungeeignet" seien.[573]

Unabhängig von solcher Kritik gaben Autoren wie Schlich, Simmonds, Somerville und Bailey Anstoß, das Forstwesen in den Ländern des Nord- und Ostsee-

---

568 Rackham: Trees and Woodland in the British Landscape (1990), S. 91 f. Rackham nennt Evelyns Werk einen „bestseller" und „subject of endless plagiarism"; Fowler: Landscapes and Lives (2002), S. 87–92; House / Dingwall: „A Nation of Planters" (2003); Oosthoek: Conquering the Highlands (2013), S. 33–39.

569 Vgl. Nicol: The Practical Planter (1799); Brown: The Forester (1847), 2. Auflage 1851, 3. Auflage 1861, 4. Auflage 1871, 5. Auflage 1882; die 6. Auflage gab John Nisbet vollständig überarbeitet 1894 heraus, vgl. dazu weiter unten.

570 Vgl. Edinburgh University Special Collections, Bestand Isaac B. Balfour, Sign.: MS 3091, Broschüre „Education in Forestry", März 1910; sowie ebenda Beare an Geikie, 26. März 1912.

571 Vgl. exemplarisch Somerville: Influences Affecting British Forestry (1890), S. 408; Bailey: Introduction to Course of Forestry Lectures (1893), S. 175–177.

572 Brown: The Forester (6. Auflage, hg. von John Nisbet, 2 Bde., 1894).

573 RBGE Archiv Edinburgh, Balfour Correspondence, John Nisbet an Isaac Bayley Balfour, 1. Januar 1900.

raums stärker in den Blick zu nehmen. Diese Perspektivenerweiterung vollzogen auch maßgebliche Kritiker Schlichs, wie etwa der eben erwähnte John Nisbet, der in seiner Überarbeitung des Buches „The Forester" das Kapitel über Forstwesen in den europäischen Ländern erheblich ausbaute.[574] Es wäre irreführend, diese Perspektivenerweiterung, die Schlich, Nisbet und andere lieferten, im britischen Fall „Internationalisierung" zu nennen, denn auch schon vor den 1880er Jahren gab es zahlreiche Veröffentlichungen in Großbritannien, die sich mit forstlichen Fragen anderer Regionen und Länder, insbesondere der britischen Kolonien in Kanada und in Indien, befassten. Das Neue an den Publikationen von Simmonds, und mehr noch von Schlich war, dass sie den steigenden Holzverbrauch Großbritanniens in Beziehung zur forstwirtschaftlichen Entwicklung in den hauptsächlich europäischen Ausfuhrländern setzten – Ausfuhrländer, die wie Norwegen, Schweden und Russland einschließlich Finnland und Polen eben nicht zum britischen Kolonialreich gehörten.

Zahlreiche Autoren in Fachzeitschriften des Nord- und Ostseeraums rezensierten Bände des „Manual of Forestry" oder nahmen auf Schlichs Ausarbeitungen Bezug. Bei dieser Rezeption des Manuals muss betont werden, dass keineswegs alle Rezensenten und Autoren den pessimistischen Duktus von Schlich übernahmen. Schlichs sorgenvolle Zukunftsaussichten klangen in den Rezensionen eher am Rande an. Vielmehr würdigten sie, dass Schlich die Fachdiskussionen für ein englischsprachiges Fachpublikum systematisch aufgearbeitet habe, dass die Ausarbeitungen in dieser Form eines Handbuchs verfügbar seien und dass Schlich dem Leser die Bedeutung des britischen Holzverbrauchs und Holzhandels darlegen würde.[575] Dieser letztgenannte Aspekt, dass nämlich Schlich, aber auch andere Autoren wie Simmonds, Somerville und Bailey, den Lesern anhand der Statistiken der britischen Handelsbehörde *(Board of Trade)* den britischen Holzverbrauch vorrechneten, erlangte in der internationalen forstwissenschaftlichen Diskussion der folgenden Jahre große Ausstrahlungskraft. Denn die enorme Dimension des britischen Holzverbrauchs führte den Lesern in den anderen Ländern vor Augen, in welcher Weise der Holzverbrauch trotz Verwendung anderer Rohstoffe wie Kohle und Eisen weiterhin stieg, und welche Holzversorgung Europas Wälder daher in Zukunft leisten müssten, wenn auch andere Länder solch wirtschaftliches Wachstum wie Großbritannien entfalten würden. Einige Autoren setzten den britischen Holzverbrauch und die Holzausfuhr der nord- und osteuropäischen Länder ins Verhältnis und reflektierten davon ausgehend über forstliche Zukunftsaussichten. Einer dieser Autoren war Albert Mélard, der im Jahr 1900 den Internationalen forstwissenschaftlichen Kongress in Paris mit seiner Warnung vor einer globalen

574 Vgl. die beiden Auflagen von Brown: The Forester (5. Auflage, 1882), S. 26–30 und Brown: The Forester (6. Auflage, hg. von John Nisbet, 1894), Bd. 2, S. 477–522.

575 Exemplarisch Bartet: [Rezension zu] William Schlich, Manual of Forestry (1890); C. B.: Bibliographie, [Rezension zu] Schlich's Manual of Forestry (1895); Huffel: [Rezension zu] Schlich's Manual of Forestry (1904); Heck: [Rezension zu] William Schlich, A Manual of Forestry (1891). Vgl. außerdem Somerville: Influences Affecting British Forestry (1890); S. R.: Den engelske Stat og Skogen (1909).

Holznot entscheidend prägte und der in den Jahren zuvor ausführliche Studien zum Holzverbrauch Großbritanniens und anderer Länder anstellte.[576] Mélard stützte seine Analyse auf Konsularberichte, die die gleichen Daten der britischen Handelsbehörde auswerteten, wie es zuvor Schlich, Simmonds und andere britische Forstwissenschaftler getan hatten.

VI.1.4 Kommt die *timber frontier* zum Halten? Deutsche Debatten um die Konsequenzen wachsenden Holzimports

Neben diesen Beispielen aus dem Russischen Reich, aus Norwegen und aus Großbritannien, in denen Experten Statistiken zu Forstwirtschaft und Holzhandel zunehmend sorgenvoll interpretierten, ließen sich problemlos weitere Fälle aus anderen Ländern des Nord- und Ostseeraums finden, die einen ähnlichen Eindruck vermitteln. Kontrastieren lässt sich dieses Bild hingegen, indem man den Blick auf die forststatistischen Debatten im Deutschen Reich richtet.

Nach der Gründung des Deutschen Reiches 1871 begann eine Auseinandersetzung, in welcher Weise die Forststatistiken der einzelnen Länder zu einer einheitlichen deutschen Forststatistik zusammengeführt werden könnten. In einer solchen Statistik, so formulierte es die dazu eingesetzte Kommission aus forstwissenschaftlichen Experten, ging es nicht allein um eine Vergleichbarkeit der Waldflächen im Deutschen Reich. Vielmehr sollte auch ein „zahlenmäßiger Nachweis" enthalten sein, „in welchem Verhältnis Bestand und Wirthschaftsart zu Bodenbeschaffenheit und Klima stehen" und wie sich Kosten und Gewinn in den einzelnen Waldflächen verhalten.[577] Die Kommission strebte also nicht allein nach einem generalisierten Gesamtbild der Waldverhältnisse, sondern nach einer Art Leistungsübersicht, wo unter welchen Bedingungen und mit welchem Effizienzgrad Forstwirtschaft betrieben wurde.

Parallel zu diesen forststatistischen Arbeiten meldeten sich seit den 1880er Jahren Besitzer großer Privatforstbetriebe zu Wort, die die wachsenden Holzimporte ins Deutsche Reich kritisierten. Anlass zu dieser Kritik war jedoch nicht die Sorge um den allgemein steigenden Holzverbrauch, sondern der Umstand, dass durch die zunehmenden Importe deutsche Forstbetriebe wirtschaftlich unter Konkurrenzdruck gerieten. In einer ausführlichen Denkschrift wandte sich bspw. der Forstverwalter des Fürsten zu Ysenburg im April 1881 an die preußische Regierung und schilderte die Lage in drastischen Worten: Das Deutsche Reich werde mit ausländischem Holz „überschwemmt", und die Ausbreitung der Eisenbahn führe zu einer „Entwerthung" der deutschen Waldungen, klagte der Ysenburg'sche Forst-

576 Mélard: Consommation du Bois en Angleterre (1894); Mélards Artikel wiederum fand Eingang in einen Beitrag in Lesnoj Žurnal", vgl. Anonym: Potreblenie lesa v Anglii (1895).

577 FAE Nr. 188, Bericht der Kommission zur Ausarbeitung eines Planes für die Deutsche Forststatistik, Berlin, 9. Mai 1874.

verwalter. In nur acht Jahren, zwischen 1871 und 1879, seien „über eine Milliarde Mark für Nutzholz-Mehreinfuhr" bezahlt worden. Der Zufluss von billigem Holz werde sich auch in Zukunft nicht ändern, die deutsche Forstwirtschaft könne daher nicht auf eine bessere Zukunft hoffen, da die Waldflächen der nord- und osteuropäischen Länder in 60 bis 100 Jahren wieder nachwachsen, also auch zukünftig billiges Holz liefern würden. Eindringlich mahnte der Forstverwalter in Ysenburgs Namen die Regierung, Maßnahmen zu ergreifen, um der bedrängten deutschen Forstwirtschaft zu Hilfe zu eilen.[578] „Bei der Leistungskraft der deutschen Waldungen", so mutmaßte der Autor der Denkschrift, „kann die völlige Abschließung des inländischen Konsumgebietes gegen Nutzholz-Import nur günstige Wirkungen für die Volkswohlfahrt im deutschen Reiche haben." Konkret forderte er, die Eisenbahntarife für den Export von deutschem Holz zu verbilligen und gleichzeitig für „zugesägtes und rund oder kantig behauenes Nutzholz" die Einfuhrzölle zu erhöhen.[579]

Im Grunde waren solche und ähnliche Wortmeldungen Teil einer Lobbyarbeit für die großen forstwirtschaftlichen Betriebe im Deutschen Reich, die unter Absatzschwierigkeiten angesichts billiger Holzimporte aus Nord- und Osteuropa litten. Diese Importe waren stetig gestiegen und hatten die Position der deutschen Länder bzw. des Deutschen Reichs im Holzhandel verändert. In der ersten Hälfte des 19. Jahrhunderts hatten die deutschen Länder mehr Holz exportiert, als sie importiert hatten. Seit den 1860er Jahren kehrte sich dieses Verhältnis um. Zwischen 1866 und dem Jahr der Ysenburg'schen Denkschrift 1881 führten die deutschen Länder jährlich ein bis zwei Millionen Tonnen Holz mehr ein, als sie ausführten. Das Deutsche Reich war also nun Netto-Importeur von Holz.[580] Die Lobbyarbeit, die Ysenburg und andere Eigentümer großer Forstbetriebe unternahmen, wies deutliche Parallelen zur Diskussion um Einfuhrzölle für Getreide auf, in die sich agrarische Eliten des Deutschen Reiches mit beträchtlichem Engagement einbrachten.[581] Die Zolldiskussion, auf die Kapitel VII zurückkommen wird, die Auseinandersetzung um die Ysenburg-Denkschrift und andere ähnliche Stimmen waren – aus der Vogelperspektive – ein Anzeiger, wie tiefgreifend sich die räumlichen Rahmenbedingungen forstlichen Wirtschaftens und Planens im Nord- und Ostseeraum verändert hatten: Auf der einen Seite meldeten sich in zahlreichen Ländern Experten zu Wort, die besorgt über die Auswirkungen des steigenden

578 GStA Berlin, I. HA Rep. 87 D, Nr. 3459, Forstmeister des Fürsten zu Ysenburg, Denkschrift „Ueber die Maßnahmen der Eisenbahn-Verwaltungen zum Schutze der deutschen Waldwirtschaft", ohne Datum [April 1881]; vgl. auch Rubner: Forstgeschichte im Zeitalter der industriellen Revolution (1967), S. 149–160; vgl. zur Abwehrhaltung gegenüber der Eisenbahn Sieferle: Fortschrittsfeinde? (1984), S. 87–115.

579 GStA Berlin, I. HA Rep. 87 D, Nr. 3459, Forstmeister des Fürsten zu Ysenburg, Denkschrift „Ueber die Maßnahmen der Eisenbahn-Verwaltungen zum Schutze der deutschen Waldwirtschaft", ohne Datum [April 1881].

580 Endres: Handbuch der Forstpolitik (1905), S. 614.

581 Steinkühler: Agrar- oder Industriestaat (1992), S. 108–138.

Holzverbrauchs berichteten. Auf der anderen Seite hatten Eigentümer forstlicher Großbetriebe im Deutschen Reich damit zu kämpfen, dass seit 1873 die Roherträge der deutschen Forstwirtschaft um 15 bis 30 %, die Reinerträge gar um 30 bis 40 % zurückgingen.[582] Offenkundig drückten billige Importe aus Nord- und Osteuropa die Preise auf dem deutschen Holzmarkt. Eine solche Entwicklung war überhaupt erst möglich durch die Ausbreitung des Eisenbahnnetzes: Denn nun erst waren Holzhändler in der Lage, ungeachtet aller vorherigen topographischen Barrieren, Holz aus Nord- und Osteuropa so weit ins Landesinnere des Deutschen Reiches zu bringen.

Die *timber frontier* rückte Ende des 19. Jahrhunderts in Nord- und Osteuropa stetig vor.[583] Der Waldbestand in den nordeuropäischen Ländern verringerte sich bis Anfang des 20. Jahrhunderts kontinuierlich.[584] Der ökonomische Nutzungsdruck auf skandinavische und baltische Wälder stieg. Wie aber bewegte sich die *timber frontier* in deutschen Wäldern, wie entwickelte sich hier der Nutzungsdruck? Folgte man der Argumentation der Ysenburg-Denkschrift und auch ähnlicher Wortmeldungen,[585] dann wich die *timber frontier* im Deutschen Reich offenbar zurück und der Nutzungsdruck ließ nach. Denn anders könnte man die Klagen über mangelnden Absatz des deutschen Holzes nicht erklären. Maßnahmen, die Ysenburgs Forstverwalter und andere große Forstbetriebe der preußischen Regierung als Abhilfe vorschlugen, trafen in Berlin allerdings auf skeptische Reaktionen: Würde man die Ausfuhr deutschen Holzes bspw. durch niedrigere Eisenbahntarife verbilligen, so sei mit einem Anstieg der Holzpreise für inländische Konsumenten zu rechnen. Eine solche Preissteigerung zu befördern, lag der preußischen Regierung vollkommen fern.[586] Allerdings nahm das Landwirtschaftsministerium die laufende Debatte zum Anlass, die Produktionsleistung deutscher Forstbetriebe sowie die Balance zwischen Ein- und Ausfuhr genauer unter die Lupe zu nehmen. Zu diesem Zweck hielt das Landwirtschaftsministerium die regionalen Verwaltungen an, genauer über die Entwicklung und Problemlagen des jeweils lokalen Holzmarktes zu berichten; außerdem erstellte das Ministerium eine Statistik.[587] Die Erkundigungen bei den regionalen Verwaltungen lieferten ein Bild, das Differenzierun-

582 Rubner: Forstgeschichte im Zeitalter der industriellen Revolution (1967), S. 152.

583 Vgl. Björklund: Den nordeuropeiska timmergränsen (1998).

584 Vgl. Myllyntaus / Mattila: Decline or Increase? (2002), S. 284; Broda: Gospodarka leśna (1970), S. 622.

585 Zur Diskussion um importiertes Grubenholz vgl. bspw. GStA Berlin, I. HA Rep. 87 D, Nr. 3459, Preußisches Landwirtschaftsministerium an Königliche Regierung zu Arnsberg, 26. Mai 1881 sowie Königliche Regierung in Arnsberg an Preußisches Landwirtschaftsministerium, 9. Oktober 1881.

586 GStA Berlin, I. HA Rep. 87 D, Nr. 3459, Preußisches Ministerium der Öffentlichen Arbeiten an Preußisches Landwirtschaftsministerium, 25. Februar 1881.

587 GStA Berlin, I. HA Rep. 87 D, Nr. 3459, Finanzdirektion Hannover an Preußisches Landwirtschaftsministerium, 15. Januar 1882, sowie ebenda weitere Korrespondenzen mit Dienststellen in verschiedenen preußischen Provinzen über Holzeinfuhr und Holzausfuhr. Vgl. auch FAE Nr. 188, Danckelmann: Uebersicht der durchschnittlich jährlichen Mehreinfuhr bezw. Mehrausfuhr an Nutzholz und Gerbrinde im deutschen Zollgebiete während der Jahre 1862 bis 1881, ohne Datum [etwa 1882].

gen zwischen Regionen mit großen Holzverbrauchern, etwa die Bergbaureviere im Westen, und Regionen mit wenig Eigenverbrauch zuließ.

Die Ysenburg'sche Denkschrift und die vom preußischen Landwirtschaftsministerium erhobenen Statistiken und spätere statistische Auswertungen, etwa von Max Endres, sind nützliches Material, um die Bewegung der *timber frontier* genauer zu erfassen, und auch um auf die eingangs aufgeworfene Frage von Bernd-Stefan Grewe zurückzukommen, ob Nachhaltigkeit in deutschen Wäldern nur aufrechterhalten werden konnte, weil Wälder anderer Länder (in nichtnachhaltigem Betrieb) abgeholzt und deren Holzerträge ins Deutsche Reich eingeführt wurden.[588] Für die Zeitgenossen der Ysenburg'schen Denkschrift, also in den 1880er Jahren, ergab sich aus den Statistiken ein Bild, das keine eindeutigen Schlüsse zuließ. Denn bedingt durch eine lahmende deutsche Konjunktur in den 1880er Jahren schwankte sowohl der Holzeinschlag in deutschen Wäldern als auch der Holzimport, ohne dass hier klare Tendenzen erkennbar waren. Aus der Perspektive, die Max Endres anderthalb Jahrzehnte später, im Jahr 1905, mit einem umfangreichen „Handbuch der Forstpolitik" einnehmen konnte, wurde das Bild klarer:[589] Überblickt man nämlich einen längeren Zeitraum, so gingen die Erträge aus deutschen Waldflächen zwischen den 1870er Jahren und 1895 zunächst zurück. Danach zogen sie wieder an, so dass bis 1913 der Nutzholzertrag auf 27,8 Millionen Festmeter und der Brennholzertrag auf 19 Millionen Festmeter stieg. Trotz dieses steigenden Ertrags nahm die Waldfläche des Deutschen Reiches zwischen 1878 und 1914 aber um insgesamt 348.000 Hektar zu.[590] Dies lag nicht nur an vielen Aufforstungsmaßnahmen, sondern auch daran, dass das Deutsche Reich mehr und mehr Holz aus Nord- und Osteuropa importierte. Die Einfuhr von Nutzholz stieg von 1,3 Millionen Tonnen im Jahr 1886 auf 4,7 Millionen Tonnen im Jahr 1904.[591]

Während also in Nord- und Osteuropa Holzfäller und Sägewerke die *timber frontier* immer tiefer in Wälder vordringen ließen, um dem internationalen Markt Holz zuzuführen, das u. a. vom Deutschen Reich importiert wurde, kam die *timber frontier* im Deutschen Reich zum Halten. Denn die deutsche Waldfläche nahm, trotz steigender Ertragszahlen, zu. Allerdings fiel die regionale Balance zwischen Ein- und Ausfuhr im Deutschen Reich sehr unterschiedlich aus, weshalb das Anhalten der *timber frontier* nicht auf jede einzelne Region im Deutschen Reich zutrifft. Hier könnten Fallstudien ansetzen und die regionalen Bewegungen der *timber frontier* rekonstruieren, denn wahrscheinlich wird es auch nach den 1870er Jahren weiterhin Fälle gegeben haben, in denen Besitzer von Privatwäldern ihre Flächen kahlschlugen und das Holz, wenn auch zu geringerem Preis als zuvor, verkauften. In den staatlichen Forstbetrieben hingegen wurde das nachhaltige Maß des Ertrags zu keiner Zeit überschritten. Diese Form der Nutzung war offenkundig

588 Grewe: Das Ende der Nachhaltigkeit? (2003), S. 76–79.
589 Endres: Handbuch der Forstpolitik (1905).
590 Rubner: Forstgeschichte im Zeitalter der industriellen Revolution (1967), S. 154–159.
591 Endres: Handbuch der Forstpolitik (1905), S. 615.

auch deshalb möglich, weil der darüber hinausgehende Holzbedarf der deutschen Wirtschaft durch Importe gedeckt wurde. Andernfalls wäre ein Wirtschaftswachstum, wie es erneut seit den 1890er Jahren im Deutschen Reich zu beobachten war, nicht in diesem Umfang möglich gewesen. Werturteile über nachhaltige deutsche Forstwirtschaft im Zeitalter der Industrialisierung sollten daher die Auswirkungen solcher überregionalen Zusammenhänge ausgewogen berücksichtigen.[592]

In Artikeln forstwissenschaftlicher Zeitschriften im Nord- und Ostseeraum, die sich mit der forstwirtschaftlichen Situation des Deutschen Reiches befassten, stößt man vor allem auf Auseinandersetzungen mit der Zollfrage. Denn deutsche Einfuhrzölle waren für die Ausfuhrländer in Nord- und Osteuropa ein aufmerksam registriertes Thema (zur Zollfrage vgl. Kapitel VII). Demgegenüber finden sich nur wenige Artikel, und diese auch erst ab den 1900er Jahren, die den ‚Seitenwechsel' des Deutschen Reiches, also den Wechsel vom Exporteur zum Netto-Importeur von Holz, kritisch reflektierten. Die Analyse wird auf diese wenigen Artikel zurückkommen, wenn im folgenden Kapitel VII die Bewegung der *timber frontier* und die zeitgenössischen Reflexionen über diese *frontier*-Bewegungen analysiert werden.

VI.2 Globale Holznot-Warnung ohne Folgen? Der Internationale forstwissenschaftliche Kongress in Paris 1900

Aus den Ländern des Nord- und Ostseeraums fanden seit den 1880er Jahren viele verschiedene Wortmeldungen zur Zukunft der Holzversorgung Eingang in forstwissenschaftliche Zeitschriften. Wie die vorangegangenen Fallbeispiele zeigten, traten darin auch deutliche Gegensätze zu Tage: Während sich im Deutschen Reich große Privatwaldbesitzer zu Wort meldeten, die angesichts wachsender Holzeinfuhr über mangelnden Absatz für deutsches Holz klagten, sahen aufmerksame Beobachter ganz andere Herausforderungen mit Blick auf Nord- und Osteuropas Waldvorkommen: In den statistischen Daten, die über die Wälder Norwegens, Schwedens und des Russischen Reiches verfügbar waren, sahen viele Experten – sowohl in Nord- und Osteuropa, als auch in West- und Mitteleuropa – eher unsichere Zukunftsperspektiven für eine Holzressourcenversorgung. Die Organisatoren des internationalen forstwissenschaftlichen Kongresses, der für den Sommer des Jahres 1900 im Rahmen der Pariser Weltausstellung angesetzt war, nahmen diese sorgenvollen Stimmen auf.

592 Vgl. dazu die eher forstgeschichtlich-traditionellen Argumentationen z. B. bei Rubner: Forstgeschichte im Zeitalter der industriellen Revolution (1967), S. 148–160.

VI.2.1 Vorbereitung des Kongresses in Paris 1900

Die Kommission zur Vorbereitung der Weltausstellung in Paris hatte auf ihrer Sitzung am 18. März 1899 beschlossen, dass neben zahlreichen anderen Kongressen während der Weltausstellung auch ein internationaler forstwissenschaftlicher Kongress abgehalten werden sollte.[593] Der französische Landwirtschaftsminister Lucien Daubrée berief daraufhin ein Organisationskomitee ein, das am 28. April 1899 erstmals in Paris tagte und die Vorbereitung des Kongresses übernahm. Dem Organisationskomitee gehörten ab Herbst 1899 insgesamt 52 Mitglieder an, darunter zahlreiche Mitarbeiter der Forstverwaltung, wie bspw. Albert Mélard, Auguste Calvet und L. Leddet, mehrere Forstwissenschaftler, wie etwa der Direktor der Forstakademie in Nancy, Charles Guyot, sowie Lucien Boppe und Charles Broilliard (Professoren ebendort) sowie Mitglieder von gelehrten Gesellschaften und Verbänden, wie z. B. der Präsident der Forstabteilung in der französischen Landwirtschaftsgesellschaft, Mitivier, und der Vertreter der botanischen Gesellschaft Frankreichs, Maurice Lévêque de Vilmorin.[594] Zum Generalsekretär, dem die Koordination des Programms, die Registrierung der Teilnehmer usw. oblag, bestimmte das Komitee den ehemaligen Forstkonservator Charlemagne.

Ähnlich wie bei den Vorbereitungen für die internationalen Kongresse in Wien 1873 und 1890 sowie für die Internationale Forstausstellung in Edinburgh 1884 waren es auch bei der Vorbereitung des Kongresses im Jahr 1900 die Experten des eigenen Landes, hier also die Spitzen der französischen Forstverwaltung und Forstwissenschaft, die den Kongress inhaltlich bestimmten: Sie legten für die drei geplanten Sektionen die jeweiligen inhaltlichen Schwerpunkte fest, veröffentlichten anschließend diese Schwerpunkte und wandten sich zugleich an die Forstverwaltungen und Akademien im Ausland mit der Bitte, Referatvorschläge einzusenden.[595] Die erste Sektion sollte Forstwirtschaft behandeln, von der Forsteinrichtung über Holzhandel bis zum forstlichen Unterricht. Waldökologische Fragen waren in der zweiten Sektion gebündelt, insbesondere der Zusammenhang von Wald und Wasser, Aufforstungen in Gebirgen und meteorologische Aspekte. Die dritte Sektion war mit „Anwendung der Wissenschaften [Application des sciences]“ überschrieben und zielte auf Fragen der Holzmesskunde, des Holz-Transportwesens u. a. m. Als das Organisationskomitee am 5. März 1900 zu seiner vierten Sitzung zusammenkam, waren allerdings immer noch nicht genügend solcher Vorschläge eingegangen, weshalb die Komitee-Mitglieder beschlossen, die Frist zur Einsendung von Themen bis zum 1. April zu verlängern.[596] Außerdem formulierten die Mitglieder des Komitees den Wunsch, dass internatio-

593 Anonym: Chronique Forestière (1899), S. 376.

594 Anonym: Chronique Forestière (1900), S. 753–755.

595 Vgl. exemplarisch RiksA Oslo, S-1600 / Dc-Saksarkiv / D-serien / L2335 / 0003 / D-18-c, Schwedisch-norwegisches Generalkonsulat in Le Havre an Innendepartement, 24. Februar 1900; sowie Lucien Daubrée (Direction des Eaux et Forêts) an Skogdirektør, Paris 10. März 1900; NAS Edinburgh, GD1 / 1214 / 2, Scottish Arboricultural Society, Council Meeting, 25. April 1900.

596 Anonym: Chronique Forestière (1900), S. 184 f.

nale forstwissenschaftliche Kongresse, ähnlich wie die landwirtschaftlichen, in regelmäßigen Abständen zusammenkommen sollten. Das Forstwesen sollte demnach eine eigene Abteilung in den landwirtschaftlichen Kongressen bilden.[597]

In den Forstakademien und Forstverwaltungen der Länder des Nord- und Ostseeraums stieß die Ankündigung aus Paris, einen weiteren internationalen forstwissenschaftlichen Kongress abzuhalten, auf ein gemischtes Echo. Einige Experten bemühten sich engagiert um eine Teilnahme und baten daher ihre Regierung oder die im Land tätige Forstgesellschaft um Entsendung zum Kongress.

Der Brite James Sykes Gamble etwa bat die Schottische Forstgesellschaft beinahe aufdringlich, ihn als Repräsentanten nach Paris zu schicken.[598] In einigen Ländern, wie etwa in Preußen, wurden die Vorbereitungen eher routinemäßig mit der Beauftragung eines Forstmannes, der Französisch gut beherrschte, abgehandelt.[599] Zugleich spiegelt sich in einigen Reaktionen aber auch eine gewisse Ermüdung im internationalen Kongressgeschehen wider: Als bspw. das norwegische Landwirtschaftsministerium den Forstdirektor Marcus Selmer um eine Stellungnahme zum geplanten Kongress bat, entgegnete dieser frei heraus, dass er in diesem Kongress „keinen besonders hohen Nutzen für unser Forstwesen“ erblicken könne. Da aber das norwegische Parlament Mittel für Reisen nach Paris bewilligt habe, sprach sich Selmer dafür aus, Delegierte zu entsenden.[600]

Unabhängig davon, dass in Paris noch nicht sämtliche Referate in den Sektionen besetzt waren, publizierte das Organisationskomitee bereits seit Jahresanfang 1900 die ersten Programmübersichten. Da die Erscheinungstermine der zahlreichen forstwissenschaftlichen Zeitschriften in Frankreich und im Ausland unterschiedlich über das Kalenderjahr verteilt lagen, publizierten diese also die jeweils vorliegende Programmfassung als die gültige. In den Zeitschriften unterschieden sich daher die Programme in einigen Einzelheiten.[601] Selbst in der Revue des eaux et forêt, die bei den Vorbereitungen zum Pariser Kongress im Grunde das offizielle Organ war, fanden sich in den Programmversionen einige kleinere Abweichungen.[602] Orientiert man sich an der amtlichen Kongressdokumentation, so umfasste das Programm in den drei Sektionen schließlich 21 Sitzungen.[603]

597 Ebenda.

598 NAS Edinburgh, GD1 / 1214 / 2, Scottish Arboricultural Society, Council Meeting, 25. April 1900 und 13. Juni 1900.

599 BArch Berlin, R 901 / 13871, Französische Botschaft in Berlin an Auswärtiges Amt, 27. März 1900; Auswärtiges Amt an Preußisches Landwirtschaftsministerium, 8. April 1900, sowie Preußisches Landwirtschaftsministerium an Auswärtiges Amt, 10. April 1900.

600 RiksA Oslo, S-1600 / Dc-Saksarkiv / D-serien / L2335 / 0003 / D-18-c, Skogdirektør (Marcus Selmer) an Landbrugsdepartement, Kristiania, 7. April 1900.

601 Das Programm in der Zeitschrift für Forst- und Jagdwesen vom Februar 1900 enthielt bspw. noch den Tagesordnungspunkt „Schutz gegen Waldbrände“, wohingegen dieser Punkt in der Programmfassung der Revue des eaux et forêts vom Frühjahr 1900 nicht erschien. Vgl. W.: Forstkongreß auf der Weltausstellung (1900), S. 105; und Anonym: Chronique Forestière (1900), S. 376.

602 Vgl. Anonym: Chronique Forestière (1900), S. 373–376, hier gab es bspw. in der zweiten Sektion eine Frage 3 und eine Frage 5, aber keine Frage 4.

603 Daubrée (Hg.): Congrès international de sylviculture (1900), S. 22 f.

VI.2.2 Inhaltliche Schwerpunkte und Rezeption des Kongresses: Droht eine globale Holznot?

Zum Kongress 1900 in Paris sind eine offizielle Dokumentation mit über 700 Seiten überliefert sowie mehrere Zeitschriftenberichte aus den Ländern des Nord- und Ostseeraums. Die Berichterstattung in der Revue des eaux et forêts kann an dieser Stelle ähnlich wie die Dokumentation zu den ‚offiziellen' Darstellungen gerechnet werden, da die Revue an der Forstakademie in Nancy erschien und ihr Direktor Charles Guyot wie auch ihr Ehrendirektor Lucien Boppe zum Organisationskomitee des Kongresses gehörten.[604] Die Berichterstattung in der Revue des eaux et forêts bestand aus insgesamt fünf Beiträgen, und zwar ein Programmablauf, eine eher persönlich gehaltene Schilderung des Kongressgeschehens, ein Abdruck der Beschlüsse, ein zusammenfassender Bericht[605] sowie ein Abdruck des Eröffnungsvortrags von Albert Mélard.[606] Abgesehen von Mélards Vortrag war keiner der anderen Beiträge in der Revue des eaux et forêts namentlich gekennzeichnet. Die Autorenschaft bleibt hier, angesichts der so zahlreichen französischen Teilnehmer auf dem Kongress, ungeklärt.

Auch die meisten Berichte in den anderen Zeitschriften waren nicht namentlich gekennzeichnet. In der Zeitschrift für Forst- und Jagdwesen war dem Bericht lediglich das Autorenkürzel „W." beigegeben. Ob damit der amtliche Vertreter des Deutschen Reiches, Forstrat Paul von Alten aus Wiesbaden, gemeint war, oder einer der anderen deutschen Teilnehmer, darunter Bernhard Danckelmann (Eberswalde), Max Neumeister (Tharandt) und Ernst Ebermayer (München), lässt sich nicht mit Bestimmtheit sagen.[607] Neben diesem Bericht in der Zeitschrift für Forst- und Jagdwesen erschienen einige Artikel im Forstwissenschaftlichen Centralblatt, u. a. von Max Endres, die sich nicht mit dem Kongress als Ganzem, sondern nur mit der Holznot-Warnung in Albert Mélards Eröffnungsreferat befassten. In Norwegen hatte wahrscheinlich Marcus Bing Dahll der Tidsskrift for Skovbrug den Beitrag über den Kongress geliefert.[608] Dahll war seit 1893 Redakteur der Tidsskrift for Skovbrug, Mitarbeiter der norwegischen Forstverwaltung und als solcher der offizielle Delegierte Norwegens auf dem Kongress in Paris 1900. In den Transactions of the Scottish Arboricultural Society berichtete der Botaniker James Sykes Gamble,

604 Vgl. ebenda, S. 4–6.

605 Vgl. Anonym: Chronique Forestière (1900), S. 373–376; Anonym [„Un Congressiste"]: Le Congrès International de Sylviculture (1900); Anonym [„Un Congressiste"]: Conclusions et vœux du Congrès (1900); Anonym: Compte Rendu Sommaire du Congrès (1900).

606 Mélard, Albert: Insuffisance de la production des bois d'œuvre dans le monde; in: Revue des eaux et forêts 39 (1900), S. 402–433; Mélards Thesen erschienen in zahlreichen weiteren Publikationen; teilweise führen diese Veröffentlichungen den gleichen Titel, weshalb sie in dieser Untersuchung *nicht* in Kurzform zitiert werden, vgl. exemplarisch die Monographie Mélard, Albert: Insuffisance de la production des bois d'œd'œuuvre dans le monde, Paris 1900.

607 W.: Forstkongreß auf der Weltausstellung (1900), S. 605–620.

608 Anonym: Fra den internationale Forstkongres i Paris 1900 (1901).

den die Schottische Forstgesellschaft als Vertreter entsandt hatte.[609] Gamble hatte u. a. an der Forstakademie in Nancy studiert und war ab 1871 Mitarbeiter von Dietrich Brandis in der Forstverwaltung in Indien gewesen. Für die Zeitschrift Sylwan verfasste Marian Małaczyński über das Forstwesen auf der Weltausstellung in Paris 1900 einen insgesamt vierteiligen Bericht, dessen letzter Teil auf den Kongress einging.[610] Małaczyński war Dozent an der Forstwirtschaftshochschule *(Krajowa Szkoła Gospodarstwa Lasowego,* ab 1909 *Wyższa Szkoła Lasowa)* in Lemberg und wurde Nachfolger von Władysław Tyniecki als deren Direktor. Małaczyński hatte – soweit es aus der Teilnehmerliste des Kongresses hervorgeht – den Kongress selbst nicht besucht, wohl aber die Ausstellung. Seine Schilderungen des Kongresses stützten sich daher wahrscheinlich auf Material, das er aus Paris mitgebracht oder von Kollegen erhalten hatte bzw. auf bereits vorhandene Berichte in anderen Zeitschriften. Lesnoj Žurnal" enthielt zwar Anfang des Jahres 1900 eine Ankündigung des Kongresses,[611] außerdem erschienen einige Beiträge zur Weltausstellung,[612] aber Lesnoj Žurnal" druckte keinen Bericht. Einen solchen findet man hingegen von Èduard Èduardovič Kern in der Zeitschrift Izvestiâ S.-Peterburgskogo Lesnogo Instituta.[613] Kern war seit 1899 Direktor des St. Petersburger Forstinstituts und als solcher einer der Delegierten des Russischen Reiches. Wie bei der Analyse der vorangegangenen internationalen Kongresse bzw. Ausstellungen in Wien 1873, in Edinburgh 1884 und erneut in Wien 1890, wird sich auch die Untersuchung des Kongresses in Paris 1900 auf die drei Themen Forststatistik, Waldökologie und Versuchswesen konzentrieren. Alle drei Themen waren in jeweils mehreren Sitzungen vertreten.[614]

a) *Forstliche Statistik und die Holznot-Frage*

Es ist auffällig, dass sämtliche Zeitschriftenberichte dem Referat von Albert Mélard über „Mangel oder Überschuss der forstlichen Produktion in den verschiedenen Teilen der Erde“ einen herausgehobenen Platz einräumten. Die Zeitschriftenberichte spiegelten in dieser Hinsicht die besondere Stellung wider, die Mélards Thesen dadurch einnahmen, dass er das Eröffnungsreferat hielt und damit gleichsam die Stoßrichtung für die gesamte Veranstaltung vorgab. Dementsprechend druckte

---

609 Gamble: The International Congress of Sylviculture (1901).
610 Małaczyński: Z wystawy paryskiej (1900 / 1901).
611 Anonym: Meždunarodnyj s"ezd lesovodov v" Pariže (1900).
612 Vgl. exemplarisch Faas": Preniâ po povodu ego soobŝeniâ o lesnom otdele Avstro-Vengrii (1901).
613 Kern: S Parižskoj vsemirnoj vystavki 1900 g. [Teil 1] (1901); sowie Kern: S Parižskoj vsemirnoj vystavki 1900 g. [Teil 2] (1902).
614 Daubrée (Hg.): Congrès international de sylviculture (1900), S. 22 f, vgl. dort die Themen der Sitzungen: Forstliche Produktion (1. Sektion / 5. Sitzung), Internationale Vereinbarung zur Kubierung von Nutzholz (3. / 1.), Grundwassermanagement (2. / 2.), Wildbachverbauung (2. / 3.), Lawinenabwehr (2. / 4.), Forstversuchswesen (1. / 8.), Meteorologie (2. / 1.), Aufforstungen (1. / 6. und 1. / 7.).

die Revue des eaux et forêts eine ausführliche Fassung dieses Referats. Mélard hatte in Nancy Forstwissenschaft studiert und war 1882 zum Leiter des Forsteinrichtungsbüros in der französischen Generaldirektion für Gewässer und Forsten *(Direction Générale des Eaux et Forêts)* ernannt worden.

Betrachtete man Mélards Referat in langfristiger Perspektive, dann setzte er an jener Stelle ein, an der Adolf von Guttenberg und Eugen Ostwald 1890 in Wien aufgehört hatten: „Die Zugangsmöglichkeiten zu Forstprodukten", so stellte Mélard eingangs fest, „haben sich in den vergangenen 30 bis 40 Jahren grundsätzlich gewandelt". Das immer dichtere Netz aus Eisenbahnen und Kanälen in Europa und Nordamerika ermögliche es, Holz über große Distanzen und zu entfernten Orten auf den Markt zu bringen. Es sei ein Irrglaube, dass die Verwendung anderer Rohstoffe wie Eisen und Kohle den Holzverbrauch reduziere. Das Gegenteil sei der Fall. „Der Holzverbrauch ist höher als die normale Produktion der *erreichbaren* Wälder [forêts accessibles]."[615] Es gebe ein Defizit der Produktion, das gegenwärtig durch die Zerstörung der Wälder kompensiert werde.

Um diese These zu belegen, führte Mélard eine breite Basis statistischer Daten zu Import, Export und Verbrauch von Holz in den europäischen Ländern an.[616] Im Zentrum ging es hier um wirtschaftliche Aspekte. Zugleich verdeutlichte Mélards Referat aber auch ein zeitlich-ökologisches Problem der Forstwirtschaft im Zeitalter der Industrialisierung: In Frankreich, so erläuterte Mélard, habe sich ein großer Teil der Forstwirtschaft auf die Brennholz-Erzeugung konzentriert. Hierbei ging es vor allem um Hartholz, wie etwa Buche, die sich zu Holzkohle verarbeiten ließ. Seit nun aber Kohle genutzt werde, sei der Absatz von Hartholz zurückgegangen. Daher verursache in diesem Fall der Rückgang des Verbrauchs, hier also von Hartholz als Brennmaterial, ebenso wirtschaftliche Probleme. Denn die Bewirtschaftungsweise der Wälder lasse sich nicht „von einem auf den nächsten Tag" ändern, sondern es bedürfe sehr langer Zeiträume, um Wälder an neue Nutzungskonzepte anzupassen.[617]

Was hingegen den steigenden Bedarf an weichem Nadelholz, das als Nutzholz verwendet wurde, betraf, sah Mélard nur noch wenige Regionen in der Welt, darunter den europäischen Teil des Russischen Reiches, Teile Skandinaviens und Kanadas, die überhaupt noch ausreichend Holz für den Export bereitstellen könnten. Aber selbst hier, z. B. im Russischen Reich, so erörterte Mélard, könne man nicht einfach den ganzen nordrussischen Wald abholzen, denn dieser schütze den mittleren Teil des Landes vor dem kalten nördlichen Klima.[618]

Sich Hoffnungen auf die Holzreichtümer der anderen Erdteile zu machen, sei aus Mélards Sicht ein „großer Irrtum [grande erreur]".[619] Denn in Asien, bspw. in

615 Mélard, Albert: Insuffisance de la production des bois d'œuvre dans le monde; in: Revue des eaux et forêts 39 (1900), S. 402–408, 417–432, hier S. 403, Hervorhebung C. L.
616 Ebenda, S. 404–408.
617 Ebenda, S. 417.
618 Ebenda, S. 424.
619 Ebenda, S. 429.

Indien, werde der vorhandene Wald bereits intensiv genutzt, und die Wälder Sibiriens seien für den europäischen Handel „beinahe unerreichbar [presque inaccessibles]".[620] Die Frage der Erreichbarkeit oder Unerreichbarkeit von Waldflächen wurde – das zeigten die folgenden Jahre – zu einem zentralen Punkt der Kontroverse um die Zukunft der Holzversorgung (vgl. Kapitel VII). Aus Mélards Sicht, der an mehreren Stellen über diese Erreichbarkeitsfrage reflektierte, war hingegen klar, dass die Erschließung weiterer Waldgebiete keine sinnvolle Zukunftsperspektive für das Forstwesen war. Denn ein Holzhandel, der immer entferntere Regionen umspanne, sei nur für Transportunternehmen, nicht aber für die Forstwirtschaft, ein nützliches Geschäft, da 90 bis 95 % des Holzpreises durch den Transport entstünden.[621] Zudem würden Länder, wie etwa das Russische Reich, die gegenwärtig noch Holz exportierten, bald industriell entwickelt werden, so dass sie die Ausfuhr von Holz zwar nicht einstellen, aber vermindern würden. Nach Berücksichtigung aller dieser Faktoren blieben nach Mélards Einschätzung nur mehr drei Länder übrig, die dauerhaft Holz exportieren könnten, und zwar Schweden, Finnland und Kanada.[622] „Man geht also", so schlussfolgerte Mélard, „dem Mangel entgegen [On marche donc vers la disette]".[623]

Ein Anstieg der Preise, der durch ein Knapperwerden des Handelsgutes Holz verursacht würde, könne das Problem auch nicht entschärfen, da in der Forstwirtschaft andere Gesetze als in der Landwirtschaft oder der Industrie herrschten. Während in Landwirtschaft und Industrie ein Preisanstieg zur Steigerung der Produktion anreize, führe ein Preisanstieg in der Forstwirtschaft nur dazu, dass „Waldbesitzer sorglos das über Generationen angehäufte Waldkapital zu Geld machen [incite les propriétaires imprévoyants à réaliser les capitaux forestiers accumulés par les générations précédentes]". Eine steigende Nachfrage korrespondiere mit einer Zerstörung, also mit einem Rückgang der Produktion.[624]

Einen Ausweg aus der bedrohlichen Lage sah Mélard in erster Linie darin, Landbesitzer zu Aufforstungen zu ermuntern, etwa durch steuerliche Vergünstigungen oder durch die Bereitstellung von Saatgut. In Frage kämen dazu die großen brachliegenden Flächen [„terres incultes"] in den Ländern Europas. In den bergigen Regionen gebe es über das wirtschaftliche Interesse hinaus auch ein großes allgemeines Interesse [„grand intérêt général"] an Aufforstungen, da aufgeforstete Flächen zur Abwehr von Wildbächen dienlich seien.[625] Auf solche waldökologischen Fragen kam der Kongress später in seiner Sektion 2 zurück (vgl. unten).

Albert Mélards Referat klang in der Grundausrichtung wie eine Aktualisierung jener Thesen, die Peter Lund Simmonds auf der Internationalen Forstausstellung 1884 in Edinburgh präsentiert hatte. Eine Aktualisierung deshalb, weil

620 Ebenda.
621 Ebenda, S. 429 f.
622 Ebenda, S. 430.
623 Ebenda.
624 Ebenda, S. 430 f.
625 Ebenda, S. 432.

Mélard statistische Daten hauptsächlich aus den Jahren 1888 und 1898 verwendet hatte und auf diese Daten die gleiche These aufbaute wie Simmonds etwa anderthalb Jahrzehnte zuvor. Für eine Analyse ist bedauerlich, dass Mélard, ähnlich wie Simmonds 1884, keine genauen Quellen seiner Statistiken angab, und zwar weder im Abdruck seines Referats in der Revue des eaux et forêts, noch in der ausführlichen Denkschrift, die unter dem gleichen Titel anlässlich des Kongresses 1900 in Paris erschien.[626] Lediglich an wenigen Stellen verzeichnete Mélard Literaturangaben: Hier nannte er entweder landeseigene Forststatistiken oder Berichte konsularischer Vertretungen Frankreichs aus den entsprechenden Ländern, wie etwa aus Finnland.[627]

Die ausgewerteten Zeitschriftenberichte aus dem Nord- und Ostseeraum, die den Kongress in Paris schilderten, gingen ausführlich auf Mélards Referat ein. Überblickt man die forstwissenschaftlichen Zeitschriften im Nord- und Ostseeraum, dann lassen sich – stark systematisiert – zwei Arten von Reaktionen auf das Referat von Mélard beobachten. Auf der einen Seite finden sich zahlreiche Berichte über den Kongress, die sich ausschließlich *zustimmend* zu Mélards Vortrag äußerten. Auf der anderen Seite gab es einige Artikel, die – ohne den Kongress insgesamt zu behandeln – eine kritische Auseinandersetzung mit Mélards Thesen suchten.

Die Reihe der zustimmenden Berichte wurde von der Revue des eaux et forêts angeführt, in der das Referat Mélards und die Kongressbeschlüsse abgedruckt waren.[628] In der Zeitschrift für Forst- und Jagdwesen widmete der nur mit „W." gekennzeichnete Autor etwa zehn der insgesamt 15 Seiten seines Berichts dem Vortrag Mélards. „W." orientierte sich nah am französischen Originaltext, viele Passagen sind eine getreue Übersetzung ins Deutsche. An einigen Stellen spitzte „W." die Thesen sogar noch etwas zu, indem er Beobachtungen Mélards auf prägnante Begriffe zu bringen versuchte: Der „Holzverbrauch der Welt", so gab „W." Mélards Thesen bspw. wieder, „[ist] größer als die normale nachhaltige Produktion der zugänglichen Waldungen; das bestehende Defizit der Produktion wird gegenwärtig gedeckt durch die Zerstörung der Forste", und „W." fügte hier zuspitzend an: „d. h. durch Raubwirthschaft" – ein Begriff, der im französischen Originaltext Mélards nicht vorkam.[629] Eine kritische Reflexion der Mélard'schen Thesen lieferte der Autor „W." in der Zeitschrift für Forst- und Jagdwesen hingegen nicht.

Ähnlich verhielt es sich in den Transactions of the Scottish Arboricultural Society. James S. Gamble fasste Mélards Thesen in einigen Absätzen zusammen. Mélard habe den Zuhörern gezeigt, „dass wir auf dem Weg zu einer Holznot [timber famine] sind. Er gab uns nur fünfzig Jahre, bis eine solche Katastrophe

626 Mélard, Albert: Insuffisance de la production des bois d'œuvre dans le monde, Paris 1900.
627 Ebenda, S. 37 f.
628 Vgl. Mélard, Albert: Insuffisance de la production des bois d'œuvre dans le monde; in: Revue des eaux et forêts 39 (1900), S. 402–408 und 417–432; Anonym [„Un Congressiste"]: Conclusions et vœux du Congrès (1900).
629 W.: Forstkongreß auf der Weltausstellung (1900), S. 506.

eintreten sollte [should take place]."[630] Im gleichen Band der Transactions fand sich noch eine vierseitige Zusammenfassung von Mélards Thesen, die F. Gleadow aus dem Französischen ins Englische übersetzt hatte,[631] wobei Gleadow nicht den Vortragstext, sondern die umfangreichere Monographie Mélards als Vorlage benutzt hatte.[632]

Der namentlich nicht gekennzeichnete Beitrag in der norwegischen Tidsskrift for Skovbrug war zwar allgemein überschrieben mit dem Titel „Vom internationalen Forstkongress in Paris im Jahr 1900".[633] Tatsächlich jedoch bestand der Artikel allein aus einer zusammenfassenden Wiedergabe von Mélards Referat. Ähnlich wie James S. Gamble schilderte auch der norwegische Übersetzer (wahrscheinlich Norwegens Delegierter Dahll) die Thesen Mélards und schloss folgerichtig den Beitrag mit der Warnung, dass sich ein „Mangel an Nutzholz [Mangelen af Gavntræ]"[634] schon in etwa fünfzig Jahre bemerkbar machen werde. Ruft man sich Selmers Einschätzung im Vorfeld des Kongresses in Erinnerung, dass er nämlich in diesem Kongress für Norwegens Forstwesen keinen besonderen Nutzen erkennen könne, dann war ein solcher Kongressbericht ein offenbar geeignetes Mittel, doch noch einen Nutzen herauszuholen: Denn wenn ein internationaler Kongress vor globaler Holznot warnte, dann half dies, die Position der norwegischen Forstverwaltung in den landeseigenen Debatten zu festigen, indem es die Arbeit der Forstkommission von 1874 bis 1978 stützte, die seit dem Ergebnisbericht von 1879 vor einer Holznot in Norwegen gewarnt hatte.

Maryan Małaczyńskis Bericht in Sylwan widmete drei Teile den forstlichen Aspekten der Weltausstellung und den vierten Teil seines Berichts dem Kongress. Beim näheren Hinsehen bestand allerdings dieser vierte Teil – so wie in der Tidsskrift for Skovbrug – allein aus einer Übertragung von Mélards Thesen.[635] Also beendete auch Małaczyński seinen Bericht mit der Warnung, dass nämlich ein „Holzmangel [brak drewna użytkowego]" schon in einem halben Jahrhundert „zu spüren sein wird [da się odczuć]".[636] Verglichen mit der Berichterstattung über vorangegangene Kongresse und Ausstellungen, die viel unterschiedlicher ausgefallen war, hatte sich durch diese Artikel über Mélards Holznot-Warnung in französischen, deutschen, britischen, norwegischen und polnischen Blättern dieser Alarmruf beeindruckend international verbreitet.

Demgegenüber nahmen sich jene Artikel, die sich kritisch mit Mélard auseinandersetzten, nicht so zahlreich aus. Dazu gehörten zwei Artikel im Forstwissen-

630 Gamble: The International Congress of Sylviculture (1901), S. 264.
631 Mélard: The Insufficiency of the World's Timber Supply (1901).
632 Vgl. Mélard, Albert: Insuffisance de la production des bois d'œuvre dans le monde, Paris 1900. Dieses Buch umfasst 119 Seiten.
633 Anonym: Fra den internationale Forstkongres i Paris 1900 (1901).
634 Ebenda, S. 18.
635 Małaczyński: Z wystawy paryskiej (1900/1901), Teil IV, S. 106–114.
636 Ebenda, S. 114.

schaftlichen Centralblatt[637] von Max Endres, Professor für Forstwissenschaft an der Universität München, ein Artikel von Fritz Jentsch in den Mündener Forstlichen Heften sowie der ausführliche Ausstellungs- und Kongressbericht von Èduard Èduardovič Kern, der 1901 in Izvestiâ S.-Peterburgskogo Lesnogo Instituta erschien.[638] Das Dezemberheft 1900 des Forstwissenschaftlichen Centralblatts enthielt zuerst einen übersetzten Auszug von Mélards Vortrag[639] sowie unmittelbar anschließend Endres' Artikel. Endres' Widerspruch richtete sich hauptsächlich gegen Mélards Berechnungsgrundlagen: „Bedenklich", so Endres, sei Mélards Formulierung „der Holzverbrauch übersteigt gegenwärtig den normalen Zuwachs in den zugänglichen Waldungen [...]". Das Problem in dieser These liege darin, dass „der Begriff ‚zugänglich' [...] eben relativ" sei. „Jeder Wald", so führte Endres weiter aus, „kann dem Verkehre erschlossen werden, wenn die Holzpreise entsprechend hoch sind". Es sei das Verdienst der großen Holzhandelsgesellschaften im Ausland, dass sie „die großen entlegenen Waldgebiete dem Weltmarkt erschließen [...]. Sind die Wege und Eisenbahnen dahin gebaut, die Flüsse floßbar gemacht, dann haben es die Staaten in der Hand, um eine geordnete Wirtschaft vorzuschreiben."[640] Endres rechnete vor, dass die Waldflächen der nord- und osteuropäischen Länder noch lange reichen würden, um ganz Europa mit Nutzholz zu versorgen. Mélards Holznot-Warnung, so schloss Endres seine Kritik, sei ein „Brillantfeuerwerk". Endres' Kritik an Mélards Thesen war im Grunde eine Fortführung jener Argumentation, die bspw. Adolf von Guttenberg und Eugen Ostwald auf dem Kongress in Wien 1890 präsentiert hatten: Die Erschließung von bislang industriell unerschlossenen Waldgebieten, insbesondere durch die Eisenbahn, werde die Holzversorgung der Zukunft sichern. Das Vorrücken der *timber frontier* war in Endres' Argumentation ein Prozess, den man nicht mit Sorge sehen sollte, sondern der notwendig war, um noch ungenutzte Ressourcen dem Wirtschaftskreislauf zuzuführen. Unabhängig von Max Endres publizierte Fritz Jentsch Anfang 1901 in den Mündener Forstlichen Heften einen Bericht über die forstlichen Aspekte der Pariser Weltausstellung. Jentsch nahm darin auch auf Mélards Thesen Bezug, wertete Mélards Berechnungsgrundlagen aus und kam zu einem ähnlich kritischen Urteil wie Endres.[641]

Das Forstwissenschaftliche Centralblatt bot einige Monate später William Schlich die Gelegenheit, Endres' Thesen zu widersprechen und Partei für Mélard

637 Nicht zu verwechseln mit dem Centralblatt für das gesamte Forstwesen.

638 Endres: Über die Unzulänglichkeit der Nutzholzerzeugung auf der Erde. Bemerkungen zu Mélard (1900); Endres: Über die Unzulänglichkeit der Nutzholzerzeugung der Erde. Erwiderung auf Schlich (1901); Jentsch: Holzproduktion und Holzhandel (1901); Kern: S Parižskoj vsemirnoj vystavki 1900 g. [Teil 1] (1901); Kern: S Parižskoj vsemirnoj vystavki 1900 g. [Teil 2] (1902). Vgl. dazu auch Pardé / Kramer / Ollmann / Maheut: Nutzholzversorgung Europas (2001).

639 Mélard: Über die Unzulänglichkeit der Nutzholzerzeugung auf der Erde. Auszug (1900).

640 Endres: Über die Unzulänglichkeit der Nutzholzerzeugung auf der Erde. Bemerkungen zu Mélard (1900), S. 613 f.

641 Jentsch: Holzproduktion und Holzhandel (1901).

zu ergreifen:[642] Schlich kritisierte Endres' Berechnungen insbesondere zum Russischen Reich, da sie auf Annahmen beruhten, die in „russischen und Münchener Studienzimmern entstanden sind". Es sei ja richtig, so argumentierte Schlich, dass das Russische Reich über große Waldungen verfüge, aber hierin seien „enorme Flächen mit einem dünnen Wald von Erlen, Birken, Pappeln, Weißbuchen usw. bestanden", die zur Nutzholzerzeugung fast nichts beitragen. Wollte das Russische Reich seinen Export auf dem bisherigen Niveau halten, so würden „die Schwierigkeiten und Kosten jedes Jahr größer [...], in demselben Maße als die Hauungen für Export mehr nach Osten vordringen". Auch Schlich reflektierte hier über die *timber frontier*, legte den Schwerpunkt aber auf die steigenden Transportkosten, die durch ein immer weiteres Vordringen entstehen würden. Schlich sah „das Heil" nicht in einem immer weiteren Vorrücken in ungenutzte Waldgebiete, sondern „in dem allmählichen Steigen der Holzpreise". Ein solches Steigen der Preise stellte Schlich für den britischen Holzmarkt seit 1895 tatsächlich fest, und diese Preissteigerungen würden – so Schlich – schon von ganz allein dafür sorgen, dass der vorhandene Wald pfleglicher behandelt und sparsamer genutzt würde.[643]

Den Studienzimmer-Vorwurf konnte Endres kaum auf sich sitzen lassen, weshalb er sich im Herbst 1901 erneut im Forstwissenschaftlichen Centralblatt mit einer Entgegnung an Schlich wandte. Endres warf Schlich vor, nur mit spekulativen Angaben zu operieren, statt „meine positiven Angaben mit anderen zu widerlegen".[644] Anhand von weiteren Daten, nun zu Österreich-Ungarns Forstwirtschaft, versuchte Endres, die eigene Position zu untermauern.

Während diese Kontroverse im Forstwissenschaftlichen Centralblatt lief, veröffentlichte Kern seinen zweiteiligen Ausstellungs- und Kongressbericht im Sommer 1901 in Izvestiâ S.-Peterburgskogo Lesnogo Instituta. Kern verwies zunächst darauf, dass bereits im vorangegangenen Jahr, also 1900, in der Zeitschrift Sel'skoe Hozâjstvo i Lesovodstvo über Mélards Thesen berichtet worden war.[645] Dann bezog sich Kern auf Endres' Artikel im Forstwissenschaftlichen Centralblatt und stellte so Mélards und Endres' Thesen gegenüber.[646]

Diese Kontroverse zwischen Mélard und Schlich auf der einen Seite, Endres und Jentsch auf der anderen Seite war vordergründig ein Kampf der Zahlen. Den Kontrahenten ging es darum, wer exaktere Daten über Waldflächen und Holzverbrauch liefern konnte, um seine These zu untermauern. Abstrahiert man hingegen von dieser Zahlendebatte, dann gibt diese Kontroverse einen Einblick in einen tiefgreifenden Veränderungsprozess, der hier als *Neuskalieren von Nachhaltigkeit*

642 Schlich: Über die Unzulänglichkeit der Nutzholzerzeugung der Erde (1901); vgl. auch Schlich: The Outlook of the World's Timber Supply (1901).

643 Schlich: Über die Unzulänglichkeit der Nutzholzerzeugung der Erde (1901), S. 295.

644 Endres: Über die Unzulänglichkeit der Nutzholzerzeugung der Erde. Erwiderung auf Schlich (1901), S. 622.

645 Rudzkij: Bibliografiâ (1900).

646 Kern: S Parižskoj vsemirnoj vystavki 1900 g. [Teil 1] (1901), S. 26–31; vgl. dazu Endres: Über die Unzulänglichkeit der Nutzholzerzeugung auf der Erde. Bemerkungen zu Mélard (1900).

bezeichnet wird: Die streitenden Experten trugen Daten über Waldflächen, deren Dichte und den zu erwartenden Holzertrag zusammen und stellten diese Angaben dem gegenwärtigen und für die Zukunft zu erwartenden Verbrauch gegenüber. Solche Techniken des Vermessens und Hochrechnens waren ursprünglich seit dem 18. Jahrhundert zunächst an lokalen Waldflächen erprobt und verfeinert worden. Denn die lokal vorhandenen Waldflächen waren – im Landesinneren – die einzig verfügbaren Quellen für Waldressourcen im 18. und frühen 19. Jahrhundert, da ein Holzimport nicht möglich war. Erst die Eisenbahn hatte die topographischen Beschränkungen eines Holzhandels auch im Landesinneren seit Mitte des 19. Jahrhunderts nach und nach überwunden, und somit wurden diese lokalen Techniken hinfällig. Die Eisenbahn hatte Nachhaltigkeit also de-territorialisiert. Nun hingegen, seit etwa 1900, begannen Experten, diese ursprünglich lokal erprobten Techniken des Vermessens und Hochrechnens auf immer größere Räume anzuwenden. Experten re-territorialisierten ihre Pläne für die zukünftige Versorgung mit Holzressourcen. Sie waren mit ihren räumlich immer weiter ausgreifenden Planungen aktiv dabei, Nachhaltigkeit neuzuskalieren. Dieses Neuskalieren von Nachhaltigkeit beschränkte sich keineswegs auf diese Experten-Debatten in forstwissenschaftlichen Zeitschriften. Vielmehr umfasste das Neuskalieren von Nachhaltigkeit noch eine ganze Reihe von forstwirtschaftlichen, politischen und ökologischen Aspekten, auf die das Kapitel VII zurückkommen wird.

In begriffsgeschichtlicher Hinsicht ist beachtenswert, dass sowohl in diesem Streit um Mélards Thesen als auch in anderen Kontroversen um eine überregionale Planung für die Versorgung mit Holzressourcen der Begriff „Nachhaltigkeit" keine wesentliche Rolle spielte. Vielmehr taucht der Begriff in den zeitgenössischen Quellen weiterhin dann auf, wenn es um Planungen im lokalen bzw. kleinräumigen Maßstab ging. Diese ‚lokale' Begriffsbedeutung war nicht nur in den Referaten Guttenbergs und Ostwalds in Wien 1890 hervorgetreten, die beide den Begriff Nachhaltigkeit allein auf die traditionelle Planung von Waldertrag bezogen hatten. Die ‚lokale' Begriffsbedeutung zeigte sich Ende des 19. Jahrhunderts auch in der Übertragung des Begriffs Nachhaltigkeit in andere Sprachen. Als sich bspw. seit den 1880er Jahren forstwissenschaftliche Experten in Großbritannien, wie William Schlich, John Nisbet und Fredric Bailey, intensiver mit den im deutschen Sprachraum verbreiteten forstwirtschaftlichen Techniken befassten, führten sie den Begriff „sustained yield", also „nachhaltigen Ertrag", mit Bezug auf lokale forstwirtschaftliche Planung ein.[647] Zuvor hatten Autoren in Großbritannien andere Begriffe

647 Die Verwendung der Begriffe „sustained yield" und auch „sustained income" hat in Großbritannien wahrscheinlich verschiedene Ursprünge. Ulrich Grober suggeriert, dass William Schlich durch sein mehrbändiges Werk „Manual of Forestry" die Formulierung „sustained yield" ins Englische eingeführt habe (vgl. Grober: Die Entdeckung der Nachhaltigkeit (2010), S. 210). Gegen diese These spricht, dass es schon vor Schlichs Verwendung des Begriffs „sustained yield" (Schlich: Manual of Forestry, Bd. 1 (1889), S. 63) Publikationen anderer Autoren gab, die „sustained yield" oder „sustained income" benutzten. 1883 schreibt bspw. J. L. L. MacGregor: „The yearly produce thus obtained is, in fact, the annual growth or interest, of the material standing on *n* compartments, and is called the

verwendet, wie etwa „future durability",[648] um das Prinzip eines nachhaltigen, also dauerhaften Holzertrags zu beschreiben.

Dass „nachhaltiger Ertrag" oder „Nachhaltigkeit" um 1900 noch nicht als Begriffe verwendet wurden, um das überregionale Planen forstlicher Erträge, wie es de facto in der Kontroverse um Mélards Thesen hindurchschien, zu charakterisieren, mochte auch daran gelegen haben, dass in der Wahrnehmung z. B. von Adolf von Guttenberg, Eugen Ostwald oder Max Endres der nutzbare Raum zunächst weiter ausgedehnt werden konnte. Anders formuliert: Maßgebliche forstwissenschaftliche Experten sahen die *timber frontier* noch lange nicht bis ans Ende der bewaldeten und theoretisch nutzbaren Flächen vorgerückt. Aber erst wenn dieses Ende erreicht wäre, so ließe sich die Überlegung fortsetzen, wenn also ein klar definierbarer Raum entstanden wäre, ohne eine bewegliche *frontier*, erst dann wäre es sinnvoll gewesen, darauf räumlich klar abgegrenzte Berechnungen für nachhaltige Erträge aus den vorhandenen Waldflächen aufzubauen.

Zugleich deutete sich in der Kontroverse um Mélards Thesen ein Problem an, das die folgenden Auseinandersetzungen sowohl auf internationaler als auch auf nationaler Ebene ständig begleitete: Dieses Problem bestand im Verhältnis zwischen den lokal vorhandenen forstlichen Gegebenheiten und den dazu erhobenen Daten einerseits und der notwendigen Abstraktion dieser Daten, sobald diese in eine generalisierende Statistik für ein ganzes Land oder gar für einen ganzen Kontinent überführt werden sollten. Die Dimension dieses Problems trat exemplarisch in der Erarbeitung der russischen und norwegischen Forststatistiken, wie vorn erläutert, zu Tage, und zwar insbesondere in der Erfassung statistischer Daten über den Privatwaldbesitz: Hier waren die vorhandenen Daten so skizzenhaft und das verfügbare Personal so knapp, dass auf dem Weg zu generalisierenden Statistiken ein großer Spielraum für Auf- und Abrundungen wie auch Interpretationen war – ein Problem, vor dem nicht nur zeitgenössische Forstwissenschaftler standen, sondern mit dem auch Historiker in der Gegenwart bei der Auswertung solcher Waldbeschreibungen und Statistiken konfrontiert sind.[649] In der Kontroverse um Mélards Thesen, im Streit um eine ausreichende oder nicht hinreichende Holzversorgung spiegelte sich daher im Grunde eine anhaltende Spannung zwischen realer Welt und statistisch erzeugtem Gesamtbild, wie sie auch zahlreiche andere statistische

---

sustained yield […]." (MacGregor: The Organization and Valuation of Forests (1883), S. 2). Fredric Bailey verwendete in einem Artikel 1887 die Formulierung „a working plan is required, which prescribes the arrangement necessary in order to allow of the produce being taken out annually, without intermission and in equal quantities, so that a regular and sustained income may be drawn from the forest." (Bailey: Forestry in France (1887), S. 235). Später tauchen ähnliche Formulierungen auf z.B. in James Browns Werk „The Forester", dessen 6. Auflage John Nisbet bearbeitet und 1894 herausgegeben hatte: „In this way a sustained yield or continuous supply of this class of produce is kept up on any estate." (Brown: The Forester (6. Auflage, hg. von John Nisbet, 1894), Bd. 2, S. 486). Der Begriff „sustainability", also die im heutigen Sprachgebrauch übliche englische Entsprechung des Substantivs „Nachhaltigkeit", taucht in diesen Texten Ende des 19. Jahrhunderts hingegen noch nicht auf.

648 Vgl. exemplarisch M'Neill: On the Felling of Timber, with a View to Future Durability (1863).

649 Kirby / Watkins: Introduction (1998), S. XII.

Debatten prägte:[650] Zu den meisten europäischen Ländern lagen neuere forstliche Statistiken vor; und diese Statistiken suggerierten, dass diese Zahlen vergleichbar sind. De facto jedoch verbargen sich hinter den Zahlen sehr unterschiedliche Waldverhältnisse vor Ort. Diese lokalen Verschiedenheiten traten jedoch in der Auseinandersetzung mehr und mehr in den Hintergrund, sobald der Streit einmal auf der Ebene dieser abstrakten Statistiken geführt wurde. Das statistische Gesamtbild, das eine Abstraktion war, wurde in den Debatten selbst zu einer Art Realität, und zwar zu einer statistischen Realität, obwohl es nur bruchstückhaft zur Realität der lokalen Waldverhältnisse passte. In der Kontroverse um Mélards Thesen zeigte sich sogar in Ansätzen, dass die streitenden Experten diese Spannung reflektierten: Endres etwa bestand darauf, die amtlichen russischen Statistiken als Datengrundlage zu verwenden, auch wenn diese möglicherweise Ungenauigkeiten enthielten, aber es waren nun einmal die – aus Endres Sicht – einzig verfügbaren und verlässlichen Daten.

Überblickt man all jene Artikel in forstwissenschaftlichen Zeitschriften, die zwischen 1900 und 1902 über den Kongress in Paris berichtet hatten, so fällt insgesamt eine eigentümliche Zweiteilung auf: Einerseits fand Mélards Warnung vor einer Holznot Eingang in die ausgewerteten Berichte in französischen, deutschen, norwegischen und britischen Blättern. Andererseits lieferte das in München erscheinende Forstwissenschaftliche Centralblatt eine kritische Auseinandersetzung mit Mélards Thesen, ohne allerdings auf das übrige Kongressgeschehen einzugehen. Wer also einen der zahlreichen affirmativen Kongressberichte las, konnte den Eindruck gewinnen, als gäbe es nur Zustimmung zu Mélards Thesen. Nur wer sich auch das Forstwissenschaftliche Centralblatt oder die Mündener Forstlichen Hefte vornahm, erhielt eine ausführliche kritische Reflexion über Mélards Holznot-Warnung. Der Bericht von Èduard Èduardovič Kern in Izvestiâ S.-Peterburgskogo Lesnogo Instituta, der Mélards und Endres' Thesen gegenübergestellt hatte, lieferte hier eine Art ‚Brücke' zwischen diesen Haltungen.

Diese Kontraste zwischen den Berichten sind erklärungsbedürftig. Wie kam es, dass sich so viele Zeitschriftenberichte allein zustimmend zu Mélards Holznot-Warnung äußerten? Sicher, auch in den Berichten über vorangegangene Kongresse hatte es zahlreiche Übereinstimmungen gegeben. Aber die Schwerpunkte lagen in den Jahren zuvor und auch in den späteren Jahren bei jedem Berichterstatter etwas anders. Hier hingegen, in den Berichten über den Kongress 1900 in Paris, richteten so viele Berichterstatter den Schwerpunkt auf Mélards Warnung vor einer drohenden Holznot. Die Tidsskrift for Skovbrug, Sylwan und Sel'skoe Hozâjstvo i Lesovodstvo beschränkten ihre Berichte gar ausschließlich auf Mélards Thesen, so dass hier der Leser den (missverständlichen) Eindruck gewinnen konnte, der Kongress in Paris 1900 hätte sich allein mit der Frage eines drohenden Holzmangels befasst.

Bemerkenswerterweise lagen Tidsskrift for Skovbrug, Sylwan und Sel'skoe Hozâjstvo i Lesovodstvo mit ihrem alleinigen Abdruck des Mélard'schen Referats

650 Randeraad: The International Statistical Congress (2011), S. 51.

gar nicht so weit entfernt vom Hergang der Kongressverhandlungen. Denn soweit die offizielle Kongressdokumentation einen Einblick in den Ablauf des Kongresses gewährt, nahmen die Teilnehmer Mélards Referat mit begeistertem Applaus auf. Danach schloss der Vorsitzende die Sitzung. Eine Debatte wurde auch nicht nachgeholt, als am zweiten Kongresstag die Sitzung mit dem Thema „Defizit oder Überschuss der forstlichen Produktion in den einzelnen Regionen der Welt" anberaumt war, zu der Mélards Referat laut Tagesordnung formal gehörte.[651] Der Vorsitzende der Sitzung, der Brite Edward Stafford Howard,[652] verwies lediglich darauf, dass Mélard diese Frage bereits „hervorragend" bearbeitet habe und verlas anschließend einen Resolutionsentwurf, den die Versammlung einstimmig annahm: Die Versammlung äußerte den „Wunsch, dass eine internationale Übereinkunft [entente internationale] eingreift, um die Wälder vor Zerstörung zu schützen und um der Industrie die Belieferung mit Nutzholz zu sichern."[653] In der Schluss-Sitzung des Kongresses erweiterten die Teilnehmer diese Resolution auf Vorschlag von Lucien Daubrée noch um die Aufforderung, dass die beteiligten Länder außerdem Statistiken über Waldvorkommen und Holzverbrauch publizieren sollten.[654] Dass so viele Zeitschriftenberichte aus dem Nord- und Ostseeraum rein affirmativ über Mélards Referat berichtet hatten, gab also insofern den Hergang des Kongresses korrekt wieder, als es in Paris auch laut offizieller Kongressdokumentation gar keine (öffentliche) Diskussion zu Mélards Vortrag gegeben hatte.

Darüber hinaus entstand in jenen Zeitschriftenberichten, die den Schwerpunkt auf Mélards Vortrag gelegt bzw. die ausschließlich über Mélards Holznot-Warnung geschrieben hatten, der Eindruck, die Thesen Mélards seien die wesentliche Aussage des Kongresses. Demgegenüber ließ sich – wie oben zitiert – der offiziellen Kongressdokumentation entnehmen, dass die Teilnehmer in der Resolution eine internationale Übereinkunft gegen Waldzerstörung und die Publikation landeseigener Forststatistiken gefordert hatten. Waren Mélards Thesen also wichtiger oder berichtenswerter als die Beschlüsse des Kongresses?

Mehrere Faktoren müssen berücksichtigt werden, um zu erklären, weshalb die Berichterstattung über den Kongress so überwiegend unkritisch Mélards Thesen wiedergab. Erstens geht die große Aufmerksamkeit für Mélards Thesen darauf zurück, dass das Organisationskomitee dieses Referat gezielt als Eröffnungsvortrag, also an eine exponierte Stelle, platziert hatte. Obwohl nach der Tagesordnung Mélards Thema eigentlich erst in Frage 5 der ersten Sektion zur Verhandlung stand, gab das Organisationskomitee mit der prominenten Platzierung Mélards gewissermaßen die Gesamtinterpretation des Kongresses vor. Man kann es – ganz wertungsfrei verstanden – als eine gelungene Form von Öffentlichkeitsarbeit bezeich-

651 Daubrée (Hg.): Congrès international de sylviculture (1900), S. 45, 134.

652 Edward Stafford Howard (1851–1916) war seit 1893 Verwalter der Kronwälder (Commissioner of Woods) in Großbritannien; vgl. Anonym: Sir Edward Stafford Howard; in: The Times, 10. April 1916.

653 Daubrée (Hg.): Congrès international de sylviculture (1900), S. 134.

654 Ebenda, S. 655.

nen, dass in so vielen Berichten über den Kongress im Nord- und Ostseeraum die drohende globale Holznot das beherrschende Thema war. Sitzungen und Referate, die hingegen im gewöhnlichen Tagungsablauf lagen, konnten sich nicht solcher Aufmerksamkeit sicher sein – vor allem dann nicht, wenn Sitzungen nach einem „sehr hübsch arrangierte[n] Bankett“ anberaumt waren, bei dem – wie es „W.“ in der Zeitschrift für Forst- und Jagdwesen beschrieb – zuerst der Kongresspräsident Lucien Daubrée einen „Trinkspruch auf die fremden Gäste“ ausbrachte, der dann „im einzelnen durch ihre Vertreter herzlich erwidert[.]“ wurde. Welche Konzentration die Kongressteilnehmer und Berichterstatter im sommerlichen Paris noch an den Tag legten, als nach einem solchen Bankett die Sitzungen um vier Uhr nachmittags „ihren Fortgang nahmen“, sei hier dahingestellt.[655]

Zweitens hatten, wie eingangs in diesem Kapitel erörtert, Forstverwaltungen, Experten bzw. Expertenkommissionen einzelner Länder im Nord- und Ostseeraum seit den späten 1870er Jahren landeseigene Statistiken erstellt. In der Interpretation dieser Statistiken überwogen die pessimistischen Stimmen. Aus diesem Blickwinkel betrachtet, war Mélards Referat eine Art Verdichtung des vorhandenen Materials: Er nutzte die Bühne des Internationalen forstwissenschaftlichen Kongresses 1900 in Paris, um diese zahlreichen einzelnen Stimmen zu bündeln. Er überführte ‚nationale‘ Alarmrufe in einen internationalen Alarmruf. Damit traf er offenbar die zeitgenössische Stimmung in vielen Ländern. Betrachtet man hingegen die Abfolge internationaler Kongresse vor 1914, dann war Mélards Referat alles andere als eine Fortführung vorhandener Stimmen. Im Gegenteil, Mélards Referat markierte einen Gegenstandpunkt zum vorangegangenen Kongress 1890 in Wien, auf dem Guttenberg und Ostwald eine optimistische Zukunftsperspektive gezeichnet hatten.

Drittens war nicht allein das Forstwesen der europäischen Länder Gegenstand solcher Zukunftsdebatten. Vielmehr trugen Experten zahlreicher Wissensgebiete Kontroversen über die Zukunft anderer Ressourcen aus. Dies galt sowohl für nachwachsende Ressourcen als auch für nichtnachwachsende. Zwei dieser Ressourcen-Debatten sollen hier exemplarisch skizziert werden, und zwar über Fischereifragen und über die Zukunft der Kohle und Eisenerz-Förderung. Im Fischereiwesen hatte der Einsatz von Dampfschiffen und die Einführung von Kühltechnik seit den 1880er Jahren viel größere Fangmengen ermöglicht und so eine neue Epoche des Fischfangs eingeleitet. Diese neuen Entwicklungen riefen Experten auf den Plan, die angesichts der steigenden Fangmengen nach der Zukunft des Fischfangs fragten. Ähnlich wie in den forstlichen Debatten ließen sich auch hier optimistische und pessimistische Stimmen vernehmen. Einerseits vertrat bspw. Thomas Henry Huxley, seit 1881 britischer Inspektor für das Fischereiwesen, die Auffassung, dass die Fischbestände unerschöpflich seien; demgegenüber behauptete der Zoologe Walter Garstang auf Grundlage eigener Untersuchungen, dass bspw. die Fangmen-

655 W.: Forstkongreß auf der Weltausstellung (1900), S. 620.

gen der Scholle seit Einführung von Dampfschiffen in den 1880er Jahren spürbar zurückgegangen seien.[656]

Zwar hatte es auch in vorindustrieller Zeit das Phänomen gegeben, dass nach mehreren Jahren guten Fischfangs ein schlechtes Jahr mit nur mageren Erträgen folgte.[657] Der für jedermann sichtbar größere Fang, den dampfgetriebene Schiffe in die Häfen brachten, provozierte jedoch die Frage, inwieweit menschliches Handeln für einen Rückgang der Fischbestände verantwortlich war. Nationale Fischereiverbände und das *International Council for the Exploration of the Sea* (ICES) diskutierten daher, ob und inwieweit die industrialisierte Form der Fischerei zu einer Überfischung führen würde. Der historische Begriff „Überfischung", der im 19. Jahrhundert aufkommt, kann hier geradezu als eine Parallele zum Begriff „Holzmangel" innerhalb der forstlichen Diskussionen identifiziert werden. So, wie der Begriff „Holzmangel" ein Instrument war, um die Nutzung(en) des Waldes neu zu regulieren, so war der Begriff „Überfischung" ein Signalwort, die Maßstäbe des Fischfangs zu hinterfragen. Aus begriffsgeschichtlicher Sicht erscheinen „Holzmangel" und „Nachhaltigkeit" als Gegenbegriffe: Die Zeitgenossen verstanden „Nachhaltigkeit" gerade als Antwort auf den (tatsächlichen oder vermeintlichen) „Holzmangel". Im Fischereiwesen hingegen lässt sich so ein starkes Paar von Gegenbegriffen, etwa von „Überfischung" und „Nachhaltigkeit", bei kursorischer Durchsicht einschlägiger Texte nicht erkennen, obwohl Anklänge an eine solche Begriffswahl durchaus vorkommen. So verwendete 1886 bspw. Berthold Benecke, Professor für Zoologie an der Universität Königsberg, in seiner Erörterung des Fischereiwesens die Formulierung eines „nachhaltigen Betriebes", der durch gesetzliche Maßnahmen, wie etwa Schutz der Laichzeit, sichergestellt werden solle.[658]

Anders als im Forstwesen war allerdings im Fischereiwesen der Handlungsdruck hinsichtlich internationaler Vereinbarungen erheblich höher. Denn die hohe See und ihre Fischreichtümer lagen, anders als der Wald, außerhalb von Landesgrenzen. Während Waldflächen also nationaler bzw. imperialer Gesetzgebung unterworfen waren, war die See außerhalb der Hoheitsgewässer eine Art weltweite Allmende (a global common), die von jedermann genutzt werden konnte. In ihrer Studie aus dem Jahr 2002 zeigt Helen M. Rozwadowski, welche unterschiedlichen wissenschaftlichen und wirtschaftspolitischen Zielsetzungen in den internationalen Verhandlungen aufeinandertrafen und wie die Auseinandersetzung mit Fischerei-Fragen seit 1902 im *International Council for the Exploration of the Sea* institutionalisiert wurde.[659]

Ähnliche Kontroversen trugen Geologen und Ökonomen über die Verfügbarkeit von Kohle und Eisenerzen aus. Diese Debatte hatte allerdings einen et-

656 Rozwadowski: The Sea Knows no Boundaries (2002), S. 27 und 51.
657 Caviedes: El Niño (2005).
658 Benecke: Fischerei (1886), S. 342.
659 Rozwadowski: The Sea Knows no Boundaries (2002), S. 8–59.

was anderen Charakter, da diese Rohstoffe endlich waren (und sind).[660] Den – in diesem Fall pessimistischen – Auftakt zur Kontroverse in der zweiten Hälfte des 19. Jahrhunderts bildete die Schrift des Briten William Stanley Jevons „The coal question" aus dem Jahr 1865.[661] Jevons hatte Angaben über Kohlefelder und den Anstieg der Kohleförderung zusammengetragen und prognostizierte auf dieser Grundlage, dass eine weitere, so starke Steigerung nicht möglich sei, sondern in naher Zukunft ein Rückgang der Förderung, mit einschneidenden wirtschaftlichen Folgen, einsetzen würde. Das Zentrum der von Jevons beförderten Kontroverse bildeten Fragen der Wirtschaftlichkeit, welcher finanzielle und technische Aufwand also gerechtfertigt war, um solche Rohstoffe aus der Erde zu holen, aber auch Fragen der politischen und militärischen Stärke: Wenn die Kolonialmächte Europas, allen voran Großbritannien, einen weltumspannenden Handel mit eisernen, dampfgetriebenen Kriegsschiffen sicherten, hing die Aufrechterhaltung solcher Weltreiche auch von der Frage ab, wie lange die Rohstoffe für den Betrieb solcher Militärtechnik reichen würden. Seit der zweiten Hälfte des 19. Jahrhunderts meldeten sich zahlreiche Experten zu Wort und speisten immer neue Daten aus geologischen Erkundungen in die Debatte ein.[662] Darüber hinaus erschienen seit den 1890er Jahren erste Überblickswerke, die vergleichende Perspektiven zwischen den europäischen Ländern anstrebten.[663] Auch die internationalen *geologischen* Kongresse, die im Grunde parallel zu den forstwissenschaftlichen Kongressen das internationale Forum für Fragen *nichtnachwachsender* Rohstoffvorkommen wurden, nahmen sich dieses Themas an und richteten entsprechende Sektionen aus, wie etwa der internationale geologische Kongress 1910 in Stockholm zur Frage der weltweiten Eisenerzvorkommen.[664]

Dass diese Rohstoffdiskussionen keine Eigenart allein des späten 19. Jahrhunderts waren, zeigt der Blick auf die Ressource Erdöl im 20. und zu Beginn des 21. Jahrhunderts. In dem Maß, in dem Erdöl zum Treibstoff imperialer Politik wurde, wuchs das Interesse an der Frage, wie lange diese Ressource verfügbar sei. Ähnlich wie bei Kohle und Eisen im 19. Jahrhundert kehrten in der Erdöl-Diskussion zentrale Herausforderungen und Konflikte wieder: Vertreter aus Wirtschaft, Wissenschaft und Politik stritten (und streiten) darüber, welche Methoden geeignet seien, um verlässlich vorherzubestimmen, wie reichhaltig entdeckte Lagerstätten tatsächlich sind. Unterschiedliche Aussagen über die Verfügbarkeit von Erdöl hingen (und hängen) ganz erheblich davon ab, welcher technische Aufwand notwendig ist, um eine bestimmte Lagerstätte zu erschließen und Erdöl daraus zu gewinnen.[665]

660 Sieferle: Der unterirdische Wald (1982), S. 249–259.
661 Jevons: The Coal Question (1865).
662 Exemplarisch: Gaebler: Kritische Bemerkungen zu Fritz Frech (1901).
663 Vgl. Nasse: Die Kohlenvorräthe der europäischen Staaten (1893).
664 Westermann: Inventuren der Erde (2014); sie verweist u. a. auf Sjörgen: Results of the Inquiry on Iron Ore Resources (1912); vgl. auch van Laak: Weiße Elefanten (1999), S. 17–19.
665 Graf: Öl und Souveränität (2014).

Aufmerksame Beobachter dieser Diskussionen um die zukünftige Versorgung mit Holz, Kohle, Fisch und anderen Ressourcen bündelten jene Argumente, die Fachleute aus ihren Spezialgebieten vorbrachten. Unter Geographen und Ökonomen entstand in der zweiten Hälfte des 19. Jahrhunderts eine umfassende Debatte über die Folgen menschlichen Handelns auf die Umwelt und über Auswirkungen des stetig steigenden Wirtschaftswachstums auf die Rohstoffversorgung der Zukunft.[666] Zu den prominentesten Autoren in dieser Debatte gehörten bspw. der US-Amerikaner George Perkins Marsh und der Russe Aleksandr Ivanovič Voejkov.[667]

Der Internationale forstwissenschaftliche Kongress in Paris 1900 und die Warnung vor einer globalen Holznot in Mélards Referat wurden aufmerksam in den geographischen Wissenschaften registriert: Der französische Geograph Louis Ravenau ging bspw. in einer Rezension in den Annales de Géographie auf Mélards Thesen ein.[668] Im deutschsprachigen Raum nahm u. a. der Leipziger Geographieprofessor Ernst Friedrich Mélards Holznot-Warnung auf und überschrieb seinen Artikel mit dem markanten Titel „Wesen und geographische Verbreitung der ‚Raubwirtschaft'".[669]

Unabhängig von dieser aufmerksamen Rezeption, die der Kongress 1900 und die Holznot-Warnung Mélards auch außerhalb der forstlichen Fachzeitschriften erlangte, bleibt die Frage, welche praktischen Konsequenzen der Kongress für den internationalen forstwissenschaftlichen Austausch hatte. Zunächst ist auffällig, dass hinsichtlich der statistischen und ökonomischen Aspekte forstlicher Zukunftsplanung, die auf dem Kongress in Paris 1900 verhandelt wurden, das Referat Mélards eine größere Ausstrahlungskraft erlangte als die abschließende Resolution zu dieser Frage. Die Resolution forderte, wie oben erläutert, eine internationale Übereinkunft zum Schutz der Wälder und die Publikation landeseigener Statistiken. Aber eine Arbeitsgruppe aus Experten, die die notwendigen praktischen Schritte zu einer internationalen Übereinkunft vorbereiten und auf regelmäßige statistische Publikationen drängen sollte, beriefen die Kongressteilnehmer nicht ein.

Die Kongressresolution war daher im Grunde nichts wert, weil sie keine konkreten Schritte zur Umsetzung nannte. Die Erfahrungen in den vergangenen Jahrzehnten hatten gezeigt, dass mit den schon oft gestellten Forderungen internationaler Maßnahmen zum Schutz des Waldes und zum Austausch forststatistischer Daten eine ganze Reihe an Problemen verbunden war. Diese Probleme waren so komplex, dass es keinem der vorangegangenen Kongresse gelungen war, greifbare Fortschritte zu erzielen. Selbst das forststatistische Vorhaben des Kongresses in Wien 1873, das die

666 Vgl. Raumolin: L'homme et la destruction des ressources naturelles (1984); Williams: Deforesting the Earth (2003), S. 383–387; Abelshauser: Der Traum von der umweltverträglichen Energie (2014), S. 51 f.

667 Vgl. Marsh: Man and Nature (1867); Woeikof [Voejkov]: De l'influence de l'homme sur la terre (1901).

668 Raveneau: La production du bois dans le monde (1901).

669 Friedrich: Wesen und geographische Verbreitung der „Raubwirtschaft" (1904); vgl. auch Williams: Deforesting the Earth (2003), S. 383–386.

Teilnehmer zunächst erfolgreich an den internationalen statistischen Kongress in Budapest 1876 delegiert hatten, war nicht aus eigener forstwissenschaftlicher Kraft fortgeführt worden, als die statistischen Kongresse nach 1876 keine Fortsetzung mehr fanden. Den erfahrenen Teilnehmern des Kongresses in Paris 1900, darunter der Ungar Albert von Bedő, der sich in die Verhandlungen 1876 mit einer ausführlichen forststatistischen Denkschrift eingebracht hatte (vgl. Kapitel III), hätte es daher bewusst sein müssen, dass die Resolution von 1900 ins Leere laufen würde. Mehr noch: Neben all den negativen Erfahrungen mit folgenlosen Kongressbeschlüssen hätten die Teilnehmer in Paris 1900 sehr wohl an erfolgreiche Beispiele anknüpfen können. Eines dieser Beispiele war die Gründung des Internationalen Verbandes forstlicher Versuchsanstalten 1891/92. Um diese Gründung auf den Weg zu bringen, hatten die Teilnehmer des Kongresses 1890 in Wien einen Arbeitsausschuss eingesetzt, der praktische Schritte unternommen hatte, die tatsächlich zur Bildung des internationalen Versuchsverbands geführt hatten.[670]

Dass in Paris im Jahr 1900 die Resolution zum Schutz des Waldes und zum Austausch statistischer Daten ohne praktische Folgen ‚verpuffte', konnte auch eine breite Berichterstattung nicht ändern. Im Gegenteil, indem die Zeitschriftenberichte aus dem Nord- und Ostseeraum hauptsächlich über Mélards Referat berichteten und alle anderen Kongressfragen eher nachgeordnet oder überhaupt nicht behandelten, beförderten die Zeitschriften den Eindruck, dass das Wesentliche des Kongresses in Paris 1900 die Holznot-Warnung Mélards war, nicht aber eine Resolution, die zu internationaler Zusammenarbeit in der Forststatistik aufrief.

Aus heutiger Sicht betrachtet, entstand daher eine merkwürdige Spannung zwischen dem Kongressgeschehen im Juni 1900 in Paris einerseits und den Berichten über diesen Kongress andererseits: Während die Kongressverhandlungen zu einer Resolution führten, die zur internationalen Zusammenarbeit in der Forststatistik aufrief, betonten die Zeitschriftenberichte Mélards Alarmruf. Möglicherweise hatten die Berichterstatter den Kongressbeschluss auch deshalb in ihren Berichten vernachlässigt, weil solche und ähnliche Beschlüsse schon von manchen Kongressen zuvor ohne Wirkung verabschiedet worden waren.

b) Waldökologie und Versuchswesen

Auf dem Kongress waren die Verhandlungen über Fragen der Waldökologie hauptsächlich in der zweiten Sektion gruppiert, zum Versuchswesen war eine eigene Sitzung in der ersten Sektion anberaumt.[671] Anders als in der Berichterstattung über Mélards Holznot-Warnung waren die Aussagen über die verhandelten waldökologischen Themen in den ausgewerteten Zeitschriftenberichten unterschiedlich: Allein der Umstand, dass die Tidsskrift for Skovbrug und Sylwan ihre Berichte über den

670 Vgl. Proskowetz: Bericht über die Verhandlungen und Beschlüsse (1890), S. 149.
671 Vgl. Daubrée (Hg.): Congrès international de sylviculture (1900), S. 22.

Kongress auf Mélards Thesen beschränkten, ließ bei den Lesern den Eindruck entstehen, waldökologische Themen seien in Paris gar nicht verhandelt worden oder waren zumindest so nebensächlich, dass über sie nicht berichtet werden musste.

Die anderen drei ausgewerteten Zeitschriften, also die Revue des eaux et forêts, die Zeitschrift für Forst- und Jagdwesen und die Transactions of the Scottish Arboricultural Society gingen in verschiedener Weise auf die ökologischen Themen des Kongresses ein. In der Revue nannte der namentlich nicht genannte Berichterstatter [„Un Congressiste"] keine Einzelheiten der Diskussion, erwähnte aber die einzelnen Beschlüsse, aus denen Differenzierungen erkennbar waren: Zur Meteorologie habe der Kongress beschlossen, die „Einwirkung des Waldes auf Quellbildung [l'action des forêts sur les sources]" und die Hagelentstehung in den forstlichen Forschungsstationen näher zu untersuchen; in orographischen[672] Karten sollten außerdem die Walddichten verzeichnet sein, so dass diese Fragen vom nächsten Kongress wiederaufgenommen werden könnten. Außerdem forderte der Kongress, dass bis zur nächsten Versammlung ein Bericht über die besten Techniken, „um in den Tälern die Schwarzerde [terres noires] zu erhalten", erstellt werden sollte.[673]

Diesen Teil der waldökologischen Themen in Paris schilderte James S. Gamble in den Transactions of the Scottish Arboricultural Society ähnlich. Zwar erwähnte er nicht sämtliche Referate und Beschlüsse, jedoch gab er dem Leser zumindest einen skizzenhaften Eindruck vom Verlauf der Verhandlungen. Auch bei Gamble war daher zu erfahren, dass die Teilnehmer in der Diskussion über waldökologische Fragen übereingekommen waren, „dass eine genauere Untersuchung [more accurate study] der Wirkung des Waldes auf Quellen und Hagelstürme" unternommen werden sollte und dass in Karten die Walddichte verzeichnet werden sollte, um eine weitere Behandlung des Themas beim nächsten Kongress zu ermöglichen.[674]

In der Zeitschrift für Forst- und Jagdwesen nannte der Berichterstatter „W." in einer Aufzählung nur die Referenten und deren Vortragsthemen. Auf Beschlüsse, oder gar Streitpunkte in der Diskussion ging „W." gar nicht ein.[675] „W." erläuterte, dass eine eingehendere Schilderung des Kongresses mehr Platz erfordere, als in einem Zeitschriftenartikel verfügbar sei, und verwies die Leser auf die Kongressdokumentation, die allerdings beim Abfassen seines Berichts im Herbst 1900 noch nicht vorgelegen habe.

Der vergleichende Blick in die offizielle Kongressdokumentation zeigt, dass die Berichte in der Revue und in den Transactions nahe an dieser offiziellen Darstellung lagen: Die Kongressdokumentation vermittelt den Eindruck, dass sie sämtliche Referate im Wortlaut wiedergab; teilweise nahmen sich die Vorträge wie

672 Orographie als Teilgebiet der Geowissenschaften erforscht die Beschaffenheit der Erdoberflächen im Gebirge, insbesondere die Neigungen von Berghängen.

673 Anonym [„Un Congressiste"]: Conclusions et vœux du Congrès (1900), S. 465.

674 Gamble: The International Congress of Sylviculture (1901), S. 265.

675 Vgl. W.: Forstkongreß auf der Weltausstellung (1900), S. 616–620.

Literaturberichte bzw. Forschungsübersichten aus, in denen der Referent bisherige Untersuchungen auf seinem Arbeitsgebiet aufreihte.[676] Eine Diskussion im Sinne eines Streits zwischen verschiedenen Standpunkten, schien es – soweit man der offiziellen Kongressdokumentation folgt – über die behandelten waldökologischen Themen nicht gegeben zu haben. In dieser Hinsicht deckten sich also die Zeitschriftenberichte in der Revue und in den Transactions mit der offiziellen Kongresdokumentation, denn auch die Zeitschriftenberichte enthielten keinen Hinweis auf eine Debatte. Vielmehr vermitteln Kongressdokumentation sowie die Berichte in der Revue und in den Transactions den Eindruck, als hätten sich die Referenten in ihren Vorträgen über Waldökologie bemüht, einen möglichst breiten Konsens abzubilden. In dieser Hinsicht unterscheidet sich der Kongress 1900 in Paris deutlich von den Kongressen in Wien 1873 und 1890 sowie von den Vorträgen zur Ausstellung in Edinburgh: Während insbesondere auf den beiden Kongressen in Wien die Teilnehmer Fragen zum Wald-Wasser-Zusammenhang auch kontrovers diskutiert hatten, verlief der Kongress in Paris von außen betrachtet harmonisch. Denn die meisten Referenten brachten die unterschiedlichen Standpunkte bereits in ihrem Vortrag ein, indem sie den Zuhörern eine Art Forschungsüberblick gaben. Lediglich an einigen Stellen meldeten sich Teilnehmer zu Wort, ergänzten Aspekte oder brachten kleinere Korrekturen an.[677]

Der Kongress 1900 in Paris lässt sich daher als eine Art Bestandsaufnahme waldökologischer Forschungen charakterisieren: Während es auf einigen Arbeitsgebieten bereits verlässliche Resultate gab, sollten Forschungen auf anderen Gebieten, etwa hinsichtlich des Einflusses des Waldes auf die Quellbildung, noch intensiviert werden. Folgt man der offiziellen Kongressdokumentation, so wurde zum Abschluss der Sitzung über die ökologischen Wirkungen des Waldes der Forschungsstand in vier Punkten zusammengefasst, die durch Untersuchungen ausreichend bewiesen worden seien und daher „vollkommen unbestreitbar [absolument indiscutables]“[678] seien, und zwar (1) ziehe der Wald Niederschläge an, (2) habe der Wald eine beträchtliche Verdunstungskraft [„puissance de transpiration considérable“], (3) sei das Niveau des Grundwassers im Waldboden niedriger als im Ackerboden, und (4) weise die Oberflächenschicht des Waldbodens eine höhere Feuchtigkeit auf als vergleichbare Schichten des Ackerbodens.[679]

Was aber unter diesen indiskutablen Punkten auffälligerweise fehlte, war der Zusammenhang zwischen Rodungen im Gebirge und Hochwasser im Tal, also gerade jener Zusammenhang, der bspw. in der Schweiz das maßgebliche Paradigma darstellte, mit dem der Schweizerische Forstverein die Forstgesetzgebung vorangetrieben hatte.[680] Ähnlich wie der Internationale Verband forstlicher Versuchsanstal-

676 Vgl. Daubrée (Hg.): Congrès international de sylviculture (1900), S. 318–325.
677 Ebenda, S. 328 f erwähnt z. B. eine Wortmeldung von Ernst Ebermayer.
678 Ebenda, S. 344.
679 Ebenda, S. 344–347.
680 Pfister / Brändli: Rodungen im Gebirge (1999).

ten, der im Zusammenhang zwischen Rodungen und Hochwassergefahr eher ein Forschungs*problem* denn eine gelöste Frage sah, positionierten sich also auch die Teilnehmer des Internationalen forstwissenschaftlichen Kongresses in Paris 1900: Wenngleich sich der Kongress klar für Aufforstungen im Gebirge ausgesprochen hatte, so findet sich kein Kongressbeschluss, der das Paradigma eines Zusammenhangs zwischen Rodungen und Hochwasser bestätigte.

Bei der Behandlung waldökologischer Themen berührten zahlreiche Referenten auch das forstliche Versuchswesen, da ein Großteil waldökologischer Fragen zum Hauptgegenstand forstwissenschaftlicher Untersuchungen zählte. Den Berichten in der Revue und in den Transactions folgend, sprachen sich mehrere Referenten und auch einige Kongressbeschlüsse dafür aus, das forstliche Versuchswesen zu intensivieren bzw. die Anzahl von Versuchsstationen zu vermehren.[681] Es ist in diesem Zusammenhang auffällig, dass *in den Zeitschriftenberichten* keine Verbindung zwischen den Kongressverhandlungen 1900 in Paris und der Arbeit des Internationalen Verbandes forstlicher Versuchsanstalten hergestellt wurde. Dabei hatte der internationale Versuchsverband im Jahrzehnt zuvor bereits mehrere Male getagt, und zwar zur Gründung 1891/92 in Badenweiler und Eberswalde, anschließend 1893 in Wien sowie 1896 in Braunschweig; die Versammlung im September 1900 in Zürich stand unmittelbar bevor.

Anhand der Teilnehmerliste des Kongresses wird deutlich, dass in Paris mehrere Experten vertreten waren, die engagiert die Arbeit des internationalen Versuchsverbands vorantrieben. Zu diesen gehörten bspw. Ernst Ebermayer (München), Max Neumeister (Tharandt) und Josef Friedrich (Wien-Mariabrunn).[682] In der offiziellen Dokumentation findet sich außerdem eine kurz Passage im Referat Antoine Jolyets über den Wald-Wasser-Zusammenhang, in dem er eher am Rande auf das Arbeitsprogramm des internationalen Versuchsverbands zur Erforschung der „Einwirkungen des Waldes auf die Gewässerverhältnisse [régime des eaux]“ hinwies.[683] In die Beschlüsse des Kongresses, soweit es in den Zeitschriftenberichten und in der offiziellen Dokumentation überliefert ist, fand ein Verweis auf den internationalen Versuchsverband hingegen keinen Eingang. Diese Situation mag auf den ersten Blick als Widerspruch erscheinen: Einerseits mehrere Kongressbeschlüsse, die zur Intensivierung forstlicher Versuche aufrufen, andererseits kein Hinweis auf den internationalen Versuchsverband, nicht einmal ein Werben der im Verband engagierten Experten, am internationalen Versuchsverband mitzuwirken. Was zunächst wie ein Widerspruch wirkt, sollte eher als ein Hinweis auf das Selbstverständnis des internationalen Versuchsverbands als einem ausgewählten Kreis von Fachleuten interpretiert werden. Der Versuchsverband, so ließe sich schlussfolgern, strebte eher danach, die begonnene Arbeit im kleinen Kreis fortzusetzen,

681 Vgl. Anonym [„Un Congressiste“]: Conclusions et vœux du Congrès (1900), S. 465; Gamble: The International Congress of Sylviculture (1901), S. 264.

682 Daubrée (Hg.): Congrès international de sylviculture (1900), S. 1–17.

683 Ebenda, S. 325. Da Jolyet dienstlich verhindert war, verlas Émile Cardot sein Referat.

statt seine komplexen Fragestellungen und Versuchsanordnungen auf der große Bühne eines Kongresses auszubreiten, der mehrere hundert Teilnehmer, und wahrscheinlich ebenso viele Meinungen, zusammenbrachte.

c) *Organisatorische Auswirkungen des Kongresses 1900 in Paris auf den Fortgang des internationalen forstwissenschaftlichen Austauschs*

Nachdem die drei Sektionen beendet waren und die Teilnehmer eine Vielzahl von Resolutionen zu den referierten Themen gefasst hatten, sah die Abschluss-Veranstaltung noch die Diskussion eines organisatorischen Aspekts vor: Welche Zukunft sollten internationale forstwissenschaftliche Kongresse haben, sollten die Forstwissenschaftler ihre nächste Versammlung gemeinsam mit den Agrarwissenschaftlern abhalten? Diese Frage war keineswegs spontan oder aus der Begeisterung über die Erfahrung des direkten Austauschs in Paris geboren worden, sondern hatte ihren Ursprung bereits in den ersten Sitzungen des Organisationskomitees Anfang des Jahres 1900.[684]

Weitgehend übereinstimmend schilderten die Revue, die Transactions und der offizielle Kongressbericht, dass die Kongressteilnehmer mit großer Mehrheit für eine Fusion mit dem internationalen landwirtschaftlichen Kongress stimmten. Wesentlicher Antrieb für diesen Beschluss war offenkundig, dass die Forstleute sich an den viel größeren Apparat des Agrarwesens anhängen könnten und auf diese Weise der organisatorische Aufwand erheblich reduziert würde. Diese Absicht zur Fusion war allerdings nur in der Revue und in den Transactions zu lesen, da die Tidsskrift for Skovbrug und Sylwan nur Mélards Thesen geschildert hatten und die Zeitschrift für Forst- und Jagdwesen nur auf die inhaltlichen Beschlüsse des Kongresses eingegangen waren.

Im Ergebnis tagten in den folgenden Jahren die Agrar- und die Forstwissenschaftler auf gemeinsamen Kongressen, so 1903 in Rom, 1907 erneut in Wien, 1911 in Madrid und 1913 in Gent. Die verhältnismäßige Kontinuität, mit der diese Kongresse nun alle zwei bis vier Jahre wiederkehrten, sollte nicht den Blick dafür verstellen, dass die Forstwissenschaft jeweils einen sehr unterschiedlich starken Anteil an diesen Kongressen hatte.[685] Insgesamt betrachtet war der forstwissenschaftliche Anteil an den Sektionen immer erheblich kleiner als der agrarwissenschaftliche. Darüber hinaus sollte nicht vergessen werden, dass neben dieser kontinuierlich wirkenden Reihe von land- und forstwirtschaftlichen Kongressen bis zum Ersten Weltkrieg noch weitere große forstwissenschaftliche Veranstaltungen stattfanden, die an Teilnehmerzahl und internationaler Ausrichtung der ‚etablierten' Kongressreihe in nichts nachstanden. Das prominenteste Beispiel ist der Internationale forst-

684 Anonym: Chronique Forestière (1900), S. 184.
685 Vgl. exemplarisch die nur kleine Forstsektion beim Kongress in Madrid; Anonym (Hg.): IXème congrès international d'agriculture (1912), Sektion IV.

liche Kongress (Congrès forestier international),[686] den im Sommer 1913 der *Touring Club de France* ausrichtete – ein Verein, der zu den frühen Organisationen zur Förderung des Tourismus zu zählen ist.[687] Auf den Fortgang internationaler forstwissenschaftlicher Kongresse wird das folgende Kapitel im Einzelnen eingehen.

Schließlich muss beachtet werden, dass die *organisatorische* Kontinuität, also der halbwegs gleichmäßige Rhythmus von Veranstaltungen zwischen 1873 und 1913, nichts über eine *inhaltliche* Kontinuität aussagt. Im Gegenteil, die Resolution des Kongresses in Paris 1900 zur forstlichen Statistik ist das beste Beispiel für eine inhaltliche Diskontinuität: Immer wieder sprachen sich internationale forstwissenschaftliche Kongresse seit 1873 für eine Verbesserung internationaler forstlicher Statistik aus, aber mit jedem Kongress, so der Eindruck aus den Kongressberichten, begannen die Teilnehmer erneut bei Null, ohne die Erfahrungen des vorangegangenen Kongresses zu nutzen. Dieser Eindruck inhaltlicher Diskontinuität darf allerdings nicht auf alle Tagungsordnungspunkte der Kongresse übertragen werden, denn immerhin lieferte die Institutionalisierung des Austauschs über Fragen des Versuchswesens im Internationalen Verband forstlicher Versuchsanstalten ab 1891/92 ein Beispiel für eine kontinuierliche Behandlung eines Themas, zumal in geordnetem organisatorischem Rahmen.

VI.3 Zwischenbetrachtung

Auf internationalen forstwissenschaftlichen Kongressen hatten die Teilnehmer seit 1873 zwar wiederholt über statistische Fragen diskutiert, aber eine Einigung über eine gemeinsame Behandlung der Forststatistik, verbindliche Regelungen zu internationalen Standardisierungen oder gar eine institutionalisierte Form der internationalen forststatistischen Zusammenarbeit hatten sie nicht erzielt. Ungeachtet dessen zeigten die Forstverwaltungen der waldreichen Länder des Nord- und Ostseeraums großes Engagement bei der Arbeit an landeseigenen Forststatistiken: Vorhandene Erhebungen wurden aktualisiert bzw. neue Daten erhoben, insbesondere über Waldflächen in entlegenen Regionen Nord- und Osteuropas, die in forstlicher Hinsicht zuvor nur grob vermessen waren.

Der erste Teil des Kapitels ging auf vier Länderbeispiele und deren Forststatistiken ein, und zwar die Forststatistiken im Russischen Reich von Matern und Vereha 1872/73 sowie von Genko 1888, die statistische Arbeit der norwegischen Forstkommission von 1874 bis 1878, die Auswertungen von statistischen Daten zum Holzverbrauch und Holzimport Großbritanniens in den Analysen von William Schlich sowie die Diskussion um Forststatistik, Holzeinfuhr und -ausfuhr im Deutschen Reich. Unabhängig von den Klagen großer Privatwaldbesitzer im Deutschen Reich über mangelnden Absatz deutschen Holzes angesichts zunehmender

686 Touring Club de France/Defert (Hg.): Congrès forestier international (1913).
687 Vgl. Fusz: Le Touring-Club de France (2000).

Importe, mehrten sich seit den 1880er Jahren die sorgenvollen Stimmen: Die norwegische Forstkommission 1874 bis 1878 kam zu dem Ergebnis, dass Norwegens Holzverbrauch und -export das jährliche Nachwachsen des Waldes übersteige und dass daher Norwegen eine Holznot drohe. Genko verglich die russischen Statistiken des Jahres 1873 mit jenen von 1882 und stellte einen Rückgang der Waldfläche im europäischen Russland fest. William Schlich trug Daten über Großbritanniens Holzimport zusammen, stellte ein kontinuierliches Anwachsen dieses Imports fest und sah daher ebenso eine Holznot heraufziehen, auch weil neben Großbritannien viele weitere Länder sich industrialisieren würden und daher deren Holzverbrauch ebenso im Steigen begriffen sei.

In den forstlichen Fachzeitschriften im Nord- und Ostseeraum besprachen Rezensenten aufmerksam diese Statistiken und eine wachsende Zahl von Autoren nahmen auf diese Statistiken Bezug. Auf diese Weise gelangten die statistischen Daten aus den Ländern innerhalb weniger Jahre hinein in eine internationale Zirkulation forststatistischen Wissens. Dabei muss allerdings beachtet werden, dass die Interpretationen der Statistiken nicht in allen Besprechungen und Bezugnahmen deckungsgleich übernommen wurden. Insgesamt jedoch befeuerten die Statistiken sowie Aufsätze, die auf die Statistiken verwiesen, eine Diskussion, in der forstwissenschaftliche Autoren immer öfter pessimistisch in die Zukunft blickten.

Diese pessimistische Perspektive war im Wesentlichen von drei Aspekten geprägt: (1) Die Statistiken aus Norwegen und Russland lieferten ein Lagebild von den Waldvorkommen dieser Länder. Dieses Lagebild nahm sich konkreter aus als die tradierten unscharfen Vorstellungen von den forstlichen Verhältnissen in Nord- und Osteuropa. Dieses klarere Bild der Waldvorkommen zeigte dank der neuen Statistiken zwar einen riesigen Waldvorrat Russlands. Aber selbst dieser riesige Waldvorrat war in Gestalt einer klaren Zahl doch endlich. Mehr noch: Folgte man der Auswertung von Genko, nahm Russlands Waldfläche sogar langsam ab. Ähnlich verhielt es sich mit dem Bericht der norwegischen Forstkommission, die zwar Norwegens Waldfläche klar bezifferte, aber zugleich eine kontinuierliche Übernutzung konstatierte. Die Statistiken lieferten den Zeitgenossen ein statistisch erzeugtes, also ‚exaktes' Bild von den Waldvorkommen Nord- und Osteuropas, das der vielfach wiederholten Vorstellung von angeblich ‚unendlichen' Wäldern Skandinaviens und Russlands entgegengesetzt war. Die Auswertungen britischer Handelsstatistiken durch William Schlich räumten außerdem noch mit einer zweiten, immer wieder auftauchenden, aber irrigen Vorstellung auf, dass nämlich die Nutzung von Kohle und anderen Rohstoffen den Holzverbrauch vermindern würde. Schlichs Ausarbeitungen zeigten das Gegenteil: Großbritannien holte Jahr für Jahr immer mehr Kohle aus seinen Schächten, der Holzverbrauch aber stieg und stieg! Die statistisch erzeugten, klareren Bilder von den Waldvorkommen Nord- und Osteuropas sowie die Erkenntnis, dass die Nutzung anderer Rohstoffe wie Kohle den Holzverbrauch nicht vermindern würde, führte die Zeitgenossen zu der Frage, wie dramatisch der Holzverbrauch in Europa denn steigen würde und wie rasch Europas Waldvorkommen schrumpfen würden, wenn auch in anderen Länder eine

Industrialisierung mit britischer Dynamik einsetzen würde. Die forststatistischen Erhebungen im Deutschen Reich gaben den aufmerksamen Beobachtern eine Art ‚Vorgeschmack' von dieser Dynamik: Aus den Übersichten, die das preußische Landwirtschaftsministerium zusammenstellte, war erkennbar, dass seit den 1860er Jahren die deutschen Länder bzw. das Deutsche Reich vom Exporteur zum Netto-Importeur von Holz geworden war, dass also die Industrialisierung des Deutschen Reiches nicht nur mit deutschem Holz, sondern auch mit ausländischem Holz bewerkstelligt wurde.

Auf dem Internationalen forstwissenschaftlichen Kongress in Paris im Juni 1900 war es Albert Mélard, der die Statistiken aufgriff und die zirkulierenden sorgenvollen Fragen bündelte. Mélard gelangte in seinem Referat zu dem Ergebnis, dass der Welt eine Holznot drohe. Das Pariser Organisationskomitee hatte Mélards Referat gezielt als Eröffnungsvortrag an den Anfang des Kongresses gestellt – eine Entscheidung, die durchschlagende Wirkung auf die Berichterstattung über den Kongress in den Zeitschriften des Nord- und Ostseeraums hatte. Die überwiegende Anzahl der ausgewerteten Zeitschriftenberichte stellte Mélards Referat und seine Holznot-Warnung in den Mittelpunkt. Einige Zeitschriften beschränkten ihre Kongress-Berichterstattung sogar allein auf eine auszugsweise Übersetzung der Mélard'schen Thesen. Dieser großen Anzahl an affirmativen Berichten standen lediglich die Wortmeldungen von Max Endres, Fritz Jentsch und Èduard È. Kern gegenüber, die eine kritische Auseinandersetzung mit Mélards Holznot-Warnung suchten. In der Auseinandersetzung um die Thesen Mélards versuchten Kritiker und Befürworter, mit möglichst exakten Zahlen über die Waldvorkommen insbesondere Nord- und Osteuropas ihre Auffassungen zu beweisen. Vordergründig war dies ein Streit um Zahlen. De facto betrieben die Experten in der Auseinandersetzung ein *Neuskalieren von Nachhaltigkeit:* Sie strebten danach, den sich immer weiter ausdehnenden Nutzungsraum in genauen Daten zu erfassen. Die Experten übernahmen damit Techniken des Vermessens und Berechnens, die seit dem 18. Jahrhundert für lokale nachhaltige Planungen verwendet wurden, und versuchten, den Maßstab dieser Planungen an den sich entgrenzenden Planungsraum anzupassen.

Die vom Pariser Organisationskomitee öffentlichkeitswirksam geschickt als Eröffnungsreferat platzierte Holznot-Warnung schlug sich nicht nur in den forstwissenschaftlichen Zeitschriften nieder, sondern fand auch in den großen geographischen Zeitschriften merklichen Widerhall. Hier, in den geographischen Fachblättern erschien die Warnung vor einer globalen Holznot im breiteren Kontext von Auseinandersetzungen mit der zukünftigen Ressourcenversorgung, die in ähnlicher Weise auch über das Fischereiwesen und der Überfischungsfrage, über die weltweiten Kohlevorkommen und deren Ausbeutung u. v. m. geführt wurden.

Waldökologische Fragen gerieten angesichts des großen Echos, das die Holznot-Warnung ausgelöst hatte, eher in den Hintergrund der Berichterstattung in den Zeitschriften des Nord- und Ostseeraums. Gleichwohl ist beachtenswert, dass der Kongress zahlreiche Tagesordnungspunkte zur Waldökologie aufrief. Die Teilnehmer des Kongresses kamen überein, dass es auf dem breiten waldökologischen Forschungsfeld zwar schon einige gesicherte Erkenntnisse gebe, aber zugleich noch viele Probleme ungelöst seien. Der Zusammenhang zwischen Abholzungen im Gebirge und Überschwemmungen im Tal gehörte hier nicht zu den gesicherten Erkenntnissen, sondern eher zu den Problemen, die eingehender untersucht werden müssten. Der Kongress lag in dieser Sache also eher auf Linie des Internationalen Verbandes forstlicher Versuchsanstalten, der einen solchen Ursachenzusammenhang zwar für möglich, aber nicht für bewiesen hielt.

Blickt man abschließend auf die Resolutionen, die der Kongress 1900 in Paris verabschiedete, so entsteht eine eigenartige Spannung zwischen der aufgeregten Holznot-Warnung in Mélards Eröffnungsvortrag einerseits und den Resolutionen andererseits, die leere Absichtserklärung ohne praktische Folgen blieben. Die Kongressteilnehmer setzten auch keinen Experten-Ausschuss für forststatistische Fragen ein, der die Angelegenheit hätte weiter bearbeiten können, so wie es in der Frage des Forstversuchswesens ein Jahrzehnt zuvor in Wien 1890 durchaus Erfolg gehabt hatte.

VII Re-Territorialisieren von Zukunftsplanung. Das Ausbalancieren zwischen Entgrenzung und Einhegung von Holzressourcennutzung

VII.1 Regionale und nationale Aspekte des Re-Territorialisierens von Ressourcennutzung im Nord- und Ostseeraum

Die Kontroverse um die Zukunft der Holzressourcenversorgung hatte im Streit zwischen Albert Mélard und William Schlich einerseits und ihren Kontrahenten Max Endres und Fritz Jentsch andererseits in den Jahren 1900 bis 1902 ihren vorläufigen publizistischen Höhepunkt erreicht. Wie das vorangegangene Kapitel VI gezeigt hat, spiegelte sich in dieser Kontroverse auch ein Aspekt des Neuskalierens von Nachhaltigkeit wider: Im Schlagabtausch rechneten sich die Experten gegenseitig vor, inwieweit die Waldflächen in dem sich immer weiter ausdehnenden Nutzungsraum *(timber frontier)* ausreichend oder eben nicht ausreichend für eine zukünftige Holzversorgung seien. Aspekte des Neuskalierens von Nachhaltigkeit finden sich jedoch nicht allein in den Kontroversen, die Experten in forstwissenschaftlichen Zeitschriften austrugen. Vielmehr zeigten sich Aspekte des Neuskalierens von Nachhaltigkeit auch in zahlreichen forstwirtschaftlichen, politischen und ökologischen Facetten innerhalb der Länder des Nord- und Osteeraums.

Das Neuskalieren von Nachhaltigkeit umfasste in den Ländern des Nord- und Ostseeraums mehrere Entwicklungen, die sich in regionalem und gegebenenfalls nationalem Maßstab abspielten. Die drei wichtigsten Entwicklungen sollen im Folgenden erörtert werden, und zwar: (1) Die Effizienzsteigerung forstlicher Nutzungen, insbesondere durch Aufforstungen; (2) die Verbesserung des Wissens über Waldvorkommen und forstwirtschaftliche Leistungskraft der Länder des Nord- und Ostseeraums; sowie (3) gesetzliche Begrenzungen von forstwirtschaftlichen Nutzungen (Waldschutz) und von grenzübergreifendem Handel. Alle drei Entwicklungen lassen sich nicht erst zum Ende des 19. Jahrhunderts beobachten. Sie erfuhren jedoch im Zuge der intensiveren internationalen Debatten seit den 1880er Jahren eine neue Dynamik.

Im Folgenden werden mehrere Fallbeispiele aus den Ländern des Nord- und Ostseeraums umrissen, die diese drei Entwicklungen verdeutlichen und somit Einblick in die regionalen und nationalen Facetten des Neuskalierens von Nachhaltigkeit geben. Diese Beispiele können – schon aus Platzgründen – die Komplexität der jeweils landeseigenen Entwicklungen nicht in Gänze abbilden, wohl aber für die Verschiedenheit und teilweise Widersprüchlichkeit sensibilisieren, mit der sich diese Entwicklungen in den Ländern des Nord- und Ostseeraums vollzogen. Um den Anschluss an die hauptsächliche Analyseebene, nämlich die internationalen Kongresse, zu halten, konzentriert sich die Untersuchung im Folgenden auf solche Fallbeispiele, in denen sich Wechselwirkungen zwischen der internationalen Ebene und den regionalen bzw. nationalen Ebenen rekonstruieren ließen.

VII.1.1 Steigerung der Effizienz. Facetten der Aufforstungsdebatten am Ende des 19. Jahrhunderts

Aufforstungen, die aus dem erklärten Ziel vorgenommen wurden, um den verfügbaren Boden effizienter zu nutzen, hatte es bereits seit dem 18. Jahrhundert in vielen Ländern des Nord- und Ostseeraums gegeben. In der vielfältigen Publizistik über eine drohende Holznot am Ende des 18. Jahrhunderts waren Aufforstungen angeblich ungenutzter Flächen neben der sparsameren Nutzung der verfügbaren Wälder ein immer wieder empfohlenes Mittel, einen tatsächlichen oder vermeintlichen Mangel an Holz in der Zukunft abzuwenden. In der Konkurrenz zu agrarischen Nutzungen galt das forstwirtschaftliche Interesse vor allem solchen Böden, die aufgrund ihrer Beschaffenheit nicht für die Landwirtschaft in Frage kamen, sei es, weil sie zu karg waren oder weil sie an steilen Hängen lagen. Das Bestreben, Flächen aufzuforsten, erhielt seit den 1880er Jahren insofern einen Impuls aus den Berichten über internationale forstwissenschaftliche Kongresse, als diese Berichterstattung auch für die Grenzen der Verfügbarkeit von Holz sensibilisierte. Die regionalen bzw. nationalen Rahmenbedingungen für Aufforstungen waren allerdings in den Ländern des Nord- und Ostseeraums sehr verschieden.

In Norwegen bspw. befanden sich Befürworter von Aufforstungen grundsätzlich in einer Position, die der Erklärung, ja Rechtfertigung bedurfte. Angesichts der kaum übersehbaren Waldreichtümer des Landes sahen sie sich einer weit verbreiteten Gleichgültigkeit gegenüber. In der norwegischen Bevölkerung sei die Auffassung weit verbreitet, so kritisierte Forstdirektor Michael Saxlund 1909, der Wald werde „schon von selbst wachsen".[688] Andere Autoren zeichneten düstere Bilder von einem Wald in Norwegen, der bald wegen fehlender Sorge und Pflege heruntergewirtschaftet sein werde. Wenn es so weitergehe, so zitierte Norwegens Konsul in Hamburg Bernt Anker Bødtker den Forstmeister Jacob Barth, werde Norwegen bald „ein einziges großes Schneehuhn-Jagdrevier für Europas reiche Jagdliebhaber" werden.[689]

Die norwegische Forstgesellschaft sah es deshalb als ihre vornehmste Aufgabe an, in der Bevölkerung für eine „rationelle Behandlung" der Wälder zu werben und zu Aufforstungen zu ermuntern. Auch galt es, die Bevölkerung für die Leistungskraft der landeseigenen Wälder zu sensibilisieren, insbesondere dafür, wie stark Norwegens Wohlstand von der Holzausfuhr in andere Länder abhing. Zu den in diesem Zusammenhang bekanntesten Vorhaben der norwegischen Forstgesellschaft zählt eine Art Aufklärungskampagne unter dem Titel „Die Jugend und der

688 Saxlund / Heiberg: Foredrag af Skogdirktør (1909), S. 187.
689 Bødtker: Rapport fra Generalkonsul Bødtker i Hamburg (1899).

Wald [Ungdommen og Skogen]", die ihren Anfang in den 1890er Jahren nahm.[690] 1904 gab die Forstgesellschaft eine Flugschrift in einer Auflage von 30.000 Stück an sämtliche Schulen des Landes heraus. Die Herausgeber, unter ihnen Axel Heiberg und Norwegens Delegierter beim internationalen Forstkongress in Paris 1900, Marcus Bing Dahll, appellierten in eindringlichen Worten an die Lehrerschaft, sie sollten „den Kindern die Bedeutung des Waldes ins Bewusstsein einpflanzen [plante ind]."[691] Die Beiträge der Flugschrift legten die wirtschaftliche und ökologische Bedeutung des Waldes dar und wandten sich in teils emotionalem Stil an ihre Leserschaft: „Norwegen ist unsere Mutter. Der Wald ist ihr grünes Kleid",[692] formulierte Axel Hagemann und warf auf diese Weise allen sorglosen Waldbesitzern vor, sie würden mit jedem Kahlschlag der eigenen Mutter die Kleider vom Leib reißen. Es fällt schwer, die Wirkungen dieser Aufforstungskampagne genau zu bemessen. Immerhin jedoch gelang es der Forstgesellschaft, staatliche Mittel für Aufforstungen zu organisieren. Seit Mitte der 1890er Jahre informierten unterschiedliche Autoren in der Tidsskrift for Skovbrug über den Fortgang der Aufforstungsprojekte, über die Beteiligung der einzelnen Schulen und die dafür aufgewendeten Mittel.[693]

In Großbritannien sahen sich Befürworter von Aufforstungen einem ähnlichen allgemeinen Desinteresse in der Bevölkerung gegenüber, wenngleich dieses Desinteresse auf den Britischen Inseln einen grundsätzlich anderen Ursprung hatte: Nicht ein unübersehbarer Waldreichtum, wie in Norwegen, bremste das Interesse an Aufforstungen, denn Waldreichtum gab es in Großbritannien nicht, sondern die Erfahrung, dass Großbritannien seit der Frühen Neuzeit kontinuierlich Holz einführte, dass dieses eingeführte Holz zumeist billiger war als landeseigenes Holz und dass Landflächen in Großbritannien mit anderen Nutzungen, etwa der Schafzucht, viel höhere Erträge einbrachten. Unabhängig davon hatte es immer wieder Phasen in der britischen Geschichte gegeben, bspw. Anfang des 19. Jahrhunderts, in denen einzelne Landbesitzer mit großem Engagement Aufforstungen ihrer Güter vorangetrieben hatten.[694]

Angesichts der kontinuierlichen und billigen Holzimporte standen Befürworter von Aufforstungen in Großbritannien unter einem erheblichen Rechtfertigungsdruck. Um dem zu begegnen, kehrten im Laufe des 19. Jahrhunderts ähnliche Argumente wieder, die im Wesentlichen zwei Aspekte fokussierten: Zum einen verwiesen die Befürworter von Aufforstungen darauf, dass landeseigene Waldflächen die Abhängigkeit von Holzimporten verringern würden. Fredric Bailey bspw. legte 1891 in seinen Einführungsvorlesungen in Forstwissenschaft an der Universität Edinburgh den Zuhörern diese Abhängigkeit dar: Großbritanniens

690 RiksA Oslo, S-1600 / Dc-Saksarkiv / D-serien / L2326, Saxlund: Memorandum, 1. Februar 1890; sowie Krog an Den norske Forstforenings Bestyrelse, 13. März 1890.

691 Det Norske Skogselskab (Hg.): Ungdommen og Skogen (1904), Vorwort.

692 Hagemann: Norges afskogning i fortid og nutid (1904), S. 8.

693 Vgl. exemplarisch Krog: Beretning om Skolebørns Skovplantningsvirksomhet (1895).

694 Vgl. House / Dingwall: ‚A Nation of Planters' (2003), S. 153–155; Tsouvalis / Watkins: Imagining and Creating Forests in Britain (2000), S. 372f.

Holzversorgung sei keineswegs gesichert, führte Bailey aus, daher gelte es, jetzt Vorsorge zu treffen, falls Importe zurückgehen „bedingt durch den Rückgang ausländischer Lieferungen oder durch den Ausbruch eines Krieges".[695] Zum anderen wurden Aufforstungsbefürworter nicht müde, darauf hinzuweisen, dass der Ertrag von aufgeforsteten Flächen eben erst langfristig eintrete. Zahlreiche Artikel in den Transactions of the Scottish Arboricultural Society widmeten sich dieser Frage des zukünftigen *finanziellen* Ertrags aus Waldflächen, um die Zweifel der Gegner zu entkräften.[696] Sofern sich die schottische Forstgesellschaft um staatliche Zuschüsse für Aufforstungsprojekte, wie auch allgemein für die Förderung des Forstwesens, bemühte, wurden solche Angelegenheiten von einer Kommission des Unterhauses beraten. Vertreter der Forstgesellschaft mussten hier den Abgeordneten umfangreiche Fragen zur wirtschaftlichen Effizienz solcher Vorhaben beantworten. Die Abgeordneten insistierten bspw. in den Kommissionssitzungen 1887 darauf, nicht theoretische Rechnungen, sondern „eigene Erfahrungen hinsichtlich des Profits [own experience … as regards profit]" von den Aufforstungsbefürwortern vorgelegt zu bekommen. Auf die Darlegungen des Forstverwalters des Duke of Athole, John M'Gregor, der Beispiele finanziellen Ertrags vorrechnete, reagierten einige Abgeordnete nur mit erstaunten Rückfragen, ob sich solch ein Wirtschaftsbetrieb denn lohne.[697] Aus Sicht der Abgeordneten waren solche Befragungen eine notwendige Prüfung, inwieweit für Projekte wie Aufforstungen, deren Ertrag für die Gegenwart nur schwer bezifferbar war, überhaupt Steuergelder aufgewendet werden sollten. Aus Sicht der Schottischen Forstgesellschaft hingegen sprach aus diesen skeptischen Fragen blanke Zukunftsvergessenheit. Denn wer in forstlichen Fragen allein nach dem Ertrag in der Gegenwart fragte, hatte einen Kernaspekt jeder forstwirtschaftlichen Unternehmung einfach nicht verstanden, dass sich nämlich ein Ertrag oder Profit wegen des langsamen Baumwachstums erst nach mehreren Jahrzehnten abschöpfen ließ.

Angesichts solcher Konflikte war die Aufmerksamkeit umso größer, als seit den 1900er Jahren mehrere große schottische Landbesitzer zu umfangreichen Aufforstungen schritten und so an Initiativen aus dem 18. und frühen 19. Jahrhundert anknüpften.[698] Das bekannteste dieser Vorhaben zu Beginn des 20. Jahrhunderts war die Aufforstung des Great Glen in Schottland[699] – ein Vorhaben, das auch in den forstlichen Zeitschriften des Nord- und Ostseeraums internationale Beachtung fand.[700]

695 Bailey: Introduction to Course of Forestry Lectures (1893), S. 178 f.

696 Brown: Do Woods Pay? (1865).

697 Report of the Selected Committee of the House of Commons (1890), S. 107.

698 Vgl. House / Dingwall: ‚A Nation of Planters' (2003); Simmons: An Environmental History of Great Britain (2001), S. 122 f; Fowler: Landscapes and Lives (2002), S. 90 f; Mather: Forest Transition Theory (2004).

699 Lord Lovat / Captain Stirling of Keir: Afforestation in Scotland (1911).

700 Vgl. exemplarisch Anonym: Skogens Gjenreisning i Skotland (1912).

Eine vergleichbare Aufmerksamkeit fanden sonst nur Aufforstungsprojekte im Deutschen Reich oder in Frankreich. Diese Aufmerksamkeit ging in erster Linie auf das allgemein hohe Ansehen französischer und deutscher Forstwissenschaft zurück. Unter den Aufforstungen im Deutschen Reich stießen vor allem die Vorhaben in der Lüneburger Heide auf beachtliches internationales Interesse. Einige der dortigen Forstreviere, etwa jene nahe Oerrel und Lintzel, wurden von der preußischen Forstverwaltung mit Stolz dem internationalen Publikum, das zu forstkundigen Studienreisen nach Deutschland kam, als Paradebeispiele gelungener Aufforstungen vorgeführt.[701] In solchen Aufforstungsprojekten schien aus Sicht der preußischen Initiatoren eine ganze Reihe von Zielen harmonisch zu verschmelzen: Denn bei diesen Aufforstungen ging es nicht nur darum, die deutsche Abhängigkeit von ausländischen Importen zu verringern und brachliegendes Land einer effizienten Nutzung zuzuführen. Durch die Einrichtung eines Gefängnisses im Forstrevier und durch die Heranziehung der Strafgefangenen zu Forstarbeiten führte die preußische Regierung am Beispiel vor, wie sich die Personalkosten für Aufforstungen drücken ließen.[702] Die Kombination solcher forstwirtschaftlichen Vorhaben mit sozialdisziplinären oder ordnungspolitischen Zielen war keineswegs ein Einzelfall, sondern fand sich auch in zahlreichen anderen Regionen, insbesondere in den östlichen multiethnischen Grenzgebieten des Deutschen Reiches.[703]

VII.1.2 Verfeinerungen des Wissens. „Grüne Lügen“ und forstwirtschaftliche Erkundungsreisen im Nord- und Ostseeraum

Die Erhebung von Daten für Statistiken und Karten gehörte seit dem späten 18. Jahrhundert zum Grundelement jedes wissenschaftlichen Herangehens an forstliches Wirtschaften. Im Laufe des 19. Jahrhunderts und mit der Ausprägung landeseigener Forstverwaltungen wurden in vielen Ländern des Nord- und Ostseeraums vorhandene Daten mehr und mehr an zentraler Stelle erfasst und die Wissensermittlung über forstwirtschaftliches Potential weiter verfeinert. Im Zuge der wachsenden Internationalisierung forststatistischer Diskussionen auf den großen Kongressen rückte dieses Streben nach Verfeinerung forstlichen Wissens immer stärker in einen grenzübergreifenden Kontext. Dies galt sowohl für die Erhebung von landeseigenen forstlichen Daten als auch für das Interesse am Forstwesen benachbarter Länder.

In Norwegen bspw. waren Ende des 19. Jahrhunderts die statistischen Berechnungen der Forstkommission von 1874 bis 1878 ein zentraler Bezugspunkt in der Dis-

701 Myhrvold: Fremgangsmaaden ved og Resultaterne (1898), S. 238.

702 Vgl. die Schilderungen bei Somerville: A Short Account of the State Forests of Prussia (1895), S. 140–142.

703 Vgl. Wilson: Environmental Chauvinism in the Prussian East (2008).

kussion um die Zukunft des norwegischen Forstwesens und um die Zuverlässigkeit forststatistischen Wissens – nicht zuletzt, weil die Kommission ein jährliches Defizit von 116 Millionen Kubikfuß Holz errechnet und daraus ein Untergangsszenario für Norwegens Wald abgeleitet hatte. Das Rechenergebnis hatte, wie in Kapitel VI dargestellt, auch Eingang in die offizielle Präsentation Norwegens auf der Pariser Weltausstellung 1900 gefunden. Im Fortgang der Jahre, die seit 1878 verstrichen, ebbten allerdings die Diskussionen nicht ab, ob und inwieweit die Forstkommission bei ihren Berechnungen und Zukunftsprognosen übertrieben hatte.

Dass viele private Waldbesitzer die Zahlen der Kommission bezweifelten, muss nicht verwundern, denn sie sahen in der gesamten Kommissionsarbeit und der Absicht, private Waldwirtschaft gesetzlich zu regulieren, einen Eingriff in ihr Eigentumsrecht. Beachtenswerter war, dass seit den 1900er Jahren skeptische Töne über die Berechnungen der Kommission auch von solchen Akteuren zu vernehmen waren, die der staatlichen Forstverwaltung, der Kommission und der norwegischen Forstgesellschaft wohlgesonnen gegenüberstanden. Solche skeptischen Töne schlug bspw. Axel Heiberg an. Heiberg war ein norwegischer Unternehmer, der sich seit den 1890er Jahren mit umfangreichem finanziellem und gesellschaftlichem Engagement für die Förderung der Wissenschaften in Norwegen einsetzte. Er gehörte auch zu den Mitbegründern der Norwegischen Forstgesellschaft *(Det norske Skogselskap)*. Im Jahr 1909 lud die norwegische Holzstoffvereinigung *(Træmasseforeningen)*, ein Unternehmerverband der großen Zellulose- und Papierfabriken, Axel Heiberg ein, in einem Vortrag darzulegen, wie Norwegens Wald am besten genutzt werden könne. Zu Beginn seines Vortrags reflektierte Heiberg über die Datengrundlage: Um sagen zu können, wie man Norwegens Wald am besten nutzen könne, müsse man zunächst genau wissen, wie viel Wald es in Norwegen gibt. Selbst die staatliche Forstverwaltung müsse eingestehen, fuhr Heiberg fort, dass sie über keine gesicherten Zahlen verfüge. Die Forstkommission von 1874 bis 1878 habe behauptet, jährlich würden 116 Millionen Kubikfuß Holz mehr verbraucht als nachwüchsen. „Aber wir sehen jetzt nach 30 Jahren, dass es immer noch Wald in Norwegen gibt [at der endnu er Skog i Norge].“[704] Heiberg nahm diesen Befund nicht zum Anlass, einem sorglosen Kahlschlag norwegischer Wälder das Wort zu reden. Vielmehr vertrat er die Position, dass sich durch „rationelle Forstwirtschaft [rationelt Skogbrug]“ die Produktivität der landeseigenen Wälder sogar noch steigern lasse. Dazu jedoch sei es notwendig, so schlussfolgerte Heiberg, forstliches Wissen stärker als bisher in der Bevölkerung zu verbreiten.

Heiberg sprach aus, was viele dachten: Es war für jedermann sichtbar, dass mehrere Jahrzehnte nach der pessimistischen Prognose der Kommission immer noch weite Teile Norwegens bewaldet waren. Heibergs Referat wirkte allerdings so, als würde der bloße Augenschein („wir sehen jetzt“) ausreichen, um die Rechenergebnisse der Kommission von 1874 bis 1878 beiseite schieben zu können. Heibergs hohes gesellschaftliches Ansehen und seine langjährige Förderung des Forstwesens

704 Saxlund / Heiberg: Foredrag af Skogdirktør (1909), S. 185.

in Norwegen, die ihm u.a. die Bezeichnung „großer Apostel des Forstwesens im Lande [Skogsagens store Apostel her i Landet]"[705] eingebracht hatten, verliehen seiner Einschätzung offenkundig großes Gewicht. Eine Diskussion zu Heibergs Vortrag vor der Holzstoffvereinigung ist nicht überliefert, lediglich eine Art Koreferat, das der Direktor der Forstverwaltung, Michael Saxlund, hielt. Saxlund widersprach nicht Heibergs Augenschein; vielmehr betonte auch er, dass mit einer effizienteren Nutzung die Wälder Norwegens noch viel mehr als bisher leisten könnten. Allerdings mahnte Saxlund, junge Waldbestände nicht anzutasten. Neue Waldbestandsgründungen müssten zunächst reifen. Bei einer Umtriebszeit von 40 bis 50 Jahren müsse man eben warten können, dass die Konjunktur auf dem Holz- und Holzstoffmarkt so lange anhalten würde.[706] Durch seine Betonung von Effizienz bei gleichzeitiger Beachtung des langen Zeitfaktors brachte Saxlund beispielhaft die zentralen Argumentationslinien der staatlichen Forstverwaltung auf den Punkt.

So harmonisch die Vortragsveranstaltung mit Heiberg und Saxlund verlaufen war, so heftig provozierte Heibergs Einschätzung Widerspruch. Die ausführlichste Neuberechnung des norwegischen Waldbestands lieferte ein Artikel von Agnar Barth aus dem Jahr 1916.[707] Barth polemisierte gegen die vielen Stimmen, die sich sorglos über Norwegens Wald äußerten. Sicher, so gestand Barth ein, gebe es noch viele ausgedehnte Waldflächen. Aber der bloße Augenschein reiche nicht zur Beurteilung der Leistungskraft. Vielmehr erkenne der Fachmann, dass beim Reden über diesen Wald eine entscheidende Sache vergessen wurde: Dass nämlich durch das Herausschlagen der großen, kräftigen Stämme der Wald insgesamt immer jünger und dünner werde und daher seine Leistungskraft Jahr für Jahr abnehme.[708] Barth trug umfangreiche Statistiken zum Waldbestand in den einzelnen norwegischen Ämtern zusammen, wertete Export und Inlandsverbrauch aus und kam – wie die Kommission 1874 bis 1878 – zu einem niederschmetternden Ergebnis. Da Verbrauch und Export stetig steigen würden, gehe „unser Wald nun mit Sturmschritt seinem Untergang entgegen."[709]

Der Streit um die Leistungskraft der norwegischen Wälder war und blieb ein Dauerthema. Unter dem Schlagwort „Grüne Lüge" – gemeint waren (und sind) hierbei die bewaldeten Täler Norwegens, deren Leistungskraft angeblich oder tatsächlich nicht mehr dem Augenschein entsprechen würden – beschäftigt dieser Streit auch die Umweltgeschichte bis in die Gegenwart hinein.[710] Im Grunde vollzog sich in dieser norwegischen Kontroverse ein ähnlicher Schlagabtausch wie in der internationalen Debatte in den Jahren 1900 bis 1902 um Albert Mélards Holznot-Warnung nach dem Kongress in Paris. Und mit jeder Wortmeldung in

705 Anonym: Skogadministrationens 50-Aars Jubilæum (1907), S. 250 mit Bezug auf eine Fotografie Heibergs im vorderen Hefteinband.
706 Saxlund / Heiberg: Foredrag af Skogdirktør (1909), S. 189.
707 Barth: Norges skoger med stormskridt mot undergangen (1916).
708 Ebenda, S. 124.
709 Ebenda, S. 153.
710 Vgl. Lie / Josefsson / Storaunet / Ohlson: A Refined View on the "Green Lie" (2012).

der Kontroverse strebten die Experten danach, den Wissensstand über forstliche Verhältnisse zu verfeinern: Ging es anfangs nur darum, gesicherte Erkenntnisse über Wald*flächen* zu erhalten, kamen im Verlauf der Debatte immer mehr Faktoren hinzu: Alter der vorhandenen Bäume, jährliches Wachstum, Dichte des Waldes, Art der Bestockung usw. – All diese Faktoren galt es nach Auffassung forstwissenschaftlicher Experten zu berücksichtigen, um verlässliche Aussagen über die forstwirtschaftliche Leistungskraft einer Region, eines Landes oder gar ganz Europas zu gewinnen. Die stetige statistische Verfeinerung mit immer mehr zu beachtenden Kriterien war hierbei nur durch die Anzahl des forstlichen Personals und dessen Kapazitäten zur Taxation und Berechnung der jeweiligen Waldungen begrenzt.

In den Ländern des Nord- und Ostseeraum stritten forstwissenschaftliche Experten nicht nur über die Verlässlichkeit der Angaben über die jeweils *landeseigenen* Waldflächen. Vielmehr wuchs das Interesse, auch über die forstlichen Verhältnisse benachbarter Länder mehr zu erfahren. Vor allem forstwissenschaftliche Experten in jenen Ländern, die mehr und mehr auf einen Import von Holz für wirtschaftliches Wachstum angewiesen waren, also bspw. Großbritannien und das Deutsche Reich, richteten ihr Augenmerk Ende des 19. und Anfang des 20. Jahrhunderts zunehmend auf die Waldvorkommen Nord- und Osteuropas.

Grenzübergreifendes Interesse an den Waldverhältnissen anderer Länder war Ende des 19. Jahrhunderts keine neue Erscheinung. Im Gegenteil: Seit der Frühen Neuzeit und dem Entstehen forstkundiger und forstwissenschaftlicher Literatur finden sich zahlreiche Publikationen, die über die Forstverhältnisse anderer Länder berichteten. Schilderungen forstlicher Verhältnisse in Afrika, Asien oder Amerika waren in kolonialen Zusammenhängen nicht allein aus wissenschaftlichem Antrieb entstanden, sondern verfolgten oftmals klare ökonomische Ziele, in welcher Weise sich Holz und andere Produkte des Waldes im Kolonialwarenhandel nutzen ließen.[711] In Berichten über die Waldvorkommen europäischer Länder findet sich ein solcher „kolonialer" Duktus im 18. und 19. Jahrhundert lediglich ansatzweise, etwa in britischen Darstellungen über skandinavische Länder und deren Potential zum Holzexport nach Großbritannien.[712] Andere Berichte über die forstwirtschaftliche Leistungskraft fremder Länder hatten ihren Ursprung darin, dass die Regierungen dieser Länder forstwissenschaftliche Experten aus dem Ausland zur Begutachtung einluden. In solchen Zusammenhängen entstanden während der 1850er Jahre zahlreiche Publikationen über Waldvorkommen in Nord- und Osteuropa, so etwa vom Direktor der sächsischen Forstakademie in Tharandt, Edmund von Berg, über Finnland.[713] Darüber hinaus lieferten konsularische Berichte Informationen zum Forstwesen und zum Holzhandel – Informationen, die umso vielfältiger waren, je

711 Vgl. exemplarisch Grove: Green Imperialism (1995).
712 Vgl. exemplarisch Conway (Inglis): A Personal Narrative (1829), S. 127, 158, 187, 192.
713 Vgl. Berg: Die Wälder in Finland (1859); vgl. auch Bode: Notizen, gesammelt auf einer Forstreise (1854); Bulmerincq: Recension der Beiträge zur Kenntniss des russischen Reiches (1857).

breiter und weltumspannender ein Land konsularische Vertretungen unterhielt.[714] Einen beachtlichen Schub an Professionalisierung und Spezialisierung erhielten solche Konsularberichte, als das Deutsche Reich ab 1901 begann, sogenannte forstwirtschaftliche Sachverständige an die deutschen Auslandsvertretungen in Nordamerika und Nordeuropa zu entsenden.

Die Initiative zur Einrichtung solcher Sachverständigen ging auf eine Denkschrift von Carl Metzger zurück. Metzger hatte in Eberswalde und Hannoversch Münden Forstwissenschaft studiert und war anschließend an der Universität Gießen mit einer Arbeit über ökonomische Aspekte des Forstwesens promoviert worden.[715] In einer Denkschrift erläuterte er 1896 dem Auswärtigen Amt, dass es insbesondere mit Blick auf die wachsende Abhängigkeit des deutschen Wirtschaftswachstums von Holzimporten notwendig sei, nordamerikanische und nordeuropäische Waldvorkommen näher zu erkunden und dazu öffentliche Mittel bereitzustellen.[716] Nachdem der deutsche Reichstag die notwendigen Mittel bewilligt hatte, entsandte das Auswärtige Amt Metzger selbst nach Kopenhagen, später nach Helsinki, sowie in den folgenden Jahren weitere forstwirtschaftliche Sachverständige nach Washington und Toronto.

Metzger und die übrigen Sachverständigen begannen ihre Tätigkeit zunächst mit dem ‚üblichen' konsularischen Geschäft, indem sie Informationen zu Forstwirtschaft und Holzhandel der zugeteilten Länder sammelten und in Berichten nach Berlin verarbeiteten. Metzger und auch andere forstwirtschaftliche Sachverständige, wie etwa Allard Scheck in Nordamerika, unternahmen darüber hinaus seit 1906 mehrere Erkundungsreisen mit der Absicht, ihr Wissen über die forstlichen Verhältnisse durch eigene Datenerhebungen zu vertiefen und zu verfeinern. Metzger bspw. durchquerte 1906 mit einem Forstassistenten auf einer beinahe dreimonatigen Reise, hauptsächlich zu Fuß, Forstreviere in Nordnorwegen und Nordfinnland, im Jahr 1907 außerdem Teile Nordrusslands.[717]

Für die Vorbereitung seiner Reisen sowie in zahlreichen Berichten verwendete Metzger auch Karten, um dem Auswärtigen Amt seine geplanten Vorhaben oder die auf Reisen erbrachten Ergebnisse darzulegen. Es lohnt sich, neben den schriftlichen Überlieferungen auch diese Karten näher zu erörtern, da sie über den spezifischen Blick auf Nordeuropa und die dortigen Ressourcen Aufschluss geben. Ähnlich wie bei der Analyse von Anton Müttrichs Karten zu Regenmessfeldern im Kapitel IV nutzt die Untersuchung von Metzgers Karten erneut das Werkzeug der *Critical Cartography* und zieht daher zur Kontextualisierung verschiedene andere Karten heran:

---

714 Vgl. Barker: Consular reports (1981); Leira / Neumann: Consular Representation in an Emerging State (2008); Müller / Ojala: Consular Services of the Nordic Countries (2001).

715 Metzger: Die Grundlagen, Mittel und Ziele der forstlichen Produktion (1891).

716 PAAA Berlin, R 133391, Metzger an von Bülow, 12. Mai 1901, mit Verweis auf die Denkschrift vom 29. März 1896.

717 Vgl. PAAA Berlin, R 133403, Metzger an Auswärtiges Amt, Helsinki, 5. Februar 1906.

In den Reiseplanungen, die Metzger am 5. Februar 1906 dem Auswärtigen Amt vorlegte, platzierte er auf der ersten Seite eine Kartenskizze von Nordskandinavien und Finnland (vgl. Abb. 7-1).[718] In der Karte waren als grüne Fläche [in der Reproduktion hier: grau] jene Territorien dargestellt, die, wie der Text erläuterte, jetzt „im Begriff sind, aufgeschlossen zu werden". Eine schwarze Linie zeigte außerdem die geplante Expeditionsroute. Etwa sechs Wochen später, am 28. März 1906, legte Metzger dem Auswärtigen Amt außerdem einen Bericht über „Holzhandel und Waldbenutzung in Nordeuropa 1905 / 06" vor.[719] Diesem Bericht war ebenso eine (etwas größere) Kartenskizze beigegeben, die nicht allein Finnland und Nordskandinavien, sondern außerdem den nördlichen Teil des europäischen Russlands umfasste (vgl. Abb. 7-2). Ähnlich wie in der Kartenskizze vom Februar war auch hier ein „[n]och unberührtes Waldgebiet, das z[ur] Z[eit] aufgeschlossen wird" in Finnland bzw. an der finnisch-russischen Grenze dargestellt, diesmal als grüne [hier: graue] Gitterfläche. Außerdem zeigte die große Kartenskizze die Hauptflüsse in Nordwestrussland, Landbrücken, die die Flusssysteme der nördlichen Dwina und der Petschora voneinander trennen, sowie die Bahnlinie zwischen Tjumen und Kotlas.

Um sich zu verdeutlichen, welche Art von Raumvorstellungen Metzger in diesen Kartenskizzen entwarf, ist es nützlich, Metzgers Karten neben andere kartographische Darstellungen zu legen, die das gleiche Territorium, also Nordeuropa, zeigten. Darüber hinaus soll eine Teilregion, hier: Nordfinnland, exemplarisch in Karten mit größeren Maßstäben betrachtet werden, um den Vorgang des Fokussierens und Generalisierens in Metzgers Karten herauszuarbeiten.

Metzger selbst gibt keine Auskunft über die Kartengrundlagen, die er für seine Skizzen verwendete, daher werden hier solche Karten zunächst als Ausgangspunkt herangezogen, die um 1900 einem gelehrten deutschsprachigen Publikum geläufig waren, etwa Stielers Hand-Atlas oder Andrees Hand-Atlas. In Andrees Hand-Atlas (vgl. Abb. 7-3) bspw. zeigten die Kartenblätter der einzelnen Länder und Regionen Europas keine Vegetationsformen, also auch keine Waldgebiete. Lediglich in Übersichtskarten, etwa von Europa oder gar der ganzen Welt, die notwendigerweise einen sehr kleinen Maßstab hatten, waren schematisch Zonen mit verschiedenen Vegetationen verzeichnet. Metzger konzentrierte seine Kartendarstellung also auf einen Aspekt, über den allgemeine Atlanten um 1900 noch keine genauere Auskunft gaben. Um detailliertere Kenntnisse zu erlangen, musste der geographisch interessierte Leser über die Hand-Atlanten hinausgehen. Da Metzger in Helsinki offenbar nur eingeschränkten Zugriff auf norwegische, finnische und russische großmaßstäbige topographische Karten hatte, war es notwendig, Fachliteratur zu konsultieren, wie etwa Petermanns Geographische Mitteilungen: Im Jahr 1870 hat-

718 BArch Berlin, R 109 / 14480, Carl Metzger: Bericht über eine durch Finmarken und finnländisch Lappland ausgeführte Reise, ohne Datum [März 1907].

719 BArch Berlin, R 901 / 14480, Carl Metzger: Holzhandel und Waldbenutzung in Nordeuropa 1905 / 06, ohne Datum [28. März 1906].

te hier bspw. Jens Andreas Friis, Professor an der Universität in Christiania, die Ergebnisse seiner Studien über Finnmarken und Karelien in Form eines Aufsatzes veröffentlicht.[720] Dem Artikel war außerdem eine Karte beigegeben (vgl. Abb. 7-4). August Petermann, der Herausgeber von Petermanns Geographischen Mitteilungen, hatte die Karte „[a]uf Grund von J[ens] A[ndreas] Friis' Originalzeichnung und russischen Detailkarten zusammengestellt".[721] Als Grundlage hatte Friis umfangreiche und großmaßstäbige Materialien an den Verlag nach Gotha übersandt (vgl. Abb. 7-5).[722] Die von Petermann gezeichnete Karte zeigte mit einer grünen Signatur die von Friis beobachtete „nördliche Grenze zusammenhängender Laubwaldungen", in gelber Signatur die „nördliche Grenze zusammenhängender Nadelwaldungen". Auf diese Weise konnte ein geographisch interessierter Leser zumindest eine schemenhafte Vorstellung von der Ausdehnung der Waldgebiete im Norden Europas gewinnen. Hier setzte Metzger mit seinen Reiseplanungen an, indem er dem Auswärtigen Amt vorschlug, detaillierte Informationen über die Wälder Nordeuropas, ihre Dichte, vorkommende Baumarten, Größe, Alter, Holzqualität der Bäume u. v. m. zusammenzutragen.

Legt man Metzgers Karten, die großmaßstäbigen Originalkarten von Friis (Abb. 7-4), die generalisierte Karte von Petermann (Abb. 7-3) und die Karte aus Andrees Handatlas (Abb. 7-2) nebeneinander, dann offenbart sich in Metzgers kleiner Kartenskizze (Abb. 7-1) eine markante Leerstelle. Friis hatte in seinen großmaßstäbigen Karten für jede Siedlung, teils für jedes Haus die Sprachkenntnisse und die Ethnie der Bewohner aufgezeichnet. Petermann musste, da seine Karte einen viel kleineren Maßstab haben sollte, die Darstellung generalisieren. Trotzdem gelang es ihm, ethnographische Details in seine Karte aufzunehmen, indem er bspw. unterschiedliche Signaturen für Siedlungen von verschiedenen Ethnien verwendete. In der wiederum noch kleinmaßstäbigeren Karte in Andrees Handatlas war zwar kein Platz mehr für ethnographische Einzelheiten. Gleichwohl zeigte Andrees Handatlas neben der Topographie auch Siedlungen und Verkehrswege – also Spuren menschlichen Einwirkens in die Region. In Metzgers Karte hingegen kamen – außer ihm selbst in Gestalt der Expeditionsroute – überhaupt keine Menschen vor, weder Norweger und Finnen, noch Samen, Schweden oder Russen. Dass der von Metzger zu erkundende Wald von irgendjemandem genutzt wurde, war nicht einmal angedeutet. In der größeren Kartenskizze (Abb. 7-2) waren zwar Städte und eine Bahnlinie verzeichnet, dies jedoch aus dem Grund, wie Metzger in dem dazugehörenden Bericht schilderte, dass die Städte als Umschlagplätze oder Ausfuhrhäfen für Holz eine wichtige Rolle spielten und die Bahnverbindung

720 Friis: Russisch Lappland (1870).

721 Ebenda, am Schluss des Heftes: Originalkarte von Russisch Lappland [...] [a]uf Grund von J[ens] A[ndreas] Friis' Originalzeichnung und russischen Detailkarten zusammengestellt von A[ugust] Petermann.

722 Sammlung Perthes Gotha, PGM 388 / 1, fol. 1, Friis an Petermann, Christiania, 8. April 1869 sowie Kartenbestand Europa 3.B.b.III.

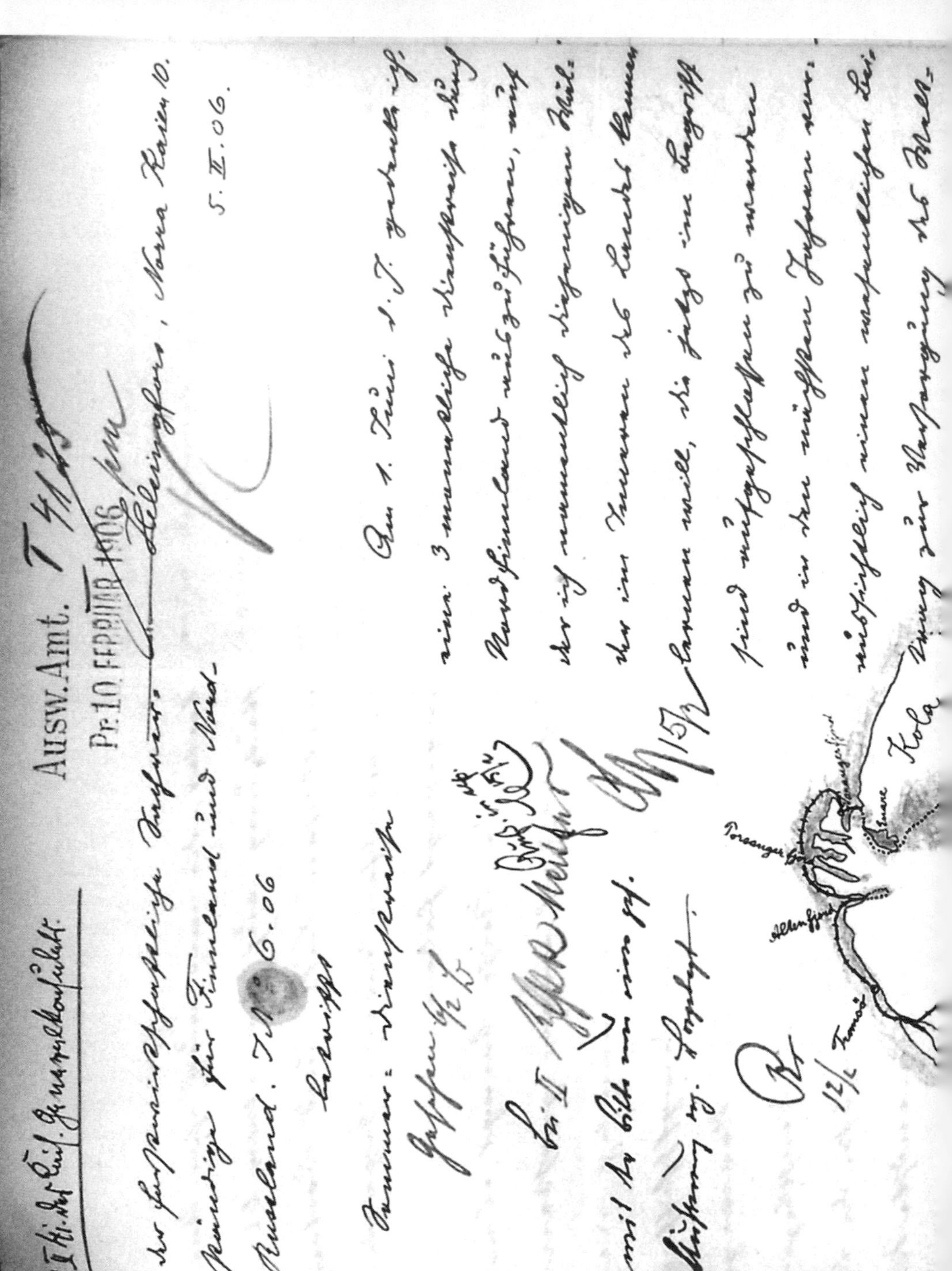
Ausw. Amt.
Pr. 10 FEBRUAR 1906
5. II. 06

Abb. 7-1

Carl Metzger an Auswärtiges Amt, Helsinki, 5. Februar 1906: Plan für eine forstliche Erkundungsreise durch Nordnorwegen und Nordfinnland, Quelle: PAAA Berlin, R 133403.

Kajana

Bottnischer Meer

Helsing

Finnischer Busen

Eisenbahn- und Dampfschiff

Fussreise

Wälder, z. gr. Teil noch nicht aufgeschlossen.

An

den Herrn Reichskanzler

in

Berlin.

zur Eisenbahn und Dampfschiff mich über Narvik und das Nordkap nach Vadsö begeben und vom Varangerfjord aus zu Fuß und mit Kanoe nach dem Enaresee und weiter durch die Waldgebiete Nordfinnlands auf der in der nebenstehenden Skizze ungefähr angedeuteten Route bis nach Mittelfinnland vordringe, wo ich in Kajana wieder die Eisenbahn erreiche. Den Reiseplan habe ich mit Hülfe der finnländischen Forstbehörden ausgear-

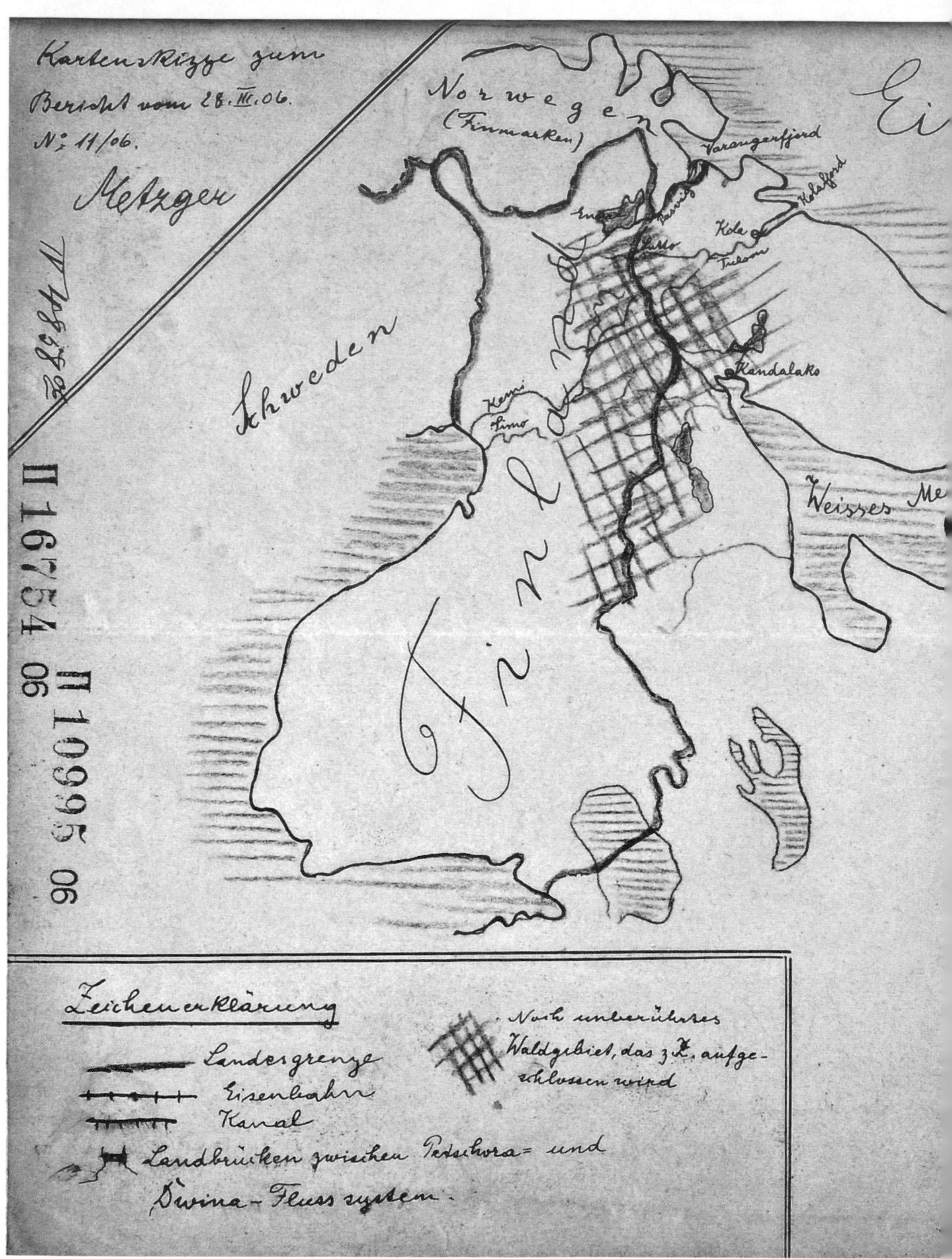

Abb. 7-2

Carl Metzger: Kartenskizze zum Bericht vom 28. März 1906,
Quelle: BArch Berlin, R 901 / 14480. (Originalgröße etwa 32 × 20 cm).

ASIEN
Kama
Jekaterinen Kanal
Petschora
Gouvern. Wologda
Kotlas
Tjumen
nach der Wolga

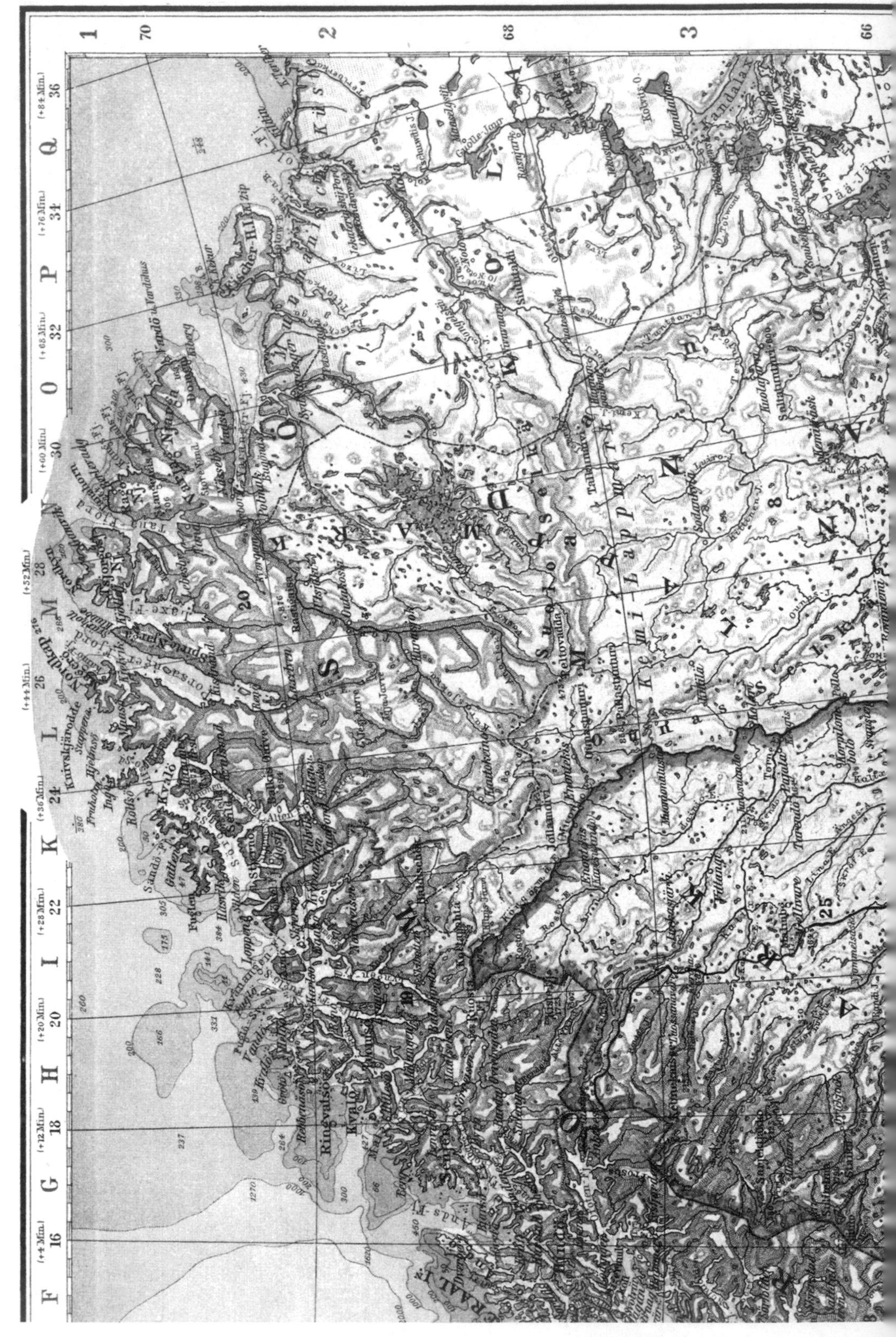

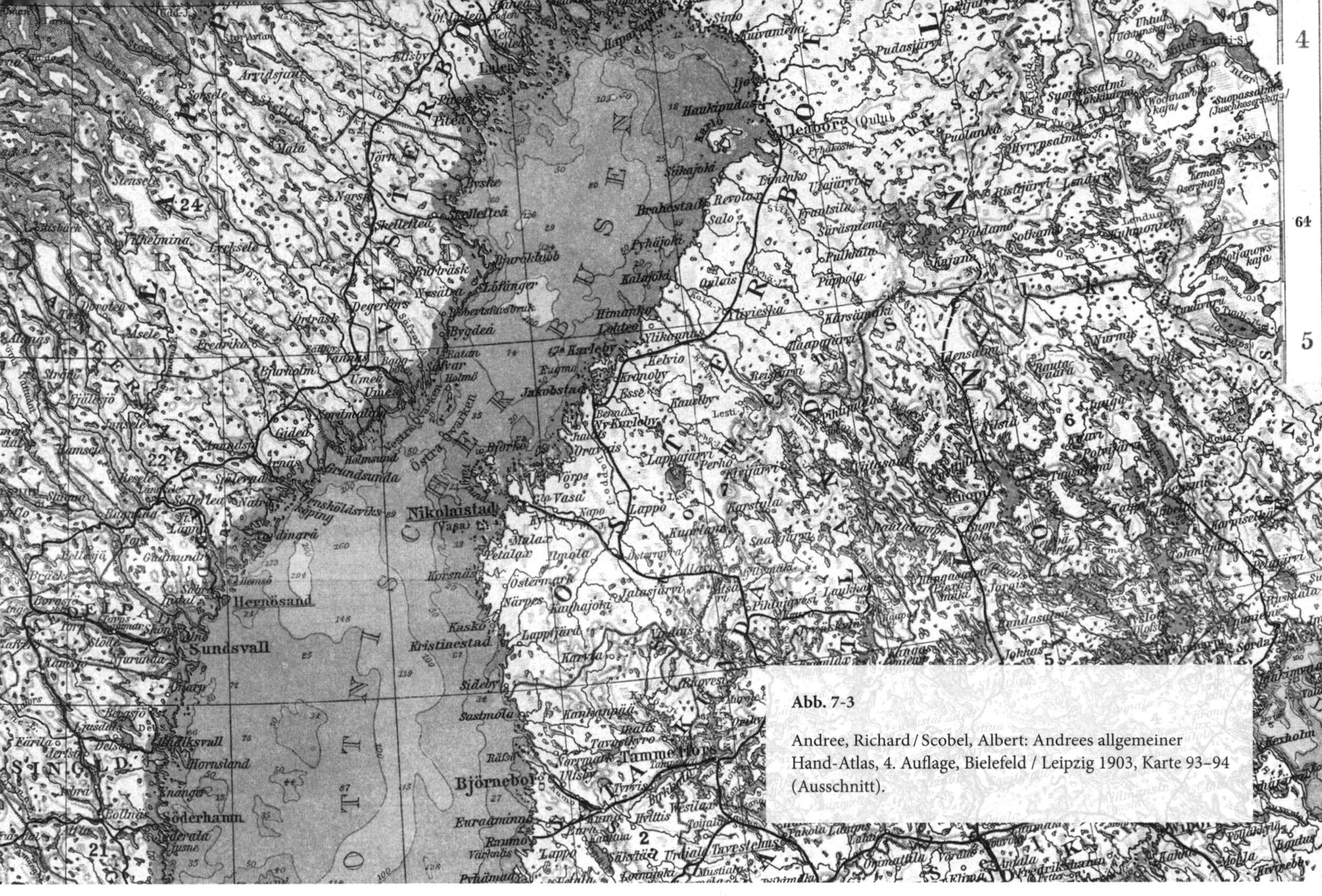

Abb. 7-3

Andree, Richard / Scobel, Albert: Andrees allgemeiner Hand-Atlas, 4. Auflage, Bielefeld / Leipzig 1903, Karte 93–94 (Ausschnitt).

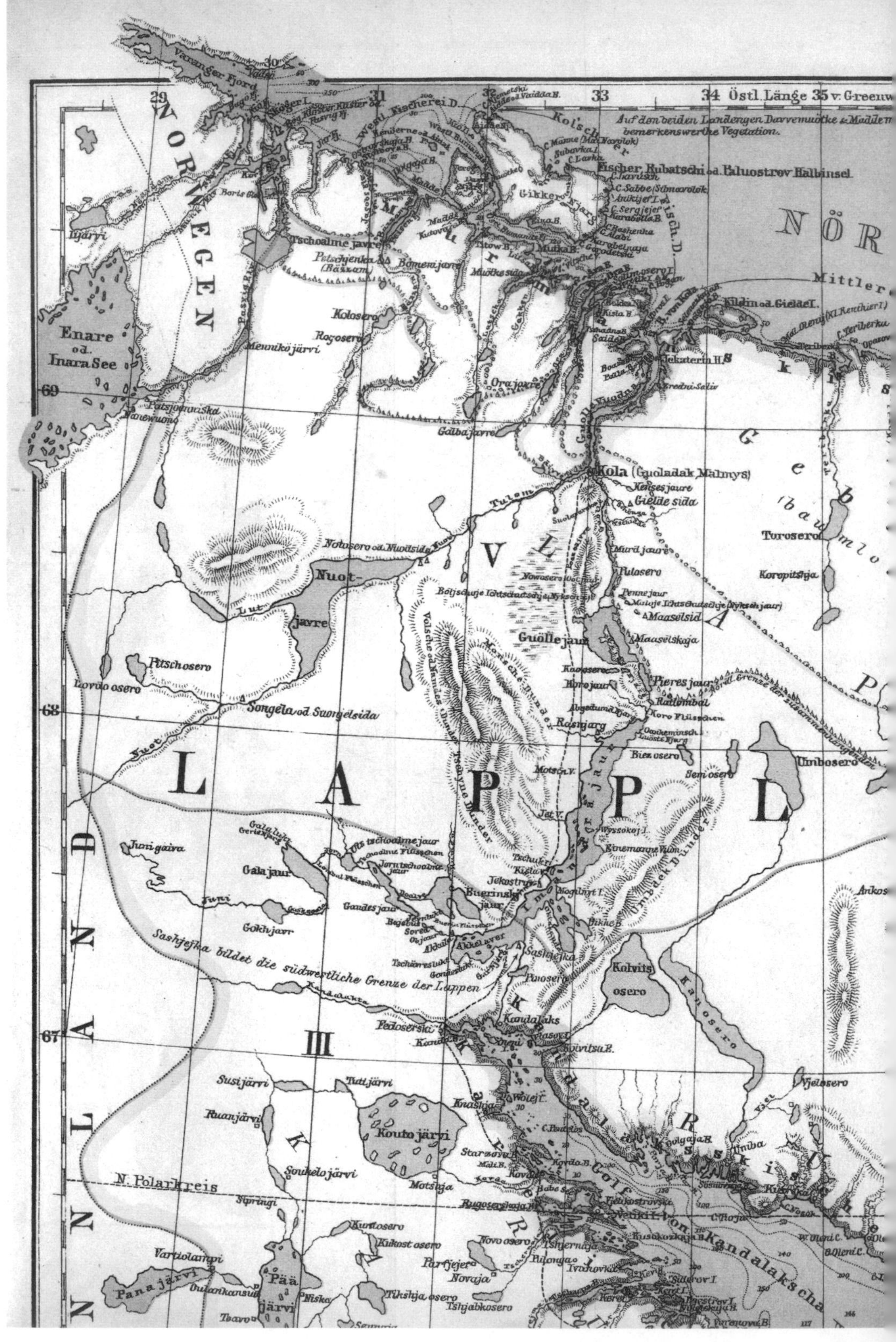

29
30
31
32
33
34 Östl. Länge 35 v. Greenw
Varanger Fjord
NORWEGEN
Auf den beiden Landengen Darvemuotke & Madde m
bemerkenswerthe Vegetation.
Fischer, Rubatschi od. Bluostrov Halbinsel
NÖR
Mittler
Kildin od. Gieldel.
Tschoalme javre
Petschjenka
Bömenjarre
Kolosero
Rozosero
Meuniköjärvi
Enare
od.
Inara See
Ijärvi
69
Ora javre
Galbajarre
Patsjoanniska
Kola (Guoladak, Malmys)
Kenses jaure
Gielde sida
Torosero
Koropitsha
Notosero od. Nuotsida
Nuot-
järvre
Guöllejaur
Maasölsid
Maasölskaja
Murd jaure
Pulosero
Pitschosero
Lovölo osero
Songela od. Suongelsida
68
Pieres jaur
Umbosero
Biez osero
Semi osero
L A P P L
Juri gaira
Gala jaur
Gandes jaur
Gokh jarr
Bugerinsk jaur
Jekostrow
Akkulaver
Saschjejka
Kolvits osero
Kanosero
Sashjejka bildet die südwestliche Grenze der Lappen
Pinosero
Kandalaks
Fedosersk
67
III
Susi järvi
Tutijärvi
Ruanjärvi
Kouto järvi
Soukelo järvi
Motsja
N. Polarkreis
Sipringi
Kuttosero
Kukost osero
Novo osero
Vartiolampi
Pana järvi
Oulankansuu
Pää
Järvi
Parfjejer
Novaja
Tikshja osero
Tshjabkosero
Golf von Kandalakscha
Vjelosero
Umba
L A N D

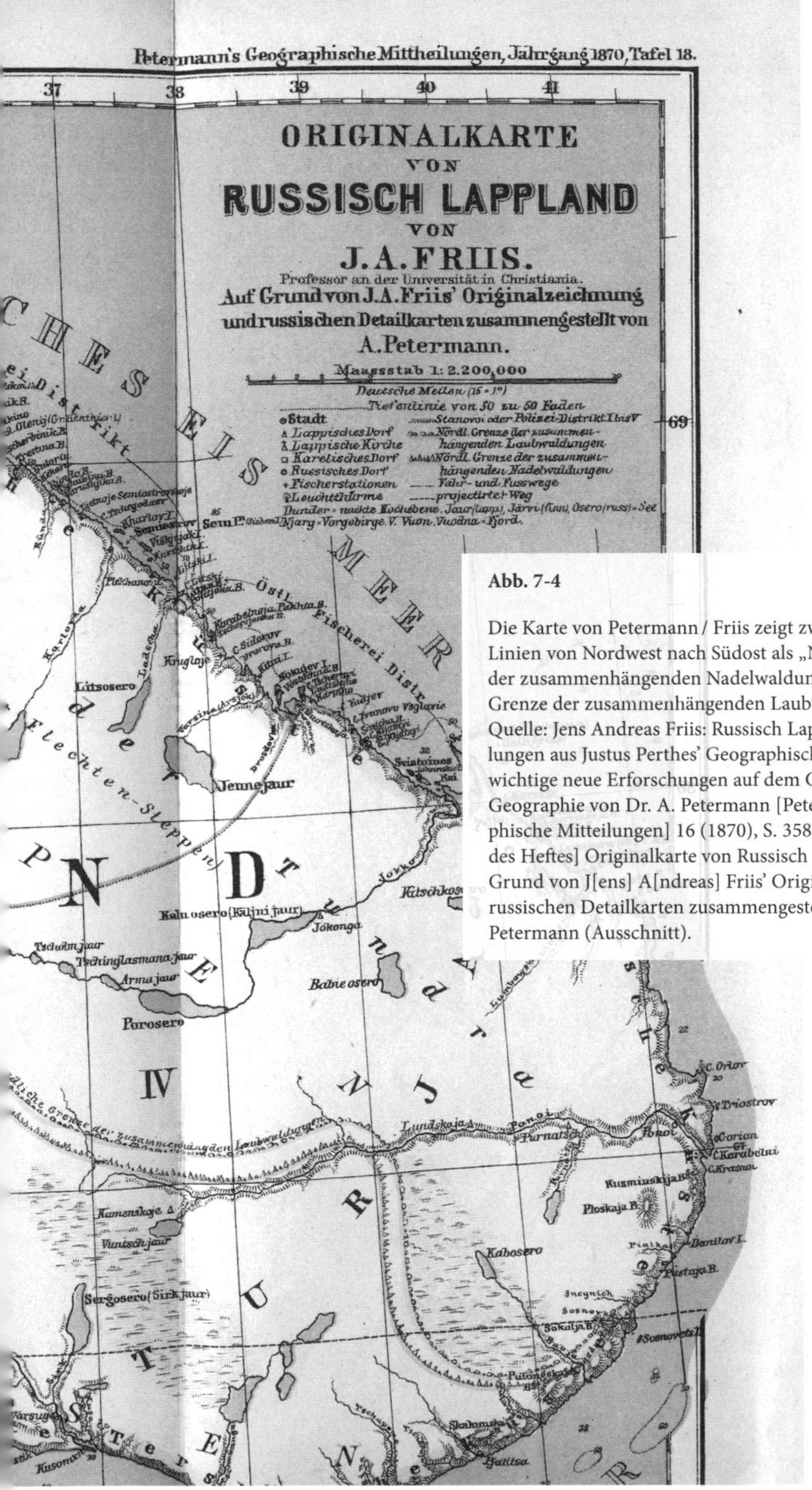

Abb. 7-4

Die Karte von Petermann / Friis zeigt zwei durchgehende Linien von Nordwest nach Südost als „Nördliche Grenze der zusammenhängenden Nadelwaldungen" und „Nördliche Grenze der zusammenhängenden Laubwaldungen", Quelle: Jens Andreas Friis: Russisch Lappland; in: Mitteilungen aus Justus Perthes' Geographischer Anstalt über wichtige neue Erforschungen auf dem Gesammtgebiete der Geographie von Dr. A. Petermann [Petermanns Geographische Mitteilungen] 16 (1870), S. 358–364 und [am Schluss des Heftes] Originalkarte von Russisch Lappland […] [a]uf Grund von J[ens] A[ndreas] Friis' Originalzeichnung und russischen Detailkarten zusammengestellt von A[ugust] Petermann (Ausschnitt).

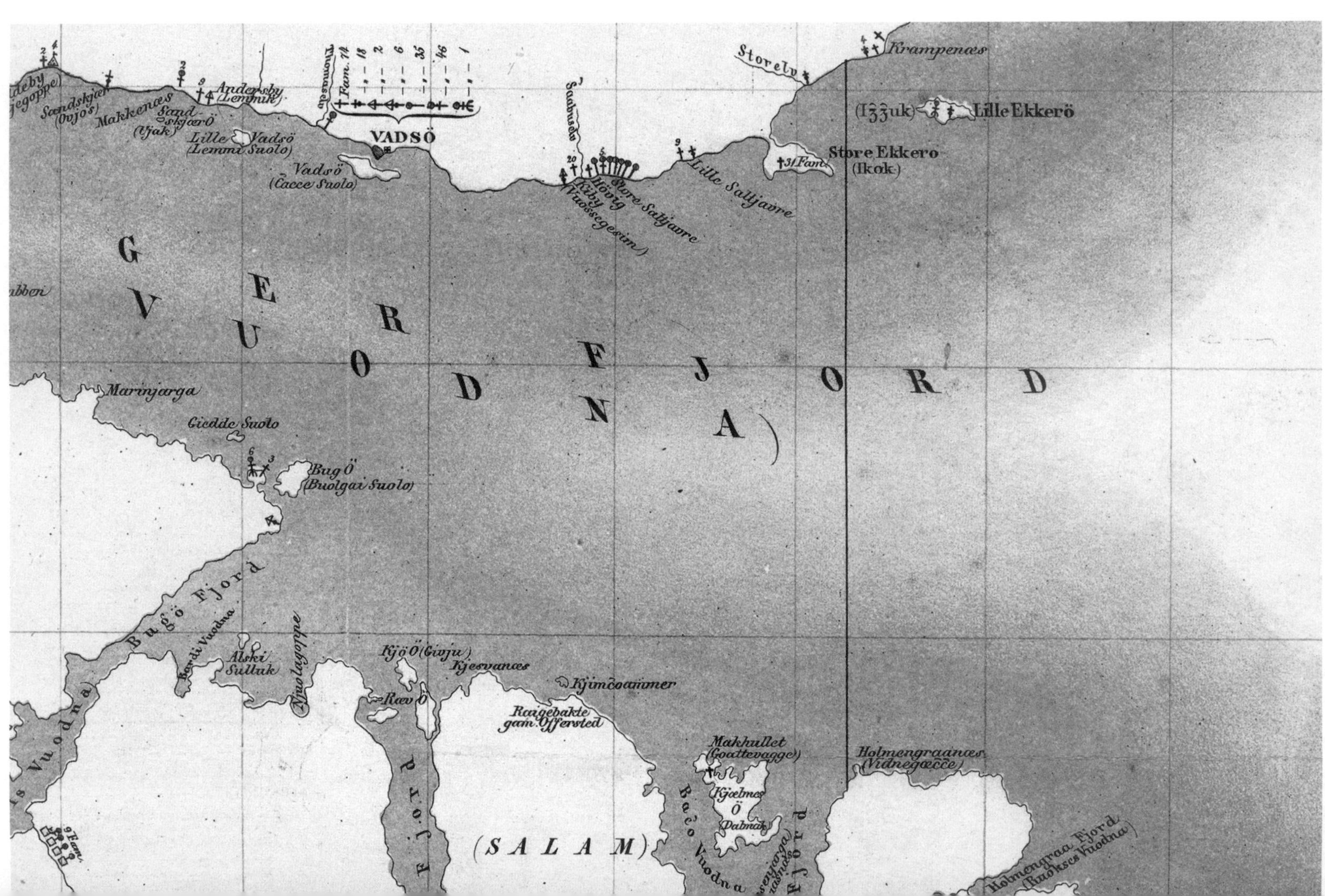
VADSÖ
Fam. 74
Thomaselv
Andersby
(Lemmik)
Makkenæs
Sandskjær
(Ovjos)
Sandskjærö
(Vjak)
Lille Vadsö
(Lemmi Suolo)
Vadsö
(Cacce Suolo)
Saabuselv
Store Saltjavre
Hövig
Kiby
(Vuossegesim)
Lille Saltjavre
Storelv
Krampenæs
Lille Ekkerö
Store Ekkero
(Ikok)
31 Fam.
VARANGER FJORD
(VUODNA)
Marinjarga
Giedde Suolo
Bug Ö
(Buolgai Suolo)
Bugö Fjord
Bardi Vuodna
Alski Sulluk
Njuolagoppe
Kjö Ö (Givju)
Kjesvanæs
Ræv Ö
Kjimcoaimer
Raigebakte
gam. Offersted
Fjord
(SALAM)
Makhullet
(Goattevagge)
Kjælmæ Ö
(Dalmak)
Baco Vuodna
Fjord
Holmengraanæs
(Vidnegæcce)
Holmengraa Fjord
(Ruokses Vuodna)
9 Fam.

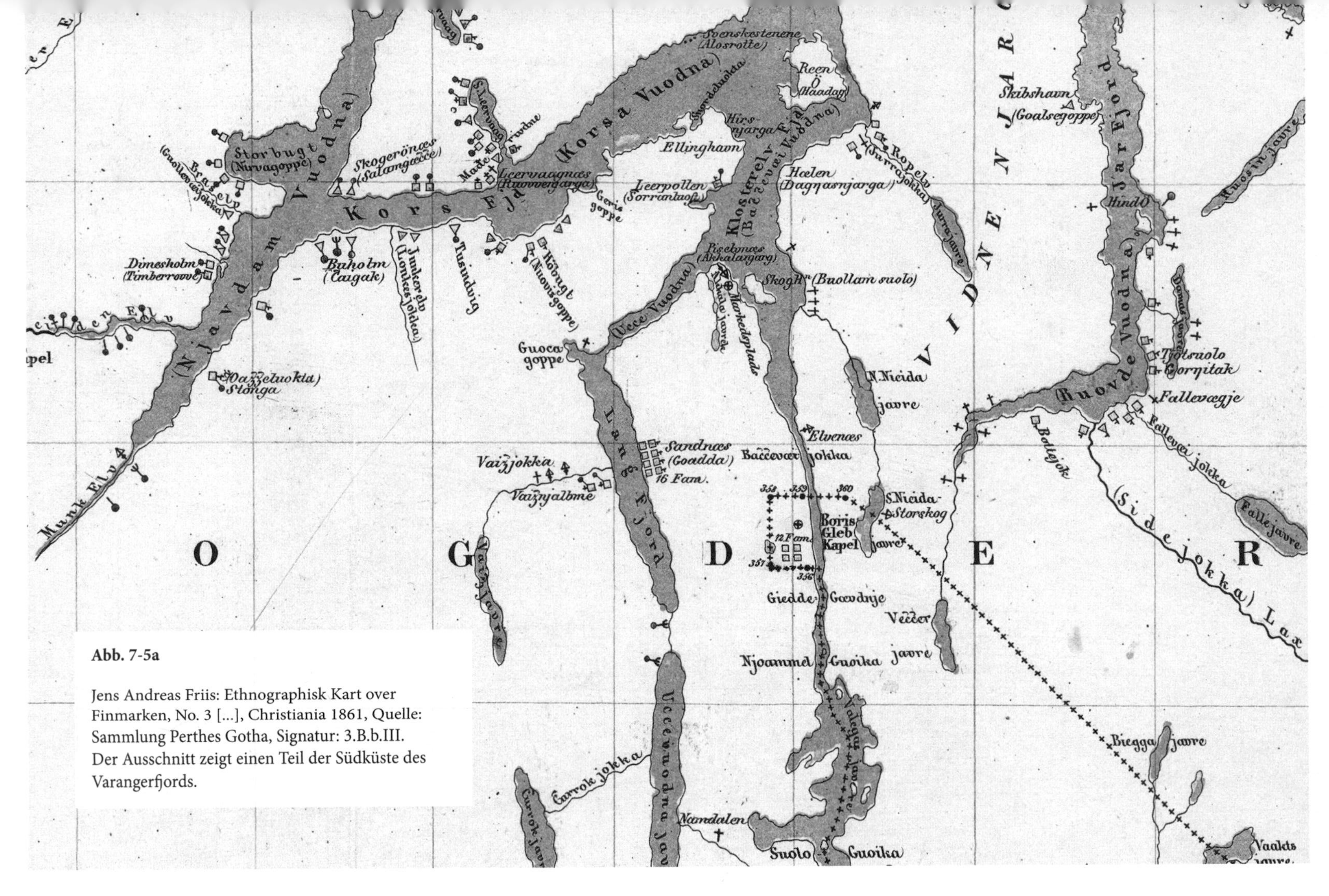

Abb. 7-5a

Jens Andreas Friis: Ethnographisk Kart over Finmarken, No. 3 […], Christiania 1861, Quelle: Sammlung Perthes Gotha, Signatur: 3.B.b.III. Der Ausschnitt zeigt einen Teil der Südküste des Varangerfjords.

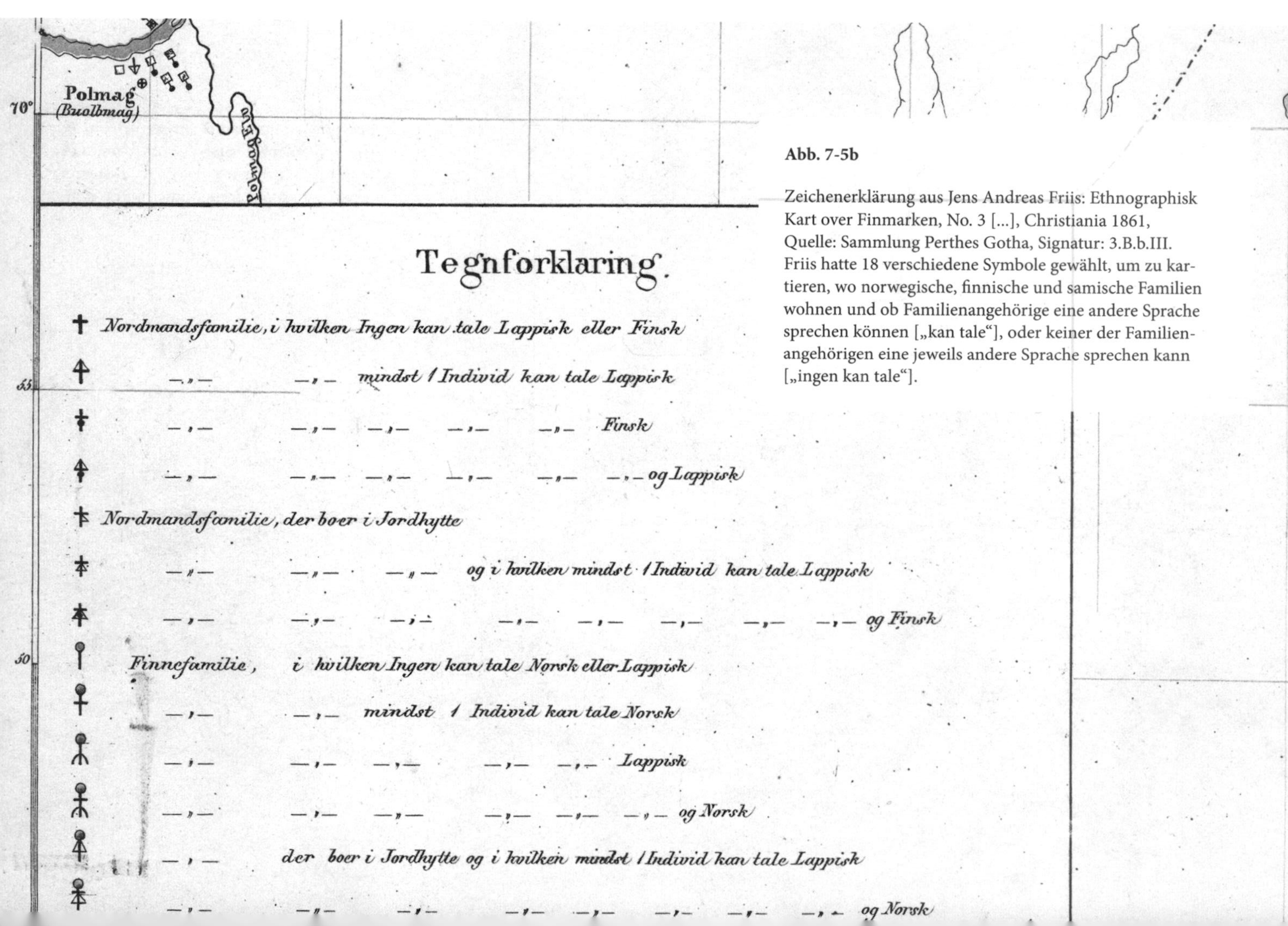

Abb. 7-5b

Zeichenerklärung aus Jens Andreas Friis: Ethnographisk Kart over Finmarken, No. 3 […], Christiania 1861, Quelle: Sammlung Perthes Gotha, Signatur: 3.B.b.III. Friis hatte 18 verschiedene Symbole gewählt, um zu kartieren, wo norwegische, finnische und samische Familien wohnen und ob Familienangehörige eine andere Sprache sprechen können [„kan tale“], oder keiner der Familienangehörigen eine jeweils andere Sprache sprechen kann [„ingen kan tale“].

— „ — — „ — — „ — — „ — Mand og Kone kunne tale Norsk

— „ — — „ — — „ — — „ — mindst 1 Individ kan tale Finsk

— „ — — „ — — „ — — „ — — „ — — „ — — „ — — „ — og Norsk

Lappefamilier, boende i tömrede Huse og med eller uden saadant Kjendskab til Norsk og Finsk, som forud ved △ Tegnet beskrevet. Tallet 2 over et Tegn betyder (i Regelen), at to Familier af samme Nationalitet og Sprogforhold boe sammen i 1 Huus. Et höiere Tal end 2 (undertiden ogsaa Totallet) betegner derimod det hele Antal Familier af samme Nationalitet og Sprogforhold paa Steder, hvor Familierne boe saa tæt sammen, at det ikke har været muligt at betegne hver for sig med særskilt Tegn.

+++●++ Rigsgrændse med nummererede Röser.

------ Fogderigrændse

-.-.-.- Præstegjældsgrændse.

⊞ Hovedkirke.

⊕ Annexkirke.

I de lappiske Stedsnavne udtales š som tysk sch, engelsk sh. ʒ som ds; ǯ som dš. c som ts; č som tš eller tysk tsch, engelsk ch. g som gh. đ som dh. ŧ læspende som engelsk th. ŋ som gn med Næselyd.

40 35 30 45 50 55 46° 5 10 15 20 25 30 35 40 45 50

Tjumen–Kotlas eine Erschließung sibirischer Holzvorkommen ermögliche.[723] Andere Bahnverbindungen ins Innere des Russischen Reiches waren bemerkenswerterweise nicht in der Kartenskizze enthalten.

Durch diese Schrittfolge bei der Kartenanalyse zeigt sich zum einen, wie die beteiligten Kartographen durch den ganz ‚normalen' und notwendigen Prozess des Generalisierens und Fokussierens bei der Produktion kleinmaßstäbiger Karten einzelne Aspekte in den Hintergrund rückten oder ausblendeten und andere Aspekte dafür aufwerteten. Zum anderen wird deutlich, wie stark Metzger die Generalisierung auf den Zweck seiner Karten ausrichtete: Die kleine Kartenskizze erschien als Planungsgrundlage einer Reise, die ihn, so die Kartendarstellung, in offenbar waldreiches, aber menschenleeres Land führte. Die große Kartenskizze wies über die nordfinnischen Waldvorkommen hinaus und bot dem Auswärtigen Amt eine Art Zukunftsperspektive, in welcher die eingezeichneten Flüsse, die Landbrücken und die Eisenbahnlinie die Parameter einer Waldressourcenerschließung in Nordrussland umrissen.

Gemessen an Metzgers Zielsetzung, nämlich das Auswärtige Amt zur Genehmigung seiner Erkundungsreise zu bewegen, erfüllten seine Karten ihren Zweck. Er präsentierte dem Auswärtigen Amt eine waldreiche, menschenleere Region, die gleichsam bereit war, Vorstellungen von möglichen zukünftigen Raumerschließungen und Ressourcennutzungen aufzunehmen.

Auf seiner Reise durch Nordnorwegen und Nordfinnland scheute Metzger keine Mühen, um zu verlässlichen Urteilen zu kommen. Er und sein Assistent vermaßen ausgewählte Waldflächen und extrapolierten die festgestellten Waldverhältnisse auf Waldregionen, die sie von Bergkuppen überblicken konnten; sie fällten Bäume, um anhand der Jahresringe und Holzbeschaffenheit die Zuwachsgeschwindigkeit und Holzqualität einschätzen zu können. In seinem Bericht an das Auswärtige Amt kam Metzger schließlich zu dem Urteil, dass eine „Erschöpfung dieses gewaltigen mit der Ostsee verbundenen lappländischen Waldgebietes selbst bei einer Verdoppelung der bisherigen Abholzungen in absehbarer Zeit nicht eintreten wird."[724]

Insgesamt gesehen lieferten die Berichte der forstwirtschaftlichen Sachverständigen wertvolles Datenmaterial. Allerdings fanden diese Berichte nur teilweise Eingang in die internationale Diskussion. Während einige Berichte, wie etwa jener von Allard Scheck über die forstlichen Verhältnisse Kanadas, vom Auswärtigen Amt veröffentlicht wurden, gelangten andere nicht in den Druck.[725] Carl Metzgers Bericht über seine Erkundungen in Nordnorwegen und Nordfinnland bspw. erschien nicht, weil das Auswärtige Amt auf Betreiben des Preußischen Landwirtschafts-

723 BArch Berlin, R 901 / 14480, Carl Metzger: Holzhandel und Waldbenutzung in Nordeuropa 1905 / 06, ohne Datum [28. März 1906].

724 BArch Berlin, R 109 / 14480, Carl Metzger: Bericht über eine durch Finmarken und finnländisch Lappland ausgeführte Reise, ohne Datum [März 1907].

725 Scheck: Die forstlichen Verhältnisse Kanadas (1906), S. 11–13 und 102–116.

ministeriums ein Veto einlegte.[726] Hier ging es nicht um irgendeine Art von Geheimhaltung wirtschaftlich bedeutsamer Informationen, sondern schlicht um Diplomatie: Carl Metzger hatte sich in seinem Bericht, so die Einschätzung des Preußischen Landwirtschaftsministeriums, in nicht gerade diplomatischer Weise über das Wirken der finnischen Forstverwaltung ausgelassen, so dass eine Veröffentlichung nicht ratsam erschien. Stattdessen ließ das Auswärtige Amt Metzgers Bericht lediglich als Schreibmaschinen-Skript an die Direktoren der großen Forstakademien im Deutschen Reich zur Unterrichtung weiterleiten. Einer ausgewählten Gruppe von Experten waren also nun Metzgers Einschätzung des ausreichenden Waldvorrats Finnlands bekannt, wohingegen jenen Experten, die nicht nahe genug an diesen Zentren der Forstwissenschaft waren, die Informationen nicht zugänglich waren.

Neben der im Kapitel VI analysierten Kontroverse zwischen Mélard und Endres um die Leistungskraft nord- und osteuropäischer Waldvorkommen, verdeutlichen diese Fallbeispiele aus Norwegen und dem Deutschen Reich zentrale Aspekte, die zum Prozess des *Neuskalierens von Nachhaltigkeit* hinzugerechnet werden müssen: Mit immer neuen Erhebungen strebten forstwissenschaftliche Experten danach, Wissen über forstliche Verhältnisse zu vertiefen und zu verfeinern, um exaktere Planungsgrundlagen für eine zukünftige Holzversorgung zu gewinnen. Nicht mehr einfache Statistiken oder Forstkarten genügten, um Planungssicherheit zu erhalten. Vielmehr galt es aus Sicht der Experten, immer mehr Details der Waldbeschaffenheit zu erfassen, wie etwa Alter und Art des Bestands, Zuwachsraten u. a. m. Darüber hinaus wurden in den deutschen Sachverständigen-Berichten noch Differenzierungen deutlich: Offenkundig betrachteten Carl Metzger und andere deutsche forstwissenschaftliche Experten die bislang verfügbaren forststatistischen Angaben aus den nord- und osteuropäischen Ländern mit Skepsis. Das Bestreben, selbst diese Wälder zu erkunden, war im Umkehrschluss ein Misstrauenszeugnis für die Statistiken, die die Forstverwaltungen der skandinavischen Länder und des Russischen Reiches erstellt hatten. Gegenüber den früheren forstlichen Reisen, die Deutsche nach Nord- und Osteuropa unternommen hatten, zeigten sich in Metzgers Bericht klare wirtschaftliche Ambitionen: Carl Metzger war nicht aus reinem wissenschaftlichen Interesse nach Nordeuropa gekommen oder um die jeweils landeseigenen Forstverwaltungen zu beraten, wie es etwa die Reise Edmund von Bergs Mitte des 19. Jahrhunderts charakterisiert hatte. Vielmehr war es erklärtes Ziel der Metzger'schen Erkundungsreise, das nordeuropäische Potential zur Holzversorgung der deutschen Wirtschaft und ggf. weiterer industrialisierter Volkswirtschaften West- und Mitteleuropas zu ergründen.

726 BArch Berlin, R 901 / 14480, Preußisches Landwirtschaftsministerium an Auswärtiges Amt, 8. August 1907.

VII.1.3 Begrenzungen und Einhegungen. Maßnahmen zur Regulierung von Waldnutzungen und des grenzübergreifenden Handels

Zum Prozess des Neuskalierens von Nachhaltigkeit gehörten als maßgebliche Aspekte nicht nur die Effizienzsteigerung forstwirtschaftlicher Produktion und die Vertiefung von Wissen über Waldverhältnisse in einem sich entgrenzenden Raum. Vielmehr umfasste das Neuskalieren auch Maßnahmen zur partiellen Begrenzung oder Einhegung der Waldnutzungen und des Austauschs von Gütern.

Gesetze, Verordnungen oder Vereinbarungen zur Begrenzung von Waldnutzung sind kein Produkt des 19. Jahrhunderts, sondern reichen bis weit in die Frühe Neuzeit zurück. Während des 19. Jahrhunderts traten jedoch zwei Ursachen auf, die rechtlichen Regelungen zur Begrenzung von Waldnutzungen einen erheblichen Schub gaben: Zum einen zeigte die Dynamik, mit der sich industrielle Waldressourcennutzung entfaltete, dass ohne rechtliche Beschränkungen ganze Regionen innerhalb weniger Jahre kahlgeschlagen werden konnten. Zum anderen beförderte die Diskussion um die Wald-Wasser-Zusammenhänge das Bewusstsein für ökologische Funktionen des Waldes, auch wenn im Einzelnen umstritten oder unklar blieb, welche *genauen* ökologischen Auswirkungen eine vorhandene Waldfläche hatte (vgl. Kapitel V).

In zahlreichen Ländern des Nord- und Ostseeraums erließen die jeweiligen Regierungen Gesetze oder überarbeiteten vorhandene Maßregeln, um Waldnutzungen zu beschränken. Unabhängig von den verschiedenen Schwerpunkten, die die Erarbeitungsprozesse und Gesetze in den einzelnen Ländern aufwiesen, zeigten sich zwei Gemeinsamkeiten, wie sie an den folgenden russischen, norwegischen und deutschen Beispielen deutlich werden: Erstens drehte sich die Debatte in vielen Ländern um grundsätzliche Zweifel an der Durchsetzbarkeit solcher Gesetze, da staatliche Eingriffe auf Widerstand bei privaten Waldbesitzern stoßen würden. Und zweitens erwies sich bei zahlreichen Gesetzesvorhaben ein Definitionsproblem als äußerst sperrig, und zwar die Frage, wie der Waldzustand zu bestimmen sei, der überhaupt einen gesetzlichen Eingriff rechtfertigen würde, ab wann also ein Wald gegen weitere Nutzungen oder gar „Verwüstungen" – so die zeitgenössische Formulierung – zu schützen sei.

Das russische Waldschutzgesetz von 1888 setzte bspw. in den betreffenden Gouvernements Kommissionen und nachgeordnete, örtliche Ausschüsse ein, die die Einrichtung von Schutzwald-Gebieten zu bestimmen und darin den schonenden Forstbetrieb zu überwachen hatten. Hier zeigte sich jedoch rasch, dass – aus Sicht der Waldbesitzer – die Definition, was eigentlich als „zerstörender Holzeinschlag" („opustošitel'noû rubkoû") gelten solle, eine sehr unterschiedliche und damit für die Betroffenen willkürliche Auslegung erfahren könne.[727]

In Norwegen musste die Forst-Kommission von 1874 bis 1878, die mit der Ausarbeitung eines Waldschutzgesetzes beauftragt war, zunächst in endlos scheinen-

727 Syročinskij: Neskol'ko slov" o primenenii zakona (1891), S. 161.

den Debatten die Frage erörtern, „was eigentlich als Waldverwüstung [Skovødelæggelse] verstanden werden" solle.[728] Das letztlich verabschiedete Gesetz von 1893 übertrug – wohlwissend um die Widerstände privater Waldbesitzer – der jeweiligen Gemeindeverwaltung *(herredstyre)*, wie die Schutzbestimmungen vor Ort umzusetzen seien.[729] Ein weiteres Gesetz, das Nordlandgesetz *(Nordlandloven)* von 1892, hingegen verbot die Ausfuhr von Holz aus den nördlichen Ämtern Norwegens, womit es ältere Ausfuhrbeschränkungen aus dem 18. Jahrhundert wieder aufnahm.[730] In Preußen verabschiedete das Herrenhaus 1875 ein Gesetz, das einem Kreisausschuss die Entscheidung über die Einrichtung von Schutzwald-Gebieten übertrug. Da in diesen Kreisausschüssen kein Teilnehmer die Rolle des ‚Buhmanns' gegenüber den Privatwaldbesitzern übernehmen wollte, lief das Gesetz de facto ins Leere. Die Wirkungslosigkeit des Gesetzes von 1875 fand seine gleichsam amtliche Bestätigung darin, dass nach der Hochwasserkatastrophe in Schlesien 1897 ein gesondertes Gesetz für Schlesien im Jahr 1899 erlassen wurde, das den Regierungspräsidenten zur Einrichtung von Schutzwald-Gebieten, auch gegen den Willen privater Waldbesitzer, ermächtigte.[731]

Will man diese verschiedenen Maßnahmen zum Schutz von Wald analysieren, so ist es lohnenswert, die jeweiligen Gesetze im Zusammenhang mit den Bewegungen der *timber frontier* zu betrachten. Denn untersucht man die Gesetze davon isoliert, entstehen kaum tragfähige Urteile. Brian Bonhomme bspw. kommt in seiner Analyse des russischen Waldschutzgesetzes von 1888 zu dem Urteil, dass sich dieses im Vergleich zu Großbritannien, Frankreich und Deutschland „verhältnismäßig spät [relatively late]" durchgesetzt habe.[732] Solche Thesen finden mühelos Anschluss an die auch andernorts verbreiteten Auffassungen von den unterschiedlichen Entwicklungsstufen einzelner Länder oder Großregionen in der europäischen Geschichte – Auffassungen, die etwa Dieter Langewiesche auf die kurze Formel vom „west-östliche[n] politisch-gesellschaftliche[n] Modernisierungsgefälle"[733] gebracht hat. Die These Bonhommes zeugt eher von solchen klassischen Einordnungen in West- und Osteuropa und versperrt daher den Blick für die Zusammenhänge, die erst zu Tage treten, wenn man die Diskussionen um Waldschutzgesetze als Teil einer *europäischen* Geschichte betrachtet.

Analysiert man die Waldschutzgesetze hingegen im Zusammenhang mit der *timber frontier*, die grenzübergreifend den gesamten Nord- und Ostseeraum betraf, so zeigt sich, dass die Ausgangsbedingungen für Gesetze sehr verschieden waren: Während die *timber frontier* in Skandinavien und Nordrussland im 19. Jahrhun-

---

728 RiksA Oslo, S-1600 / Dc / D / L2287 / 0001 / D-7-a Skogkommisjonen av 1874, Bericht des „Formand", N. Bonnevie, an das Innendepartement, Christiania, 31. Oktober 1877.

729 RiksA Oslo, S-1600 / A / Ab / L0006, fol. 161v, Skogdirektorat, 5. August 1900.

730 Vgl. Fryjordet: Skogadministrasjonen i Norge (1992), Bd. 1, S. 46; vgl. auch Th. M. [wahrscheinlich Thorvald Mejdell]: Om vore Skoves hurtige Forringelse (1894).

731 Hasel: Zur Geschichte der Forstgesetzgebung in Preußen (1974), S. 74–83.

732 Bonhomme: Forests, Peasants and Revolutionaries (2005), S. 12.

733 Langewiesche: Europa zwischen Restauration und Revolution (1993), S. 3.

dert rasch vordrang, um den steigenden Holzbedarf in West- und Mitteleuropa zu bedienen, rückte die *timber frontier* in West- und Mitteleuropa nur noch langsam voran, oder kam regional gar vollständig zum Halten. Der wirtschaftliche Nutzungsdruck auf Waldgebiete in Nord- und Osteuropa war nun also erheblich größer als auf Waldgebiete in Mittel- und Westeuropa.

Sicher, auch in Mitteleuropa gab es trotz der Möglichkeiten zum Holzimport per Eisenbahn weiterhin vielfältige lokale Nutzungen der vorhandenen Wälder. Aber der rasant steigende Bedarf wurde bspw. im Deutschen Reich – wie in Kapitel VI dargestellt – im erheblichen Maß durch steigende Importe befriedigt, während die landeseigenen Wälder nicht über das nachhaltige Maß hinaus genutzt werden mussten.

Die charakteristische Bewegung der *timber frontier* – rasches Vordringen in Nordeuropa, Verlangsamen oder gar Anhalten in West- und Mitteleuropa – und der dadurch unterschiedliche Nutzungsdruck auf die Wälder erzeugte je nach Land verschiedene Ausgangsbedingungen für Waldschutzgesetze: Wo ein Wald intensiv genutzt und sein Holz kurzfristig mit verlockendem Gewinn verkauft werden konnte, waren größere Widerstände gegen schützende Eingriffe in den Wald (gleich welcher Art) zu erwarten als in einem Wald, dessen Holz sich ohnehin nicht (mehr) gewinnbringend verkaufen ließ. Anläufe zur Waldschutzgesetzgebung in Mittel- und Westeuropa mussten also gegen einen geringeren Nutzungsdruck ankommen als ähnliche Unternehmungen in Skandinavien oder im Russischen Reich. – Eine solche Einordnung von Waldschutzgesetzen in den gesamteuropäischen Zusammenhang, der sich aus den Bewegungen der *timber frontier* ergab, eröffnet darüber hinaus Perspektiven für weitere Forschungsprobleme, etwa die Frage nach dem spezifisch regionalen Nutzungsdruck auf Waldgebiete vor der Einrichtung von Naturschutzgebieten und Nationalparks.

In das Spektrum der eingrenzenden oder einhegenden Maßnahmen gehörten nicht nur Waldschutzgesetze, sondern ebenso Zölle und andere Ein- und Ausfuhrregelungen. Zölle waren seit der Frühen Neuzeit die Regel im Holzhandel. Im 19. Jahrhundert verringerte sich jedoch die Anzahl von Zollbarrieren sowohl durch Bildung von Zollunionen als auch durch Abschaffung von Zöllen angesichts einer wachsenden Zahl von Befürwortern des Freihandels. Die wirtschaftlichen Krisen-Erscheinungen in der zweiten Hälfte des 19. Jahrhunderts ließen in vielen europäischen Ländern jedoch erneut den Ruf laut werden, grenzübergreifenden Handel durch Zölle zu regulieren. Hinsichtlich von Zöllen im Holzhandel ging es in erster Linie um Einfuhrzölle, weshalb die Debatten in den Importländern Großbritannien und Deutschland am lebhaftesten geführt wurden. Großbritannien hatte Mitte des 19. Jahrhunderts letzte Einfuhrzölle auf Holz aufgehoben und blieb bei dieser Haltung. Das Deutsche Reich führte hingegen nach einer Freihandelsphase ab 1879 erneut Zölle auf die Einfuhr von Holz ein.[734] Es war bereits unter den

734 Vgl. Rubner: Forstgeschichte im Zeitalter der industriellen Revolution (1967), S. 151–160; Endres: Handbuch der Forstpolitik (1905), S. 694–718.

Zeitgenossen umstritten, welche tatsächlichen Auswirkungen diese Zölle auf den Holzhandel hatten. Gegner und Befürworter von Zöllen brachten im Laufe dieser Debatten eine breite Vielfalt an Details zu Tage, wie Zölle im Einzelnen zur Justierung des Außenhandels einzusetzen oder eben abzuschaffen seien. Dabei ging es auch um die Differenzierungen zwischen Holzsorten, zwischen verarbeitetem und unverarbeitetem Holz u. a. m.

Die Einfuhr von Holz aus Nord- und Osteuropa ins Deutsche Reich ging tatsächlich von 3,2 Millionen Festmeter im Jahr 1879 auf 1,7 Millionen Festmeter im darauffolgenden Jahr 1880 zurück.[735] „Daß die neuen Zölle diesen Rückgang veranlaßten", analysierte Max Endres 1905, „ist sehr unwahrscheinlich. Ursache war vielmehr der Stillstand auf allen wirtschaftlichen Gebieten."[736] Auch in den statistischen Übersichten, die die preußische Regierung seit Anfang der 1880er Jahre erstellen ließ, hatte Bernhard Danckelmann neben den Zoll-Auswirkungen auch auf die allgemeine wirtschaftliche Lage hingewiesen.[737] Neue Forschungen zur Wirtschaftsgeschichte folgen, auch über den spezifischen Fall Holz hinaus, diesen Einschätzungen.[738] Zölle waren, so brachte es 2001 Sidney Pollard auf den Punkt, „a great deal of political sound and fury associated with it, but it (the tariff) did not signify a great deal, compared with other influences".[739]

Neben den Zöllen, die darauf abzielten, den Handel mit Nutzholz zu regulieren, lassen sich im späten 19. Jahrhundert noch weitere Maßnahmen erkennen, die auf eine Beeinflussung grenzübergreifenden Handels abzielten. Hier ging es nicht allein um ökonomische, sondern auch um ökologische Regulierung, wie ein Beispiel aus Norwegen zeigt: Der Hintergrund für Beschränkungen des Außenhandels aus ökologischen Motiven waren Erfahrungen in Schweden seit den 1870er Jahren, dass nämlich importiertes Saatgut für Klee und andere Nutzpflanzen auf schwedischem Boden nicht so gediehen, wie es Landwirte erwartet hatten.[740] Im Forstwesen traten ähnliche Probleme auf, die die schwedische und norwegische Forstverwaltung zu genaueren Untersuchungen veranlassten. Im Ergebnis zeigte sich, dass Saatgut aus mitteleuropäischen Ländern, bspw. aus Deutschland, in Norwegen und Schweden nur mittelmäßige oder schlechte Bäume hervorbrachte, da diese Bäume offenkundig dem rauen skandinavischen Klima nicht gewachsen waren.

735 FAE Nr. 188, Danckelmann: Uebersicht der durchschnittlich jährlichen Mehreinfuhr bezw. Mehrausfuhr an Nutzholz und Gerbrinde im deutschen Zollgebiete während der Jahre 1862 bis 1881, ohne Datum [etwa 1882].

736 Endres: Handbuch der Forstpolitik (1905), S. 695.

737 FAE Nr. 188, Danckelmann: Uebersicht der durchschnittlich jährlichen Mehreinfuhr bezw. Mehrausfuhr an Nutzholz und Gerbrinde im deutschen Zollgebiete während der Jahre 1862 bis 1881, ohne Datum [etwa 1882].

738 Vgl. Wilson: The German Forest (2012), S. 63; Petersson: Das Kaiserreich in Prozessen ökonomischer Globalisierung (2004), S. 62 f.

739 Pollard: Free Trade, Protectionism, and the World Economy (2001), S. 53.

740 Schotte: Om färgning af skogfrö (1910); vgl. auch RiksA Oslo, S-1600 / Direktoratet for Statens Skoger / Dc / D / L2360 / 0001 / D-22-a IV, Landbruksdepartementet an „Statens Kemiske Kontrollstation og frøkontrolanstalt", 23. Oktober 1913.

Erschwerend kam hinzu, dass, anders als bei Klee, sich das schlechte Wachstum von Bäumen teils erst Jahre oder Jahrzehnte später bemerkbar machte oder gar erst in der zweiten Generation auftrat.[741] Da mehrere Fälle bekannt wurden, dass ausländisches Saatgut als inländisches deklariert und als solches verkauft worden war, schritt die Regierung zu gesetzlichen Regelungen: Per Gesetz vom 3. März 1914 wurde ausländisches Baumsaatgut nun farblich markiert, um den Käufern solchen Saatguts den tatsächlichen Inhalt der Lieferungen auf den ersten Blick sichtbar zu machen.[742] Dieses Gesetz kann als nationale umweltpolitische Antwort auf den zunehmenden internationalen Handel mit Saatgut verstanden werden. Denn minderwertiges Saatgut schwächte auf lange Sicht die Qualität norwegischen Holzes und damit das Holzhandelspotential Norwegens, das ein wichtiger Wirtschaftsfaktor des Landes war. Zugleich waren dieses Saatgut-Gesetz wie auch das zuvor erörterte Nordlandgesetz *(Nordlandloven)* und die deutschen Zoll-Bestimmungen weitere Aspekte im Prozess des Neuskalierens von Nachhaltigkeit. Der immer weitere Räume umspannende Handel mit Holz und Saatgut führte zu Auswirkungen, die aus Sicht nationaler Regierungen dem landeseigenen Forstwesen ökonomisch oder ökologisch Schaden zufügten, weshalb diese Regierungen Gegenmaßnahmen ergriffen. Den – aus deren Sicht – negativen Effekten immer größerer, transnationaler Wirtschafts- und Planungsräume galt es, mit nationalen Regeln entgegenzutreten.

Solche Gesetzgebungen waren, ähnlich wie die Maßnahmen zur Steigerung der forstwirtschaftlichen Effizienz und das Streben nach der Vertiefung forstlichen Wissens, eine Art Stellschrauben im Prozess des Neuskalierens von Nachhaltigkeit: Mit den Effizienzsteigerungen ließ sich das Maß austesten, das die landeseigenen forstwirtschaftlichen Flächen an maximalem Ertrag abwarfen, in der Vertiefung des forstlichen Wissens strebten Experten danach, auch die Leistungskraft möglichst des gesamten Planungsraums (im Inland und Ausland) präziser zu erfassen, und mit den Eingrenzungen zielten nationale Regierungen zumeist darauf, negative Effekte der zunehmend entgrenzten Ressourcennutzung im jeweils eigenen Land abzufedern oder auszuschließen.

VII.2 Das Vordringen der *timber frontier* als Agenda internationaler Zusammenarbeit

Es fällt nicht leicht, einen genauen Anfangs- und Endpunkt zu definieren, die den Prozess des Neuskalierens von Nachhaltigkeit präzise eingrenzen. Gemessen an den eben dargelegten Fallbeispielen aus den Ländern des Nord- und Ostseeraums, sind

741 Zu ähnlichen Fällen im Baltikum vgl. Neuschäffer: Kleine Wald- und Forstgeschichte des Baltikums (1991), S. 75.

742 RiksA Oslo, S-1600 / Direktoratet for Statens Skoger / Dc / D / L2360 / 0001 / D-22-a IV, Plakat om farvning av utenlandsk frø av gran og furu, 28. Januar 1914 / 3. März 1914.

die regionalen und nationalen Maßnahmen, mit denen Experten das Neuskalieren von Nachhaltigkeit vorantrieben und zu gestalten versuchten, zwischen den 1870er Jahren und dem Ersten Weltkrieg zu verorten. Auf der Ebene der internationalen Kongresse und Ausstellungen bilden sich Facetten des Neuskalierens von Nachhaltigkeit im Wesentlichen zwischen der Internationalen Forstausstellung 1884 in Edinburgh und jenem internationalen forstwissenschaftlichen Kongress ab, der im Jahr 1907 erneut in Wien zusammenkam. Dieser Kongress wird im Mittelpunkt des folgenden Teilkapitels stehen.

Im Sommer 1900 hatten die Teilnehmer des Kongresses in Paris beschlossen, dass das Forstwesen von jetzt an mit dem Agrarwesen gemeinsame internationale Kongresse ausrichten solle. Auf den ersten Blick zeigt sich in den Kongressen, die nun in Rom (1903), in Wien (1907), in Madrid (1911) und in Gent (1913) zusammenkamen eine Kontinuität, die dem Beschluss zu entsprechen scheint. Betrachtet man das Kongressgeschehen allerdings aus der Nähe, so wird zweierlei deutlich: Zum einen war in den Tagesordnungen dieser Kongresse zwischen 1903 und 1913 das Forstwesen unterschiedlich stark vertreten. In Rom, Madrid und Gent gab es jeweils nur kleine forstliche Sektionen, und zwar so klein, dass sie teilweise gar keinen Niederschlag in forstwissenschaftlichen Zeitschriften des Nord- und Ostseeraums fanden. In Wien 1907 hingegen war das Forstwesen (erneut) in voller inhaltlicher Breite repräsentiert. Zum anderen darf angesichts dieser Kontinuität gemeinsamer agrar- und forstwissenschaftlicher Kongresse, die jeweils von der Regierung des Gastlandes ausgerichtet wurden, nicht übersehen werden, dass es weiterhin auch andere Akteure gab, die internationale Veranstaltungen mit forstlichen Themen ausrichteten. Hervorstechend ist in dieser Hinsicht der internationale forstwissenschaftliche Kongress, den der *Touring Club de France* im Jahr 1913 in Paris ausrichtete.

In Wien tagte vom 21. bis 25. Mai 1907 der VIII. Internationale landwirtschaftliche Kongress. Die Zählung als „VIII." Kongress stellte ihn also in eine Reihe, die beim Kongress 1889 in Paris begann, obgleich die Organisatoren in Wien 1907 auch ausdrücklich auf den Kongress 1873, der ebenso in Wien getagt hatte, Bezug nahmen. Der Kongress umfasste insgesamt elf Sektionen, wobei die achte Sektion dem Forstwesen gewidmet war. Auch einige andere Sektionen enthielten Tagesordnungspunkte, die für das Forstwesen interessant waren, bspw. das Unterrichtswesen. Das Vorbereitungskomitee für die Forstsektion bestand, ähnlich wie bei den vorangegangenen Kongressen auch, aus Vertretern der Forstverwaltung und Forstwissenschaft am Veranstaltungsort, hier also Wiens. Zu den international bekannten Organisatoren zählten Ludwig Dimitz und Adolf von Guttenberg, hinzu kamen Heinrich von Lorenz-Liburnau, Emil Böhmerle, Karl Böhmerle, Josef Petraschek und Walter Sedlaczek. Die Forstsektion umfasste insgesamt zwölf Tagesordnungspunkte, zu denen jeweils zwischen zwei und vier Referenten ihre Thesen vortrugen. Die Tagesordnungspunkte waren ähnlich wie bei den vorangegangenen Kongressen strukturiert und reichten vom Forstschutz gegen Insekten und Hüttenrauch über Holztransport, Forststatistik und Standardisierung von Maßeinheiten bis hin zu „gesetzlichen Vorkehrungen betreffend den Schutz der natürlichen Landschaft".

Zum Kongress erschienen insgesamt etwa 2.300 Teilnehmer, von denen sich etwa 500 für die Forstsektion anmeldeten.[743]

Nach dem Kongress erschien eine Dokumentation in vier Bänden, die die Verhandlungen und die Referate enthielten.[744] In den forstwissenschaftlichen Zeitschriften des Nord- und Ostseeraums sind mehrere Berichte über den Kongress überliefert, wobei die Berichte in der Zeitschrift für Forst- und Jagdwesen (von Fritz Jentsch, Professor an der preußischen Forstakademie in Hannoversch Münden),[745] im Centralblatt für das gesamte Forstwesen (von Josef Friedrich, Direktor der forstlichen Versuchsanstalt in Wien-Mariabrunn)[746] und in Sylwan (von Stanisław Sokołowski, Professor an der Forsthochschule in Lemberg)[747] am ausführlichsten sind. Außerdem erschienen kurze Berichte oder Notizen in der Allgemeinen Forst- und Jagdzeitung und in der Revue des eaux et forêts.[748] Keinen Hinweis auf den Kongress 1907 findet sich hingegen in den Transactions of the Scottish Arboricultural Society und in der Tidsskrift for Skovbrug.

Forststatistische Fragen behandelten die Teilnehmer bei den Tagesordnungspunkten Holzhandel und Standardisierung von Maßeinheiten. Die Teilnehmer erörterten u. a., welche Auswirkungen der weitere Ausbau von Wasserstraßen und anderen Verkehrswegen auf die Forstwirtschaft haben würde. Wie bei den Kongressen zuvor wird im Vergleich der Zeitschriftenberichte deutlich, wie unterschiedlich die Berichterstatter der einzelnen Blätter den Hergang der Verhandlungen und die Ursachen für Meinungsunterschiede wahrnahmen. Über die Wasserstraßen-Frage bspw. referierte zuerst Gunnar Andersson, seit 1902 Dozent am Forstinstitut *(Skogsinstitutet)* in Stockholm. Während Friedrich in seinem Bericht im Centralblatt nur die Angaben zur Größe und Nutzung der schwedischen Wasserwege für den Holztransport wiedergab, machte Jentsch's Schilderung in der Zeitschrift für Forst- und Jagdwesen deutlich, dass die Teilnehmer aus den einzelnen Regionen des Nord- und Ostseeraums offenbar unterschiedliche Perspektiven auf den behandelten Gegenstand hatten: Denn Jentsch schilderte auch Anderssons Schlussfolgerung, dass aus Anderssons Sicht Schweden über ausreichende Wasserwege verfüge, die dem schwedischen Holzexport eine hervorragende Ausgangsbasis gäben, weshalb ein weiterer Ausbau dieser Verkehrswege nicht notwendig sei. Demgegenüber, so berichtete Jentsch, problematisierte der österreichische Forstverwalter Leopold Hufnagl gerade diesen Ausbau, also die stetige Ausdehnung des forstwirtschaftlich durchdrungenen Raumes: „[D]ie Produktionsstätten“, so Hufnagl, „rücken den Konsumtionsstätten immer ferner […], die Transportkosten würden deshalb

743 Anonym: Der VIII. Internationale landwirtschaftliche Kongreß (1907), S. 435.

744 Lobkowitz (Hg.): Achter (VIII.) internationaler landwirtschaftlicher Kongreß (1907).

745 Jentsch: Der VIII. internationale landwirtschaftliche Kongreß (1907).

746 Friedrich: Der VIII. internationale landwirtschaftliche Kongreß (1907).

747 Sokołowski: Międzynarodowy kongres rolniczy w Wiedniu (1907).

748 Anonym: Congrès international d'agriculture de Vienne (1907); Anonym: Der VIII. Internationale landwirtschaftliche Kongreß (1907).

wachsen, das Holz teurer werden."[749] Zugleich, schilderte Jentsch weiter, reflektierte Hufnagl über die „preisausgleichende" Wirkung neuer Verkehrswege. Allerdings, so fügte Hufnagl hinzu, würden im Westen die Preise durch den Ausbau von Wasserstraßen vorübergehend sinken, „wogegen der holzreiche Osten eine Preiserhöhung zu gewärtigen [sic!] hat."[750] Während auf dem Kongress 1890 in Wien noch Referenten wie Adolf von Guttenberg und Eugen Ostwald allein segensreiche Auswirkungen neuer Transportwege erwartet hatten, sahen nun, beim Kongress 1907, einige Teilnehmer eher nachdenklich auf die Folgen solcher forstwirtschaftlichen ‚Marktintegrationen'. Julius Marchet, Professor für Forstwissenschaft an der Wiener Universität für Bodenkultur, der dem internationalen Fachpublikum durch sein Werk „Holzproduktion und Holzhandel von Europa, Afrika und Nordamerika" aus dem Jahr 1904 bekannt war,[751] fügte weitere kritische Reflexionen über den Holzhandel an, insbesondere über die Folgen der zunehmenden Kanalisierung natürlicher Wasserstraßen: Am Beispiel der Moldau sei zu erkennen, so Marchet, dass solche Kanalisierungen die Flößerei erschwerten, da flache Zugänge ans Wasser durch Kanalisierung beseitigt würden. Mit dem Abdrängen der Flößerei würden sich die Standorte der Sägewerke verlagern, und die Produktionsabläufe vom Rohholz zum verarbeiteten Holz verschieben. Um diesen tiefgreifenden Veränderungen bzgl. der Verkehrswege, der Preisentwicklung, Produktion und Konsumtion in dem sich ausdehnenden Raum zu begegnen, schlugen die Teilnehmer 1907 – wie auf zahlreichen Kongressen zuvor – eine Verbesserung internationaler Statistik vor, da die Entwicklungen im Einzelnen aus den bisherigen Daten nur ungenau ablesbar seien: „Es ist eine internationale Kommission einzusetzen", so hieß es in dem Kongressbeschluss, „welche den Entwurf eines einheitlichen Systems der Statistik der Holzproduktion und des Holzhandels dem nächsten Kongresse vorzulegen [...] hat". Die Kommission sollte außerdem Vorschläge erarbeiten, wie eine Land- und „Wasserstraßenverkehrsstatistik" aussehen sollte; und schließlich forderte der Kongress die beteiligten Länder auf, eine Quartalsschrift zu gründen, um diese Statistiken zu publizieren. – Das alles war nicht neu. Und auch unter den Kommissionsmitgliedern fanden sich viele dem internationalen Publikum bekannte Namen, allen voran Albert Mélard (Paris), Fritz Jentsch (Hannoversch Münden) und Julius Marchet (Wien), darüber hinaus Leopold Hufnagl (Vlašim, Böhmen), Petre Antonescu (Bukarest), Wilhelm Ekmann (Stockholm), Valentin Miklau (Sarajevo), Karl Schmidt (Budapest), Dr. v. Schremk (St. Louis, USA), Karl Téglás (Schemnitz, Ungarn).[752] Auffällig ist, dass die Autoren der Zeitschriftenberichte den Beschluss, eine Kommission einzusetzen, nur wiedergaben, aber diese Kommissionsgründung nicht kritisch einordneten: Schon mehrere internationale

749 Jentsch: Der VIII. internationale landwirtschaftliche Kongreß (1907), S. 613 f.
750 Ebenda, S. 614. Vgl. zu steigenden Holzpreisen auch Żabko-Potopowicz: Wpływ zachodnioeuropejskiego piśmiennictwa (1966), S. 313.
751 Marchet: Holzproduktion und Holzhandel (1904).
752 Lobkowitz (Hg.): Achter (VIII.) internationaler landwirtschaftlicher Kongreß (1907), Bd. 1, S. 498.

forstwissenschaftliche Kongresse zuvor hatten immer wieder eine Verbesserung internationaler Forststatistik gefordert – ohne Ergebnisse erzielt zu haben.

Die Kongressteilnehmer beließen es allerdings in Wien 1907 nicht allein bei der Forderung, den Wandel statistisch genauer zu *beobachten.* Sie verlangten ebenso, diesen Wandel tatkräftig zu gestalten: Schon beim ersten Tagesordnungspunkt, der die Optimierung forstlicher Produktion zum Thema hatte,[753] kamen die Teilnehmer zu dem Schluss, dass der „Nutzholzbedarf der europäischen Kulturstaaten in raschem Steigen" begriffen sei und dass die meisten Länder nicht vom eigenen Wald leben könnten. Auch könne – so stellte der Kongress 1907 in krassem Gegensatz zur Haltung, die Guttenberg und Ostwald 1890 auf dem Kongress vertreten hatten – „der Ferntransport [...] das Mißverhältnis zwischen Bedarf und Erzeugung auf die Dauer nicht ausgleichen". Daher forderte der Kongress in einer Resolution die beteiligten Länder zur Erhaltung von Wäldern, zu Aufforstungen sowie zur „*Aufschließung* und wirtschaftlichen Behandlung der bis heute der Exploitierung *noch minder zugänglichen Waldgebiete des Nordens und Ostens Europas*" auf.[754] In der Wahrnehmung der Kongressteilnehmer hatte die forstwirtschaftliche Effizienzsteigerung auf den bereits genutzten Flächen ihr Maximum erreicht, so dass der stetig steigende Bedarf der „europäischen Kulturstaaten" nun aus den industriell noch ungenutzten Wäldern Skandinaviens und Nordrusslands zu befriedigen wäre. Das Vorrücken der *timber frontier*, also das Eindringen der Holzfäller und Sägewerke in ‚ungenutzte' Wälder, war nun nicht mehr allein ein Prozess, der aus dem Zusammenkommen von vielen einzelnen Entscheidungen der Sägewerksunternehmer in Nord- und Osteuropa entstand, die nach gutem Rohstoff zu billigem Preis strebten. Vielmehr erhoben die Teilnehmer des Kongresses in Wien 1907 das Vorrücken der *timber frontier* zum Programm internationaler forstwissenschaftlicher Zusammenarbeit, indem sie im Vorrücken einen Lösungsansatz sahen, um dem steigenden Holzbedarf zu begegnen.

Diese „Aufschließung" neuer Räume galt es gleichwohl, genau zu verfolgen und statistisch zu erheben, weshalb eine Einigung über gemeinsame Maßeinheiten in Forstwirtschaft und Holztransport den Kongressteilnehmern umso wichtiger erschien. Das entscheidende Problem auf dem Weg zu einer Einigung auf gemeinsame Maßeinheiten trat den Kongressteilnehmern in Wien deutlich vor Augen, indem die Organisatoren zu diesem Tagesordnungspunkt nicht – wie sonst zumeist – nur Referenten aus Mittel- und Westeuropa, sondern hier auch den Schweden Wilhelm Ekman um ein Referat gebeten hatten. Ekman hatte in Stockholm Forstwissenschaft studiert und war nach kurzer Arbeit für die Staatsforstverwaltung zu einem großen schwedischen Holzunternehmen gewechselt. Solange Schweden, so schilderte Jentsch in der Zeitschrift für Forst- und Jagdwesen Ekmans Position, den größten Teil seiner Holzausfuhren nach Großbritannien verschiffe und Skandinavier und

753 Im Original lautete dieser Tagesordnungspunkt „Begründung und Erziehung von Waldbeständen unter Rücksichtnahme auf hohen Massenzuwachs und gute Holzqualität".

754 Lobkowitz (Hg.): Achter (VIII.) internationaler landwirtschaftlicher Kongreß (1907), Bd. 1, S. 481.

Briten ein vertrautes, aber eben nichtmetrisches System von Maßeinheiten und Qualitätsbeschreibungen hätten, seien alle Wünsche der Deutschen, Österreicher, Franzosen und anderer Ländern, das metrische System als Grundlage für eine Holzhandelsstatistik zu nehmen, in der Praxis kaum umsetzbar.[755] Sokołowski schilderte in Sylwan Ekmans These gar so, dass die „Akzeptanz metrischer Maße *einzig* von England abhängen" würde [„ogólne przyjęcie miary metrycznej jedynie od Anglii zawisło"].[756] In Sokołowskis Wahrnehmung sah Ekman also allein die starke britische Stellung als Ursache, dass das metrische System bislang nicht zum einheitlichen Standard geworden war. Die Kongressteilnehmer wandten sich daher an den Internationalen Verband forstlicher Versuchsanstalten mit der Aufforderung, eine Vereinheitlichung von Maßeinheiten zu erreichen, die „den Interessen der forstwirtschaftlichen Forschung und denen der praktischen Holzverwertung und des Holzhandels gleichzeitig Rechnung" tragen sollte.[757]

Geradezu beispielhaft trat in diesen Verhandlungen über Standardisierung von Maßeinheiten das Kernproblem internationalen forstwissenschaftlichen Austauschs während des späten 19. und frühen 20. Jahrhunderts zu Tage: Die Vertreter aus dem Deutschen Reich, aus Österreich-Ungarn und aus Frankreich waren zwar die unangefochtenen Wortführer in den *wissenschaftlichen* Debatten und forderten aus dieser Position einen metrischen Standard. Der *wirtschaftliche* Schwerpunkt des Holzhandels lag aber zwischen den Exporteuren in Skandinavien und im Baltikum und den Importeuren in Großbritannien, weshalb diese Exporteure und Importeure an den gewohnten Maßeinheiten festhalten wollten. Eine wissenschaftlich exzellente Position reichte demnach in dieser Streitfrage nicht aus, um ökonomisch eingespielte Abläufe in Maßeinheiten zu zwängen, die den hauptsächlich wirtschaftlich Beteiligten fremd waren oder unpraktisch erschienen.

In *waldökologischen Fragen*, die die Kongressteilnehmer in Wien 1907 unter dem Tagesordnungspunkt „Gesetzliche Vorkehrungen betreffend den Schutz der natürlichen Landschaft und die Erhaltung der Naturdenkmäler" verhandelten, rückte ein Akzent in den Fokus internationaler forstwissenschaftlicher Kongresse, der zuvor allenfalls am Rande eine Rolle gespielt hatte.[758] Auf den vorangegangenen Kongressen ging es bei solchen Tagesordnungspunkten zumeist um den Wald-Wasser-Zusammenhang, um forstlich-meteorologische Fragen u. a. m. Die Organisatoren des Kongresses 1907 in Wien hingegen riefen nun den Landschaftsschutz und die „Forstästhetik" auf die Tagesordnung. Als Referent zu diesem Tagesordnungspunkt trat u. a. Hugo Conwentz auf, der in Preußen die Staat-

755 Jentsch: Der VIII. internationale landwirtschaftliche Kongreß (1907), S. 680 f.

756 Sokołowski: Międzynarodowy kongres rolniczy w Wiedniu (1907), S. 269, Hervorhebung C. L.

757 Jentsch: Der VIII. internationale landwirtschaftliche Kongreß (1907), S. 681.

758 Zu Entstehung von Naturschutz und Nationalparks vgl. Wöbse: Weltnaturschutz (2012); Radkau: Die Ära der Ökologie (2011), S. 55–85; Frohn (Hg.): Natur und Staat (2006); Lundberg: Frå punktfreding til drivhuseffekt (1991); Kupper: Nationalparks in der europäischen Geschichte (2008); Gißibl / Höhler / Kupper (Hg.): Civilizing Nature (2012); Bohn / Dalhouski / Krzoska: Wisent-Wildnis und Welterbe (2017).

liche Stelle für Naturdenkmalspflege leitete. Conwentz forderte den Schutz von „Naturwaldung[en]“ und eine „Reservierung wissenschaftlich und ästhetisch interessanter Teile [von Wäldern, C. L.] in den Abschätzungswerken und Karten“. In der verabschiedeten Resolution kamen die Teilnehmer, so schilderte es Jentsch in der Zeitschrift für Forst- und Jagdwesen, zu der kritischen Feststellung, dass „[d]er gewaltige Aufschwung der materiellen Kultur [...] empfindliche Störungen im Naturhaushalt verursacht“ habe. Der Wald sollte den Menschen aus Industriegebieten auch als Erholungsraum dienen. Daher sollten in Wäldern nahe den Industrieregionen und in Erholungsgebieten das Unterholz und hohle Bäume erhalten bleiben, auch „um der Tierwelt ihre Lebensbedingungen zu bewahren“.[759] Gegenüber den vorangegangenen Kongressen, die hauptsächlich wirtschaftliche Aspekte und – in ökologischer Hinsicht – den Wald-Wasser-Zusammenhang fokussiert hatten, ging eine solche Resolution einen deutlichen Schritt weiter.[760]

Die Haltung der Berichterstatter in den Zeitschriften ging zu diesem Tagesordnungspunkt allerdings weit auseinander. Während in der Zeitschrift für Forst- und Jagdwesen eher ausgewogene Schilderungen zu finden waren, hatte Josef Friedrich im Centralblatt nur Kopfschütteln für diesen Tagesordnungspunkt übrig. „Man sollte annehmen“, so spottete Friedrich, „daß auf internationalen Kongressen nur besonders wichtige und dringliche Fragen besprochen werden, und deshalb war ich recht neugierig zu hören, wieso denn die Schönheit der Landschaft so arg bedroht sei, daß zu deren Erhaltung sogar schon gesetzliche Vorkehrungen nötig sein sollten. Ich weiß nicht, warum dieses Thema gerade in der forstlichen Sektion verhandelt werden mußte, da der Wald zur Landschaft nur die kleinere Fläche beisteuert und dem Walde schon sehr mitgespielt worden sein muß, wenn ihn der Laie nicht mehr schön finden kann.“[761] Man solle doch auch von den Landwirten erwarten, ihren Betrieb ganz nach „ästhetischen Gesichtspunkten“ zu führen, denn immerhin habe auch die Landwirtschaft viel Schönes zu bieten, vom „Anblick eines Stoppelfeldes“ über „die Haufen Rübenblätter nach der Rübenernte“ bis zum „Düngerhaufen“. – Trotz solchen Spottes von Friedrich fand der Kongress auch in dieser Frage wieder zu einhellig angenommenen Resolutionen, die den Schutz der Wälder forderten. Es ist – wie bei anderen, ähnlich lautenden Beschlüssen vorheriger Kongresse – auch hier kaum möglich, die Auswirkungen dieser Resolution klar zu bestimmen. Immerhin konnten Befürworter von Waldschutz-Maßnahmen nun erneut aus ihren jeweils nationalen Kontexten heraus auf einen großen internationalen Kongress verweisen, der sich gerade für Waldschutz ausgesprochen hatte.

Überblickt man den Kongress 1907 in Wien und dessen Rezeption, so stellte der Kongress in vieler Hinsicht eine Fortsetzung internationaler Debatten dar, die größtenteils mit bekannten Argumenten ausgetragen wurden. Es überrascht vor diesem Hintergrund auch nicht, dass die Kommission, die die Kongressteil-

759 Jentsch: Der VIII. internationale landwirtschaftliche Kongreß (1907), S. 606–608.
760 Vgl. Whited: Northern Europe (2005), S. 125 f.
761 Friedrich: Der VIII. internationale landwirtschaftliche Kongreß (1907), S. 381.

nehmer in Wien 1907 eingesetzt hatten, um die Vereinheitlichung der Forststatistik voranzubringen, in den folgenden Jahren nicht in Erscheinung trat. Dort, wo man zumindest eine Wortmeldung oder einen Lagebericht dieser Kommission erwartet hätte, nämlich in der Forstsektion des nächsten internationalen land- und forstwirtschaftlichen Kongresses, der 1911 in Madrid tagte, spielte Forststatistik überhaupt keine Rolle und von einer Kommission fehlte jede Spur.[762] Neu war allerdings auf dem Kongress in Wien 1907, wie sich die Kongressteilnehmer zur *timber frontier* positionierten. Die Forderung nach „Aufschließung" bisher ‚ungenutzter' Wälder war nicht länger ein bloßes wissenschaftliches Beobachten dieser zunehmenden Ausweitung des forstwirtschaftlich genutzten Raumes, sondern diese Forderung zielte auf eine aktive Mitgestaltung der *timber frontier*. Allerdings galt für diese Kongressresolution, was für die meisten anderen zuvor auch schon gegolten hatte: Sie war eine Meinungsäußerung einer großen Zusammenkunft forstwissenschaftlicher Experten. Aber eine Verbindlichkeit besaß eine solche Meinungsäußerung weder für die Länder, die Teilnehmer zum Kongress entsandt hatten, noch für folgende internationale forstwissenschaftliche Kongresse.

Über diese neue Positionierung zur *timber frontier* hinaus war in Wien 1907 noch ein weiterer neuer Faktor auf die Tagesordnung getreten, und zwar die „Forstästhetik". Sicher, auch auf den Kongressen zuvor hatten Teilnehmer in ihren Referaten bspw. die hygienischen Funktionen des Waldes angesprochen – ein Aspekt, der in Wien 1907 mit bei der Forstästhetik verhandelt worden war. Trotzdem lag in der Thematisierung des „Ästhetischen" ein Aspekt, der beginnend mit dem Kongress in Wien 1907 bei den folgenden Kongressen eine immer bedeutendere Rolle spielen sollte.

Nachdem der Kongress 1911 in Madrid, da er nur eine kleine Forstsektion mit vier kurzen Referaten umfasst hatte,[763] kaum ein Echo in den forstwissenschaftlichen Zeitschriften im Nord- und Ostseeraum hervorgerufen hatte, waren für das Jahr 1913 gleich zwei Internationale forstwissenschaftliche Kongresse geplant: Zum einen der inzwischen zehnte internationale landwirtschaftliche Kongress, der auch eine Sektion zum Forstwesen umfasste, sowie der Congrès forestier international, wörtlich also der internationale forstliche Kongress, in Paris. Während die belgischen Organisatoren in Gent, ‚ihren' Kongress in die Reihe der vorangegangenen landwirtschaftlichen Kongresse stellten, trat in Paris der *Touring Club de France* auf den Plan, um einen eigenen Kongress abzuhalten.

Zu beiden Kongressen erschienen offizielle Dokumentationen,[764] und die Zeitschriften im Nord- und Ostseeraum berichteten in unterschiedlicher Intensität über diese Kongresse. In Gent bestand die Forstsektion nur aus vier Themen, und zwar die (juristischen) Mittel zur Verhinderung von Waldzerstörung, Waldbrand-

762 Vgl. Anonym (Hg.): IXème congrès international d'agriculture (1912), Sektion IV „Sylviculture".
763 Ebenda.
764 Vgl. van der Bruggen (Hg.): Comptes rendus du Xe Congrès International d'Agriculture (1913); Touring Club de France / Defert (Hg.): Congrès forestier international (1913).

bekämpfung, Nutzung von Niederwäldern und Erfahrungen bei der Einführung fremder Baumarten.[765] Der Kongress in Paris 1913 knüpfte in zahlreichen Fragen nahtlos an den Kongress in Paris 1900 an, indem bspw. Jules Madelin erneut vor einem weltweiten Holzmangel warnte.[766] Und wieder fand diese Holznot-Warnung Eingang in viele Zeitschriftenberichte: In erster Linie in die Berichte und Artikel,[767] die in der Revue des Eaux et forêts erschienen, aber auch in die Schilderungen des norwegischen Delegierten Michael Saxlund[768] sowie im Bericht Èduard È. Kerns in Lesnoj Žurnal".[769] Hier, in Lesnoj Žurnal", wurde die Holznot-Warnung sogar stark in den Vordergrund gerückt, indem das Referat Jules Madelins in russischer Übersetzung erschien.[770] Auffälligerweise publizierten über den Kongress in Paris 1913 weder die Zeitschrift für Forst- und Jagdwesen noch die Allgemeine Forst- und Jagdzeitung einen eigenen Bericht. Stattdessen übersetzte Hermann Guse einen Auszug aus dem Kongressreferat von Maurice Mathei über die Einrichtung von Nationalparks, der in Lesnoj Žurnal" auf Russisch erschienen war, ins Deutsche und publizierte diesen Auszug in der Zeitschrift für Forst- und Jagdwesen.[771] Dieser, in der Rezeptionsgeschichte internationaler forstwissenschaftlicher Kongresse wahrscheinlich einmalige Übertragungsvorgang vom Französischen ins Russische und von dort ins Deutsche, geht wahrscheinlich auf die wachsenden Spannungen zwischen dem Deutschen Reich und Frankreich im Vorfeld des Ersten Weltkriegs zurück – Spannungen, die ebenso als Ursache angesehen werden können, dass trotz mehrmaliger Einladung aus Paris kein offizieller Delegierter aus dem Deutschen Reich am Kongress teilnahm.[772]

Breiten Raum nahmen in Paris Referate über die Einrichtung von Nationalparks, die Frage der Eingriffsrechte in privaten Waldbesitz, touristische Erschließungen von Wäldern und forstästhetische Fragen ein.[773] Am Schluss des Kongresses forderten die Teilnehmer – und das mochte weder die Zeitgenossen 1913 noch mag es den Historiker heute überraschen – eine Verbesserung der forstlichen Statistik. Von der internationalen forststatistischen Kommission, die die Teilnehmer des Kongresses in Wien 1907 per Resolution eingesetzt hatten, war jedoch in Paris 1913 keine Rede.

---

765 Vgl. van der Bruggen (Hg.): Comptes rendus du Xe Congrès International d'Agriculture (1913), Bd. 6, S. 293–319 und 336–338.

766 Touring Club de France / Defert (Hg.): Congrès forestier international (1913), S. 369–385.

767 Anonym: Congrès forestier international (1913); außerdem erschien eine Art Pressespiegel vgl. C. G.: Le congrès forestier apprécié par les journalistes (1913).

768 Saxlund: To internationale forstkongresser (1913 / 1914).

769 Kern: O lesnom" meždunarodnom" kongresse (1914).

770 Madelin: Production forestière (1914).

771 Guse: Aus den Verhandlungen des Pariser internationalen Forstkongresses (1914).

772 Vgl. BArch Berlin, R 901 / 13883, Deutsches Konsulat in Paris an Auswärtiges Amt, 8. November 1912; Touring Club de France an deutschen Generalkonsul in Paris, 18. April 1913, Staatssekretär des Innern an Auswärtiges Amt, 4. Juni 1913; Staatssekretär des Innern an Auswärtiges Amt, 7. Juni 1913.

773 Vgl. die Tagesordnung in Touring Club de France / Defert (Hg.): Congrès forestier international (1913), S. 40–42.

Überblickt man aus der Vogelperspektive den Fortgang der Verhandlungen auf den internationalen forstwissenschaftlichen Kongressen in Wien 1907 sowie in Gent und Paris 1913, so zeigt sich, in welcher Weise die diskutierenden forstwissenschaftlichen Experten danach strebten, gegenwärtige und zukünftige Versorgung mit Holzressourcen sicherzustellen – ein Streben, das Aspekte des Neuskalierens von Nachhaltigkeit auf der Ebene internationaler Kongresse beispielhaft vor Augen führt:

Auf der einen Seite riefen die Kongressteilnehmer, wie in Wien 1907 geschehen, die teilnehmenden Länder auf, die *timber frontier* voranzutreiben, um noch ‚ungenutzte' Waldflächen zu erschließen und deren Holz dem Wirtschaftskreislauf zuzuführen. Hier ging es also darum, den forstwirtschaftlichen Nutzungsraum gezielt weiter auszudehnen. Zugleich hielten sie, etwa durch das Referat von Jules Madelin, die Warnung vor einer weltweiten Holznot in der Fachdiskussion. Auf der anderen Seite erfuhren mit den Kongressen in Wien 1907 und Paris 1913 forstästhetische Fragen, die Einrichtung von Nationalparks und die touristische Erschließung von Wäldern einen enormen Aufschwung. Das Interesse an diesen neuen Themen wurde nicht zuletzt dadurch unterstrichen, dass der *Touring Club de France* als Organisator eines solchen großen Kongresses auftrat. Die Diskussion um Nationalparks, Tourismus und Forstästhetik wurde jedoch davon angetrieben, Waldflächen gerade aus der forstwirtschaftlichen Nutzung herauszunehmen, oder forstwirtschaftliche Nutzungen zumindest stark zu begrenzen.[774]

Diese beiden Bewegungen – das bewusste Vorschieben der *timber frontier* und gleichzeitig der gezielte Schutz ausgewählter Waldflächen – hatten im Nord- und Ostseeraum regional verschiedene Auswirkungen: Überall dort, wo eine Regierung oder private Waldbesitzer entschlossen genug waren, Schutzmaßnahmen auf den Weg zu bringen und auch durchzusetzen, entstanden Inseln ökologischen Schutzes, also umhegte Räume. Die *timber frontier* musste vor solchen Räumen halten oder sie umgehen. In jenen Regionen Nord- und Osteuropas jedoch, die dünn besiedelt und weit entfernt von den Zentren der Forstgesetzgebung waren, drangen Holzfäller und Sägewerke weitgehend ungehindert vor. Sägewerksunternehmer und Holzhändler an der *timber frontier* ebenso wie die Abnehmer nord- und osteuropäischen Holzes in den Industrieländern nahmen dabei wenig Rücksicht auf eventuell tradierte Nutzungen, wie sie etwa die Sami-Bevölkerung in Nord-Skandinavien oder lokale Bauern in ländlichen Regionen Österreich-Ungarns oder des Russischen Reiches weiterhin praktizierten. Zu diesen wirtschaftlichen Verwerfungen kamen die „eskalierenden ökologischen Zerstörungen":[775] War die *timber frontier* über einen Landstrich hinweggegangen, kümmerten sich Sägewerksbetreiber oder Holzhändler wenig um die Folgen der Abholzungen. Es hing nun von Bodenbeschaffenheit, Klima und ggf. vom Engagement der lokalen Bevölkerung ab, ob Wald nachwachsen konnte, oder nur Ödland zurückblieb. Diese Auslagerung

774 Vgl. Gißibl / Höhler / Kupper (Hg.): Civilizing Nature (2012).
775 Vgl. Högselius / Kaijser / van der Vleuten: Europe's Infrastructure Transition (2015), S. 5.

ökologischer Folgekosten der Industrialisierung, die Lea Haller, Sabine Höhler und Andrea Westermann als Merkmal des Neoliberalismus seit den 1980er Jahren erkennen, hat – mit Blick auf den Waldbestand in Europa – einen seiner Anfänge in der zweiten Hälfte des 19. Jahrhunderts.[776]

Die „Kulturstaaten",[777] wie sie die Teilnehmer des Kongresses 1907 in Wien bezeichnet hatten, in West- und Mitteleuropa importierten immer mehr Holz und exportierten gleichzeitig die ökologischen Folgekosten ihres Wirtschaftswachstums in entlegene Regionen Nord- und Osteuropas.[778] Der Blick ins 20. und frühe 21. Jahrhundert zeigt, dass diese Auslagerung ökologischer Kosten nur der Anfang einer langanhaltenden Entwicklung war, in deren Verlauf immer weiter entfernte Weltregionen von der *timber frontier* erfasst wurden und werden: Die gegenwärtigen Auseinandersetzungen um Holzimporte von Südamerika oder Asien nach Westeuropa und um Landnutzungen in sogenannten Schwellenländern legen davon lebhaftes Zeugnis ab.[779] Zugleich scheint es lohnenswert, in den aktuellen Diskussionen um Waldschutzgebiete und Naturparks in Europa stärker zu berücksichtigen, welche ökologischen Kosten dadurch auf andere Weltregionen abgewälzt werden.

Die Zeitgenossen Ende des 19. Jahrhunderts empfanden es keineswegs als Widerspruch, gleichzeitig das Vordringen in ungenutzte Waldgebiete und das Einrichten von Nationalparks zu fordern. Vielmehr liegt gerade in der Gleichzeitigkeit dieses Entgrenzens und Einhegens ein wesentliches Charakteristikum des Neuskalierens von Nachhaltigkeit: In den Kongressdebatten und Resolutionen spiegelt sich das Streben der Experten, die Größe und Ausdehnung des forstwirtschaftlichen Nutzungsraums durch Stellschrauben zu justieren. Vermeintlich ‚ungenutzte' Waldflächen, die Experten vor allem in Nord- und Osteuropa sahen, galt es zu erschließen. Gleichzeitig sollten angeblich letzte Flecken ‚natürlicher' Wälder in den wirtschaftlich pulsierenden Regionen unter Schutz gestellt werden. In ihrer Studie zu „Europe's Infrastructure Transition" zeigen Per Högselius, Arne Kaijser und Erik van der Vleuten, wie moderne Infrastrukturen seit dem 19. Jahrhundert zuvor unüberwindliche natürliche Grenzen durchbrachen; die Autoren mahnen, dass es angesichts der zerstörerischen Wirkung von Infrastrukturen notwendig wird, dass sich moderne Gesellschaften selbst Grenzen oder Begrenzungen auferlegen.[780] Die Auseinandersetzungen etwa um Waldschutzgesetzgebungen seit dem späten 19. Jahrhundert zeigt, dass die Diskussion um solche selbst aufzuerlegenden Grenzen früh begann. Die Wahrnehmung, dass moderne Infrastrukturen topographische Barrieren überwinden und zerstörerisches Potential entfalten können,

---

776 Haller / Höhler / Westermann: Einleitung. Rechnen mit der Natur (2014), S. 15.

777 Lobkowitz (Hg.): Achter (VIII.) internationaler landwirtschaftlicher Kongreß (1907), Bd. 1, S. 481.

778 Daheur: Exporting Environmental Burdens (2016); vgl. ausführlicher dazu die 2016 an der Universität Strasbourg vorgelegte Dissertationsschrift Daheur: Le Parc à bois de l'Allemagne (2016).

779 Kröger: Inter-Sectoral Determinants of Forest Policy (2017); Kröger: The Political Economy of 'Flex Trees' (2016); Straumann: Raubzug auf den Regenwald (2014); de Souza Mello Bicalho / Hoefle: On the Cutting Edge of the Brazilian Frontier (2008).

780 Högselius / Kaijser / van der Vleuten: Europe's Infrastructure Transition (2015), S. 366.

und der Streit um folglich selbst zu installierende neue Grenzen erscheinen hier als ein paralleler, wechselseitiger Prozess. Für zukünftige Untersuchungen ließe sich hier bspw. die Frage anschließen, welche Schichten, Milieus oder Gruppen eines Gemeinwesens sich mit welchen selbstauferlegten Grenzen durchsetzen konnten, welche Teile der Gesellschaft davon profitierten und wo durch selbstauferlegte Grenzen neue Ungleichheiten entstanden.

VII.3 Ausblick: Die Unterbrechung internationalen wissenschaftlichen Austauschs und die Dynamisierung von Wald- und Holznutzung im Nord- und Ostseeraum während des Ersten Weltkriegs

Internationaler forstwissenschaftlicher Austausch und die Auseinandersetzung um ein Neuskalieren von Nachhaltigkeit blieben vom Ersten Weltkrieg (1914–1918) nicht unberührt. Für verschiedene Facetten in Politik, Wirtschaft und Gesellschaft haben geschichtswissenschaftliche Studien inzwischen die Frage erörtert, inwieweit der Krieg eher als ein Einschnitt wirkte, welche Dynamisierungen er hervorrief, und welche Kontinuitäten über die Kriegsjahre hinaus zu beobachten sind. Mit Blick auf den Nord- und Ostseeraum sind zunächst die starken regionalen Unterschiede auffällig, die in der Nutzung und Schonung von Waldressourcen während des Ersten Weltkriegs hervortraten. Neben den vielen Gefallenen, die die Armeen aller Kriegsparteien zu beklagen hatten, ging der Krieg auch an der Umwelt nicht spurlos vorbei. Dort, wo sich die Gegner im Stellungskrieg anhaltende Materialschlachten lieferten, führte dies stellenweise zur totalen Verwüstung von Wald und Flur. In den neutralen Staaten hingegen konnten Forstwesen und Holzwirtschaft in den ersten beiden Kriegsjahren sogar einen Aufschwung verzeichnen: In Norwegen etwa wuchs der Wirtschaftssektor des holzverarbeitenden Gewerbes 1914/15 zunächst. Der Schiffbau florierte und stieg bis 1917 um das Vierfache, da neutrale Schiffe auf See von den Kriegsparteien weitgehend verschont blieben.[781] Erst der uneingeschränkte U-Boot-Krieg ab 1917 führte zu einem Rückgang.

Die kriegführenden Länder versuchten, den jeweiligen Gegner zu blockieren und von seinem Rohstoffnachschub abzuschneiden. Das betraf auch die Ressource Holz. Sie war nicht nur weiterhin im Kohlebergbau, für die Eisenbahn und in vielen Gewerken stark nachgefragt, sondern wurde zum Ausbau von Schützengräben und Stellungen entlang der Front massenhaft verbraucht.[782] Die Wirtschaft Großbritanniens befand sich seit Kriegsbeginn in einer schwierigen Lage, da die Insel über wenig eigene Waldflächen verfügte und die Kriegsgegner die Holz-Nachschubwege insbesondere aus dem Ostseeraum leicht versperren konnten. Um dem zu begegnen, orientierte sich Großbritannien, wie schon während der Napoleonischen Kriege, nach Nordamerika. Nach dem Krieg richtete die britische Regierung

781 Vgl. Fryjordet: Skogadministrasjonen i Norge (1962), Bd. 2, S. 19.
782 Bader: Wald und Krieg (2011), S. 193–208.

eine Forstkommission ein, deren Aufgabe auch darin bestand, die landeseigenen Waldflächen so zu verwalten, dass die Holzversorgung in zukünftigen Konflikten sichergestellt sein würde.[783] Das von der schottischen Forstgesellschaft seit dem 19. Jahrhundert angestrebte Ziel eines größeren staatlichen Engagements im Forstwesen wurde also ausgerechnet durch den Krieg befördert. Auch in der britischen Außenpolitik nach 1918 spielte Holz eine Rolle: Als nach dem Ersten Weltkrieg das wiedererstandene Polen, die Sowjetunion, die drei baltischen Staaten und teils auch das Deutsche Reich Zoll- und Territorial-Konflikte ausfochten, setzte sich die britische Regierung für eine rasche Befriedung ein. Für London war die Lösung dieser Streitigkeiten in der Region nur ein Mittel zum Zweck, um die Rohstoffzufuhr sicherzustellen. Denn erst wenn die Ostseeanrainer die Konflikte beilegten, war eine verlässliche Holzausfuhr über die großen Flüsse, wie etwa über die Memel oder die westliche Dwina, möglich.[784]

Für die Mittelmächte stellte sich die Situation während des Ersten Weltkriegs ganz anders dar: Durch die Eroberungen in Osteuropa konnten das Deutsche Reich und Österreich-Ungarn über enorme Waldressourcen verfügen. Wo es für den Rohstoffnachschub notwendig schien, beuteten die Militärverwaltungen in den besetzten Gebieten die Flächen der Forst- und auch Landwirtschaft schonungslos aus. Aus Sicht der lokalen Bevölkerung im Westen des Zarenreiches verschärfte der Krieg ein Problem, das es – regional in verschiedenen Ausprägungen – auch vor dem Krieg schon gegeben hatte: Vor 1914 waren es private Waldeigentümer und Sägewerksbesitzer, die die lokale Bevölkerung und deren tradierte Nutzungsformen aus dem Wald herausdrängen wollten, um das Holz gewinnbringend nach Deutschland oder Großbritannien zu exportieren. Ab 1915 drangen die Mittelmächte nach Osteuropa vor. Die deutsche Militärverwaltung gab nun den Ton in der Forstwirtschaft an und nahm noch viel weniger Rücksicht auf den Bedarf der lokalen Bevölkerung.[785] Zugespitzt ließe sich formulieren: Vor 1914 schoben Marktkräfte die *timber frontier* in Osteuropa voran und setzten die lokale Bevölkerung unter Druck; ab 1915 war es militärische Gewalt, die die Bewegungsrichtung der *timber frontier* und die Rohstoffzufuhr von Osteuropa ins Deutsche Reich steuerte. Im Ergebnis wirkte dies nicht zuletzt der deutschen Absicht entgegen, die polnische Bevölkerung für die deutsche Seite zu gewinnen und gegen die russische Seite zu mobilisieren. Das Gegenteil trat ein: Unter der polnischen Bevölkerung wuchsen Unmut und Protest gegen die anhaltende Beschlagnahmung von land- und forstwirtschaftlichen Gütern, die zu Knappheit und Preissteigerungen führten.

783 Smout: The Highlands and the Roots of Green Consciousness (1990), S. 17; Tsouvalis / Watkins: Imagining and Creating Forests in Britain (2000); Oosthoek: Conquering the Highlands (2013), S. 51–53.
784 Pavlova: Litva v politike Varšavy i Moskvy (2016), S. 101.
785 Bemmann: „... kann von einer schonenden Behandlung keine Rede sein“ (2007); Bader: Wald und Krieg (2011), S. 254 f; zur Fortsetzung von wirtschaftlichem Großraumdenken nach 1918 vgl. Sachse (Hg.): „Mitteleuropa“ und „Südosteuropa“ als Planungsraum (2010); vgl. auch Wendland / Siebert / Bohn (Hg.): Polesien (2018 / 2019).

Mit Blick auf die großen internationalen forstwissenschaftlichen Kongresse und auf die Versammlungen des internationalen Versuchsverbands bedeutete der Erste Weltkrieg eine deutliche Unterbrechung. Vereinzelte internationale Veranstaltungen, die während des Krieges in den Vereinigten Staaten von Amerika stattfanden, berührten zwar landwirtschaftliche Fragen, aber keine forstwissenschaftlichen.[786] Dass auch die Zeitgenossen den Ersten Weltkrieg als eine Zäsur des Kongressgeschehens begriffen, spiegelt sich nicht zuletzt in der Benennung jener Veranstaltungen, die nach Kriegsende folgten: Das Internationale Landwirtschaftsinstitut in Rom richtete 1926 eine Zusammenkunft mit Forstvertretern aus zahlreichen Ländern aus und gab ihr die Bezeichnung „I-er Congrès international de Sylviculture".[787] Gleichwohl griffen die Veranstalter in Rom auf die Vorkriegsgeschichte zurück: Anders als auf dem Titelblatt war im Vorwort zum Kongressbericht nicht vom „ersten" Kongress die Rede, sondern von „einem" Kongress, den die Organisatoren ausdrücklich in die Tradition der Kongresse von Paris 1900 und 1913 stellten.[788] Der darauffolgende Kongress 1936 in Budapest führte die Bezeichnung „II-e Congrès international de Sylviculture", bezog sich also mit seiner Zählung nur auf den Kongress in Rom 1926. Unabhängig von dieser neuen Zählung knüpften die Kongresse an die inhaltlichen Diskussionen der Vorkriegszeit an. Die Bezeichnung „zweiter Weltforstkongress", wie sie teilweise in der späteren forstlichen Historiographie für die Veranstaltung in Budapest auftaucht, ist daher irreführend: Sie schreibt die Traditionsbildung der Zwischenkriegszeit fort und übergeht, das bereits vor 1914 zahlreiche ähnliche internationale Kongresse stattfanden.[789] Die Durchsicht der Teilnehmerlisten zeigt, dass 1926 in Rom noch einige wenige Experten vertreten waren, die sich schon vor 1914 in den internationalen Austausch eingebracht hatten, etwa Philipp Flury (Schweiz) oder Adolf Cieslar (Österreich). Die große Mehrzahl hingegen war vor 1914 noch nicht am Kongresswesen beteiligt. Die Kongresse ab 1926 unterschieden sich auch insofern von der Vorkriegszeit, als in Rom und auf den folgenden Kongressen neben den forstwissenschaftlichen Experten (meistens Dozenten an forstlichen Akademien oder Instituten) nun auch offizielle diplomatische Vertreter der teilnehmenden Länder erschienen.[790]

Die Versammlungstätigkeit des internationalen Versuchsverbands riss durch den Krieg ebenso ab. Ursprünglich hatten die Teilnehmer der Versammlung 1910 in Brüssel vereinbart, das nächste Treffen im Spätsommer des Jahres 1914 in Budapest abzuhalten. Noch im Juli 1914 wandte sich der Direktor der Forstakademie in Eberswalde, Alfred Möller, an den preußischen Landwirtschaftsminister

786 Vgl. exemplarisch International Farm Congress of America (Hg.): International Farm Congress and International Soil-Products Exposition (1915); Permanent Viticulture Commission (Hg.): Official Report of the Session (1915).

787 Institut International d'Agriculture (Hg.): Actes du I-er Congrès (1926), Bd. 1, Titelblatt.

788 Ebenda, S. 28f.

789 Comité Central d'Organisation du II-e Congrès International de Sylviculture a Budapest (Hg.): II-e Congrès International de Sylviculture (1936); Anonym: A Brief History of the WFC (2009).

790 Institut International d'Agriculture (Hg.): Actes du I-er Congrès (1926), Bd. 1, S. 43–73.

und bat um Genehmigung, beim anstehenden Treffen in Budapest die Teilnehmer zu einer übernächsten Versammlung, etwa 1918, nach Berlin einladen zu dürfen. Nach den zahlreichen Treffen in anderen Ländern sah Möller Preußen in einer gewissen „Ehren-Pflicht", eine solche Einladung auszusprechen.[791] Weder das Treffen in Budapest, noch jenes in Berlin fanden wegen der begonnenen Kriegshandlungen statt.

Es dauerte nach Kriegsende über zehn Jahre, bis der internationale Versuchsverband erneut zusammenkam. Es gelang den schwedischen Teilnehmern schließlich 1929, zu einer Versammlung nach Stockholm einzuladen. Der Versammlungsort auf neutralem Boden und die lange Unterbrechung vermitteln einen Eindruck von den Herausforderungen, die damit verbunden waren, Forstwissenschaftler an einen Tisch zusammenzubringen, deren Herkunftsländer sich im Krieg erbittert bekämpft hatten.[792] Dass so viele Jahre bis zur Wiederaufnahme der Tätigkeit des internationalen Versuchsverbands vergingen, ist sicher auch auf die starke Rolle der deutschen Anstalten zurückzuführen – eine Stärke, die in anderen Ländern bereits vor dem Krieg teils mit Reserviertheit aufgenommen worden war. Allerdings waren auch auf anderen Fachgebieten, etwa der Ozeanographie oder der Geographie, Zeit und Fingerspitzengefühl nötig, um grenzübergreifende Zusammenarbeit nach dem Ersten Weltkrieg wieder in Gang zu bringen.[793]

Parallel zur Wiederbelebung des internationalen Versuchsverbands intensivierte sich seit Mitte der 1920er Jahre auch die Arbeit an einer internationalen Standardisierung wirtschaftlicher Statistik.[794] Die Forstabteilung des Internationalen Landwirtschaftsinstitut (IIA) in Rom versuchte sich an forstlichen Statistiken und wurde in diesem Bestreben vom Kongress in Rom 1926 unterstützt.[795] Außerdem schlossen sich Vertreter aus mehreren ostmitteleuropäischen Ländern 1932 zum *Comité International du Bois* (CIB) zusammen. Anders als der internationale Versuchsverband, in dem die wissenschaftliche Arbeit an Versuchsreihen im Mittelpunkt stand, kamen im CIB Vertreter des Holzhandels und der holzverarbeitenden Industrie zusammen. Sie arbeiteten ebenso an internationalen Statistiken – allerdings mit dem erklärten Ziel, Angebot und Nachfrage im Holzsektor durch eine genaue und aktuelle Kenntnis von Holzeinschlag, Lagerhaltung, Import und Export zu regulieren.[796]

In der Zusammenschau der Entwicklungen seit 1914 wird deutlich, dass der Erste Weltkrieg einerseits wissenschaftlichen Austausch unterbrach, insbesondere da die großen Kongresse und die Versammlung des internationalen Versuchsverbands

791 FAE Nr. 286, fol. 201, Alfred Möller an preußischen Landwirtschaftsminister, 16. Juli 1914.
792 Petrini: Det internationella Samarbetet (1938), S. 8; Schober: Zur Gründung (1972), S. 224.
793 Rozwadowski: The Sea Knows no Boundaries (2002), S. 60–69; Robic: La naissance de l'Union géographique internationale (1996); Reinbothe: Languages and Politics of International Scientific Communication (2010).
794 Clavin: Securing the World Economy (2013).
795 Institut International d'Agriculture (Hg.): Actes du I-er Congrès (1926), Bd. 1, S. 148–169.
796 Bemmann: Das Chaos beseitigen (2016).

gezwungenermaßen pausierten und lange Zeit für einen Wiederanlauf brauchten. Andererseits dynamisierte der Krieg zahlreiche Entwicklungen, sei es das wachsende staatliche Engagement Großbritanniens im Forstwesen oder die Transformation von einer marktgetriebenen zu einer gewaltsamen Erschließung von Waldvorkommen in Osteuropa während der deutschen Besatzungsherrschaft im Ersten Weltkrieg.

VII.4 Zwischenbetrachtung

Seit den 1880er Jahren hatten sich auf internationalen forstwissenschaftlichen Kongressen entweder Referenten mit pessimistischen Zukunftsaussichten (so 1884 in Edinburgh) oder optimistischen Perspektiven (so 1890 in Wien) zu Wort gemeldet. Der Kongress 1900 in Paris stand erneut eher im Zeichen pessimistischer Aussichten. Auch die folgenden Kongresse verabschiedeten Resolutionen, die entweder der einen oder der anderen Richtung zuneigten. Kaum ein Kongress verging seit 1900, auf dem die Teilnehmer nicht die Forderung nach Intensivierung forststatistischer Zusammenarbeit wiederholten. Zwar meldeten sich einige Experten mit Publikationen zu Wort, die sich mit Fragen der internationalen Forststatistik befassten. Praktische Konsequenzen *auf internationaler Ebene* im Sinn einer Institutionalisierung forststatistischer Zusammenarbeit oder in einer anderen Form hatten die Kongressresolutionen und die Einzelpublikationen bis 1914 allerdings nicht. Auch der Internationale Verband forstlicher Versuchsanstalten, der als institutionalisierte Form der Zusammenarbeit seit 1891/92 existierte, befasste sich nicht mit Forststatistik.

Diese ‚Folgenlosigkeit' der Resolutionen auf internationaler Ebene ging im Wesentlichen darauf zurück, dass in jenen Ländern, deren Teilnehmer tonangebend auf den internationalen forstwissenschaftlichen Kongressen waren, insbesondere jene aus dem Deutschen Reich und aus Österreich-Ungarn, der wirtschaftliche Druck auf die forststatistischen Debatten gering war. Da die Länder Nord- und Osteuropas in der Lage waren, mehr Holz an die west- und mitteleuropäischen Märkte zu liefern, als diese Märkte trotz Industrialisierung verbrauchen konnten, wurde Holz nicht spürbar teurer. Im Gegenteil, Holz stand auf den Märkten in Mittel- und Westeuropa ausreichend zur Verfügung und der Holzpreis folgte weitgehend der allgemeinen wirtschaftlichen Konjunktur, ohne dass er in West- und Mitteleuropa dramatisch stieg. In Nord- und Osteuropa hingegen beobachteten forstwissenschaftliche Experten ein Steigen der Holzpreise, weil von dort immer mehr Holz nach Westen exportiert und daher lokal knapper wurde. Im wissenschaftlichen Zentrum der Diskussion, also im deutschsprachigen Raum und in Frankreich, machte sich ein solcher Preisanstieg aber nicht bemerkbar. Eine drohende Holznot war daher für viele Experten nicht plausibel, der Aufwand für eine internationale Forststatistik also offenbar nicht notwendig. Ganz nebenbei entlasteten die Holzimporte z. B. ins Deutsche Reich den deutschen Wald, dessen Holz nun oftmals teurer als die nordeuropäischen Importe war. Die von deutschen Forstwissenschaftlern immer wieder mit Stolz vorgetragene Nachhaltigkeit in deutschen Wäldern nahm offenkundig in Kauf, dass in Nord- und Osteuropa Waldflächen nicht nachhaltig bewirtschaftet oder gar kahlgeschlagen wurden. – Aufgrund des geringen wirtschaftlichen Drucks in den tonangebenden Ländern ging auch aus der Politik dieser Länder kaum ein Impuls aus, forststatistische Fragen auf internationaler Ebene zu forcieren.

Die ‚Folgenlosigkeit' der forststatistischen Kongressresolutionen auf der Ebene praktischer internationaler Politik darf nicht darüber hinwegtäuschen, dass die anhaltende Zirkulation forstlichen Wissens auf und zwischen internationalen Kongressen, insbesondere Forststatistiken einzelner Länder, Auswirkungen in zweierlei Hinsicht zeigten, und zwar zum einen realgeschichtlich *innerhalb der beteiligten Länder* und zum anderen in ideen- bzw. wissenschaftsgeschichtlicher Hinsicht in der Forst*wissenschaft* selbst.

In den einzelnen Ländern des Nord- und Ostseeraums lässt sich ein breites Spektrum von praktischen Maßnahmen erkennen, mit denen die Forstverwaltungen der Länder, gelehrte Gesellschaften, Forstakademien und einzelne Wissenschaftler auf die laufende Kontroverse um die zukünftige Holzversorgung reagierten. Dazu gehörten Maßnahmen zur Aufforstung, das Streben nach Verfeinerung des Wissens über forstliche Verhältnisse in den Ländern des Nord- und Ostseeraums sowie Anstrengungen zur Regulierung grenzübergreifenden Handels und Einhegungen von Waldflächen: In sämtlichen Ländern des Nord- und Ostseeraums war ein *Engagement für Aufforstungen* zu verzeichnen. Selbst in Großbritannien gab es vereinzelte, aber beachtenswerte Aufforstungsprojekte, wie etwa im Great Glen in Schottland. Diese Aufforstungen können als Streben gewertet werden, den Anteil *forst*wirtschaftlich genutzter Flächen zu vergrößern und verfügbare Flächen effektiver zu nutzen. Vorhandene Konflikte zwischen unterschiedlichen Flächennutzungen (landwirtschaftlich, forstwirtschaftlich usw.) kehrten hier wieder oder verschärften sich. Durch dieses Effizienzstreben stieg zugleich der Druck auf ‚ungenutzte' Flächen, wie etwa Moor und Sumpfland. Darüber hinaus verfolgten viele Regierungen das Ziel, *grenzübergreifenden Handel zu regulieren*: Im Rahmen mehrerer bilateraler Abkommen strebten die holzimportierenden Länder (z. B. das Deutsche Reich) danach, die eigene holzverarbeitende Industrie zu schützen. Holzexportierende Länder (z. B. Norwegen) verfügten Auflagen, um beispielsweise minderwertige Saatgutimporte zu markieren, da dieses Saatgut (würde es in Norwegen angepflanzt werden) wegen des raueren nördlichen Klimas nur minderwertige Bäume hervorbringen, also die Leistungskraft und Exportkraft norwegischer Wirtschaft schmälern würde. Außerdem boten die immer wieder verhandelten Eisenbahntarife, also die Gebühren für den Holztransport mit der Bahn, Stellschrauben, mit denen sich grenzübergreifender Handel steuern ließ.

Nicht alle diese Aufforstungsprojekte und Regulierungsbemühungen lassen sich in den Quellen geradlinig auf einen konkreten Impuls eines internationalen forstwissenschaftlichen Kongresses seit den 1880er Jahren zurückführen; gleichwohl gibt es im Zusammenhang vieler dieser Projekte Bezugnahmen auf die internationale Debatte um eine zukünftige Holzversorgung – Bezugnahmen, die die Akteure als verstärkende Argumente in ihre ländereigenen Debatten einführten.

Neben diesen realgeschichtlichen Auswirkungen in den einzelnen Ländern zeigt sich ein tiefgreifender Wandel der Forstwissenschaft im Nord- und Ostseeraum am Ende des 19. Jahrhunderts. Dieser Wandel lässt sich als ein *Neuskalieren von Nachhaltigkeit* beschreiben und zeigte sich in mehreren Facetten:

Experten strebten auf internationalen Kongressen nach einer umfassenden wissenschaftlichen Erkundung und bald auch wirtschaftlichen Erschließung industriell noch ‚unberührter' Holzressourcen im Norden und Osten Europas (Vorrücken der *timber frontier*). Der Raum, der als Grundlage für die Planung zukünftiger, nachhaltiger Holzressourcennutzung diente, wurde dadurch schrittweise erweitert. Zugleich engagierten sich Experten (mit wechselndem Erfolg) für regionale Schutzmaßnahmen bzw. Einhegungen, z. B. für die Begrenzung von Forstwirtschaft in ausgewählten Regionen (z. B. *Nordlandsloven* in Norwegen).

Zugleich zeigten sich anhaltende Spannungen zwischen lokalem Wissen über die Besonderheiten der örtlichen Waldverhältnisse einerseits und dem statistisch erzeugten Gesamtbild der Waldvorkommen Europas andererseits: Immer wieder tauchten Debatten auf, inwieweit die vorhandenen Daten in den zusammenfassenden Statistiken den „tatsächlichen" Waldverhältnissen vor Ort entsprachen. Die zwischen 1900 und 1902 ausgetragene internationale Kontroverse zwischen Mélard, Schlich, Endres und Jentsch um die Leistungskraft der nord- und osteuropäischen Wälder wie auch der Streit in Norwegen um den Zustand der landeseigenen Wälder sind in diesem Zusammenhang markante Beispiele für einen Schlagabtausch mit statistischen Daten, die die jeweilige Gegenseite für unzuverlässig hielt. Dieser anhaltende Streit um Zuverlässigkeit trieb Forstverwaltungen vieler Länder an, ihre landeseigenen Forststatistiken immer weiter zu verfeinern. Die deutsche Regierung rüstete sogar forstwirtschaftliche Sachverständige aus, die auf der Grundlage eigener Erkundungsreisen durch Nord- und Osteuropa Einschätzung über die wirtschaftliche Leistungskraft der dortigen (vorhandenen und erschließbaren) Waldflächen geben sollten.

Die Spannungen zwischen Entgrenzungen und Einhegungen wie auch der anhaltende Streit um die Aussagekraft forststatistischen Materials trieben seit den 1890er Jahren das *Neuskalieren von Nachhaltigkeit* spürbar voran: Forstwissenschaftliche Experten waren einerseits gezwungen, eigene Planungen an den sich ständig wandelnden Raum (durch Eisenbahn und *timber frontier*) anzupassen. Zugleich waren Experten in der Lage, Gestalt und Raum zukünftiger Ressourcennutzung selbst mitzugestalten, indem sie sich für Neuerschließung von Räumen (Eisenbahn- und Kanalbauprojekte) oder regionale Schutzmaßnahmen (Waldschutzgesetze) einsetzten. Die Zeitgenossen betrieben nicht nur das Vordringen in ‚ungenutzte' Räume, *sie reflektierten auch dieses Vordringen*, und zwar zumeist als einen notwendigen und sinnvollen Prozess, in dessen Verlauf Flächen und Ressourcen einer effizienten Nutzung zugeführt würden.

Der Prozess des Neuskalierens von Nachhaltigkeit tritt umso deutlicher zu Tage, wenn man sich forstliches Planen und Wirtschaften in der Zeit um 1800 erneut vergegenwärtigt: Um 1800 waren Raum und Zeit Konstanten in den zeitgenössischen Nachhaltigkeitskonzepten und Zukunftsplanungen zur Holzressourcennutzung gewesen, insbesondere weil es unüberwindbare topographische Barrieren für den Holztransport gab. Nun um 1900, also ein Jahrhundert später, waren Raum und Zeit Variablen, die in den Zukunftsplanungen laufend aktualisiert werden mussten. Der *historische* Begriff „Nachhaltigkeit“, das muss betont werden, tauchte in den Quellen auch um 1900 vor allem für das lokale bzw. kleinräumige forstliche Planen und Wirtschaften auf. Er diente also weiterhin dazu, für ein klar umgrenztes lokales oder regionales Waldgebiet eine Forstwirtschaft zu charakterisieren, deren jährlicher Ertrag die Leistungskraft der gegebenen (lokalen) Waldfläche nicht überstieg. Die Begriffsverwendung von „Nachhaltigkeit“ war um 1900 also noch sehr stark mit den inhaltlichen Bedeutungen der Zeit um 1800 besetzt.

Gleichzeitig spiegelt sich in den Kongressdebatten das Streben der Experten, die neuen, sich ändernden Rahmenbedingungen (insbesondere Ausdehnung des Nutzungsraums durch Eisenbahn und *timber frontier*) so präzise zu erfassen, dass diese Rahmenbedingungen die Grundlage für verlässliche Zukunftsplanungen hätten werden können: Experten versuchten, verfügbare und erschließbare Waldgebiete in Europa (wenn nicht gar weltweit) zu bestimmen, deren Holzbestand, mögliche Umtriebszeiten usw. genau zu ermitteln. Experten wendeten also auf diesen sich ausdehnenden Planungsraum genau jene Mechanismen an, die ursprünglich aus der (lokalen) nachhaltigen Forstwirtschaft stammten. Ohne also den Begriff „Nachhaltigkeit“ zu verwenden, strebten Experten um 1900 danach, durch Ermittlung von Waldflächen, Holzbestand usw. die Grundlagen zu legen für eine nachhaltige Bewirtschaftung in dem sich ausdehnenden Raum. Experten dehnten also den vormals lokalen (klar bestimmten) Planungsrahmen als Inhalt des Nachhaltigkeitsbegriffs auf die neuen, variablen Planungsräume aus. Anders formuliert: Forstwissenschaftliche Experten betrieben ein Neuskalieren von Nachhaltigkeit, indem sie die sich ständig ändernden Variablen Raum und Zeit in ihre Planungen zu integrieren suchten.

VIII Zusammenfassung

Das Neuskalieren von Nachhaltigkeit. Planungen zukünftiger Ressourcenversorgung im Angesicht wachsender zeitlicher Dynamik und räumlicher Komplexität

Während des 19. Jahrhunderts führte eine wachsende Bevölkerungszahl und eine zunehmend industrialisierte Produktion in den Ländern Europas zu einem stetig steigenden Ressourcenverbrauch. Dies galt nicht nur für Kohle und Eisenerze, sondern ebenso für Holz. Zugleich intensivierte sich der grenzübergreifende Austausch von Gütern in einem immer weiter verzweigten Handel sowie von Personen und Ideen durch den Ausbau von Kommunikationsnetzen, durch Reisen und Migration. Der steigende Rohstoffverbrauch, ebenso wie die immer intensiveren wirtschaftlichen Verflechtungen gaben Experten aus verschiedenen Fachgebieten den Anstoß, über die Zukunft von Ressourcenversorgung in einer zunehmend verflochtenen Welt nachzudenken.

Hinsichtlich der Ressource Holz ging es hier in erster Linie um die Verfügbarkeit von Nadelholz als Nutzholz und um die Sicherung eines dauerhaften – nachhaltigen – Ertrags aus den vorhandenen Wäldern. „Nachhaltiger Ertrag“ und „Nachhaltigkeit“ waren Begriffe, die die entstehende Forstwissenschaft seit dem 18. Jahrhundert geprägt hatte und die als Fachbegriffe forstwirtschaftliche Nutzungen beschrieben, bei denen jährlich nicht mehr Holz dem Wald entnommen wird, als in gleicher Zeit nachwächst. In heutigen Diskussionen ist „Nachhaltigkeit“ längst nicht mehr ein Terminus der Forstwissenschaft allein, sondern in Debatten über Umwelt, Wirtschaft und Gesellschaft beinahe allgegenwärtig. Aus einem Terminus, der zunächst allein auf Holzressourcen orientiert war, ist inzwischen ein Begriff geworden, der Zukunftsgestaltung allumfassend beschreiben soll. Diese Erweiterungen und Veränderungen der Begriffsbedeutung von „Nachhaltigkeit“ gaben den Anlass, den Wandel näher zu erkunden, der sich bei der Nutzung und Schonung von Ressourcen vollzog. Dabei gilt die Aufmerksamkeit nicht nur dem Begriff „Nachhaltigkeit“ selbst, sondern auch den Auseinandersetzungen um die Verfügbarkeit von Ressourcen, um ihre statistische und kartographische Erfassung und um Planungshorizonte für eine zukünftige Ressourcenversorgung. Da diese Auseinandersetzungen in der zweiten Hälfte des 19. Jahrhunderts erheblich an Intensität gewannen, erörterte die vorliegende Untersuchung, vor welche Herausforderungen sich im 19. Jahrhundert forstwissenschaftliche Experten hinsichtlich einer zukünftigen Versorgung mit Wald- und Holzressourcen gestellt sahen, welche internationalen Kontroversen sie darüber ausfochten und welche Rolle Nachhaltigkeitskonzepte in diesen Kontroversen spielten. Das analytische Interesse galt vor allem dem Einfluss räumlicher und zeitlicher Dynamiken auf die Kontroversen: Hierbei ging es um die Wechselwirkungen zwischen dem Wandel der räumlichen

Rahmenbedingungen von Forstwirtschaft einerseits und der Veränderung von Nachhaltigkeitskonzepten andererseits sowie um die Spannungen zwischen den notwendigerweise langen Planungszeiträumen forstlichen Wirtschaftens und den beschleunigten Abläufen einer zunehmend industrialisierten Produktion.

Da sich die tiefgreifenden wirtschaftlichen und technologischen Veränderungen während des 19. Jahrhunderts grenzübergreifend auswirkten, also nicht an nationalstaatlichen Grenzen Halt machten, und da Forstwissenschaft, Forstwirtschaft und Holzhandel bereits seit der Frühen Neuzeit ein wachsendes Maß an grenzübergreifenden Verflechtungen aufwiesen, ist es erforderlich, den Gegenstand aus transnationaler Perspektive anzugehen. Die Untersuchung orientierte sich daher nicht an nationalstaatlichen Analyserahmen, sondern rückte internationale forstwissenschaftliche Kongresse in den Mittelpunkt. Dabei ging es der Analyse nicht um eine Institutionalisierungsgeschichte forstwissenschaftlichen Austauschs; vielmehr strebte sie danach, anhand der Kongressverhandlungen zu rekonstruieren, vor welche Herausforderungen zeitgenössische Experten forstliches Wirtschaften und forstwissenschaftliche Nachhaltigkeitskonzepte gestellt sahen und welche Veränderungen sich im späten 19. Jahrhundert vollzogen. Auf diese Weise zielte die Untersuchung auch darauf, Nachhaltigkeit zu historisieren.

Internationale forstwissenschaftliche Kongresse kamen in europäischen Städten seit 1873 im Abstand von zwei bis fünf Jahren zusammen. Daneben boten forstliche Abteilungen auf Weltausstellungen und ähnliche Veranstaltungen internationalen Zuschnitts ein Forum, Perspektiven auf Ressourcenfragen zu präsentieren und zu diskutieren. Aus den zahlreichen internationalen Veranstaltungen rückte die Untersuchung jene in den Mittelpunkt, die ein breites Echo in der zeitgenössischen Fachwelt fanden, und zwar die Kongresse 1873, 1890 und 1907 in Wien, 1900 und 1913 in Paris sowie eine internationale Forstausstellung in Edinburgh 1884.

Da der Holzhandel im 19. Jahrhundert seinen Schwerpunkt in den Anrainern der Nord- und Ostsee hatte und sich daher das Interesse vieler zeitgenössischer forstwissenschaftlicher Experten auf diese Regionen richtete, konzentrierte sich die Analyse auf den Nord- und Ostseeraum. Allerdings wurde dieser Raum nicht als starres Gebilde begriffen; vielmehr galt den Ausdehnungen und Eingrenzungen des Raumes ein besonderer Schwerpunkt der Analyse. Um den Wandel während des 19. Jahrhunderts zu erfassen, setzte die Analyse mit einem Überblick über die vielfältigen Formen von Nachhaltigkeit und Holz-Fernhandel um 1800 ein. Der zeitliche Schwerpunkt der Untersuchung lag hingegen auf den Jahren zwischen 1884 und 1907, da sich auf den Kongressen und Ausstellungen in dieser Zeitphase die entscheidenden Veränderungen vollzogen.

Die Kongressteilnehmer verhandelten zentrale Fragen und Herausforderungen für die Zukunft forstlichen Planens und Wirtschaftens insbesondere in den Debatten um drei Themen, und zwar um die Forststatistik, die Waldökologie und um das Forstversuchswesen. Um nationalstaatliche Bezugsrahmen für die Analyse zu überwinden, verfolgte die Untersuchung einen akteurszentrierten Ansatz und rückte forstwissenschaftliche Experten und deren Reden und Handeln auf und zwischen den internationalen Kongressen in den Mittelpunkt. In dem Bestreben, eine Facette europäischer Geschichte zu rekonstruieren, wurden für die Untersuchung solche Quellen ausgewählt, die Perspektiven aus möglichst verschiedenen Regionen des gesamten Nord- und Ostseeraums eröffnen. Zu den unveröffentlichten Quellen zählen in erster Linie Materialien forstwissenschaftlicher Experten in den Beständen der Forstgesellschaften und forstwissenschaftlichen Akademien und Institute, aber auch in den Ministerien und Forstverwaltungen, und zwar in Archiven in Berlin, Eberswalde, Zürich, Wien, Radom, Oslo und Edinburgh. Zu den veröffentlichten Quellen gehören vor allem die Berichterstattungen über die Kongresse und über weitere Facetten des internationalen Austauschs in forstwissenschaftlichen Zeitschriften. Auch die Auswahl dieser Periodika wurde gezielt auf den gesamten Nord- und Ostseeraum verteilt und umfasste daher die Zeitschrift für Forst- und Jagdwesen (Eberswalde), die Allgemeine Forst- und Jagdzeitung (Aschaffenburg und Gießen), Revue des eaux et forêt (Nancy), Centralblatt für das gesamte Forstwesen (Wien), Lesnoj Žurnal" (St. Petersburg), Sylwan (Lemberg), Tidsskrift for Skovbrug (Christiania) und Transactions of the Scottish Arboricultural Society (Edinburgh). Um die Wechselwirkungen zwischen den internationalen Kongressen einerseits und den Ländern und Regionen im Nord- und Ostseeraum andererseits in den Blick zu nehmen, ging die Untersuchung außerdem auf mehrere Fallbeispiele ein, insbesondere aus dem Deutschen Reich, aus Schottland, aus Norwegen und aus dem Russischen Reich.

Ergebnisse

In den Ländern des Nord- und Ostseeraums waren seit der Frühen Neuzeit vielfältige Formen nachhaltiger Nutzung von Waldressourcen anzutreffen, die zumeist auf überlieferten Praktiken der lokalen Bevölkerung beruhten und im Laufe der Zeit durch verschiedene Arten von Regeln aufrechterhalten wurden, sei es in Gestalt kommunaler Holzzuteilungen, in Forstordnungen der Obrigkeit u. a. m. Neben diesen vielfältigen, lokalen nachhaltigen Waldnutzungen hatte sich seit dem 17. Jahrhundert ein reger Fernhandel mit Holz entwickelt, hauptsächlich aus Skandinavien, dem Baltikum und Mitteleuropa nach Großbritannien und in die Niederlande.

Die jeweils regional spezifischen Formen von lokaler nachhaltiger Waldnutzung und das Ausmaß von Holz-Fernhandel gingen nicht allein auf die politischen und wirtschaftlichen Rahmenbedingungen vor Ort zurück, sondern auch – und zwar in entscheidender Weise – auf die Topographie der jeweiligen Region. Da Holz ein schweres Handelsgut ist, ließ es sich nur auf dem Wasserweg über weite Entfernungen bewegen. Diese Gebundenheit des Holz-Fernhandels an Wasserwege prägte die Wahrnehmung von und den Umgang mit Waldressourcen. Die Anrainer flößbarer Flüsse hatten die Möglichkeit, Holz wirtschaftlich effizient zu transportieren, allerdings nur in eine Richtung, nämlich flussabwärts. Am Oberlauf der Flüsse gab es also die Möglichkeit zum Holzexport. Flache Regionen mit Kanälen und Küstenstreifen mit Seehäfen waren hingegen in der Lage, Holz auf dem Wasserweg auch herbeizuschaffen, also zu importieren. Insbesondere in den britischen und niederländischen Küstenregionen prägte die Erfahrung eines kontinuierlichen Holzimports die Annahme, die Waldvorkommen Nord- und Osteuropas seien unerschöpflich. Im Landesinneren wiederum, fernab von Wasserwegen, war Holz-Fernhandel überhaupt nicht möglich. Allenfalls kurze Distanzen von wenigen Kilometern ließen sich auf dem Landweg überwinden. Im Landesinneren war die Nutzung von Wald und Holz daher von der Erfahrung geprägt, unbedingt mit dem lokal vorhandenen Wald auskommen zu müssen.

Vor dem Hintergrund steigender Bevölkerungszahlen und zunehmender wirtschaftlicher Tätigkeit wuchs der Verbrauch von Holz, so dass Autoren in vielen europäischen Ländern seit Ende des 18. Jahrhunderts eine Holznot heraufziehen sahen. Angesichts einer solchen (tatsächlich oder angeblich) drohenden Holznot betrachtete es die entstehende Forstwissenschaft als ihre wichtigste Aufgabe, den Ertrag von Waldflächen zu steigern. Zu diesem Zweck entwickelte und verfeinerte sie Techniken forstlichen Wirtschaftens: Das Vermessen, Kartieren und statistische Erfassen von Waldflächen sowie die Planung und Berechnung zukünftigen Holzertrags wurden Kernelemente forstwissenschaftlich nachhaltiger Waldbewirtschaftung. Aus diesen Techniken und ihren ‚exakten' Methoden leitete die entstehende Forstwissenschaft ihre Daseinsberechtigung und das Versprechen ab, eine nachhaltige, also für die Zukunft gesicherte, Versorgung mit Holzressourcen sicherzustellen. Diese forstwissenschaftlichen Nachhaltigkeitskonzepte hatten im Detail verschiedene Ausrichtungen. Gemeinsam war ihnen jedoch, dass sie auf die Erzeugung des maximalen Nutzholzertrags ausgerichtet waren. Andere traditionelle Formen nachhaltiger Waldnutzungen, wie etwa das Sammeln von Brennholz, das Eintreiben von Vieh zur Weide u. a. m., wurden hingegen aus dem Wald herausgedrängt.

Forstwissenschaftliche Nachhaltigkeitskonzepte, die vor allem deutsche und französische Autoren erarbeiteten und praktisch umzusetzen suchten, fanden in vielen Ländern Europas Beachtung. Forstwissenschaftliche Zeitschriften, Studienreisen, Versammlungen forstlicher Vereine und gelehrter Gesellschaften wie auch der Unterricht an den entstehenden forstlichen Akademien und Instituten bildeten seit Ende des 18. Jahrhunderts die Foren für einen zunehmend grenzübergreifenden Austausch über forstliche Fragen.

Die in der Mitte des 19. Jahrhunderts aufkommende internationale Kongressbewegung und die immer zahlreicheren (Welt-)Ausstellungen behandelten das Forstwesen zunächst nur am Rande. Im Jahr 1873 fand in Wien der erste internationale Kongress statt, der forstliche Fragen in den Mittelpunkt stellte. Die Organisatoren im Umfeld des österreichischen Ackerbauministeriums und der Wiener Universität für Bodenkultur sahen den Antrieb, einen solchen Kongress auszurichten, in erster Linie darin, die Forstwissenschaft auf Augenhöhe mit anderen Wissenschaftsdisziplinen zu bringen, die angeblich einen schon viel ausgeprägteren internationalen

Austausch pflegten. Das Bewusstsein, angesichts steigenden Ressourcenverbrauchs einen internationalen Kongress zusammenrufen zu müssen, um grenzübergreifende Lösungen zu finden, war offenkundig kein Auslöser für die Wiener Veranstaltung 1873.

Etwa zehn Jahre später, ab Mitte der 1880 Jahre, begannen unabhängig voneinander mehrere forstwissenschaftliche Experten, Daten zu Forstwirtschaft und Holzhandel verschiedener Länder auszuwerten und auf der Grundlage dieser Auswertungen zukünftige Ressourcenversorgung im Nord- und Ostseeraum zu reflektieren. Diese Reflexionen, die die Autoren auf Kongressen, Ausstellungen und in Periodika oder Denkschriften präsentierten, rückten drei Entwicklungen in den Mittelpunkt: Den stetig steigenden Holzverbrauch, insbesondere in den sich industrialisierenden Regionen West- und Mitteleuropas; die Ausbreitung des Eisenbahnnetzes, die einen Holzhandel in bisher ungekanntem Ausmaß ermöglichte; und – seit den 1890er Jahren – das Vorrücken der *timber frontier*, also das stetige Vordringen von Holzfällern und Sägewerken in die industriell noch ‚unberührten' Wälder Nord- und Osteuropas.

Aus den Reflexionen über diese drei Entwicklungen formten forstwissenschaftliche Experten seit den 1880er Jahren Argumentationen, die sich – stark systematisiert – in eine pessimistische und eine optimistische Richtung unterteilen lassen. Die pessimistischen Autoren schlussfolgerten aus dem stetig steigenden Verbrauch, dass eine globale Holznot drohe. Diese Argumentation griff zahlreiche Elemente auf, die unüberhörbar an die Holznot-Warnungen des 18. Jahrhunderts erinnerten. Ihren Weg in die internationale Diskussion fanden solche Warnungen durch eine Akkumulation zahlreicher einzelner Wortmeldungen (Denkschriften, Interpretationen von Forststatistiken u. a. m.), die Autoren aus den Ländern des Nord- und Ostseeraums seit den späten 1870er Jahren in forstwissenschaftlichen Zeitschriften, auf Kongressen und Ausstellungen präsentierten und so in die internationale Diskussion ‚einspeisten', wo sich solche Wortmeldungen gegenseitig verstärkten. Die Warnung vor einer globalen Holznot, die bspw. Albert Mélard auf dem internationalen Kongress in Paris im Jahr 1900 aussprach, fand eine überwiegend zustimmende Rezeption, und zwar nicht nur in den forstwissenschaftlichen Zeitschriften des Nord- und Ostseeraums, sondern auch in Periodika anderer Disziplinen, bspw. der Geographie.

Die optimistischen Autoren hielten solchen Argumentationen entgegen, dass die Eisenbahn als neues Verkehrsmittel einen Ausgleich zwischen Mangel- und Überflussregionen ermögliche. Denn die Eisenbahn überwand die bisherigen topographischen Beschränkungen des Holzhandels: Ein Transport von Holz im Landesinneren war nun nicht mehr nur in eine Richtung, nämlich flussabwärts möglich, sondern auch entgegen und quer zur Fließrichtung der Gewässer. Die optimistische Argumentation basierte auf einer De-Territorialisierung von Zukunftsplanung: Maßgeblich sollte nicht mehr die traditionell forstwissenschaftliche Nachhaltigkeit im lokalen Rahmen und ein Holz-Fernhandel mit den naturgegebenen topographischen Beschränkungen sein. Vielmehr konnte sich, aus Sicht der optimistischen Autoren, die Planung für eine Ressourcenversorgung der Zukunft an der Machbarkeit eines eisenbahnvernetzten Ausgleichs zwischen den holzreichen Regionen Nord- und Osteuropas und den großen Holzverbrauchern im industrialisierten West- und Mitteleuropa orientieren. Ihren prominentesten, und zugleich umstrittensten, Ausdruck fand diese optimistische Sichtweise in den Referaten Adolf von Guttenbergs und Eugen Ostwalds auf dem Kongress in Wien 1890, die rhetorisch fragten, ob Nachhaltigkeit angesichts der neuen Transportmöglichkeiten überhaupt noch aufrechtzuerhalten sei. Die zeitgenössische Bedeutung von Guttenbergs und Ostwalds Stellungnahme kann gar nicht hoch genug eingeschätzt werden: Zwei Experten der Forstwissenschaft, die ihre Daseinsberechtigung gerade aus exakt berechneter nachhaltiger Waldnutzung bezog (und bezieht), forderten geradeheraus, Nachhaltigkeit aufzugeben.

Solche Kontroversen, in denen pessimistische und optimistische Sichtweisen aufeinandertrafen, lassen sich Ende des 19. Jahrhunderts nicht allein in der Forstwissenschaft beobachten. Vielmehr stritten Experten benachbarter Disziplinen in ähnlicher Weise um andere Ressourcen. Markant fallen seit den 1880er Jahren die Debatten um eine angebliche oder tatsächliche Überfischung der Meere sowie der Streit um die Ergiebigkeit von Kohlevorkommen auf. Im Fischereiwesen entsprang die zunehmende Dringlichkeit dieser Frage insbesondere der neuen Leistungskraft dampfgetriebener und mit Kühltechnik ausgerüsteter Schiffe, die immer größere Fangmengen aus dem Meer holten. In der Debatte über Kohle ging es nicht nur um die Aufrechterhaltung kohlebasierter Produktionsprozesse, sondern auch um strategische Fragen: Solange Kriegsschiffe dampfgetrieben waren, hing von den erreichbaren Kohlevorkommen die Aufrechterhaltung militärischer Durchsetzungskraft und der Zusammenhalt globaler Kolonialreiche ab. Mit dem Nutzbarmachen neuer Technologien gingen offenkundig in vielen Wirtschaftszweigen und Wissenschaftsdisziplinen Reflexionen über deren langfristige Auswirkungen einher. Der wirtschaftliche Druck auf all diese Diskussionen schien allerdings solange gering zu sein, wie sich Nutzungsgrenzen *(frontiers)* hinausschieben ließen.

Dies galt nicht nur für das Vordringen in ‚unberührte' Wälder, sondern auch zu tiefer gelegenen Bodenschätzen, weiter entfernten Fischfanggründen u. a. m. Aus diesem Blickwinkel betrachtet, erscheint Frederick Jackson Turners viel zitierte These einer *frontier* in Nordamerika wie ein Fallbeispiel neben zahlreichen anderen, die – aus der Vogelperspektive betrachtet – vielfältiges Material für vergleichende Analysen bereithalten.

Internationale forstwissenschaftliche Kongresse und Ausstellungen sowie deren Rezeption in den Fachzeitschriften waren seit 1884 entweder von eher pessimistischen oder von eher optimistischen Sichtweisen geprägt. Es ist auffällig, dass die Kongressteilnehmer Konfrontationen zwischen diesen gegensätzlichen Sichtweisen nur selten auf den Kongressen selbst austrugen. Vielmehr mündeten viele Kongresse in einstimmig oder mit großer Mehrheit angenommene Beschlüsse, die zumeist Aufforderungen an die Regierungen der teilnehmenden Länder enthielten, einzelne Aspekte des Forstwesens in ihren Ländern zu befördern oder internationale Übereinkommen zu einzelnen Fragen zu erzielen. Wenngleich die Teilnehmer auch einzelne Kontroversen auf den Kongressen austrugen, so erscheinen die Kongresse doch insgesamt weniger als ein Forum der Auseinandersetzung, sondern eher als eine Art Leistungsschau der einzelnen Teilbereiche der Forstwissenschaft und Forstwirtschaft.

Gemessen am eigenen Anspruch, nämlich an den in Beschlüssen formulierten Zielen, blieben die meisten Kongress-Resolutionen ohne spürbare Auswirkungen. Praktische Umsetzungen der Kongress-Resolutionen im Forstwesen der einzelnen Länder oder auf internationaler Ebene blieben die Ausnahme. Eine dieser Ausnahmen ist der Beschluss des Kongresses 1890 in Wien, einen internationalen Ausschuss für das forstliche Versuchswesen zu bilden. Der Ausschuss nahm im Jahr darauf tatsächlich seine Arbeit auf und bereitete 1891 / 92 die Gründung des Internationalen Verbands forstlicher Versuchsanstalten vor, ein Verband, der bis in die Gegenwart den Austausch im Forstversuchswesen koordiniert und inzwischen den Namen *International Union of Forest Research Organisations* (IUFRO) führt. Die Gründe für diese – insgesamt gesehen seltene – praktische Umsetzung eines Kongressbeschlusses lagen darin, dass der Verband durch den Austausch von Versuchsanordnungen und -ergebnissen einen Effizienzgewinn für die beteiligten Versuchsanstalten ermöglichte. Trotz einer starken Dominanz deutscher bzw. deutschsprachiger Experten im Verband konnte sich jeder Teilnehmer, ganz gleich aus welchem Land, mit eigenen Versuchsreihen einbringen. Zudem pflegte der Verband eine Arbeitsatmosphäre, in der die Teilnehmer etwaige Kontroversen nicht zu einstimmig verabschiedeten Resolutionen nivellierten, sondern in ihnen einen Ansporn für weitere Forschungen sahen.

Eine solche praktische Umsetzung eines Kongressbeschlusses in Gestalt der Institutionalisierung internationaler Zusammenarbeit im Forstversuchswesen erreichten die Kongressteilnehmer bis 1914 jedoch auf anderen Teilgebieten nicht, auch nicht bei der forstlichen Statistik, also in jenem Bereich, der die zentrale Grundlage für forstwissenschaftliche Planungen darstellt, indem Statistiken die Daten für die Berechnungen nachhaltigen Forstbetriebs liefern. Obwohl die Teilnehmer auf fast jedem internationalen forstwissenschaftlichen Kongress einstimmig oder mit großer Mehrheit forderten, internationale forststatistische Zusammenarbeit zu intensivieren und institutionalisierte Formen für einen Austausch zu schaffen, sei es in Form eines internationalen Büros, einer Kommission o. ä., hatten solche Beschlüsse bis zum Ersten Weltkrieg keine praktische Auswirkung. Dieses Nichtzustandekommen sollte nicht als Scheitern internationaler forstwissenschaftlicher Kongresse interpretiert werden. Fragt man vielmehr nach den Ursachen für dieses Nichtzustandekommen, lassen sich drei Gegensätze herausarbeiten, die zeigen, wie unterschiedlich forstwissenschaftliche Experten in den einzelnen Regionen des Nord- und Ostseeraums die Herausforderungen für eine zukünftige Ressourcenversorgung beurteilten. Diese drei Gegensätze traten weniger in den Kongressverhandlungen selbst zu Tage, sondern ließen sich eher aus den Zeitschriftenberichten und Länderbeispielen herausarbeiten.

Erstens: Das Vorrücken der *timber frontier* und die Ausbreitung des Eisenbahnnetzes beschleunigten im Nord- und Ostseeraum die Dynamik, mit der selbst entlegene Regionen zu einem gemeinsamen Holzhandelsraum verbunden wurden. Diese beschleunigte Art der ‚Marktintegration' erzeugte in den einzelnen Regionen entgegengesetzte Auswirkungen: Rasch vordringende Holzfäller, effizienter arbeitende Sägewerke und Handelsnetze brachten immer mehr Holz aus Nord- und Osteuropa auf west- und mitteleuropäische Märkte. Da reichlich Holz nach West- und Mitteleuropa strömte, blieben die Holzpreise auf diesen west- und mitteleuropäischen Märkten verhältnismäßig stabil, obwohl der Verbrauch stetig stieg. In Nord- und Osteuropa hingegen gab es viele Regionen, in denen der lokalen Bevölkerung per Gesetz oder durch Privatisierung traditionelle Waldnutzungsrechte entzogen wurden. Für diese lokale Bevölkerung und auch für andere regionale Abnehmer verteuerte sich Holz, da viele Waldbesitzer nun traditionelle Waldnutzung und Holzzuteilung ablehnten und stattdessen den Export des Holzes anstrebten, um auf westeuropäischen Märkten lukrative Gewinne zu erzielen. In ökologischer Hinsicht erhöhte die *timber frontier* den Druck auf Waldgebiete in Nord- und Osteuropa, während der Druck auf mittel- und westeuropäische Wälder zurückging. Die aufstrebenden und sich industrialisierenden Regionen Westeuropas lagerten also die ökologischen Folgen ihres wirtschaftlichen Wachstums nach Nord- und Osteuropa aus. Führt man sich diese Folgen vor Augen, wirkt das stolze Reden vieler deutscher Forstwissenschaftler von nachhaltigem Forstbetrieb im Deutschen Reich kurzsichtig, wenn nicht gar scheinheilig: Denn ein nachhaltiger Betrieb in deutschen Wäldern ließ sich auch deshalb aufrechterhalten, weil der Mehrbedarf an Holz billig importiert wurde.

Da das wissenschaftliche Zentrum der internationalen Debatte im französischen und deutschsprachigen Raum, also in Mittel- und Westeuropa, lag, und dort die Holzpreise nicht deutlich stiegen, fehlte der wirtschaftliche Druck auf das wissenschaftliche Diskussionszentrum: Aus Sicht vieler Experten in Mittel- und Westeuropa war angesichts relativ gleichbleibender Preise nicht mit einer Verknappung von Holz zu rechnen. Holz schien ihnen ausreichend vorhanden, weshalb eine internationale Statistik als länderübergreifende Planungsgrundlage für nachhaltige Forstwirtschaft nicht der Mühe wert schien.

Zweitens: Das wirtschaftliche Zentrum und das wissenschaftliche Zentrum waren nicht deckungsgleich. Das wissenschaftliche Zentrum der Diskussion um eine internationale Forststatistik befand sich an den Forstakademien im Deutschen Reich, in Österreich und in Frankreich. Aus Sicht vieler französischer und deutschsprachiger Experten lagen die drängenden Probleme einer internationalen Forststatistik in der Emanzipation von der Agrarstatistik und in der Schaffung von verlässlichen Kriterien zur Erfassung unterschiedlicher Waldbeschaffenheiten. Das wirtschaftliche Zentrum hingegen lag an anderer Stelle, und zwar – gemessen am Holzhandelsaufkommen – in den großen Export- und Importhäfen entlang der Ostseeküste und in Großbritannien. Die Sichtweise vieler skandinavischer und britischer Experten, insbesondere wenn sie in enger Beziehung zum

Holzhandel standen, war daher eine ganz andere: Aus deren Sicht scheiterte eine internationale Forststatistik vor allem daran, dass die wissenschaftlich etablierten Deutschen und Franzosen auf metrischen Maßen bestanden. Solche metrischen Maße aber lehnten viele Experten in Skandinavien, im Baltikum und in Großbritannien ab, da sie an vertrauten Maßeinheiten wie dem Petersburg Standard und lange eingespielten Kriterien zur Qualitätsbezeichnung des gehandelten Holzes festhalten wollten.

Drittens: Zwischen dem Anspruch vieler, insbesondere deutschsprachiger und französischer, Experten, generalisierende Aussagen oder gar Theorien über die forstwirtschaftlich ‚richtigen' Maßnahmen aufzustellen, und den jeweils besonderen Gegebenheiten in den einzelnen (forstwirtschaftlich und forstökologisch unterschiedlichen) Regionen im Nord- und Ostseeraum lag ein kaum überbrückbarer Gegensatz. Insbesondere der Beschluss des Kongresses in Wien 1890, Nachhaltigkeit nur noch von staatlichen und kommunalen Forstbetrieben zu fordern, nicht aber in Privatwäldern, ging aus Sicht bspw. der skandinavischen Kongressteilnehmer vollkommen an der Realität vorbei: Da es in Nordeuropa Forstbezirke gab, in denen mehr als die Hälfte der Waldflächen in privatem Besitz war, die nach Meinung der staatlichen Forstverwaltung rücksichtslos bewirtschaftet oder gar kahlgeschlagen wurden, war die Wiener Resolution von 1890 überhaupt keine sinnvolle Perspektive für eine zukünftige Ressourcenversorgung.

Diese drei Gegensätze bzw. Spannungen traten interessanterweise in den Kongressverhandlungen allenfalls in Andeutungen oder einzelnen Wortmeldungen zu Tage, fanden jedoch nicht den Weg in die Resolutionen. Dies lag daran, dass es den Kongressorganisatoren nicht oder nur unzureichend gelang, die wirklich gegensätzlichen Positionen durch Referenten zu Wort kommen zu lassen. Außerdem standen die Kongressteilnehmer offenbar unter dem selbst erzeugten Erwartungsdruck, Beschlüsse möglichst einstimmig zu verabschieden und so ein nach außen geschlossenes Bild ‚der' Forstwissenschaft abzugeben. Und schließlich strahlten viele der herausragenden deutschen und französischen Forstwissenschaftler auf die versammelten Kongressteilnehmer offenbar eine derart starke wissenschaftliche Autorität aus, dass es anderen Teilnehmern schwerfiel zu widersprechen. Wie in einem Vergrößerungsglas zeigen diese Gegensätze nicht zuletzt, wie stark der immer wieder rhetorisch hochgehaltene Anspruch von internationaler Zusammenarbeit einerseits und andererseits die Realität regional ganz unterschiedlicher Auswirkungen und Betroffenheit von grenzübergreifenden Entwicklungen, wie etwa der *timber frontier*, im Nord- und Ostseeraum auseinanderfielen. Die feierlichen Eröffnungsreden und die Einstimmigkeit vieler Beschlüsse in den offiziellen Kongressdokumentationen verstellen hier den Blick auf vielfältige Fragmentierungen der internationalen forstwissenschaftlichen Zusammenarbeit. Was bedeutet dieser Befund, so ließe sich eine Frage für zukünftige Untersuchungen anschließen, für das Verhältnis von Anspruch und regionalen Auswirkungen auf anderen Feldern internationaler Zusammenarbeit, bspw. bei internationalen Abkommen über Umweltschutzmaßnahmen in der Gegenwart?

Während diese Spannungen und Gegensätze nur ansatzweise in den Kongressverhandlungen zu Tage traten, trugen die Experten die daraus resultierenden Kontroversen hauptsächlich in den forstwissenschaftlichen Zeitschriften aus. Aus diesen Kontroversen kristallisierte sich ein Prozess, der hier als Neuskalieren von Nachhaltigkeit bezeichnet wird: Dieses Neuskalieren von Nachhaltigkeit war kein Vorgang, den die beteiligten Experten gemeinsam koordinierten, sondern ein Prozess, der aus vielen einzelnen Wortmeldungen, Maßnahmen und Entwicklungen entstand. Viele dieser Entwicklungen hatten bereits im frühen 19. Jahrhundert ihren Anfang genommen. Das Neuskalieren von Nachhaltigkeit erreichte jedoch erst zwischen der Internationalen Forstausstellung in Edinburgh 1884 und den Kongressen in Paris 1900 und in Wien 1907 jene entscheidende Dynamik, die die aufmerksamen zeitgenössischen Beobachter zu Reflexionen herausforderte und zur gezielten Mitgestaltung dieses Prozesses motivierte.

Das Neuskalieren von Nachhaltigkeit war durch ein beständiges Wechselspiel gekennzeichnet zwischen dem ökonomisch, technologisch und ökologisch induzierten Wandel der räumlichen und zeitlichen Rahmenbedingungen forstlichen Wirtschaftens einerseits und dem Streben der Experten andererseits, diesen Wandel zu erfassen, in ihre Planungen für eine Ressourcenversorgung der Zukunft zu integrieren und diesen Wandel durch Projekte und Maßnahmen ggf. mitzugestalten. Das Neuskalieren von Nachhaltigkeit war ein grenzübergreifender Prozess, der den gesamten Nord- und Ostseeraum – in unterschiedlicher Weise – erfasste und der im Wesentlichen auf zwei Ursachen zurückging, die den räumlichen und zeitlichen Rahmen forstwissenschaftlicher Planungen grundlegend veränderten:

(1) In räumlicher Hinsicht ‚überrollte' die Eisenbahn die bisherigen Grundlagen der klassischen forstwissenschaftlichen Nachhaltigkeitskonzepte, nämlich den Zwang, aus topographischer Notwendigkeit allein mit dem lokal vorhandenen Wald auskommen zu müssen. Die Eisenbahn beseitigte jedoch nicht nur die bisherigen topographischen Beschränkungen des Holztransports, indem sie nun im Landesinneren einen Holzimport auch entgegen oder quer zur Fließrichtung der Gewässer ermöglichte. Vielmehr beeinflusste die Eisenbahn als neue Transporttechnik forstwissenschaftliche Planungen: Einerseits schlugen Experten Projekte zur Erschließung noch ‚ungenutzter' Waldflächen vor und entgrenzten so die verfügbare Planungsfläche. Andererseits engagierten sich Experten für die Einführung oder Erweiterung von Gesetzen, um bestimmte Waldflächen einzuhegen, also bewusst aus einer industriellen Nutzung herauszunehmen. Ein wachsendes Eisenbahnnetz erzeugte daher einen stetigen Druck, den räumlichen Maßstab der Planungen zu justieren und zwischen Entgrenzung und Einhegung von Waldflächen auszubalancieren.

Das Vorrücken der *timber frontier* war hierbei eine Entwicklung, die bis weit in die Frühe Neuzeit zurückreichte. Allerdings erfuhr das Vorrücken der *timber frontier* erst in der zweiten Hälfte des 19. Jahrhunderts eine solche Dynamik, dass forstwissenschaftliche Experten seit den 1890er Jahren begannen, dieses Phänomen zu reflektieren. Auf dem Kongress in Wien 1907 forderten die Teilnehmer die Regierungen der beteiligten Länder schließlich in einer Resolution auf, die „Aufschließung“ ungenutzter Waldgebiete voranzutreiben. Die Kongressteilnehmer verdeutlichten mit einer solchen Resolution, dass sie das Vorrücken der *timber frontier* nicht mehr allein als eine Entwicklung beobachten wollten, sondern dass sie danach strebten, sie mitzugestalten.

Nachdem also das wachsende Eisenbahnnetz seit Mitte des 19. Jahrhunderts klassische forstwissenschaftliche Nachhaltigkeitskonzepte zunächst de-territorialisiert hatte, indem es einen Holztransport weitgehend unabhängig von topographischen Gegebenheiten ermöglichte, begannen Experten seit den 1890er Jahren, diesen Prozess zu reflektieren. Etwa ein Jahrzehnt später – ab etwa 1900 – setzten Experten schließlich an, Nutzungskonzepte zu re-territorialisieren, indem sie die sich ändernden Erschließungsmöglichkeiten durch die Eisenbahn in ihre Planungen integrierten und danach strebten, weitere räumliche Erschließungen aktiv mitzugestalten.

Bemerkenswerterweise blieb der historische Begriff Nachhaltigkeit in der Fachsprache der Zeitgenossen weiterhin auf das Lokale bezogen. Von „Nachhaltigkeit“, „nachhaltigem Ertrag“ und auch „rationeller Forstwirtschaft“ sprachen Experten – nicht nur in deutscher Sprache, sondern auch in ihren fremdsprachigen Entsprechungen bspw. im Englischen, Norwegischen oder Polnischen – mit Blick auf die Wirtschaftsplanung im lokalen oder regionalen, also klar abgegrenzten Forstbetrieb. Tatsächlich aber wendeten viele Experten, die an den Debatten um forstliche Statistik seit den 1880er Jahren beteiligt waren, die im Lokalen eingeübten Techniken forstlicher Nachhaltigkeit nun auf einen mehr und mehr entgrenzten Raum an: Sie trugen Daten über immer größere Räume zusammen, kartierten diese Räume und berechneten den zu erwartenden Holzertrag immer größerer und entfernterer Waldflächen. Experten passten also die Maßstäbe ihrer Planungen vom Lokalen zum Transnationalen an. Sie waren aktiv dabei, Nachhaltigkeit neu zu skalieren, ohne allerdings den Begriff Nachhaltigkeit dabei zu verwenden. Für eine Begriffsgeschichte von Nachhaltigkeit ist dieser Befund insoweit von Interesse, als in der Kernphase dieser Untersuchung 1884–1907 keine Erweiterung oder Aufweichung der Begriffsbedeutung erkennbar ist, und zwar ungeachtet der enormen Entgrenzungen des forstlichen Nutzungsraumes in der zweiten Hälfte des 19. Jahrhunderts.

(2) In zeitlicher Hinsicht erzeugte die zunehmende Dynamik industrieller Produktion und technologischer Innovationen einen wachsenden Druck auf forstwissenschaftliche Planungshorizonte. Denn Baumwachstum lässt sich nicht oder nur in äußerst geringem Maße beschleunigen, zugleich aber veränderten sich die Anforderungen an den Rohstoff Holz immer schneller. Dadurch wurde die Spannung zwischen beschleunigtem Wandel kapitalistischen Wirtschaftens und den notwendigerweise langen forstlichen Planungs- und Produktionszeiträumen größer und größer. Für jedermann greifbar wurde diese Spannung in der Frage, wie mit den großflächigen Laubholzbeständen vieler west- und mitteleuropäischer Länder zu verfahren sei: Diese Bestände, die teilweise seit der Frühen Neuzeit als Quelle für

Brennholz und Holzkohle angelegt und bewirtschaftet worden waren, verloren mit der Verbreitung von Kohle als Brennstoff immer mehr an Nutzen. Mehrere internationale Kongresse empfahlen daher die Umwandlung von Laub- in Nadelholzbestände, da letztere leichter als Nutzholz verwendet werden konnten. Solche Umwandlungen nahmen angesichts des langsamen Baumwachstums jedoch mehrere Jahrzehnte in Anspruch. Parallel dazu wurden durch chemisch-technologische Forschungen immer neue nützliche Stoffe oder Verwendungszwecke bestimmter Holzarten oder Holzbestandteile entdeckt. Auf solche neuen Absatzmöglichkeiten mit der Aufforstung der besagten Holzarten zu reagieren, bedeutete, von einer über mehrere Jahrzehnte anhaltenden Konjunktur auszugehen – eine Annahme, die von einer beschleunigten industriellen Produktion und technologischer Innovation rasch überholt werden konnte.

Auf diese beiden Ursachen, die die räumlichen und zeitlichen Grundlagen forstlichen Wirtschaftens und Planens tiefgreifend veränderten, reagierten forstwissenschaftliche Experten mit einer ganzen Reihe an Ideen, Konzepten und Vorschlägen, die in unterschiedlicher Weise in praktische Maßnahmen – zumeist in einzelnen Ländern – übersetzt wurden. Mit Blick auf die Wirtschafts- und Außenhandelspolitik ging es in erster Linie um Zölle, Regulierung von Frachtkosten auf der Schiene und zu Wasser sowie um Ein- und Ausfuhrbeschränkungen. Diskussionen darum und einzelne wirtschafts- oder handelspolitische Maßnahmen reichten auch hier bis weit ins 18. Jahrhundert zurück, erfuhren jedoch in der zweiten Hälfte des 19. Jahrhunderts eine erhebliche Dynamisierung. Denn die Ausbreitung des Eisenbahnnetzes bot die Möglichkeit, auch die entlegensten Winkel eines Landes in einen miteinander verbundenen Nutzungsraum zu integrieren. Dass es hier nicht allein um ökonomische, sondern auch um ökologische Fragen ging, zeigte sich darin, dass bspw. die norwegische Regierung per Gesetz ausländisches Saatgut bei dessen Einfuhr markieren ließ: Solches Saatgut, das teilweise dem rauhen nordischen Klima nicht gewachsen war, unterminierte norwegische forstliche Planungssicherheit und schädigte auf lange Sicht das Potential der landeseigenen Forstwirtschaft, mithin einen wesentlichen Bestandteil der norwegischen Exportleistung.

In wissensgeschichtlicher Hinsicht schließlich erzeugte bzw. verschärfte das Neuskalieren von Nachhaltigkeit die Spannung zwischen einerseits dem Anspruch, ein möglichst aussagekräftiges, zumeist statistisches oder kartographisches Gesamtbild vorhandener Waldressourcen zu erarbeiten, und andererseits dem Wissen um die je spezifischen Potentiale lokaler Waldvorkommen, das sich nur mit Abstrichen generalisieren ließ. Dieses Phänomen ist aus Forschungen zur Geschichte von Statistik und Kartographie hinreichend bekannt. Seine besondere Bedeutung im Prozess des Neuskalierens von Nachhaltigkeit erlangte es dadurch, dass Experten in den generalisierenden Statistiken oder Forstkarten nicht allein ein Abbild forstlicher Gegebenheiten suchten, sondern eine reale Planungsgrundlage für forstwirtschaftliche Nutzungen – eine Planungsgrundlage, die umso brüchiger wurde, je näher sie zurück an die lokalen Bedingungen forstlichen Wirtschaftens geführt wurde. Verweise auf lokale forstliche Bedingungen und lokales Wissen um Waldressourcen wurden in einigen

Fällen von den Kritikern allzu optimistischer Zukunftsaussichten ins Feld geführt, um die geringe Verlässlichkeit der stark abstrahierenden Statistiken anzuprangern. Diese Verweise auf lokale Bedingungen und lokales Wissen waren jedoch keine Parteinahme für traditionelle Waldnutzungen der lokalen Bevölkerung. Konfrontationen zwischen traditionellen und forstwissenschaftlichen Waldnutzungen traten auf der Ebene internationaler Kongresse nicht zu Tage, wohl auch, weil solche Konfrontationen hauptsächlich auf einer weit darunter liegenden Ebene ausgetragen wurden, nämlich zwischen den Vertretern der Forstverwaltungen vor Ort und der lokalen Bevölkerung.

Abstrahiert man von diesen spezifischen forstwissenschaftlichen und forstwirtschaftlichen Eigenarten des Neuskalierens von Nachhaltigkeit, so eröffnen die Untersuchungsergebnisse Perspektiven für ein Forschungsprogramm im Schnittfeld zwischen Umweltgeschichte und internationaler Geschichte, und zwar in dreierlei Hinsicht:

Räumliche und zeitliche Grundlagen der Ressourcennutzung und -schonung haben sich nicht allein im Forstwesen verändert. Die Entgrenzung vorhandener Nutzungsräume und vorrückende Grenzen *(frontiers)* bei der Nutzung anderer Ressourcen sind bereits Gegenstand zahlreicher Untersuchungen, ebenso wie die Beschleunigung von Innovation und Produktion. Es erscheint daher lohnenswert, in internationalen, in kolonialen und postkolonialen Zusammenhängen das Wechselspiel zwischen Entgrenzung und Einhegung von Räumen zu erkunden, also das Ausbalancieren zwischen Ausbeutung von Rohstoffen in einer Region und Schonung des gleichen Rohstoffs in einer anderen Region zu erforschen.

Wie die Untersuchung bspw. anhand der verschiedenen Waldschutzgesetze zeigen konnte, ermöglicht es eine solche Perspektive, die Beziehungen zwischen konkurrierenden Ordnungsmustern *(patterns of governance)* stärker zu differenzieren. Dabei geht es nicht um eine schematische Gegenüberstellung von nationalen und inter- oder transnationalen Ordnungsmustern. Vielmehr zielt ein solcher Ansatz darauf, die Parallelität verschiedener (lokaler, nationaler, transnationaler) Ansprüche auf Ressourcennutzung in eine Untersuchung zu integrieren, ebenso wie konkurrierende Auffassungen von Eigentum und Nutzungsrechten an Ressourcen, von unterschiedlichen Reichweiten in der Verantwortung für die Folgen von Ressourcennutzungen u. a. In diesem letztgenannten Punkt – der Verantwortung für die Folgen – sind die räumliche und die zeitliche Dimension konkurrierender Ordnungsmuster unmittelbar verknüpft, insbesondere mit Blick auf solche Folgewirkungen von Ressourcennutzungen, die erst Jahre oder Jahrzehnte später spürbar werden. Welche Aktions- und Reaktionsmuster – so wäre mit vergleichendem Blick auf andere Ressourcennutzungen zu fragen – zeigen sich in Wissenschaft und Politik, welche zeitlichen Spannungen treten zu Tage und welche Ansätze, solche Spannungen zu überbrücken?

In begriffs- und argumentationsgeschichtlicher Hinsicht trat nicht nur die starke und begriffsprägende Stellung der deutschsprachigen und französischen forstwissenschaftlichen Experten hervor. Vielmehr zeigte sich auch in der zeitgenössischen Verwendung des Begriffs Nachhaltigkeit, in wie starker Weise die Akteure in einer Phase des Übergangs sprachen und handelten – ein Übergang, in dem sich Akteure angesichts neuer Technologien der Ressourcennutzung und -ausbeutung gezwungen sahen, das Verhältnis zwischen lokaler und überregionaler Nutzung neu auszuhandeln. Viele andere zeitgenössische Termini bieten sich hier an, etwa die Begriffe „Ödland" oder „Raubwirtschaft", um Übergänge nicht nur für einzelne Rohstoffe, sondern vergleichend für verschiedene Ressourcen zu analysieren. Zu prüfen wäre hierbei auch, welche Prägekraft Experten aus unterschiedlichen Ländern oder Sprachräumen in internationale Debatten einzubringen vermochten und welche Fragmentierungen in der Anwendbarkeit solcher Begriffe auf die jeweils regional verschiedenen Bedingungen der Ressourcennutzung hervortraten.

Durch die Konzentration auf den Nord- und Ostseeraum als Untersuchungsgebiet und die Hereinnahme von Quellen aus west-, mittel-, nord- und osteuropäischen Perspektiven zeigte die Analyse Wege auf, wie ertragreich Herangehensweisen sein können, die die in der Geschichtswissenschaft oft auch institutionalisierten Einordnungen in „Nordeuropa", „Westeuropa" oder „Osteuropa" durchbrechen. Dies ist kein Plädoyer, räumliche Zuordnungen jedweder Art zu verwischen. Auch in der Analyse des Neuskalierens von Nachhaltigkeit traten Aspekte hervor, die eher klassischen Zuordnungen folgten, etwa der Ostseeraum als Rohstofflieferant und westeuropäische Industrieregionen als Rohstoffimporteure. Zugleich sensibilisierte die Untersuchung aber für Zuordnungen, die quer zu den klassischen Mustern liegen, etwa für die Differenzierung zwischen dem wirtschaftlichen und dem wissenschaftlichen Zentrum in der Auseinandersetzung um zukünftige Ressourcennutzung. Außerdem ließ sich zeigen, wie unterschiedlich, ja gegensätzlich die Auswirkungen internationalen Austauschs über Ressourcen in den einzelnen Regionen des Nord- und Ostseeraums waren, wie unterschiedlich sich also Betroffenheitsgrade eines Internationalisierungsprozesses auswirkten. Indem solche Unterscheidungen als zentrale Faktoren dienten, um den Prozess des Neuskalierens von Nachhaltigkeit zu erklären, sind sie Anstoß, um aus dieser Perspektive auch den Wandel anderer Nutzungskonzepte zu erforschen. Mehr noch: In diesen Differenzierungen liegt das Potential, europäische Geschichte entlang grenzübergreifender Kontroversen zu schreiben, die klassische Einteilungen in West, Ost, Nord oder Süd schon im Ansatz überwinden.

IX Summary

Rescaling Sustainability. Planning Future Resource Supply in the Face of Growing Temporal Dynamics and Spatial Complexity

During the 19th century, a growing population together with increasingly industrialized manufacturing processes across Europe led to a steadily increasing demand for natural resources. This applied, not only to coal and iron ore, but also to timber. At the same time, the century saw an intensification of cross-border exchange, both that of goods – as trade continued to branch out and diversify – as well as of people and ideas through increased travel, migration and the development of communication networks. The growing consumption of raw materials, together with ever-intensifying economic ties, spurred experts from various fields of study to consider the future of resource supply in an increasingly interconnected world.

In the case of timber, the priority was to ensure the availability of coniferous wood and to secure an ongoing – or sustainable – supply from existing forests. The concepts of "nachhaltiger Ertrag" (sustainable supply, sustained yield) and "Nachhaltigkeit" (sustainability) had been shaping the emerging science of forestry since the 18th century. These terms were used in forestry to describe the practice of taking no more timber from a forest over the course of a year than will naturally regenerate in that time. In current discussions, the word "sustainability" has long outgrown its origins as a forestry term and has become an almost ubiquitous concept in debates about the environment, economics and society. Having once referred solely to timber supply, it is now perceived as an all-encompassing idea that holds the key to how we must design the future. The expansion and transformation of the meaning of the term "sustainability" has prompted closer investigation of the way in which the use and protection of resources shifted over time. The focus in this study was not just on the term "sustainability" itself, but also on debates and disputes concerning the availability of resources, how they should be recorded statistically and cartographically and how future supply may be ensured through long-term planning. Because these debates intensified considerably in the second half of the 19th century, this study discusses the challenges 19th century forestry experts saw themselves confronted with in regard to future supplies of forest and timber resources, which international controversies they battled with and what role concepts of sustainability played in these controversies. A particular area of interest that the analysis focused on was the influence of spatial and temporal dynamics on the controversies, including the interdependencies between shifting spatial frameworks within forestry and the changing concepts of sustainability as well as the tension between the necessarily long planning periods in forestry and the accelerated timeframes required by increasingly industrialized production.

It is necessary to approach the subject from a transnational perspective, as many 19th century economic and technological changes were unrestricted by national borders and had a wide-reaching impact, and also because cross-border relationships had been playing a major and growing role in forestry science and industry as well as in the timber trade since the early modern era. The analytical framework of the investigation was therefore not oriented towards the nation state, but instead focused on international forestry congresses. The analysis does not aim to show how exchange in forestry became institutionalized. Rather, it strives towards an understanding of the challenges facing forestry experts at the time, as well as the challenges to concepts of sustainability and the changes that took place in the late 19th century. In this way, the investigation also aims to historicize the notion of sustainability.

Since 1873, international forestry congresses were held in European cities every two to five years. At the same time, forestry divisions at world exhibitions and similar events of international caliber provided a forum where views on the issue of resourcing could be presented and discussed. Of the numerous international events that took place, this investigation focuses on those that struck a chord for experts at the time, namely the congresses of 1873, 1890 and 1907 in Vienna and the 1900 and 1913 congresses in Paris as well as an international forestry exhibition held in Edinburgh in 1884.

Because the countries surrounding the North Sea and Baltic Sea formed the main area of timber trade, and many forestry experts of the time were therefore interested in these areas, the study concentrates on the North Sea and Baltic Sea regions. However, far from seeing this as a rigidly defined geographical space, the study emphasizes its various expansions and limitations. In order to gauge the shifts that occurred during the 19th century, the investigation begins with an overview of the various forms of sustainability and long-distance timber trade around the year 1800. The main focus, however, is on the years between 1884 and 1907 as this was the period in which the pivotal changes took place at the congresses and exhibitions.

The congress participants negotiated key questions and challenges for the future of forestry planning and economics, particularly in the course of debates centered around three topics, namely, forestry statistics, forest ecology and forestry research and experimentation. In order to overcome a frame of reference based on separate nation states, the investigation follows the work of key protagonists, and thus focuses on the speeches and dealings of forestry experts at the congresses and in the intervening periods. In striving to reconstruct a facet of European history, the sources that were selected for the investigation open up perspectives from as many different North Sea and Baltic Sea regions as possible. These sources include, first and foremost, materials produced by forestry experts that are held in the archives of forestry societies and forest academies and institutes, but also materials produced by ministries and forestry administrations which were sourced from archives in Berlin, Eberswalde, Zurich, Vienna, Radom, Oslo and Edinburgh. In particular, the published sources include reports on the congresses and on other facets of international exchange in forestry journals. These periodicals were also specifically chosen to represent a range of perspectives from across the entire North Sea and Baltic Sea region and therefore encompass the Zeitschrift für Forst- und Jagdwesen (Eberswalde), the Allgemeine Forst- und Jagdzeitung (Aschaffenburg and Gießen), Revue des eaux et forêt (Nancy), Centralblatt für das gesamte Forstwesen (Vienna), Lesnoj Žurnal" (St. Petersburg), Sylwan (Lemberg), Tidsskrift for Skovbrug (Christiania) and Transactions of the Scottish Arboricultural Society (Edinburgh). In order to assess the correlations between the international congresses, on the one hand, and the countries and regions in the North Sea and Baltic Sea areas on the other, the investigation also incorporates several case studies, particularly from the German Empire as well as from Scotland, Norway and the Russian Empire.

Results

The practice of using forest resources in a sustainable way had existed in countries throughout the North Sea and Baltic Sea regions since early modern times and took many forms. In most cases, these practices were based on the handed down traditions of local people and had been maintained through various kinds of rules and regulations, be they in the form of communal wood allocations, forest regulations issued by the authorities, or other such directives. Alongside these diverse local practices around sustainable forest use, a flourishing long-distance timber trade developed in the 17th century and continued to grow, mainly operating out of Scandinavia, the Baltic Sea region and Central Europe and supplying Great Britain and the Netherlands.

The various forms that local sustainable forest use took, and the extent to which long-distance timber trade flourished in particular regions stemmed, not only from the general political and economic conditions that existed there, but also – and to a significant degree – from the region's topography. Being a heavy commodity, timber was only able to be transported across large distances by water. This dependence of the long-distance timber trade on waterways shaped the way in which forest resources began to be viewed and treated. Those with access to suitable rivers had an efficient means of transporting timber, albeit only in one direction, namely downstream. From locations at the upper reaches of a river, it was therefore possible to export timber, whereas flat regions with canals and coastlines with seaports were in a position to receive transports by water and could therefore import timber. Particularly in the coastal regions of Britain and the Netherlands, the continuous supply of timber led to a common perception that North and East European forest reserves were inexhaustible. By contrast, in inland areas far away from waterways, long-distance timber trade was absolutely impossible. At most, only short distances of a few kilometers could be covered via overland routes. Thus, the use of forests and timber in inland areas was shaped by the experience of having to get by with just what the local forest could supply.

Against the backdrop of a growing population and increasing economic activity, the demand for timber was on the rise. Towards the end of the 18th century, forestry experts in many European countries began to see an approaching timber shortage. In the face of such a threat (whether actual or alleged), those working in the emerging area of forestry science saw it as their most important task to increase the yield of forests. To this end, they developed and refined forestry technology and procedures, including the core elements of sustainable forest management such as the measuring and mapping of forested areas, the collection of statistical data as well as the planning and calculation of future timber yields. From these procedures and "precise" methods, the emerging field of forestry research gained its raison d'être as a science and pledged to ensure a sustainable supply of forest resources for the future. In their detail, these concepts of sustainability in forestry science were oriented in various different ways, but they were all based around a common aim – to produce the maximum possible returns of timber. Other traditional forms of sustainable forest use, by contrast, like the collecting of firewood, herding livestock onto pasture, and many others, were displaced by these new methods.

The concept of sustainable forestry attracted interest in many European countries and was developed, in particular, by German and French experts who sought practical ways to implement their ideas. From the end of the 18th century, forestry journals, educational tours, gatherings of forestry associations and learned societies as well as the tuition at forestry academies and institutes all provided different forums where questions related to forestry could be discussed and ideas exchanged in an increasingly international context.

Initially, the international congress movement and the increasingly numerous (world) exhibitions, which emerged in the mid 19th century, dealt with forestry merely as a marginal topic. In 1873, the first international congress to place the subject of forestry as a central area of interest took place in Vienna. The organizations surrounding the Austrian ministry of agriculture and the Vienna Universität für Bodenkultur [University of Natural Resources and Life Sciences] led the drive to host a congress, the aim of which would be, first and foremost, to put forestry science on a par with other academic disciplines that appeared to foster more fully-fledged international exchanges. Awareness of the need to convene an international congress in order to find cross-border solutions for growing resource usage was, however, clearly not the main cause for holding the 1873 event in Vienna.

Around ten years later, beginning in the mid 1880s, a number of forestry experts began working independently to analyze data relating to forestry and the timber trade in various countries. Using these evaluations as a basis, they started to consider the issue of future resource supply in the North Sea and Baltic Sea regions and presented their reflections at congresses and exhibitions and in periodicals or in the form of memoranda. As a result, three key developments were brought into focus, namely, the steadily growing demand for timber, particularly in the regions of Western and Central Europe where industrialization was increasing, the expansion of the railroad network that now allowed timber transport and trade on a previously unprecedented scale and, thirdly, an advancing timber frontier which saw loggers and timber mills continue to move deeper into forested areas of Northern and Eastern Europe that had, until then, remained "untouched" by industry.

From the reflections on these three areas of development, forestry experts formed argumentations that can be categorized in a highly systematized way along either pessimistic or optimistic lines. Those who took up a pessimistic position reasoned that the increasing consumption of timber was leading to the threat of a global timber shortage. These argumentations seized upon numerous elements that were unmistakably reminiscent of the warnings that had been circulated in the 18th century regarding a looming timber supply crisis. These warnings found their way into the international debate via the accumulation of numerous separate written accounts (memoranda, interpretations of forestry statistics and many others) that experts from countries across the North Sea and Baltic Sea regions had been presenting in forestry journals, at congresses and exhibitions since the late 1870s and which had therefore been "feeding" the international discussion and mutually reinforcing a pessimistic outlook. Most who heard the warning of a world-wide timber shortage, which was voiced, for example, by Albert Mélard at the international congress in Paris in 1900, agreed with it. Concern spread beyond the bounds of forestry periodicals in the North Sea and Baltic Sea region and was also reported on in periodicals on other disciplines, for example Geography.

The optimistic experts challenged such arguments by suggesting that the newly developed rail network would enable supply to be distributed evenly from regions where there was an abundance of timber resources to those affected by shortage. Trains, they argued, would make it possible to overcome the topographical restrictions that had previously hampered the timber trade; timber could be now transported inland, not just in a single direction, namely downriver, but also in the opposite direction as well as crossways and diagonally to the direction of water flow in rivers and canals. Optimistic arguments were based on a de-territorialization of future planning, whereby the traditional classical forestry concept of local sustainability and the idea that long-distance timber trade was affected by natural topographical limitations were no longer relevant. According to the optimistic experts, the future supply of resources was much more oriented around the feasibility of developing rail links between the timber-rich regions in Northern and Eastern Europe and the large timber consumers in the industrialized parts of Western and Central Europe. The most prominent and also controversial expression of these optimistic views was to be heard in the speeches of Adolf von Guttenberg and Eugen Ostwald at the Vienna conference of 1890. They posed the rhetorical question of whether, in light of the new transportation opportunities, the concept of sustainability was worth holding onto. The impact that Guttenberg's and Ostwald's opinions had at that time cannot be over-emphasized; forestry science had just gained the validation of being recognized as a discipline in its own right based on the precise evaluation of sustainable forest management, and yet these two experts from the field were now making an outright demand for the very concept of sustainability to be abandoned.

At the end of the 19th century, this kind of controversy where pessimistic and optimistic perspectives clashed were not confined to forestry science. Experts from neighboring disciplines were also engaged in similar disagreements regarding other resources. A prominent example that arose during the 1880s was the – actual or alleged – issue of overfishing the oceans and there was also a dispute around the productivity of coal reserves. The increasing urgency of this issue in the area of fishing arose, in particular, in response to the new capacities of steam-powered ships that were equipped with refrigeration technology and made it possible to catch ever-greater volumes of fish. The debate over coal centered, not just on the need to maintain coal-based production processes, but also on strategic issues: as long as warships remained steam-powered, military assertiveness and the cohesion of colonial empires would depend on access to coal resources. The utilization of new technologies in many industries and scientific disciplines naturally gave rise to reflection on what their long-term effects might be. Nevertheless, the economic pressure on all these discussions appeared to be minor as long as the frontiers were able to be pushed further out.

This was the case, not just in the example of industrialized forestry advancing into "untouched" forests, but also in the extraction of deeper mineral resources, sailing to more distant fishing grounds etc. Viewed from this angle, Frederick Jackson Turner's often-referenced work on the frontier in North America appears to be a case study that sits alongside numerous others; when viewed together from a bird's eye perspective, these can be seen to hold a wealth of material that lends itself to comparative analysis.

After 1884, international forestry congresses and exhibitions were shaped either by a prevailing pessimistic or a prevailing optimistic perspective, as were their reception in the academic journals. It is of note that the participants at the congresses only seldom resolved confrontations between opposing views at the congresses themselves. Far more often, these events led to resolutions – unanimous, or backed by a large majority – that usually included a call for the governments of the represented countries to act, either by promoting certain aspects of forestry in their respective countries or to reach international agreements on forestry-related issues. Although the participants also resolved some controversies at the congresses, these events generally appear not to have been forums for confrontation, but rather a kind of competitive exhibition where the individual subsections of the forestry science world and the forestry industry would "perform" against each other.

Measured against their own aspirations, namely the goals formulated in the decisions that were reached, most congress resolutions appear to have had little noticeable knock-on effect. The practical implementation of congress resolutions in the forestry practices of individual countries, or at an international level, remained the exception rather than the rule. One such exception was the decision reached at the 1890 congress in Vienna that an international committee for forestry research be formed. The committee did in fact commence work in the following year and, in 1891/92, laid the groundwork for the establishment of the International

Union of Forest Research Organizations (IUFRO) which still today coordinates the exchange of experimental research in forestry. The reasons behind this – on the whole, rare – occurrence of a congress resolution being implemented in practice lay in the fact that the exchange of experimental set-ups and their results enabled the research organizations involved to become more efficient. Despite a striking predominance of German and German-speaking experts in the union, any participating member, regardless of which country they came from, could contribute their own studies or tests. Furthermore, the union fostered a work atmosphere in which the participants were not encouraged to level out possible controversies and turn them into unanimous agreements, but to see the controversies as an incentive to undertake further research.

Until 1914, however, congress participants were not able to reach this kind of practical implementation of a congress resolution in other forestry branches in the form of institutionalized international collaborations. This included the field of forestry statistics which represented a central foundation for forestry planning as it produced data needed for the calculation of sustainable forestry operation. At almost every international forestry congress, participants unanimously, or as a vast majority, demanded that international collaboration in the area of forestry statistics be intensified. They called for institutionalized structures to be set up to allow greater exchange of information and ideas, whether in the form of an international bureau, a commission or a similar set-up. In spite of these appeals, however, the decisions reached at congresses failed to have any practical impact up until the First World War. The fact that resolutions were seldom fulfilled should not be interpreted as a failure of international forestry congresses. Rather, by looking more closely at the reasons behind this lack of follow-through, three contradictory situations can be identified that demonstrate how differently forestry experts in the various North Sea and Baltic Sea regions assessed the challenges facing resource supply in the future. These three areas of contradiction did not manifest as often during congress negotiations but became obvious instead between the lines of journal articles and in situations that took place in various countries.

Firstly: The advance of the "timber frontier" and the expanding rail network accelerated the dynamic in the North Sea and Baltic Sea regions whereby even remote territories gained links to a common timber-trade area. This acceleration of market integration led to conflicting implications in the individual regions: the rapid advance of loggers, increasingly efficient timber mills and trade networks meant that ever-growing wood supplies from Northern and Eastern Europe were entering Western and Central European markets. Because of the plentiful supply, timber prices on these markets remained relatively stable, even though demand was constantly growing. In Northern and Eastern Europe, on the other hand, there were many regions where introduced laws or privatization resulted in local people's traditional rights around forest usage being withdrawn. For these local communities and also for other regional buyers, timber became a more expensive commodity as many forest owners were now overruling traditional customs of forest usage and wood allocation and instead sought opportunities to export their timber in order to make a profit via lucrative West European markets. From an ecological point of view, the timber frontier was increasing the pressure on the forested areas of Northern and Eastern Europe, while pressure on Central and Western European forests eased. Thus, the ambitious and increasingly industrialized regions of Western Europe outsourced the environmental impacts of their economic growth to Northern and Eastern Europe. In the light of this reality, the proud speeches given by many German forestry researchers on the sustainable management of the forests of the German Empire appear shortsighted if not sanctimonious. Indeed, the sustainable management of German forests was only able to be maintained because the increased supplies of timber needed to satisfy demand were being imported cheaply.

Because the scientific center of the international debate was based on research being carried out in French and German speaking territories, and because timber prices were not rising significantly in Germany and France, economic pressure was not an impacting factor on the discussions among leading experts in these regions. From their point of view, the relatively stable prices were evidence that timber scarcity was not a threat. It seemed to them that there was an adequate supply of timber which was why setting up an international statistics committee as a basis for planning transnational sustainable forestry did not appear to be worth the effort.

Secondly: The economic center and the scientific center were not identical. The scientific discussion on international statistics was centered around the forestry academies in the German Empire, Austria and France. According to many experts from France and German-speaking regions, there was an urgent need to emancipate international forestry statistics from agricultural statistics and to create a reliable set of criteria for the collection and recording of information on varying forest conditions. The economic center, on the other hand, was dependent on the emerging timber trade and was thus situated elsewhere, namely in the major export and import harbors along the Baltic Sea coast and in Great Britain. The perspective of many Scandinavian and British experts, especially those who had close ties to the timber trade, was therefore quite different. In their view, any attempt to establish an international forestry statistics operation was bound to fail due, predominantly, to the fact that the established German and French researchers insisted on using metric measurements. Many experts in Scandinavia, the Baltic and Great Britain rejected metric measurements as they wanted to hold onto familiar units of measurement such as the Petersburg Standard as well as long-established criteria for indicating the quality of traded timber.

Thirdly: Many experts, particularly from France and German-speaking regions, called for the establishment of generalizing statements or even theories outlining "correct" forestry procedures. Between their demands and the various practical circumstances that differed from region to region in the North Sea and Baltic Sea areas – with respect to both forestry economics and forest ecology – lay a barely bridgeable set of differences and oppositions. This became obvious in particular at the Vienna congress of 1890. One of the resolutions passed by the congress stipulated that only state and municipally run forestry operations be thenceforth required to observe sustainable practices and that these need not apply in private forests. This, for example, was seen by the Scandinavian participants at the congress to be particularly unrealistic. Because Northern Europe contained areas where more than half of the forests were privately owned, and because these were considered by the state forest administrations to be recklessly managed or, in some cases, even completely cleared, the Vienna resolution of 1890 was not a sensible prospect for ensuring a continued future supply of resources in these regions.

Interestingly, the three aforementioned areas of contradiction and tension barely came to light during congress negotiations. At most, they manifested in the form of hints or insinuations during the proceedings or in individual announcements, but never found their way into the resolutions. The reason for this was that the congress organizers did not adequately succeed in finding ways for the real and pressing issues of the time to be brought up by the speakers. Furthermore, it is evident that participants felt pressured by their own expectation to reach decisions, if possible, unanimously and thus to project to the outside world a consistent image of forestry as a strong and coherent science. Lastly, many of the prominent German and French forestry researchers exuded such a strong sense of scientific authority that the assembled attendees clearly found it difficult to contradict them. These areas of contradiction act like a magnifying glass and reveal how wide the divide really was between, on the one hand, the rhetoric and the repeated demands for international collaboration and, on the other, various consequences and concerns that pan-European developments brought about in the North Sea and Baltic Sea countries – for example the timber frontier – and which varied greatly from region to region. The ceremonial opening speeches and the many unanimous decisions documented in the official congress records disguise the fact that the world of international forestry collaboration was fragmented in many ways. A question arises from this for future investigations: What does this finding mean for other fields of international cooperation where the relationship between demand and the regional effects of that demand is of central importance – for example in international agreements on measures for environmental protection today?

While these tensions and contradictions only partially came to light during congress negotiations, experts argued out the resulting controversies, mainly via articles in forestry science journals. Out of these controversies, a process crystalized that will be referred to here as the "rescaling of sustainability". This rescaling of sustainability was not a procedure that the participating experts coordinated together, but a process that emerged as a result of numerous individual reports, actions and developments. Many of these developments had already begun in the early 19th century. However, it was only in the period between the 1884 international forestry exhibition in Edinburgh and the congresses in Paris in 1900 and Vienna in 1907 that the rescaling of sustainability reached a decisive degree of momentum, spurring and challenging observers in the field to actively reflect on the process and motivating them to take part in its design in a focused and goal-oriented way.

The rescaling of sustainability was characterized by a constantly shifting interplay of factors. On the one hand were changing spatial and temporal frameworks within the forestry industry brought about by various economic, technological and environmental circumstances. On the other hand were the experts who were striving to measure these shifts, to integrate them into their planning for future resource supply and, where necessary, to help shape them through projects and interventions. The rescaling of sustainability was a process that transcended national borders, involved the entire North Sea and Baltic Sea regions in different ways and can essentially be traced back to two causes that fundamentally changed the spatial and temporal frameworks of forestry planning:

(1) In spatial terms, the railway "overrode" the principles of sustainability that had previously underpinned traditional forestry practices, namely the necessity of making do with resources produced by local forests due to topographical constraints. However, the development of the railway network did not just remove the topographical limitations in timber transport by enabling timber to be imported inland in an upriver direction or crossways to the flow of water in rivers and canals. Rather, as a new form of transport technology, the railway influenced forestry planning. On the one hand, experts proposed to open up new, "unused" areas of forest for timber extraction, thereby enlarging the areas available for planning. On the other hand, experts became involved in introducing or amending laws allowing certain forests to be opened up with the express intention of exploiting them for industrial use. In this way, the growing railway network caused a constant pressure to adjust the spatial scale in forestry planning and to find a balance between opening up forested areas and their protection.

The advancing timber frontier was a development that had been going on since early modern times. However, it was only in the second half of the 19th century that it gained significant momentum leading experts, in the 1890s, to begin to reflect on the phenomenon. Attendees at the 1907 congress in Vienna passed a resolution demanding that the governments of the participating countries drive forward with plans to "unlock" unused forests. With this resolution, the congress participants made it clear that they no longer wanted to passively observe the advance of the timber frontier merely as a development but were now seeking to help shape how it would advance.

Thus, after the railway began to de-territorialize the traditional concepts of sustainable forestry in the mid 19th century by enabling timber to be transported largely independently of topographical conditions, experts began, in the 1890s, to actively reflect on this process. Approximately a decade later – from around 1900 – experts then began to focus on re-territorializing utilization concepts: They integrated the changing development opportunities brought about by the railway into their planning. At the same time, they strove to actively influence the opening up of new forested areas.

Remarkably, in the technical language of the time, the German historical term "Nachhaltigkeit" (sustainability) remained associated with local forestry practices. Experts spoke of "Nachhaltigkeit", "nachhaltigem Ertrag" (sustained yield) and also “rationelle Forstwirtschaft” (efficient forestry) – not just in German, but also in their own languages, finding synonymous phrases in, for example, English, Norwegian or Polish, with a view to developing forestry operations at local and regional levels, clearly demarcated from those in other geographical areas. In actual fact, however, many experts who had been involved in the debates about forestry statistics since the 1880s now began to administer local sustainable forestry practices across a geographical area in which borders played an increasingly minor role. They gathered data from ever-increasing areas, mapped these areas and calculated the predicted timber yield from ever-larger and more remote forests. In this way, experts adapted their planning standards from a local to a transnational scale. They actively sought to rescale the practice of sustainability but did this without using the actual term “Nachhaltigkeit” (sustainability). Regarding the conceptual history of “Nachhaltigkeit”, this finding is interesting insofar as it shows how, during the core phase of this investigation (1884–1907), there was no perceptible expansion or blurring of the term’s meaning despite vast expansions of the “usable” forest areas in the second half of the 19th century.

(2) From a temporal perspective, the increasing momentum of industrial production and technological innovation produced growing pressure on long-term forestry planning. This was due to the fact that tree growth could not – or, at most, could only to a very small degree – be accelerated, while, at the same time, the demand for timber continued to grow and change at an ever-greater rate. These factors led to a growing tension between the accelerated shifts of the capitalistic economy on the one hand and the necessarily long forestry planning and production periods on the other. This tension was widely felt when it came to the question of how to proceed with the vast hardwood resources in many Western and Central European countries. These forests had been planted and cultivated, in some cases since early modern times, as a source of firewood and charcoal, but were becoming less and less useful due to the availability of coal as a fuel. It was therefore recommended at several international congresses that these stands of hardwood be replaced by coniferous forests, which could more easily be used for timber. Because of the slow rate of tree-growth, however, this kind of conversion would take decades to implement. Parallel to this, chemical and technological research brought to light more and more new, valuable substances and uses of particular types of wood or wood components. Reacting to these new market opportunities by increasing the stands of timber in question meant trusting that economic growth would sustain over several decades – an assumption that could quickly be superseded by accelerating industrial production and technological innovation.

These two causes profoundly changed the spatial and temporal fundaments of the forestry industry and forestry planning. Experts in the field responded with a wide array of ideas, concepts and suggestions that were then translated in different ways into practical measures – mostly within individual countries. With regard to economic and foreign trade policy, the areas of priority were customs duties, regulating freight costs via rail and water as well as import and export restrictions.

Since the 18th century, these issues had been addressed through discussions and individual economic or trade measures, however these became considerably more dynamic during the second half of the 19th century. The reason for this lay in the expansion of the rail network, which made it possible to link even the most remote corners of a country into a well-integrated network of forestry operations. It was not just economic but also ecological factors that were taken into consideration. This is shown, for example, in the law passed by the Norwegian government requiring imported foreign seeds to be labelled on arrival. Imported seeds, some of which were not able to withstand the harsh northern climate, threatened to undermine the planning security in Norwegian forestry operations and would be harmful to the country's potential to operate its own domestic forestry industry in the long run, thus also damaging an essential component of Norway's overall export performance.

Finally, from a history-of-knowledge perspective, the rescaling of sustainability also generated, or in some cases heightened, tension between, on the one hand, the aspiration to compile a conclusive overall picture of existing forest resources, predominantly using statistics and cartography, and, on the other hand, the knowledge that local forests had their own specific potential that could only be generalized with limiting results. This phenomenon has become reasonably well known thanks to research on statistical and cartographic history. The reason it acquired particular significance in the process of the rescaling of sustainability was because experts scrutinized the generalized statistics and forestry maps, not only to gain an overall picture of forestry conditions, but also as an accurate basis for forestry planning – a basis that proved increasingly flawed the more closely they tried to trace the compiled information back to actual circumstances and conditions of local forestry operations. Critics of the all too optimistic future outlook in some cases used references to local forestry conditions and local knowledge of forest resources as grounds for denouncing the highly abstracted, and thus unreliable, statistics. Their references to local conditions and local knowledge were not, however, a sign that they were advocating a return to traditional forest use for local populations. Confrontations between traditional and science-based usage of forests did not come to light at the level of international congresses, probably because such confrontations were mainly being argued out and resolved at a level far below this, namely, between representatives of local forestry administrations and local communities.

If we abstract these specific characteristics of forestry science and the forestry industry within the rescaling of sustainability, the findings of the investigation open up perspectives for a research program that sits at the intersection between environmental history and international history in three ways:

Forestry was not the only field in which changes took place that affected the fundamental spatial and temporal bases of resource use and protection. The enlargement of exploitation areas and advancing frontiers are already the subject of numerous studies on other resources, as is the phenomenon of accelerating innovation and production. Therefore, it is worth analysing the interplay between the enlargement and protection of areas in international, colonial and postcolonial contexts, i. e. examining how, in the same time period, a particular raw material in one region was exploited while the same raw material was protected (from exploitation) in another region.

As the investigation was able to show, for example by means of the various forest protection laws, the interplay between these factors enables a perspective whereby the relationships between competing patterns of governance can be more starkly differentiated. The focus should not be a schematic juxtaposition of national and international or transnational patterns of governance. Rather, the approach is much more aimed at integrating the parallelism of various (local, national and transnational) claims to resources into a single investigation, together with other aspects including competing notions of ownership, usage rights relating to natural resources, and the differing degrees to which responsibility was taken for the consequences of resource exploitation. Regarding this last point – the responsibility for the consequences of resource usage – the spatial and temporal dimension of competing patterns of governance are directly linked, particularly in the case of those repercussions that only come to light years or decades later. With a comparative view to other kinds of resource use, the question must be asked: which patterns of action and reaction manifest in research and politics, which temporal tensions emerge and what are the approaches taken to bridge these tensions?

With regard to argumentation and conceptual history, the German speaking and French forestry experts are shown to be influential figures on account of the terminology they coined and shaped. More significant, however, was the usage of the term "sustainability" at this time, which reveals how the key protagonists were speaking and acting during a period of transition where new technologies for using and exploiting resources forced them to negotiate the relationship between local and transregional usage in a new way. In order to analyze the shifts, not just in the case of individual raw materials but also, comparatively, for a range of different resources, many other terms also present themselves as worthy of investigation. Examples include the terms "Ödland" (waste land) and "Raubwirtschaft" (looting economy). Here we must examine the degree to which experts from a range of different countries and language backgrounds were able to influence international debates and we must also look closely at the fragmentation that occurred in the usage of such terms when they were applied to the respective regional conditions and circumstances around resource usage.

By concentrating on the North Sea and Baltic Sea regions as the research area and incorporating sources from Western, Central, Northern and Eastern European perspectives, the analysis illustrates how fruitful an approach can be that breaks away from the traditional classifications of "Northern Europe", "Western Europe" or "Eastern Europe", which are often institutionalized categories in historiography. This is not a plea for all kinds of geographical classifications to be blurred. Indeed, it became apparent that some aspects of the rescaling of sustainability did reflect such traditional geographical breakdowns, for example, the Baltic Sea region as a supplier of natural resources and industrial Western European regions as importers of natural resources. At the same time, however, the investigation raises awareness of new geographical classifications that run counter to the traditional patterns, for example in the differentiation between the economic center and the scientific center in the debate about future resource use. In addition, it can be seen how different, even how contradictory, the consequences of international exchange and debate were in individual regions across the North Sea and Baltic Sea regions, and thus to what varying degrees the process of internationalization impacted different areas. These distinctions serve as central factors in explaining the process of the rescaling of sustainability and, as such, provide the necessary impetus to examine shifts relating to other utilization concepts from the same perspective. Furthermore, in these differentiations lies the potential to write about European history along the lines of trans-boundary controversies which, to some extent, transcend the traditional geographical segmentation into west, east, north and south.

Translation: William Benedict Connor

X Quellen- und Literaturverzeichnis

X.1 Unveröffentlichte Quellen

(in alphabetischer Reihenfolge der Archivorte)

Bundesarchiv Berlin (BArch)
R 901 / 13645, 13658 bis 13666, 13830, 13832, 13833, 13868 bis 13871, 13883, 14480, 14484 bis 14491, 14410 bis 14412, 14426

Geheimes Staatsarchiv Preußischer Kulturbesitz, Berlin (GStA)
I. HA Rep. 87 D, Nr. 1699, 1700, 3457 bis 3459
I. HA Rep. 120 E XVI. 4 / 3 E und H

Politisches Archiv des Auswärtigen Amtes, Berlin (PAAA)
R 133391, 133392, 133403, 133355

Hochschule für Nachhaltige Entwicklung Eberswalde,
Bibliothek / Sondersammlung Preußische Forstakademie Eberswalde (FAE)
Nr. 188, 251, 279, 285, 286, 843, 935, 1.180, 1.906a-b, 2.139

National Archives of Scotland, Edinburgh (NAS)
GD1 / 1214 / 1, 2 und 3
GD224 / 459 und 510 / 12

National Library of Scotland, Edinburgh (NLS)
MS. 4605 / 123, MS. 4621 / 148, MS. 4635 / 202 f, MS. 4506 / 75

Royal Botanic Garden Edinburgh (RBGE)
Isaac Bayley Balfour / Correspondence / N

University of Edinburgh, Special Collections (UESC)
Coll. 1380 [Royal Scottish Forestry Society], MS 3091, MS 3092

Sammlung Perthes Gotha (SPG)
PGM 388 / 1, Jens Andreas Friis
Kartenbestand, Europa 3.B.

Herder-Institut Marburg, Kartensammlung
K1 II A 3, K3 II L 58

Nasjonalbiblioteket, Spesialsamling, Oslo (NBO)
MS. Bernt Anker Bødtker, MS. Carl Metzger
Kart NA 23, 471 und 513

Riksarkivet Oslo (RiksA)
S-1125 Indredep., 2. Indrekontor A (1868–1902), E-Saksarkiv / L0216 / 9 und L0227 / 8
S-1600 / A / L0006
S-1600 / Dc / D-Serien, L2287 bis 2291, L2326 bis L2328, L2333, L2334 / 0001 / D-18-b, L2335 / 0003 / D-18-c und 0006 / D-18-c, L2358 / 0001 / D-22-a I, L2360

Archiwum Państwowe, Radom (Arch Pan)
Zarząd Dóbr Państwowych:
Zespół 44, ZDP, Rząd Gubernialny Lubelski gr. I., Sygn.: 2177
Izba Skarbowa Radomska, Sygn. 1481
Wydział Leśny, Sygn. 2604
Sukcesje, Sygn. 5297
Plany Leśne, Sygn. 3 und 165

Allgemeines Verwaltungsarchiv, Wien (AVA)
Ackerbauministerium, Landeskultur, Karton 74, Jahr 1872, Sign. 4 und Karton 513, Jahr 1890, Sign. 4
Ackerbauministerium, Präsidium, Karton 5, Jahr 1873, „Congress"
Ackerbauministerium, Präsidium, 1890, Nr. 245, 541, 853, 854, 921, 1236, 1397, 1432, 1457 und 1567

Eidgenössische Forschungsanstalt für Wald, Schnee und Landschaft, Bibliothek, Sondersammlung zur Eidgenössischen Anstalt für das forstliche Versuchswesen, Zürich (EAFV)
Nr. 1888 bis Nr. 1914

X.2 Veröffentlichte Quellen

X.2.1 Kongress- und Ausstellungsdokumentationen

(in chronologischer Reihenfolge)

Compte rendu des travaux du congrès général de statistique réuni à Bruxelles les 19, 20, 21 et 22 septembre 1853, Brüssel 1853.
Compte rendu de la deuxième session du congrès international de statistique réuni à Paris les 10, 12, 13, 14 et 15 septembre 1855, Paris 1856.
Chlumecky, Johann von: Stenographische Protokolle des ersten Internationalen Congresses der Land- und Forstwirthe (19. bis 24. September 1873) Wien 1874.
Keleti, Károly [Charles Keleti] (Hg.): (IX.) Congrès international de statistique. Compte-rendu de la neuvième session à Budapest [1876], publié par ordre de M. le ministre de l'agriculture, de l'industrie et du commerce, Budapest 1878.
Ministère de l'agriculture et du commerce (Hg.): Congrès international de l'agriculture, tenu à Paris les 11, 12, 13, 14, 15, 16, 17, 18 et 19 juin 1878, Paris 1879.
Thirion, Ch. (Hg.): Conférences internationales de statistique, tenues à Paris les 22, 23 et 24 juillet 1878, Paris 1878.
Scottish Arboricultural Society: International Forestry Exhibition 1884. Official Catalogue, Edinburgh 1884.

Rattray, John / Mill, Hugh Robert (Hg.): Forestry and Forest Products: Prize Essays of the Edinburgh International Forestry Exhibition, 1884, Edinburgh 1885.
Méline, Jules (Hg.): Congrès international d'agriculture tenu à Paris du 4 au 11 juillet 1889, Paris 1889.
Proskowetz, Max von: Bericht über die Verhandlungen und Beschlüsse des internationalen land- und forstwirthschaftlichen Congresses / Rapport sur les travaux et les résolutions du congrès international agricole et forestier, Wien 1890.
Bauduin, Dominicus Franciscus Antonius (Hg.): Congrès international d'agriculture tenu à La Haye du 7 au 13 septembre 1891, faisant suite à celui de Paris en 1889. Compte-rendu, Den Haag 1892.
III-e Congrès international d'agriculture tenu à Bruxelles du 8 au 16 septembre 1895.
Congrès international d'agriculture tenu à Budapest du 17 au 20 septembre 1896. Comptes-Rendus / Nemzetközi Gazdakongresszus Tartatott Budapesten, 1896. Évi Szeptember 17–20. Budapest 1897.
Daubrée, Lucien (Hg.): Congrès international de sylviculture, tenu à Paris du 4 au 7 juin 1900, Compte rendu détaillé, Paris 1900.
VI-e Congrès international d'agriculture, Paris, 1er au 8 juillet 1900. Procès verbaux sommaires, Paris 1900.
VII-e Congrès international d'agriculture, Rome, avril-mai 1903, Rom 1903.
Lobkowitz, Ferdinand (Hg.): Achter (VIII.) internationaler landwirtschaftlicher Kongreß, Wien 21.–25. Mai 1907, 4 Bde., Wien 1907.
Anonym (Hg.): IXème congrès international d'agriculture, tenu à Madrid du 1er au 7 mai 1911, Madrid 1912.
van der Bruggen, Maurice Louis Marie (Hg.): Comptes rendus du Xe Congrès international d'agriculture, Gent 1913, 6 Bde., Brüssel 1913.
Touring Club de France / Defert, Henry (Hg.): Congrès forestier international, tenu à Paris du 16 au 20 juin 1913, Paris 1913.
Permanent Viticulture Commission (Hg.): Official Report of the Session of the International Congress of Viticulture Held in Recital Hall at Festival Hall, Panama-Pacific International Exposition, San Francisco / California, July 12 and 13, 1915, San Francisco 1915.
International Farm Congress of America (Hg.): International Farm Congress and International Soil-Products Exposition. Official Program and Guide, Denver / Colorado 1915.
Institut International d'Agriculture (Hg.): Actes du I-er Congrès international de sylviculture, Rome, 29 avril – 5 mai 1926, 2 Bde., Rom 1926.
Comité central d'organisation du II-e Congrès international de sylviculture à Budapest (Hg.): II-e Congrès international de sylviculture / II-ik Nemzetközi Erdőgazdasági Kongresszus, Budapest 10–14 Septembre 1936, Travaux des sections, rapports principaux et rapports procés-verbaux souscommission, Ie, IIe, IIIe, IVe et Ve sections, 2 Bde., Budapest 1936.

X.2.2 Zeitschriften

Allgemeine Forst- und Jagdzeitung, Neue Folge 1 (1825) bis 90 (1914)
Centralblatt für das gesamte Forstwesen, 1 (1875) bis 40 (1914)
Den norske Forstforenings Aarbog, 1 (1881) bis 11 (1892)
Forstligt Tidsskrift, 1 (1902) bis 4 (1905)
Lesnoj Žurnal", 1 (1833) bis 19 (1851) und 1 (1871) bis 44 (1914)
Revue des eaux et forêts, 1 (1862) bis 53 (1914)

Sylwan, 1 (1820) bis 22 (1849) und 1 (1883) bis 32 (1914)
Tidsskrift for Skovbrug [ab 1904: Tidsskrift for Skogbrug], 1 (1893) bis 22 (1914)
Transactions of the Scottish Arboricultural Society, Bd. I bis XXVI (1855–1912)
Zeitschrift für Forst- und Jagdwesen, 1 (1869) bis 46 (1914)

X.2.3 Weitere veröffentlichte Quellen

Hinweis: In zeitgenössischen Veröffentlichungen wählten Verlage unterschiedliche Formen, um den Autor eines Werks anzuzeigen. Teils erschienen Veröffentlichungen ganz ohne Autorenvermerk, teils unter Pseudonym, teils mit einer Abkürzung. Pseudonyme und Namenskürzel werden, soweit möglich, aufgelöst. Wenn die Auflösung nicht sicher, sondern möglich oder wahrscheinlich ist, wird dies in Klammern, ggf. mit einem „?", angezeigt. Zudem waren (und sind) verschiedene Transliterationen russischer Namen in lateinische Schrift gebräuchlich. Das Verzeichnis führt die Namen so, wie sie auf dem Buchumschlag vorgefunden wurden. Autorennamen von Veröffentlichungen, die in russischer Sprache erschienen, werden nach dem internationalen Standard ISO9 transliteriert. Die daraus entstehenden unterschiedlichen Schreibweisen sind im Verzeichnis durch Verweise markiert, z. B. „Vereha, siehe Werekha".

Agricola (Pseudonym für James Anderson): Miscellaneous Observations on Planting and Training Timber-Trees. Particularly Calculated for the Climate of Scotland. In a Series of Letters, London 1777.
Anderson, James, siehe Agricola
Anonym [„Un Congressiste"]: Conclusions et vœux du Congrès International de Sylviculture; in: Revue des eaux et forêts 39 (1900), S. 463–468.
Anonym [„Un Congressiste"]: Le Congrès International de Sylviculture; in: Revue des eaux et forêts 39 (1900), S. 385–390.
Anonym [Aleksej Sergeevič Ermolov?]: Sel'skohozâjstvennyj i lesnoj kongres" v Vene po voprosu o lesnoj statistike; in: Lesnoj Žurnal" 4 (1874), S. 115–120.
Anonym [Josef Friedrich?]: Die erste Versammlung des internationalen Verbandes forstlicher Versuchsanstalten zu Mariabrunn in der Zeit vom 10. bis 16. September 1893; in: Centralblatt für das gesamte Forstwesen 19 (1893), S. 485–498.
Anonym [Francis George Heath]: Editorial Notes. The International Forestry Exhibition: A Suggestion – Maintenance of the New Forest – Injurious Insects; in: Forestry. A Magazine for the Country Vol. IX, New Series (1884), Nr. 13, S. 1–7.
Anonym [Adolf von Liebenberg?]: Der land- und forstwirthschaftliche Congress zu Wien 1890; in: Centralblatt für das gesamte Forstwesen 16 (1890), S. 515–553.
Anonym [Nordal Wille]: Skovenes Bedydning; in: Tidsskrift for Skovbrug 3 (1895), S. 121 f.
Anonym: Arboriculturists and Others in North Germany, Edinburgh 1896.
Anonym: Catalogue des objets exposés par la direction générale des forêts [de la] section forestière [de la Russie], Paris 1900.
Anonym: Chronique Forestière; in: Revue des eaux et forêts 38 (1899), S. 376.
Anonym: Chronique Forestière; in: Revue des eaux et forêts 39 (1900), S. 28 f, 154, 184, 342 f, 373–376 und 753–755.
Anonym: Compte Rendu Sommaire du Congrès International de Sylviculture; in: Revue des eaux et forêts 39 (1900), S. 609–615.

Anonym: Congrès forestier international; in: Revue des eaux et forêts 52 (1913), S. 52 f, 90 f, 172–177, 280, 350, 395–414.
Anonym: Congrès international d'agriculture de Vienne; in: Revue des eaux et forêts 46 (1907), S. 343 f.
Anonym: Der VIII. Internationale landwirtschaftliche Kongreß in Wien vom 20. bis 25. Mai 1907; in: Allgemeine Forst- und Jagdzeitung 83 (1907), S. 435–437.
Anonym: Det forstlige Forsøgsvæsen; in: Tidsskrift for Skovbrug 5 (1897) S. 143–147.
Anonym: Europas Trælastforraad; in: Tidsskrift for Skovbrug 19 (1911), S. 336–339.
Anonym: Europas Trælastforraad; in: Farmand. Norsk Forretningsblad 21 (30. September 1911), S. 717–719.
Anonym: Fra den internationale Forstkongres i Paris 1900; in: Tidsskrift for Skovbrug 9 (1901), S. 13–18.
Anonym: International Forestry Exhibition, Edinburgh 1884; in: Transactions of the Scottish Arboricultural Society, Bd. XI (1887), S. 68–113.
Anonym: Internationaler land- und forstwirthschaftlicher Kongreß in Wien am 2. bis 6. September 1890; in: Zeitschrift für Forst- und Jagdwesen 22 (1890), S. 509–511.
Anonym: Meždunarodnyj s"ezd lesovodov v" Pariže s 4-go po 7-oe iûnâ 1900 goda; in: Lesnoj Žurnal" 30 (1900), S. 187–188.
Anonym: Międzynarodowy kongres rolniczo-leśny we Wiedniu r. 1890; in: Sylwan 8 (1890), S. 323–325.
Anonym: Mitteilungen. Aus Deutschland: Die Stellungnahme des deutschen Forstvereins zur bevorstehenden anderweitigen Feststellung der Handelsverträge, insbesondere im Hinblick auf die Holzbestände und die Holzerzeugung des In- und Auslandes; in: Centralblatt für das gesamte Forstwesen 26 (1900), S. 492–494.
Anonym: O uprawach sztucznych w lasach. (Rozdział II. Szczegółowe przepisy. Część (b) Poprawy. O poprawch w ogólności); in: Sylwan 22 (1849), S. 12–64.
Anonym: Observations on the Reports of the Select Committees of Both Houses of Parliament, on the Subject of the Timber Trade and Commercial Restrictions. In Which are Pointed out the Real Bearings of Those Questions and the Shipping and Manufacturing Interests of the Kingdom, and the Great Importance of the Trade with the North American Colonies as Compared with that to Norway and Sweden, London 1820.
Anonym: Om det for Tiden vigtigste Kulturarbeide i østlandske Skoge. Tørlægning af sumpig Skogmark; in: Tidsskrift for Skovbrug 10 (1902), S. 159–176.
Anonym: Potreblenie lesa v Anglii; in: Lesnoj Žurnal" 25 (1895), S. 655–661.
Anonym: Sir Edward Stafford Howard; in: The Times, 10. April 1916.
Anonym: Skogadministrationens 50-Aars Jubilæum; in: Tidsskrift for Skovbrug 15 (1907), S. 239–250.
Anonym: Skogbruget paa Verdensudstillingen i Paris; in: Tidsskrift for Skovbrug 8 (1900), S. 257–261.
Anonym: Skogene i forskjellige Lande. Af Meddelelser fra Norges Oplysningskontor for Næringsveiene; in: Tidsskrift for Skovbrug 16 (1908), S. 347–355.
Anonym: Skogens Gjenreisning i Skotland; in: Tidsskrift for Skovbrug 20 (1912), S. 65–75.
Anonym: Skovene i det europæiske Rusland; in: Tidsskrift for Skovbrug 1 (1893), S. 28–30.
Anonym: Storbritanniens Forsyning med Trælast; in: Tidsskrift for Skovbrug 17 (1909), S. 28–31.
Anonym: The Scottish Arboricultural Society. Annual General Meeting; in: Forestry. A Magazine for the Country, Vol. VIII (1883 / 84), November 1883 to April 1884, S. 39–50.

Anonym: Über einige forstliche Fragen von internationaler Bedeutung [Bericht über die Versammlung des Internationalen Verbandes forstlicher Versuchsanstalten 1900]; in: Centralblatt für das gesamte Forstwesen 26 (1900), S. 509–525.
Anonym: Verhandlungen des internationalen Kongresses der Land- und Forstwirthe in Wien; in: Allgemeine Forst- und Jagdzeitung 49 (1873), S. 401–411.
Anonym: Wiadomości; in: Sylwan 5 (1887), S. 208.
Asbjørnsen, Peter Christen: Om Skovene og om et ordnet Skovbrug i Norge, Christiania 1855.
Bailey, Fredric: Forestry in France; in: Transactions of the Scottish Arboricultural Society, Bd. XI (1887), S. 221–291.
Bailey, Fredric: Introduction to Course of Forestry Lectures, Edinburgh University, Session 1891–1892; in: Transactions of the Scottish Arboricultural Society, Bd. XIII (1893), S. 174–183.
Bailey, L. W. / Jack, Edward: The Woods of New Brunswick. Being a Description of the Trees of the Province Available for Economic Purposes; in: Transactions of the Scottish Arboricultural Society, Bd. XI (1887), S. 9–28.
Bartet, Eugène: [Rezension zu] William Schlich, Manual of Forestry; in: Revue des eaux et forêts 29 (1890), S. 27–29.
Barth, Agnar: Norges skoger med stormskridt mot undergangen; in: Tidsskrift for Skogbruk 24 (1916), S. 123–154.
Barth, Jacob B.: Skovene i deres Forhold til Nationaloeconomien, Christiania 1857.
Barth, Jacob B.: Nogle Ord om Norges Afskovning, navnlig i Fjeldegnene; in: Den Norske Forstforenings Aarbog 1 (1881), S. 1–16.
Baur, Franz: Ueber forstliche Versuchsstationen. Ein Weck- und Mahnruf an alle Pfleger und Freunde des deutschen Waldes, Stuttgart 1868.
Bedő, Albert von: Das Forstwesen als Gegenstand der internationalen Statistik. Denkschrift im Hinblick auf den IX. internationalen statistischen Congress, Budapest 1874.
Benecke, Berthold: Fischerei; in: Schönberg, Gustav (Hg.): Handbuch der Politischen Oekonomie, Bd. 2, Tübingen 1886, S. 335–358.
Berg, Edmund von: Die Verbreitung der Wald-Bäume und Sträucher in Norwegen, Schweden und Finland. Mit einer Karte; in: Jahrbuch der Königlich sächsischen Akademie für Forst- und Landwirthe zu Tharand 13, NF 6 (1859), S. 119–137.
Berg, Edmund von: Die Wälder in Finland; in: Jahrbuch der Königlich sächsischen Akademie für Forst- und Landwirthe zu Tharand 13, NF 6 (1859), S. 1–118.
Berg, Wilhelm von / Berg, Edmund von: Denkschriften über das Forstwesen im Königreiche Polen, Dresden 1864 / 65.
Bernhardt, August: Forststatistik Deutschlands. Ein Leitfaden zum akademischen Gebrauche, Berlin 1872.
Bernhardt, August: Geschichte des Waldeigenthums, der Waldwirtschaft und der Forstwirtschaft in Deutschland, 3 Bde., Berlin 1872–1875.
Bierzyński, Emil: Nieszczenie i ochona lasów w Galicyi; in: Sylwan 8 (1890), S. 245–251.
Bode, Adolph Friedrich: Handbuch zur Bewirthschaftung der Forsten in den deutschen Ostseeprovinzen Rußlands, Wien 1840.
Bode, Adolph Friedrich: Notizen, gesammelt auf einer Forstreise durch einen Theil des Europäischen Russlands, St. Petersburg 1854.
Bødtker, Bernt Anker: Rapport fra Generalkonsul Bødtker i Hamburg til Departementet for det Indre; in: Tidsskrift for Skovbrug 7 (1899), S. 65–79.
Booth, John: Einiges über die forstliche Ausstellung zu Edinburgh im Jahre 1884; in: Zeitschrift für Forst- und Jagdwesen 16 (1884), S. 576–586.

Boppe, Lucien: Congrès Agricole et forestier a Vienne 1890; in: Revue des eaux et forêts 29 (1890), S. 539–544.
Boppe, Lucien / Reuss, Eugène: Missions forestières à l'étranger. Grande-Bretagne, Autriche et Bavière, Paris 1886.
Brandis, Dietrich: Forstliche Ausstellung in Edinburgh; in: Allgemeine Forst- und Jagdzeitung 60 (1884), S. 259–260.
Brandis, Dietrich: Forstliche Ausstellung in Edinburgh; in: Allgemeine Forst- und Jagdzeitung 61 (1885), S. 97–106 und 242–248.
Broilliard, Charles: La disette du bois d'œuvre. De la réserve des chénes d'avenir; in: Revue des Deux Mondes, 15. Septembre 1871, S. 339–367.
Brown, James: The Forester, or, Practical Treatise on the Planting, Rearing, and General Management of Forest-Trees, Edinburgh 1847 [2. Auflage 1851, 3. Auflage 1861, 4. Auflage 1871, 5. Auflage 1882, 6., von John Nisbet überarbeitete Auflage, 2 Bdc. 1894].
Brown, John Croumbie: Forestry in Norway, with Notices of the Physical Geography of the Country, Edinburgh 1884.
Brown, John Croumbie: Forestry in the Mining Districts of the Ural Mountains in Eastern Russia, Edinburgh 1884.
Brown, John Croumbie: Forests and Forestry in Northern Russia and Lands Beyond, Edinburgh / London / Montreal 1884.
Brown, John Croumbie: Forests and Forestry in Poland, Lithuania, the Ukraine and the Baltic Provinces of Russia, with Notices of the Export of Timber from Memel, Dantzig and Riga, Edinburgh 1885.
Brown, John Croumbie: Forests and Moisture. Or Effects of Forests on Humidity of Climate, Edinburgh 1877.
Brown, John Croumbie: Glances at the Forests of Northern Europe, London 1879.
Brown, John Croumbie: Hydrology of South Africa, London 1875.
Brown, Robert E.: Do Woods Pay?; in: Transactions of the Scottish Arboricultural Society, Bd. III (1865), S. 159–167.
Bühler, Anton: Der Waldbau nach wissenschaftlicher Forschung und praktischer Erfahrung. Ein Hand- und Lehrbuch, Stuttgart 1918.
Bull, Andeas: Undersøgelse om en Forbedring i det norske Skov-Væsen, Kopenhagen 1780.
Bulmerincq, Michael Eugen von: Recension der Beiträge zur Kenntniss des russischen Reiches, neunzehntes Bändchen, enthaltend: Notizen, gesammelt auf einer Forstreise durch das Europäische Russland von Adolph Friedrich Bode, Neustadt-Eberswalde 1857.
Burckhardt, Heinrich Christian: Die forstlichen Verhältnisse des Königreichs Hannover, Hannover 1864.
C. B.: Bibliographie, Schlich's Manual of Forestry, Vol. III.; in: Revue des eaux et forêts 34 (1895), S. 314–318.
C. G.: Le congrès forestier apprécié par les journalistes; in: Revue des eaux et forêts 52 (1913), S. 506–508.
Cannon, David: Lettre; in: Revue des eaux et forêts 23 (1884), S. 467–469.
Cannon, David: Manuel du cultivateur de pins en Sologne. Mémoire couronné par le comité central agricole de la Sologne, Orléans 1883.
Carlowitz, Hans Carl von: Sylvicultura oeconomica, oder haußwirthliche Nachricht und naturmäßige Anweisung zur wilden Baum-Zucht [...], Leipzig 1713.
Carrick, Robert: The Present and Prospective Sources of the Timber Supplies of Great Britain and Ireland; in: Rattray, John / Mill, Hugh Robert (Hg.): Forestry and Forest Products.

Prize Essays of the Edinburgh International Forestry Exhibition, 1884, Edinburgh 1885, S. 283–319.
Cieslar, Adolf: Die Studienreise des Oesterreichischen Reichs-Forstvereins nach Schweden und Norwegen im Sommer 1904; in: Österreichische Forst- und Jagdzeitung 23 (1905), S. 86–93.
Conway, Derwent (Pseudonym für Henry David Inglis): A Personal Narrative of a Journey Through Norway, Part of Sweden, and the Islands and States of Denmark, Edinburgh 1829.
Customs Establishment / Statistical Office (Hg.): Annual Statement of the Trade of the United Kingdom with Foreign Countries and British Possessions, London 1871–1908.
Cotta, Heinrich: Systematische Anleitung zur Taxation der Waldungen, Berlin 1804.
Crichton, Andrew / Wheaton, Henry: Scandinavia, Ancient and Modern. Being a History of Denmark, Sweden, and Norway. Comprehending a Description of These Countries, Edinburgh 1838.
Danckelmann, Bernhard: Über die Organisation des forstlichen Versuchswesens; in: Zeitschrift für Forst- und Jagdwesen 1 (1869), S. 438–445.
Danckelmann, Bernhard: Das Forstwesen auf der Wiener Weltausstellung im Jahre 1873; in: Zeitschrift für Forst- und Jagdwesen 5 (1873), S. 75–83.
Dau [Forstreferendar]: [Rezension zu] Henko [Genko]: Beiträge zur Statistik der Forsten des europäischen Rußlands; in: Zeitschrift für Forst- und Jagdwesen 22 (1890), S. 185–187.
Daubrée, Lucien: Statistique et atlas des forêts de France, 2 Bde., Paris 1912.
Demontzey, Prosper: Etude sur les travaux de reboisement et de gazonnement des montagnes, Paris 1878.
Demontzey, Prosper: La correction des torrents et le reboisement des montagnes (Rapport présenté au Congrès de l'Exposition internationale de Vienne); in: Revue des eaux et forêts 29 (1890), S. 485–502.
Demontzey, Prosper: O regulacyi potoków i zalesianiu gór we Francyi. Sprawozdanie miane na kongresie wystawy rolniczo-leśnej w Wiedniu (Tłumaczenie z oryginału francuskiego przez J. Ligmana); in: Sylwan 9 (1891), S. 41–50, 91–95, 111–118.
Det Norske Skogselskab: Ungdommen og Skogen, Christiania 1904 (= Sonderheft der Tidsskrift for Skovbrug).
Dimitz, Ludwig: Die früheren Staatsgüterverkäufe Oesterreichs und der jüngste Wälderankauf des Religionsfonds; in: Centralblatt für das gesamte Forstwesen 14 (1888), S. 487–492.
Duhamel DuMonceau, Henri Louis: Von Fällung der Wälder und gehöriger Anwendung des gefällten Holzes, 2 Bde., Leipzig 1766 / 67.
Ebermayer, Ernst: Die physikalischen Einwirkungen des Waldes auf Luft und Boden und seine klimatologische und hygienische Bedeutung. Resultate der forstlichen Versuchsstationen im Königreich Bayern, Berlin 1873.
Ebner, Karl: Flößerei und Schiffahrt auf Binnengewässern mit besonderer Berücksichtigung der Holztransporte in Österreich, Deutschland und Westrußland, Wien / Leipzig 1912.
Endres, Max: Handbuch der Forstpolitik mit besonderer Berücksichtigung der Gesetzgebung und Statistik, Berlin 1905 [2. Auflage, Berlin 1922].
Endres, Max: Über die Unzulänglichkeit der Nutzholzerzeugung auf der Erde. Bemerkungen zu dem Vortrage des Forstinspektors Mélard-Paris; in: Forstwissenschaftliches Centralblatt 22 (1900), S. 611–623.
Endres, Max: Über die Unzulänglichkeit der Nutzholzerzeugung der Erde. Erwiderung [auf den Artikel von William Schlich, C. L.] von Universitätsprofessor Dr. Endres; in: Forstwissenschaftliches Centralblatt 23 (1901), S. 621–622.

Engel, Ernst: Der Internationale Statistische Congreß in Berlin. Ein Bericht an die Vorbereitungs-Commission der V. Sitzungsperiode des Congresses über die Gegenstände der Tagesordnung derselben, Berlin 1863.
Engler, Arnold: Untersuchungen über den Einfluß des Waldes auf den Stand der Gewässer, Zürich 1919.
Faas", V. V. u. a.: Preniâ po povodu ego soobŝeniâ o lesnom otdele Avstro-Vengrii na vsemirnoj vystavke v Pariže v" 1901 g.; in: Lesnoj Žurnal" 31 (1901), S. 563–565.
Fauchald, K. A.: Forestry; in: Kirke- og Undervisnings-Departementet (Hg.): Norway. Official Publication for the Paris Exhibition 1900, Kristiania 1900, S. 332–349.
Fischbach, Carl: Welche Wege sind bei der Beweisführung in Betreff der Wohlfahrtswirkungen des Waldes einzuschlagen?; in: Centralblatt für das gesamte Forstwesen 16 (1890), S. 434–447.
Fisher, William Rogers siehe Schlich, William
Fleischer, Esaias: Forsøg til en Underviisning i det Danske og Norske Skov-Væsen, Kopenhagen 1779.
Flury, Philipp: Bericht über die VI. Versammlung des Internationalen Verbandes fostlicher Versuchsanstalten in Belgien vom 10.–19. September 1910; in: Schweizerische Zeitschrift für Forstwesen 62 (1911), S. 51–54 und 89–92.
Flury, Philipp: Die V. Versammlung des Internationalen Verbandes forstlicher Versuchsanstalten in Württemberg vom 8.–16. September 1906; in: Schweizerische Zeitschrift für Forstwesen 58 (1907), S. 25–27.
Flury, Philipp: Forstliche Bibliographie, Bern 1925.
Forstlehranstalt Weisswasser (Hg.): Katalog der Lehrmittel der Forstlehranstalt von Weisswasser in Böhmen, Weisswasser [Bělá pod Bezdězem] 1886.
Fortegnelse over Forstforeningens Medlemmer for 1881; in: Den norske Forstforenings Aarbog 2 (1882), S. 7–14.
Fournier, Félix (Hg.): Exposition. Catalogue général des produits exposés. Congrès international des sciences géographiques. 2eme session, Paris 1875.
Frech, Fritz: Über Ergiebigkeit und voraussichtliche Erschöpfung der Steinkohlenlager; in: Lethaea palaeozoica. Teil 2, Stuttgart 1901, S. 436–452.
Friedrich, Ernst: Geographie des Welthandels und Weltverkehrs, Jena 1911.
Friedrich, Ernst: Wesen und geographische Verbreitung der „Raubwirtschaft“; in: Petermanns Geographische Mitteilungen 50 (1904), S. 68–79 und 92–95.
Friedrich, Josef: Der VIII. internationale landwirtschaftliche Kongreß in Wien 1907; in: Centralblatt für das gesamte Forstwesen 33 (1907), S. 378–389, 434–440 und 475–484.
Friis, Jens Andreas: Russisch Lappland; in: Mitteilungen aus Justus Perthes' Geographischer Anstalt über wichtige neue Erforschungen auf dem Gesammtgebiete der Geographie von Dr. A. Petermann [Petermanns Geographische Mitteilungen] 16 (1870), S. 358–364 und [am Schluss des Heftes] Originalkarte von Russisch Lappland […] [a]uf Grund von J[ens] A[ndreas] Friis' Originalzeichnung und russischen Detailkarten zusammengestellt von A[ugust] Petermann.
Gaebler, C.: Kritische Bemerkungen zu Fritz Frech, Die Steinkohlenformation, Lieferung II und III der Lethaea palaeozoica 1899 und 1901, Kattowitz 1901.
Gamble, James S.: The International Congress of Sylviculture; in: Transactions of the Scottish Arboricultural Society, Bd. XVI (1901), S. 262–274.
Genko, Nestor Karlovič: K" statistike lesov" Evropejskoj Rossii, St. Petersburg 1888.
Genko, siehe auch Henko

Gløersen, Paul: Forholdet mellem Verdens Træproduktion og Træforbrug; in: Tidsskrift for Skovbrug 10 (1902), S. 33–42.
Grégoire, Ach.: Les Bois du Canada; in: Revue des eaux et forêts 36 (1897), S. 274–280.
Greville, George: Sweden; in: Diplomatic and Consular Reports, Commercial (1884), Reports by Her Majesty's Representatives Abroad on the Cultivation of Woods and Forests in the Countries in which They Reside. To which is Added a Précis by Dr. Lyons, M. P., of the Reports on Forests Issued by the United States' Department of Agriculture, S. 70–73.
Guse, Hermann: Aus den Verhandlungen des Pariser internationalen Forstkongresses vom 16. bis 20. Juni 1913. Die Nationalparks. Vortrag von Mathei. Auszug, nach einer Übersetzung des „Lesnoj journal" [Lesnoj Žurnal"]; in: Zeitschrift für Forst- und Jagdwesen 46 (1914), S. 721–725.
Guse, Hermann: Aus Russland; in: Zeitschrift für Forst- und Jagdwesen 23 (1891), S. 419–422.
Guse, Hermann: Das Russische Waldschutzgesetz vom 4. April 1888 nebst Ausführungsinstruktionen; in: Zeitschrift für Forst- und Jagdwesen 23 (1891), S. 544–551.
Guttenberg, Adolf von: Inwieweit ist bei dem heutigen Stande der Wirthschaft und der durch dieselbe bestimmten Forsteinrichtungs-Praxis die Forderung strengster Nachhaltigkeit der Nutzungen überhaupt noch aufrecht zu erhalten?; in: Centralblatt für das gesamte Forstwesen 16 (1890), S. 364–372.
Guttenberg, Adolf von: O ile przy tegoczesnym stanie gospodarstwa i wynikającej z tego praktyki urządzenia lasów można jeszcze w ogóle trzymać się zasady najściślejszego trwałego użytkowania?; in Sylwan 8 (1890), S. 369–375 und 413–419.
Hagemann, Axel: Norges afskogning i fortid og nutid; in: Det Norske Skogselskab (Hg.): Ungdommen og Skogen, Christiania 1904 (Sonderheft der Tidsskrift for Skovbrug), S. 1–8.
Hamilton, Thomas (6th Earl of Haddington): A Treatise on the Manner of Raising Forest Trees, Edinburgh 1761.
Hammer, K. V.: La Norvège à la exposition universelle de 1900 à Paris. Catalogue special, Christinia 1900.
Handwörterbuch der Staatswissenschaften, Jena 1893–1901.
Hartig, Georg Ludwig: Anweisung zur Taxation und Beschreibung der Forste, Gießen 1795 [2., ganz umgearbeitete und stark vermehrte Auflage, Gießen / Darmstadt 1804].
Hartig, Robert: Über die bisherigen Ergebnisse der Anbauversuche mit ausländischen Holzarten in den bayerischen Staatswaldungen; in: Forstlich-naturwissenschaftliche Zeitschrift 1 (1892), S. 401–432 und 441–452.
Heck, C.: [Rezension zu] William Schlich, A Manual of Forestry; in: Allgemeine Forst- und Jagdzeitung 67 (1891), S. 386–390.
Henko, H. [sic!] K. [Nestor Karlovič Genko]: Beiträge zur Statistik der Forsten des Europäischen Russlands, aus dem Russischen mit einem Vorwort von Hermann Guse, Berlin / Gießen 1889.
Home, Henry (Lord Kames): The gentleman farmer. Being an Attempt to Improve Agriculture […], Edinburgh, 5. Auflage 1802.
Hørbye, Jens Carl: Observations sur les phénomènes d'érosion en Norvège. Avec trois cartes et deux planches, Christiania 1857.
Huffel, Gustave: [Rezension zu] Schlich's Manual of Forestry, Bd. II; in: Revue des eaux et forêts 43 (1904), S. 496–500.
Huffel, Gustave: Sols forestiers et sols agricoles, Paris 1894.
Inglis, Henry David, siehe Conway, Derwent

Jäger, Ludwig / Elben, Gustav: Das Württembergische Forstpolizeigesetz vom 8. September 1879. Handausgabe, mit Anmerkungen von Elben und Jäger, Stuttgart 1881.

Janka, Gabriel: Fünfte Versammlung des Internationalen Verbandes forstlicher Versuchsanstalten in Württemberg 1906; in: Centralblatt für das gesamte Forstwesen 33 (1907), S. 29–44, 72–86 und 117–129.

Jentsch, Fritz: Der VIII. Internationale landwirtschaftliche Kongreß in Wien, 21. bis 25. Mai 1907; in: Zeitschrift für Forst- und Jagdwesen 39 (1907), S. 603–617, 680–690 und 745–755.

Jentsch, Fritz: Die Arbeiterverhältnisse in der Forstwirthschaft des Staates, Berlin 1881.

Jentsch, Fritz: Holzproduktion und Holzhandel im Lichte der Pariser Weltausstellung von 1900; in: Mündener forstliche Hefte 10 (1901), H. 17, S. 13–27.

Jevons, William Stanley: The Coal Question. An Inquiry Concerning the Progress of the Nation, and the Probable Exhaustion of our Coal-Mines, London 1865.

Kern, Èduard Èduardovič: Aus den Berichten des Direktors der St. Petersburger Forstakademie, Herrn E. Kern, über die Pariser Weltausstellung; in: Allgemeine Forst- und Jagdzeitung 79 (1903), S. 25–32.

Kern, Èduard Èduardovič: S Parižskoj vsemirnoj vystavki 1900 g. [Teil 1]; in: Izvestiâ S.-Peterburgskogo Lesnogo Instituta 7 (1901), H. 6 / 7, S. 25–62.

Kern, Èduard Èduardovič: S Parižskoj vsemirnoj vystavki 1900 g. [Teil 2]; in: Izvestiâ S.-Peterburgskogo Lesnogo Instituta 8 (1902), H. 8, S. 61–107.

Kern, Èduard Èduardovič: O lesnom" meždunarodnom" kongresse v" Pariže; in: Lesnoj Žurnal" 44 (1914), S. 1–11.

Kierulf, Thv. (Hg.): Fagregister for Den Norske Forstforenings Aarbog (1881–1892), Forstligt Tidsskrift (1902–1905), Tidsskrift for Skogbruk (1893–1925), Oslo 1927.

Kirke- og Undervisnings-Departementet (Hg.): Norway. Official Publication for the Paris Exhibition 1900, Kristiania 1900.

Kochanowski, C.: Międzynarodowy kongres leśny w r. 1913 w Paryżu (wedle informacyi sprawozdawcy c. k. Ministerstwa rolnictwa); in: Sylwan 32 (1914), S. 63–68.

Königlich Preußische Forstakademie: Katalog der Bibliothek der Königlichen Forstakademie Eberswalde, Teil 1, Eberswalde 1879.

Königlich Sächsische Forstakademie Tharandt (Hg.): Katalog der Bibliothek der Königlich-Sächsischen Forstakademie Tharandt, Dresden 1900.

Krag, J. A.: Historisk Oversigt over europæiske Landes Skovvæsen; in: Den Norske Forstforenings Aarbog 9 (1889), S. 85–108.

Krause, Alexander: Deutsch-russisches Forstwörterbuch, Riga 1889.

Krog, N. E.: Beretning om Skolebørns Skovplantningsvirksomhet for 1895; in: Tidsskrift for Skovbrug 3 (1895), S. 122–124.

L. W.: Union internationale des stations de recherches, Assemblée de 1906; in: Bulletin de la Société centrale forestière de Belgique 13 (1906), S. 184 f.

Landolt, Elias: Le reboisement des montagnes en Suisse; in: Revue des eaux et forêts 29 (1890), S. 554–559.

Lange, J.: Om Aarsagerne til vore Skoves Tilbagegang og Botemidler derimod; in: Den norske Forstforenings Aarbog 3 (1883), S. 2–45.

Le Tellier: Exposition internationale forestière à Édimbourg; in: Revue des eaux et forêts 23 (1884), S. 73–77.

Le Tellier / Vasselot: L'Exposition forestière d'Édimbourg (Extrait de Forestry); in: Revue des eaux et forêts 23 (1884), S. 541–553.

Lincke, Max: Das Grubenholz von der Erziehung bis zum Verbrauch. Ein Handbuch für Forstwirte, Waldbesitzer, Bergbeamte und Holzhändler, Berlin 1921.
Lord Lovat / Captain Stirling of Keir: Afforestation in Scotland. Forest Survey of Glen Mor [sic!] and a Consideration of Certain Problems arising therefrom, Edinburgh 1911 (= Transactions of the Scottish Arboricultural Society, Bd. XXV).
M'Corquodale, William: Address, 36th Meeting, 6 August 1889; in: Transactions of the Scottish Arboricultural Society, Bd. XII (1890), S. 375–389.
M'Neill, James: On the Felling of Timber, with a View to Future Durability; in: Transactions of the Scottish Arboricultural Society, Bd. II (1863), S. 17–20.
Maass, Alexander: Skogsförsöksväsendets utveckling i Sverige, nuvarande organisation sam första arbetsprogram; in: Skogsvårdsföreningens tidskrift 2 (1904), S. 57–78.
MacGregor, J. L. L.: The Organization and Valuation of Forests on the Continental System in Theory and Practice, London 1883.
Madelin, Jules: Production forestière dans les divers pays du globe [sic!]. Doklady Meždunarodnomu Lesnomu Kongressu v Pariže 16–20 Iûnâ 1913 goda; in: Lesnoj Žurnal" 44 (1914), S. 134–147.
Małaczyński, Maryan: Z wystawy paryskiej [Teil I und II]; in: Sylwan 18 (1900), S. 356–359 und 392–394 sowie [Teil III und IV]; in: Sylwan 19 (1901), S. 69–76 und 106–114.
Marchet, Julius: Holzproduktion und Holzhandel von Europa, Afrika und Nordamerika, im Auftrag des k. k. Ackerbauministeriums und des k. k. Handelsministeriums, Wien 1904.
Marsh, George P.: Man and Nature. Or: Physical Geography as Modified by Human Action, New York 1867.
Mathieu, Auguste: Congrès International Agricole et Forestier de Vienne en 1873; in: Revue des eaux et forêts 12 (1873), S. 413–420.
Meitzen, August: Die internationale Land- und Forstwirthschaftliche Statistik. Denkschrift für den Internationalen Congress der Land- und Forstwirthe zu Wien, auf Veranlassung des Präsidenten des Congresses Johann Ritter von Chlumecky, Berlin 1873.
Mélard, Albert: Consommation du Bois en Angleterre; in: Revue des eaux et forêts 33 (1894), S. 556–563.
Mélard, Albert: Insuffisance de la production des bois d'œuvre dans le monde, Paris 1900.
Mélard, Albert: Insuffisance de la production des bois d'œuvre dans le monde; in: Revue des eaux et forêts 39 (1900), S. 402–408 und 417–432.
Mélard, Albert: The Insufficiency of the World's Timber Supply; in: Transactions of the Scottish Arboricultural Society, Bd. XVI (1901), S. 384–387.
Mélard, Albert: Über die Unzulänglichkeit der Nutzholzerzeugung auf der Erde. Auszug aus dem Vortrage des Forstinspektors Mélard-Paris auf dem Pariser Forstkongreß im Juni 1900, nach der Revue des eaux es forêt; in: Forstwissenschaftliches Centralblatt 22 (1900), S. 601–611.
Metzger, Carl: Die Grundlagen, Mittel und Ziele der forstlichen Produktion. Eine Studie über die ökonomische Seite der Forstwirtschaft, Gießen 1891.
Meyers Konversationslexikon, 4. Auflage, Bd. 6, Leipzig / Wien 1885–1892, S. 449, s. v. Forststatistik.
Ministère de l'Agriculture et des Domaines: Les forêts de la Russie. Réparation – exploitation. Commerce intérieur et extérieur (Paris, Exposition universelle), Paris 1900.
Müttrich, Anton: Beobachtungs-Ergebnisse der im Königreich Preussen und in den Reichslanden eingerichteten forstlich-meteorologischen Stationen, 2 Bde., Berlin 1875 / 76.

Müttrich, Anton: Bericht über die Untersuchung der Einwirkung des Waldes auf die Menge der Niederschläge. Für die vierte Versammlung des internationalen Verbandes forstlicher Versuchsanstalten zu Mariabrunn 1903, Neudamm 1903.
Müttrich, Anton: Über den Einfluß des Waldes auf die Größe der atmosphärischen Niederschläge; in: Zeitschrift für Forst- und Jagdwesen 24 (1892), S. 27–42.
Myhrvold, Albert Karsten: Europas Skogareal (Hermed et Billede); in: Tidsskrift for Skovbrug 17 (1908), S. 4–6.
Myhrvold, Albert Karsten: Fremgangsmaaden ved og Resultaterne af i andre Lande anstillede Forsøg med Opelskning af Skov paa Myrer og vandsyk Mark; in: Tidsskrift for Skovbrug 6 (1898), S. 148–151, 167–170, 192–199 und 237–240.
Myhrvold, Albert Karsten: Hvilken Betydning har Skogen for Jorden og Landbruget?; in: Tidsskrift for Skovbrug 7 (1899), S. 134–141, 192–196, 224–232.
Myhrvold, Karsten Albert: Det forstlige Forsøgsvæsen – Forsøgsanstalt; in: Tidsskrift for Skovbrug 10 (1902), S. 43–55.
Myhrvold, Karsten Albert: Fra det forstlige forsøgsvæsen; in: Forstligt Tidsskrift 1 (1902), S. 152–155.
Myhrwold, Albert Karsten: Skogbrukslære. Forelæsninger ved Norges Landbrukshøiskole, hg. von Julius Nygaard, Oslo 1928.
Nasse, Rudolf: Die Kohlenvorräthe der europäischen Staaten, insbesondere Deutschlands, und deren Erschöpfung, Berlin 1893.
Nicol, Walter: The Practical Planter. Or a Treatise on Forest Planting, Comprehending the Culture and Management of Planted and Natural Timber, the Culture of Hedge Fences, and the Construction of Stone Walls, etc., London 1799 [2. Auflage, London 1803].
Niemann, August: Forststatistik der dänischen Staten. Mit drei statistischen Tafeln, Altona 1809.
Nisbet, John: British Forest Trees and Their Sylvicultural Characteristics and Treatment, ohne Ort 1893.
Nisbet, John: Studies in Forestry. Being a Short Course of Lectures on the Principles of Sylviculture Delivered at the Botanic Garden, Oxford 1894.
Nisbet, John: The Elements of British Forestry. A Handbook for Forest Apprentices and Students of Forestry, Edinburgh / London 1911.
Orth, Albert: Landwirthschaftliche Beziehungen der geographischen Ausstellung zu Paris vom 15. Juli bis 15. August 1875 (Sonderdruck der Landwirthschaftlichen Zeitung), Leipzig 1876.
Ostwald, Eugen: Der Wald im Rahmen des Güterfideikommisses, hg. von der Baltischen forstlichen Versuchsstelle, Tharandt 1916.
Ostwald, Eugen: Grundlinien einer Waldrententheorie, d. h. einer im Anhalt an das relative Waldrenten-Maximum entwickelten forstlichen Reinertragstheorie, Riga 1931.
Ostwald, Eugen: Inwieweit ist bei dem heutigen Stande der Wirthschaft und der durch dieselbe bestimmten Forsteinrichtungs-Praxis die Forderung strengster Nachhaltigkeit der Nutzungen überhaupt noch aufrecht zu erhalten?; in: Centralblatt für das gesamte Forstwesen 16 (1890), S. 373–377.
Oxholm, Axel H.: Swedish Forests, Lumber Industry, and Lumber Export Trade, Washington 1921.
Pardé, L.: La Sylviculture au Xe Congrès interational; in: Revue des eaux et forêts 52 (1913), S. 449–458.

Pfeil, Wilhelm: Grundsätze der Forstwirthschaft in Bezug auf die Nationalökonomie, und die Staatsfinanzwissenschaft, 2 Bde., Züllichau / Freistadt 1822 / 1824.
Pfeil, Wilhelm: Resultate einer Forstreise; in: Kritische Blätter für Forst- und Jagdwissenschaft 21 (1845), S. 190–256.
Pfeil, Wilhelm / Wydrzyński, Kl.: Zasady ogólne zarządu i zagospodarowania lasów tak rządowych jak prywatnych, podług Dr. W. Pfeil; in: Sylwan 18 (1842), S. 347–616.
Pressler, Max Robert: Der Rationelle Waldwirth und sein Waldbau des höchsten Ertrags. 2 Bde., Dresden 1858 / 1859.
Quaet-Faslem [Landesforstrath, Hannover]: Die Aufforstungsbestrebungen der Hannoverschen Provinzialverwaltung; in: Zeitschrift für Forst- und Jagdwesen 28 (1896), S. 32–47.
Quetelet, Lambert Adolphe Jacques: Sur le Congrès international de statistique, tenu à Londres le 16 juillet 1860 et les cinq jours suivants, ohne Ort 1860.
Raveneau, Louis: La production du bois dans le monde; in: Annales de Géographie 10 (1901), S. 72–75.
Reden, Friedrich Wilhelm von: Das Königreich Hannover statistisch beschrieben, zunächst in Beziehung auf Landwirthschaft, Gewerbe und Handel, 2 Bde., Hannover 1839.
Report of the Selected Committee of the House of Commons, 1886, on Forestry; in: Transactions of the Scottish Arboricultural Society, Bd. XI (1887), S. 315–363.
Report of the Selected Committee of the House of Commons, 1887, on Forestry; in: Transactions of the Scottish Arboricultural Society, Bd. XII (1890), S. 104–155.
Reuss, Eugène: L'exposition forestière internationale de 1884 à Edimbourg (Écosse), Paris 1886.
Reuss, Eugène: L'exposition forestière internationale de 1884 by Professor Reuss [...]; in: Transactions of the Scottish Arboricultural Society, Bd. XI (1887), S. 562–564.
Reuss, Eugène / Bartet, Eugène: Étude sur l'expérimentation forestière en Allemagne et en Autriche, Nancy 1884.
Riehl, Wilhelm Heinrich: Die Naturgeschichte des Volkes als Grundlage einer deutschen Sozialpolitik, Bd. 1: Land und Leute, Stuttgart / Berlin 1853.
Royal Scottish Arboricultural Society (Hg.): Excursion to North Germany 1895, Photographs, Edinburgh 1896.
Rudzkij, Aleksandr Felicianovič: Bibliografiâ [Rezension zu Mélard: Insuffisance de la production des bois d'œuvre]; in: Sel'skoe Hozâjstvo i Lesovodstvo 36 (1900), S. 219–227.
S. R.: Den engelske Stat og Skogen; in: Tidsskrift for Skovbrug 17 (1909), S. 98–103.
Šafranov, Nikolaj Semenovič: Venskaâ vsemirnaâ vystavka v" lesohozâjstvennom otnošenii; in: Lesnoj Žurnal" 3 (1873), H. 5, S. 31–43 und H. 6, S. 1–13.
Saxlund, Michael (Hg.): Norsk Skovlexikon, Kristiania 1885.
Saxlund, Michael: To internationale forstkongresser sommeren 1913; in: Tidsskrift for Skovbrug 21 (1913), S. 383–407 und 22 (1914), S. 26–37.
Saxlund, Michael / Heiberg, Axel: Foredrag af Skogdirktør Saxlund og Konsul Axel Heiberg i Træmasseforeningen den 30te April 1909; in: Tidsskrift for Skovbrug 17 (1909), S. 181–189.
Scheck, Allard: Die forstlichen Verhältnisse Kanadas. Mit einer Karte von Kanada, Berlin 1906.
Schlich, William: Schlich's Manual of Forestry, Bd. 1: The Utility of Forests and Fundamental Principles of Sylviculture, London 1889 [3. Auflage, Bd. 1: Forest Policy in the British Empire, London 1906]; Bd. 2: Formation and Tending of Woods, or Practical Sylviculture, London 1891; Bd. 3: Forest Management, London 1895 [3. Auflage 1905]; Bd. 4: Forest Protection, by William Rogers Fisher, Being an English Adaption of „Der Forstschutz" by Dr. Richard Hess, Professor of Forestry at the University of Giessen, London 1895; Bd. 5:

Forest Utilization. By William Rogers Fisher, Being an English Translation of „Die Forstbenutzung", by Dr. Karl Gayer, London 1896.
Schlich, William: The Outlook of the World's Timber Supply; in: Transactions of the Scottish Arboricultural Society, Bd. XVI (1901), S. 355–383.
Schlich, William: Über die Unzulänglichkeit der Nutzholzerzeugung der Erde; in: Forstwissenschaftliches Centralblatt 23 (1901), S. 289–297.
Schönberg, Gustav (Hg.): Handbuch der Politischen Ökonomie, 3 Bde, 2., vermehrte Auflage, Tübingen 1885–1887.
Schotte, Gunnar: Om färgning af skogfrö i syfte att utmärka utländsk vara (Meddelanden från Statens Skogförsöksanstalt); in: Skogvårdsföreningens Tidskrift (1910), S. 81–87.
Schübeler, Frederik Christian: Die Culturpflanzen Norwegens. Mit einem Anhange über die altnorwegische Landwirthschaft, hg. auf Veranlassung des academischen Collegiums, als Universitäts-Programm für das erste Semester 1862 mit einem Vorwort von Chr. Boeck, Christiana 1862.
Schübeler, Frederik Christian: Die Pflanzenwelt Norwegens. Ein Beitrag zur Natur- und Culturgeschichte Nord-Europas, Christiania 1873.
Schultz [Forstmeister]: Der Nonnen- und Käferfraß in Ostpreußen und Rußland von 1845 bis 1867/68 (nebst einer Karte); in: Zeitschrift für Forst- und Jagdwesen 5 (1873), S. 170–190.
Schuster [Forstassessor]: Ueber das Verhältnis der Waldfläche zur Gesammtfläche und zur Bevölkerung in Preußen und im Deutschen Reiche; in: Zeitschrift für Forst- und Jagdwesen 22 (1890), S. 71–75.
Schwappach, Adam: Forestry, translated from the German by Fraser Story and Eric A. Nobbs, London 1904.
Schwappach, Adam: Forstwissenschaft, Leipzig 1899.
Schwappach, Adam: Bericht über die vierte Versammlung des internationalen Verbandes forstlicher Versuchsanstalten in Mariabrunn im Jahre 1903; in: Zeitschrift für Forst- und Jagdwesen 35 (1903) S. 756–763.
Schwappach, Adam: Dritte Versammlung des internationalen Verbandes forstlicher Versuchsanstalten; in: Zeitschrift für Forst- und Jagdwesen 32 (1900) S. 753–756.
Schwappach, Adam: Internationaler land- und forstwirthschaftlicher Kongreß zu Wien vom 2. bis 6. September 1890; in: Zeitschrift für Forst- und Jagdwesen 23 (1891), S. 117–123.
Schwappach, Adam: Sechste Versammlung des internationalen Verbandes forstlicher Versuchsanstalten in Belgien; in: Zeitschrift für Forst- und Jagdwesen 43 (1911), S. 119–121.
Schwappach, Adam: V. Versammlung des internationalen Verbandes forstlicher Versuchsanstalten in Württemberg; in: Zeitschrift für Forst- und Jagdwesen 36 (1906), S. 811–817.
Schwappach, Adam: Zweite Versammlung des internationalen Verbandes forstlicher Versuchsanstalten zu Braunschweig vom 19. bis 24. September 1896; in: Zeitschrift für Forst- und Jagdwesen 29 (1897), S. 104–108.
Schwappach, Adam / Schuberg, Karl / Horn, Wilhelm / Ney, Karl Eduard / Heß, Richard / Kunze, Max Friedrich / Lorey, Tuisko von: Erklärung auf die in der Forstlich-naturwissenschaftlichen Zeitschrift (November und Dezember 1892, S. 403 und 441) enthaltenen Angriffe des Herrn Professor Dr. Robert Hartig; in: Zeitschrift für Forst- und Jagdwesen 25 (1893), S. 687–693.
Seue, C. M. de: Historisk Beretning om Norges geografiske Opmaaling fra dens Stiftelse i 1773 indtil Udgangen af 1876, Kristiania 1878.
Sievers, Max von: Die forstlichen Verhältnisse der Baltischen Provinzen, dargestellt auf der Grundlage der Baltischen Forstenquete vom Jahre 1901, Riga 1903.

Simmonds, Peter Lund: A Dictionary of Trade Products, Commercial, Manufacturing, and Technical Terms. With a Definition of the Moneys, Weights, and Measures of all Countries, Reduced to the British Standard, London 1863.

Simmonds, Peter Lund: Past, Present and Future Sources of the Timber Supplies of Great Britain; in: Journal of the Society of Arts, 19. Dezember 1884, S. 102–121.

Simmonds, Peter Lund: Waste Products and Undeveloped Substances. A Synopsis of Progress Made in Their Economic Utilisation During the Last Quarter of a Century at Home and Abroad, London 1873.

Sjörgen, Hjalmar J.: Results of the Inquiry on Iron Ore Resources, in: Congrès géologique international (Hg.): Compte rendu de la 11e session du congrès géologique international, Stockholm 1910, Stockholm 1912, S. 297–301.

Smith, Adam: An Inquiry into the Nature and Causes of the Wealth of Nations, 2 Bde., London 1910 [Erstausgabe 1776].

Sokołowski, Stanisław: Międzynarodowy kongres rolniczy w Wiedniu 1907; in: Sylwan 25 (1907), S. 219 f und 269–275.

Sombart, Werner: Der moderne Kapitalismus, Bd. 2: Theorie der kapitalistischen Entwicklung, Leipzig 1902.

Sombart, Werner: Der moderne Kapitalismus, Bd. 2 / 2: Das europäische Wirtschaftsleben im Zeitalter des Frühkapitalismus, vornehmlich im 16., 17. und 18. Jahrhundert, 3. Auflage, München 1919.

Somerville, William: A Short Account of the State Forests of Prussia (including Hanover), and Messrs Heins' Nursery at Halstenbeck, Visited by the Royal Scottish Arboricultural Society, July-August 1895; in: Transactions of the Scottish Arboricultural Society, Bd. XIV (1895), S. 140–162.

Somerville, William: Influences Affecting British Forestry. Inaugural Lecture in the Course of Forestry, Edinburgh University 23. October 1889; in: Transactions of the Scottish Arboricultural Society, Bd. XII (1890), S. 403–412.

Somerville, William u. a.: Report of the Departmental Committee Appointed by the Board of Agriculture to Inquire Into and Report Upon British Forestry. With Copy of the Minute Appointing the Committee, January 1, 1902.

Statuter for Den Norske Forstforening; in: Den Norske Forstforenings Aarbog 2 (1882), S. 6 f.

Syročinskij, S.: Neskol'ko slov" o primenenii zakona 4 aprelâ 1888 g.; in: Lesnoj Žurnal" 21 (1891), H. 2, S. 161–174.

T. S.: Hvorlænge vare Norges Skove?; in: Den norske Forstforenings Aarbog 3 (1883), S. 180–184.

Th. M. [Thorvald Mejdell?]: Om vore Skoves hurtige Forringelse og de nærmeste Følger deraf, samt om de nye Love, sigtende til at standse den videre Nedgang; in: Tidsskrift for Skovbrug 2 (1894), S. 97–104, 113–126, 129–134.

Turner, Frederick Jackson: The Significance of the Frontier in American History, Ann Arbor 1893.

Tyniecki, Władysław: Międzynarodowy kongres rolniczo-leśniczy we Wiedniu 1890; in: Sylwan 8 (1890), S. 399–410.

Ukazatel' Lesnago Žurnala 1891–1895, St. Petersburg 1896.

Vereha, siehe Werekha

Vil'son, siehe Wilson

Voejkov siehe Woeikof

W.: Forstkongreß auf der Weltausstellung des Jahres 1900 in Paris; in: Zeitschrift für Forst- und Jagdwesen 32 (1900), S. 605–620.

Waterston, William (Hg.): A Cyclopædia [sic!] of Commerce, Mercantile Law, Finance, and Commercial Geography and Navigation. New Edition Corrected and Improved, with a Supplement by Peter Lund Simmonds, London 1863.
Watt, Hugh Boyd: Bibliography of Forestry; in: Transactions of the Scottish Arboricultural Society, Bd. XXVI (1912), S. 230.
Werekha, P. N. [Petr Nikolaevič Vereha]: Notice sur les forêts et leurs produits en rapport avec la superficie totale du territoire et avec la population, St. Petersbourg 1873.
Werekha, P. N. / Matern, A. [Vereha, Petr Nikolaevič / Matern, Aleksandr] (Hg.): Statističeskij lesohozâjstvennyj atlas Evropejskoj Rossii / Atlas statistique et forestier de la Russie d'Europe, St. Petersburg 1878.
Węgrzynowski, Hipolit: Wiadomości ze Zjazdu międzynarodowego Związku dla doświadczeń leśnych; in: Sylwan 10 (1892), S. 28–30.
Węgrzynowski, Władysław: O hygienicznem znaczeniu powietrza leśnego i lasu w ogóle według Dra Ebermayera prof. uniw. w Monachium (Odczyt W. Węgrzynowskiego na Zjeździe galicyjsk. Towarzystwa leśnego w Stryju dnia 17. sierpnia 1891); in: Sylwan 9 (1891), S. 279–287 und 313–321.
Wilson, J. [Ivan Ivanovič Vil'son] (Hg.): Aperçu statistique de l'agriculture, de la sylviculture et des pêcheries en Russie [Exposition universelle de Philadelphie en 1876], St. Petersburg 1876.
Woeikof, Alexandre Ivanovitch [Aleksandr Ivanovič Voejkov]: De l'influence de l'homme sur la terre; in: Annales de Géographie 10 (1901), S. 97–114.
Wydrzyński, Kl. siehe Pfeil, Wilhelm
Zederbauer, Emmerich: VI. Kongreß des Internationalen Verbandes forstlicher Versuchsanstalten in Brüssel 1910; in: Centralblatt für das gesamte Forstwesen 36 (1910), S. 506–512 und 560–570.

X.3 Literatur

Abelshauser, Werner: Der Traum von der umweltverträglichen Energie und seine schwierige Verwirklichung; in: Vierteljahrschrift für Sozial- und Wirtschaftsgeschichte 101 (2014), S. 49–61.
Agnoletti, Mauro / Anderson, Steven (Hg.): Forest History. International Studies on Socioeconomic and Forest Ecosystem Change, Durham / North Carolina 2000.
Agnoletti, Mauro / Anderson, Steven: Methods and Approaches in Forest History, Wallingford 2000.
Albion, Robert Greenhalgh: Forests and Sea Power. The Timber Problem of the Royal Navy 1652–1862, Cambridge, Massachusetts 1926.
Aldenhoff-Hübinger, Rita: Agrarpolitik und Protektionismus. Deutschland und Frankreich im Vergleich, Göttingen 2002.
Alm, Torbjørn: Johannes Norman; in: Helle, Knut u. a. (Hg.): Norsk biografisk leksikon, Bd. 7, Oslo 2003, S. 312 f.
Alnæs, Karsten: Historien om Norge. Bd. 3: Mot moderne tider, Olso 1998.
Anderson, Mark L. / Taylor, Charles J.: A History of Scottish Forestry, Bd. 1: From the Ice Age to the French Revolution, London; Bd. 2: From the Industrial Revolution to Modern Times, London / Edinburgh 1967.

Andersson, Rikard / Östlund, Lars / Törnlund, Erik: The Last European Landscape to be Colonised. A Case Study of Land-Use Change in the Far North of Sweden 1850–1930; in: Environment and History 11 (2005), S. 293–318.

Andréassian, Vazken: Waters and Forests. From Historical Controversy to Scientific Debate; in: Journal of Hydrology 291 (2004), H. 1 / 2, S. 1–27.

Anonym: A Brief History of the WFC and Intergovernmental Forest-Related Processes; in: World Forestry Congress Bulletin. A Summary Report of the XIIIth World Forestry Congress (WFC 2009), final issue, 10 (2009) 18, S. 1–3; online: www.iisd.ca / ymb / forest / wfc13 (Stand 8. November 2017).

Arbeitskreis Geschichte der Küstenschifffahrt im 20. Jahrhundert (Hg.): Alte Häfen – Neue Aufgaben. Häfen der Küstenschifffahrt in Skandinavien und Westeuropa gestern und heute, Bremen 2006.

Arend, Jan: Russlands Bodenkunde in der Welt. Eine ost-westliche Transfergeschichte 1880–1945, Göttingen 2017.

Arndt, Agnes / Häberlen, Joachim C. / Reinecke, Christiane (Hg.): Vergleichen, verflechten, verwirren? Europäische Geschichtsschreibung zwischen Theorie und Praxis, Göttingen 2011.

Åström, Sven-Erik: Northeastern Europe's Timber Trade Between the Napoleonic and Crimean Wars. A Preliminary Survey; in: The Scandinavian Economic History Review 35 (1987), S. 170–177.

Åström, Sven-Erik: English Timber Imports from Northern Europe in the Eighteenth Century; in: The Scandinavian Economic History Review 18 (1970), S. 12–32.

Åström, Sven-Erik: From Tar to Timber. Studies in Northeast European Forest Exploitation and Foreign Trade 1660–1860, Helsinki 1988.

Austrup, Gerhard / Quack, Ulrich: Norwegen, 2. Auflage, München 1997.

Bader, Axel: Wald und Krieg. Wie sich in Kriegs- und Krisenzeiten die Waldbewirtschaftung veränderte. Die deutsche Forstwirtschaft im Ersten Weltkrieg, Göttingen 2011.

Bairoch, Paul: Geographical Structure and Trade Balance of European Foreign Trade from 1800 to 1970; in: Journal of European Economic History, 3 (1974), S. 557–595.

Ball, Jim / Kollert, Walter: The Centre International de Sylviculture and its Historic Book Collection; in: Unasylva 64 (2013) H. 1, S. 19–26.

Barbier, Edward: Scarcity and Frontiers. How Economies Have Developed Through Natural Resource Exploitation, Cambridge 2011.

Barbier, Edward: Scarcity, Frontiers and Development; in: The Geographical Journal 178 (2012), S. 110–122.

Barker, Theo: Consular reports. A Rich but Neglected Historical Source; in: Business History 23 (1981), S. 265 f.

Barton, H. Arnold: Finland and Norway 1808–1917. A Comparative Perspective; in: Scandinavian Journal of History 31 (2006), S. 221–236.

Bartyś, Julian: Rękopiśmienne instrukcje i podręczniki gospodarstwa w XVIII i pierwszej połowie XIX wieku; in: Kwartalnik historii kultury materialnej 11 (1963), S. 377–395.

Bayerl, Günter: Die Natur als Warenhaus. Der technisch-ökonomische Blick auf die Natur in der Frühen Neuzeit; in: Hahn, Sylvia / Reith, Reinhold (Hg.): Umwelt-Geschichte. Arbeitsfelder. Forschungsansätze. Perspektiven, Wien / München 2001, S. 33–52.

Becker, Frank / Scheller, Benjamin / Schneider, Ute (Hg.): Die Ungewissheit des Zukünftigen. Kontingenz in der Geschichte, Frankfurt am Main 2016.

Behrisch, Lars: Die Berechnung der Glückseligkeit. Statistik und Politik in Deutschland und Frankreich im späten Ancien Régime, Ostfildern 2016.
Bein, Otmar: The Establishment of IUFRO's Secretariat in Vienna; in: Ivar Samset: Festskrift til ære for professor dr. h. c. Ivar Samset, Wien 1988, S. 74–83.
Bell, Morag / Butlin, Robin / Heffernan, Michael (Hg.): Geography and imperialism 1820–1940, Manchester 1995.
Bemmann, Martin: „... kann von einer schonenden Behandlung keine Rede sein". Zur forst- und landwirtschaftlichen Ausnutzung des Generalgouvernements Warschau durch die deutsche Besatzungsmacht, 1915–1918; in: Jahrbücher für Geschichte Osteuropas 55 (2007), S. 1–33.
Bemmann, Martin: Im Zentrum des Markts. Zur Rolle Großbritanniens im internationalen Holzhandel der 1930er Jahre; in: Vierteljahrschrift für Sozial- und Wirtschaftsgeschichte 99 (2012), S. 141–170.
Bemmann, Martin: Das Chaos beseitigen. Die internationale Standardisierung forst- und holzwirtschaftlicher Statistiken in den 1920er und 1930er Jahren und der Völkerbund; in: Jahrbuch für Wirtschaftsgeschichte 57 (2016), S. 545–587.
Bergh, Trond u. a. (Hg.): Growth and Development. The Norwegian Experience 1830–1980, Oslo 1981.
Berghoff, Hartmut: „Dem Ziele der Menschheit entgegen". Verheißungen der Technik an der Wende zum 20. Jahrhundert; in: Frevert, Ute (Hg.): Das neue Jahrhundert. Europäische Zeitdiagnosen und Zukunftsentwürfe um 1900, Göttingen 2000, S. 47–78.
Bernhardt, Christoph: Im Spiegel des Wassers. Eine transnationale Umweltgeschichte des Oberrheins (1800–2000), Köln 2016.
Berntsen, Bredo: Bygdøy. Fra krongods til „bynasjonalpark"; in: Grevlingen 22 (2003), H. 2, S. 16f.
Berntsen, Bredo: Grønne linjer. Natur- og miljøvernets historie i Norge, Oslo 1994.
Berwinkel, Holger / Kröger, Martin (Hg.): Die Außenpolitik der deutschen Länder im Kaiserreich. Geschichte, Akteure und archivische Überlieferung (1871–1918), München 2012.
Billen, Claire (Hg.): Les sources de l'histoire forestière de la Belgique / Bronnen voor de bosgeschiedenis in België, Bruxelles 1994.
Bini, Elisabetta / Garavini, Giuliano / Romero, Federico (Hg.): Oil Shock. The 1973 Crisis and its Economic Legacy, London 2016.
Björklund, Jörgen: Den nordeuropeiska timmergränsen i Sverige och Ryssland, Umeå 1998.
Björklund, Jörgen: Exploiting the Last Phase of the North European Timber Frontier for the International Market 1890–1914. An Economic-Historical Approach; in: Agnoletti, Mauro / Anderson, Steven (Hg.): Forest History. International Studies on Socioeconomic and Forest Ecosystem Change, Durham 2000, S. 171–184.
Björklund, Jörgen: From the Gulf of Bothnia to the White Sea. Swedish Direct Investments in the Sawmill Industry of Tsarist Russia; in: Scandinavian Economic History Review 32 (1984), S. 17–39.
Björn, Ismo: Takeover. The Environmental History of the Coniferous Forest; in: Scandinavian Journal of History 25 (2000), S. 281–296.
Blackbourn, David: The Conquest of Nature. Water, Landscape and the Making of Modern Germany, London 2007.
Blackbourn, David / Retallack, James N.: Localism, Landscape, and the Ambiguities of Place. German-Speaking Central Europe, 1860–1930, Toronto 2009.

Blackburn, David: Das Kaiserreich transnational. Eine Skizze; in: Conrad, Sebastian / Osterhammel, Jürgen (Hg.): Das Kaiserreich transnational. Deutschland und die Welt 1871–1914, Göttingen 2004, S. 302–324.

Blais, Roger: Eugène Reuss, 1847–1927, Nancy 1938.

Boch, Rudolf: Staat und Wirtschaft im 19. Jahrhundert, München 2004.

Bödeker, Hans Erich (Hg.): Begriffsgeschichte, Diskursgeschichte, Metapherngeschichte, Göttingen 2002.

Böhme, Helmut: Die verunsicherte Zuversicht. Aufbruch und Angst in der Gründerzeit; in: Böhme, Helmut u. a. (Hg.): Fortschrittsglaube und Zukunftspessimismus, Tübingen 2000, S. 86–137.

Bohn, Thomas / Dalhouski, Aliaksandr / Krzoska, Markus: Wisent-Wildnis und Welterbe. Geschichte des polnisch-weißrussischen Nationalparks von Białowieża. Köln / Weimar / Wien 2017.

Bonhomme, Brian: Forests, Peasants and Revolutionaries. Forest Conservation in Soviet Russia 1917–1925, New York 2005.

Bonwetsch, Bernd / Schramm, Gottfried (Hg.): Handbuch der Geschichte Rußlands, Bd. 3: Von den autokratischen Reformen zum Sowjetstaat, 1856–1945, Stuttgart 1992.

Borger-Keweloh, Nicola / Keweloh, Hans-Walter: Flößerei im Weserraum. Leben und Arbeiten in einem alten Gewerbe, Bremen 1991.

Borowy, Iris: Akklimatisierung. Die Umformung europäischer Landschaft als Projekt im Dienst von Wirtschaft und Wissenschaft, 1850–1900; online: www.europa.clio-online.de / essay / id / artikel-3493 (Stand 2. Dezember 2017).

Bosse, Ewald: Norwegens Volkswirtschaft vom Ausgang der Hansaperiode bis zur Gegenwart. 2 Bde., Jena 1916.

Brabec, Stephan: Transforming Rivers into Streets. How the Nineteenth Century Scheme to Improve Shipping on the Vltava, Elbe and Danube Failed; in: Arcadia. Online Explorations in European Environmental History; online: www.environmentandsociety.org / arcadia / transforming-rivers-streets-how-nineteenth-century-scheme-improve-shipping-vltava-elbe-and (Stand 10. September 2017).

Bradley, Joseph: Voluntary Associations in Tsarist Russia. Science, Patriotism, and Civil Society. Cambridge, Massachusetts 2009.

Bradshaw, Michael J.: Global Energy Dilemmas. A Geographical Perspective; in: The Geographical Journal 176 (2010), S. 275–290.

Brain, Stephen: Song of the Forest. Russian Forestry and Stalinist Environmentalism, 1905–1953, Pittsburgh 2011.

Brenna, Brita: Verden som ting og forestilling. Verdensutstillinger og den norske deltakelsen 1851–1900, Oslo 2002.

Brenner, Neil: Beyond State-Centrism? State, Territoriality, and Geographical Scale in Globalization Studies; in: Theory and Society 28 (1999), S. 39–78.

Brian, Éric: Transactions statistiques au XIXe siècle; in: Actes de la recherche en sciences sociales 145 (2002), S. 34–46.

Broda, Józef (Hg.): Forstgeschichte in Polen / Forest History in Poland / Historia leśnictwa w Polsce, Wien 2000.

Broda, Józef: Dewastacyjna eksploatacja lasów (XVI–XVIII w.); in: Arnold, Stanisław (Hg.): Zarys historii gospodarstwa wiejskiego w Polsce, Bd. 2, Warszawa 1964, S. 229–249.

Broda, Józef: Gospodarka leśna (od połowy XIX w. do I Wojny Światowej); in: Arnold, Stanisław (Hg.): Zarys historii gospodarstwa wiejskiego w Polsce, Bd. 3, Warszawa 1970, S. 607–657.
Broda, Józef: Historia leśnictwa w Polsce, Poznań 2000.
Brodowska, H.: Spory serwitutowe chłopów z obszarnikami w Królestwie Polskim w drugiej połowie XIX w.; in: Kwartalnik Historyczny 63 (1956), S. 281–298.
Bruckmüller, Ernst / Ledermüller, Franz (Hg.): Geschichte der österreichischen Land- und Forstwirtschaft im 20. Jahrhundert, Bd. 1: Politik, Gesellschaft, Wirtschaft, Wien 2002.
Brüggemeier, Franz-Josef: Internationale Umweltgeschichte; in: Loth, Winfried / Osterhammel, Jürgen (Hg.): Internationale Geschichte. Themen, Ergebnisse, Aussichten, München 2000, S. 371–386.
Brüggemeier, Franz-Josef: Umweltgeschichte – Erfahrungen, Ergebnisse, Erwartungen; in: Archiv für Sozialgeschichte 43 (2003), S. 1–8.
Brüggemeier, Franz-Josef / Rommelspacher, Thomas (Hg.): Besiegte Natur. Geschichte der Umwelt im 19. und 20. Jahrhundert, München 1987.
Brzozowski, Stanisław: Dzieje Krajowej Szkoły Gospodarstwa Lasowego latach 1874–1921; in: Studia i Materiały z Dziejów Nauki Polskiej, Ser. B, Z. 32 (1984), S. 33–82.
Brzozowski, Stanisław: Polacy na studiach gospodarstwa wiejskiego w Niemczech w XIX i XX wieku, Wrocław / Warszawa 1989.
Brzozowski, Stanisław: Studia rolnicze, leśne i weterynaryjne Polaków w Wiedniu od XVIII do XX w., Wrocław 1967.
Budde, Gimilla / Conrad, Sebastian / Janz, Oliver (Hg.): Transnationale Geschichte. Themen, Tendenzen und Theorien, Göttingen 2006.
Buiter, Hans / Kunz, Andreas: Atlas on European Communications and Transport Infrastructures; online: www.atlas-infra.eu (Stand 10. Dezember 2017).
Buridant, Jérôme: Croissance industrielle et demande énergétique. Le cas du bois (XVIIIe–XIXe siècles); in: Duceppe-Lamarre, François / Engels, Jens Ivo (Hg.): Umwelt und Herrschaft in der Geschichte / Environnement et pouvoir. Une approche historique, München 2008, S. 31–45.
Caradonna, Jeremy: Sustainability. A History, Oxford 2014.
Caviedes, César N.: El Niño. Klima macht Geschichte, Darmstadt 2005.
Cioc, Mark / Linner, Björn-Ola / Osborn, Matt: Environmental History Writing in Northern Europe; in: Environmental History 5 (2000), S. 213–230.
Cioc, Mark: The Rhine. An Eco-Biography, 1815–2000, Seattle 2002.
Clavin, Patricia: Securing the World Economy. The Reinvention of the League of Nations, 1920–1946, Oxford 2013.
Clavin, Patricia: Time, Manner, Place. Writing Modern European History in Global, Transnational and International Contexts; in: European History Quarterly 40 (2010), S. 624–640.
Conrad, Sebastian / Eckart, Andreas / Freitag, Ulrike (Hg.): Globalgeschichte. Theorien, Ansätze, Themen. Frankfurt am Main / New York 2007.
Conrad, Sebastian / Osterhammel, Jürgen (Hg.): Das Kaiserreich transnational. Deutschland und die Welt 1871–1914, Göttingen 2004.
Conze, Eckart / Lappenküper, Ulrich / Müller, Guido (Hg.): Geschichte der internationalen Beziehungen. Erneuerung und Erweiterung einer historischen Disziplin. Köln / Weimar / Wien 2004.
Costlow, Jane: Heart-Pine Russia. Walking and Writing the Nineteenth-Century Forest, Ithaca 2012.

Crawford, Elisabeth / Shinn, Terry / Sörlin, Sverker: The Nationalization and Denationalization of the Sciences. An Introductory Essay; in: Crawford, Shinn / Sörlin, Sverker (Hg.): Denationalizing Science. The Contexts of International Scientific Practice, Boston 1993, S. 1–42.
Crease, Robert: World in the Balance. The Historic Quest for a Universal System of Measurement, New York 2011.
Crook, Darren / Siddle, D.J. / Jones, Richard / Thompson, R.: Forestry and Flooding in the Annecy Petit Lac Basin, 1730–2000; in: Environment and History 8 (2002), S. 403–428.
Daheur, Jawad: Exporting Environmental Burdens into the Central European Periphery. Christmas Tree Trade and Unequal Ecological Exchange Between Germany and Habsburg Galicia Around 1900; in: Historyka. Studia Metodologiczne 46 (2016), S. 147–167.
Daheur, Jawad: Le parc à bois de l'Allemagne. Course aux ressources et hégémonie dans les bassins de la Vistule et de la Warta (1840–1914), Universität Strasbourg (unveröffentlichte Dissertationsschrift) 2016.
Dahlmann, Dittmar: Die Weite Sibiriens und des Ozeans in Berichten und Aufzeichnungen von Forschungsreisenden von der Mitte des 18. bis zur Mitte des 19. Jahrhunderts; in: Zeitschrift für Ostmitteleuropaforschung 63 (2014), S. 55–73.
Daniel, Ute: Kompendium Kulturgeschichte, 5. Auflage, Frankfurt am Main 2004.
Daston, Lorraine / Galison, Peter: Objektivität, Frankfurt am Main 2007.
Davidson, James D. G. (Hg.): The Royal Highland and Agricultural Society. A Short History 1784–1984, Edinburgh 1984.
Delort, Robert / Walter, François: Histoire de l'environnement européen, Paris 2001.
Desrosières, Alain: Die Politik der großen Zahlen. Eine Geschichte der statistischen Denkweise, Berlin 2005.
Detten, Roderich von: Einer für alles? Zur Karriere und zum Missbrauch des Nachhaltigkeitsbegriffs; in: Sächsische Carlowitz-Gesellschaft (Hg): Die Erfindung der Nachhaltigkeit. Leben, Werk und Wirkung des Hans Carl von Carlowitz, München 2013, S. 111–125.
Detten, Roderich von / Faber, Fenn / Bemmann, Martin (Hg.): Unberechenbare Umwelt. Zum Umgang mit Unsicherheit und Nicht-Wissen, Berlin 2012.
Diogo, Maria Paula / van Laak, Dirk: Europeans Globalizing. Mapping, Exploiting, Exchanging, Basingstoke 2016.
Dipper, Christof / Raphael, Lutz: „Raum" in der Europäischen Geschichte. Einleitung; in: Journal of Modern European History 9 (2011), S. 27–41.
Dipper, Christof / Schneider, Ute (Hg.): Kartenwelten. Der Raum und seine Repräsentation in der Neuzeit, Darmstadt 2006.
Döring, Jörg / Thielmann, Tristan (Hg.): Spatial Turn. Das Raumparadigma in den Kultur- und Sozialwissenschaften, Bielefeld 2008.
Dorsch, Sebastian / Rau, Susanne (Hg.): Space / Time Practices. Theories, Methods, Analyses from Multidisciplinary Perspectives (= Historical Social Research / Historische Sozialforschung 2013, 3).
Drayton, Richard Harry: Nature's Government. Science, Imperial Britain, and the „Improvement" of the World, New Haven 2000.
Dülffer, Jost / Loth, Wilfried (Hg.): Dimensionen internationaler Geschichte, München 2012.
Dülffer, Jost / Loth, Wilfried: Einleitung; in: Dülffer, Jost / Loth, Wilfried (Hg.): Dimensionen internationaler Geschichte, München 2012, S. 1–9.
Duszyk, Adam B. / Latawiec, Krzysztof (Hg.): Lasy Królestwa Polskiego w XIX wieku. Struktura – administracja – gospodarka, Radom 2007.

Ebeling, Dietrich: Der Holländerholzhandel in den Rheinlanden. Zu den Handelsbeziehungen zwischen den Niederlanden und dem westlichen Deutschland im 17. und 18. Jahrhundert, Stuttgart 1992.
Ebeling, Dietrich: Rohstofferschließung im europäischen Handelssystem der frühen Neuzeit am Beispiel des Rheinisch-Niederländischen Holzhandels im 17. / 18. Jahrhundert; in: Rheinische Vierteljahresblätter 52 (1988), S. 150–170.
Edwards, Paul N.: Meteorology as Infrastructural Globalism; in: OSIRIS 21 (2006), S. 229–250.
Eliasson, Per: Skog, makt och människor. En miljöhistoria om svensk skog 1800–1875, Lund 2002.
Eliasson, Per / Nilsson, Sven G.: „You Should Hate Young Oaks and Young Noblemen." The Environmental History of Oaks in Eighteenth and Nineteenth Century Sweden; in: Environmental History 7 (2002), S. 659–677.
Eliasson, Per: När bruk av skog blev Skogsbruk. Etablering av högskogsbruk och trakthyggen i Sverige; in: Eliasson, Per / Lisberg Jensen, Ebba (Hg.): Naturens nytta. Från Linné till det moderna samhället, Lund 2000, S. 122–145.
Engstrom, Eric / Hess, Volker / Thoms, Ulrike (Hg.): Figurationen des Experten, Frankfurt am Main 2005.
Ernst, Christoph: Den Wald entwickeln. Ein Politik- und Konfliktfeld in Hunsrück und Eifel im 18. Jahrhundert, München 2000.
Everett, Nigal: The Tory View of Landscape, New Haven 1994.
Faehndrich, Jutta / Perthus, Sophie: Visualizing the Map-Making Process. Studying 19th Century Holy Land Cartography with MapAnalyst; in: e-Perimetron 8 (2013) 2, S. 60–84.
Febvre, Lucien: Der Rhein und seine Geschichte, Frankfurt am Main 1994.
Fedotova, Anastasia: The Origins of the Russian Chernozem Soil (Black Earth). Franz Joseph Ruprecht's "Geo-Botanical Researches into the Chernozem" of 1866; in: Environment and History 16 (2010), S. 271–293.
Fedotova, Anastasia: Forestry Experimental Stations. Russian Proposals of the 1870s; in: Centaurus (2014), S. 18–32.
Fedotova, Anastasia / Loskutova, Marina: The Studies over the Impact of Forests on Climate and the Rise of Scientific Forestry in Russia. From Local Knowledge and Natural History to Modern Experiments in Life Sciences, 1840s–early 1890s; in: Kingsland, Sharon / Phillip, Denise (Hg.): Life Sciences, Agriculture and the Environment, New York 2014, S. 113–137.
Feichter, Heinrich: 100 Jahre IUFRO. Internationaler Verband Forstlicher Forschungsanstalten, 1892–1992, Wien 1992.
Feuerhahn, Wolf / Feuerhahn, Pascale Rabault (Hg.): La fabrique internationale de la science. Les congrès scientifiques de 1865 à 1945, Paris 2010.
Fiedler, Matthias: Zwischen Abenteuer, Wissenschaft und Kolonialismus. Der deutsche Afrikadiskurs im 18. und 19. Jahrhundert, Köln / Weimar / Wien 2005.
Findling, John E. (Hg.): Historical Dictionary of World's Fairs and Expositions 1851–1988, New York 1990.
Fisch, Jörg: Europa zwischen Wachstum und Gleichheit, 1850–1914, Stuttgart 2002.
Fischer, Wolfram: Einleitung; in: Fischer, Wolfram (Hg.): Handbuch der europäischen Wirtschafts- und Sozialgeschichte, Bd. 5, Stuttgart 1985, S. 10–54.
Fitzgerald, Robert / Grenier, Janet: A History of the Timber Trade Federation 1892–1992, London 1992.
Fladby, Rolf: Norwegen 1650–1850; in: Fischer, Wolfram (Hg.): Handbuch der europäischen Wirtschafts- und Sozialgeschichte, Bd. 4, Stuttgart 1993, S. 298–310.

Flitner, Michael (Hg.): Der deutsche Tropenwald. Bilder, Mythen, Politik, Frankfurt am Main / New York 2000.
Ford, Caroline: Nature's Fortunes. New Directions in the Writing of European Environmental History; in: The Journal of Modern History 79 (2007), S. 112–133.
Förster, Horst / Herzberg, Julia / Zückert, Martin (Hg.): Umweltgeschichte(n). Ostmitteleuropa von der Industrialisierung bis zum Postsozialismus, Göttingen 2013.
Foucault, Michel: Die Ordnung der Dinge. Eine Archäologie der Humanwissenschaften, Frankfurt am Main 1971.
Fowler, John: Landscapes and Lives. The Scottish Forest Through the Ages, Edinburgh 2002.
François, Etienne / Seifarth, Jörg / Struck, Bernhard (Hg.): Die Grenze als Raum, Erfahrung und Konstruktion. Deutschland, Frankreich und Polen vom 17. bis 20. Jahrhundert, Frankfurt am Main 2007.
François, Etienne / Seifarth, Jörg / Struck, Bernhard: Einleitung; in: François, Etienne / Seifarth, Jörg / Struck, Bernhard (Hg.): Die Grenze als Raum, Erfahrung und Konstruktion. Deutschland, Frankreich und Polen vom 17. bis 20. Jahrhundert, Frankfurt am Main 2007, S. 12–20.
Frängsmyr, Tore (Hg.): Solomon's House Revisited. The Organization and Institutionalization of Science, Canton 1990.
Frängsmyr, Tore / Heilbron, J. L. / Rider, Robin E. (Hg.): The Quantifying Spirit in the 18th Century, Berkeley 1990.
Frevert, Ute: Das neue Jahrhundert. Europäische Zeitdiagnosen und Zukunftsentwürfe um 1900, Göttingen 2000.
Freytag, Nils: Deutsche Umweltgeschichte – Umweltgeschichte in Deutschland. Erträge und Perspektiven; in: Historische Zeitschrift 283 (2006), S. 383–407.
Frivold, Lars Helge: Skoghistorie i Norge; in: Pettersson, Ronny (Hg.): Skogshistorisk forskning i Europa och Nordamerika. Vad är skogshistoria, hur har den skrivits och varför? Stockholm 1999, S. 207–236.
Frohn, Hans-Werner (Hg.): Natur und Staat. Staatlicher Naturschutz in Deutschland 1906–2006, Stiftung Naturschutzgeschichte – Archiv, Forum, Museum zur Geschichte des Naturschutzes in Deutschland. Bundesamt für Naturschutz, Bonn-Bad Godesberg / Münster 2006.
Fryjordet, Torgeir: Skogadministrasjonen i Norge gjennom tidene, Bd. 1: Skogforhold, skogbruk og skogadministrasjon fram til 1850, Oslo 1992, Bd. 2: Tiden etter 1857, Oslo 1962.
Fuchs, Eckhart: Wissenschaft, Kongreßbewegung und Weltausstellungen. Zu den Anfängen der Wissenschaftsinternationale vor dem Ersten Weltkrieg; in: Comparativ 6 (1996), S. 156–177.
Fusz, Marie-Hélène: Le Touring-Club de France (1890–1983). Son rôle dans le développement de la sensibilité au patrimoine, Universität Paris-Sorbonne (unveröffentlichte Dissertation) 2000.
Ganzenmüller, Jörg / Tönsmeyer, Tatjana (Hg.): Vom Vorrücken des Staates in die Fläche. Ein europäisches Phänomen des langen 19. Jahrhunderts, Köln / Weimar / Wien 2016.
Gehrke, Roland: Der polnische Westgedanke bis zur Wiedererrichtung des polnischen Staates nach Ende des Ersten Weltkrieges. Genese und Begründung polnischer Gebietsansprüche gegenüber Deutschland im Zeitalter des europäischen Nationalismus, Marburg 2001.
Geppert, Alexander C. T.: Welttheater. Die Geschichte des europäischen Ausstellungswesens im 19. und 20. Jahrhundert. Ein Forschungsbericht; in: Neue politische Literatur 47 (2002), S. 10–61.

Gerhard, Hans-Jürgen: Holz im Harz. Probleme im Spannungsfeld zwischen Holzbedarf und Holzversorgung im hannoverschen Montanwesen des 18. Jahrhunderts; in: Niedersächsisches Jahrbuch für Landesgeschichte 66 (1994), S. 47–77.

Gienow-Hecht, Jessica / Schumacher, Frank (Hg.): Culture and International History, New York 2003.

Gierl, Martin: Geschichte und Organisation. Institutionalisierung als Kommunikationsprozess am Beispiel der Wissenschaftsakademien um 1900, Göttingen 2004.

Gills, Barry K. / Thompson, William R. (Hg): Globalization and Global History. London / New York 2006.

Gißibl, Bernhard / Höhler, Sabine / Kupper, Patrick (Hg.): Civilizing Nature. National Parks in a Global Historical Perspective, Oxford 2012.

Gläßler, Ewald / Lindemann, Rolf / Venzke, Jörg F.: Nordeuropa. Geographie, Geschichte, Wirtschaft, Politik, Darmstadt 2003.

Gold, John R. / Gold, Margaret M.: Imagining Scotland. Tradition, Representation and Promotion in Scottish Tourism since 1750, Aldershot 1995.

Graf, Rüdiger: Ressourcenkonflikte als Wissenskonflikte. Ölreserven und Petroknowledge in Wissenschaft und Politik; in: Geschichte in Wissenschaft und Unterricht 63 (2012), S. 582–599.

Graf, Rüdiger: Öl und Souveränität. Petroknowledge und Energiepolitik in den USA und Westeuropa in den 1970er Jahren, Berlin 2014.

Graham, Hamish: Policing the Forests of Pre-Industrial France. Round Up the Usual Suspects; in: European History Quarterly 33 (2003), S. 157–182.

Granäner, Margarethe / Rothermund, Dietmar / Schwentker, Wolfgang (Hg.): Globalisierung und Globalgeschichte, Wien 2005.

Grewe, Bernd-Stefan: Das Ende der Nachhaltigkeit? Wald und Industrialisierung im 19. Jahrhundert; in: Archiv für Sozialgeschichte 43 (2003), S. 61–79.

Grewe, Bernd-Stefan: Der versperrte Wald. Ressourcenmangel in der bayerischen Pfalz (1814–1870), Köln / Weimar / Wien 2004.

Grewe, Bernd-Stefan: Shortage of Wood? Towards a New Approach in Forest History. The Palatinate in the 19th Century; in: Agnoletti, Mauro / Anderson, Steven (Hg.): Forest History. International Studies on Socioeconomic and Forest Ecosystem Change, Durham 2000, S. 143–152.

Grewe, Bernd-Stefan: Streit um den Wald – ein Ressourcenkonflikt? Das Konfliktfeld Wald in der vorindustriellen Zeit (ca. 1500–1850); in: Geschichte in Wissenschaft und Unterricht 63 (2012), S. 551–566.

Grewe, Bernd-Stefan: Wald; in: Institut für Europäische Geschichte (Hg.): Europäische Geschichte Online; online: www.ieg-ego.eu / greweb-2011-de (Stand 2. September 2017).

Grewe, Bernd-Stefan: Forest History; in: Uekötter, Frank (Hg.): The Turning Points of Environmental History, Pittsburgh 2010, S. 44–54.

Grober, Ulrich: Die Entdeckung der Nachhaltigkeit. Kulturgeschichte eines Begriffs, München 2010.

Grober, Ulrich: Modewort mit tiefen Wurzeln. Kleine Begriffsgeschichte von „sustainability" und „Nachhaltigkeit"; in: Jahrbuch Ökologie 12 (2003), S. 167–175.

Grove, Richard: Green Imperialism. Colonial Expansion, Tropical Island Edens and the Origins of Environmentalism 1600–1860, Cambridge 1995.

Grove, Richard: Scottish Missionaries, Evangelical Discourses and the Origin of Conservation Thinking in Southern Africa 1820–1900; in: Journal of Southern African Studies 15 (1989), S. 163–187.

Grunwald, Armin / Kopfmüller, Jürgen: Nachhaltigkeit. Eine Einführung, 2., aktualisierte Auflage, Frankfurt am Main 2012.

Grzywacz, Andrzej: Polnischer Forstverein, seine Geschichte und Tätigkeit; in: Broda, Józef (Hg.): Forstgeschichte in Polen / Forest History in Poland / Historia Leśnictwa w Polsce, Wien 2000, S. 16–23.

Gugerli, David / Speich, Daniel: Topographien der Nation. Politik, kartographische Ordnung und Landschaft im 19. Jahrhundert, Zürich 2002.

Hahn, Hans-Werner / Kreutzmann, Marko (Hg.): Der deutsche Zollverein. Ökonomie und Nation im 19. Jahrhundert, Köln 2012.

Haack, Hermann / Lautensach, Hermann: Sydow-Wagners methodischer Schul-Atlas, 19. Auflage, Gotha 1931.

Haid, Elisabeth / Weismann, Stephanie / Wöller, Burkhard (Hg.): Galizien. Peripherie der Moderne – Moderne der Peripherie? Marburg 2013.

Haller, Lea / Gisler, Monika: Lösung für das Knappheitsproblem oder nationales Risiko? Auf Erdölsuche in der Schweiz; in: Berichte zur Wissenschaftsgeschichte 37 (2014), S. 41–59.

Haller, Lea / Höhler, Sabine / Westermann, Andrea: Einleitung. Rechnen mit der Natur. Ökonomische Kalküle um Ressourcen; in: Berichte zur Wissenschaftsgeschichte 37 (2014), S. 8–19.

Hampsher-Monk, Iain / Tilmans, Karin / van Vree, Frank (Hg.): History of Concepts. Comparative Perspectives, Amsterdam 1998.

Handke, Kwiryna (Hg.): Kresy. Pojęcie i rzeczywistość, Warszawa 1997.

Hardin, Garrett: The Tragedy of Commons; in: Science 162 (1968), S. 1243–1248.

Harley, John B.: The New Nature of Maps. Essays in the History of Cartography, Baltimore 2001.

Hartmann, Heinrich / Vogel, Jakob (Hg.): Zukunftswissen. Prognosen in Wirtschaft, Politik und Gesellschaft seit 1900, Frankfurt am Main 2010.

Hasel, Karl: Zur Geschichte der Forstgesetzgebung in Preußen, Frankfurt am Main 1974.

Hasel, Karl: Zur Geschichte der Waldverwüstung in Deutschland und ihrer Überwindung durch die Forstwirtschaft; in: Zeitschrift für Wirtschaftsgeographie 37 (1993) 2, S. 117–125.

Hasel, Karl / Schwartz, Ekkehard: Forstgeschichte. Ein Grundriß für Studium und Praxis, Remagen 1986.

Haslinger, Peter: Nation und Territorium im tschechischen politischen Diskurs 1880–1938, München 2010.

Hauff, Volker (Hg.): Unsere gemeinsame Zukunft. Der Brundtland-Bericht der Weltkommission für Umwelt und Entwicklung, Greven 1987.

Hays, Samuel P.: Conservation and the Gospel of Efficiency. Progressive Conservation Movement, 1890–1920, Pittsburgh 1999 [Erstausgabe 1959].

Hayter, Roger / Soyez, Dietrich: Clearcut Issues. German Environmental Pressure and the British Columbia Forest Sector; in: Geographische Zeitschrift 84 (1996), S. 143–156.

Hellström, Eeva: Conflict Cultures. Qualitative Comparative Analysis of Environmental Conflicts in Forestry, Helsinki 2001.

Hermann, Gisela: 175 Jahre forstliche Ausbildung in Tharandt. Geschichte und Gegenwart der Sektion Forstwirtschaft der Technischen Universität Dresden, Dresden 1986.

Herren, Madeleine: Internationale Organisationen seit 1865. Eine Globalgeschichte der internationalen Ordnung, Darmstadt 2009.

Herren, Madeleine: Netzwerke; in: Dülffer, Jost / Loth, Wilfried (Hg.): Dimensionen internationaler Geschichte, München 2012, S. 107–128.

Heyder, Joachim C.: Waldbau im Wandel. Zur Geschichte des Waldbaus von 1870–1950, dargestellt unter besonderer Berücksichtigung der Bestandesbegründung und der forstlichen Verhältnisse Norddeutschlands, Frankfurt am Main 1986.

Hillmann, Karl-Heinz / Hartfiel, Günter (Hg.): Wörterbuch der Soziologie, Stuttgart 1994.

Hippel, Wolfgang von / Stier, Bernhard: Europa zwischen Reform und Revolution 1800–1850 (Handbuch der Geschichte Europas, Bd. 7), Tübingen 2012.

Hobson, Asher: The International Institute of Agriculture, New York 1966 [Erstausgabe 1931].

Högselius, Per / Kaijser, Arne / van der Vleuten, Erik: Europe's Infrastructure Transition. Economy, War, Nature, Basingstoke 2015.

Höhler, Sabine: Exterritoriale Ressourcen. Die Diskussion um die Tiefsee, die Pole und das Weltall um 1970; in: Jahrbuch für Europäische Geschichte 15 (2015), S. 53–82.

Hölzl, Richard: Der ‚deutsche' Wald als Objekt eines transnationalen Wissenstranfers? Forstreform in Deutschland im 18. und 19. Jahrhundert; online: www.perspectivia.net / content / publikationen / discussions / 7-2012 / hoelzl_wald (Stand 18. August 2017).

Hölzl, Richard: Umkämpfte Wälder. Die Geschichte einer ökologischen Reform in Deutschland 1760–1860, Frankfurt am Main / New York 2010.

Hölzl, Richard: Historicizing Sustainability. German Scientific Forestry in the Eighteenth and Nineteenth Centuries; in: Science as Culture 24 (2010), S. 431–460.

Horky, Anton: Geschichte und Organisation des Internationalen Verbandes forstlicher Forschungsanstalten (IUFRO); in: Allgemeine Forstzeitung 72 (1961), S. 188–193.

Hornborg, Alf / Pálsson, Gísli (Hg.): Negotiating Nature. Culture, Power, and Environmental Argument, Lund 2000.

Hornby, Ove: Nordeuropa. Dänemark, Norwegen und Schweden 1850–1914; in: Fischer, Wolfram (Hg.): Handbuch der europäischen Wirtschafts- und Sozialgeschichte, Bd. 5, Stuttgart 1985, S. 209–260.

House, Syd / Dingwall, Christopher: "A Nation of Planters". Introducing the New Trees 1650–1900; in: Smout, Thomas Christopher (Hg.): People and Woods in Scotland. A History, Edinburgh 2003, S. 128–157.

Huerlimann, Katja: Worum geht es in der Wald- und Forstgeschichte?; in: Schweizerische Zeitschrift für Forstwesen 154 (2003), S. 322–327.

Hütte, Gero: Nachhaltigkeit im europäischen Naturschutz- und forstfachlichen Diskurs, Göttingen 1999.

Hye, Hans Peter: Die Wende zur Industrie- und Wissensgesellschaft / A. Technologie und sozialer Wandel; in: Rumpler, Helmut / Urbanitsch, Peter (Hg.): Die Habsburgermonarchie 1848–1918, Bd. IX / 1, Wien 2010, S. 15–65.

Ibsen, Hilde (Hg.): Menneskets fotavtrykk. En økologisk verdenshistorie, Oslo 1997.

Ifversen, Jan: Om den tyske begrebshistorie; in: Politologiske Studier 6 (2003) 1, S. 18–34.

Iriye, Akira: Environmental History and International History; in: Diplomatic History 32 (2008), S. 643–646.

James, N. D. G.: A History of Forestry and Monographic Forestry Literature in Germany, France, and the United Kingdom; in: McDonald, Peter / Lassoie, James (Hg.): The Literature of Forestry and Agroforestry, Ithaca 1996, S. 15–44.

Jaworski, Rudolf / Lübke, Christian / Müller, Michael G.: Eine kleine Geschichte Polens. Frankfurt am Main 2000.
Johann, Elisabeth: Aufgaben und Tätigkeit des Centre International de Sylviculture (C. I. S.) bzw. der Internationalen Forstzentrale (IFZ) in Berlin 1939 bis 1945; in: Hamberger, Joachim (Hg.): Forum Forstgeschichte. Festschrift zum 65. Geburtstag von Prof. Dr. Egon Gundermann, Freising 2009, S. 56–61.
Johansen, Hans Christian: Scandinavian Shipping in the Late Eighteenth Century in a European Perspective; in: Economic History Review 45 (1992), S. 479–493.
Jones, Eric: The European Miracle. Environments, Economics and Geopolitics in the History of Europe and Asia, 2. Auflage, Cambridge 1987.
Josefsson, Torbjörn / Gunnarson, Björn / Liedgren, Lars / Bergman, Ingela / Östlund, Lars: Historical Human Influence on Forest Composition and Structure in Boreal Fennoscandia; in: Canadian Journal of Forest Research 40 (2010), S. 872–884.
Josefsson, Torbjörn / Östlund, Lars: Increased Production and Depletion. The Impact of Forestry on Northern Sweden's Forest Landscape; in: Antonsson, Hans / Jansson, Ulf (Hg.): Agriculture and Forestry in Sweden Since 1900. Geographical and Historical Studies, Stockholm 2011, S. 338–353.
Josephson, Paul / Dronin, Nicolai / Mnatsakanian, Ruben / Cherp, Aleh / Efremenko, Dmitry / Larin, Vladislav: An Environmental History of Russia, New York 2013.
Jüdes, Ulrich: Nachhaltige Sprachverwirrung; in: Politische Ökologie 52 (1997), S. 26–29.
Jung, Gernot (Hg.): Norwegen eine Naturlandschaft? Ökologie und nachhaltige Nutzung, Oldenburg 2000.
Kaps, Klemens: Galizisches Elend revisted. Wirtschaftsentwicklung und überregionale Arbeitsteilung in einer Grenzregion der Habsburgermonarchie (1772–1914); in: Zeitschrift für Weltgeschichte 14 (2013), S. 53–80.
Kardell, Lars: Skogshistorien på Visingsö, Uppsala 1997.
Kasprzyk, Stanisław: Dzieje Polskiego Towarzystwa Leśnego 1882–1982, Warszawa 1984.
Kaufer, Stefan: Nordland. Anmerkungen zum deutschen Skandinavienbild; in: Aus Politik und Zeitgeschichte 54 (2004), H. 47, S. 34–38.
Kaufhold, Karl Heinrich / Denzel, Markus A. (Hg.): Der Handel im Kurfürstentum / Königreich Hannover (1780–1850). Gegenstand und Methode, Stuttgart 2000.
Kaufhold, Karl Heinrich / Denzel, Markus A. (Hg.): Historische Statistik des Kurfürstentums / Königreichs Hannover, St. Katharinen 1998.
Kayser Nielsen, Niels: Steder i Europa. Omstridte byer, grænser og regioner. Aarhus 2005.
Kehrt, Christian / Torma, Franziska: Einführung: Lebensraum Meer. Globales Umweltwissen und Ressourcenfragen in den 1960er und 1970er-Jahren; in: Geschichte und Gesellschaft 40 (2014), S. 313–322.
Kent, H. S. K.: The Anglo-Norwegian Timber Trade in the Eighteenth Century; in: The Economic History Review, New Series 8 (1955), S. 62–74.
Keweloh, Hans-Walter (Hg.): Flößerei in Deutschland, Stuttgart 1985.
Keweloh, Hans-Walter: Der Ausbau der Wasserstraßen zwischen Havel und Weichsel im 20. Jahrhundert und deren Auswirkungen auf die Flößerei im Flussgebiet der Oder; in: Deutsches Schiffahrtsarchiv 28 (2005), S. 75–94.
Kiess, Rudolf: The Word ‚Forst / Forest' as an Indicator of Fiscal Property and Possible Consequences for the History of Western European Forests; in: Watkins, Charles (Hg.): European Woods and Forests. Studies in Cultural History, Wallingford 1998, S. 11–18.

Kirby, Keith. J. / Watkins, Charles (Hg.): The Ecological History of European Forests, Wallingford 1998.
Kirby, Keith. J. / Watkins, Charles: Introduction; in: Kirby, Keith. J. / Watkins, Charles (Hg.): The Ecological History of European Forests, Wallingford 1998, S. V–XIII.
Kjærgaard, Thorkild: The Danish Revolution 1500–1800. An Ecohistorical Interpretation, Cambridge 1994.
Kjaerheim, Steinar: Norwegian Timber Exports in the 18th Century; in: Scandinavian Economic History Review 5 (1957), S. 188–202.
Knap, Isabelle: Die Anfänge „wissenschaftlicher" Forstlehre am Beispiel des Allgemeinen oeconomischen Forst-Magazins (1763–1769); in: Popplow, Marcus (Hg.): Landschaften agrarisch-ökonomischen Wissens. Strategien innovativer Ressourcennutzung in Zeitschriften und Sozietäten des 18. Jahrhunderts, Münster 2010, S. 61–78.
Kohlrausch, Martin / Steffen, Katrin / Wiederkehr, Stefan (Hg.): Expert Cultures in Central Eastern Europe. The Internationalization of Knowledge and the Transformation of Nation States since World War I, Osnabrück 2010.
Konečný, Petr: 250. výročie Banskej a Lesníckej Akadémie v Banskej Štiavnici. Jej význam pre vývoj montánneho školstva v Rakúsko-Uhorsku, 1762–1919 / 250. Jubiläum der Berg- und Forstakademie in Schemnitz. Ihre Bedeutung für die Entfaltung des höheren Montanschulwesens in Österreich-Ungarn, 1762–1919, Košice 2012.
Kopp, Kristin: Germany's Wild East. Constructing Poland as Colonial Space, Ann Arbor 2012.
Koselleck, Reinhart: Moderne Sozialgeschichte und historische Zeiten; in: Rossi, Pietro (Hg.): Theorie der modernen Geschichtsschreibung, Frankfurt am Main 1987, S. 173–190.
Koselleck, Reinhart (Hg.): Historische Semantik und Begriffsgeschichte, Stuttgart 1979.
Koselleck, Reinhart: Begriffsgeschichten. Studien zur Semantik und Pragmatik der politischen und sozialen Sprache, Frankfurt am Main 2006.
Koselleck, Reinhart: Zeitschichten. Studien zur Historik. Frankfurt am Main 2000.
Kraus, Hans-Christof: Kultur, Bildung und Wissenschaft im 19. Jahrhundert, München 2008.
Kremser, Walter: Epochen der Forstgeschichte Estlands, Iserlohn / Tallinn 1998.
Kretschmer, Winfried: Geschichte der Weltausstellungen, Frankfurt am Main / New York 1999.
Kröger, A. Markus: Inter-Sectoral Determinants of Forest Policy. The Power of Deforesting Actors in Post-2012 Brazil; in: Forest Policy and Economics 77 (2017), S. 24–32.
Kröger, A. Markus: The Political Economy of 'Flex Trees'. A Preliminary Analysis; in: Journal of Peasant Studies 43 (2016) 4, S. 886–909.
Kropp, Frank / Rozsnyay, Zoltán (Hg.): Niedersächsische Forstliche Biographie. Ein Quellenband, Hannover 1998.
Kuhn, Thomas S.: Die Struktur wissenschaftlicher Revolutionen, Frankfurt am Main 2003 [Erstausgabe 1962: The Structure of Scientific Revolutions].
Kunz, Andreas / Armstrong, John (Hg.): Coastal Shipping and the European Economy 1750–1980, Mainz 2002.
Kunz, Andreas: IEG-Maps. Server für digitale historische Karten, Karte Nr. 582, Europa 1804, Institut für Europäische Geschichte, Mainz 2008; online: www.ieg-maps.uni-mainz.de (Stand 14. November 2017).
Kupper, Patrick: Nationalparks in der europäischen Geschichte; in: Themenportal Europäische Geschichte (2008); online: www.europa.clio-online.de / 2008 / Article=330 (Stand 3. Dezember 2017).

Küster, Hansjörg: Gedanken zur Holzversorgung von Werften an der Nord- und Ostsee im Mittelalter und in der Frühen Neuzeit; in: Deutsches Schiffahrtsarchiv 22 (1999), S. 315–328.

Küster, Hansjörg: Geschichte des Waldes. Von der Urzeit bis zur Gegenwart, München 1998.

Kutz, Martin: Deutschlands Außenhandel von der Französischen Revolution bis zur Gründung des Zollvereins. Eine statistische Strukturuntersuchung zur vorindustriellen Zeit, Wiesbaden 1974.

Kuuluvainen, Timo / Aakala, Tuomas: Natural Forest Dynamics in Boreal Fennoscandia. A Review and Classification; in: Silva Fennica 45 (2011), S. 823–841.

van Laak, Dirk: Imperiale Infrastruktur. Deutsche Planungen für eine Erschließung Afrikas 1880 bis 1960, Paderborn 2004.

van Laak, Dirk: Planung. Geschichte und Gegenwart des Vorgriffs auf die Zukunft; in: Geschichte und Gesellschaft 34 (2008), S. 305–326.

van Laak, Dirk: Weiße Elefanten. Anspruch und Scheitern technischer Großprojekte im 20. Jahrhundert, Stuttgart 1999.

Lambert, Robert A.: Contested Mountains. Nature, Development and Environment in the Cairngorms Regions of Scotland, 1890–1980, Cambridge 2001.

Landwehr, Achim: Historische Diskursanalyse, Frankfurt am Main 2008.

Langewiesche, Dieter: Europa zwischen Restauration und Revolution 1815–1849, 3. Auflage, München 1993.

Lanly, Jean-Paul: European and U.S. Influence on Forest Policy at the Food and Agriculture Organization of the United Nations; in: Sample, V. Alaric / Schmithüsen, Franz (Hg.): Common Goals for Sustainable Forest Management. Divergence and Reconvergence of American and European Forestry, Durham 2008, S. 300–319.

Laqua, Daniel: The Age of Internationalism and Belgium, 1880–1930. Peace, Progress and Prestige, Manchester 2013.

Lässig, Simone: Übersetzungen in der Geschichte – Geschichte als Übersetzung? Überlegungen zu einem analytischen Konzept und Forschungsgegenstand für die Geschichtswissenschaft; in: Geschichte und Gesellschaft 38 (2012), S. 189–216.

Latawiec, Krzysztof: Rosjanie w korpusie pracowników leśnych Królestwa Polksiego na przełomie XIX i XX wieku; in: Duszyk, Adam B. / Latawiec, Krzysztof (Hg.): Lasy Królestwa Polskiego w XIX wieku. Struktura – administracja – gospodarka, Radom 2007, S. 151–185.

Launius, Roger D. / Fleming, James Rodger / DeVorkin, David H. (Hg.): Globalizing Polar Science. Reconsidering the International Polar and Geophysical Years, New York 2010.

Lehmann, Albrecht (Hg.): Der Wald – ein deutscher Mythos? Perspektiven eines Kulturthemas, Berlin 2000.

Lehmann, Albrecht: Der deutsche Wald; in: Schulze, Hagen / François, Etienne (Hg.): Deutsche Erinnerungsorte, Bd. 3, München 2001, S. 187–200.

Lehmkuhl, Ursula: Die Historisierung der Natur. Zeit und Raum als Kategorien der Umweltgeschichte; in: Herrmann, Bernd (Hg.): Beiträge zum Göttinger Umwelthistorischen Kolloquium 2004–2006, Göttingen 2007, S. 117–139.

Lehmkuhl, Ursula: Einleitung; in: Lehmkuhl, Ursula / Schneider, Stefanie (Hg.): Umweltgeschichte. Histoire totale oder Bindestrich-Geschichte? Erfurt 2002, S. 1–11.

Lehmkuhl, Ursula: Historicizing Nature. Time and Space in German and American Environmental Historiography; in: Lehmkuhl, Ursula / Wellenreuther, Herman (Hg.): Historians and Nature. Comparative Approches to Environmental History, Oxford 2006, S. 17–44.

Lehmkuhl, Ursula / Wellenreuther, Herman (Hg.): Historians and Nature. Comparative Approches to Environmental History, Oxford 2006.

Leira, Halvard / Neumann, Iver B.: Consular Representation in an Emerging State. The Case of Norway; in: The Hague Journal of Diplomacy 3 (2008), S. 1–19.

Lekan, Thomas: Imagining the Nation in Nature. Landscape Preservation and German Identity, 1890–1945, Ann Arbor 2000.

Lekan, Thomas / Zeller, Thomas: Germany's Nature. Cultural Landscapes and Environmental History, New Brunswick 2005.

Lie, Marit H. / Josefsson, Torbjörn / Storaunet, Ken Olaf / Ohlson, Mikael: A Refined View on the "Green Lie". Forest Structure and Composition Succeeding Early Twentieth Century Selective Logging in South East Norway; in: Scandinavian Journal of Forest Research 27 (2012), S. 270–284.

Lieberman, Sima: The Industrialization of Norway 1800–1920, Oslo 1970.

Lieven, Dominic (Hg.): The Cambridge History of Russia. Bd. 2: Imperial Russia, 1689–1917, Cambridge 2006.

Lillehammer, Arnvid: The Scottish-Norwegian Timber Trade in the Stavanger Area in the Sixteenth and Seventeenth Centuries; in: Smout, Thomas Christopher (Hg.): Scotland and Europe 1200–1850, Edinburgh 1986, S. 97–111.

Lochhead, Elspeth N.: The Royal Scottish Geographical Society. The Setting and Sources of its Success; in: Scottish Geographical Magazin 100 (1984), S. 69–80.

Lotz, Christian: Expanding the Space of Future Resource Management. Explorations of the Timber Frontier in Northern Europe and the Rescaling of Sustainability During the 19th Century; in: Environment and History 21 (2015), S. 257–279.

Lotz, Christian: The International Union of Forest Research Organizations (IUFRO) and Debates about Forest-Water Relations During the Late 19th Century; in: History Research 7 (2017), S. 1–19.

Lotz, Christian: Debating the Future Prospects of Resource Supply. Adolf von Guttenberg, Eugen Ostwald and the Section on Sustainability at the International Congress on Agriculture and Forestry, Vienna 1890; in: Historyka. Studia Metodologiczne 46 (2016), S. 135–145.

Lotz, Christian: Entgrenzungen des Holzhandels; in: Uekötter, Frank (Hg.): Umwelt und Erinnerung (2013); online: www.umweltunderinnerung.de [Kapitel „Entgrenzungen"] (Stand 15. Mai 2017).

Lotz, Christian / Gohr, Charlotte: Anti-Imperialism or New Imperialism? Examining the Production and Content of the World Map / Karta Mira 1 : 2 500 000 (1956–1989), Royal Geographical Society, Annual Conference, London 2017.

Lotz, Christian: Die anspruchsvollen Karten. Polnische, ost- und westdeutsche Auslandsrepräsentationen und der Streit um die Oder-Neiße-Grenze (1945–1972), 2. Auflage, Leipzig 2013.

Lowood, Henry E.: The Calculating Forester. Quantification, Cameral Science, and the Emergence of Scientific Forestry Management in Germany; in: Frängsmyr, Tore / Heilbron, J. L. / Rider, Robin E. (Hg.): The Quantifying Spirit in the 18th Century, Berkeley 1990, S. 315–342.

Lüdecke, Cornelia: Das Erste Internationale Polarjahr (1882–1883) und die Gründung der Deutschen Meteorologischen Gesellschaft im Jahr 1883; in: Historisch-meereskundliches Jahrbuch 9 (2002), S. 7–24.

Lüdecke, Cornelia: Research Projects of the International Polar Years; in: Geographische Rundschau / International Edition 3 (2007), S. 58–63.

Lüdecke, Cornelia: Scientific Collaboration in the Antarctica (1901–04). A Challenge in Times of Political Rivalry; in: Polar Record 39 (2003), S. 35–48.

Luebken, Uwe: Undiszipliniert. Ein Forschungsbericht zur Umweltgeschichte; in: H-Soz-u-Kult, 14. Juli 2010; online: http://hsozkult.geschichte.hu-berlin.de / forum / 2010-07-001 (Stand 10. Juni 2017).

Lundberg, Anders: Frå punktfreding til drivhuseffekt. Naturvernomgrepet sin innhaldsmessige og samfunnsmessige utvikling [Teil 1]; in: Naturen 1 (1991), H. 1, S. 10–19 und [Teil 2]; in: Naturen 1 (1991), H. 2, S. 8–18.

Lundmark, Hanna / Josefsson, Torbjörn / Östlund, Lars: The Introduction of Modern Forest Management and Clear-Cutting in Sweden. Ridö State Forest 1832–2014; in: European Journal of Forest Research 136 (2017), S. 269–285.

MacDonald, J.: The International Union of Forest Research Organizations; in: Unasylva 15 (1961), H. 1, S. 32–35.

Malakoff, David: Nations Look for an Edge in Claiming Continental Shelves; in: Science, New Series 298, Nr. 5600, 6. Dezember 2002, S. 1877 f.

Manshard, Walther: Die Internationale Geographische Union (IGU). In: Geographische Zeitschrift 71 (1983), S. 247–251.

Mather, Alexander S.: Forest Transition Theory and the Reforesting of Scotland; in: Scottish Geographical Journal 120 (2004), S. 83–98.

Mather, Alexander: Global Forest Resources, London 1990.

Mauch, Christof (Hg.): Natural Disasters, Cultural Responses. Case Studies Toward a Global Environmental History, Lanham 2009.

Mauch, Christof (Hg.): Nature in German History, New York / Oxford 2004.

Mauch, Christof / Zeller, Thomas (Hg.): Rivers in History. Perspectives on Waterways in Europe and North America, Pittsburgh 2008.

McNeill, John R.: Observations on the Nature and Culture of Environmental History; in: History and Theory 42 (2003) 4, S. 5–43.

McNeill, John R.: Woods and Warfare in World History; in: Environmental History 9 (2004), S. 388–410.

Meikar, Toivo: Balti Metsanduslik Katsekeskus; in: Kivimäe, Sirje (Hg.): Liivimaa Üldkasulik ja Ökonoomiline Sotsieteet 200 / 200 Jahre Livländische Gemeinnützige und Ökonomische Sozietät, Tartu 1994, S. 84–105.

Mergel, Thomas: Modernisierung, in: Institut für Europäische Geschichte (Hg.): Europäische Geschichte Online (EGO), Mainz 2011; online: www.ieg-ego.eu / mergelt-2011-de (Stand 20. Oktober 2017).

Millbrooke, Anne: International Polar Years; in: Good, Gregory (Hg.): Sciences of the Earth. An Encyclopedia of Events, People, and Phenomena, Bd. 2, New York 1998, S. 211–214.

Milnik, Albrecht (Hg.): Im Dienst am Wald. Lebenswege und Leistungen brandenburgischer Forstleute, Remhagen 2006.

Milnik, Albrecht: Georg Ludwig Hartig; in: Milnik, Albrecht (Hg.): Im Dienst am Wald. Lebenswege und Leistungen brandenburgischer Forstleute. Brandenburgische Lebensbilder, Remagen 2006, S. 173–175.

Milnik, Albrecht: Hermann Guse; in: Milnik, Albrecht (Hg.): Im Dienst am Wald. Lebenswege und Leistungen brandenburgischer Forstleute, Remhagen 2006, S. 165–167.

Milnik, Albrecht: Geschichte der forstlichen Lehre und Forschung in Eberswalde. Ausstellungen in der Alten Forstakademie Eberswalde, Eberswalde 1993.
Milton, Shaun: The Transvaal Beef Frontier. Environment, Markets and the Ideology of Development, 1902–1942; in: Griffiths, Tom / Robin, Libby (Hg.): Ecology and Empire. Environmental History of Settler Societies, Edinburgh 1997, S. 199–212.
Mitchel, Brian R. (Hg.): European Historical Statistics 1750–1975, London / Basingstoke 1975.
Modert, Gerd: Socio-Economic Development and Changing Mental Concepts (Re)shaping the Woods in a German Region of Low Mountain Ranges. Contributions of a Study on Regional Level; in: Agnoletti, Mauro / Anderson, Steven (Hg.): Forest History. International Studies on Socioeconomic and Forest Ecosystem Change, Durham / North Carolina 2000, S. 153–159.
Möhring, Bernhard: The German Struggle Between the „Bodenreinertragslehre" (Land Rent Theory) and „Waldreinertragslehre" (Theory of the Highest Revenue) Belongs to the Past – but What is Left?; in: Forest Policy and Economics 2 (2001), S. 195–201.
Möring, Marina: Booth, James / Booth, John Cornelius; in: Neue Deutsche Biographie, Bd. 2, Berlin (West) 1955, S. 453.
Möllers, Nina: Electrifying the World. Representations of Energy and Modern Life at World's Fairs, 1893–1982; in: Möllers, Nina / Zachmann, Karin (Hg.): Past and Present Energy Societies. How Energy Connects Politics, Technologies and Cultures, Bielefeld 2012, S. 45–78.
Moon, David: The Plough that Broke the Steppes. Agriculture and Environment on Russia's Grasslands, 1700–1914, Oxford 2013.
Müller, Dietmar / Harre, Angela (Hg.): Transforming Rural Societies. Agrarian Property and Agrarianism in East Central Europe in the Nineteenth and Twentieth Centuries, Innsbruck 2011.
Müller, Leos / Ojala, Jari: Consular Services of the Nordic Countries during the Eighteenth and Nineteenth Centuries. Did They Really Work?; in: Boyce, Gordon / Gorski, Richard (Hg.): Resources and Infrastructures in the Maritime Economy, 1500–2000, St. Johns 2001, S. 23–41.
Musekamp, Jan: Eisenbahn und Grenzüberschreitung. Die Königlich Preußische Ostbahn und ihre Bedeutung für die Kontakte zwischen Preußen und dem Russländischen Reich 1848–1914. Umrisse eines Forschungsprojekts; in: Berichte und Forschungen. Jahrbuch des Bundesinstituts für Kultur und Geschichte der Deutschen im östlichen Europa 18 (2010), S. 241–247.
Mutz, Mathias: Nature's Product? An Environmental History of the German Pulp and Paper Industry; in: Herrmann, Bernd / Dahlke, Christine (Hg.): Elements – Continents. Approaches to Determinants of Environmental History and their Reifications, Halle / Saale 2009, S. 259–264.
Mutz, Mathias: Die Hölzerne Revolution. Produktion und Konsum von Papier im 19. und 20. Jahrhundert; in: Fansa, Mamoun / Vorlauf, Dirk (Hg.): Holz-Kultur – von der Urzeit bis in die Zukunft. Ökologie und Ökonomie eines Naturrohstoffs im Spiegel der experimentellen Archäologie, Ethnologie, Technikgeschichte und modernen Holzforschung (Landesmuseum Oldenburg, Ausstellungsführer) Oldenburg 2007, S. 59–64.
Myhre, Jan Eivind: Academics as the Ruling Elite in 19th Century Norway; in: Historical Social Research 33 (2008) 2, S. 21–41.
Myllyntaus, Timo: Thinking Through the Environment. Green Approaches to Global History, Cambridge 2011.

Myllyntaus, Timo / Hares, Minna / Kunnas, Jan: Sustainability in Danger? Slash-and-Burn Cultivation in Nineteenth-Century Finland and Twentieth-Century Southeast Asia; in: Environmental History 7 (2002), S. 267–302.

Myllyntaus, Timo / Mattila, Timo: Decline or Increase? The Standing Timber Stock in Finland, 1800–1997; in: Ecological Economics 41 (2002), S. 271–288.

Nagel, Anne-Hilde: Norwegian Mining in the Early Modern Period; in: Geo Journal 32 (1994), S. 137–149.

Naumann, Katja: Verflechtung durch Internationalisierung, in: Hadler, Frank / Middell, Matthias (Hg.): Handbuch einer transnationalen Geschichte Ostmitteleuropas, Bd. 1: Von der Mitte des 19. Jahrhunderts bis zum Ersten Weltkrieg, Göttingen 2017, S. 325–402.

Netting, Robert: Of Men and Meadows. Strategies of Alpine Land Use; in: Anthropological Quarterly 45 (1972) 4, S. 132–144.

Neuschäffer, Hubertus: Kleine Wald- und Forstgeschichte des Baltikums (Lettland und Estland). Ein Beispiel europäischer Integration und kultureller Wechselwirkungen, Bonn 1991.

Niedhart, Gottfried: Großbritannien 1750–1850; in: Fischer, Wolfram (Hg.): Handbuch der europäischen Wirtschafts- und Sozialgeschichte, Bd. 4, Stuttgart 1993, S. 401–461.

Nixon, James William: A History of the International Statistical Institute, 1885–1960, The Hague 1960.

Nutzinger, Hans G.: Von der Durchflusswirtschaft zur Nachhaltigkeit – Zur Nutzung endlicher Ressourcen in der Zeit; in: Biervert, Bernd / Held, Martin (Hg.): Zeit in der Ökonomik. Perspektiven für die Theoriebildung. Frankfurt am Main / New York 1996, S. 207–235.

Oldenziel, Ruth / Trischler, Helmuth (Hg.): Cycling and Recycling. Histories of Sustainable Practices, New York 2016.

Oldfield, Jonathan D. / Shaw, Denis J. B.: The Development of Russian Environmental Thought. Scientific and Geographical Perspectives on the Natural Environment, Abingdon 2016.

O'Rourke, Kevin H. / Williamson, Jeffrey F.: Globalization and History. The Evolution of a Nineteenth Century Atlantic Economy, 2. Auflage, Cambridge, Massachusetts 2000.

Oosthoek, Jan K.: The Colonial Origins of Scientific Forestry in Britain (2007); online: www.eh-resources.org / colonial_forestry.html (Stand 4. Dezember 2017).

Oosthoek, Jan K.: Conquering the Highlands. A History of the Afforestation of the Scottish Uplands, Canberra 2013.

Oosthoek, Jan K.: An Environmental History of State Forestry in Scotland, 1919–1970 (Dissertation, University of Stirling) 2001, teilweise online: www.eh-resources.org / colonial_forestry.html (Stand 12. Dezember 2017).

Osterhammel, Jürgen: Transnationale Gesellschaftsgeschichte: Erweiterung oder Alternative?; in: Geschichte und Gesellschaft 27 (2001), S. 464–479.

Östlund, Lars: Logging the Virgin Forest. Northern Sweden in the Early-Nineteenth Century; in: Forest and Conservation History 39 (1995), S. 160–171.

Östlund, Lars / Turnlund, Erik: Floating Timber in Northern Sweden. The Construction of Floatways and Transformation of Rivers; in: Environment and History 8 (2002), S. 85–106.

Östlund, Lars / Zackrisson, Olle / Hörnberg, Greger: Trees on the Border between Nature and Culture – Culturally Modified Trees in Boreal Scandinavia; in: Environmental History 7 (2001), S. 48–68.

Ostrom, Elinor: Die Verfassung der Allmende. Jenseits von Staat und Markt, Tübingen 1999.

Otto, Hans-Jürgen: Waldökologie, Stuttgart 1994.

Pajewska, Ewa: Słownictwo tematycznie związane z lasem w kontekście badań nad językami specjalistycznymi, Szczecin 2003.

Pardé, J. / Kramer, H. / Ollmann, H. / Maheut, J.: Nutzholzversorgung Europas vor 100 Jahren und heute; in: Allgemeine Forst- und Jagdzeitung 172 (2001), S. 41–45.

Patel, Kiran Klaus: Überlegungen zu einer transnationalen Geschichte; in: Zeitschrift für Geschichtswissenschaft 52 (2004), S. 626–645.

Paulmann, Johannes: Grenzüberschreitungen und Grenzräume: Überlegungen zur Geschichte transnationaler Beziehungen von der Mitte des 19. Jahrhunderts bis in die Zeitgeschichte; in: Conze, Eckart / Lappenküper, Ulrich / Müller, Guido (Hg.): Geschichte der internationalen Beziehungen. Erneuerung und Erweiterung einer historischen Disziplin, Köln 2004, S. 169–196.

Paulmann, Johannes / Geyer, Martin H. (Hg.): The Mechanics of Internationalism. Culture, Society and Politics from the 1840s to the First World War, Oxford 2001.

Paulmann, Johannes / Geyer, Martin H.: Introduction; in: Paulmann, Johannes / Geyer, Martin H. (Hg.): The Mechanics of Internationalism. Culture, Society and Politics from the 1840s to the First World War, Oxford 2001, S. 3–26.

Pavlova, Marija Sergeevna: Litva v politike Varšavy i Moskvy v 1918–1926 godach, Moskau 2016.

Payne, Brian J.: Fishing a Borderless Sea. Environmental Territorialism in the North Atlantic, 1818–1910, East Lansing 2010.

Pearson, Alastair / Taylor, D. R. Fraser / Kline, Karen D. / Heffernan, Michael: Cartographic Ideals and Geopolitical Realities. International Maps of the World from the 1890s to the Present; in: Canadian Geographer 50 (2006) 2, S. 149–176.

Petersson, Niels P.: Das Kaiserreich in Prozessen ökonomischer Globalisierung; in: Conrad, Sebastian / Osterhammel, Jürgen (Hg.): Das Kaiserreich transnational. Deutschland und die Welt 1871–1914, Göttingen 2004, S. 49–67.

Petrini, Sven: Det internationella Samarbetet / International cooperation in forestry; in: Svenska Skogsvårdsföreningens Tidskrift 36 (1938), S. 1–28.

Pettersson, Ronny (Hg.): Skogshistorisk forskning i Europa och Nordamerika. Vad är skogshistoria, hur har den skrivits och varför? Stockholm 1999.

Pitner, Claire B.: Ecology; in: Iriye, Akira (Hg.): The Palgrave Dictionary of Transnational History, Basingstoke 2009, S. 304–306.

Pfister, Christian / Brändli, Daniel: Rodungen im Gebirge – Überschwemmungen im Vorland. Ein Deutungsmuster macht Karriere; in: Sieferle, Rolf Peter / Breuninger, Helga (Hg.): Natur-Bilder. Wahrnehmungen von Natur und Umwelt in der Geschichte. Frankfurt am Main / New York 1999, S. 297–324.

Pieper, Christine / Uekötter, Frank (Hg.): Vom Nutzen der Wissenschaft. Beiträge zu einer prekären Beziehung, Stuttgart 2010.

Platt, D. C. M.: The Role of the British Consular Systems Service in Overseas Trade 1825–1914; in: Economic History Review 15 (1963), H. 3, S. 494–512.

Podgórski, Mieczysław: „Sylwan". Die älteste polnische Forstzeitschrift; in: Broda, Józef (Hg.): Forstgeschichte in Polen / Forest History in Poland / Historia Leśnictwa w Polsce, Wien 2000, S. 24–27.

Pollard, Sidney: Free Trade, Protectionism, and the World Economy; in: Paulmann, Johannes / Geyer, Martin H. (Hg.): The Mechanics of Internationalism. Culture, Society and Politics from the 1840s to the First World War, Oxford 2001, S. 27–54.

Popplow, Marcus: Die Ökonomische Aufklärung als Innovationskultur des 18. Jahrhunderts zur optimierten Nutzung natürlicher Ressourcen; in: Popplow, Marcus (Hg.): Landschaften

agrarisch-ökonomischen Wissens. Strategien innovativer Ressourcennutzung in Zeitschriften und Sozietäten des 18. Jahrhunderts, Münster 2010, S. 2–48.
Popplow, Marcus: Kommentar: Ökonomische Kalküle um Ressourcen. Überlegungen zur Kontextualisierung der Beiträge des Themenheftes aus frühneuzeitlicher Perspektive; in: Berichte zur Wissenschaftsgeschichte 37 (2014), S. 78–84.
Praczyk, Małgorzata: Czy historia się ekologizuje? Polska historiografia współczesna wobec natury / Ecologizing History. Polish Contemporary Historiography and its Approach to Nature; in: Historyka. Studia Metodologiczne 45 (2015), S. 39–54.
Rackham, Oliver: The History of the Countryside, London 1986.
Rackham, Oliver: Trees and Woodland in the British Landscape. The Complete History of Britain's Trees, Woods and Hedgerows, London 1990.
Rackham, Oliver: Woodlands. London 2006.
Radkau, Joachim: Die Ära der Ökologie. Eine Weltgeschichte, München 2011.
Radkau, Joachim: „Nachhaltigkeit" als Wort der Macht. Reflexionen zum methodischen Wert eines umweltpolitischen Schlüsselbegriffs; in: Duceppe-Lamarre, François / Engels, Jens Ivo (Hg.): Umwelt und Herrschaft in der Geschichte / Environnement et pouvoir. Une approche historique, München 2008, S. 84–97.
Radkau, Joachim: Holz. Wie ein Naturstoff Geschichte schreibt, München 2007.
Radkau, Joachim: Natur und Macht. Eine Weltgeschichte der Umwelt, 2. Auflage, München 2002.
Radkau, Joachim: Vom Wald zum Floß – ein technisches System? Dynamik und Schwerfälligkeit der Flößerei in der Geschichte der Forst- und Holzwirtschaft; in: Keweloh, Hans-Walter: Auf den Spuren der Flößer, Stuttgart 1988, S. 16–39.
Radkau, Joachim: Zur angeblichen Energiekrise im 18. Jahrhundert. Revisionistische Betrachtungen über die Holznot; in: Vierteljahrschrift für Sozial- und Wirtschaftsgeschichte 73 (1986), S. 1–37.
Randeraad, Nico: States and Statistics in the Nineteenth Century. Europe by Numbers, Manchester 2010.
Randeraad, Nico: The International Statistical Congress (1853–1876). Knowledge Transfers and their Limits; in: European History Quarterly 41 (2011), S. 50–65.
Rau, Susanne: Räume. Konzepte, Wahrnehmungen, Nutzungen, Frankfurt am Main 2013.
Raumolin, Jussi: L'homme et la destruction des ressources naturelles. La Raubwirtschaft au tournant du siècle, in: Annales Économies, Sociétés, Civilisations 39 (1984), S. 798–819.
Red'ko, Georgij I. / Red'ko, Nina G.: Istoriâ lesnogo hozâjstva Rossii, St. Petersburg 2002.
Reinalda, Bob: The Routledge History of International Organizations. From 1815 to the Present Day, London 2009.
Reinbothe, Roswitha: Languages and Politics of International Scientific Communication in Central Eastern Europa after World War I; in: Kohlrausch, Martin / Steffen, Katrin / Wiederkehr, Stefan (Hg.): Expert Cultures in Central Eastern Europe. The Internationalization of Knowledge and the Transformation of Nation States since World War I, Osnabrück 2010, S. 161–177.
Reinhold, Gerhard: Die Geschichte der Forstwissenschaft an der Universität Gießen; in: Hungerland, Heinz (Hg.): Ludwigs-Universität, Justus-Liebig-Hochschule, 1607–1957. Festschrift zur 350-Jahrfeier, Gießen 1957, S. 368–374.
Rheinberger, Hans-Jörg / Hagner, Michael / Wahrig-Schmidt, Bettina (Hg.): Räume des Wissens. Repräsentation, Codierung, Spur, Berlin 1997.

Richards, Eric: A History of the Highland Clearances. Bd. 1: Agrarian Transformation and the Evictions 1746–1886; Bd. 2: Emigrations, Protest, Reasons, London / Canberra 1982 / 85.
Richards, John F.: The Unending Frontier. An Environmental History of the Early Modern World, Berkeley 2003.
Richter, Albert / Schwartz, Ekkehard: Zur Gründung des internationalen Verbandes forstlicher Versuchsanstalten in Eberswalde 1892; in: Archiv für Forstwesen 16 (1967), S. 557–561.
Robic, Marie-Claire: La naissance de l'Union géographique internationale; in: Robic, Marie-Claire / Briend, Anne-Marie / Rössler, Mechtild (Hg.): Géographes face au monde. L'Union géographique internationale et les Congrès internationaux de géographie, Paris 1996, S. 23–39.
Rolf, Malte: Imperiale Herrschaft im Weichselland. Das Königreich Polen im Russischen Imperium (1864–1915), Berlin / Boston 2015.
Rosenholm, Arja: An Illusion of the Endless Forests? Timber and Soviet Industrialization during the 1930s; in: Rosenholm, Arja / Autio-Sarasmo, Sari (Hg.): Understanding Russian Nature. Representations, Values and Concepts, Helsinki 2005, S. 125–145.
Rozwadowski, Helen M.: The Sea Knows no Boundaries. A Century of Marine Science under ICES, Kopenhagen 2002.
Rubner, Heinrich: Forstgeschichte im Zeitalter der industriellen Revolution, Berlin 1967.
Rubner, Heinrich: Neue Literatur zur europäischen Forstgeschichte mit besonderer Berücksichtigung Mitteleuropas (1990–2000); in: Vierteljahrschrift für Sozial- und Wirtschaftsgeschichte 89 (2002), S. 307–317.
Ruhm, Friedrich (Hg.): Chronik 1975–1999. Zum 125jährigen Bestehen der Forstlichen Bundesversuchsanstalt, Wien 1999.
Rumpler, Helmut / Urbanitsch, Peter (Hg.): Die Habsburgermonarchie 1848–1918, Bd. IX, Soziale Strukturen, 2. Teil, Kartenband: Die Gesellschaft der Habsburgermonarchie im Kartenbild. Verwaltungs-, Sozial-, und Infrastrukturen. Nach dem Zensus von 1910, Wien 2010.
Rykowski, Kazimierz: O leśnictwie trwałym i zrównoważonym. W poszukiwaniu definicji i miar, Kraków 2006.
Saage, Richard: Utopische Ökonomien als Vorläufer sozialistischer Planwirtschaften; in: Zeitschrift für Geschichtswissenschaft 59 (2011), S. 543–556.
Sachse, Carola (Hg.): „Mitteleuropa" und „Südosteuropa" als Planungsraum. Wirtschafts- und kulturpolitische Expertisen im Zeitalter der Weltkriege, Göttingen 2010.
Sætra, Gustav: Fra monopoler til skogoppkjøp. Borgernes grep om tømmer og bønder, in: Slettan, Bjørn (Hg.): Skogbrukspolitikk og trelasthandel. Ei artikkelsamling, Årstall 1997, S. 32–48.
Samojlik, Tomasz / Fedotova, Anastasia / Kuijper, Dries P. J.: Transition from Traditional to Modern Forest Management Shaped the Spatial Extent of Cattle Pasturing in Białowieża Primeval Forest in the Nineteenth and Twentieth Centuries; in: AMBIO – A Journal of the Human Environment 45 (2016), S. 904–918.
Sandkühler, Hans Jörg: Wissenskulturen, Überzeugungen und die Rechtfertigung von Wissen; in: Sandkühler, Hans Jörg (Hg.): Reprasentation und Wissenskulturen, Frankfurt am Main 2007, S. 25–38.
Sawers, Larry: The Navigation Acts Revisited; in: Economic History Review 45 (1992), S. 262–284.
Schäfer, Ingrid: „Ein Gespenst geht um". Politik mit der Holznot in Lippe 1705–1850. Eine Regionalstudie zur Wald- und Technikgeschichte, Detmold 1991.

Schanetzky, Tim: Die große Ernüchterung. Wirtschaftspolitik, Expertise und Gesellschaft in der Bundesrepublik 1966 bis 1982, Berlin 2007.

Schenk, Frithjof Benjamin: „Hier eröffnete sich vor unseren Augen ein neues, schillerndes, von uns noch nirgendwo gesehenes Bild …". Die gedankliche Neuvermessung des Zarenreichs im Eisenbahnzeitalter; in: Zeitschrift für Ostmitteleuropaforschung 63 (2014), S. 4–23.

Schenk, Frithjof Benjamin: Die Neuvermesung des Russländischen Reiches im Eisenbahnzeitalter; in: Happel, Jörn / Werdt, Christophe von (Hg.): Osteuropa kartiert – Mapping Eastern Europe, Münster 2010, S. 13–35.

Schenk, Frithjof Benjamin: Mastering Imperial Space? The Ambivalent Impact of Railway Building in Tsarist Russia, in: Leonard, Jörn / Hirschhausen, Ulrike von (Hg.): Comparing Empires. Encounters and Transfers in the Long Nineteenth Century, Göttingen 2011, S. 60–77.

Schenk, Winfried: Waldnutzung, Waldzustand und regionale Entwicklung in vorindustrieller Zeit im mittleren Deutschland. Historisch-geographische Beiträge zur Erforschung von Kulturlandschaften in Mainfranken und Nordhessen, Stuttgart 1996.

Schenker, Regina: Von der forstlichen Bibliographie und ihrer Klassifikation. Das Schicksal einer Idee; in: Wullschleger, Erwin (Hg.): 100 Jahre Eidgenössische Anstalt für das forstliche Versuchswesen 1885–1985, Bd. 2, Zürich 1985, S. 785–798.

Schmidt, Uwe Eduard: Der Wald in Deutschland im 18. und 19. Jahrhundert. Das Problem der Ressourcenknappheit dargestellt am Beispiel der Waldressourcenknappheit in Deutschland im 18. und 19. Jahrhundert. Eine historisch-politische Analyse, Saarbrücken 2002.

Schmidt, Uwe Eduard: Steinkohlebergbau und Forstwirtschaft – eine Schicksalsgemeinschaft im Saarkohlenrevier; in: Pohmer, Karlheinz (Hg.): Der saarländische Steinkohlenbergbau, Dillingen / Saar 2012, S. 370–416.

Schmoll, Friedemann: Erinnerung an die Natur. Die Geschichte des Naturschutzes im deutschen Kaiserreich, Frankfurt am Main 2004.

Schober, R.: Zur Gründung des Vereins forstlicher Versuchsanstalten Deutschlands vor 100 Jahren; in: Forstarchiv 43 (1972), S. 221–227.

Scholl, Lars U. (Hg.): Technikgeschichte des industriellen Schiffbaus in Deutschland, Bd. I: Handelsschiffe, Marine-Überwasserschiffe, U-Boote, Hamburg 1994.

Scholl, Lars U.: Als die Hexen Schiffe schleppten. Die Geschichte der Ketten- und Seilschleppschiffahrt auf dem Rhein 1985.

Scholl, Lars U.: The North Sea. Resources and Seaway, Aberdeen 1996.

Scott, James C.: Seeing Like a State. How Certain Schemes to Improve the Human Condition Have Failed, New Haven 1998.

Seip, Anne-Lise: Nasjonen bygges 1830–1870, Oslo 1997.

Sejersted, Francis: Veien mot øst; in: Langholm, Sievert / Sejersted, Francis (Hg.): Vandringer, Oslo 1980, S. 163–204.

Selter, Bernward: Wald- und forstgeschichtliche Untersuchungen zur Entwicklung des Leitbildes der forstlichen Nachhaltigkeit; in: Westfälische Forschungen 57 (2007), S. 71–101.

Selter, Bernward: Waldnutzung und ländliche Gesellschaft. Landwirtschaftlicher „Nährwald" und neue Holzökonomie im Sauerland des 18. und 19. Jahrhunderts, Paderborn 1995.

Sieferle, Rolf Peter: Transportgeschichte, Münster 2008.

Sieferle, Rolf Peter: Fortschrittsfeinde? Opposition gegen Technik und Industrie von der Romantik bis zur Gegenwart, München 1984.

Sieferle, Rolf Peter: Der unterirdische Wald. Energiekrise und Industrielle Revolution, München 1982.

Siemann, Wolfram: Vom Staatenbund zum Nationalstaat. Deutsche Geschichte 1806–1871, München 1995.

Siemann, Wolfram / Freytag, Nils (Hg.): Umweltgeschichte. Themen und Perspektiven, München 2003.

Siemann, Wolfram / Freytag, Nils / Piereth, Wolfgang (Hg.): Städtische Holzversorgung. Machtpolitik, Armenfürsorge und Umweltkonflikte in Bayern und Österreich 1750–1850, München 2002.

Sietz, Manfred (Hg.): Nachhaltigkeit, Frankfurt am Main 2003.

Simmons, Ian G.: An Environmental History of Great Britain. From 10,000 Years Ago to the Present, Edinburgh 2001.

Smith, Hubert Llewellyn: The Board of Trade, London / New York 1928.

Smout, Thomas Christopher (Hg.): People and Woods in Scotland. A History, Edinburgh 2003.

Smout, Thomas Christopher (Hg.): Scottish Woodland History, Edinburgh 1997.

Smout, Thomas Christopher: Nature Contested. Environmental History in Scotland and Northern England Since 1600, Edinburgh 2000.

Smout, Thomas Christopher: The Highlands and the Roots of Green Consciousness 1750–1990, Battleby ohne Jahr [1990].

Smout, Thomas Christopher / MacDonald, Alan R. / Watson, Fiona: A History of the Native Woodlands of Scotland 1500–1920, Edinburgh 2005.

Soros, Marvin S.: The International Commons. A Historical Perspective; in: Environmental Review 12 (1988), S. 1–22.

de Souza Mello Bicalho, Ana Maria / Hoefle, Scott William: On the Cutting Edge of the Brazilian Frontier. New (and Old) Agrarian Questions in the South Central Amazon; in: The Journal of Peasant Studies 35 (2008), S. 1–38.

Sperber, Jonathan: Angenommene, vorgetäuschte und eigentliche Normenkonflikte bei der Waldnutzung im 19. Jahrhundert; in: Historische Zeitschrift 290 (2010), S. 681–702.

Sperling, Walter: Der Aufbruch der Provinz. Die Eisenbahn und die Neuordnungen der Räume im Zarenreich, Frankfurt am Main 2011.

Steinkühler, Martin: Agrar- oder Industriestaat. Die Auseinandersetzungen um die Getreidehandels- und Zollpolitik des Deutschen Reiches 1879–1914, Frankfurt am Main 1992.

Steinsiek, Peter-Michael: Forstliche Großraumszenarien bei der Unterwerfung Osteuropas durch Hitlerdeutschland; in: Vierteljahrschrift für Sozial- und Wirtschaftsgeschichte 94 (2007), S. 141–164.

Steinsiek, Peter-Michael: Nachhaltigkeit auf Zeit. Waldschutz im Westharz vor 1800, Münster 1998.

Stewart, Mairi: Using the Woods 1600–1850. (1) The Community Ressource; in: Smout, Thomas Christopher (Hg.): People and Woods in Scotland. A History, Edinburgh 2003, S. 82–104.

Stolberg, Eva-Maria: Sibirien – Russlands „Wilder Osten“. Mythos und soziale Realität im 19. und 20. Jahrhundert, Stuttgart 2009.

Stolberg, Michael: Ein Recht auf saubere Luft? Umweltkonflikte am Beginn des Industriezeitalters, Erlangen 1994.

Storaunet, Ken Olaf / Rolstad, Jørund / Groven, Rune: Reconstructing 100–150 Years of Logging History in Coastal Spruce Forest (Picea abies) with Special Conservation Values in Central Norway; in: Scandinavian Journal of Forest Research 15 (2000), S. 591-604.

Straumann, Lukas: Raubzug auf den Regenwald. Auf den Spuren der Malaysischen Holzmafia, Zürich 2014.

Sunseri, Thaddeus: Exploiting the „Urwald“. German Post-Colonial Forestry in Poland and Cental Africa, 1900–1960; in: Past and Present 214 (2012), S. 305–342.

Svarstad, H.: Den bærekraftige utvikling. Retorikk og samfunnsanalyse; in: Sosiologi i dag 21 (1991), S. 36–59.

Tallier, Pierre-Alain: Forêts et propriétaires forestiers en Belgique de la fin du XVIIIe siècle à 1914. Histoire de l'évolution de la superficie forestière, des peuplements, des techniques sylvicoles et des débouchés offerts aux produits ligneux, Bruxelles 2004.

Tenfelde, Klaus / Berger, Stefan / Seidel, Hans-Christoph: Geschichte des deutschen Bergbaus, Bd. 3: Motor der Industrialisierung. Deutsche Bergbaugeschichte im 19. und frühen 20. Jahrhundert, Münster 2016.

Teplyakov, V. K. / Kuzmichev, Ye. P. / Baumgartner, D. M. / Everett, R. L.: A History of Russian Forestry and its Leaders, Washington 1998.

Theilemann, Wolfram G.: Adel im grünen Rock. Adliges Jägertum, Großprivatwaldbesitz und die preußische Forstbeamtenschaft 1866–1914, Berlin 2004.

Theuerkauf, Gerhard: Die Handelsschiffahrt auf der Elbe. Von den Zolltarifen des 13. Jahrhunderts zur „Elbe-Schiffahrts-Acte“ von 1821; in: Deutsches Historisches Museum (Hg.): Die Elbe. Ein Lebenslauf. Eine Ausstellung des Deutschen Historischen Museums, Berlin 1992, S. 69–75.

Thiessen, Hillard von / Windler, Christian (Hg.): Akteure der Außenbeziehungen. Netzwerke und Interkulturalität im historischen Wandel, Köln 2010.

Thomasius, Harald: The Influence of Mining on Woods and Forestry in the Saxon Erzgebirge up to the Beginning of the 19th Century; in: GeoJournal 32 (1994), S. 103–125.

Tolerton, Nick: Reefer Ships. The Ocean Princess, Christchurch 2008.

Tosi, Luciano: The International Institute of Agriculture and the Neutral Countries During World Wars I and II; in: Nevakivi, Jukka (Hg.): Neutrality in History, Helsinki 1993, S. 271–284.

Tosi, Luciano: The League of Nations, the International Institute of Agriculture and the Food Question; in: Petricioli, Marta / Cherubini, Donatella (Hg.): Pour la paix en Europe / For Peace in Europe. Institutions et société civile dans l'entre-deux-guerres / Institutions and Civil Society between the World Wars, Brüssel 2007, S. 117–138.

Tremmel, Jörg: Nachhaltigkeit als politische und analytische Kategorie. Der deutsche Diskurs um nachhaltige Entwicklung im Spiegel der Interessen der Akteure, München 2003.

Tretvik, Aud Mikkelsen: Skogen og eiendomsrettens historie i Norge; in: Fritzbøger, Bo / Møller, Peter Friis (Hg.): Skovhistorie for fremtiden – muligheder og perspektiver, Hørsholm 2004.

Tsouvalis, Judith / Watkins, Charles: Imagining and Creating Forests in Britain 1890–1939; in: Agnoletti, Mauro / Anderson, Steven (Hg.): Forest History. International Studies on Socioeconomic and Forest Ecosystem Change, Durham 2000, S. 371–386.

Tucker, Richard P. (Hg.): Global Deforestation and the Nineteenth-Century World Economy, Durham / NC 1983.

Tworek, Heidi: Der Weltverkehr und die Ausbreitung des Kapitalismus um 1900; in: Themenportal Europäische Geschichte (2015), online: www.europa.clio-online.de / 2015 / Article=737 (Stand 10. Dezember 2017).

Uekötter, Frank (Hg.): The Frontiers of Environmental History – Umweltgeschichte in der Erweiterung (= Historical Social Research 29 [2004], H. 3).

Uekötter, Frank (Hg.): Wird Kassandra heiser? Die Geschichte falscher Ökoalarme, Stuttgart 2004.

Uekötter, Frank: Die Wahrheit ist auf dem Feld. Eine Wissensgeschichte der deutschen Landwirtschaft, Göttingen 2010.

Uekötter, Frank: Thinking Big. The Broad Outlines of a Burgeoning Field; in: Uekötter, Frank (Hg.): The Turning Points of Environmental History, Pittsburgh 2010, S. 1–12.

Uekötter, Frank: Ein Haus auf schwankendem Boden. Überlegungen zur Begriffsgeschichte der Nachhaltigkeit; in: Aus Politik und Zeitgeschichte 64 (2014) H. 31 / 32, S. 9–15.

Uekötter, Frank: Gibt es eine europäische Geschichte der Umwelt? Bemerkungen zu einer überfälligen Debatte; in: Themenportal Europäische Geschichte (2009); online: www.europa.clio-online.de / 2009 / Article=374 (Stand 1. September 2017).

Uekötter, Frank: Umweltgeschichte im 19. und 20. Jahrhundert, München 2007.

Vallega, Adalberto: Geography and the International Geographical Union. In Search of the Route; in: Petermanns Geographische Mitteilungen 148 (2004), S. 54–63.

Vevstad, Andreas: Statens skogskole Kongsberg 1876–1976. Og om skogskoleundervisningen i Norge gjennom 100 år, ohne Ort 1976.

Vivier, Nadine (Hg.): The Golden Age of State Enquiries. Rural Enquiries in the Nineteenth Century, Turnhout 2014.

Vogel, Jakob: Von der Wissenschafts- zur Wissensgeschichte. Für eine Historisierung der „Wissensgesellschaft“; in: Geschichte und Gesellschaft 30 (2004), S. 639–660.

Walden, Hans: Versetzte Natur. Überseehandel und Hamburger Kaufmannswälder; in: Flitner, Michael (Hg.): Der deutsche Tropenwald. Bilder, Mythen, Politik, Frankfurt am Main / New York 2000, S. 133–147.

Walton, Gary M.: The New Economic History and the Burdens of the Navigation Acts; in: Economic History Review 24 (1971), S. 533–542.

Warde, Paul: Ecology, Economy and State Formation in Early Modern Germany, Cambridge 2006.

Warde, Paul: The Invention of Sustainability; in: Modern Intellectual History 8 (2001), S. 153–170.

Watkins, Charles (Hg.): European Woods and Forests. Studies in Cultural History, Wallingford 1998.

Watson, Fiona: Need Versus Greed? Attitudes to Woodland Management on a Central Scottish Highland Estate, 1630–1740; in: Watkins, Charles (Hg.): European Woods and Forests. Studies in Cultural History, Wallingford 1998, S. 135–156.

Wegener, Hans-Jürgen: Verantwortung für Generationen. 100 Jahre Deutscher Forstverein, Göttingen 1999.

Weigl, Engelhard: Wald und Klima. Ein Mythos aus dem 19. Jahrhundert; in: Humboldt im Netz – Internationale Zeitschrift für Humboldt-Studien 9 (2004), S. 80–99.

Weigl, Norbert (Hg.): Faszination der Forstgeschichte. Festschrift für Herbert Killian, Universität für Bodenkultur Wien, Wien 2001.

Weigl, Norbert: Die österreichische Forstwirtschaft im 20. Jahrhundert. Von der Holzproduktion über die Mehrzweckforstwirtschaft zum Ökosystemmanagement; in: Bruckmüller, Ernst / Ledermüller, Franz (Hg.): Geschichte der österreichischen Land- und Forstwirtschaft im 20. Jahrhundert, Bd. 1: Politik, Gesellschaft, Wirtschaft, Wien 2002, S. 593–740.

Weil, Benjamin: Conservation, Exploitation, and Cultural Change in the Indian Forest Service, 1875–1927; in: Environmental History 11 (2006), S. 319–343.

Weingart, Peter / Carrier, Martin / Krohn, Wolfgang: Nachrichten aus der Wissensgesellschaft. Analysen zur Veränderung der Wissenschaft, Weilerswist 2007.

Weltkommission für Umwelt und Entwicklung: Auf dem Weg zu globalem Bewußtsein. Bericht der Weltkommission für Umwelt und Entwicklung; in: Hauff, Volker (Hg.): Unsere gemeinsame Zukunft. Der Brundtland-Bericht der Weltkommission für Umwelt und Entwicklung, Greven 1987, S. 1–362.

Wende, Peter: Großbritannien 1500–2000, München 2001.

Wendland, Anna Veronika (Hg.): Bilder vieler Ausstellungen. Großexpositionen in Ostmitteleuropa als nationale, mediale und soziale Ereignisse (= Zeitschrift für Ostmitteleuropaforschung 58 (2009), H. 1/2).

Wendland, Anna Veronika / Siebert, Diana / Bohn, Thomas (Hg.): Polesien. Moderne im Sumpf (= Zeitschrift für Ostmitteleuropaforschung, erscheint 2018 / 19).

Wenzlhuemer, Roland: Connecting the Nineteenth-Century World. The Telegraph and Globalization, Cambridge 2013.

Werner, Michael / Zimmermann, Bénédicte: Vergleich, Transfer, Verflechtung. Der Ansatz der Histoire croisée und die Herausforderung des Transnationalen, in: Geschichte und Gesellschaft 28 (2002), S. 607–636.

Westermann, Andrea: Inventuren der Erde. Vorratsschätzungen für mineralische Rohstoffe und die Etablierung der Ressourcenökonomie; in: Berichte zur Wissenschaftsgeschichte 37 (2014), S. 20–40.

White, Richard: The Nationalization of Nature; in: Journal of American History 86 (1999), S. 976–986.

Whited, Tamara L.: Northern Europe. An Environmental History, Oxford 2005.

Więcko, Edward: Zarys historii nauk leśnych w Polsce w latach 1795–1939; in: Studia i Materiały z Dziejów Nauki Polskiej, Ser. B, Z. 25 (1975), S. 115–151.

Williams, Michael: Deforesting the Earth. From Prehistory to Global Crisis, Chicago 2003.

Wilson, Jeffrey K.: ‚The Holy Property of the Entirety of the People'. The Struggle for the ‚German Forest' in Prussia, 1871–1914; in: Environment and History 20 (2014), S. 41–65.

Wilson, Jeffrey K.: Environmental Chauvinism in the Prussian East. Forestry as a Civilizing Mission on the Ethnic Frontier, 1871–1914; in: Central European History 41 (2008), S. 27–70.

Wilson, Jeffrey K.: The German Forest. Nature, Identity, and the Contestation of a National Symbol 1871–1914, Toronto 2012.

Wilson, Sheena / Carlson, Adam / Szeman, Imre (Hg.): Petrocultures. Oil, politics, culture, Montréal 2017.

Wing, John T.: Keeping Spain Afloat. State Forestry and Imperial Defense in the Sixteenth Century; in: Environmental History 17 (2012), S. 116–145.

Winiwarter, Verena / Knoll, Martin: Umweltgeschichte. Eine Einführung, Köln 2007.

Withers, Charles W. J.: Geography and Science in Britain 1831–1939. A Study of the British Association for the Advancement of Science, Manchester 2010.

Wöbse, Anna-Katharina: Weltnaturschutz. Umweltdiplomatie in Völkerbund und Vereinten Nationen 1920–1950, Frankfurt am Main 2012.

Wöbse, Anna-Katharina: Framing the Heritage of Mankind. National Parks on the International Agenda; in: Gißibl, Bernhard / Höhler, Sabine / Kupper, Patrick (Hg.): Civilizing Nature. National Parks in a Global Historical Perspective, Oxford 2012, S. 140–156.

Worster, Donald: Can History Offer Pathways to Sustainability?; in: Oldenziel, Ruth / Trischler, Helmuth (Hg.): Cycling and Recycling. Histories of Sustainable Practices, New York 2016, S. 215–218.

Worster, Donald: Nature's Economy. A History of Ecological Ideas, 2. Auflage, Cambridge 1994.
Wudowenz, Rainer: 100 Jahre IUFRO [International Union of Forest Research Organizations]. Internationaler Verband Forstlicher Forschungsanstalten. Ausstellungen in der Alten Forstakademie Eberswalde, Eberswalde 1992.
Wudowenz, Rainer: 175jährige Wiederkehr der Begründung der forstakademischen Ausbildung an der Universität Berlin, Eberswalde 1996.
Wullschleger, Erwin: 100 Jahre Eidgenössische Anstalt für das forstliche Versuchswesen 1885–1985, 2 Bde., Zürich 1985.
Żabko-Potopowicz, Antoni: „Sylwan" warszawski a obca literatura leśna, Warszawa 1960.
Żabko-Potopowicz, Antoni: Dzieje piśmiennictwa leśnego w Polsce do roku 1939; in: Studia i Materiały z Dziejów Nauki Polskiej, Ser. B, Z. 3 (1960), S. 3–140.
Żabko-Potopowicz, Antoni: Wpływ zachodnioeuropejskiego piśmiennictwa i idei ekonomicznych na rozwój wczesnokapitalistycznego gospodarstwa leśnego w Królestwie Polskim; in: Studia z Dziejów Gospodarstwa Wiejskiego 8 (1966), S. 311–320.

XI Abkürzungsverzeichnis

Abb.	Abbildung
bspw.	beispielsweise
bzgl.	bezüglich
bzw.	beziehungsweise
f.	folgende
fol.	Folio
ggf.	gegebenenfalls
H.	Heft
Hg.	Herausgeber
S.	Seite
Sp.	Spalte
s. v.	sub voce (unter dem Ausdruck)
u. a. m.	und anderes mehr
usw.	und so weiter
vgl.	vergleiche
z. B.	zum Beispiel

Dank

In den zurückliegenden Jahren hatte ich die Möglichkeit, meine Forschungen an verschiedenen Stationen voranzutreiben. Auf diesem Weg bin ich vielen Menschen begegnet, die zum Fortgang meines Vorhabens beigetragen haben und denen ich daher danken will. Begonnen habe ich das Projekt am Institut für Europäische Geschichte in Mainz, wo ich mit Heinz Duchhardt und Andreas Kunz über Möglichkeiten eines europäischen Projektzuschnitts diskutierte. Durch Stipendien des Deutschen Historischen Instituts in London, der Fritz-Thyssen-Stiftung, des Herder-Instituts und der Forschungsbibliothek in Gotha sowie durch Forschungsreisen u. a. nach Edinburgh, Oslo, Wien, Basel, Warschau und Radom konnte ich erste Zwischenergebnisse meiner Arbeit mit Benedikt Stuchtey, Peter Haslinger, Madeleine Herren-Oesch, Thomas Christopher Smout und Frank Uekötter erörtern. An der Justus-Liebig-Universität Gießen fand ich bei Dirk van Laak Anregungen und Rat zur Fertigstellung der Habilitationsschrift, die die Grundlage dieses Buches bildet.

Darüber hinaus habe ich in zahlreichen Archiven und Bibliotheken, auf vielen Tagungen und Kolloquien sowie in allen möglichen (und unmöglichen) Lebenslagen Unterstützung, kritische Rückmeldungen und Zuspruch erhalten. Ein Dank für all die Zeit und Aufmerksamkeit geht daher an Torbjørn Alm, Joachim Bahlcke, Mandy Barke, Sven Ballenthin, Martin Bemmann, Cornelia Beutel, Bettina Braun, Benedicte Gamborg Briså, Thomas Bohn, Alena Damaneuskaya, Elisabeth und Reinald Enslin, Marc Friede, Dariusz Gierczak, Charlotte Gohr, Paul Grünler, Christian Heimann, Heidi Hein-Kircher, Konrad Hierasimowicz, Syd House, Greta Hysvær, Svetlana Korzun, Marjo Kuusela, Elena Lasko, Vasyl Maliukh, Familie Neef, Dora Petherbridge (für ein wiedergefundenes Notizbuch!), Sabine Schafferdt, Albrecht Scheck, Marion Schubert, Suse, Helene, Annette und Wolfgang Summerer, Justyna Turkowska, Petra Weigel, Anna Veronika Wendland, Sean Williams, Peter Wiltsche und Wojciech Witkowski. Dem Böhlau-Verlag und den Herausgebern der Reihe Umwelthistorische Forschungen, insbesondere Bernd-Stefan Grewe, danke ich für die Aufnahme meines Manuskripts in diese Reihe und den anonymen Gutachtern für ihre Anregungen und Hinweise.

Ein Forschungsvorhaben bringt Höhenflüge, aber auch Ernüchterungen mit sich. All das mit Freunden und der Familie teilen zu können, ist ein großes Geschenk. Für die gemeinsamen Tage, Abende und manchmal auch unfreiwillig frühen Morgenstunden danke ich Thomas Klemm, Katja Naumann, Anne Cornelia Kenneweg, Friederike, Richard, Henrike, Sabine und Bernd Lotz (†) und ganz besonders Annette Gruschwitz.

Christian Lotz

Marburg und Gießen, im Sommer 2018